전기 기능사 실기

김평식 · 박왕서 공저

일진사

책머리에…

모든 산업의 원동력인 전기를 다루는 기술인력에 대한 수요는 산업 발전과 더불어 급증하고 있다. 이에 따라 장차 산업의 역군이 될 전기 공학도는 물론, 현장에 종사하고 있는 실무자들도 국가 기술 자격 취득이 불가피한 실정에 이르렀다.

아울러 해가 갈수록 기능사 자격 시험도 그 수준이 높아지고 있으며, 다양한 전문 기능을 요구하고 있다.

이 책은 전기 기능사로서의 자격을 인정받고자 하는 많은 기능인에게 길잡이가 되고자 다음 사항들에 중점을 두어 편집하였다.

1. 국가 기술 자격 시험의 출제 기준에 맞추어 전기설비작업은 기초가 되는 기본회로 배선공사와 이를 응용한 전기설비 배선공사로 나누어 다루었다.

2. 전기설비 배선공사 부분에서는 출제 가능성이 높은 문제만을 수록하였으며, 동작 회로도(시퀀스도)의 이해를 돕기 위하여 동작 순서를 알기 쉽게 그림으로 나타내었다.

3. 동작 회로도상에 각 기구의 단자번호를 구분하여 부여하고, 모범 실체 배선도를 수록하여 최단시간에 올바른 배선 작업이 되도록 하였다.

4. 부록으로 최근 실시된 출제 문제를 매 과제 실제 출제 원안을 그대로 수록함으로써 출제 경향을 파악할 뿐만 아니라 실제 시험에서도 적응하기 쉽도록 하였다.

끝으로 수검자 여러분이 열심히 노력하여 목적한 바를 꼭 이루기를 바라며, 이 책이 많은 도움이 된다면 저자로서는 더 이상 바랄 것이 없겠다. 그리고 혹시 미흡한 부분이 있다면 앞으로 보완할 것을 약속드리며, 이 책을 출판하기까지 여러모로 도움을 주신 분들과 일진사 직원 여러분께 감사드린다.

저자 씀

차 례

제1장 기본회로 배선공사

1. 케이블 사용 – 전등 점멸, 콘센트 회로 ······ 11
2. 애자 사용 – 전등 점멸회로 ······ 15
3. 합성수지 전선관을 사용 – 전등 점멸회로 ······ 19
4. 금속전선관 사용 – 전등 점멸회로 ······ 23
5. 가요전선관 사용 – 전동기 운전회로 ······ 27
6. 각종 전선관 사용 – 전등 점멸, 콘센트 회로 ······ 32
7. 전자계전기 사용 – 전등 점멸회로 ······ 36
8. 타이머와 계전기 사용 – 전등 점멸회로 ······ 41
9. 전등순차점등 제어회로 ······ 47
10. 단상 유도전동기의 제어회로 ······ 50
11. 3상 유도전동기의 기동회로 ······ 56
12. 3상 유도전동기의 Y–△ 회로 ······ 62
13. 3상 유도전동기의 2개소 운전회로 ······ 67
14. 3상 유도전동기의 교대 운전회로 ······ 72
15. 3상 유도전동기의 정·역 운전회로 ······ 76
16. 3상 유도전동기의 순차 제어회로 ······ 81
17. 3상 유도전동기의 속도 제어회로 ······ 87
18. 온수 순환 펌프 제어회로 ······ 92
19. 화재탐지시설 회로 ······ 97

제2장 단상전원 전기설비 배선공사

1. 단상 유도전동기 제어회로 (1) ······ 103
2. 단상 유도전동기 제어회로 (2) ······ 109
3. 단상 유도전동기 교대 운전회로 ······ 115

4. FD 사용 – 단상 유도전동기 제어회로 ··· 122
5. 온도조절기 사용 – 건조로 제어회로 ··· 129

제3장 3상전원 전기설비 배선공사

1. 3상 유도전동기 운전 – 정지회로 ··· 136
2. 3상 유도전동기 한시 운전회로 ··· 143
3. 3상 유도전동기 수동 – 자동 교대 운전회로 ······························ 151
4. LS 사용 3상 유도전동기 제어회로 ·· 158
5. FLR 사용 펌프 제어회로 (1) ··· 164
6. FLR 사용 펌프 제어회로 (2) ··· 172
7. 정전시 예비전원에 의한 전동기 운전회로 ······························ 181
8. 자동문 제어회로 ··· 189
9. 3상 유도전동기(IM_1, IM_2) 운전 제어회로 (1) ······················ 197
10. 3상 유도전동기(IM_1, IM_2) 운전 제어회로 (2) ····················· 205
11. 3상 유도전동기(IM_1, IM_2) 운전 제어회로 (3) ····················· 212

부록 과년도 출제 문제

■ 2013년도 시행 문제 ·· 223
 • 자동온도조절 제어장치(13. 6. 1) ·· 223
 • 전동기 운전 제어회로(13. 12. 1) ··· 232
■ 2014년도 시행 문제 ·· 240
 • 컨베이어 제어회로(14. 3. 28) ··· 240
 • 전동기 제어회로(14. 5. 31) ·· 249
 • 온실하우스 간이 난방운전(14. 6. 30) ····································· 257
 • 전동기 제어회로(14. 11. 24) ··· 266
■ 2015년도 시행 문제 ·· 275
 • 전동기의 1개소 기동 정지회로(15. 3. 20) ······························ 275
 • 전동기 제어회로(15. 5. 20) ·· 284
 • 컨베이어 정·역 운전제어회로(15. 8. 26) ······························ 294

- 전동기 운전 제어회로(15. 11. 27) ······ 302
- 2016년도 시행 문제 ······ 311
  - 컨베이어 제어회로(16. 3. 14) ······ 311
  - 전동기 운전 제어회로(16. 5. 21) ······ 321
  - 급·배수 처리장치(16. 8. 27) ······ 331
  - 승강기 제어회로(16. 11. 26) ······ 340
- 2017년도 시행 문제 ······ 350
  - 전동기 제어회로(17. 3) ······ 350
  - 자동온도조절 제어회로(17. 5) ······ 360
  - 컨베이어 정·역 운전회로(17. 6) ······ 370
  - 전동기 운전 제어회로(17. 9) ······ 379
  - 동력 배선(17. 11) ······ 389
- 2018년도 시행 문제 ······ 399
  - 전동기 운전 제어회로(18. 3) ······ 399
  - 온실하우스 간이 난방운전(18. 5) ······ 409
  - 전동기 운전 제어회로(18. 8) ······ 419
  - 급·배수 처리장치(18. 11) ······ 430
- 2019년도 시행 문제 ······ 441
  - 자동온도조절 제어회로(19. 3) ······ 441
  - 전동기 제어(19. 5) ······ 451
  - 공장 배선(19. 6) ······ 461
  - 온실하우스 간이난방 운전회로(19. 9) ······ 472
  - 급·배수 처리장치(19. 11) ······ 482
- 2020년도 시행 문제 ······ 494
  - 전기설비의 배선 및 배관 공사(20. 4) ······ 494
  - 전기설비의 배선 및 배관 공사(자동온도조절 제어회로)(20. 6) ······ 505
  - 전기설비의 배선 및 배관 공사(전동기 정·역 운전회로)(20. 8) ······ 517
  - 전기설비의 배선 및 배관 공사(배수처리장치 제어회로 A)(20. 11) ······ 529
  - 전기설비의 배선 및 배관 공사(배수처리장치 제어회로 B)(20. 11) ······ 542
- 2021년도 시행 문제 ······ 555
  - 전기설비의 배선 및 배관 공사(전동기 운전 제어회로 A)(21. 4) ······ 555
  - 전기설비의 배선 및 배관 공사(전동기 운전 제어회로 B)(21. 4) ······ 569

출제 기준표

주요항목	세부항목	세세항목
전기설비공사	1. 작업에 맞는 공구 선정	(1) 각종 공구의 선정 및 숙련도
	2. 전선 접속	(1) 전선피복 제거 (2) 전선의 접속 (3) 접속부분의 절연 처리 (4) 납땜
	3. 전선과 기구와의 접속	(1) 전선의 단말 처리와 기구단자와의 접속
	4. 관굽힘 및 접속	(1) 관 굽힘 및 나사내기 (2) 관 상호 접속 (3) 관과 박스의 접속 (4) 관 고정 작업
	5. 접지	(1) 접지공사작업
	6. 내선작업공사	(1) 내선작업
	7. 케이블 접속 및 배선	(1) 케이블의 고정 및 접속 (2) 노출 및 은폐배선
	8. 전등 및 콘센트 공사	(1) 분기회로 설계 및 기구취부 (2) 전등 및 콘센트 회로
	9. 전기기기 배선공사	(1) 전열기, 회전기, 정지기 및 보호기기 설비공사 (2) 정류설비공사
	10. 자동제어 배선공사	(1) 각종 계전기를 이용한 유접점 결선공사 (2) 전력전자 제어를 이용한 산업용 기기
	11. 약전설비공사	(1) 화재 경보설비 (2) 신호설비공사 (3) 확성기 설비공사 (4) 약전설비와 관련된 기타 공사
	12. 전기시설물의 검사 및 점검	(1) 전동 신설공사에 대한 검사 및 점검 (2) 각종 공사별 점검 (3) 절연저항, 접지저항 측정 (4) 전압, 전류, 전력 및 역률 측정 (5) 자가용 변전설비에 대한 점검

채점 기준표 (예)

항목번호	주요항목	세부 항목	항목별 채점 방법	배점
1	동작	회로도에 주어진 동작 사항 및 유의 사항	• 회로도의 요구대로 동작이 되면 25점, 한 곳이라도 동작이 안 되면 오동작이므로 채점 대상에서 제외 • 유의 사항의 불합격 조항에 해당되면 채점 대상에서 제외	25
2	배관 작업	전선관 굽힘	• 전선관 작업(L 굽힘, 오프셋 등)이 잘 되었으면 14점 • 불량개소[수평, 수직, 곡률반지름이 작거나(6 D 이하) 과도하게 큰 경우(10 D 이상)]가 2개소 이하면 12점, 3~5개소 이하면 7점, 5개소가 넘으면 0점(여기서, D : 전선관의 안지름)	14
2	배관 작업	새들 고정	• 새들 고정이 잘 되었으면 8점 • 불량개소(수평, 수직, 헐거움)가 2개소 이하면 5점, 3~5개소 이하면 3점, 5개소가 넘으면 0점	8
2	배관 작업	기구 고정 및 배치	• 기구 고정 상태가 잘 되었으면 8점 • 불량개소(수평, 수직, 헐거움)가 2개소 이하면 6점, 3~5개소 이하면 4점, 5개소가 넘으면 0점	8
3	배선 및 결선	전선의 색별 배선	• 전선의 색별 배선(R상, S상, T상)이 잘 되었으면 5점 • 불량(1개소라도 전선 색별이 틀린 경우)이면 0점	5
3	배선 및 결선	전선의 여유	• 각종 박스류의 전선 여유가 적절하면(100mm~150mm) 6점 • 불량(1개소라도 전선 여유가 적절치 못하면)이면 0점	6
3	배선 및 결선	접지	• 접지를 요구 사항대로 했으면 5점 • 불량개소(1개소라도 접지 누락)가 있으면 0점	5
3	배선 및 결선	각종 박스류 내의 배선 상태	• 각종 박스 내 배선 상태(전선 정리·정돈)가 잘 되었으면 8점 • 불량개소(전선 정리·정돈)가 2개소 이하면 5점, 3~5개소 이하면 3점, 5개소가 넘으면 0점	8
3	배선 및 결선	단자 조임 상태	• 단자 조임 상태가 잘 되었으면 10점 • 불량개소(파손 및 사용하지 않는 단자가 열려 있는 경우)가 2개소 이하면 8점, 3~5개소 이하면 6점, 6~8개소 이하면 4점, 8개소가 넘으면 0점	10
4	경제성	기구 파손	• 기구 파손이 없으면 5점 • 불량개소(기구 파손)가 1개소 이하면 3점, 2~3개소 이하면 1점, 3개소가 넘으면 0점	5
5	치수	도면의 치수	• 배관 및 기구의 부착 장소가 양호(허용오차는 과제에 주어진 치수)하면 6점 • 불량개소(허용오차를 초과하는 경우)가 2개소 이하면 5점, 3~4개소 이하면 3점, 5개소 이하면 0점	6
계				100

채점 기준표 (예)

항목번호	주요항목	세 부 항 목	항목별 채점 방법	배점
1	동작	동작사항 및 유의사항	• 회로도의 요구대로 작동되면 25점, 한 곳이라도 작동이 안 되면 오작동이므로 채점 대상에서 제외 • 유의 사항의 불합격 조항에 해당되면 채점 대상에서 제외	25
2	배관 작업	전선관 굽힘	• 전선관 작업(L 굽힘, 오프셋 등)이 잘 되었으면 10점 • 수평, 수직, 곡률 반지름이 작거나(6 D 이하) 과도하게 큰 경우(10 D 이상)→1개소마다 2점씩 감점 ※ D : 전선관의 안지름	10
		전선관 고정	• 전선관이 작업판에서 뜨지 않았고 견고하게 고정되었으며 새들의 수평과 수직이 모두 바르면 5점 • 불량개소(수평, 수직, 헐거움)→1개소마다 1점씩 감점	5
		기구 고정 및 배치	• 기구 고정 상태(수평, 수직, 헐거움) 및 방법이 잘 되었으면 5점 • 기구 미부착(커넥터 등) 및 기구고정 불량(수평, 수직, 헐거움, 방법)→1개소마다 1점씩 감점	5
3	배선 및 결선	전선의 색별 배선	• 전선의 색별 배선(R상, S상, T상) 및 주회로, 보조회로 전선 사용이 잘 되었으면 10점 • 불량(1개소라도 전선 색별이 틀린 경우) : 0점	10
		제어함 배선 상태	• 전선 배열의 수평수직과 전선의 흐트러짐 없이 양호하면 10점, 그렇지 않으면 1개소당 1점씩 감점(단, 기구와 기구 사이 배선 시 0점)	10
		제어함 배선 정리	• 케이블타이로 전선의 묶음 및 균형 배치가 양호하면 6점, 그렇지 않으면 0점	6
		전원 준비 상태	• 퓨즈 삽입 여부 및 전원측 인출선 등이 양호하면 4점, 그렇지 않으면 0점	4
		단자 조임 상태	• 단자 조임 상태가 잘 되었으면 10점 • 한 단자에 3선 이상 1개소라도 물려있으면 0점 • 불량개소(파손, 피복 제거 및 물림, 사용하지 않는 단자가 열려 있는 경우 등)→1개소마다 1점씩 감점	10
4	경제성	기구 파손	• 기구 파손이 없으면 5점 • 불량개소(기구 파손)→1개소마다 1점씩 감점	5
5	치수	도면의 치수	• 배관 및 제어판 등의 기구 배치가 양호하면 10점 • 불량개소→1개소마다 1점씩 감점	10
계				100

채점 기준표 (예)

항목번호	주요항목	세부 항목	항목별 채점 방법	배점
1	동작	동작사항 및 유의사항	• 회로도의 요구대로 작동되면 25점, 한 곳이라도 작동이 안 되면 오작동이므로 채점 대상에서 제외 • 유의 사항의 불합격 조항에 해당되면 채점 대상에서 제외	25
2	배관 작업	전선관 굽힘	• 전선관 작업(L 굽힘, 오프셋 등)이 잘 되었으면 10점 • 수평·수직 불량 및 곡률 반지름이 작거나(6 D 미만) 과도하게 큰 경우(8 D 초과)→1개소마다 2점씩 감점 ※ D: 전선관의 안지름	10
3		전선관 고정	• 전선관이 작업판에서 뜨지 않았고 견고하게 고정되었으며 새들의 수평과 수직이 모두 바르면 6점 • 불량개소(수평, 수직, 헐거움)→1개소마다 2점씩 감점	6
4		기구 고정 및 배치	• 기구 고정 상태(수평, 수직, 헐거움) 및 방법이 잘 되었으면 10점 • 기구 고정 불량(수평, 수직, 헐거움, 방법)→1개소마다 2점씩 감점 • 컨트롤박스의 나사를 1개만 고정한 경우: 0점 • 조립 불량으로 컨트롤박스와 커버 사이로 전선이 노출된 경우: 0점	10
5	배선 및 결선	제어판 배선 상태	• 전선 배열의 수평수직과 전선의 흐트러짐 없이 양호하면 3점, 그렇지 않으면 0점 • 케이블타이로 전선의 묶음 및 균형 배치가 양호하면 3점, 그렇지 않으면 0점	6
6		전원 준비 상태	• 퓨즈 삽입 및 퓨즈 커버 부착 여부, 전원측 인출선 등이 양호하면 3점, 그렇지 않으면 0점	3
7		단자 조임 상태	• 단자 조임 상태가 잘 되었으면 20점 • 불량개소(파손, 피복 제거 및 물림, 사용하지 않는 단자가 열려 있는 경우 등)→1개소마다 2점씩 감점	20
8	경제성 및 안전	기구 파손	• 기구 파손이 없으면 3점, 그렇지 않으면 0점	3
9		안전 복장	• 적합한 복장(운동화, 장갑)을 갖추었으면 2점, 그렇지 않으면 0점	2
10	치수	제어판 내부 기구 배치도	• 기구 배치가 양호(±5 mm 이내)하면 6점 • 불량개소→1개소마다 2점씩 감점	6
11		배관 및 기구 배치도	• 도면 치수가 양호((±30mm 이내)하면 9점 • 불량개소→1개소마다 3점씩 감점	9
			계	100

제1장   기본회로 배선공사

■ 1. 케이블 사용 – 전등 점멸, 콘센트 회로

(1) 예비 지식 및 유의 사항

① 케이블
  (가) 저압 옥내 배선용에 사용하는 케이블에는 비닐 외장 케이블, 클로로프렌 외장 케이블, 폴리에틸렌 외장 케이블 등이 있다.
  (나) 케이블은 마룻바닥, 벽, 천장, 기둥 등에 직접 매입해서는 안 되며, 케이블이 외부 손상을 받을 염려가 없도록 시설해야 한다. 압력이나 기계적 충격을 받을 염려가 있는 곳에서는 금속관, 합성수지관 등에 넣는 등 적당한 방호 장치를 해야 한다.

② 케이블 지지
  (가) 케이블을 시공할 경우 그 케이블에 적합한 클리트, 새들, 스테이플 등으로 케이블에 손상이 가지 않도록 견고하게 고정한다.
  (나) 케이블을 시설할 경우 지지점 간의 거리는 2 m(사람이 접촉할 우려가 없는 곳에서 수직으로 붙일 때에는 6 m) 이하로 하는 것을 원칙으로 하되, 캡타이어 케이블은 1 m 이하로 한다.

케이블의 지지점 간 거리

시설의 구분	지지점 간의 거리
조영재 측면 또는 하면에 수직방향으로 시설하는 것	2 m 이하
사람이 접촉할 우려가 없는 곳	6 m 이하
케이블 상호 또는 케이블과 박스, 기구와 접속 개소	접속 개소에서 0.3 m 이하

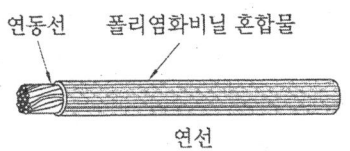 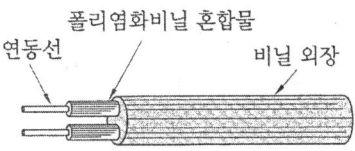

비닐 외장 케이블

③ 유의 사항 : 외장 케이블을 벗길 때에는 심선의 피복이 손상되지 않도록 주의한다.

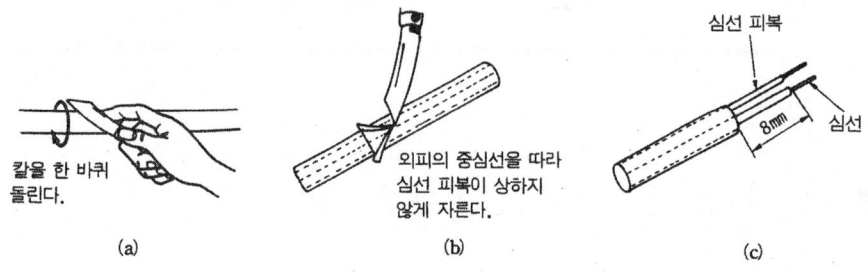

케이블의 피복 벗기기

(2) 시설 공사

① 요구 사항

㈎ 지급된 재료를 사용하여 제한시간 내에 도면에 표시된 공사를 내선공사 작업 방법에 의거 완성한다.

㈏ 전원 방식 : 1ϕ, 220 V

㈐ 공사 방법 : 케이블 공사

㈑ 동작 사항
- 텀블러 스위치 S를 ON하면 R이 점등하고 S를 OFF하면 R이 소등된다.
- 콘센트에는 220 V가 공급된다.

② 작업 순서 및 유의사항

㈎ 회로도를 보고 동작 사항을 파악한 다음 실체 배선도를 그린다.

㈏ 공사하기 전 지급받은 재료를 점검한 후 작업에 임한다.

㈐ 작업판에 기구를 배치할 위치를 표시한 다음 기구를 고정시킨다.
- 치수 단위는 mm이고, 허용오차는 ± 5 mm이다.
- 치수는 기구 및 박스의 중심을 기준으로 한다.
- 치수가 없는 곳은 미관을 고려하여 도면에 충실하게 시공한다.

㈑ 각 기구 사이를 케이블로 배선한다.

㈒ 케이블과 박스와의 접속은 커넥터를 사용하여 접속하고, 케이블은 새들로 배선판에 튼튼히 고정한다.

㈓ 접속할 부분의 피복을 벗긴 다음 각 기구에 접속시키고, 접속함 내에서 전선을 서로 접속시킨다.

㈔ 접속 부분에 테이프를 감는다.

㈕ 납땜 및 스위치 콘센트의 커버는 생략한다.

㈖ 전원측 전선의 피복은 전선 끝에서 약 10 mm 정도 벗겨 놓는다.

㈗ 준비된 재료 및 공구 등은 정리 정돈하면서 작업에 임한다.

㈔ 케이블 바깥지름의 5배 이상의 반지름으로 구부린다.
㈕ 접속함 내에서 전선을 접속할 때 전선의 여유는 10 cm 이상이 되어야 한다.
㈖ 텀블러 스위치는 노브를 위로 했을 때 점등되고 아래로 하면 소등되도록 시설해야 한다.

③ 지급 재료 목록

일련번호	재료명	규격	단위	수량	비고
1	케이블	2C, 4 mm²	m	3.5	
2	케이블 새들	평형 케이블용	개	15	
3	케이블 커넥터	케이블용	개	4	
4	리셉터클	300 V/15 A	개	1	
5	콘센트	2구용 150 V/15 A	개	1	노출
6	스위치 박스	102×51 mm	개	1	
7	팔각 박스	92×92 mm	개	1	
8	박스 커버	팔각 박스용	개	1	
9	커버 나이프 스위치	2 P, 15 A	개	1	
10	텀블러 스위치	300 V/10 A	개	1	노출형
11	나사못, 테이프			약간	
12	와이어 커넥터	중형	개	3	

④ 도면 및 해설
㈀ 기구 배치도

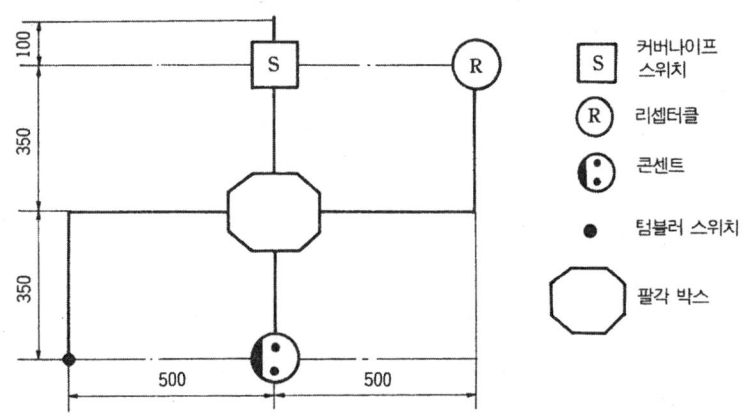

(나) 동작 회로도

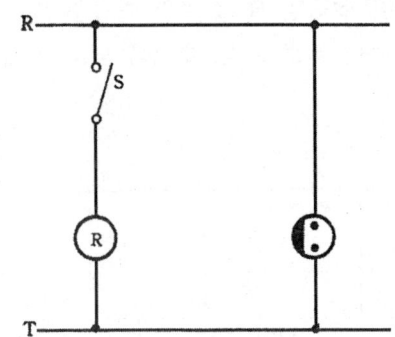

(다) 동작 순서

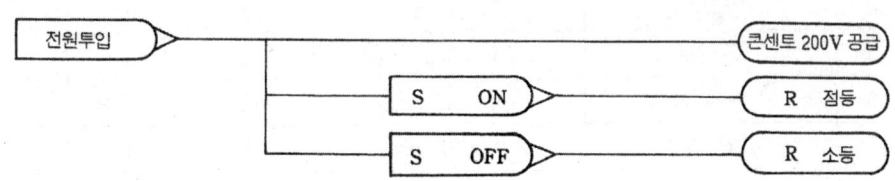

(라) 실체 배선도

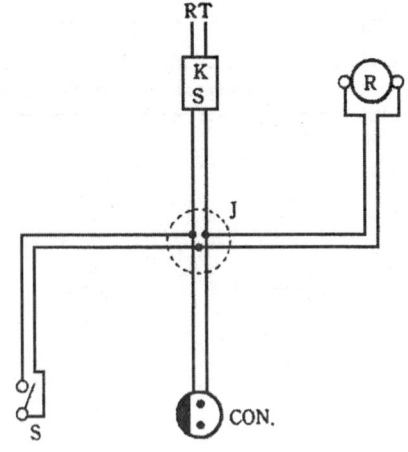

2. 애자 사용 – 전등 점멸회로

(1) 예비 지식 및 유의 사항

① 노브 애자 바인드법
  (가) －자 바인드법 : 비교적 장력이 걸리지 않는 곳
  (나) ＋자 바인드법 : 장력이 어느 정도 걸리는 곳
  (다) 분기선 바인드법 : 전선이 분기하는 경우
  (라) 인류 바인드법 : 배선의 말단에 사용

② 노브 애자 사용 공사 : 1.6 mm 이상의 절연전선을 사용한다.

③ 노브 애자의 －자 바인드법

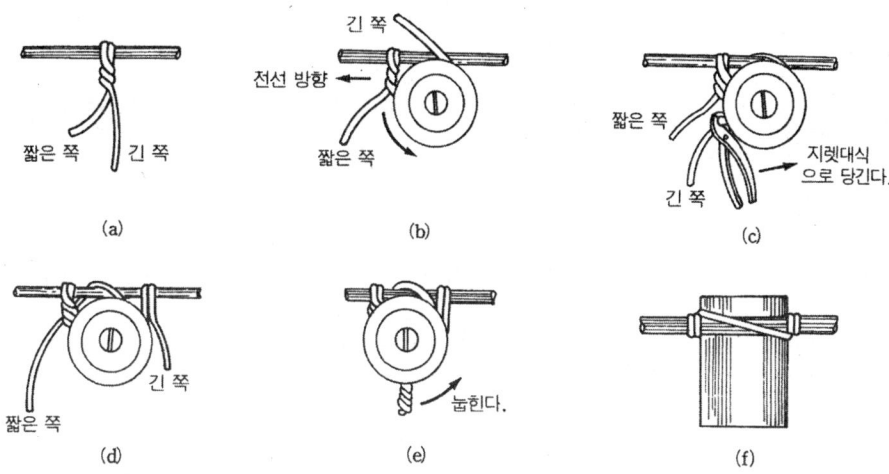

④ 노브 애자의 ＋자 바인드법

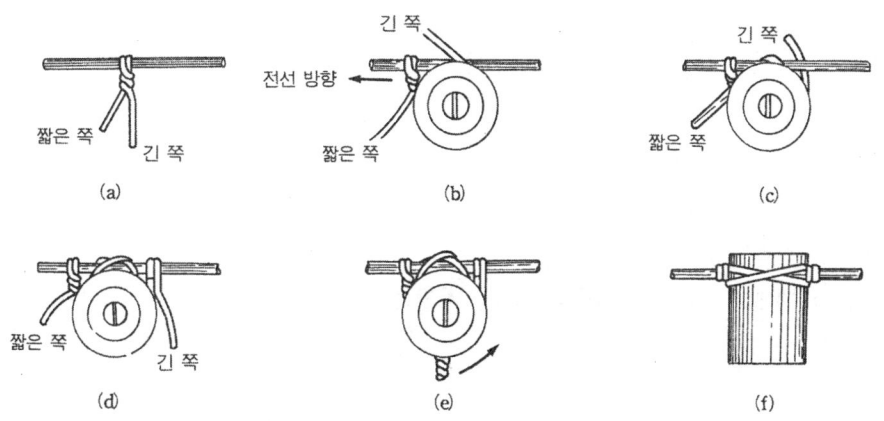

⑤ 노브 애자의 분기선 바인드법
　㈎ 분기선과 본선을 함께 노브 애자에 바인드한다.
　㈏ 바인드가 끝나면 본선과 분기선을 그림과 같이 분기 접속한다.
　㈐ 접속부에는 납땜을 하고, 테이프 감기를 한다.

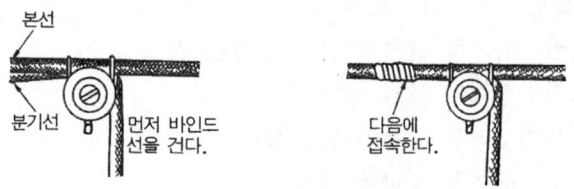

노브 애자의 분기선 바인드

⑥ 노브 애자의 인류 바인드법

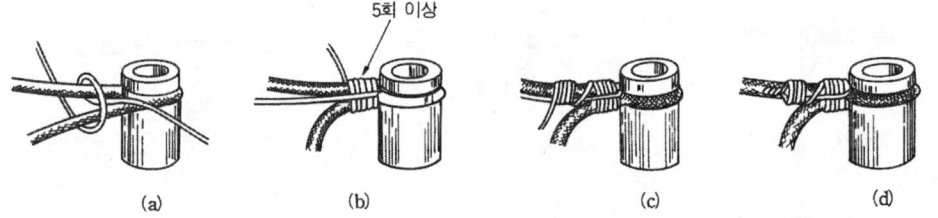

[참고] 노브 애자 사용 공사에서 전선이 교차하는 부분에는 애관 또는 비닐 튜브를 사용한다.

⑦ 전선의 이격거리

이격거리＼사용 전압	400 V 미만인 경우	400 V 이상인 경우
전선 상호간의 거리 전선과 조영재의 거리	6 cm 이상 2.5 cm 이상	6 cm 이상 ※ 4.5 cm 이상

㈜ 건조한 장소에 있어서는 2.5 cm 이상이면 된다.

(2) 애자를 사용한 전등 점멸회로 공사

① 요구 사항
　㈎ 지급된 재료를 사용하여 제한시간 내에 도면에 표시된 공사를 내선공사 작업 방법에 의거 완성하시오.
　㈏ 전원방식 : 1ϕ, 220 V
　㈐ 공사 방법 : 노브 애자 사용 공사, 비닐외장 케이블 공사
　㈑ 동작 사항
　　• 콘센트에는 220 V가 공급된다.
　　• S_2를 ON하면 L이 점등되고 OFF하면 소등된다.
　㈒ S_2를 누르면 B가 경보된다. (S_1 : 텀블러 스위치, S_2 : 푸시 버튼 스위치)

② 작업 순서 및 유의 사항
　㈎ 회로도를 보고 동작 사항을 파악한 다음 실체 배선도를 그린다.
　㈏ 공사하기 전 지급받은 재료를 점검한 후 작업에 임한다.
　㈐ 작업판에 기구를 배치할 위치를 표시한 다음 기구를 고정시킨다.
　　・치수 단위는 mm이고, 허용오차는 ±5 mm이다.
　　・치수는 기구 및 박스의 중심을 기준으로 한다.
　　・치수가 없는 곳은 미관을 고려하여 도면에 충실하게 시공한다.
　㈑ 표시를 한 위치에 노브 애자를 박는다.
　㈒ 치수에 맞추어서 케이블을 자른다.
　㈓ 케이블의 한쪽은 기구 접속에 필요한 길이로 피복을 벗기고, 나머지 한쪽 노브 애자 배선과의 접속에 필요한 길이로 피복을 벗긴다.
　㈔ 새들로 케이블을 고정한다.
　㈕ 케이블 말단에 접속하여야 할 기구를 고정한다.
　㈖ 노브 애자 배선을 한다.
　㈗ 분기 접속 및 기구 단자와의 접속을 한다.
　㈘ 접속 부분에 테이프를 감는다.
　㈙ 납땜 및 스위치 콘센트의 커버는 생략한다.
　㈚ 전원측 전선의 피복은 전선 끝에서 약 10 mm 정도 벗겨 놓는다.
　㈛ 준비된 재료 및 공구 등은 정리 정돈하면서 임한다.
③ 지급 재료 목록

일련번호	재료명	규 격	단 위	수 량	비 고
1	케이블	2 C, 2.5 mm^2	m	3	
2	절연전선	2.5 mm^2	m	2.5	
3	비닐 튜브		m	10	
4	노브 애자	소형	개	6	
5	새들	케이블용	개	10	
6	리셉터클	300 V/10 A	개	1	
7	콘센트	300 V/10 A	개	1	노출형
8	텀블러 스위치	300 V/10 A	개	1	노출형
9	바인드선	0.9 mm	m	2.5	
10	백열전구	220 V, 30 W	개	1	
11	나사못	5.5×58	개	6	
12	나사못	3.5×20	개	30	
13	푸시 버튼 스위치	300 V/6 A	개	1	노출형
14	버저	220 V 용	개	1	

④ 도면 및 해설
　(개) 기구 배치도　　　　　　　　　　(내) 동작 회로도

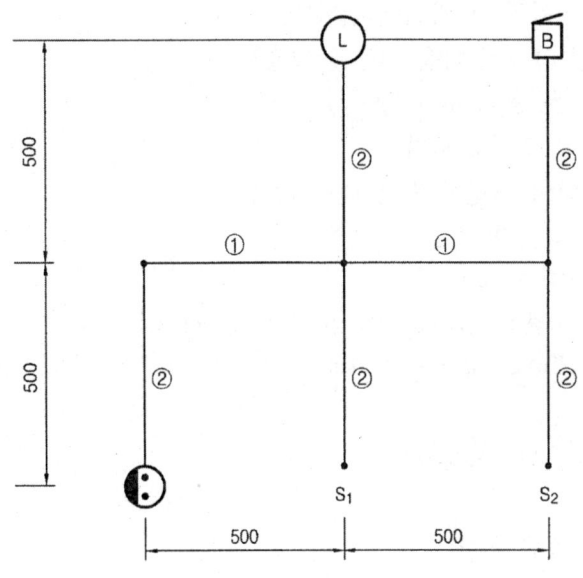

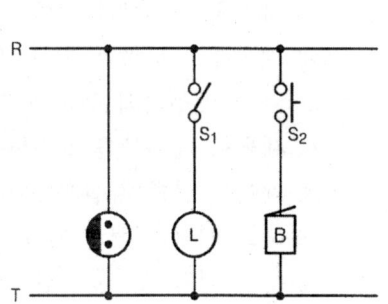

• 공사방법 : ① 애자 사용 공사, ② 케이블 공사

(대) 동작 순서

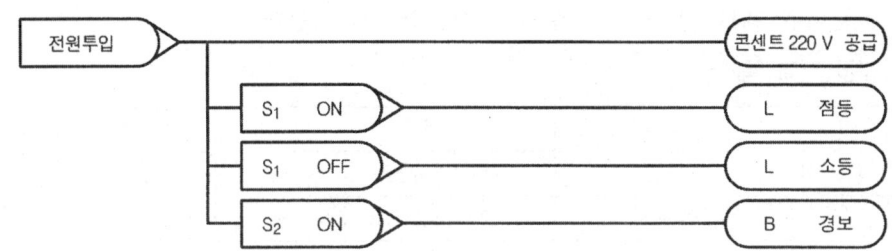

참고 S_2는 누르고 있는 동안만 B가 경보하고 손을 떼면 정지한다.

(라) 실체 배선도

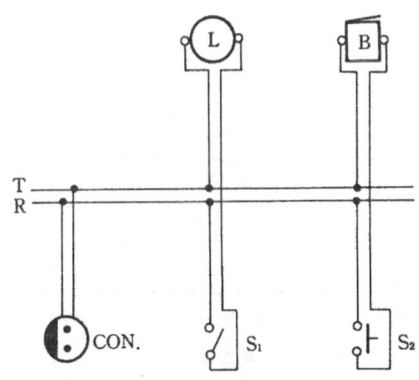

3. 합성수지 전선관을 사용 – 전등 점멸회로

(1) 요구 사항

① 지급된 재료를 사용하여 제한시간 내에 도면에 표시된 공사를 내선공사 작업 방법에 의거 완성하시오.
② 전원 방식 : 단상 2 선식 220 V
③ 공사 방법
  (개) 케이블 공사   (내) 합성수지 전선관 공사
④ 동작 사항 : 커버 나이프 스위치 S를 넣는 즉시 콘센트에 전압이 걸리도록 하고, 커버 나이프 스위치 S를 넣고 3로 스위치 S_{3-1}, S_{3-2} (2개소)에 의하여 R_1, R_2 (병렬)를 점멸할 수 있도록 한다.

(2) 참고 사항

① 3로 스위치(3-way switch)
  (개) 전환 스위치의 한 종류로서 점등(ON), 소등(OFF)의 위치를 표시하지 않는다.
  (내) 스위치의 날이 항상 접속되는 공통 단자와 점멸에 따라 교대로 접속되는 2개의 접속단자로 되어 있다.

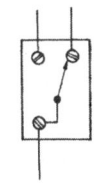 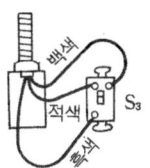

(a) 내부 접속 위치   (b) 실체 결선도

3로 스위치

② 3로 스위치와 단선의 색별 배선
  (개) 전압선측 : 적색 또는 흑색
  (내) 중성선측 (접지선측) : 백색 또는 회색
  (대) 접지선 : 녹색

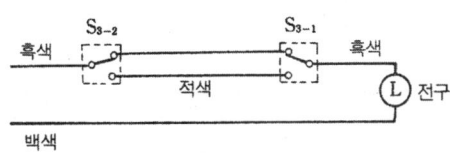 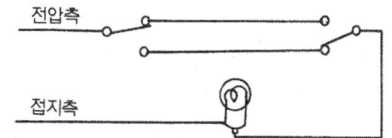

(a) 단선의 색별 배선   (b) 전압측, 접지측 결선요령

3로 스위치의 결선도

③ 리셉터클 단자와의 결선
   ㈎ 전압선측 : 베이스 단자
   ㈏ 접지선측 : 소켓 단자

(3) 작업 순서 및 유의 사항

① 회로도를 보고 동작 사항을 파악한 다음 실체 배선도를 그린다.
② 공사하기 전 지급받은 재료를 점검한 후 작업에 임한다.
③ 작업판에 기구를 배치할 위치를 표시한 다음 기구를 고정시킨다.
  • 치수 단위는 mm이고, 허용오차는 ±5 mm이다.
  • 치수는 기구 및 박스의 중심을 기준으로 한다.
④ 토치 램프를 준비하여 합성수지 전선관을 가공한다.
⑤ 가공한 합성수지 전선관을 접속함에 부싱을 이용하여 접속하고 새들로 고정시킨다.
⑥ 새들의 위치는 접속함이나 관 끝단에서 오프셋이 끝난 곳, 또는 반직각 구부리기가 끝난 곳에서 300 mm 이내에 고정하고, 직선상에 있는 긴 전선관은 1.5 m의 간격으로 새들을 고정한다.
⑦ 새들을 고정시킬 때에는 겹쳐 박지 않도록 한다.
  • 전선관 끝과 이격 거리
    ┌ 커버 나이프 스위치 : 40~50 mm
    └ 리셉터클, 기타 기구 : 20~30 mm
⑧ 전원측에는 비닐외장 케이블 공사를 한다.
⑨ 전선 가닥수를 결정한 후, 관에 전선을 넣고 기구 배치도와 동작 사항에 맞게 결선한다.
⑩ 접속함 내에서의 접속할 전선의 여유는 관단 끝에서 100~150 mm 정도 여유를 주고, 접속하지 않는 전선은 여유를 주지 않는다.
⑪ 접속함 내에서는 와이어 커넥터를 사용하여 접속한다.
⑫ 색별 사용에 주의하면서 관에 넣은 전선을 기구 단자에 접속한다.
⑬ 납땜 및 스위치 콘센트의 커버는 생략한다.
⑭ 전원측 전선의 피복을 전선 끝에서 약 10 mm 정도 벗겨 놓는다.

[참고] 기계 및 공구 : 토치 램프, 드라이버(⊕, ⊖), 쇠톱, 전공칼, 펜치, 니퍼, 롱노즈 플라이어, 줄자, 회로 시험기

(4) 지급 재료 목록

일련번호	재료명	규 격	단 위	수 량	비 고
1	합성수지 전선관	16 mm	m	4	
2	케이블	2 C, 2.5 mm²	m	1.2	

3	절연전선 (적색)	2.5 mm²	m	8	
4	절연전선 (백색)	2.5 mm²	m	5	
5	새들	전선관용, 케이블용	개	16, 5	
6	리셉터클	300 V/6 A	개	2	
7	접속함	102×102×44 mm	개	1	
8	커버 나이프 스위치	2 P, 300 V/15 A	개	1	
9	콘센트	300 V/15 A	조	1	
10	3로 스위치	300 V/15 A	조	2	
11	커넥터	16 mm 관용, 케이블용	개	8, 1	
12	와이어 커넥터	중형	개	3	
13	전 구	220 V/30 W	개	2	

(5) 도면 및 해설

① 기구 배치도

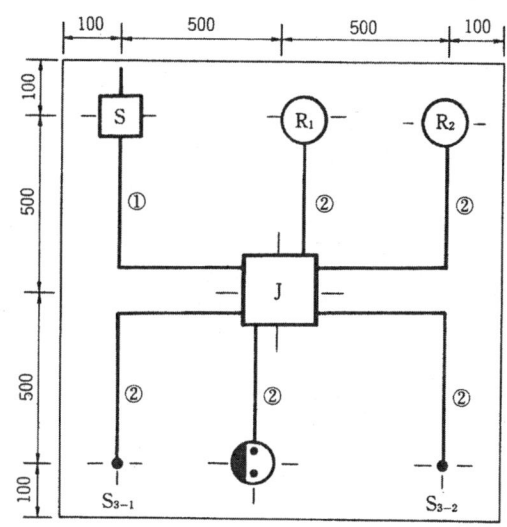

- 공사 방법
  ① 케이블 공사
  ② 합성수지관 공사

② 동작 회로도

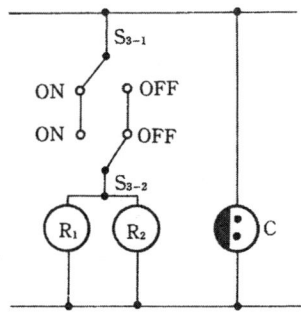

③ 동작 순서

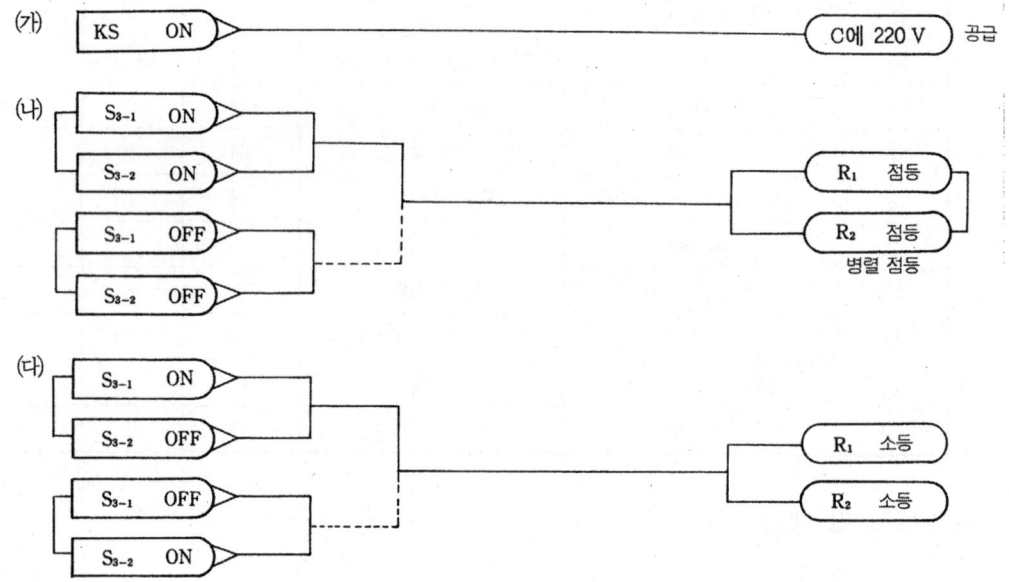

④ 실체 배선도

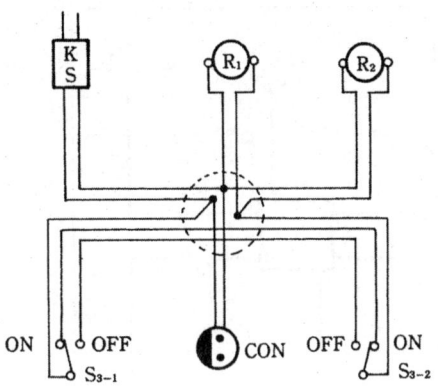

㈜ 3로 스위치는 ON, OFF를 표시하지 않지만 이해를 돕기 위하여 ② 동작 회로도와 ④ 실체 배선도에 ON, OFF를 편의상 표시하였다.

4. 금속전선관 사용 – 전등 점멸회로

(1) 요구 사항

① 지급된 재료를 사용하여 제한시간 내에 도면에 표시된 공사를 내선공사 작업 방법에 의거 완성하시오.
② 전원 방식 : 단상 2 선식 (AC 220 V)
③ 공사 방법
  ㈎ 케이블 공사
  ㈏ 금속전선관 공사
④ 동작 사항 : 커버 나이프 스위치 S를 ON으로 한 상태에서 $S_{3-1}/S_4/S_{3-2}$에 의하여 R_1, R_2를 3개소에서 점멸할 수 있도록 한다.

(2) 참고 사항

① 각종 스위치의 종류와 결선법

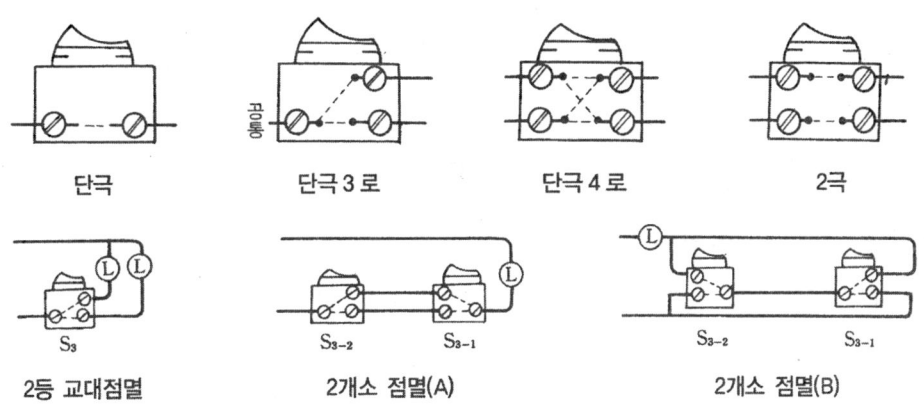

② 3개소 점멸회로
  ㈎ 3로 스위치 2개, 4로 스위치 1개 사용

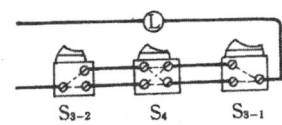

  ㈏ 4로 스위치 3개 사용

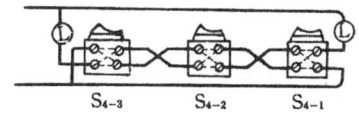

(다) 실체 결선도(예)

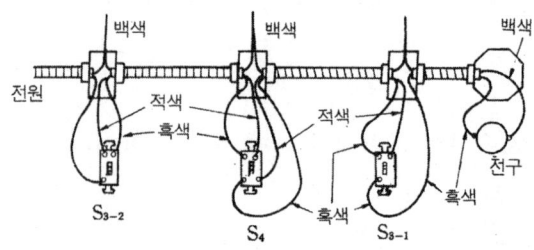

③ WF 케이블 배선공사의 경우

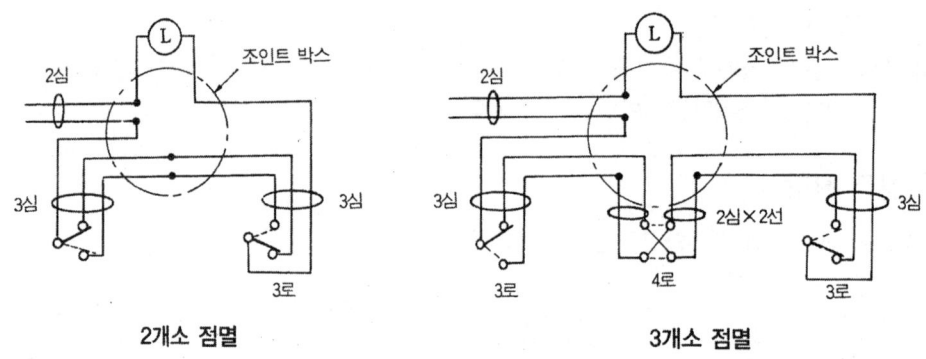

참고 n개소 점멸을 위한 3·4로 스위치의 소요
n = 2개의 3로 스위치 + $(n-2)$개의 4로 스위치

(3) 작업 순서 및 유의 사항

① 회로도를 보고 동작 사항을 파악한 다음 실체 배선도를 그린다.
② 공사하기 전 지급받은 재료를 점검한 후 작업에 임한다.
③ 작업판에 기구를 배치할 위치를 표시한 다음 기구를 고정시킨다.
  • 치수 단위는 mm이고, 허용오차는 ±5 mm이다.
  • 치수는 기구 및 박스의 중심을 기준으로 한다.
  • 치수가 없는 곳은 미관을 고려하여 도면에 충실하게 시공한다.
④ 4로 스위치는 접속하기 전에 회로 시험기로 점멸 노브의 위치에 따라 각 단자간의 접속이 어떻게 이루어지고 있는가를 완전히 파악하여야 한다.
⑤ 금속전선관의 배관작업을 하여 작업판에 새들로 고정시킨다.
⑥ 케이블 배선을 한다.
⑦ 실체 배선도에 의하여 관에 전선 넣기, 박스 내에서 전선 상호간, 기구 단자와 접속하기의 순서로 작업을 진행한다.
⑧ 전선의 색을 구별하여 배선한다.
⑨ 접속함 내에서 전선을 접속할 때 전선의 여유는 10 cm 이상이 되어야 한다.

⑩ 납땜 및 스위치 콘센트의 커버는 생략한다.
⑪ 전원측 전선의 피복은 전선 끝에서 약 10 mm 정도 벗겨 놓는다.
⑫ 준비된 재료 및 공구 등은 정리 정돈하면서 작업에 임한다.
⑬ 접속이 끝나면 회로 시험기로 접속 상태를 확인한다.

[참고] 금속전선관에 넣는 전선의 가닥수는 그 총 단면적이 전선관 안의 단면적의 40 % 이하가 되도록 선정한다.

(4) 지급 재료 목록

일련번호	재 료 명	규 격	단 위	수 량	비 고
1	금속전선관	16 mm	m	5.5	
2	케이블	2 C, 2.5 mm^2	m	1.2	
3	절연전선 (적색)	2.5 mm^2	m	10	
4	절연전선 (백색)	2.5 mm^2	m	5	
5	접속함	102×102×44	개	1	금속제
6	접속함	102×102×44	개	4	스위치용
7	새들	16 mm 관용	개	16	
8	새들	케이블용	개	6	
9	목대	120 mm	개	2	
10	부싱	16 mm 관용	개	10	
11	로크너트	16 mm	개	16	
12	박스 커넥터	16 mm	개	1	
13	리셉터클	300 V/6 A	개	2	
14	커버 나이프 스위치	2 P, 30 A	개	1	
15	3로 스위치	300 V/6 A	개	2	
16	4로 스위치	300 V/6 A	개	1	
17	와이어 커넥터	중형	개	3	
18	나사못	19 mm	개	50	
19	나사못	25 mm	개	20	
20	전구	220 V/30 W	개	2	

(5) 도면 및 해설

① 기구 배치도

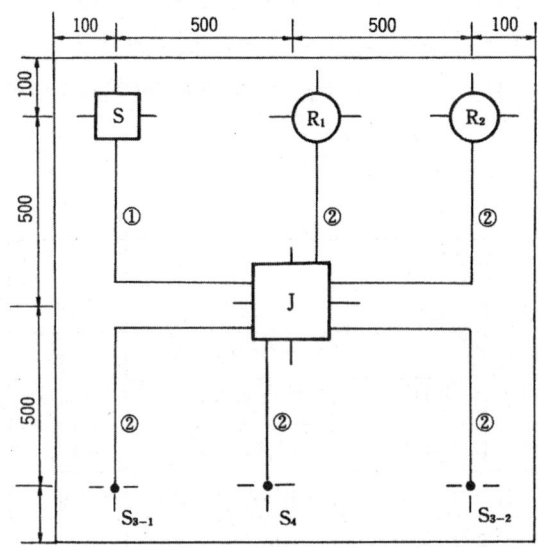

• 공사 방법
① 케이블 공사
② 금속관 공사

② 동작 회로도 : S_{3-1}, S_4, S_{3-2}의 조작에 의해서 3개소에서 R_1, R_2가 병렬 점멸한다.

③ 실체 배선도

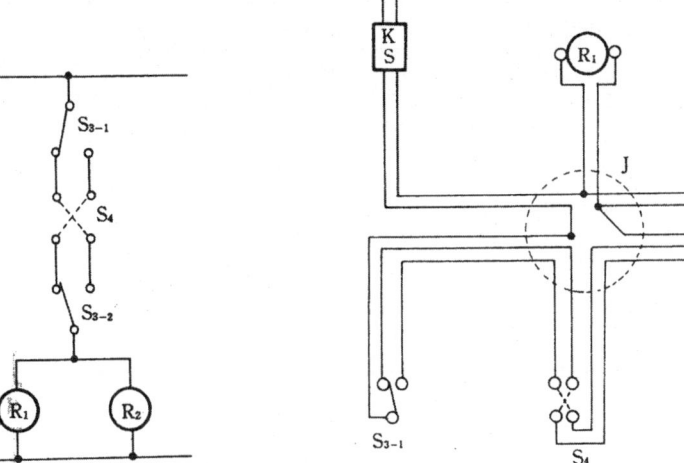

5. 가요전선관 사용 – 전동기 운전회로

(1) 요구 사항

① 지급된 재료를 사용하여 제한시간 내에 도면에 표시된 공사를 내선공사 작업 방법에 의거 완성하시오.

② 전원 방식 : 3상 4선식 (AC 110 V/220 V)

③ 공사 방법
   (가) 케이블 공사
   (나) 금속전선관 공사
   (다) 가요전선관 공사

④ 동작 사항
   (가) 전등회로 (110 V) : 커버 나이프 스위치 KS_1을 넣고, S_{3-1}이 ON 상태에서 R_1을 점등한다. 3로 스위치 S_{3-1} OFF 상태에서 S_{3-2}를 ON하면 R_2가 점등되고, S_{3-2}를 OFF하면 R_3가 점등된다.
   (나) 콘센트 회로 (220 V) : 커버 나이프 스위치 KS_1을 넣으면 콘센트 C에 직접 220 V의 전원이 걸리도록 한다.
   (다) 동력회로 : 커버 나이프 스위치 KS를 넣고 쌍투 스위치 S_1에 의해 전동기를 Y-△ 기동하도록 한다.

(2) 참고 사항

① 나이프 스위치 (knife switch)의 분류
   • 접속 전선수에 따라 ┌ 단극 (single pole) : 1 P (SP)
                      ├ 2극 (double pole) : 2 P (DP)
                      └ 3극 (triple pole) : 3 P (TP)

② 나이프 스위치의 기호
   (가) 단투 (single throw)

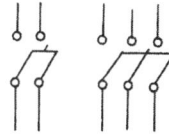

   (나) 쌍투 (double throw)

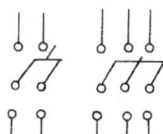

③ Y-△ 기동 방식

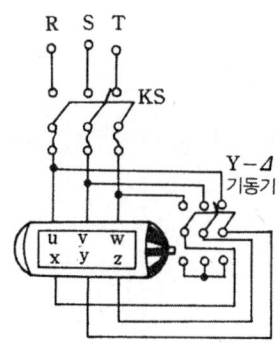

쌍투 나이프 스위치에 의한 Y-△ 기동방식

(3) 작업 순서 및 유의 사항

① 회로도를 보고 동작 사항을 파악한 다음 실체 배선도를 그린다.
② 공사하기 전 지급받은 재료를 점검한 후 작업에 임한다.
③ 작업판에 기구를 배치할 위치를 표시한 다음 기구를 고정시킨다.
  • 치수 단위는 mm이고, 허용오차는 ±5 mm이다.
  • 치수는 기구 및 박스의 중심을 기준으로 한다.
  • 치수가 없는 곳은 미관을 고려하여 도면에 충실하게 시공한다.
④ 금속전선관의 배관작업을 하여 배선판에 새들로 고정시킨다.
⑤ 케이블 배선공사를 실시한다.
⑥ 가요전선관을 배관 길이에 맞추어 쇠톱으로 절단한다.
⑦ 절단한 곳은 둥근 줄이나 리머를 사용하여 면을 다듬고, 접속할 때에는 부싱을 사용하여 고정시킨다.
⑧ 전선관에 선을 넣고 박스 내에서 전선 상호간, 전선과 기구 단자를 접속하고, 특히 쌍투 스위치에서는 전선 정리를 잘 하도록 한다.
⑨ 케이블과 박스와의 접속은 커넥터를 사용하여 접속하고, 케이블을 새들로 배선판에 튼튼히 고정한다.
⑩ 접속할 부분의 피복을 벗긴 다음 각 기구에 접속시키고, 접속함 내에서 전선 서로를 접속시킨다.
⑪ 접속 부분에 테이프를 감는다.
⑫ 납땜 및 스위치 콘센트의 커버는 생략한다.
⑬ 전원측 전선의 피복은 전선 끝에서 약 10 mm 정도 벗겨 놓는다.
⑭ 준비된 재료 및 공구 등은 정리 정돈하면서 작업에 임한다.
⑮ 접속함 내에서 전선을 접속할 때 전선의 여유는 10 cm 이상이 되어야 한다.

(4) 지급 재료 목록

일련번호	재 료 명	규 격	단위	수량	비 고
1	가요전선관	1종, 17 mm	m	1.5	
2	금속전선관	16 mm	m	5.5	
3	케이블	3 C, 2.5 mm²	m	1.5	
4	절연전선 (적색)	2.5 mm²	m	8	
5	절연전선 (흑색)	2.5 mm²	m	5	
6	절연전선 (청색)	2.5 mm²	m	5	
7	리셉터클	300 V / 6 A	개	3	
8	콘센트	매입형 2 P, 15 A	개	1	
9	접속함	102×102×44 mm	개	1	금속제
10	접속함	102×51×44 mm	개	3	금속제
11	부싱	16 mm 관용	개	10	
12	로크너트	16 mm 관용	개	16	
13	3로 스위치	300 V / 6 A	개	2	
14	제어반	200×200×12 mm	장	1	베니어합판
15	새들	16 mm 관용	개	20	
16	새들	케이블용	개	6	
17	케이블 커넥터	케이블용	개	1	
18	나사못	19 mm	갑	1	11×2 26×2
19	커버 나이프 스위치	3 P, 300 V / 30 A	개	2	
20	쌍투 나이프 스위치	3 P, 300 V / 30 A	개	1	
21	단자판	6 P	개	1	

(5) 도면 및 해설

① 기구 배치도

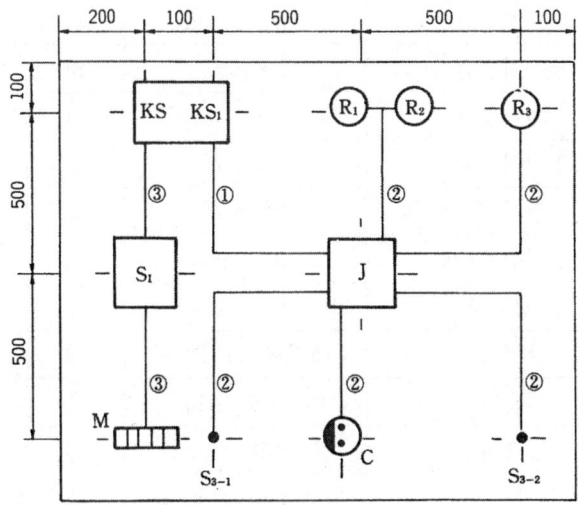

② 동작 회로도

(가) 전등 및 콘센트 회로

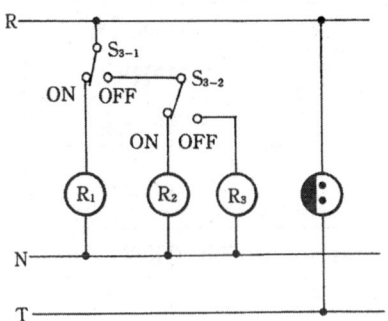

(나) Y-△ 기동 회로

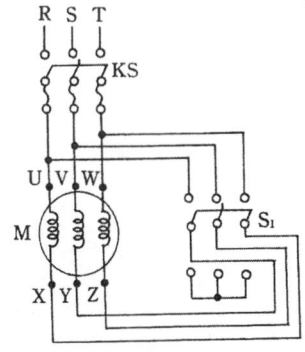

③ 동작 순서
  (개) 전등 및 콘센트 회로

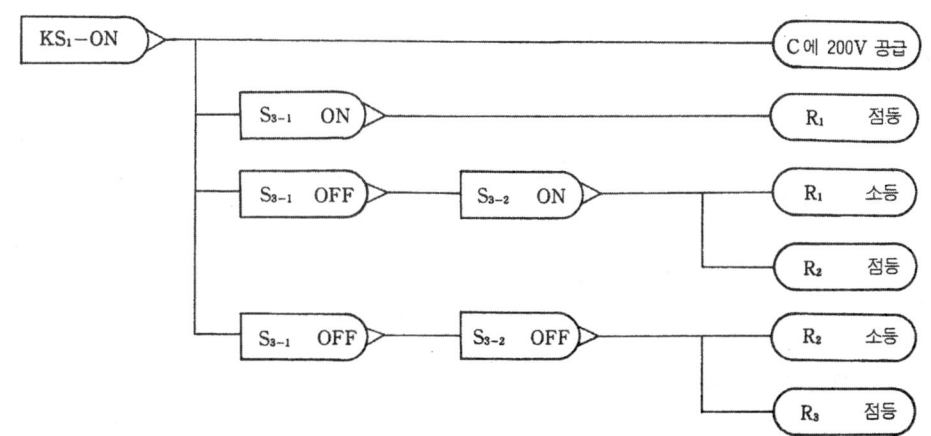

  (나) 동력회로

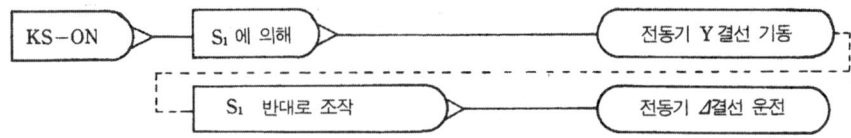

④ 실체 배선도

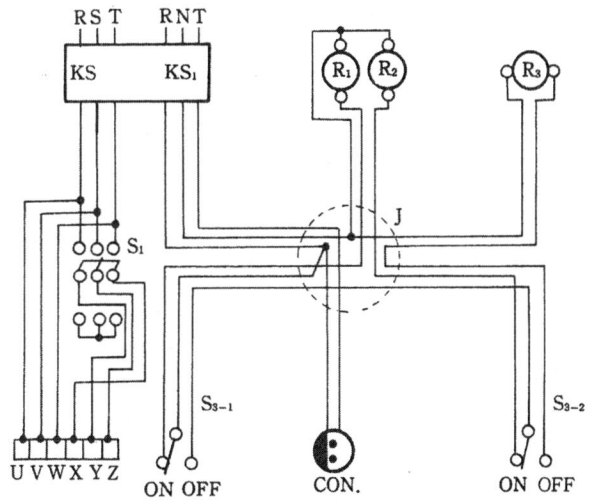

㈜ 3로 스위치는 ON, OFF를 표시하지 않지만 이해를 돕기 위하여 ② 동작 회로도와 ④ 실체 배선도에 ON, OFF를 편의상 표시하였다.

6. 각종 전선관 사용 – 전등 점멸, 콘센트 회로

(1) 요구 사항

① 지급된 재료를 사용하여 제한시간 내에 도면에 표시된 공사를 내선공사 작업 방법에 의거 완성하시오.
② 전원 방식 : 단상 3 선식(110/220 V)
③ 공사 방법 : (가) 케이블 공사   (나) 합성수지 전선관 공사
          (다) PE 전선관 공사   (라) 금속전선관 공사
④ 동작 사항
  (가) 전등 회로 (110 V)
   • 3로 스위치 S_{3-1}이 ON시, S_{3-2}가 ON일 때 R_1, R_2가 직렬로 점등
   • 3로 스위치 S_{3-1}이 ON이고, S_{3-2}가 OFF일 때 R_1이 점등되고 R_1가 소등
   • 3로 스위치 S_{3-1}이 OFF이고, S_{3-2}가 ON일 때 R_1이 소등되고 R_2가 점등
   • 3로 스위치 S_{3-1}이 OFF이고, S_{3-2}가 OFF일 때 R_1, R_2가 병렬로 점등
  (나) 신호회로 (110 V) : 푸시 버튼 스위치 PB를 누르고 있는 동안 벨이 울리고 R_3가 점등
  (다) 콘센트 회로 (220 V) : 커버 나이프 스위치 ON 상태에서는 콘센트 C에 항상 220 V의 전원 공급

(2) 참고 사항

① PE 전선관 (polyethylene conduit ; PE) : 연질비닐 전선관
  (가) 가요성이 풍부하여 토치 램프로 가열 없이 구부릴 수 있고 기계적 강도, 고주파에서의 전기적 특성이 용이하며 가격도 저렴하여 최근 현장에서 널리 사용되고 있다.
  (나) PE 전선관의 호칭 : 안지름에 가까운 짝수 mm로 표시
  (다) PE 전선관의 가공 방법 : PE 전선관 가공용 스프링을 전선관 안에 넣어 가공한다.
  (라) PE 전선관과 박스와의 접속 : 2호 커넥터를 사용
② PE 전선관 규격

호칭 (mm)	바깥지름 (mm)		두께 (mm)		근사 안지름 (mm)	길이 (m)	내전압 (kV/m)
	표준	허용차	표준	허용차			
14	19	±0.4	2.4	±0.3	14.2	4~120	10
16	21	±0.4	2.4	±0.3	16.2	4~120	10
22	27	±0.5	2.5	±0.3	22.0	4~90	10
28	34	±0.7	3.0	±0.3	28.0	4~90	10
36	42	±0.8	3.5	±0.4	35.0	4~60	10
42	48	±1.0	4.0	±0.4	40.0	4~60	10
50	60	±0.5	4.0	±0.4	52.0	4~60	10

54	60	±1.2	4.5	±0.5	51.0	4~60	10
70	76	±1.5	4.5	±0.5	67.0	4~6	10
80	92	±0.6	4.5	±0.5	83.0	4~6	10
82	89	±1.8	5.9	±0.5	77.2	4~6	10
100	111	±0.6	5.5	±0.5	100.6	4~6	10

(3) 작업 순서 및 유의 사항

① 회로도를 보고 동작 사항을 파악한 다음 실체 배선도를 그린다.
② 공사하기 전 지급받은 재료를 점검한 후 작업에 임한다.
③ 작업판에 기구를 배치할 위치를 표시한 다음 기구를 고정시킨다.
 • 치수 단위는 mm이고, 허용오차는 ±5 mm이다.
 • 치수는 기구 및 박스의 중심을 기준으로 한다.
 • 치수가 없는 곳은 미관을 고려하여 도면에 충실하게 시공한다.
④ 합성수지 전선관, PE 전선관, 금속전선관의 배관작업을 하여 배선판에 고정시킨다.
⑤ 케이블을 새들로 배선판에 튼튼히 고정한다.
⑥ 전선관에 전선을 넣고 상호간 및 기구 단자와의 접속을 하고, 특히 벨 단자의 연선과 단선의 접속을 하고 절연이 양호하게 테이프를 감는다.
⑦ 접속함 내에서의 전선 처리는 접속부의 관 단으로부터 100~150 mm의 여유를 주어 쥐꼬리 접속을 하고, 접속하지 않는 선은 될 수 있으면 직선에 가까운 배선이 되도록 한다.
⑧ 커버 나이프 스위치에는 용량에 맞는 퓨즈를 사용한다.
⑨ 단상 3 선식에서는 커버 나이프 스위치의 중성선에 퓨즈를 끼워서는 절대로 안 된다.
⑩ 회로시험기로 접속 상태를 확인한다.

(4) 지급 재료 목록

일련번호	재 료 명	규 격	단 위	수 량	비 고
1	케이블	2 C, 2.5 mm²	m	1	
2	PE 전선관	16 mm	m	2	
3	합성수지 전선관	16 mm	m	2.5	
4	금속전선관	16 mm	m	1	
5	절연전선 (적색)	2.5 mm²	m	10	
6	절연전선 (청색)	2.5 mm²	m	8	
7	버저	100 V 용	개	1	
8	콘센트	300 V / 15 A	조	1	매입
9	푸시 버튼 스위치	300 V / 6 A	개	1	
10	3로 스위치	300 V / 6 A	개	2	

11	커버 나이프 스위치	2 P, 30 A	개	1	
12	리셉터클	300 V / 6 A	개	3	
13	목대	120 mm	개	5	
14	접속함	102×102×44 mm	개	2	
15	접속함	102×51×44 mm	개	1	
16	박스 커넥터	16 mm 관용	개	1	
17	새들	16 mm 관용	개	18	
18	새들	케이블용	개	2	
19	와이어 커넥터	중형	개	4	
20	나사못	19 mm	갑	1	

(5) 도 면

① 가구 배치도

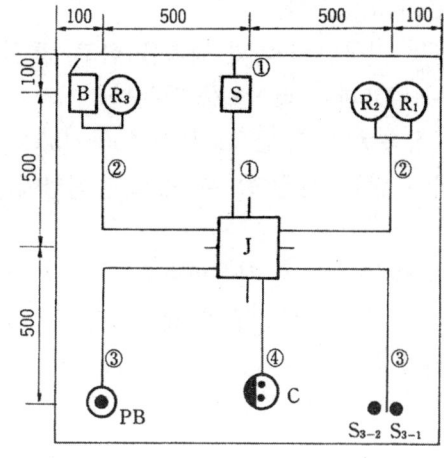

• 공사 방법
 ① 케이블 공사
 ② 합성수지관 공사
 ③ PE관 공사
 ④ 금속관 공사

② 동작 회로도

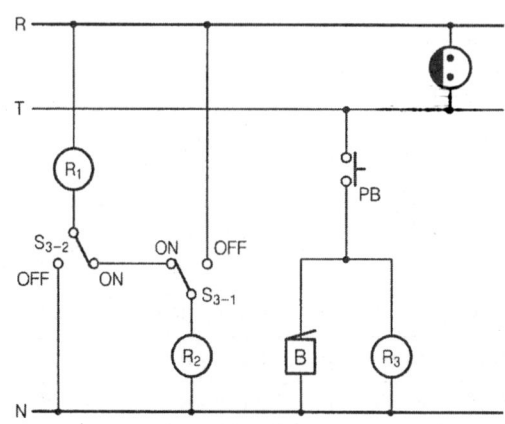

③ 동작 순서

(가) 콘센트 회로 (220 V)

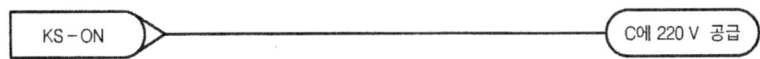

(나) 전등회로 (110 V) KS-ON 상태에서

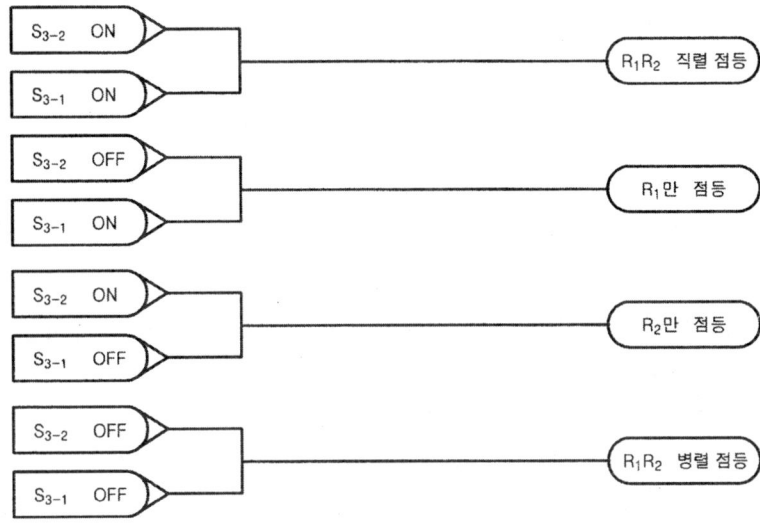

(다) 신호회로 (110 V)

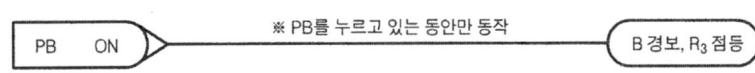

④ 실체 배선도

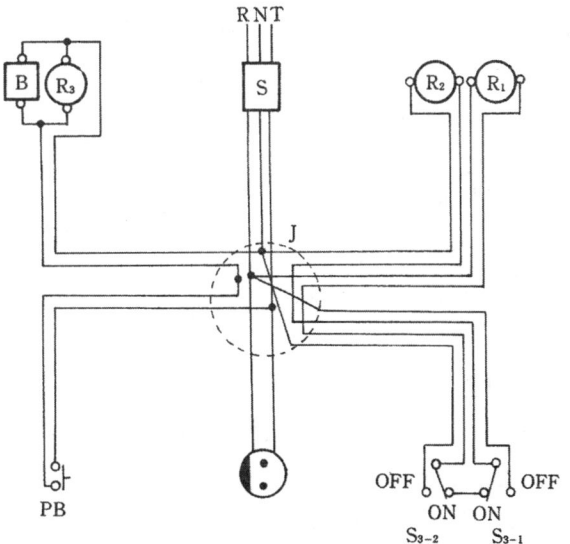

㈜ 3로 스위치는 ON, OFF를 표시하지 않지만 이해를 돕기 위하여 ② 동작 회로도와 ④ 실체 배선도에 ON, OFF를 편의상 표시하였다.

7. 전자계전기 사용 – 전등 점멸회로

(1) 요구 사항

① 지급된 재료를 사용하여 제한시간 내에 도면에 표시된 공사를 내선공사 작업 방법에 의거 완성하시오.
② 전원 방식 : 단상 2선식 (220 V)
③ 공사 방법
  (개) 케이블 공사
  (내) 금속전선관 공사
  (대) PE 전선관 공사
④ 동작 사항
  (개) S를 ON 상태에서 PBS_1을 누르면 계전기의 접점에 의하여 벨과 L_1이 동작하고, PBS_1을 떼면 벨은 멈추고 L_1만 동작된다.
  (내) S를 ON 상태에서 PBS_2를 누르면 계전기의 접점에 의하여 벨과 L_2가 동작하고, PBS_2를 떼면 벨은 멈추고 L_2만 동작한다.

(2) 참고 사항

① 전자계전기 (electromagnetic relay)의 구조 및 원리
  (개) 전자력에 의하여 접점을 개폐하는 기능을 가진 장치
    ㉮ 힌지형 계전기 구조

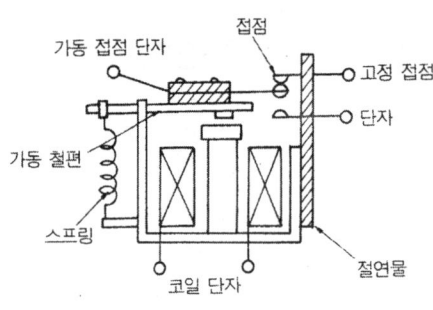 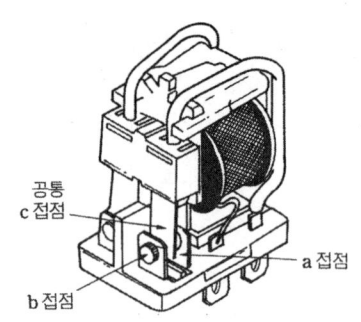

  ㉯ 접점의 동작회로
    • a 접점 (arbeit contact) : make 접점 – ON 회로
    • b 접점 (break contact) : break 접점 – OFF 회로
    • c 접점 (change-over contact) : change 접점 – 전환회로

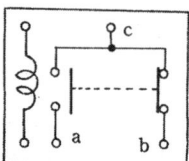

[참고] ① 여자 : 코일에 전류를 흘림 ┌ a 접점 ON
                                    └ b 접점 OFF

② 소자 : 코일의 전류 차단 ┬ a 접점 OFF
                                └ b 접점 ON

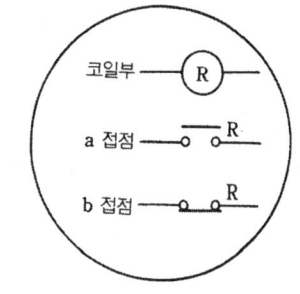

(나) 전자계전기의 기능 (작용)
- 여자에 요하는 전압, 전류의 값보다 매우 큰 값의 회로를 개폐하는 능력
- 하나의 신호로 몇 개의 회로를 동시에 개폐할 수 있는 기능
- a 접점밖에 없는 스위치를 등가적으로 b 접점을 가진 스위치로 변화하는 기능
- 여러 개의 릴레이를 조합하여 판단 기능을 가진 논리 회로를 만들 수 있다.

② 자기유지회로
  (가) PB_1을 누르면 (ON) 릴레이는 여자되어 자기유지접점 (a 접점)이 ON 회로를 구성하므로 손을 떼어도 (OFF) 여자를 지속시킨다.
  (나) PB_2를 누르면 (ON) 자기유지가 해제

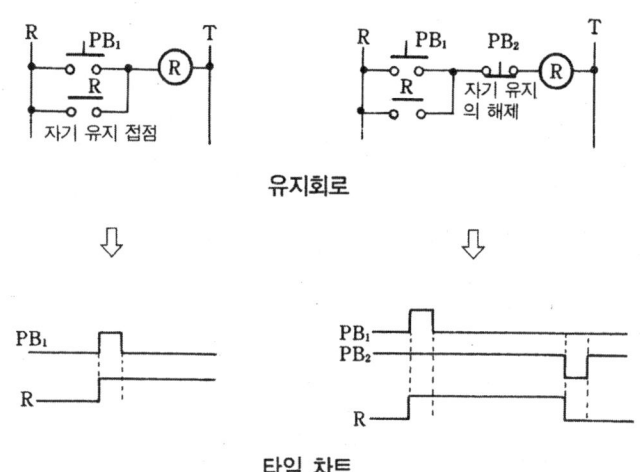

유지회로

타임 차트

③ 계전기 내부 코일부와 접점부 및 베이스의 구조

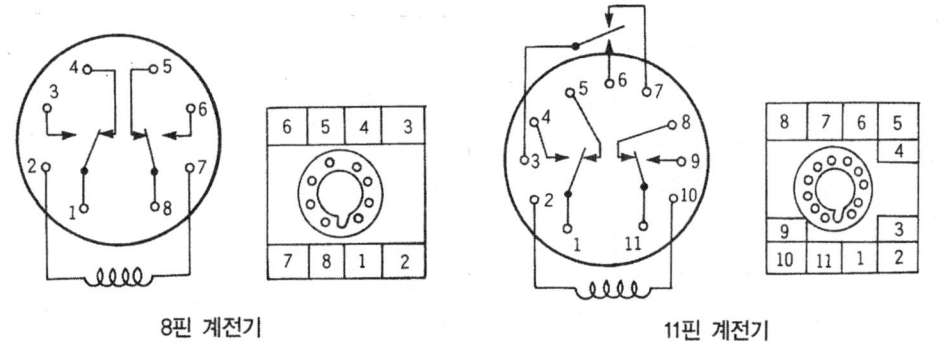

8핀 계전기   11핀 계전기

(3) 작업 순서 및 유의 사항

① 회로도를 보고 동작 사항을 파악한 다음 실체 배선도를 그린다.
② 공사하기 전 지급받은 재료를 점검한 후 작업에 임한다.
③ 작업판에 기구를 배치할 위치를 표시한 다음 기구를 고정시킨다.
- 치수 단위는 mm이고, 허용오차는 ±5 mm이다.
- 치수는 기구 및 박스의 중심을 기준으로 한다.
- 치수가 없는 곳은 미관을 고려하여 도면에 충실하게 시공한다.

④ 배관작업과 케이블 작업을 실시한다.
⑤ 케이블과 박스와의 접속은 커넥터를 사용하여 접속하고, 케이블을 새들로 배선판에 튼튼히 고정한다.
⑥ 계전기의 내부결선도를 확인하여 접점번호를 잘 기억해 둔다.
⑦ 소켓 접점의 이상 유무를 회로 시험기로 확인한다.
⑧ 전선관에 전선을 넣고 전선 상호간 기구 단자와의 접속을 한다.
⑨ 회로 시험기로 접속 상태를 확인한다.
⑩ 접속 부분에 테이프를 감는다.
⑪ 납땜 및 스위치 콘센트의 커버는 생략한다.
⑫ 전원측 전선의 피복은 전선 끝에서 약 10 mm 정도 벗겨 놓는다.

[참고] 계전기나 스위치의 접점 개폐 상태는 다음과 같은 원칙에 따른다.
① 계전기의 접점은 구동하는 코일이 자력을 잃은 상태
② 수동 접점은 손을 떼었을 때의 상태
③ 그 밖의 접점은 정지 상태

(4) 지급 재료 목록

일련번호	재 료 명	규 격	단 위	수 량	비 고
1	케이블	2 C, 2.5 mm^2	m	1	
2	절연전선 (적색)	2.5 mm^2	m	10	
3	절연전선 (청색)	2.5 mm^2	m	5	
4	금속전선관	16 mm	m	3.6	
5	PE 전선관	16 mm	m	2.5	
6	커버 나이프 스위치	2 P, 300 V / 30 A	개	1	
7	푸시 버튼 스위치	1 a	개	2	매입
8	텀블러 스위치	300 V / 6 A	개	1	노출
9	전자계전기 소켓	8핀	개	2	
10	박스 커넥터	16 mm 관용	개	2	

11	와이어 커넥터	중형	개	4	
12	케이블 커넥터	케이블용	개	1	
13	접속함	102×102×44 mm	개	2	금속제
14	버저	AC 220 V	개	1	
15	부싱	16 mm 관용	개	6	
16	로크너트	16 mm 관용	개	8	
17	새들	16 mm 관용	개	18	
18	새들	케이블용	개	4	
19	테이프		m	0.3	
20	나사못	19 mm	갑	1	

(5) 도면 및 해설

① 기구 배치도

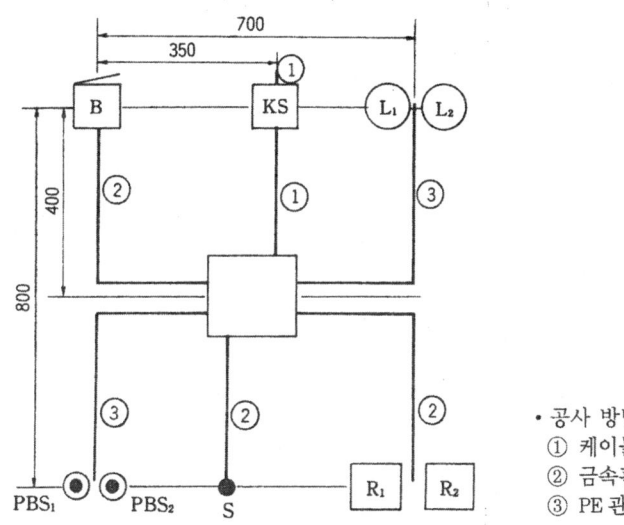

- 공사 방법
  ① 케이블 공사
  ② 금속관 공사
  ③ PE 관 공사

② 시퀀스도

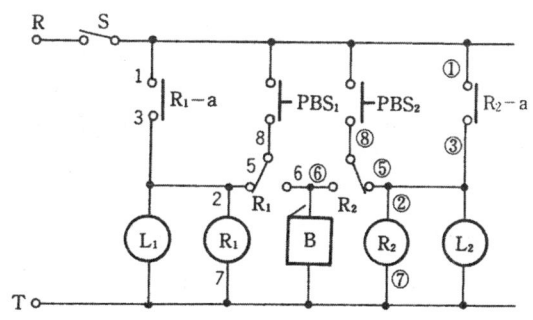

③ 동작 순서

(가)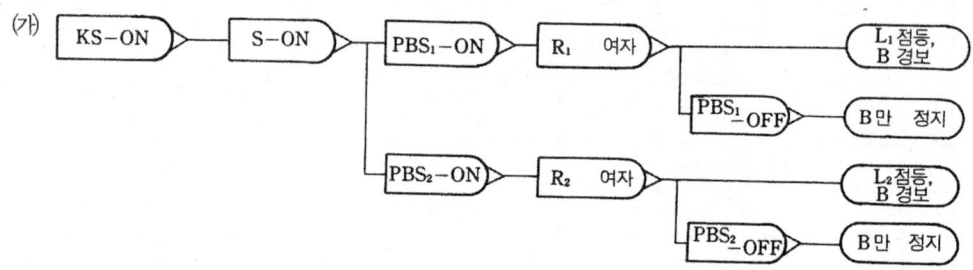

위의 상태에서

(나)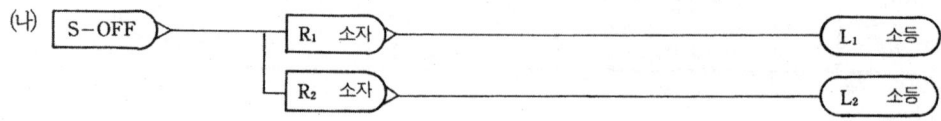

④ 실체 배선도

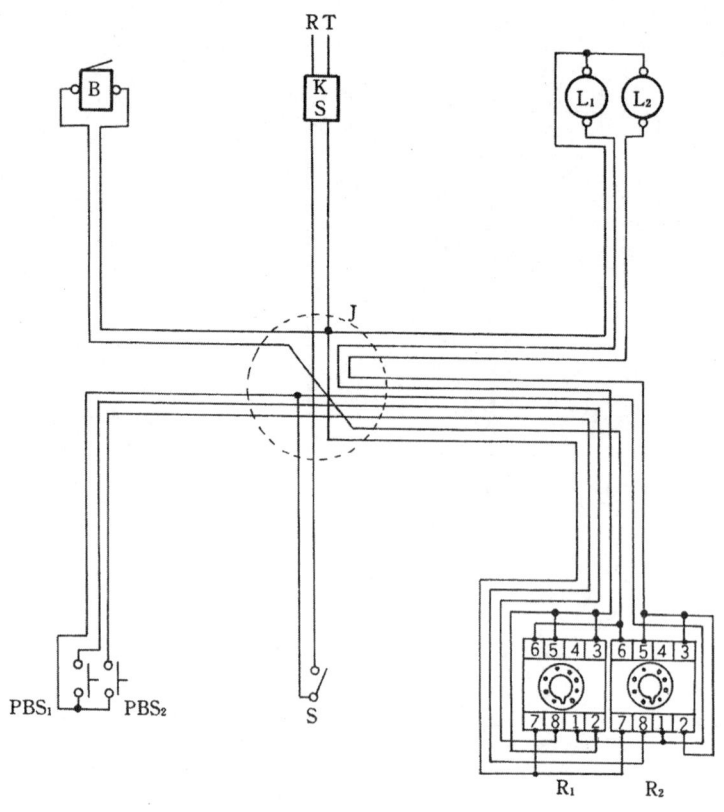

8. 타이머와 계전기 사용 – 전등 점멸회로

(1) 요구 사항

① 지급된 재료를 사용하여 제한시간 내에 도면에 표시된 공사를 내선공사 작업 방법에 의거 완성하시오.
② 전원 방식 : 단상 3 선식 (110/220 V)
③ 공사 방법
  (가) 케이블 공사
  (나) PE 전선관 공사
  (다) 금속전선관 공사
④ 동작 사항
  (가) KS를 ON하면 R_4가 점등되고, S_1이 OFF인 상태에서 S_{3-1}을 ON하면 R_1이 점등되고, S_{3-2}를 ON하면 R_2가 점등된다.
  (나) S_{3-1}, S_{3-2}를 OFF하고 S_1을 ON하면 R_1, R_2가 병렬로 점등된다.
  (다) PB를 누르면 R_3가 점등되고 RY가 여자되어 R_4가 소등되며 T가 여자된다. 타이머 T의 설정시간이 지나면 R_3가 소등되고 RY도 소자되어 R_4가 다시 점등되며 T도 소자된다.

(2) 참고 사항

① 타이머(timer)의 동작 형식 : 타이머는 시간차를 두고 접점의 개폐 동작을 할 수 있으며, 출력 신호까지의 사이에 인위적으로 일정한 시간을 유지하는 것으로, 스위치와 계전기의 조합으로 그 기능을 발휘한다.
  (가) 한시 동작형(限時動作形) : 전압이 가해진 다음 일정시간이 경과하여 접점이 동작하며, 전압이 제거되면 순시에 접점이 원상 복귀하는 것으로 ON delay timer이다.
  (나) 한시 복귀형(限時復歸形) : 전압을 가하면 순시에 접점이 동작하며, 전압이 제거된 다음 일정시간 후에 접점이 원상 복귀하는 것으로 OFF delay timer이다.

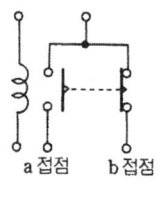

한시 동작형

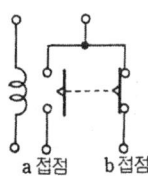

한시 복귀형

② 타이머(timer)의 그림 기호 및 타임 차트

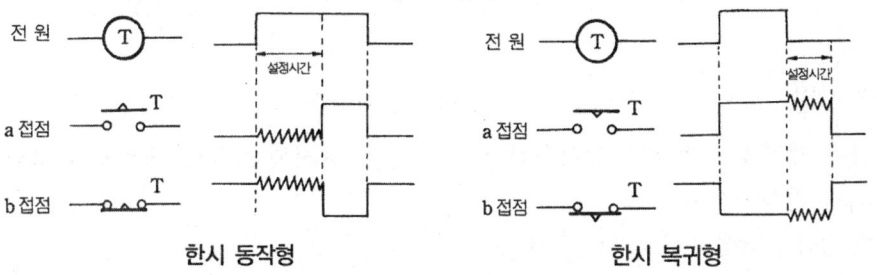

한시 동작형　　　　　　　　　한시 복귀형

③ 타이머의 시한회로 접점과 논리 심벌 및 시간적인 동작 내용

신 호			접점 심벌	논리 심벌	동 작
	입력신호(코일)		⊗		
출력신호	한시 동작회로	a접점			
		b접점			
	한시 복귀회로	a접점			
		b접점			
	뒤진회로	a접점			
		b접점			

(3) 작업 순서 및 유의 사항

① 회로도를 보고 동작 사항을 파악한 다음 요구 사항에 맞게 시퀀스도를 그린다.
② 타이머의 내부 결선도를 정확히 이해한다.
③ 작업판에 기구를 배치할 위치를 표시한 다음 기구를 고정시킨다.
　• 치수 단위는 mm이고, 허용오차는 ±5 mm이다.
　• 치수는 기구 및 박스의 중심을 기준으로 한다.
　• 치수가 없는 곳은 미관을 고려하여 도면에 충실하게 시공한다.
④ 배관작업을 하여 배선판에 새들로 판을 고정시킨다.
⑤ 케이블 배선공사를 실시한다.

⑥ 케이블과 박스와의 접속은 커넥터를 사용하여 접속하고, 케이블을 새들로 배선판에 튼튼히 고정한다.
⑦ 접속할 부분의 피복을 벗긴 다음 각 기구에 접속시키고, 접속함 내에서 전선을 서로 접속시킨다.
⑧ 접속함 내에서 전선을 접속할 때 전선의 여유는 10 cm 이상이 되어야 한다.
⑨ 전선관은 모든 기구류를 중심선에서 일치하도록 작업하여야 한다.
⑩ PE 전선관의 r은 관지름의 $6d$ 이상으로 한다.
⑪ 단자에 접속되는 전선은 단자에서부터 2 mm 정도 벗겨서 피복이 단자에 물리지 않도록 하여야 한다.
⑫ 박스에서 와이어 커넥터 접속은 쥐꼬리 접속을 하여야 한다.
⑬ 소켓에서 타이머나 계전기를 흔들어 꽂거나 빼지 않는다.
⑭ 타이머의 심벌은 T, TL, TLR 등으로 표시한다.
⑮ 작업시에는 안전 수칙을 준수한다.
⑯ 납땜 및 스위치 콘센트의 커버는 생략한다.
⑰ 전원측 전선의 피복은 전선 끝에서 약 10 mm 정도 벗겨 놓는다.
⑱ 준비된 재료 및 공구 등은 정리정돈하면서 작업에 임한다.
⑲ 커버 나이프 스위치의 중심선에는 퓨즈를 끼워서는 안 된다.
⑳ 완성된 제품은 회로 시험기로 접속 상태를 확인한다.

(4) 지급 재료 목록

일련번호	재료명	규격	단위	수량	비고
1	커버 나이프 스위치	2 P, 20 A	개	1	
2	리셉터클	300 V / 6 A	개	4	
3	금속전선관	16 mm	m	1.8	
4	PE 전선관	16 mm	m	4	
5	케이블	2 C, 2.5 mm²	m	1	
6	접속함	102×102×44 mm	개	1	
7	접속함	102×51×44 mm	개	3	
8	접속함	92×92×44 mm	개	1	
9	목대	120 mm	개	4	
10	푸시 버튼 스위치	300 V / 6 A	개	1	
11	3로 스위치	300 V / 6 A	조	2	
12	단극 스위치	300 V / 6 A	조	1	
13	타이머 소켓	8핀	개	1	

14	계전기 소켓	8핀	개	1	
15	부싱	16 mm	개	4	
16	로크너트	16 mm	개	4	
17	박스 커넥터	16 mm 관용	개	11	
18	새들	16 mm 관용	개	20	
19	새들	케이블용	개	4	
20	절연전선 (적색)	2.5 mm^2	m	20	
21	절연전선 (백색)	2.5 mm^2	m	5	
22	나사못	19 mm	갑	1	
23	전구	110 V / 6 A	개	4	
24	타이머	8핀, 60 S	개	2	110/220 V
25	계전기	2 a, 2 b, 8핀	개	2	110 V

(5) 도면 및 해설

① 기구 배치도

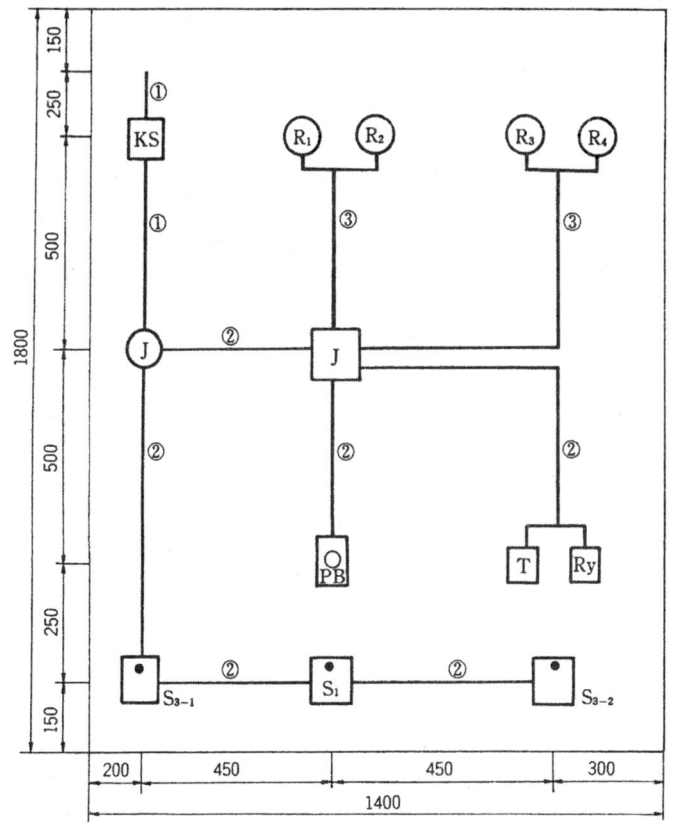

• 공사 방법
① 케이블 공사
② PE 관 공사
③ 금속관 공사

② 동작 회로도

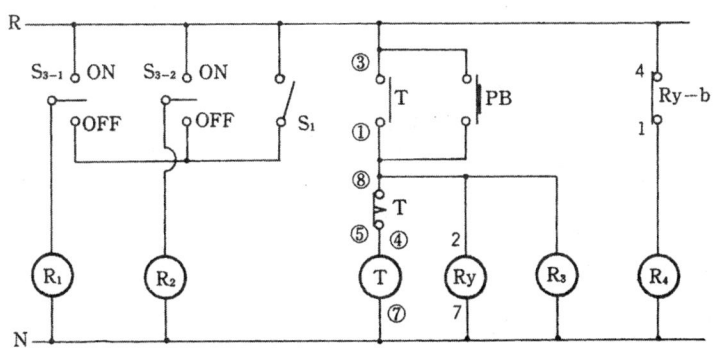

③ 동작 순서

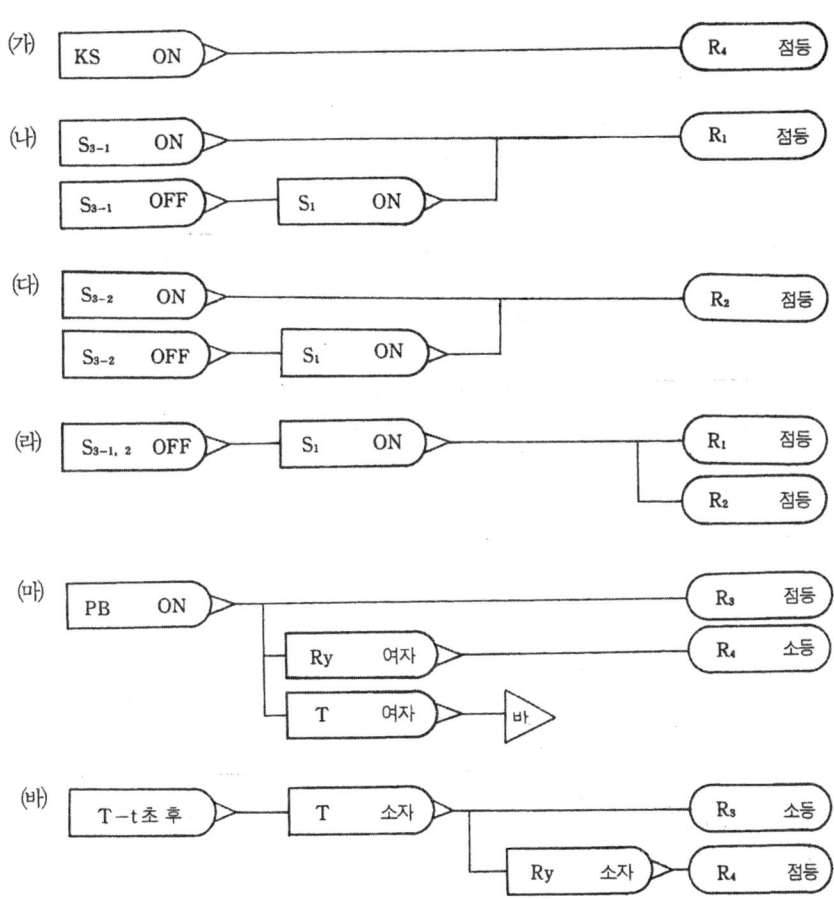

④ 실체 배선도

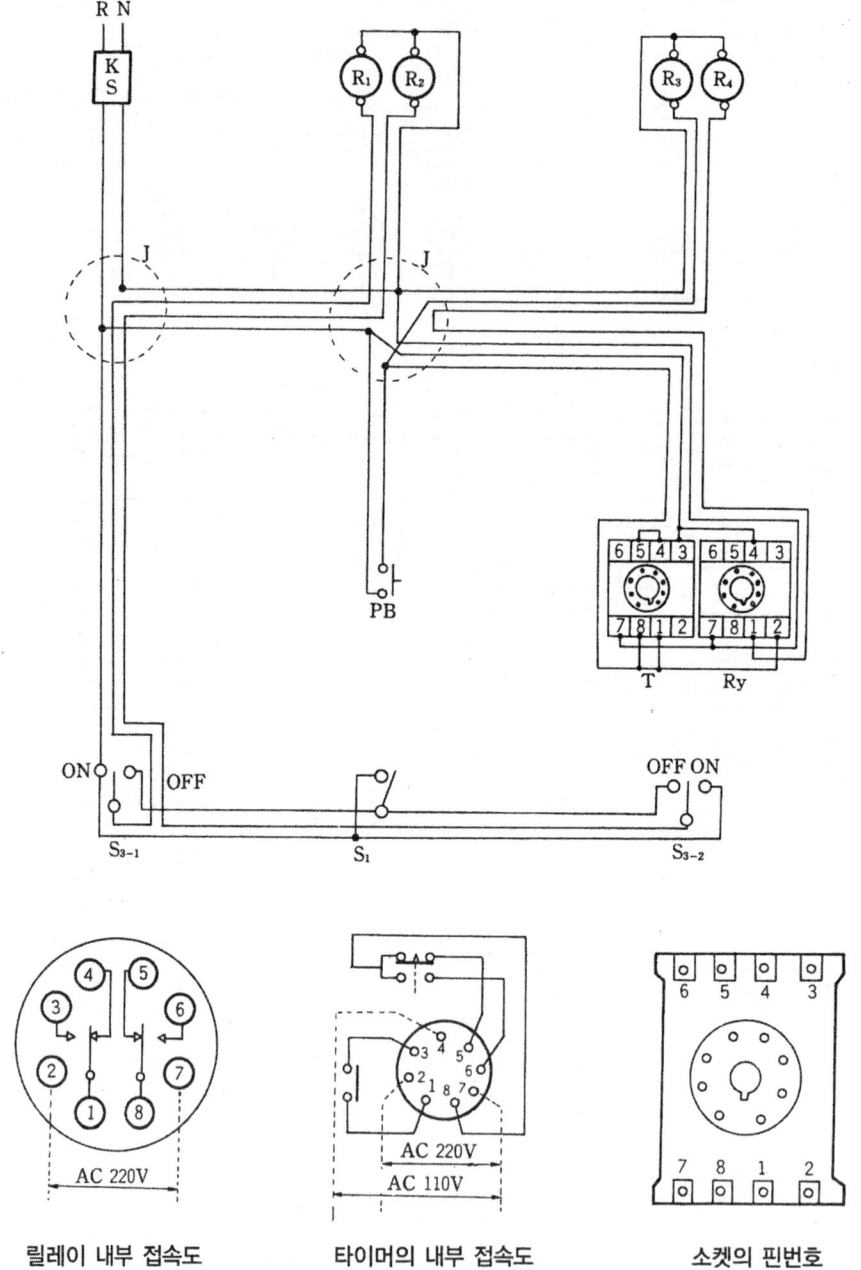

릴레이 내부 접속도   타이머의 내부 접속도   소켓의 핀번호

9. 전등순차점등 제어회로

(1) 요구 사항

① 지급된 재료를 사용하여 제한시간 내에 도면에 표시된 공사를 내선공사 작업 방법에 의거 완성한다.
② 전원 방식 : 단상 2 선식 (220 V)
③ 공사 방법 : 제어반 배선
④ 동작 사항
  ㈎ 커버 나이프 스위치를 넣으면 계전기 R_1, R_2, R_3의 b 접점에 의해서 ⓖⓛ이 점등된다.
  ㈏ PBS_1-a 또는 PBS_2-a를 누르면 계전기 R_1과 타이머 T_1이 여자되어 ⓖⓛ이 소등되고 자기유지회로가 형성되며 ⓡⓛ이 점등된다.
  ㈐ 타이머 T_1, T_2의 설정시간에 따라 신호등 ⓞⓛ, ⓦⓛ이 차례로 점등된다.
  ㈑ PBS_1-b 또는 PBS_2-b를 누르면 계전기 및 타이머가 모두 소자되어 ⓡⓛ, ⓞⓛ, ⓦⓛ이 모두 소등되고, 다시 ⓖⓛ만 재점등된다.
  ㈒ 커버 나이프 스위치를 내리면 ⓖⓛ도 소등된다.

(2) 작업 순서 및 유의 사항

① 시퀀스도를 이해하고 동작 사항을 파악한 다음 요구 사항에 맞게 실체 배선도를 그린다.
② 제어반에 기구의 위치를 표시하고 그 기구를 고정시킨다.
③ 실체 배선도에 맞게 배선 작업을 한다.
④ 소켓의 접속 단자에는 두 가닥 이상의 결선을 해서는 안 된다.
⑤ 배선 작업시 일정한 간격으로 바인드 작업을 실시한다.
⑥ 배선 작업이 끝나면 회로 시험기를 사용하여 시퀀스도를 보면서 접속 상태를 확인한다.
⑦ 전원을 넣기 전에 결선의 유무를 반드시 확인한다.

(3) 지급 재료 목록

일련번호	재 료 명	규 격	단 위	수 량	비 고
1	커버 나이프 스위치	2 P, 300 V / 6 A	개	1	
2	푸시 버튼 스위치	ϕ 25, 1 a, 1 b	개	2	

3	접속함	φ 25, 2구용	개	2	
4	타이머	220 V / 5 A	개	2	60 s
5	계전기	220 V / 5 A	개	3	
6	타이머 소켓	8핀	개	2	
7	계전기 소켓	11핀	개	1	
8	계전기 소켓	8핀	개	2	
9	리셉터클	300 V / 6 A	개	4	
10	전구	220 V / 30 W	개	4	초 입힌 것
11	바인드선		m	3	
12	절연전선 (적색)	2.5 mm²	m	10	
13	절연전선 (청색)	2.5 mm²	m	3	
14	실습판	400×400×12 mm	장	1	베니어합판
15	나사못	19 mm	개	10	
16	나사못	25 mm	개	14	

(4) 도면 및 해설

① 기구 배치도

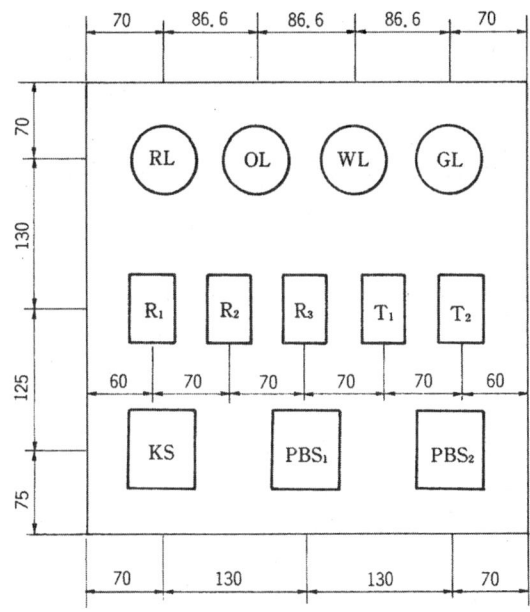

② 시퀀스도

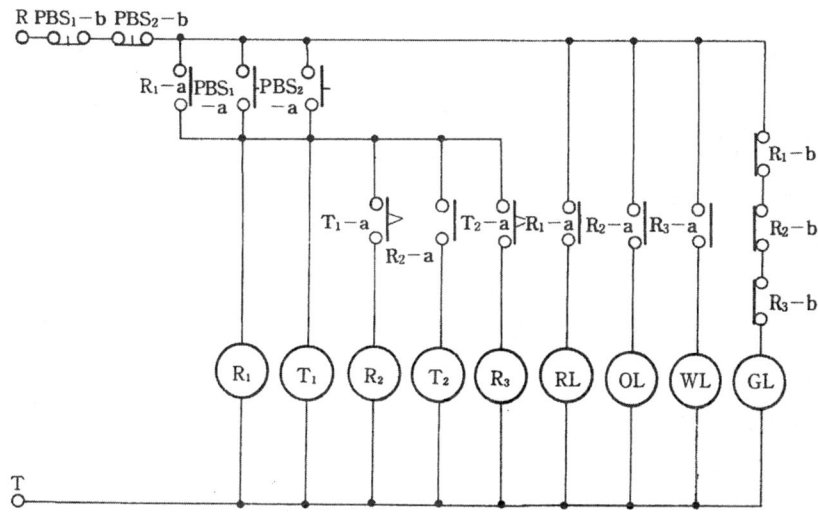

③ 동작 순서

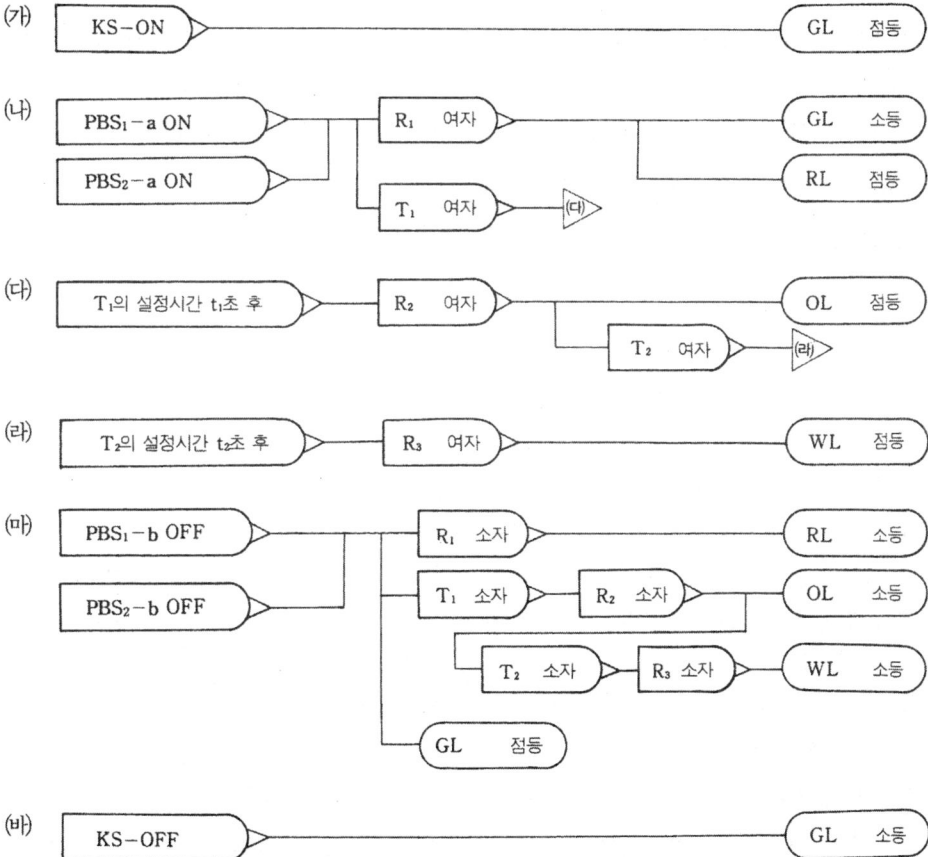

10. 단상 유도전동기의 제어회로

(1) 요구 사항

① 지급된 재료를 사용하여 제한시간 내에 도면에 표시된 공사를 내선공사 작업 방법에 의거 완성하시오.
② 전원 방식 : 단상 2 선식 220 V
③ 공사 방법
　(가) 비닐외장 케이블 공사
　(나) 금속전선관 공사
　(다) PE 전선관 공사
④ 동작 사항
　(가) 커버 나이프 스위치 KS를 넣고, 스위치 S를 닫으면 전원 표시등 ⓖⓛ이 점등된다.
　(나) PB_1을 누르면 운전 표시등 ⓡⓛ의 점등과 동시에 코일 ⓜⓞ의 작용으로 접점과 접촉되어 전동기가 기동된다.
　(다) PB_2를 누르면 ⓡⓛ이 소등되고 전동기가 정지되며, 전원 표시등 ⓖⓛ이 점등된다.
　(라) 전동기가 운전 중에 과부하가 되면 과부하 계전기가 작동하여 과부하 표시등 ⓞⓛ의 점등과 동시에 전동기가 정지된다.

(2) 참고 사항

① 시퀀스 제어의 기능에 관한 용어
　(가) 폐로 (close, ON) : 스위치, 계전기 등으로 전기회로의 일부 또는 전부에 전압을 가하거나, 전류를 흐를 수 있도록 하는 것
　(나) 개로 (open, OFF) : 스위치, 계전기 등으로 전기 회로의 일부 또는 전부에 전압, 전류를 차단하는 것
　(다) 복귀 (resetting) : 동작 상태 전으로 되돌리는 것
　(라) 기동 (starting) : 정지 상태에 있는 기기 또는 장치들을 운전 상태로 하는 것
　(마) 운전 (running) : 기동된 기기 또는 장치들이 소정의 동작 또는 작용을 하고 있는 상태
　(바) 제동 (braking) : 운전 중에 있는 기기 또는 장치를 전기적, 기계적으로 운전 상태를 억제하는 것
　(사) 트리핑 (tripping) : 자기 유지 기구를 분리하여 개폐기 등을 개로하는 것
　(아) 연동 (interlocking) : 어떤 조건이 갖추어졌을 때 동작을 진행시키는 것으로 여러 개의 동작을 관련시키는 것

② 전자접촉기 (electromagnetic contactor) : MC
　(가) 외형 및 내부 구조 : 전자접촉기의 전자 코일에 전류가 흐르면 고정 철심이 전자석으로 되어 가동 철심을 흡인하여 가동 철심에 부착된 주접점과 보조 접점을 폐로하고, 전자 코일에 전류가 흐르지 않으면 개로한다.

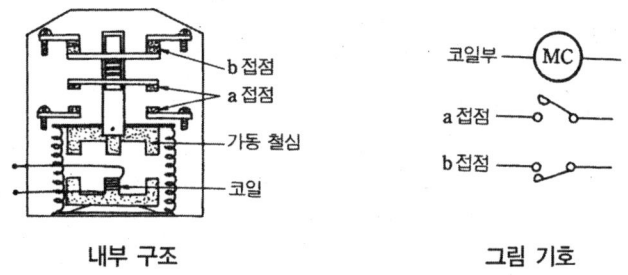

내부 구조　　　　　그림 기호

　(나) 접점과 회로 구성
　　• 주접점 : 큰 전류가 흘러도 안전한 대전류 용량의 접점으로 주회로를 구성한다.
　　• 보조접점 : 작은 전류 용량의 접점으로 주회로의 개폐 조작에 필요한 것으로, 조작회로 또는 보조회로를 구성한다.

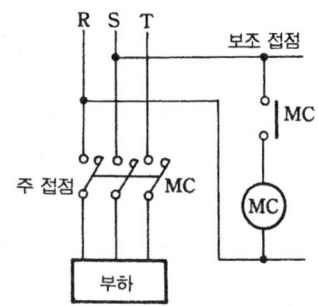

③ 과부하 계전기 (overload relay) : 부하의 이상에 의한 정상전류의 증가를 검지하여 작동하는 보호장치이며, 일반적으로 열동 과전류계전기인 서멀 릴레이(thermal relay)가 사용된다.
　(가) 작동 과정 : 전동기에 과부하 또는 구속 상태 등으로 이상 전류가 흐르면 주회로에 접속된 과부하 전류 히터(overload current thermo-heater)의 발열로 바이메탈이 작용하여 접점부를 동작시킨다.
　[참고] ① a 접점 : 경보용 접점 - 경보 램프 점등
　　　　② b 접점 : 조작 회로용 접점 - 전자접촉기의 여자회로 차단 (소자)

　　　　　히터　　⎍ THR
　　　　　a접점　　⤫ THR
　　　　　b접점　　⤫ THR

(나) 복귀는 수동으로 한다.

④ 전자개폐기(magnetic switch) : 전자접촉기와 과전류에 의해 동작하는 과부하계전기가 조합되어 외부의 조작 스위치에 의해 동작하는 개폐기이다.

(가) 내부 회로와 외부 조작 스위치 연결

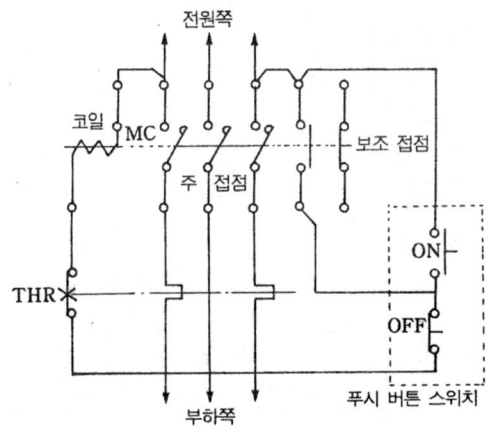

(나) 시퀀스도(동작 회로도)

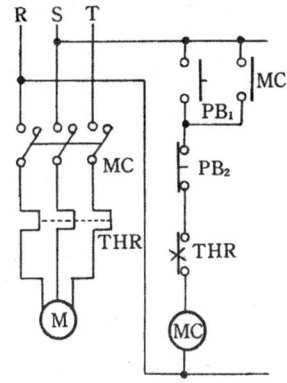

(다) 동작 순서

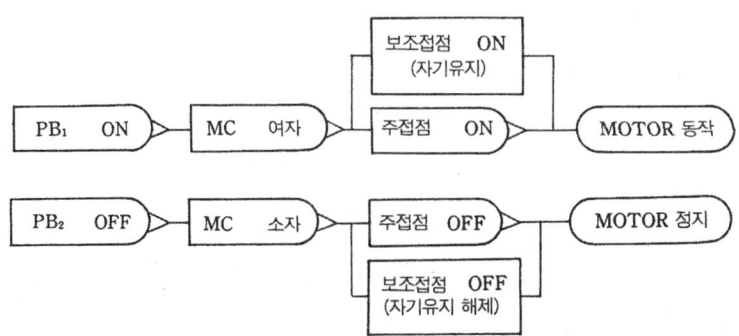

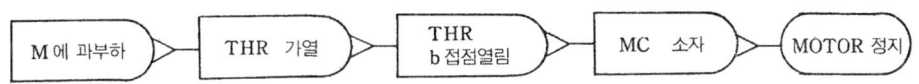

참고 MC가 소자되면 자기유지 해제

(3) 작업 순서 및 유의 사항

① 시퀀스도와 기구 배치도를 이해한다.
② 전자개폐기에 부착된 결선도의 조정전류를 전동기의 전부하전류로 조정한다.
  • 사용 전에 과부하 계전기의 조정전류를 전동기의 전부하전류로 조정한다.
  • 전자개폐기의 조작전압의 허용 범위는 정격전압의 85~110 %이다.
③ 작업판에 기구를 배치할 위치를 표시한 다음 기구를 고정시킨다.
④ 실체 배선도를 보고 전선관에 선을 넣는다.
⑤ 전선과 기구와의 결선을 하고 점검을 한다.

(4) 지급 재료 목록

일련번호	재 료 명	규 격	단 위	수 량	비 고
1	커버 나이프 스위치	2 P, 30 A	개	1	
2	푸시 버튼 스위치	1 a 1 b	개	1	조작용
3	리셉터클	300 V / 6 A	개	3	
4	절연전선(적색)	2.5 mm²	m	25	
5	절연전선(청색)	2.5 mm²	m	10	
6	단자대	4 P	개	2	
7	단자대	15 P	개	1	
8	단극 스위치	300 V / 6 A	조	1	
9	금속전선관	16 mm	m	5.5	
10	PE 전선관	16 mm	m	2	
11	케이블	3 C, 4 mm²	m	1.5	
12	접속함	102×51 mm	개	1	스위치 박스용
13	로크너트	16 mm	개	6	관용
14	부싱	16 mm	개	4	관용
15	박스 커넥터	16 mm PVC 관용	개	1	관용
16	새들	16 mm	개	12	관용
17	새들	케이블용	개	5	

(5) 도면 및 해설

① 기구 배치도

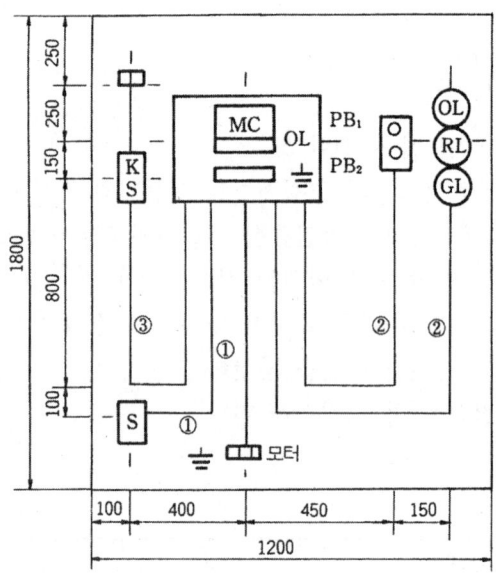

• 공사 방법 : ① 비닐외장 케이블 공사, ② 금속전선관 공사, ③ PE관 공사

② 시퀀스도

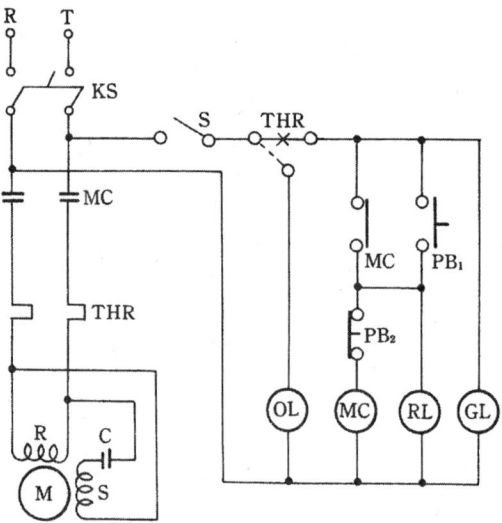

[참고] MC의 주접점의 기호 ╱ 을 ┤├ 으로도 표시한다.

③ 동작 순서

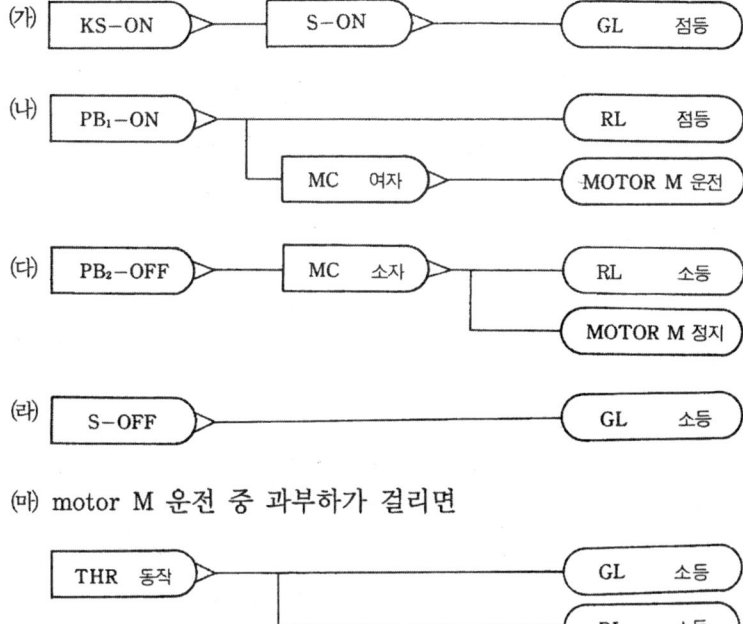

(마) motor M 운전 중 과부하가 걸리면

11. 3상 유도전동기의 기동회로

(1) 요구 사항

① 지급된 재료를 사용하여 제한시간 내에 도면에 표시된 공사를 내선공사 작업 방법에 의거 완성하시오.
② 전원 방식 : 3상 3선식 220 V
③ 공사 방법
  (가) 케이블 공사
  (나) PE 전선관 공사
  (다) 금속전선관 공사
④ 동작 사항
  (가) 배선용 차단기 MCB를 넣으면 전원표시등(정지등) ⓖⓛ이 점등된다.
  (나) 푸시 버튼 스위치 PB_3나 PB_4를 누르면 전자개폐기 코일 ⓜⓒ가 여자되면서 MC-b가 열려 ⓖⓛ이 소등되고, ⓡⓛ이 점등되며 전동기는 기동된다.
  (다) 푸시 버튼 스위치 PB_1이나 PB_2를 누르면 ⓡⓛ이 소등되고 ⓖⓛ이 점등되며, 전동기는 정지된다.
  (라) 과부하가 되면 ⓞⓛ이 점등된다.
  (마) MCB를 열면 ⓖⓛ이 소등된다.

(2) 참고 사항

① 표시 램프
  (가) 고정 위치와 배열 원칙
   • 전원 표시등은 제어반 최상부의 중앙에, 표시등은 조작 스위치의 상단에 고정시킨다.
   • 배열할 때에는 오른쪽에서부터 왼쪽으로 또는 위에서부터 아래로 기동-정지(정전-역전-정지)순으로 배치한다.
   • 램프의 색 표시

표시종류	램프의 색	약 호
전원 표시 (상태)	백 색	WL (white lamp), PL (pilot lamp)
운전 표시 (상태)	적 색	RL (red lamp)
정지 표시 (상태)	녹 색	GL (green lamp)
정보 표시 (정보)	오렌지색	OL (orange lamp)
고장 표시 (고장)	황 색	YL (yellow lamp)

② 배선용 차단기(molded case circuit breaker) : MCB(또는 MCCB)
   (가) 과전류가 흐르면 바이메탈에 의하여 또는 전자력에 의하여 순시에 접점이 열려서 회로를 보호하는 기구이다.
   (나) 배선용 차단기의 동작 특성 : 정격전류값으로 동작하지 않으며 주위 온도 40℃를 기준으로 한다.

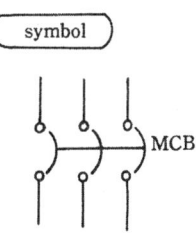

배선용 차단기의 정격전류 A	동작시간의 한도 (분)	
	정격전류의 1.25배로	정격전류의 2배로
30 이하	60	2
30 초과 50 이하	60	4
50 초과 100 이하	120	6
100 초과 225 이하	120	8

③ 퓨즈 (fuse)
   (가) 단락사고 등에 의하여 과대전류가 흐르게 되면 용단되어 회로를 차단시켜 선로 및 기기를 보호하는 장치

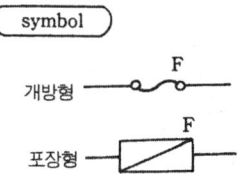

   (나) 용단 특성
   • A종 퓨즈 : 정격전류의 1.1배의 전류에서 용단하지 않을 것
   • B종 퓨즈 : 정격전류의 1.3배의 전류에서 용단하지 않을 것
   • 플러그 퓨즈의 용단시간 (저압용 퓨즈의 동작시간)

퓨즈의 정격전류 A	용단시간의 한도 (분)	
	A종 : 정격전류의 1.35배로 B종 : 정격전류의 1.6배로	정격전류의 2배로
1~ 30	60	2
31~ 60	60	4
61~100	120	6
101~200	120	8

㊟ 주위 온도 10~30℃

④ 전자개폐기의 기본 결선 (접점의 번호 사용 예)

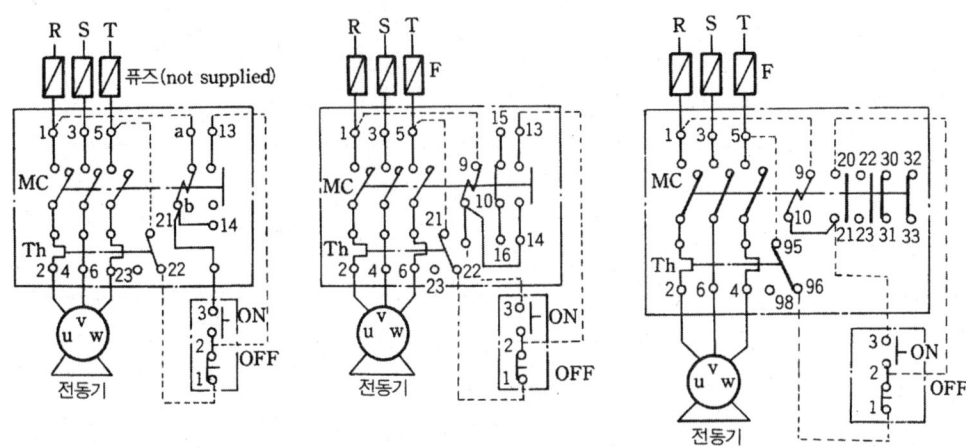

⑤ 푸시 버튼 스위치의 외형과 접점의 종류

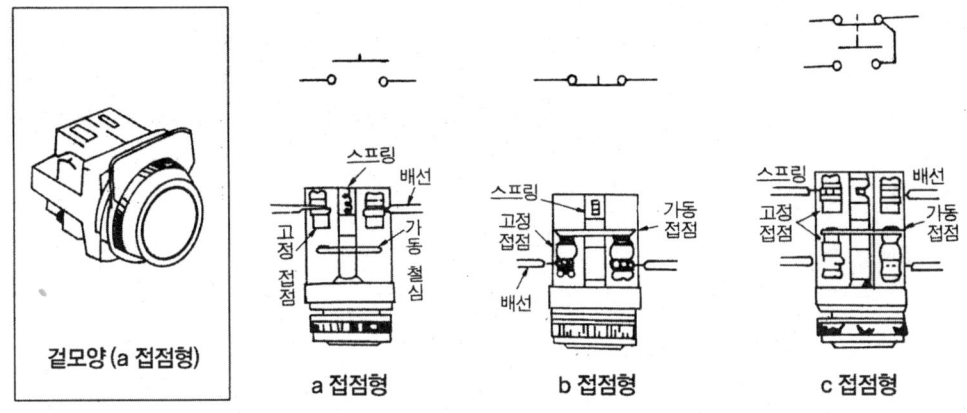

겉모양 (a 접점형)   a 접점형   b 접점형   c 접점형

⑥ 전선의 바인드 : 곡률반지름은 전선 지름의 5배 이상 구부리며, 직각 구부리기를 할 수도 있다.
　㈎ 굴곡 : 30~50 mm 정도
　㈏ 수평 : 100~150 mm 이하
　㈐ 수직 : 150~300 mm 이하

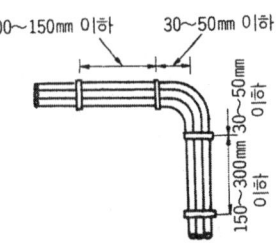

(3) 작업 순서 및 유의 사항

① 기구 배치도와 시퀀스도를 이해하고, 제어반에 기구를 고정할 위치를 표시한다.

② ϕ 25 mm 홀소를 사용하여 전선관 및 케이블을 접속할 곳에 구멍을 뚫고 줄을 사용하여 리밍 작업을 한다 (케이블 커넥터를 접속할 경우에는 ϕ 22 mm).

③ 제어반에 기구를 고정한 다음 시퀀스도를 보고 제어반에 전선 작업을 하며, 배전판에 제어반을 고정한 다음 기구들도 치수에 맞추어 고정시킨다.

④ 치수를 설정한 다음 전선관 및 케이블 작업을 하여 배전판에 고정시킨다.

⑤ 전선관 안에 전선을 넣고 기구와 전선과의 접속을 하고, 단자대와도 접속을 한 다음 점검을 한다.

⑥ 사용 전에 과부하 계전기의 눈금을 전동기의 과부하전류로 조정한 다음 전원을 넣는다.

(4) 지급 재료 목록

일련번호	재 료 명	규 격	단 위	수 량	비 고
1	배선용 차단기	3 P, 300 V / 30 A	개	1	
2	푸시 버튼 스위치	조작용 1 a 1 b ϕ 25	개	2	
3	리셉터클	300 V / 6 A	개	3	
4	전자개폐기	5 a 1 b	대	1	
5	단자대	4 P	개	2	
6	단자대	20 P	개	2	
7	케이블	4 C, 2.5 mm^2	m	2.5	
8	퓨즈 홀더 및 통형 퓨즈	10 A	개	각 2	
9	금속전선관	16 mm	m	1.5	
10	PE 전선관	16 mm	m	2.0	
11	새들	16 mm 관용	개	18	
12	새들	케이블용	개	10	
13	부싱	16 mm 관용	개	2	
14	로크너트	16 mm 관용	개	2	
15	커넥터	16 mm 관용	개	2	
16	푸시 버튼 스위치 박스	ϕ 25, 2구	개	2	
17	절연전선	2.5 mm^2	m	3	
18	절연전선	1.5 mm^2	m	2.5	
19	L자형 철판	400×200×1.2 mm	개	1	
20	나사못	19 mm	갑	1	

(5) 도면 및 해설

① 기구 배치도

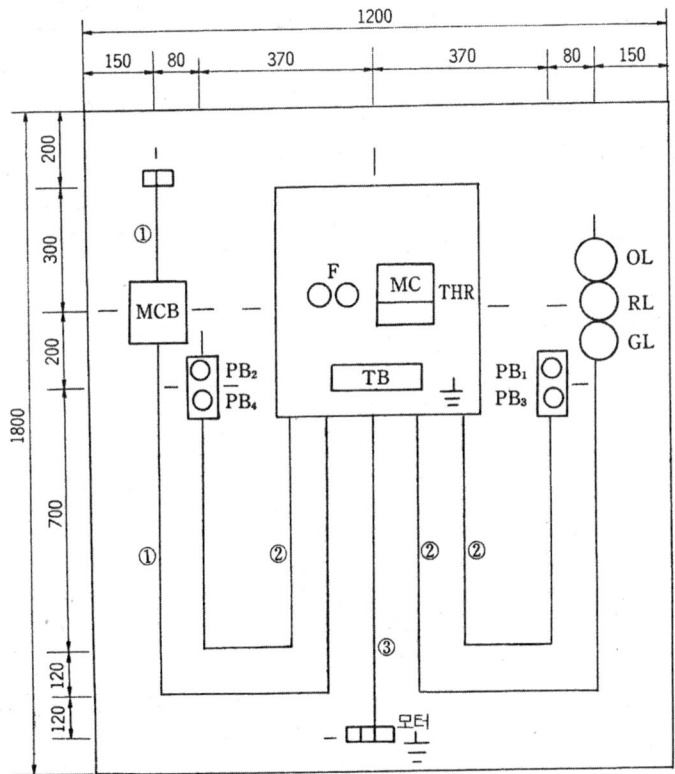

- 공사 방법
  ① 케이블 공사
  ② PE 전선관 공사
  ③ 금속전선관 공사

② 시퀀스도

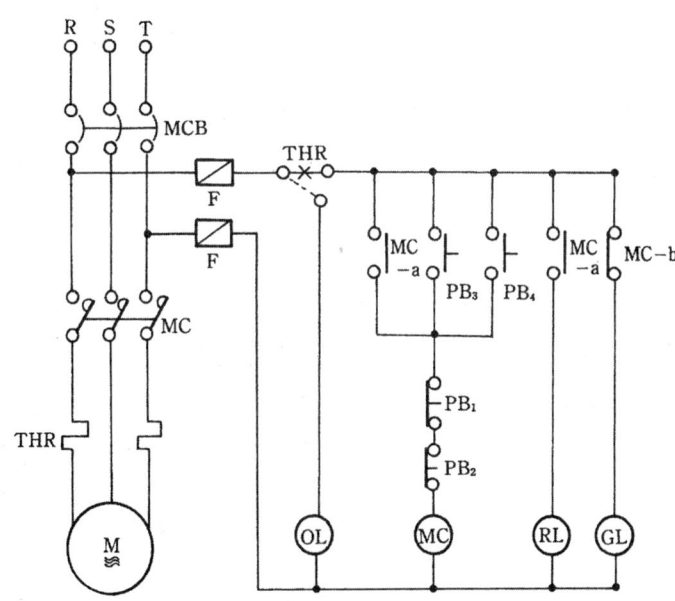

③ 동작 순서

(가) MCB-ON → GL 점등

(나) PB₃-ON or PB₄-ON → MC 여자 → GL 소등 / RL 점등 / MOTOR M 운전

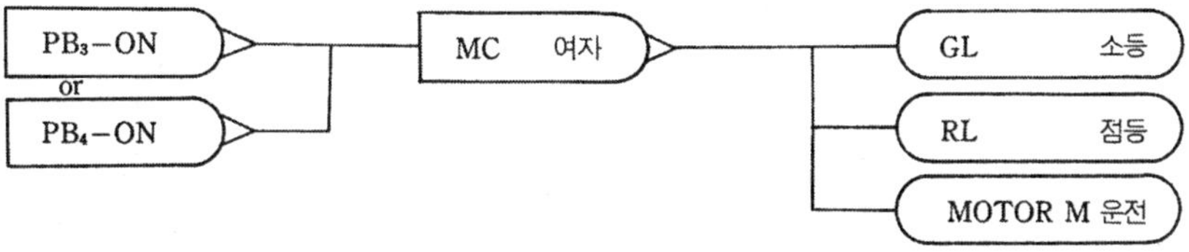

(다) PB₁-OFF or PB₂-OFF → MC 소자 → GL 점등 / RL 소등 / MOTOR M 정지

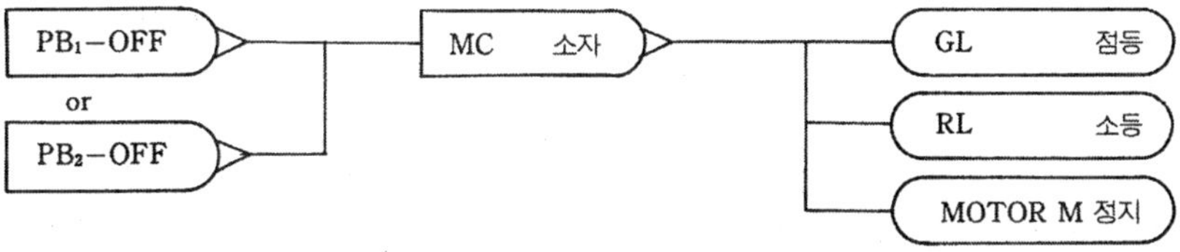

(라) MCB-OFF → GL 소등

(마) motor M 운전 중 과부하가 걸리면

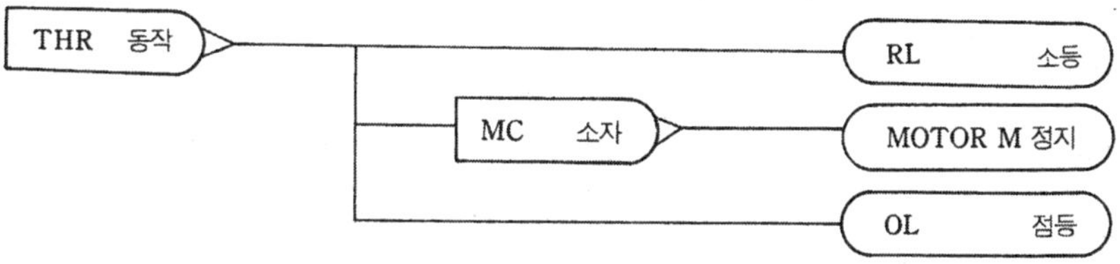

THR 동작 → RL 소등 / MC 소자 → MOTOR M 정지 / OL 점등

12. 3상 유도전동기의 Y-△ 회로

(1) 요구 사항

① 지급된 재료를 사용하여 제한시간 내에 도면에 표시된 공사를 내선공사 작업 방법에 의거 완성하시오.
② 전원 방식 : 3상 3선식 220 V
③ 공사 방법 : 제어반 배선
④ 동작 사항
  ㈎ 커버 나이프 스위치를 넣으면 전원 정지등 ⓖⓛ이 점등된다.
  ㈏ 기동용 푸시 버튼 스위치 PBS-a를 누르면 전동기는 Y결선으로 기동되고, 타이머 설정시간이 경과하면 Y운전은 정지되고 △ 결선으로 운전된다.
  ㈐ 기동시에는 표시등 ⓡⓛ이 점등되고, 운전시에는 표시등 ⓞⓛ이 점등된다.
  ㈑ 정지용 푸시 버튼 스위치 PBS-b를 누르면 전동기는 정지되고 표시등 ⓞⓛ도 소등되며, 다시 ⓖⓛ이 점등된다.
  ㈒ 전동기가 운전 중에 과부하가 되면 전동기는 정지하고, ⓖⓛ이 점등된다.
  • 전동기와 KS는 단자대로 대치한다.

(2) 참고 사항

① 3상농형 유도전동기의 기동법
  ㈎ 전전압 기동법 (직입기동법) : 보통 5 kW 이하의 소형 전동기에는 특별한 기동장치를 사용하지 않고 정격전압을 직접 전동기에 가해 준다.
  ㈏ 리액터 기동법 : 소용량 자동운전, 원격제어 등에는 리액터 기동을 사용한다.
  ㈐ Y-△ 기동 방법 : 5~15 kW 이하의 전동기에 사용하며, 기동할 때 Y결선으로 하고, 기동 후에는 △ 결선으로 운전한다.
  ㈑ 기동 보상기법 : 15 kW 이상의 농형에서 사용하며, 3상 단권변압기의 탭(2~4단, 40~85 %)의 전압을 조정하여 정격전류의 1~1.5배 정도로 제한한다.

② Y-△ 기동의 동작 개요
  ㈎ 전동기의 기동시
    • MC-△가 열린 상태에서 MC-Y를 닫으면 Y결선이 되어, 고정자 권선의 선간에 $\frac{E}{\sqrt{3}}$ 의 전압이 가해져 기동전류가 $\frac{1}{3}$ 로 줄어 정격전압의 약 58%에서 기동하게 되어 안전한 기동이 된다.
    • 기동 토크는 $\frac{1}{3}$ 로 줄어든다.

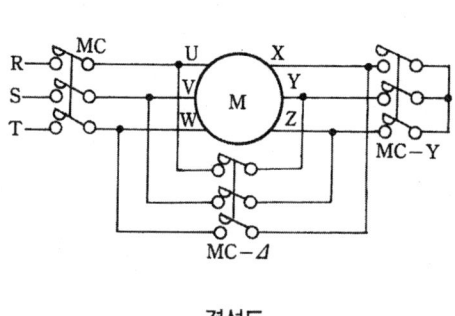
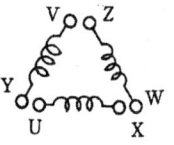
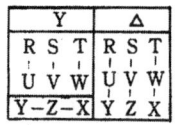

결선도   권선접속도

(나) 전동기의 운전시 : 수 초 (15~20 s) 후에 MC-Y를 열고 MC-△를 닫으면 △ 결선으로 전환되어 선간전압이 전부 가해져 전전압 운전 상태가 된다.

(다) Y-△의 전환 방법
- 수동 기동 방법 : 쌍투 스위치, 캠 스위치, 드럼 스위치를 사용
- 자동 기동 방법 : 전자개폐기와 타이머를 이용

[참고] 전자개폐기를 선정할 때에는 기동전류가 가장 큰 탭(80 %)에서 선정한다.

(3) 작업 순서 및 유의 사항

① 기구 배치도와 시퀀스도를 이해하고 실체 배선도를 그린다.
② 제어반에 고정할 기구 위치를 표시하고 ϕ 4 mm의 드릴을 사용하여 표시한 곳에 구멍을 뚫고 기구를 고정시킨다.
③ 구멍 뚫린 곳은 원형줄과 평줄을 사용하여 면다듬기를 한다.
④ 배선 작업을 시작한다.
- 주회로 : 2.5 mm^2
- 보조회로 : 1.5 mm^2

⑤ Y-△ 기동용 전동기에는 U, V, W와 X, Y, Z의 6개의 단자가 있으므로 오결선이 되지 않도록 주의해야 한다.

(4) 지급 재료 목록

일련번호	재 료 명	규 격	단 위	수 량	비 고
1	커버 나이프 스위치	3 P, 300 V / 15 A	개	1	
2	플러그 퓨즈 홀더	10 A	개	2	퓨즈 포함
3	푸시 버튼 스위치	ϕ 25, 1 a 1 b	개	2	
4	리셉터클	300 V / 6 A	개	3	
5	전자개폐기	220 V / 20 A	개	1	5 a 1 b
6	전자접촉기	220 V / 20 A	개	2	5 a 1 b

7	타이머	220 V, 60 s	개	1	
8	타이머 베이스	8핀	개	1	
9	단자대	4 P, 10 P	개	각 1	
10	절연전선	2.5 mm²	m	10	
11	절연전선	1.5 mm²	m	20	
12	압착단자	2.5 mm² 용	개	50	
13	압착단자	1.5 mm² 용	개	100	
14	제어반	400×500×12	장	1	목재
15	나사못	25 mm	갑	1	
16	전구	220 V, 60 W	개	3	
17	바인드선	초 입힌 것	m	5	

(5) 도면 및 해설

① 기구 배치도

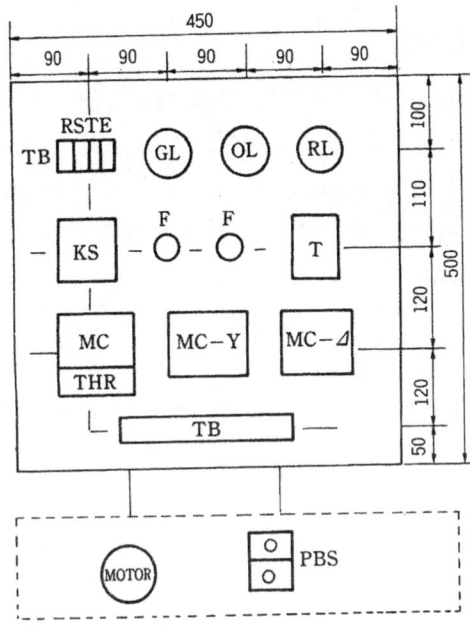

② 시퀀스도

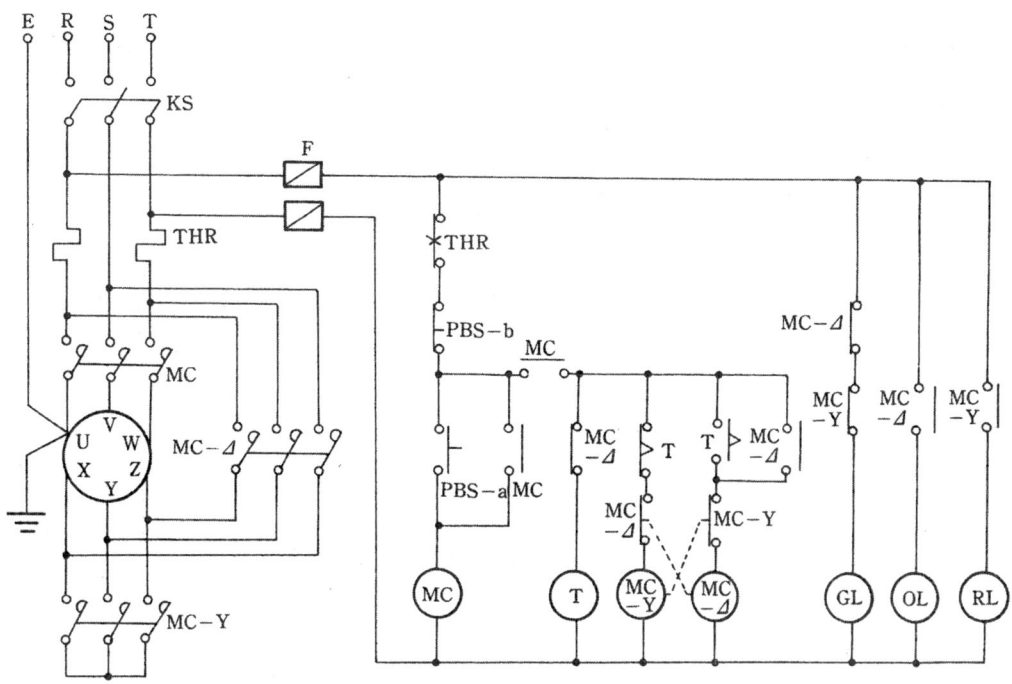

③ 동작 순서

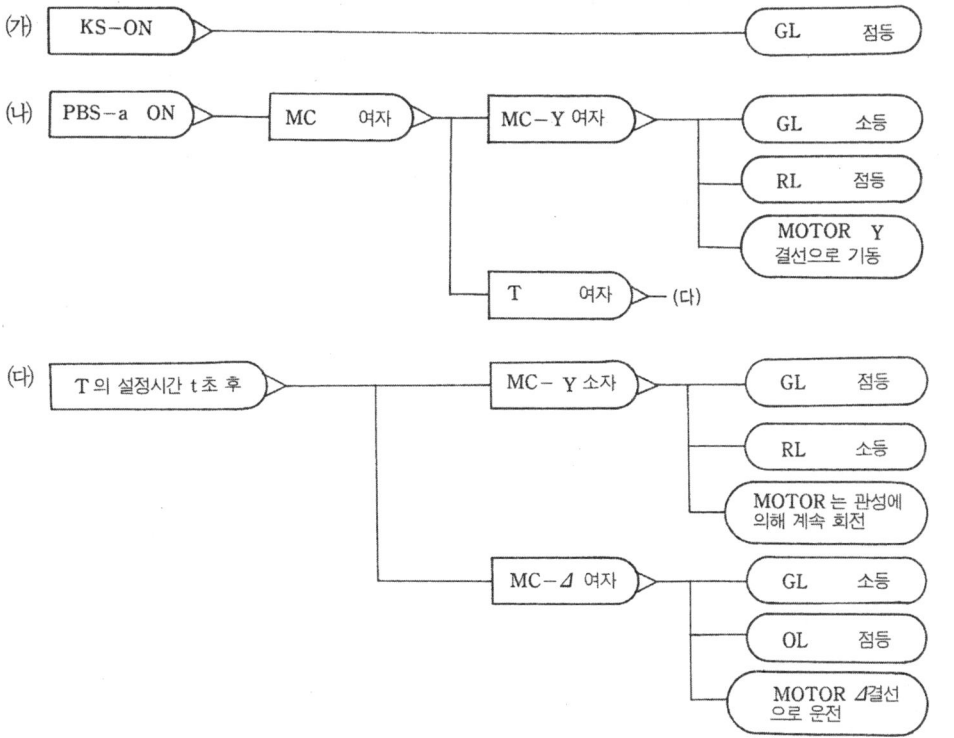

[참고] • MC-Y가 소자되면서 MC-△가 여자되므로 표시등 ⓖⓛ은 점등과 동시에 소등됨(실제 눈으로는 확인 불가)
• MC-Y와 MC-△의 b접점이 서로 연동되어 있으므로 MC-Y와 MC-△의 주접점이 동시에 폐로되지는 않는다.

(라)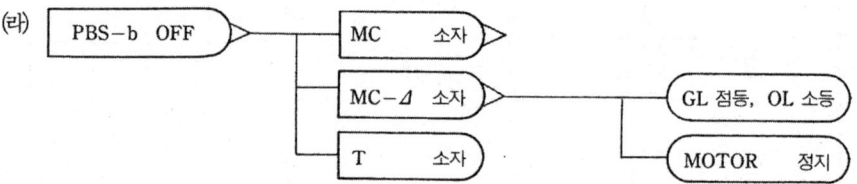

(마) motor 운전 중 과부하가 걸리면

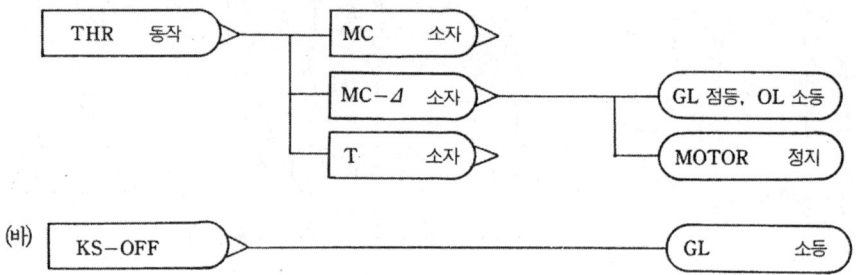

13. 3상 유도전동기의 2개소 운전회로

(1) 요구 사항

① 지급된 재료를 사용하여 제한시간 내에 도면에 표시된 공사를 내선공사 작업 방법에 의거 완성하시오.
② 전원 방식 : 3상 3선식 220 V
③ 공사 방법
　(가) 비닐외장 케이블 공사
　(나) PE 전선관 공사
　(다) 금속전선관 공사
④ 동작 사항
　(가) 배선용 차단기(MCB)를 넣으면 ⓖⓛ, ⓖⓛ₂가 점등된다.
　(나) 기동용 푸시 버튼 스위치 PB_1이나 PB_2를 누르면 전동기는 기동되면서 회전하며, 표시등 ⓖⓛ, ⓖⓛ₂는 소등되고 ⓡⓛ, ⓡⓛ₂는 점등된다.
　(다) 정지용 푸시 버튼 스위치 PB_3나 PB_4를 누르면 전동기는 정지되고, 표시등 ⓡⓛ, ⓡⓛ₂는 소등되고 ⓖⓛ, ⓖⓛ₂가 점등된다.
　(라) 배선용 차단기를 내리면 ⓖⓛ, ⓖⓛ₂도 소등된다.

(2) 참고 사항

① 전동기의 기동 정지회로(전동기를 2개소 및 3개소에서 조작하는 경우)
　• 기동 버튼은 서로 병렬로 접속하고, 정지 버튼은 서로 직렬로 접속한다.

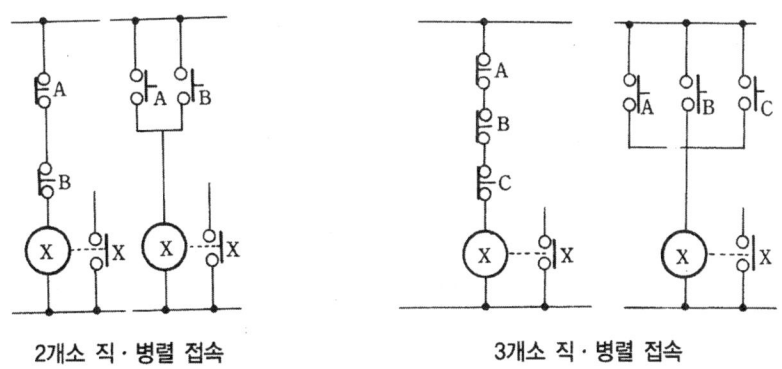

2개소 직·병렬 접속　　　　3개소 직·병렬 접속

② 촌동(jogging) 회로의 3가지 형태
　• 촌동 회로 : 촌동 버튼을 누르고 있는 동안만 회로가 동작하고, 놓으면 그 즉시 전동기가 정지하는 운전법을 말하며, 주로 공작 기계에 사용한다.

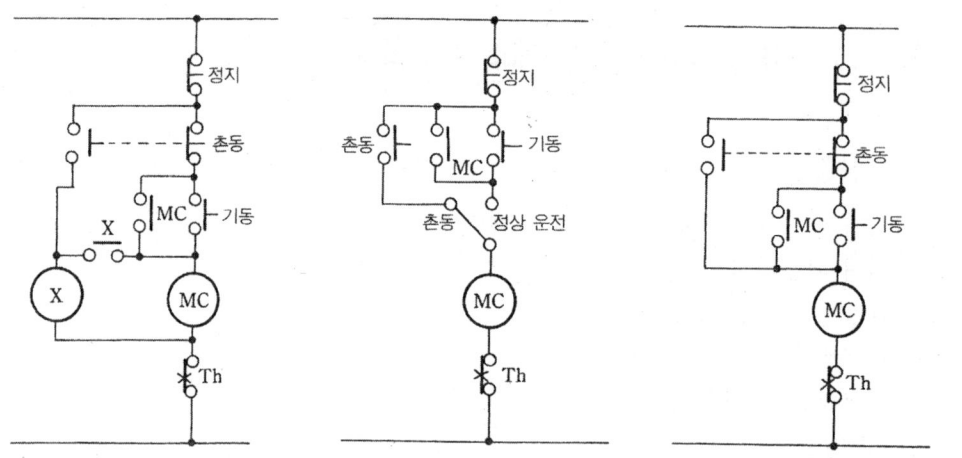

촌동계전기를 이용한 기본 촌동회로 　　절환 스위치에 의한 촌동회로 　　촌동 버튼 스위치에 의한 촌동회로

(3) 작업 순서 및 유의 사항

① 기구 배치도와 시퀀스도를 이해하고, 제어반에 기구를 고정할 위치를 표시한다.
② $\phi 4\,mm$의 드릴로 표시한 곳에 구멍을 뚫고, 관을 접속할 곳은 $\phi 25\,mm$의 홀소를 사용하여 구멍을 뚫은 다음 리밍 작업을 한다.
③ 제어반에 기구 고정을 한 다음 주회로 배선을 먼저 하고, 보조회로 배선을 한다.
  • 주회로 : $2.5\,mm^2$
  • 제어회로 : $1.5\,mm^2$
  • 접지선 : $2.5\,mm^2$ (녹색 연선)
④ 제어반 배선의 이상 유무를 확인한다.
⑤ 배관에 필요한 치수를 설정하여 제어반 및 기구를 고정시킨다.
⑥ 케이블 및 배관작업을 하여 고정시킨다.
⑦ 전선관 안에 전선을 넣고, 기구와 전선과의 접속 및 전선과 단자대 간의 접속을 확인한다.
⑧ 이상 유무를 확인한다.
⑨ 철판 가공시 안전 수칙을 꼭 준수한다.
⑩ 전동기의 정격전압과 전자개폐기의 정격전압이 같도록 한다.
⑪ 전원을 넣기 전에 결선의 이상 유무를 반드시 확인한다.

(4) 지급 재료 목록

일련번호	재 료 명	규 격	단 위	수 량	비 고
1	배선용 차단기	3 P, 300 V / 15 A	개	1	
2	플러그 퓨즈 홀더	10 A	개	2	퓨즈 포함
3	푸시 버튼 스위치	ϕ 25, 1 a 1 b	개	4	
4	표시등	ϕ 25, 220 V	개	4	
5	전자개폐기	220 V / 20 A	개	1	4 a 1 b
6	전자계전기	220 V, 2 a 2 b	개	1	
7	계전기 소켓	8핀	개	1	
8	단자대	4 P	개	2	
9	단자대	20 P	개	1	
10	L자형 철판	400×250×100	장	1	
11	커넥터	케이블용	개	2	
12	커넥터	16 mm 관용	개	5	
13	케이블	4 C, 4 mm^2	m	2	
14	PE 전선관	16 mm	m	2	
15	새들	16 mm 관용	개	12	
16	새들	케이블용	개	10	
17	절연전선	1.5 mm^2	m	30	
18	절연전선	2.5 mm^2	m	3	
19	압착단자	1.5, 2.5 mm^2 용	개	각 50	
20	바인드선		m	5	초 입힌 것
21	푸시 버튼 스위치 박스	ϕ 25, 4구	개	2	
22	나사못	19 mm	갑	1	
23	박스 나사	ϕ 4×40	조	10	

(5) 도면 및 해설

① 기구 배치도

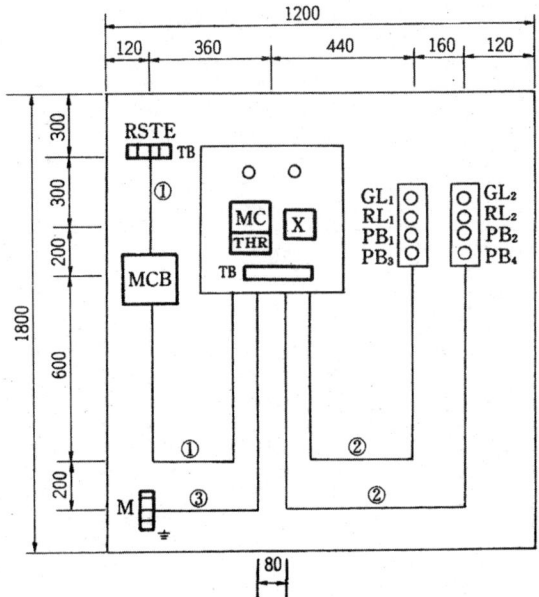

- 공사 방법
  ① 비닐외장 케이블 공사
  ② PE관 전선관 공사
  ③ 금속전선관 공사

② 시퀀스도

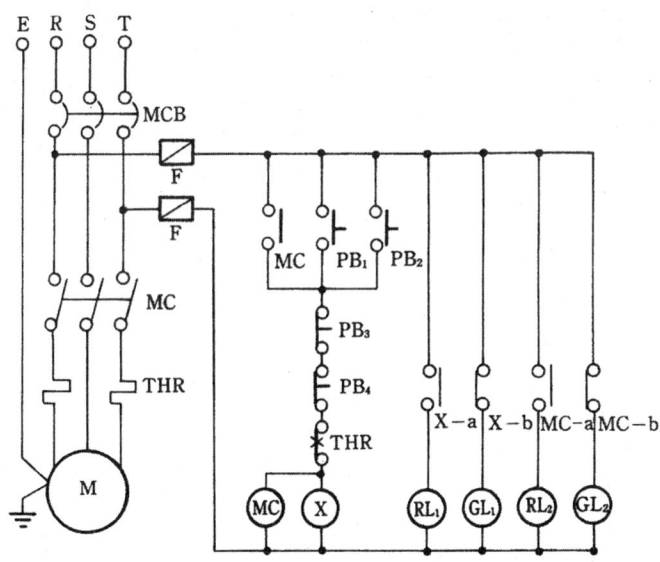

③ 동작 순서

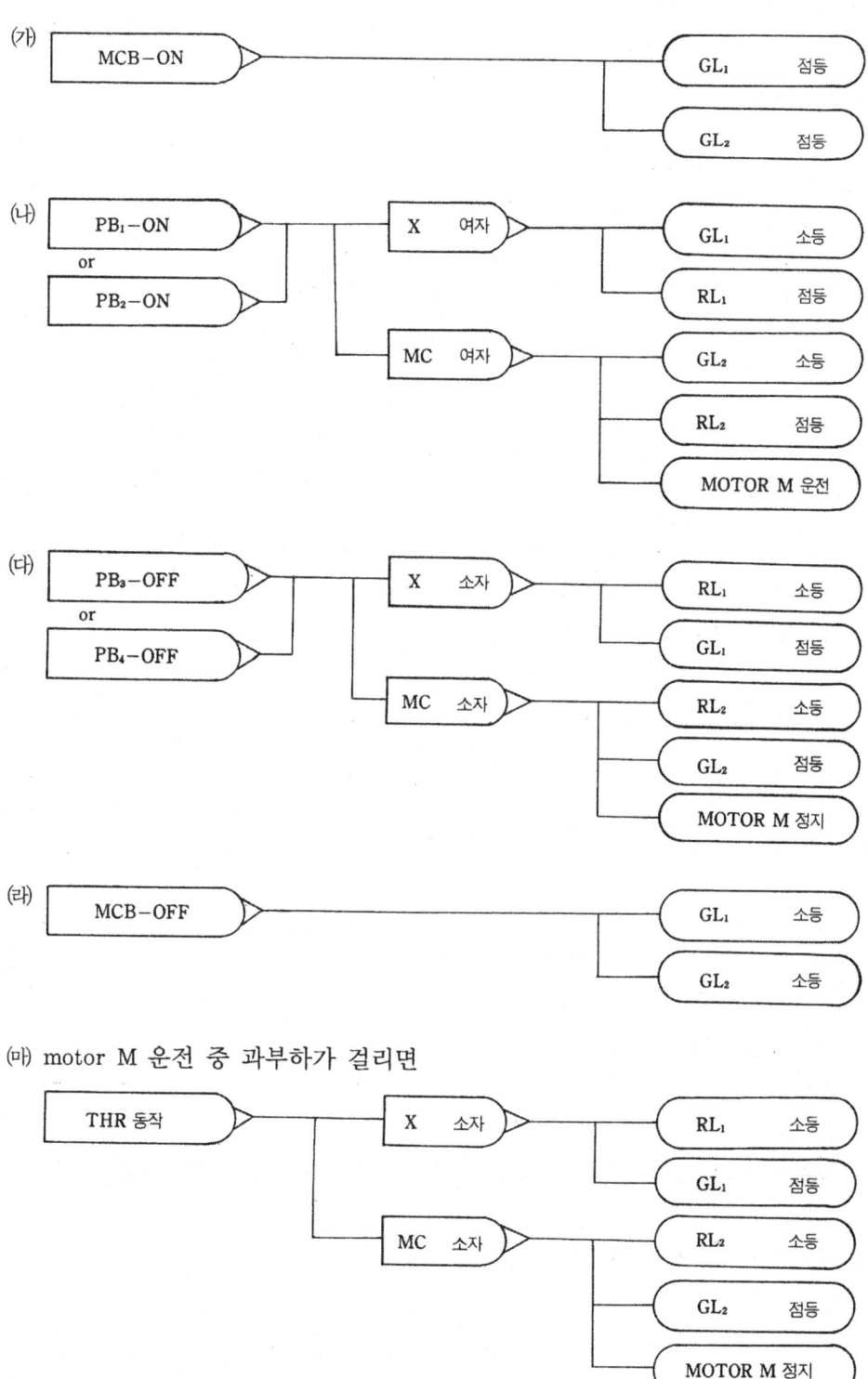

(마) motor M 운전 중 과부하가 걸리면

14. 3상 유도전동기의 교대 운전회로

(1) 요구 사항

① 지급된 재료를 사용하여 제한시간 내에 도면에 표시된 공사를 내선공사 작업 방법에 의거 완성하시오.
② 전원 방식 : 3상 3선식 220 V
③ 공사 방법 : 제어반 작업
④ 동작 사항
 (가) 커버 나이프 스위치를 넣으면 전원표시등 ⓖⓛ이 점등된다.
 (나) 기동용 푸시 버튼 스위치 PB-a를 누르면 MC_1이 여자되어 MC_1-a의 접점이 닫히고, 전동기 M_1이 운전되며 ⓡⓛ이 점등된다.
 (다) 타이머 T_1이 설정시간 t_1초 후에 MC_2와 T_2를 여자시키면 전동기 M_1이 정지되고 ⓡⓛ도 소등된다. 이때, M_2가 운전되고 ⓡⓛ₂가 점등된다.
 (라) 타이머의 T_2의 설정시간 t_2초 후에 M_2가 정지되고 ⓡⓛ₂가 소등되며, 다시 M_1이 운전되는 동작이 계속 반복된다.
 (마) 정지용 푸시 버튼 스위치 PB-b를 누르면 전동기는 정지한다.
 (바) 커버 나이프 스위치를 내리면 ⓖⓛ이 소등된다.

(2) 작업 순서 및 유의 사항

① 기구 배치도와 시퀀스도를 이해하고 실체 배선도를 그린다.
② 제어반에 고정할 기구 위치를 표시하고 기구를 고정시킨다.
 • 치수 단위는 mm이고, 허용오차는 ±5 mm이다.
 • 치수는 기구 및 박스의 중심을 기준으로 한다.
 • 치수가 없는 곳은 미관을 고려하여 도면에 충실하게 시공한다.
③ 연선을 사용하여 배선한다.
 • 주회로 : 2.5 mm^2
 • 보조회로 : 1.5 mm^2
④ 배선은 직선 처리와 직각 배선을 원칙으로 하고, 적당한 간격으로 바인드를 실시한다.
⑤ 부하는 단자대에 연결하도록 한다.

(3) 지급 재료 목록

일련번호	재 료 명	규 격	단 위	수 량	비 고
1	커버 나이프 스위치	3 P, 300 V / 30 A	개	1	
2	플러그 퓨즈 홀더	10 A	개	2	퓨즈 포함
3	리셉터클	300 V / 6 A	개	3	
4	푸시 버튼 스위치	ϕ 25, 1a 1b	개	2	
5	스위치 박스	ϕ 25, 2구	개	1	
6	전자개폐기	220 V / 20 A	개	2	5 a 1 b
7	타이머	220 V, 60 s	개	2	
8	타이머 베이스	8편	개	2	
9	단자대	15 P	개	1	
10	절연전선	2.5 mm^2	m	3	
11	절연전선	1.5 mm^2	m	25	
12	압착단자	2.5 mm^2 용	개	30	
13	압착단자	1.5 mm^2 용	개	70	
14	바인드선	초 입힌 것	m	5	
15	제어반	400×500×12 mm	장	1	목재
16	나사못	25 mm	갑	1	
17	전구	200 V, 60 W	개	3	
18	전자개폐기 소켓	20편	개	2	

(4) 도면 및 해설

① 기구 배치도

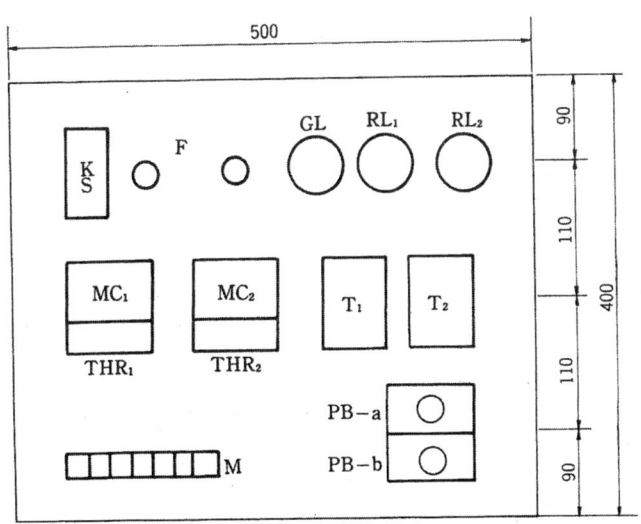

② 시퀀스도

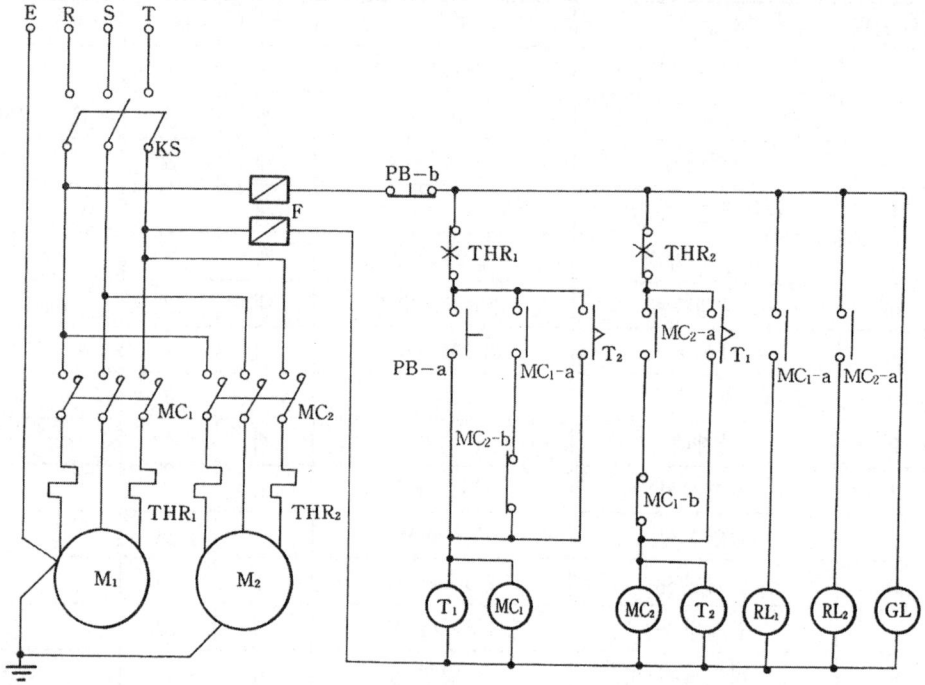

③ 동작 순서

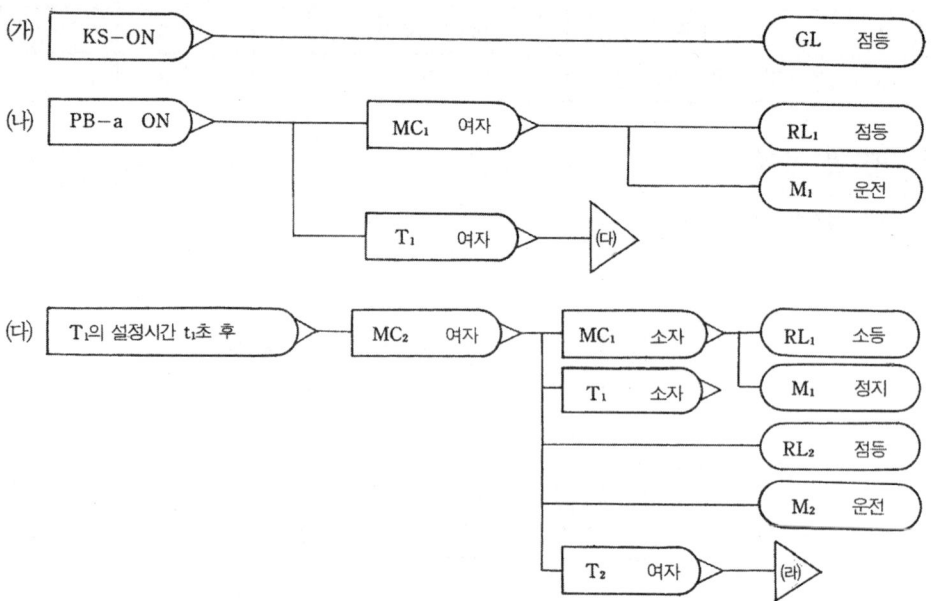

14. 3상 유도전동기의 교대 운전회로

(라)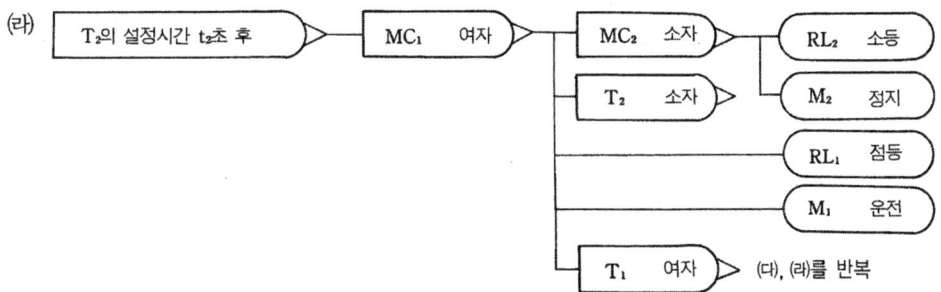

[참고] timer T_1과 T_2에 의해 motor M_1과 M_2가 자동반복 운전되며, 따라서 표시등 ㉾과 ㉾도 자동 반복 점멸한다.

(마)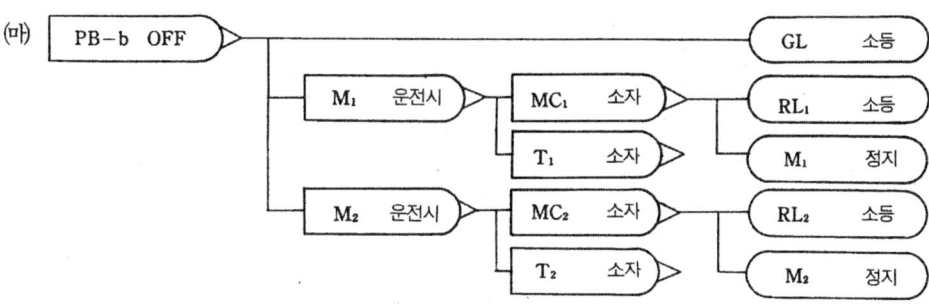

이때 PB-b를 놓으면 ㉾이 다시 점등된다.

(바) motor M_1 운전시 M_1에 과부하가 걸리면

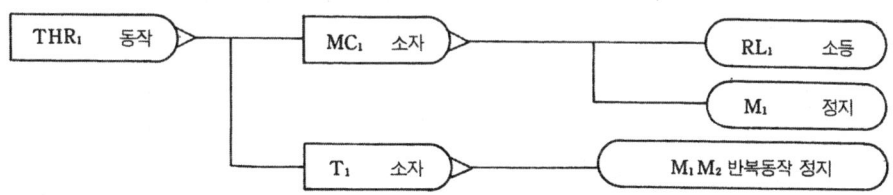

(사) motor M_2 운전시 M_2에 과부하가 걸리면

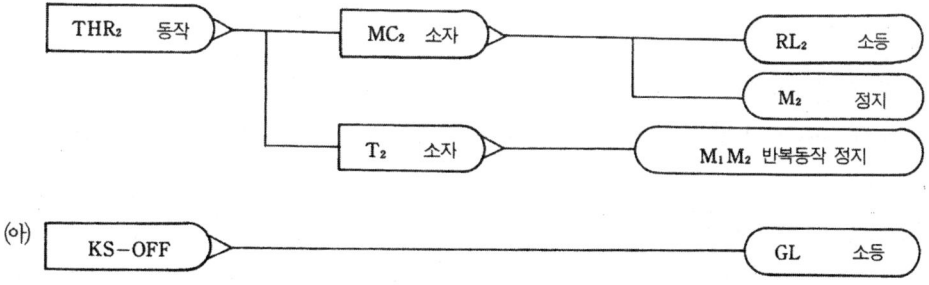

(아) KS-OFF ▷ GL 소등

15. 3상 유도전동기의 정·역 운전회로

(1) 요구 사항

① 지급된 재료를 사용하여 제한시간 내에 도면에 표시된 공사를 내선공사 작업 방법에 의거 완성하시오.
② 전원 방식 : 3상 3선식 220 V
③ 공사 방법 : 제어반 배선
④ 동작 사항
 (가) 전원의 배선용 차단기 MCB를 넣으면 ⓖⓛ이 점등된다.
 (나) 정회전 스위치 PB_1을 누르면 전동기는 기동되면서 정회전으로 회전하며, ⓖⓛ 램프가 소등되고 정회전등 ⓡⓕ가 점등된다.
 (다) 역회전 스위치 PB_2를 누르면 전동기는 역회전되면서 ⓡⓡ 램프가 점등된다.
 (라) 전동기가 운전 중에 과부하가 되면 전동기는 회전을 멈추고 ⓞⓛ 램프만 점등된다.
 (마) 과부하 계전기를 수동 복귀시키면 ⓖⓛ 램프가 점등되며, ⓞⓛ 램프는 소등된다.

(2) 참고 사항

① 정·역 운전회로
 (가) 단상 유도전동기 : 기동권선과 운전권선 중 어느 한 코일의 전류 방향을 바꾸어 주면 되는데, 주로 기동권선의 전류를 바꾼다.
 (나) 3상 유도전동기 : 3선 중 2선을 바꾸어 주면 된다.

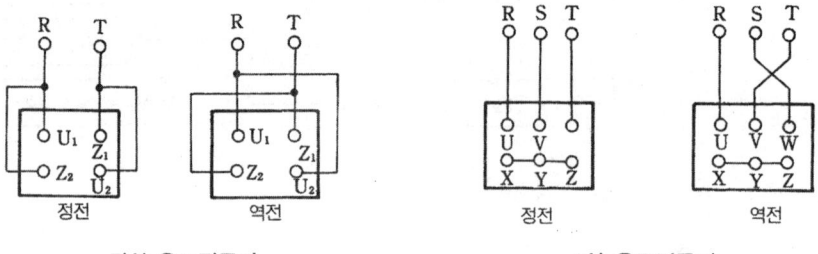

단상 유도전동기   3상 유도전동기

② 연동 장치 (interlock) : 우선 회로
 어떤 조건이 구비될 때까지 동작을 저지하는 것으로 여러 개의 동작을 관련시키는 것이다.

> [참고] 정역 전자개폐기는 정회전 (forward) 주접촉자, 역회전 (reverse) 주접촉자가 동시에 폐로하면 단락이 되므로, 기계적 연동장치 및 전기적 연동장치를 병용해서 동시에 폐로하는 일이 없도록 2중으로 보호하는 것이 보통이다.

③ 전기적 연동이 이루어지도록 고려한 결선 방식

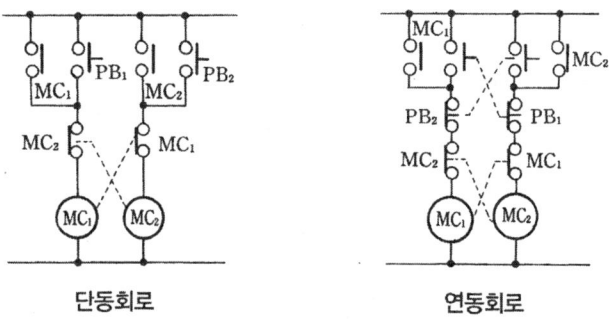

단동회로   연동회로

④ 단상 유도전동기의 정·역 운전회로의 예

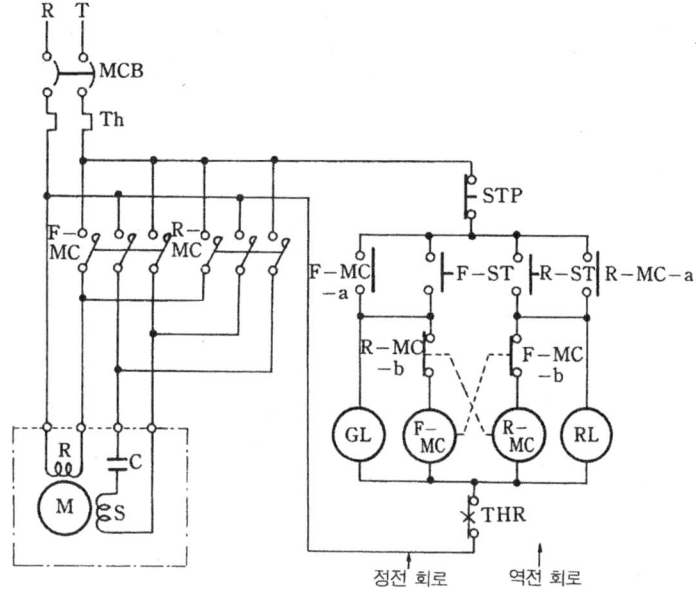

F-MC : 정회전용 전자접촉기, F-ST : 정회전용 푸시 버튼 스위치, R-MC : 역회전용 전자접촉기, R-ST : 역회전용 푸시 버튼 스위치, STP : 정지용 푸시 버튼 스위치

(3) 작업 순서 및 유의 사항

① 기구 배치도와 시퀀스도를 이해한다.
② 제어반에 고정할 기구 위치를 표시한다.
③ 표시한 곳에 φ4 mm 드릴을 사용하여 구멍을 뚫고, 램프와 조작용 스위치가 접속될 곳은 φ25 mm의 홀소를 사용하여 구멍을 뚫는다.
④ 구멍 뚫린 곳은 리머를 사용하여 면다듬기를 한다.
⑤ 배선 작업을 시작한다 (주회로 : 2.5 mm^2, 보조회로 : 1.5 mm^2).
⑥ 배선을 완료하면 정회전 회로 및 역회전 회로의 전압 코일이 동시에 여자되는 일이 없도록 면밀히 점검하고 나서 전원을 인가하여야 한다.

(4) 지급 재료 목록

일련번호	재료명	규격	단위	수량	비고
1	배선용 차단기	3P, 300V / 30A	개	1	
2	플러그 퓨즈 홀더	10A	개	2	퓨즈 포함
3	푸시 버튼 스위치	ϕ 25, 2a 2b	개	2	
4	표시등	ϕ 25, 220V	개	4	
5	전자개폐기	220V / 20A	개	1	4a 1b
6	전자접촉기	220V / 20A	개	1	4a 1b
7	계전기	220V, 2a 2b	개	1	
8	계전기 베이스	8핀	개	2	
9	단자대	12핀	개	1	
10	L자형 철판	400×300×100	장	1	
11	압착단자	2.5 mm² 용	개	20	
12	압착단자	1.5 mm 용	개	100	
13	박스 나사	ϕ 4×40	조	18	
14	바인드선	초 입힌 것	m	3	
15	절연전선	2.5 mm²	m	3	
16	절연전선	1.5 mm²	m	15	

(5) 도면 및 해설

① 기구 배치도

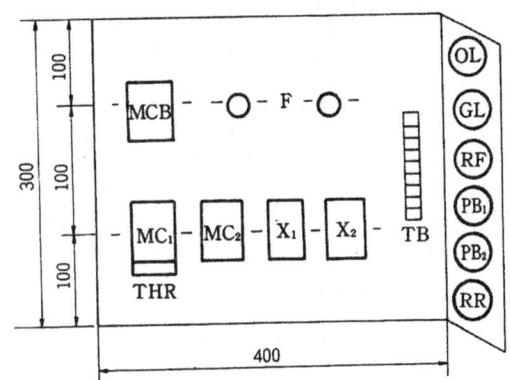

② 시퀀스도

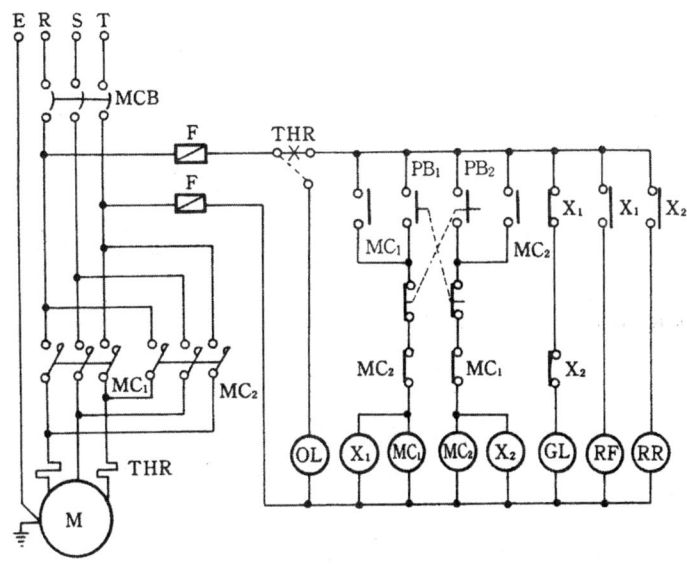

③ 동작 순서

(가)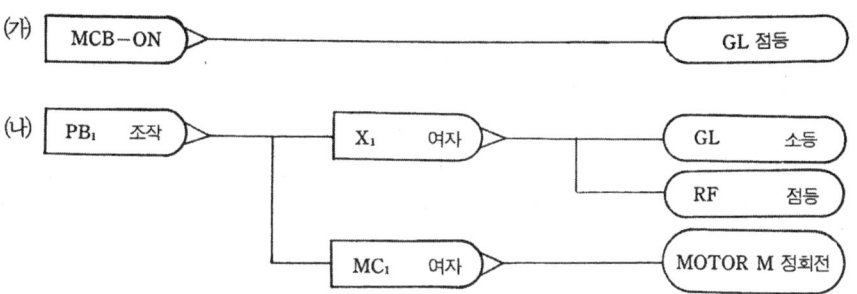

(나)

(다) motor M 정회전시 PB₂ 조작에 의해

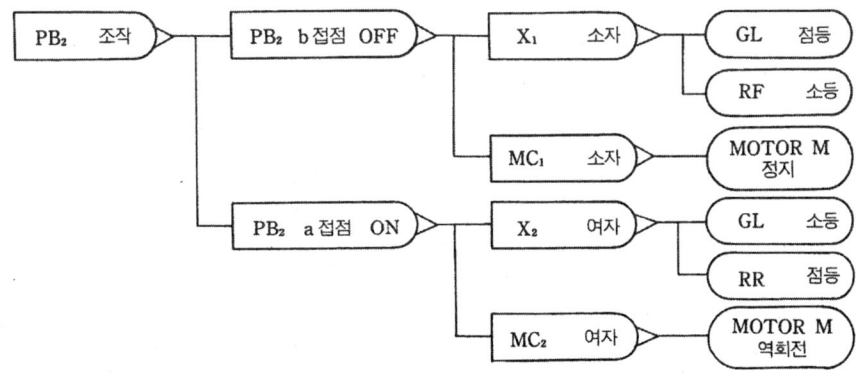

(라) motor M 역회전시 PB₁ 조작에 의해

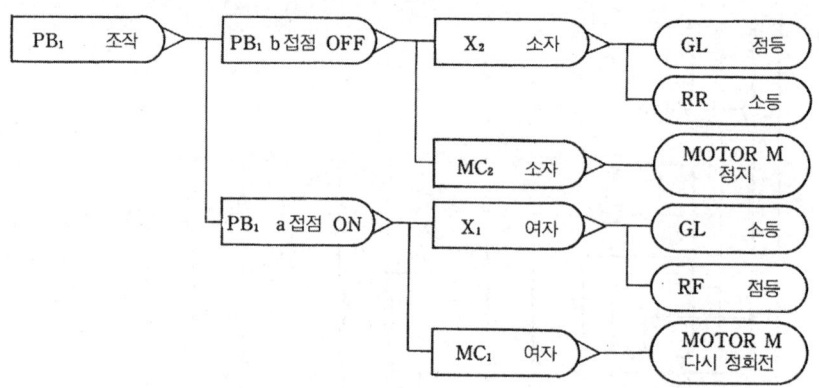

[참고] PB₁과 PB₂가 연동되어 있고 MC₁과 MC₂의 b 접점이 상대편 전자접촉기의 코일과 직렬로 결선되어 있어 PB₁, PB₂의 조작에 의해 motor는 정회전 및 역회전을 시킬 수 있다.

(마) motor M이 정회전 또는 역회전시 과부하가 걸리면

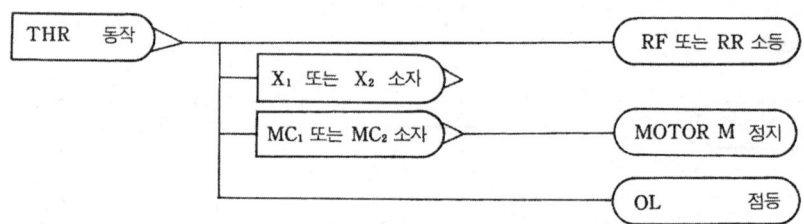

16. 3상 유도전동기의 순차 제어회로

(1) 요구 사항

① 지급된 재료를 사용하여 제한시간 내에 도면에 표시된 공사를 내선공사 작업 방법에 의거 완성하시오.
② 전원 방식 : 3상 3선식 220 V
③ 공사 방법 : 제어반 배선
④ 동작 사항

 (가) MCB를 투입하면 ⓖⓛ이 점등된다.

 (나) PB_3를 누르면 MC_3가 여자되고 전동기 M_3가 정회전하고 ⓟⓛ가 점등되며, PB_4를 누르면 전동기 M_3가 역회전하고 ⓟⓛ가 점등된다.

 (다) 전동기 M_3가 운전될 때 PB_2를 누르면 M_2가 운전되고 ⓟⓛ가 점등된다.

 (라) 전동기 M_3와 M_2가 운전될 때 PB_1을 누르면 전동기 M_1이 운전되고 ⓟⓛ이 점등된다. PB_{03}를 누르면 전동기 M_3, M_2 및 M_1이 차례로 정지되며, PB_{01}을 누르면 전동기 M_1만 정지되고 M_2 및 M_3는 운전된다.

(2) 참고 사항

① 우선 회로

 (가) 인터로크(interlock) 회로 : 회로의 동작에 우선도를 갖게 하기 위해서는 우선도가 높은 측의 회로를 ON하였을 때에 다른 회로가 열려서 작동하지 못하게 하는 것이다.

 (나) 병렬 우선 회로
  • ON 조작 순서가 빠른 측으로 우선도가 주어지는 회로
  • 병렬 우선 회로는 서로 인터로크를 걸고 있기 때문에 먼저 입력이 주어진 회로가 작동하고 다른 회로를 열리게 한다.
  • 대표적인 응용 예로서 모터의 정회전, 역회전의 조작 회로가 있다.

 (다) 새로운 입력 우선 회로 : 항상 뒤에 주어진 입력이 우선되는 회로이며 지금까지 동작한 회로는 정지하게 된다.

 (라) 직렬 우선 회로 : 순서회로
  ㉮ 전원측에 가장 가까운 회로일수록 우선 순위가 가장 높고, 전원측의 스위치에서 순차 조작을 하지 않으면 동작을 하지 않는 회로

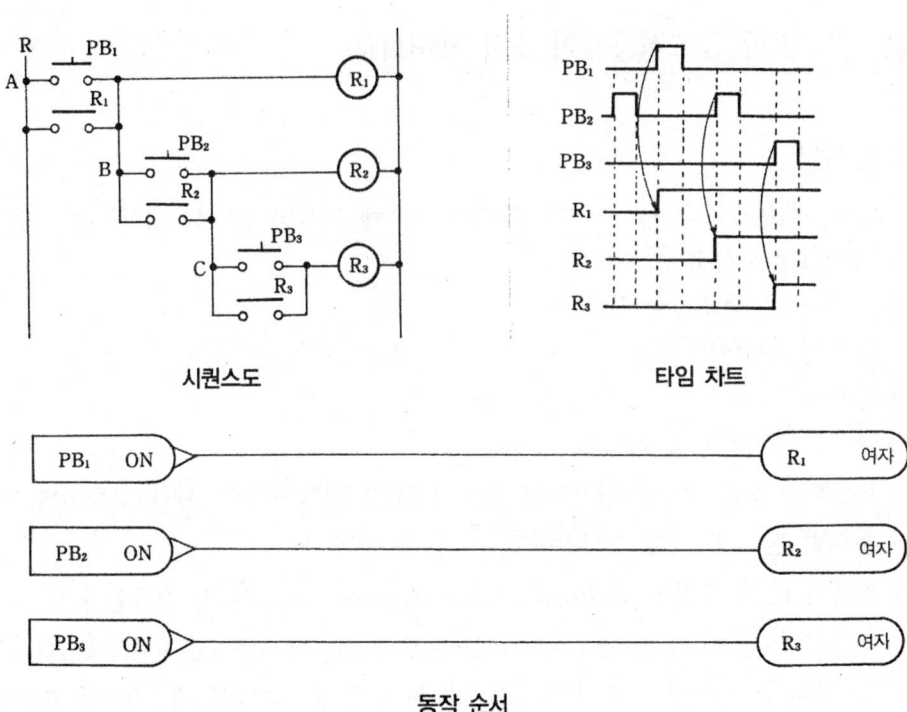

시퀀스도 / 타임 차트 / 동작 순서

④ MC와 timer를 이용한 유도전동기 M_1, M_2, M_3의 순서회로

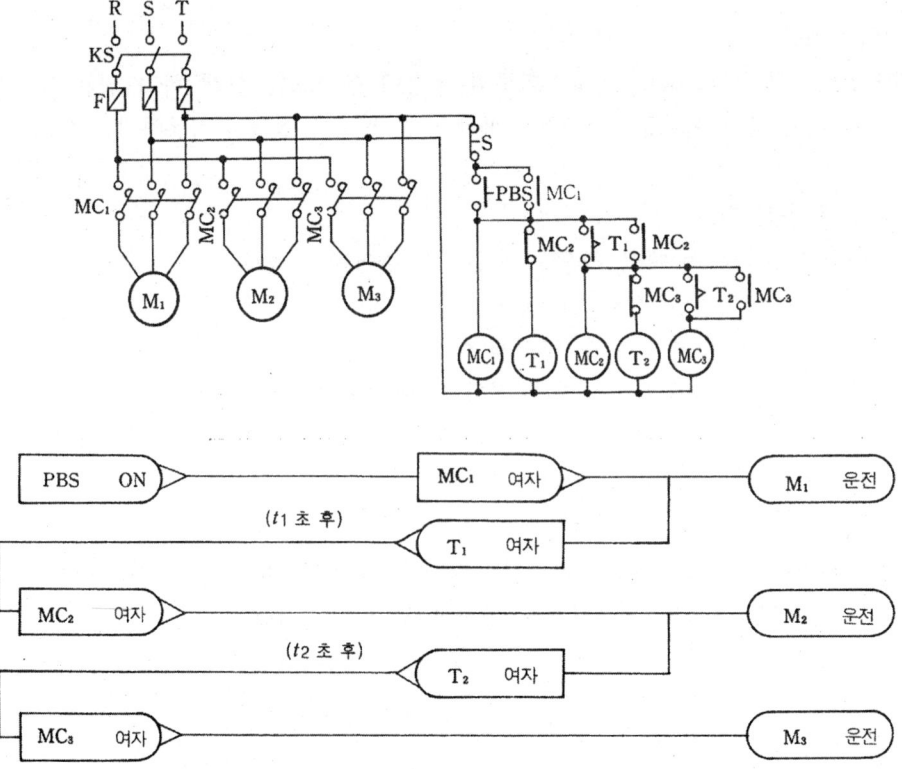

(3) 작업 순서 및 유의 사항

① 시퀀스도를 이해한다.
② 제어반에 기구 고정 위치를 표시하고 기구를 고정시킨다 (출력 단자, 조작 스위치 및 표시등의 고정은 단자대로 대치).
③ 연선으로 배선한다.
  - 주회로는 2.5 mm²의 적색
  - 보조회로는 1.5 mm²의 황색
  - 접지선은 2.5 mm²의 녹색
④ 배선 작업시 일정한 간격으로 바인드 작업을 실시한다.
⑤ 배선 작업이 끝나면 버저나 회로시험기를 사용하여 단선의 유무 및 동작 상태를 점검한다.

(4) 지급 재료 목록

일련번호	재료명	규격	단위	수량	비고
1	배선용 차단기	3 P, 300 V / 20 A	개	1	
2	전자접촉기	220 V, 5 a 2 b	개	4	
3	과전류계전기	16 A	개	3	
4	단자대	20편	개	1	
5	단자대	6편	개	1	
6	푸시 버튼 스위치	1 a 1 b	개	7	
7	퓨즈 홀더	20 A	개	9	퓨즈 포함
8	퓨즈 홀더	10 A	개	2	퓨즈 포함
9	리셉터클	300 V / 6 A	개	4	
10	제어반	600×450×12	장	1	목재
11	전구	10 V / 10 W	개	4	
12	절연전선	2.5 mm², 적색	m	5	
13	절연전선	2.5 mm², 녹색	m	1	
14	절연전선	1.5 mm², 황색	m	30	
15	압착단자	1.5 mm² 용	개	100	
16	압착단자	2.5 mm² 용	개	70	
17	바인드선		m	20	
18	헬리컬 와이어 밴드		m	2	
19	나사못	19 mm, 25 mm			

84 제 1 장 기본회로 배선공사

(5) 도면 및 해설

① 기구 배치도

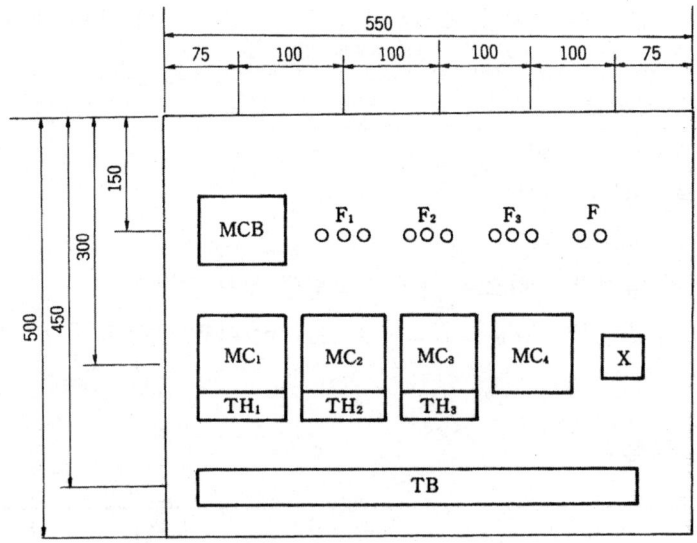

② 시퀀스도

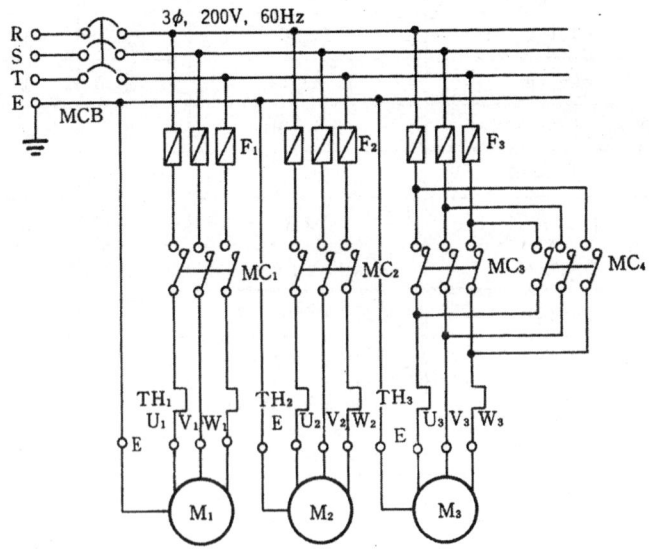

16. 3상 유도전동기의 순차 제어회로   **85**

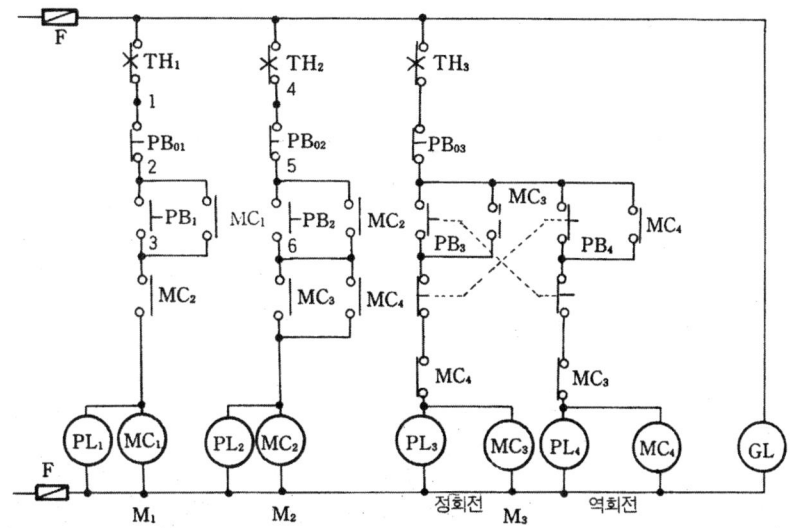

③ 동작 순서

(가) MCB ON → GL 점등

(나) PB₃ 조작 → PL₃ 점등
    └ MC₃ 여자 → M₃ 정회전

(다) PB₄ 조작 → PL₃ 소등
    └ MC₃ 소자 → PL₄ 점등
        └ MC₄ 여자 → M₃ 역회전

참고 (다)의 상태에서 PB₃를 다시 조작하면 motor M₃는 다시 정회전하고 PL₃는 점등, PL₄는 소등된다.

(라) motor M₃가 정회전 또는 역회전하는 조건에서

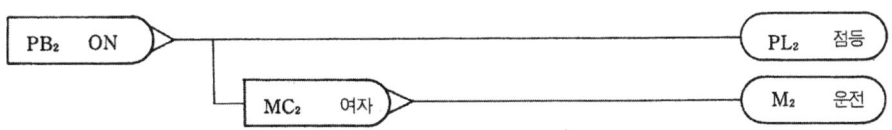

(마) motor M₂가 운전 중일 때 (M₂가 운전 중이면 당연히 M₃도 운전 중)

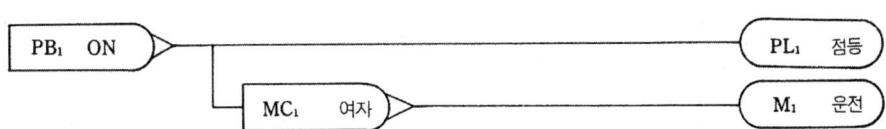

[참고] motor M_3가 운전되어야만 M_2가 운전되고, M_2가 운전되어야만 M_1을 운전할 수 있다.

(바) motor의 정지 조건

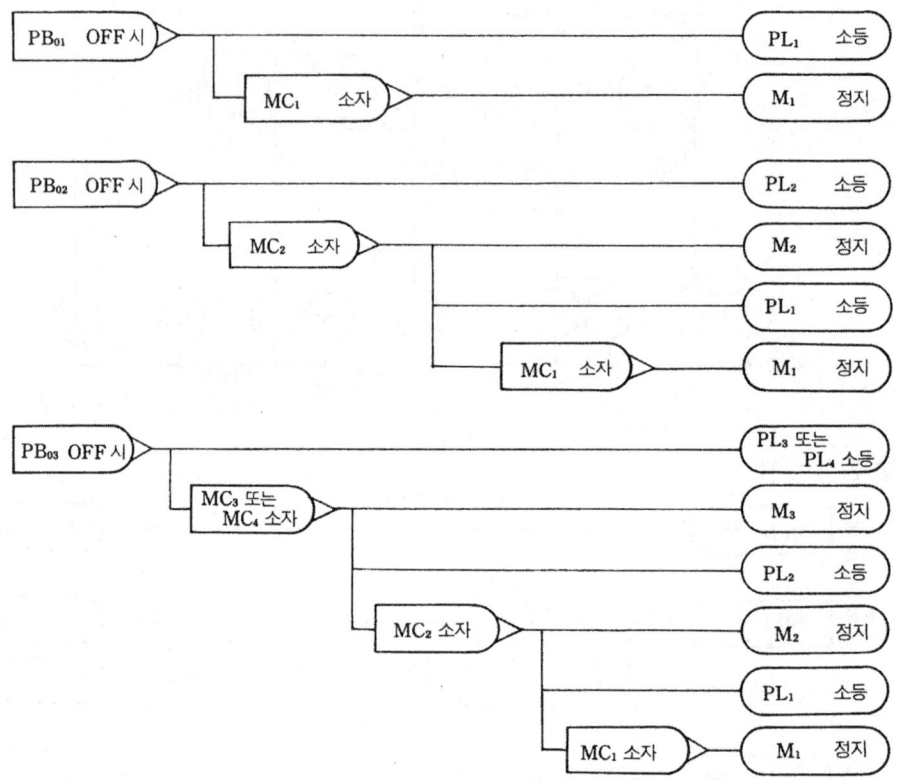

[참고] PB_{01}을 누르면 M_1만 정지되고 PB_{02}를 누르면 M_2 정지 후 M_1이 정지되고 PB_{03}를 누르면 M_3, M_2, M_1 순으로 정지한다. PB_{03}를 누를 경우 표시등은 PL_3 또는 PL_4 소등 후 PL_2, PL_1 순으로 소등된다.

(사) motor 운전 중 과부하가 걸릴 때
- motor M_1에 과부하가 걸리면 TH_1이 작동되므로 PB_{01}을 누를 때와 동일
- motor M_2에 과부하가 걸리면 TH_2가 작동되므로 PB_{02}를 누를 때와 동일
- motor M_3에 과부하가 걸리면 TH_3가 작동되므로 PB_{03}를 누를 때와 동일

17. 3상 유도전동기의 속도 제어회로

(1) 요구 사항

① 지급된 재료를 사용하여 제한시간 내에 도면에 표시된 공사를 내선공사 작업 방법에 의거 완성하시오.

② 전원 방식 : 3상 3선식 220 V

③ 공사 방법
 (개) 합성수지 덕트 공사
 (내) 제어반 배선

④ 동작 사항
 (개) KS를 넣으면 표시등 Ⓦ이 점등된다. 저속용 푸시 버튼 스위치 START (L)를 누르면 MC_1이 여자되어 접점 MC_1이 자기 유지되고, 전동기는 8극결선으로 저속 운전된다. 이때, 표시등 Ⓦ은 소등되고, 고속 운전회로는 MC_1의 b 접점에 의해 MC_2의 코일이 차단되어 안전하게 되며 표시등 Ⓖ이 점등된다.
 (내) 정지 푸시 버튼 스위치 STOP (L)을 누르면 MC_1이 소자되어 전동기 운전이 멈추고, 표시등 Ⓖ도 소등되며 Ⓦ이 다시 점등된다.
 (대) 고속용 푸시 버튼 스위치 START (H)를 누르면 MC_2, MC가 여자되어 전동기는 4극 Y 결선으로 고속 운전이 되고, Ⓦ이 소등되며 고속운전등 Ⓡ이 점등되며, 저속 운전회로는 MC_2의 b 접점에 의해 MC_1 코일이 차단되어 안전하다.
 (라) 정지 푸시 버튼 스위치 STOP (H)을 누르면 고속전동기 운전이 멈추고, 표시등 Ⓡ이 소등되고 Ⓦ이 점등된다.
 (마) 전원 스위치 KS를 열면 Ⓦ은 소등된다.

(2) 참고 사항

① 3상 유도전동기의 속도 제어 방법
 (개) 극수 변환법
 (내) 전원 주파수 변환법
 (대) 슬립을 변환시켜 주는 방법

$$N = (1-s)N_s = (1-s)\frac{120}{p} \cdot f \text{ [rpm]}$$

② 실제로 유도 전동기의 속도 변환은 극수 변환에 의한 방법이 종래에 많이 사용되었다.
 • 주파수가 일정할 때의 속도 제어
  4극 : 1800 rpm ↔ 8극 : 900 rpm

③ 현재 실용화되고 있는 유도전동기의 속도 제어 방법에 가장 많이 쓰이고 있는 것은 VVVF(또는 상품명 INVERTER)이다. 이것은 상용전원으로부터 공급된 전력을 입력받아 자체 내에서 전압과 주파수를 가변시켜 전동기에 공급함으로써 전동기의 속도를 고효율로 용이하게 제어하는 일련의 장치이다.

④ 원래 인버터란 DC를 AC로 변환하는 장치인데, 통상 상품명으로 나온 인버터라 함은 정류부→ 컨버터→ 인버터를 통칭해서 그냥 인버터 또는 VVVF라 한다.

(3) 작업 순서 및 유의 사항

① 기구 배치도와 시퀀스도를 이해한다.
② 제어반에 고정할 기구 위치를 표시한다.
③ 제어반에 기구를 고정하고 합성수지 덕트를 치수에 맞추어 작업한다.
④ 연선을 사용하여 배선한다.
  - 주회로 : 2.5 mm²
  - 보조회로 : 1.5 mm²
⑤ 배선은 합성수지 덕트에 수용하여야 하며, 노출된 배선은 직선 처리하고 적당한 간격으로 바인드한다.
⑥ 유도전동기는 8 P 단자대로 배선한다.

(4) 지급 재료 목록

일련번호	재 료 명	규 격	단 위	수 량	비 고
1	커버 나이프 스위치	3 P, 300 V / 30A	개	1	
2	퓨즈 홀더	10 A	개	2	퓨즈 포함
3	푸시 버튼 스위치	패널용	개	2	
4	절연전선	2.5 mm²	m	각 5	적, 청, 흑색
5	절연전선	2.5 mm², 녹색	m	3	
6	절연전선	1.5 mm², 황색	m	10	
7	압착단자	1.5 mm² 용, O형	개	50	
8	압착단자	2.5 mm² 용, O형	개	30	
9	단자대	4 P, 8 P	개	각 1	
10	합성수지 덕트	40×60×2 mm	개	1	
11	제어반	400×500×12 mm	장	1	목재
12	바인드선	초 입힌 것	m	2	
13	리셉터클	300 V / 6 A	개	3	
14	전자개폐기	220 V, 5 a 2 b	개	2	
15	전자접촉기	220 V, 5 a 2 b	개	1	
16	전자개폐기 소켓	20 P	개	3	

(5) 도면 및 해설

① 기구 배치도

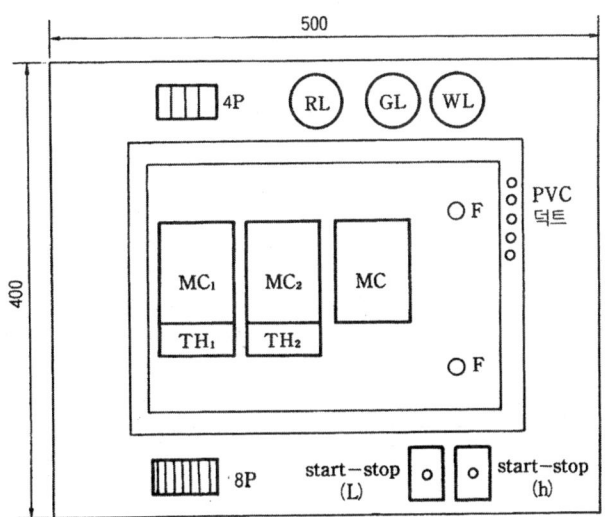

② 시퀀스도

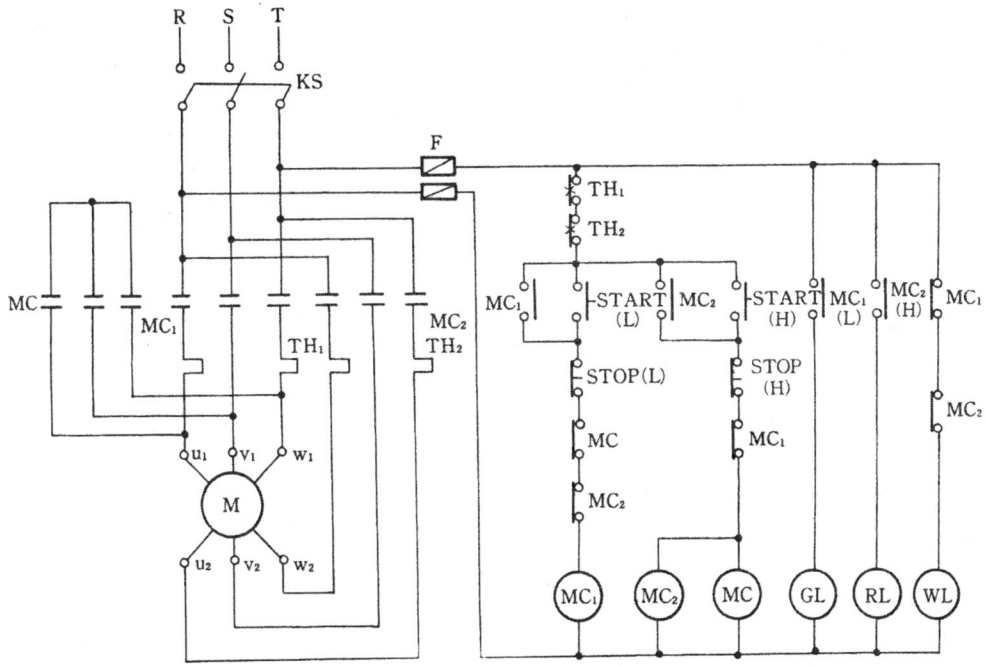

MC : 전자접촉기 주접점 및 보조접점, MC₁ : 저속용 전자접촉기의 주접점 및 보조접점
MC₂ : 고속용 전자접촉기의 주접점 및 보조접점, ⓜⓒ₁ : 저속용 여자 코일
ⓜⓒ₂ : 고속용 여자 코일, ⓜⓒ : 전자접촉기의 주접점 여자 코일, ⓦⓛ, ⓞⓛ, ⓡⓛ : 표시등

③ 동작 순서

(가)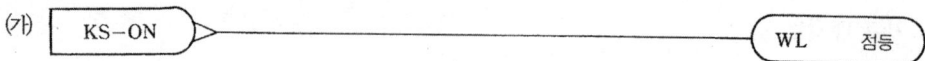

(나) 저속 운전

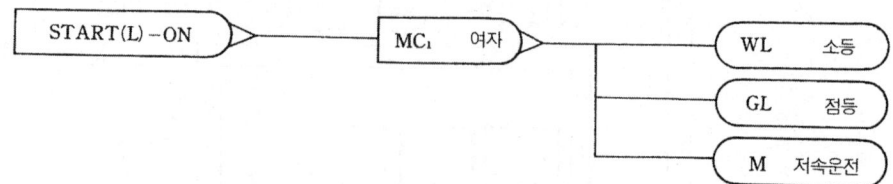

이때 MC_1의 b 접점으로 인하여 MC_2는 동작되지 않는다.

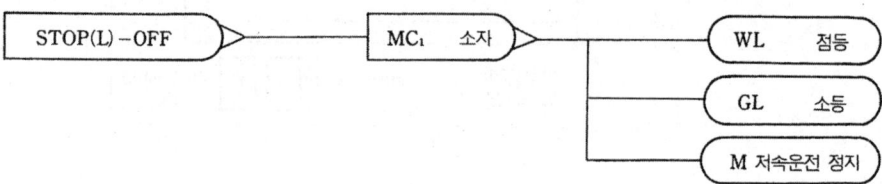

(다) 고속 운전

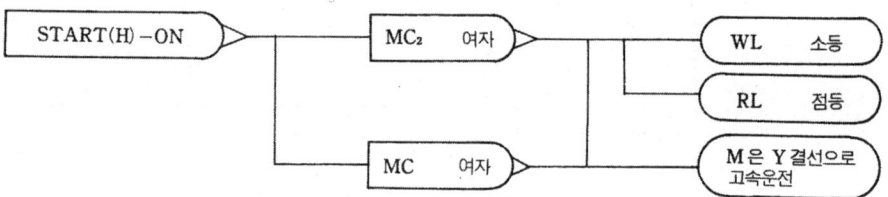

이때 MC_2 및 MC의 b 접점으로 인하여 MC_1은 동작되지 않는다.

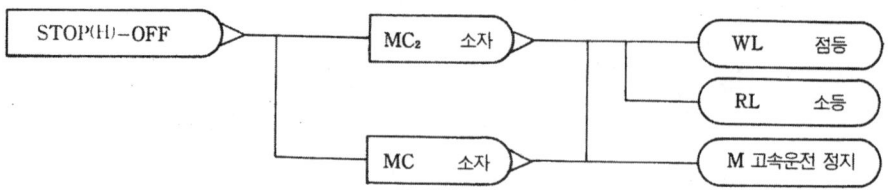

(라) motor M이 저속 운전시 과부하가 걸리면

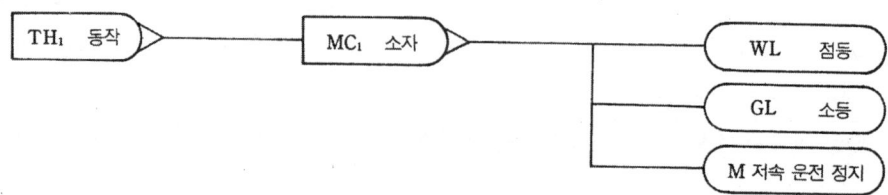

(마) motor M이 고속 운전시 과부하가 걸리면

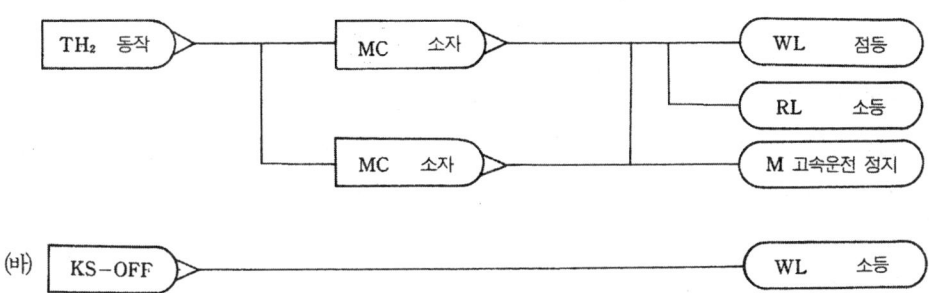

(바) KS-OFF ▷─────────────────────── (WL 소등)

18. 온수 순환 펌프 제어회로

(1) 요구 사항

① 지급된 재료를 사용하여 제한시간 내에 도면에 표시된 공사를 내선공사 작업 방법에 의거 완성한다.
② 전원 방식 : 3 ϕ, 220 V
③ 공사 방법
  (가) 합성수지관 공사   (나) 케이블 공사
④ 동작 사항
  (가) 전환 스위치가 자동 위치이면 온수 순환 펌프는 ThS_1에 의해 온도가 설정값 이상이면 동작하고, 이하이면 정지한다.
  (나) 온수 순환 펌프가 자동으로 온수를 순환하고 있는 동안에 온수가 낮아지게 되어 난방을 할 수 없는 상태가 되면 ThS_2에 의해 일정시간(타이머 설정시간) 후에 경보 버저 ㉿, 표시등 ㉿이 동작한다.
  (다) 온수 장치의 온수를 가열하기 전에는 온수 온도가 ThS_2에 설정한 최저 온도보다 낮기 때문에 ThS_2가 폐로되어 계속 경보가 울리므로 온도가 ThS_2에 설정한 최저(하한) 온도 이상으로 상승할 때까지 S를 열었다가 온도가 설정값 이상이 되면 S를 닫는다.
  (라) 온수 순환 펌프의 수동 운전은 전환 스위치가 수동 위치이고, PB_1을 누르면 운전된다.
  (마) PB_3를 누르면 경보 버저 ㉿는 정지한다.
  (바) ThS_1은 온수 순환 펌프의 동작 온도로 필요에 맞게 설정할 수 있다.

(2) 참고 사항

① 온수 순환 장치의 구성
  온수 가열 장치, 온수 탱크, 방열기, 온수 순환 펌프로 구성된다.

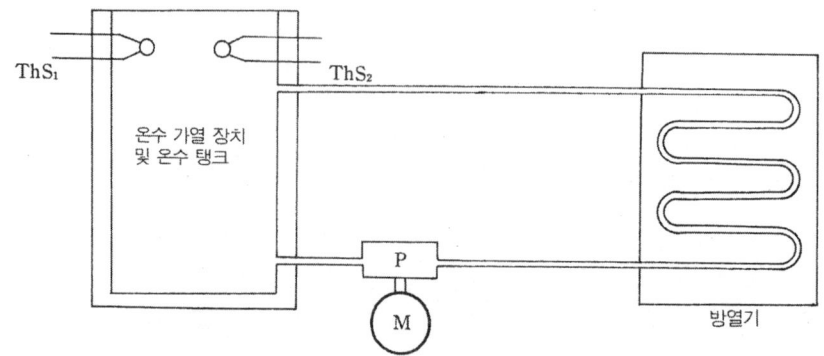

② 서모스탯 (thermostat)

 ㈎ 온수가열장치 내에 설치된 열전쌍 (thermo couple)으로부터 설정한 온도가 감지되면 신호 (접점 출력)를 내는 장치이다.

 ㈏ 온수의 온도 제어는 서모스탯에 의하여 자동 조절된다.

(3) 지급 재료 목록

일련번호	재 료 명	규 격	단 위	수 량	비 고
1	플러그 퓨즈 홀더	10 A, 6 A	개	5	
2	플러그 퓨즈		개	5	
3	제어함	600×450×1.2 mm	개	1	철판
4	합성수지 덕트	30×30 mm	m	2	
5	실습대	1200×1800 mm	개	1	
6	합성수지 전선관	16 mm	m	4	
7	케이블	5 C, 2.5 mm²	m	2	
8	버저	220 V	개	1	
9	표시등	φ25, 220 V	개	3	
10	푸시 버튼 스위치	1a 1b	개	4	
11	푸시 버튼 박스	φ25, 5구	개	2	
12	전환 스위치		개	2	
13	새들	16 mm	개	14	
14	새들	케이블용	개	9	
15	타이머 및 소켓		개	각 1	
16	전자접촉기	220 V, 5 a 2 b	개	1	
17	전자계전기	220 V, 5 a 2 b	개	2	
18	절연전선	2.5 mm²	m	5	
19	절연전선	1.5 mm²	m	40	
20	단자대	4 P	개	4	
21	단자대	8 P, 15 P	개	각 1	
22	나사못, 볼트, 너트, 압착 단자, 부싱, 와이어 밴드			약간	

(4) 작업 순서 및 유의 사항

① 기구 배치도와 시퀀스도를 충분히 이해한다.
② 제어함에 기구를 배치하고 배선한다.
   - 주회로 : 2.5 mm^2
   - 제어회로 : 1.5 mm^2
③ 배선은 합성수지 덕트 내에 설치하고, 노출된 부분은 적당한 간격으로 바인드한다.
④ 제어함을 부착하고, 케이블 공사 및 합성수지 전선관 공사를 하고 배선한다.
⑤ 서모스탯을 결선에 주의한다.
⑥ 서모스탯은 단자대로 대치하고, 단자 번호를 기입한다.
⑦ 배선의 이상 유무를 점검한 다음, 전동기와 서모스탯의 단자를 연결하고 동작시험을 한다.

(5) 도면 및 해설

① 배관도

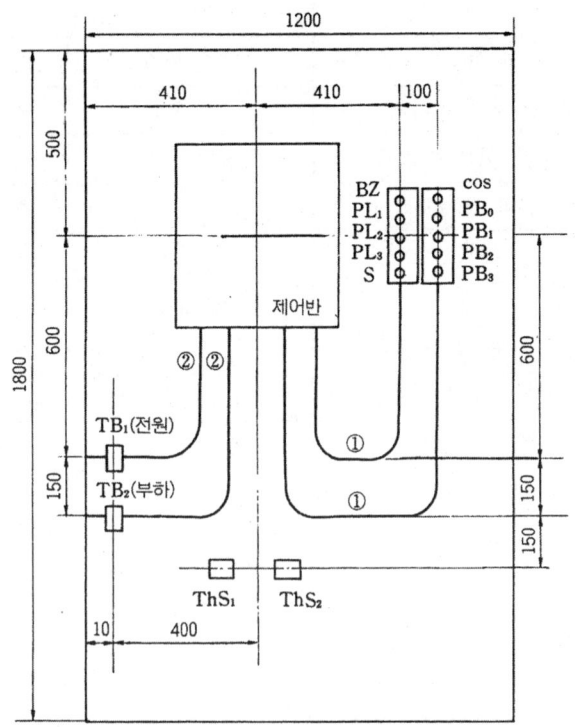

- 공사 방법
  ① 합성수지관 공사
  ② 케이블 공사

18. 온수 순환 펌프 제어회로

② 제어함의 기구 배치도

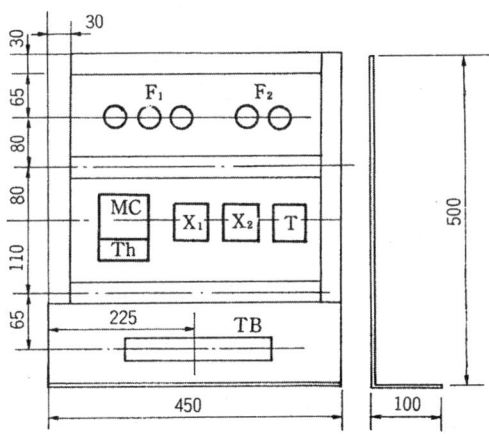

③ 시퀀스도

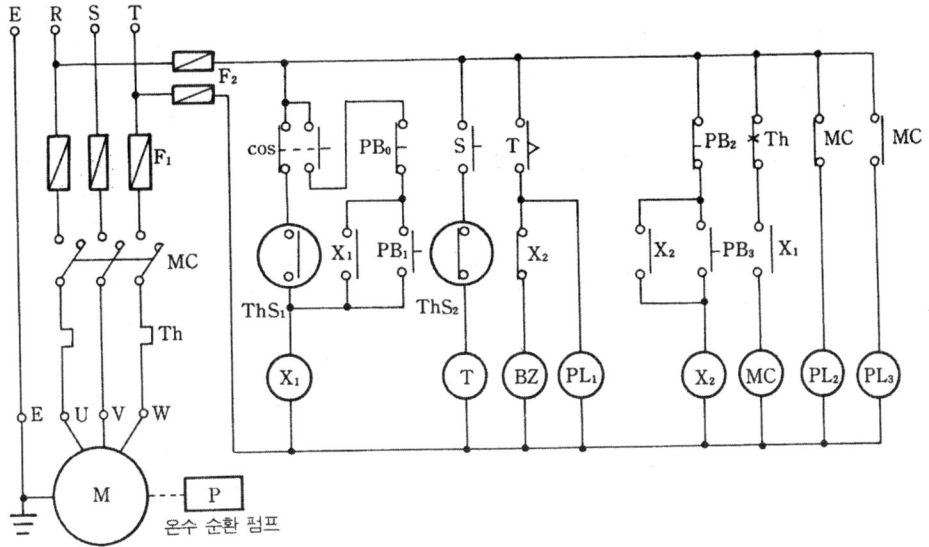

④ 온도조절기 접속도

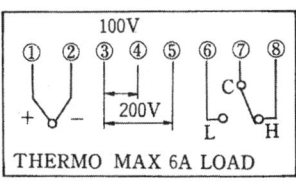

⑤ 동작 순서

(가) 전원 투입 ─────────────▶ PL₂ 점등

(나) COS가 자동위치일 때
- 온도가 설정값 이상이 되면

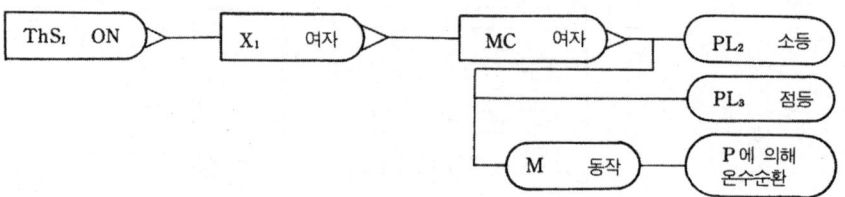

- 온도가 설정값 이하이면

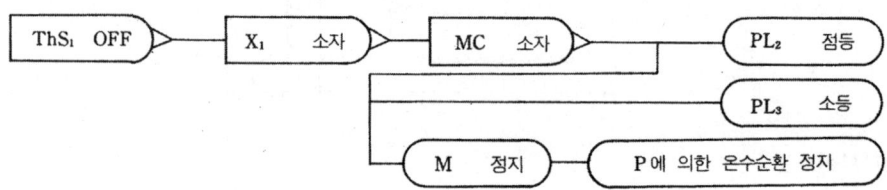

(다) COS가 수동일 때

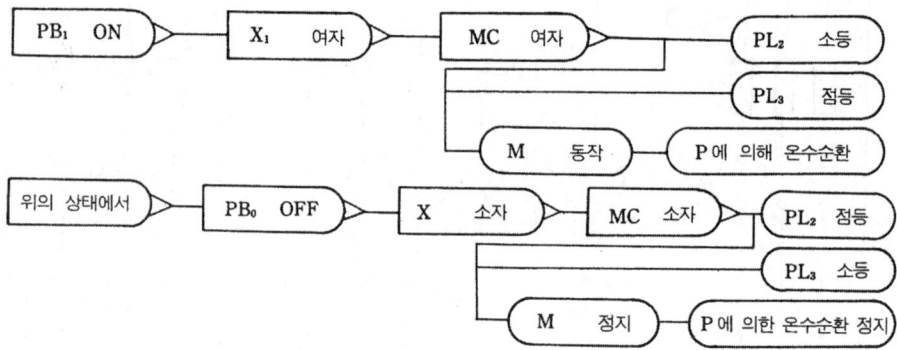

(라) COS가 자동위치일 때 온수가 계속 낮아져 ThS_2에 설정한 최저 온도보다 더 낮아지면

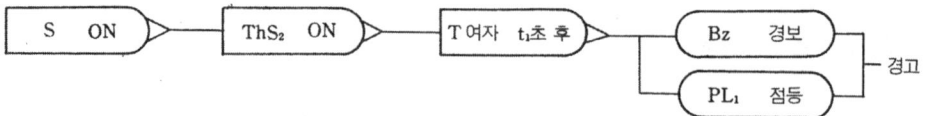

S는 유지형이며 정상상태에서 ON시켜 놓는다.

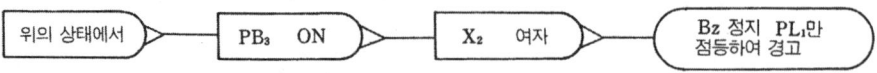

[참고] 온수장치를 가열하여 ThS_2에 설정한 최저 온도값 이상이 되어야만 ThS_2가 개로되어 경보 회로가 정지하므로 ThS_2가 동작되면 일단 S를 열었다가 ThS_2의 설정값 이상이 되면 다시 S를 닫는다.

19. 화재탐지시설 회로

(1) 요구 사항

① 지급된 재료를 사용하여 제한시간 내에 도면에 표시된 공사를 내선공사 방법에 의거 완성하시오.
② 전원 방식 : 단상, 220 V
③ 시공 방법
  (가) 케이블 공사
  (나) 금속관 공사
  (다) PE 전선관 공사
④ 동작 사항
  (가) KS를 ON하면 L_1(표시등)이 점등된다.
  (나) 3로 스위치가 아래쪽으로 내려 있는 상태에서
    ㉮ P_1을 누르는 순간만 RY_1(릴레이)이 동작되며 L_2(표시등)가 점등되는 동시에 L_1은 소등되고 FR(플리커 릴레이)이 동작하여 BZ_1 및 BZ_2(버저)가 교대 동작된다.
     • P_1을 OFF하면 모든 동작은 정지되며 L_1은 점등된다.
    ㉯ P_2를 누르는 순간만 RY_2(릴레이)가 동작되며 L_3(표시등)가 점등되는 동시에 L_1은 소등되고 FR(플리커 릴레이)이 동작하여 BZ_1 및 BZ_2가 교대 동작된다.
     • P_2를 OFF하면 모든 동작은 정지되며 L_1은 점등된다.
  (다) 3로 스위치가 위쪽으로 올려 있는 상태에서 FD_1과 FD_2(감지기)에 의하여 RY_1 및 RY_2(릴레이)가 동작, L_2 또는 L_3(표시등)가 점등되는 동시에 L_1(표시등)은 소등되고 FR이 동작, BZ_1과 BZ_2(버저)가 교대 동작된다. 이때 FD의 동작이 끊기면 모든 동작은 정지되며 L_1은 점등된다.

(2) 수검자 유의 사항

① 공사하기 전 지급받은 재료를 점검한 후 작업에 임한다.(점검 후 파손된 재료는 수검자 부주의로 파손된 것으로 간주한다.)
② 인입구의 케이블은 20 mm 정도 피복을 제거하여 놓는다.
③ 스위치 및 4각 정크션 박스의 커버는 생략한다.
④ FD_1 및 FD_2는 2 P 단자판으로 대치 사용한다.
⑤ SS(실렉터 스위치)는 3로 스위치로 대치 사용한다. [3로 스위치가 위쪽으로 올려 있는 상태가 자동(A), 아래쪽으로 내려 있는 상태가 수동(H) 방향으로 하여 작업한다.]
⑥ 금속관 및 PE 전선관 공사에서 r은 관지름의 $6\,d$ 이상으로 공사한다.
⑦ 정크션 박스 내의 접속은 와이어 커넥터 접속으로 한다.

⑧ PE 전선관의 반 L형 옵션 부분은 커플링을 만들고 부싱을 만들어 사용한다.
⑨ 퓨즈를 끼우지 않으면 동작 불능으로 간주한다.
⑩ 1개소라도 부동작이면 실격이다.
⑪ 치수 단위는 mm이고, 허용오차는 ±5 mm이다.
⑫ 치수가 없는 곳은 미관을 고려하여 도면에 충실하게 시공한다.
⑬ 치수는 박스 및 기구 또는 전선관의 중심을 기준으로 한다.
⑭ 복선도를 그려서 작업할 경우는 도면과 문제지의 앞면과 뒷면의 여백을 이용하되 그 외는 사용할 수 없다.
⑮ 제한시간을 초과하지 않는 것을 원칙으로 하되 부득이 연장할 경우 매 10분마다 5점씩 감점하며, 30분을 초과할 수 없다. 연장시간을 초과할 경우는 미완성 작품으로 실격 처리한다.
⑯ 작업시 안전 수칙을 준수하며 타인과 잡담을 금한다.
⑰ 검정 장소 출입시는 시험위원의 승인을 받는다.
⑱ 작업이 완료되면 문제지와 도면은 반드시 제출한다.
⑲ 전선의 색별은 R상(적), S상(흑)의 전선을 사용한다.

(3) 지급 재료 목록

일련번호	재료명	규격	단위	수량	비고
1	커버 나이프 스위치	2 P, 20 A, 300 V	개	1	
2	단자판	2 P, 20 A	개	2	
3	리셉터클	6 A, 250 V	개	3	
4	4각 정크션 박스	102×102 mm, φ25	개	1	철제 얇은 형
5	4각 스위치 박스	102×31 mm, φ25	개	1	철제 얇은 형
6	PVC 박스 커넥터	φ16 mm 관용	개	2	
7	케이블 커넥터	φ16 mm	개	3	
8	와이어 커넥터	중	개	5	
9	PE 전선관	φ16 mm	m	3	
10	금속전선관	φ16 mm	m	1.8	
11	케이블	2C, 2.5 mm²	m	3	
12	절연전선(적색)	2.5 mm²	m	15	
13	절연전선(흑색)	2.5 mm²	m	2	
14	새들	φ16 mm 관용	개	16	
15	새들	평형 케이블용	개	12	

16	나사못	25 mm (1″)+자형	개	40	
17	나사못	19 mm $\left(\frac{3}{4}″\right)$+자형	개	80	steel bracket 1개 및 고정용 버스 포함
18	3로 스위치 (매입형)	15 A, 300 V	개	1	
19	누름 버튼 스위치	1 a 접점	개	2	노출형
20	로크너트 (금속제)	ϕ 16 mm 관용	개	4	
21	부싱 (금속제)	ϕ 16 mm 관용	개	4	
22	버저	220 V, 15 V·A	개	2	
23	릴레이 베이스	8핀	개	3	

(4) 도면 및 해설

① 기구 배치도

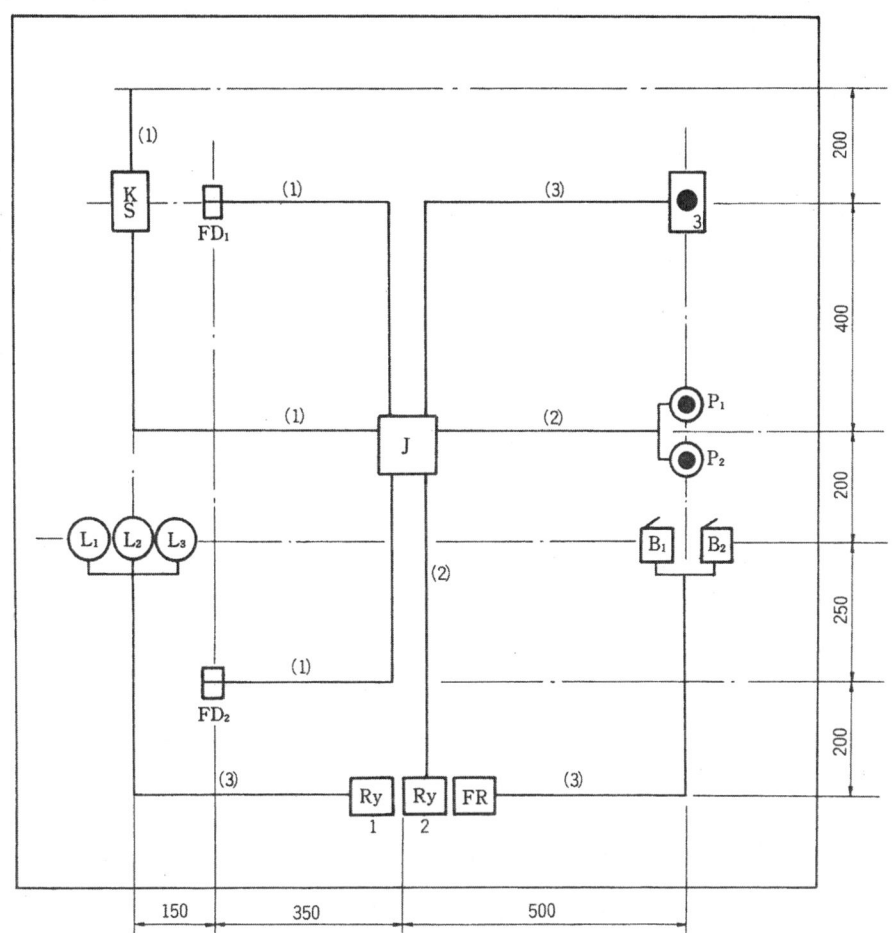

• 공사 방법 : (1) 케이블 공사, (2) 금속관 공사, (3) PE 전선관 공사

② 동작 회로도

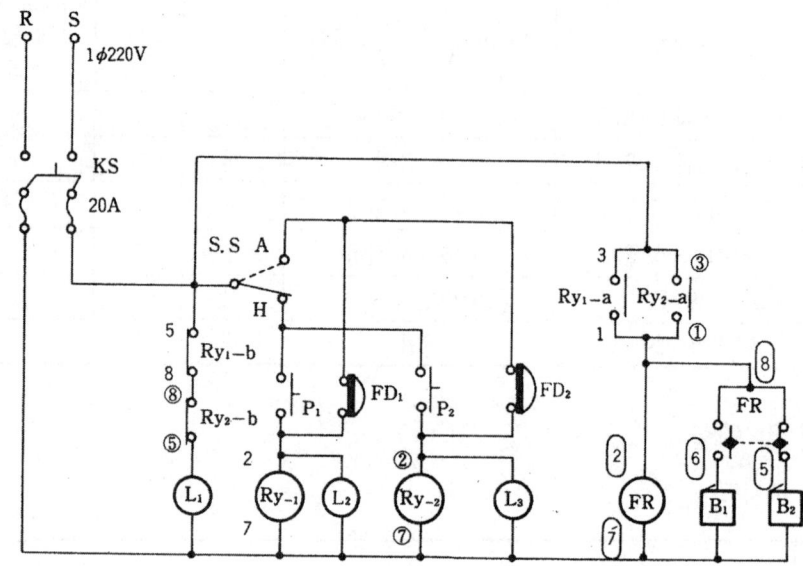

③ 동작 순서

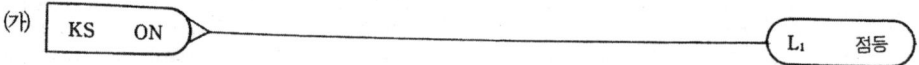

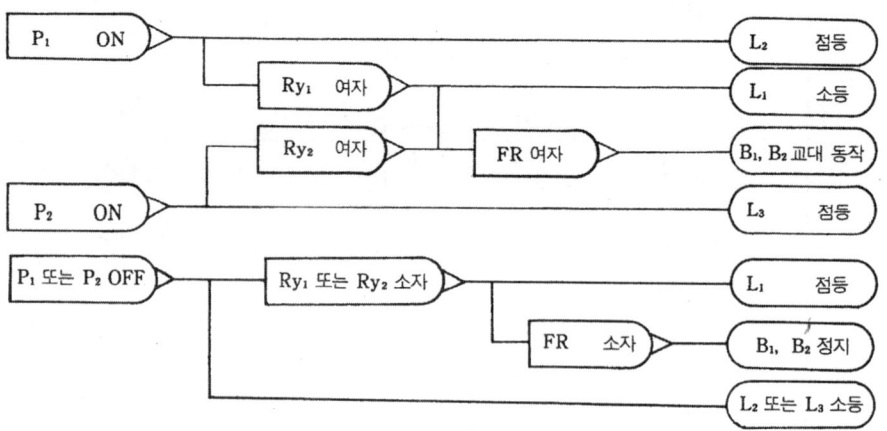

(다) SS → A일 때

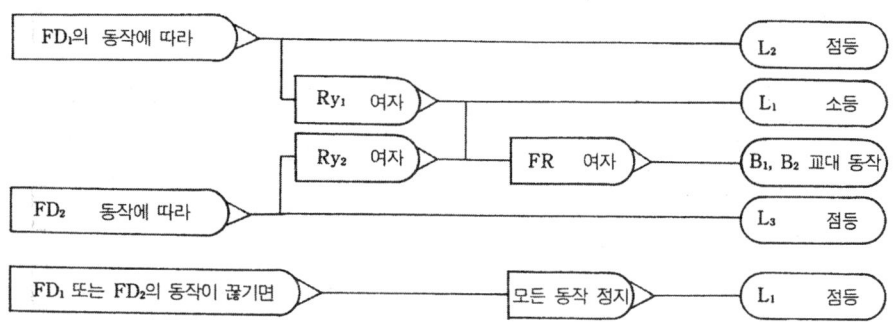

(라) 단자번호 부여

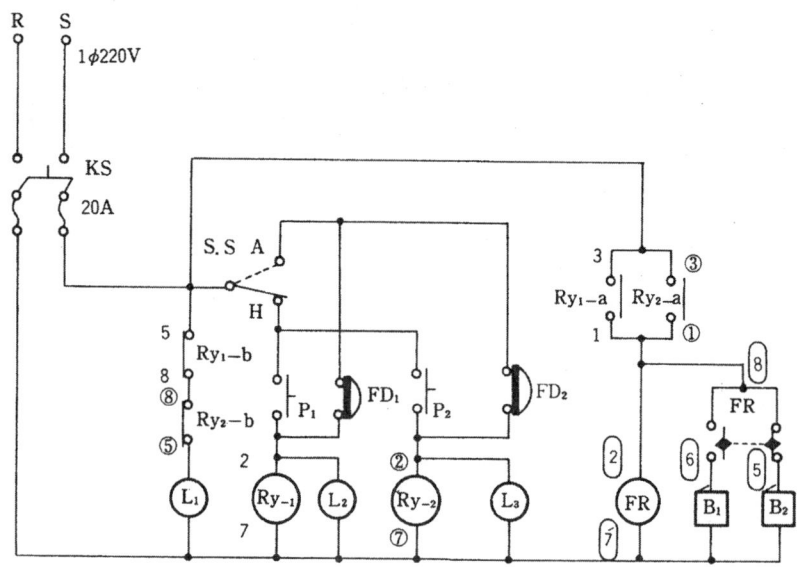

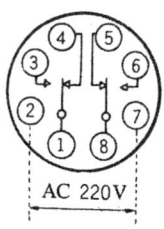

릴레이 내부 접속도

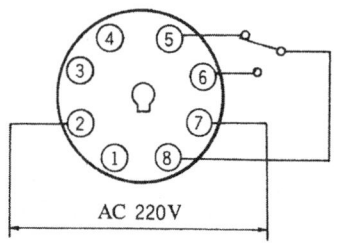

플리커 릴레이 내부 접속도

⑤ 실체 배선도

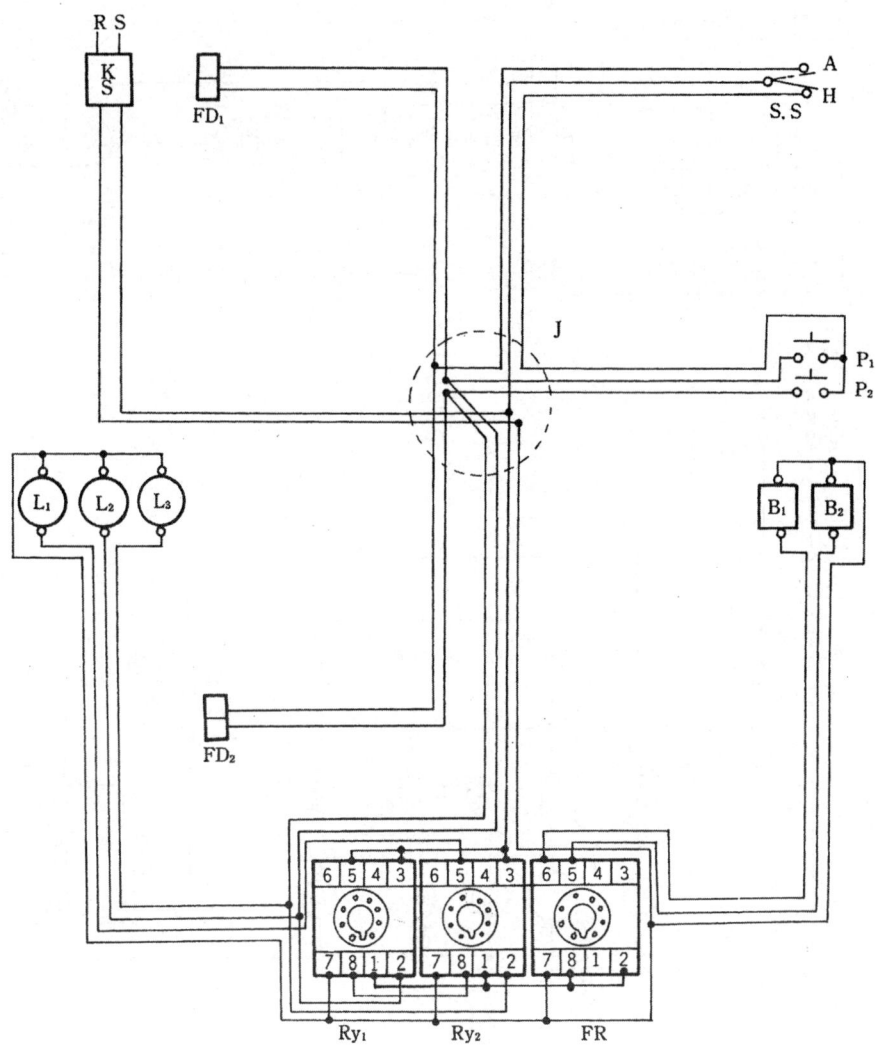

제 2 장 | 단상전원 전기설비 배선공사

1. 단상 유도전동기 제어회로 (1)

• 시험시간 : 표준시간-6시간, 연장시간-30분

(1) 요구 사항
① 지급된 재료를 사용하여 제한시간 내에 도면에 표시된 공사를 내선공사 작업 방법에 의거 완성하시오.
② 전원 방식 : 단상, 220 V
③ 공사 방법 : ㈎ 케이블 공사   ㈏ 합성수지관 공사   ㈐ 금속관 공사
④ 동작 사항
 ㈎ 배치도에 표시된 PB_1에 의해 BZ_1 (버저)이 동작되도록 내부 결선도 없이 임의로 결선한다.
 ㈏ 그 외의 모터 동작은 도면에 표시된 회로도를 보고 공사를 한다.

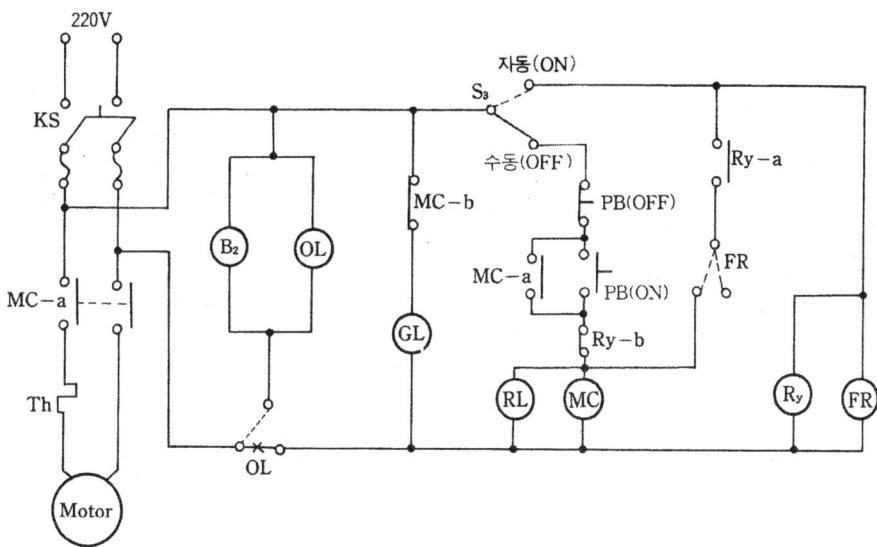

(2) 수검자 유의 사항
① 시험시간을 엄수하여 작품을 완성하여야 하며 부득이한 경우에는 +30분까지 연장할 수 있으나 연장할 경우에는 매 10분 이내(10분 포함)마다 5점을 감점하며, 초과시는 미완성 작품으로 불합격 처리한다.
② 공사하기 전 지급받은 재료를 점검한 후 작업에 임한다.(점검 후 파손된 재료는 수검자 부주의로 파손된 것으로 간주한다.)
③ 지급된 재료 중 불량품 이외는 추가 지급할 수 없다.
④ 치수 단위는 mm이고, 허용오차는 ±5 mm이다.

ⓟ 치수는 기구 및 박스의 중심을 기준으로 한다.
ⓠ 치수가 없는 곳은 미관을 고려하여 도면에 충실하게 시공한다.
ⓡ 전원측 전선의 피복은 전선 끝에서 약 10 mm 정도 벗겨 놓는다.
ⓢ 납땜 및 테이핑은 생략한다.
ⓣ 박스 및 스위치 커버는 생략한다.
ⓤ 퓨즈를 끼우지 않으면 동작 불능으로 간주한다.
ⓥ PVC 전선관의 부싱에서 박스는 박스 커넥터를 사용하고, 기타는 만들어서 사용한다.
ⓦ 케이블, 금속관, 비닐전선관 공사에서 r은 관지름에 $6d$ 이상으로 공사한다.
ⓧ 마그넷 스위치 및 릴레이는 베이스만 지급한다.
ⓨ 마그넷 스위치의 베이스는 글씨가 정자로 보이도록 작업판에 고정한다.
ⓩ 요구 사항에 표시된 마그넷 스위치의 단자 번호에 맞추어 작업한다.
⑯ 릴레이 및 플리커 릴레이의 내부 회로도를 참조하여 공사한다.
⑰ MC, RY, FR의 기구와 기구 사이의 간격은 30 mm로 한다.
⑱ PB에 의한 B_1의 동작 및 마그넷 스위치의 주회로는 $2.5\ mm^2$ 전선을 사용하며, 조작 회로는 $1.5\ mm^2$를 사용한다.
⑲ 금속관 나사의 길이는 16~19 mm 범위 내에서 하여야 한다.
⑳ 작업시에는 안전수칙을 준수하며, 타인과 잡담을 금한다.

[참고] 동작 사항 ㈎는 수검자가 시퀀스도(동작 회로도)를 그려서 회로를 구성하여야 한다.

(3) 지급 재료 목록

일련번호	재료 명	규 격	단위	수량	비 고
1	커버 나이프 스위치	2 P, 30 A, 300 V	개	1	판퓨즈 포함
2	리셉터클	6 A, 300 V	개	3	베크제
3	사각 박스	102×102 mm	개	1	철제 얕은 형
4	스위치 박스	102×51 mm	개	2	철제 얕은 형
5	매입 누름 버튼 스위치	6 A, 300 V	개	1	steel bracket 1개 포함
6	매입 3로 스위치	6 A, 300 V	개	1	steel bracket 1개 포함
7	누름 버튼 스위치	250 V, 6 A ON-OFF 용	개	1	노출형
8	릴레이 소켓	8편	개	1	
9	타이머 소켓	8편	개	1	
10	마그넷 스위치 베이스	20편	개	1	부착용 고정 나사 포함
11	단자판	3 P, 250 V, 20 A	개	1	
12	새들	16 mm 관용	개	20	
13	새들	케이블용	개	14	케이블에 꼭 맞는 것
14	나사못	25 mm (1″)	개	40	
15	나사못	19 mm ($\frac{3}{4}$″)	개	80	
16	절연전선 (적색)	$2.5\ mm^2$	m	10	
17	절연전선 (흑색)	$1.5\ mm^2$	m	15	
18	케이블	2 C, $2.5\ mm^2$	m	5	

19	금속전선관	φ 16 mm	m	1.8	
20	합성수지 전선관	φ 16 mm	m	3.6	
21	부싱	금속제 φ 16 mm 관용	개	4	
22	로크너트	금속제 φ 16 mm 관용	개	4	
23	케이블 커넥터	φ 16 mm	개	1	
24	PVC관 커넥터	φ 16 mm	개	6	
25	와이어 커넥터	중형	개	3	
26	버저	220 V, 10 V·A	개	2	

(4) 도면 및 해설

① 기구 배치도

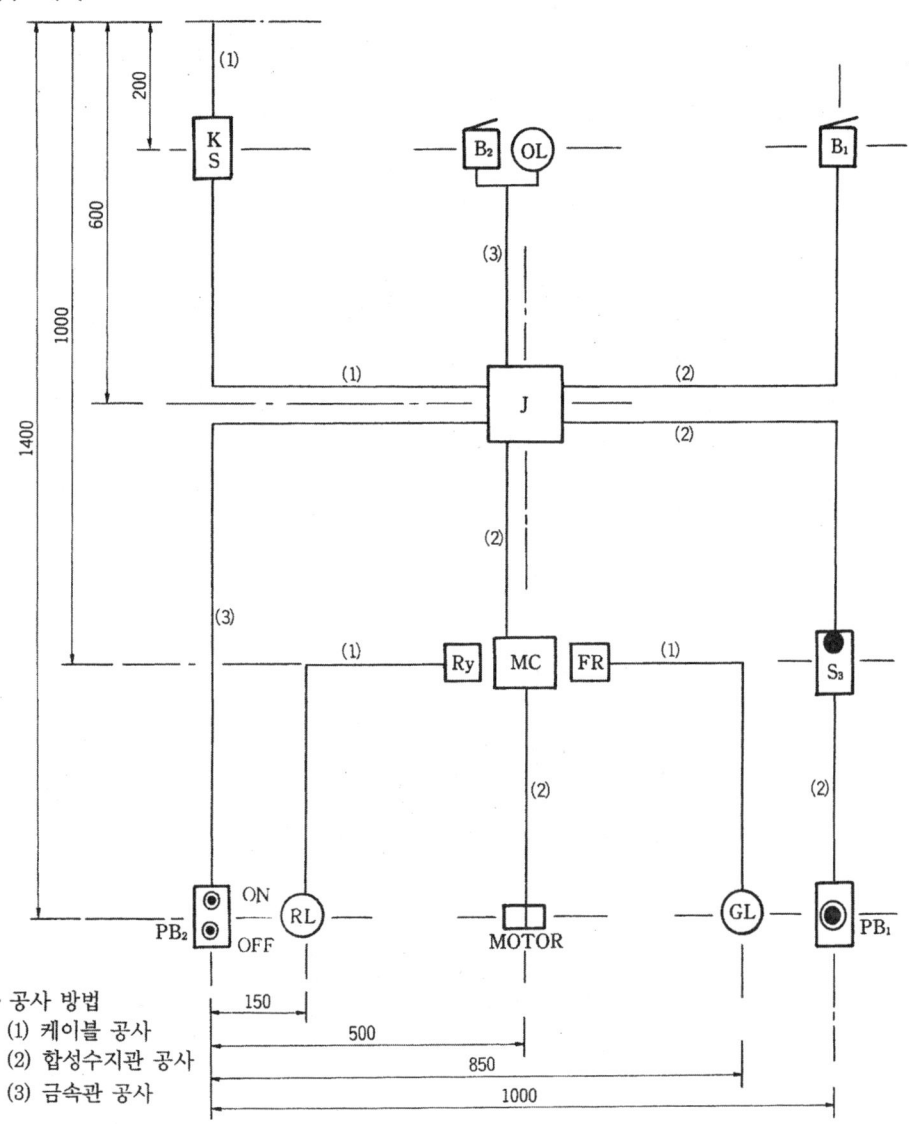

- 공사 방법
  (1) 케이블 공사
  (2) 합성수지관 공사
  (3) 금속관 공사

106 제 2 장 단상전원 전기설비 배선공사

② 단자번호 부여

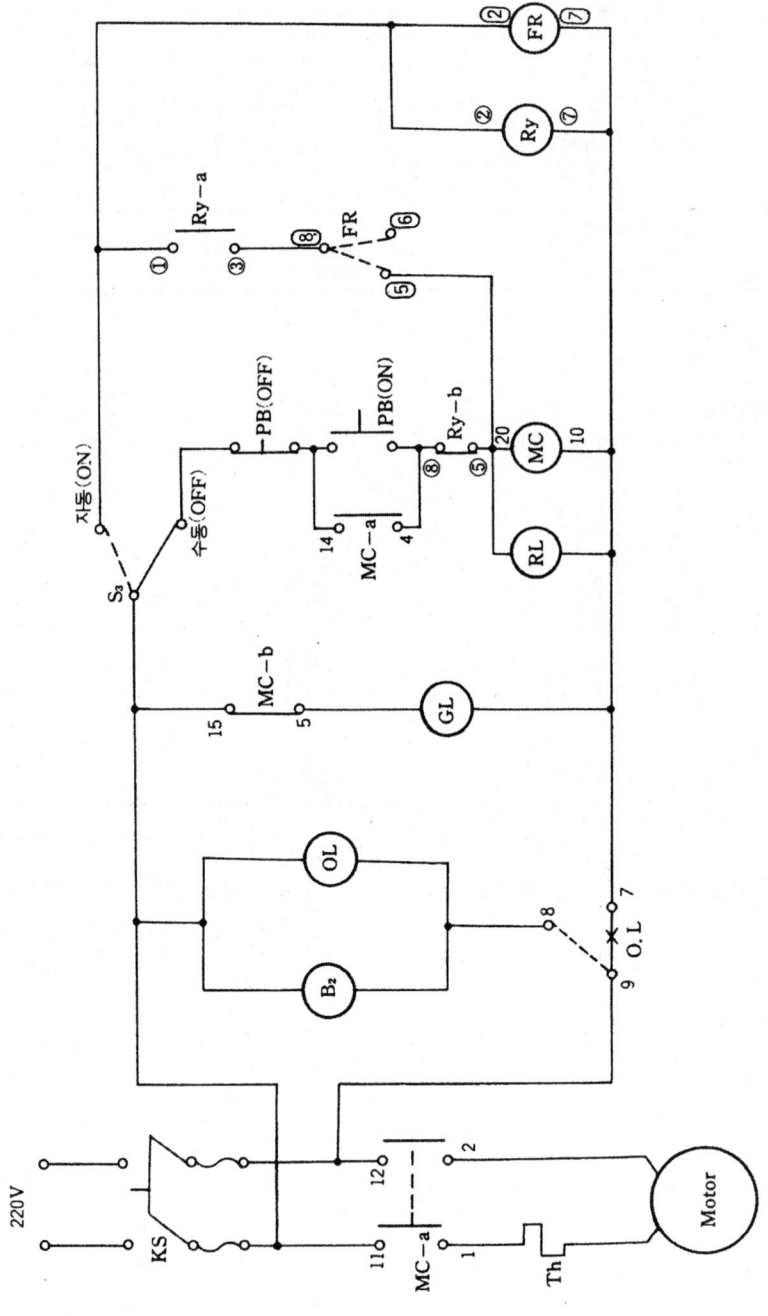

③ 동작 순서

(가)

(나) S₃가 수동(OFF)일 때

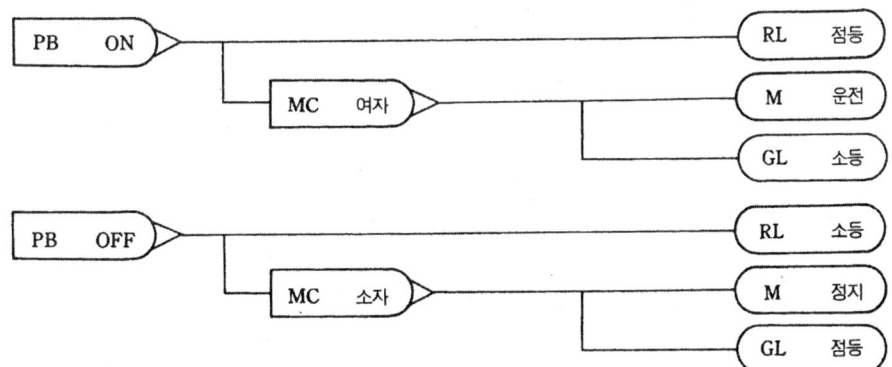

(다) S₃가 자동(ON)일 때

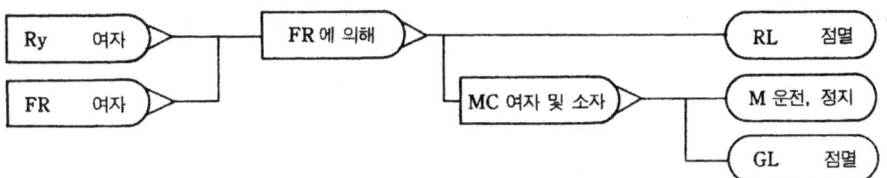

(다) motor 운전 중 과부하가 걸리면

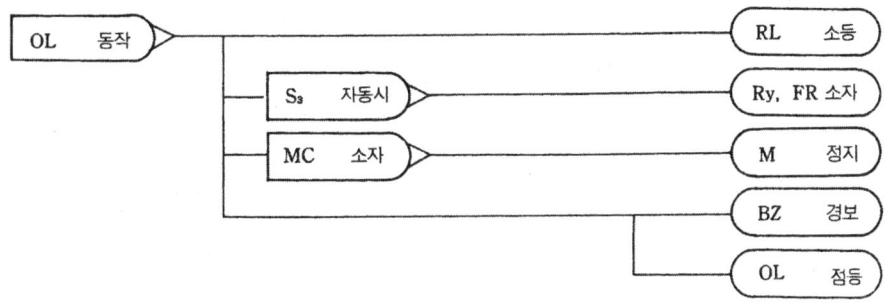

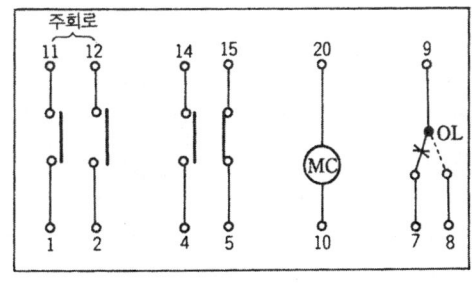

전자개폐기 결선도

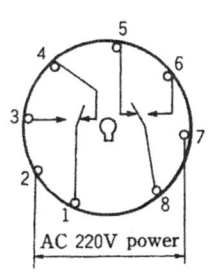

릴레이 내부 접속도

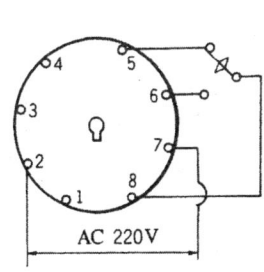

FR 내부 접속도

④ 실체 배선도

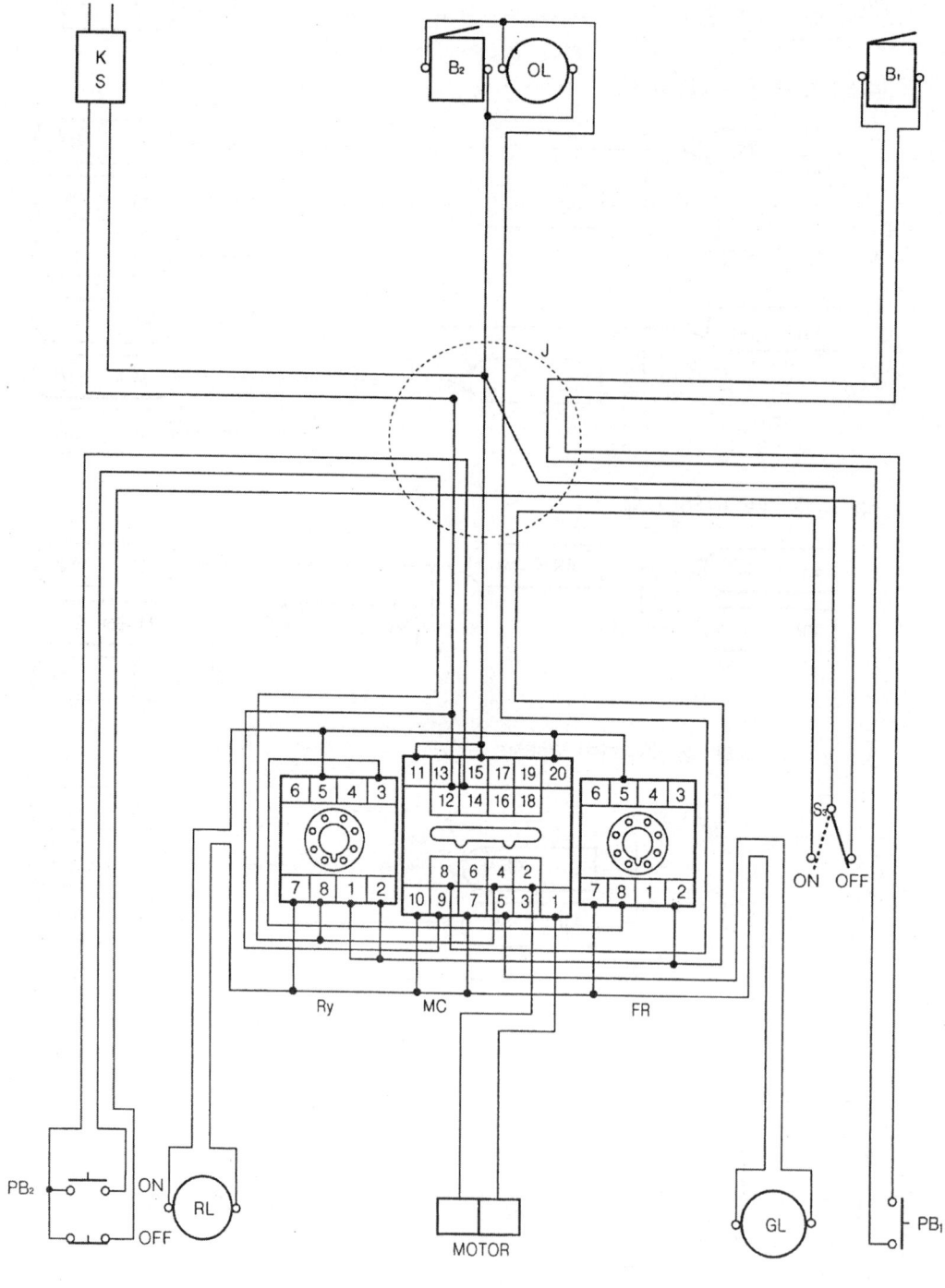

2. 단상 유도전동기 제어회로 (2)

• 시험시간 : 표준시간 - 5시간, 연장시간 - 30분

(1) 요구 사항

① 지급된 재료를 사용하여 제한시간 내에 도면에 표시된 공사를 내선공사 작업 방법에 의거 완성하시오.
② 전원 방식 : 단상, 220 V
③ 공사 방법
  ㈎ 케이블 공사
  ㈏ PE 전선관 공사
④ 동작 사항
  ㈎ KS를 ON하면 L_1 (표시등)이 점등된다.
  ㈏ SS (실렉터 스위치)가 A 방향에서 PB_2 (푸시 버튼 스위치)를 누르면 L_2 (표시등)가 점등되며, MC (전자개폐기)가 동작, M (모터)은 기동된다. 이때 PB_1 (푸시 버튼 스위치)을 누르면 MC의 동작이 멈추게 되어 M은 정지하며 L_2는 소등된다.
  ㈐ SS가 B 방향에서 LS (리밋 스위치)가 ON 상태에서 RY (릴레이)와 FR (플리커 릴레이)이 동작, MC와 L_3 (표시등)가 교대로 동작된다. MC가 동작할 때만 M이 가동된다. 이때 LS가 OFF하게 되면 모든 동작은 멈추게 된다.
  ㈑ 위 동작시 과부하로 THR이 동작되면 MC에 의한 동작은 모두 정지되며 L_4 (표시등)가 점등된다.

(2) 수검자 유의 사항

① 시험시간을 엄수하여 작품을 완성하여야 하며 부득이한 경우에는 표준시간 + 30분까지 연장할 수 있으나 연장할 경우에는 매 10분 이내 (10분 포함)마다 5점씩 감점하며 초과시는 미완성 작품으로 불합격 처리한다.
② 공사하기 전 지급받은 재료를 점검한 후 작업에 임한다.(점검 후 파손된 재료는 수검자 부주의로 파손된 것으로 간주한다.)
③ 지급된 재료 중 불량품 이외는 추가 지급할 수 없다.
④ PE 전선관의 r은 관지름의 $6d$ 이상으로 한다.
⑤ 인입구의 케이블은 10 mm 정도 벗겨 놓는다.
⑥ LS (리밋 스위치)는 단자판으로 대체 사용한다.
⑦ SS (실렉터 스위치)는 3로 스위치로 대체 사용한다 (3로 스위치가 위쪽으로 향한 상태가 B (자동) 방향, 아래쪽으로 내려 있는 상태가 A (수동) 방향으로 하여 작업한다).
⑧ 정크션 박스 내의 전선 접속은 와이어 커넥터 접속으로 한다.
⑨ 스위치 및 4각 박스의 커버는 생략한다.

⑩ 치수 단위는 mm이고, 허용오차는 ±5 mm이다.
⑪ 치수는 기구 및 박스의 중심을 기준으로 한다.
⑫ 치수가 없는 곳은 미관을 고려하여 도면에 충실하게 시공한다.
⑬ 전선 사용의 주회로는 2.5 mm², 보조회로는 1.5 mm²의 전선을 사용하여 작업한다.
⑭ 단자에 접속되는 전선은 단자에서부터 2 mm 정도 벗겨서 피복이 단자에 물리지 않도록 하여야 한다.
⑮ 1개소라도 부동작이면 실격이다.
⑯ 동작이 완전하게 되었다 하여도 항목별 채점에서 불량개소가 많은 경우 불합격되는 경우가 있으니 모든 작업을 성실하게 하여야 한다.
⑰ 작업시 안전수칙을 준수하며 타인과 잡담을 금한다.
⑱ 검정장소 출입시는 시험위원의 승인을 받는다.
⑲ 작업이 완료되면 문제지와 도면은 반드시 제출한다.
⑳ KS는 단자판으로 대체 사용하여 작업한다.

(3) 지급 재료 목록

일련번호	재료명	규격	단위	수량	비고
1	커버 나이프 스위치	2 P, 15 A, 300 V	개		단자판으로 대체
2	리셉터클	6 A, 300 V	개	4	베크제
3	4각 박스	102×102 mm	개	1	철제 얇은 형 (구멍이 모두 큰 것)
4	스위치 박스	102×51 mm	개	1	철제 얇은 형 (구멍이 모두 큰 것)
5	누름 버튼 스위치 박스	φ 25, 2구	개	1	
6	누름 버튼 스위치	φ 25, 1a 1b	개	2	
7	매입 3로 스위치	6 A, 300 V	개	1	steel bracket 1개 및 지지못 포함
8	마그넷 스위치 베이스	20핀	개	1	고정나사 2개 포함
9	릴레이 베이스	8핀	개	2	
10	단자판	4 P, 250 V, 20 A	개	3	
11	새들	16 mm 관용	개	22	
12	새들	케이블용	개	8	케이블에 꼭 맞는 것
13	나사못	1″ (25 mm)	개	30	
14	나사못	$\frac{3}{4}$″ (19 mm)	개	70	
15	절연전선	2.5 mm²	m	4	
16	절연전선	1.5 mm²	m	30	

17	케이블	2 C, 2.5 mm²	m	1.5	
18	PE 전선관	16 mm	m	5.5	
19	케이블 커넥터	16 mm 관용	개	1	
20	와이어 커넥터	중형	개	6	
21	PE 전선관 커넥터	16 mm 관용	개	8	

(4) 도면 및 해설

① 기구 배치도

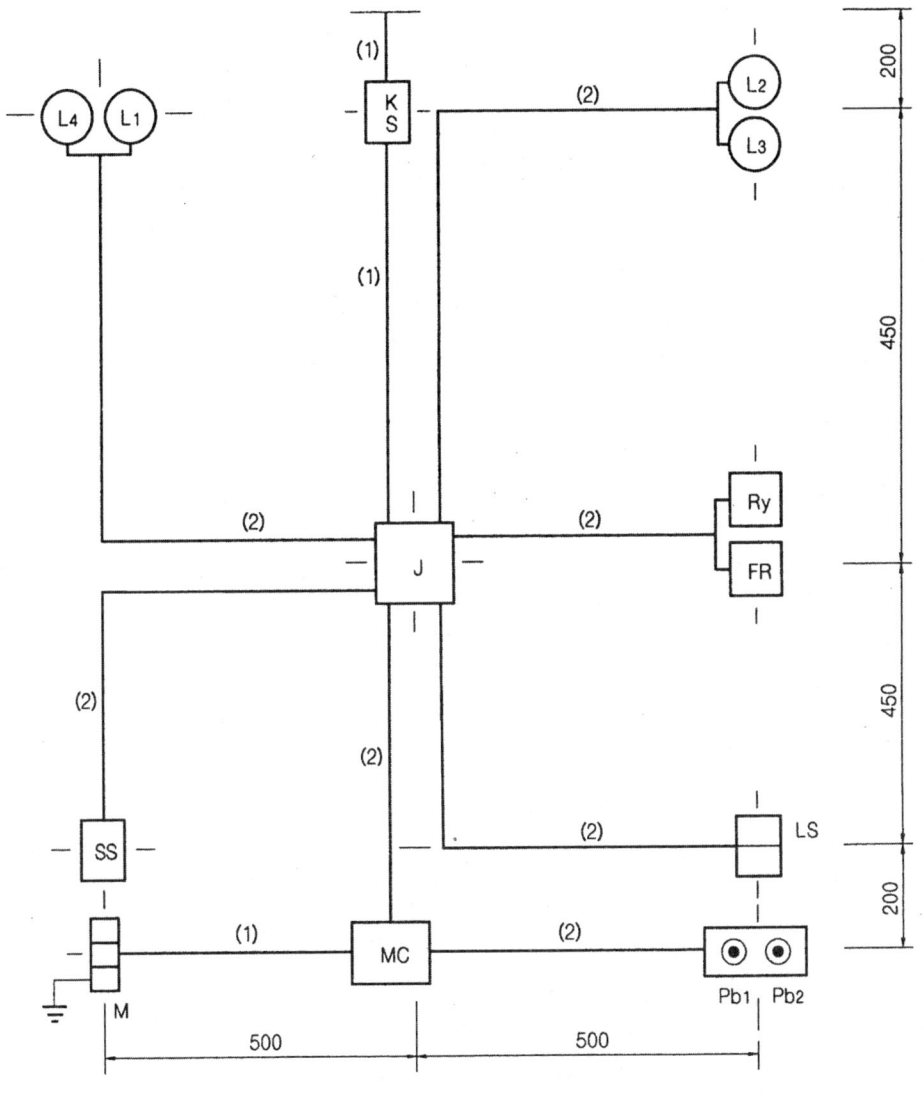

- 공사 방법 : (1) 케이블 공사
  (2) PE관 공사

② 동작 회로도

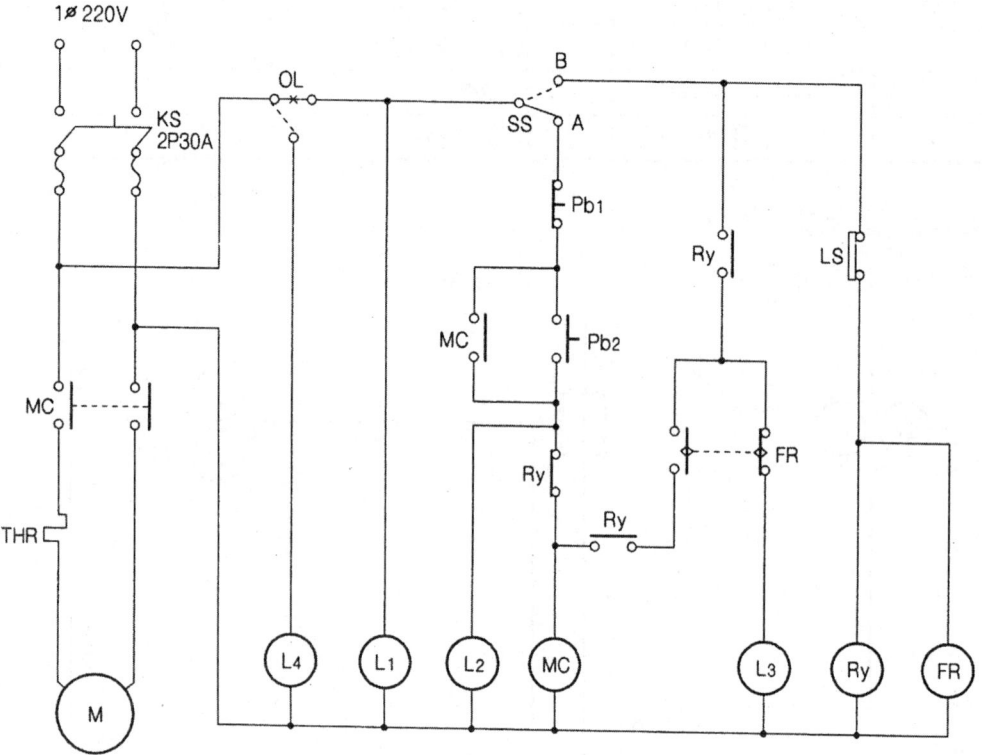

③ 동작 순서

(가)

(나) SS가 A의 위치 (수동)일 때

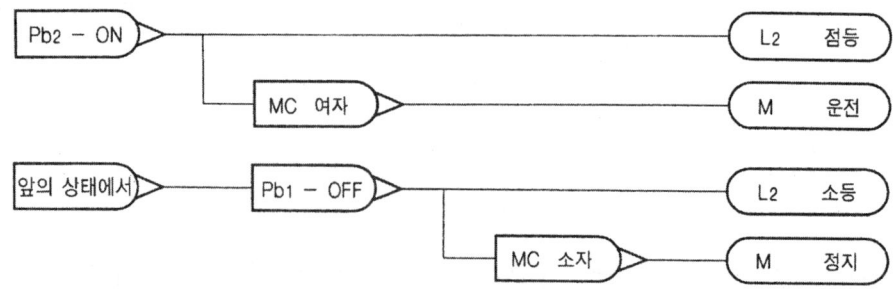

(다) SS가 B의 위치 (자동)일 때

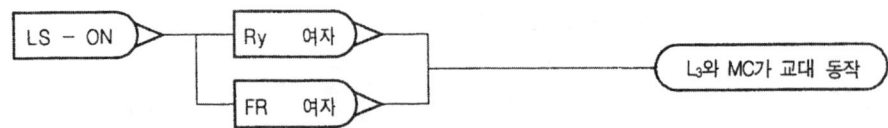

[참고] MC가 여자될 때마다 M이 동작

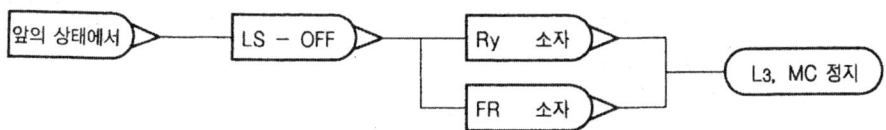

㈃ motor M 운전시 과부하가 걸리면

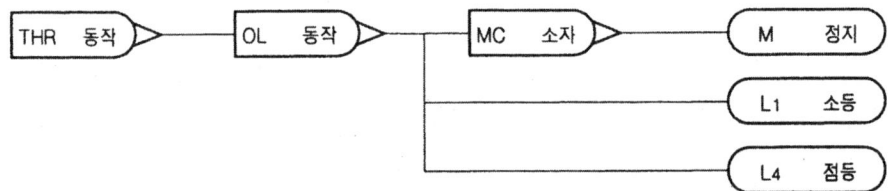

- THR 동작시
  - SS가 A 위치일 때 : L_2 소등, MC 소자
  - SS가 B 위치일 때 : L_3 소등, MC, RY, FR 소자

④ 단자번호 부여

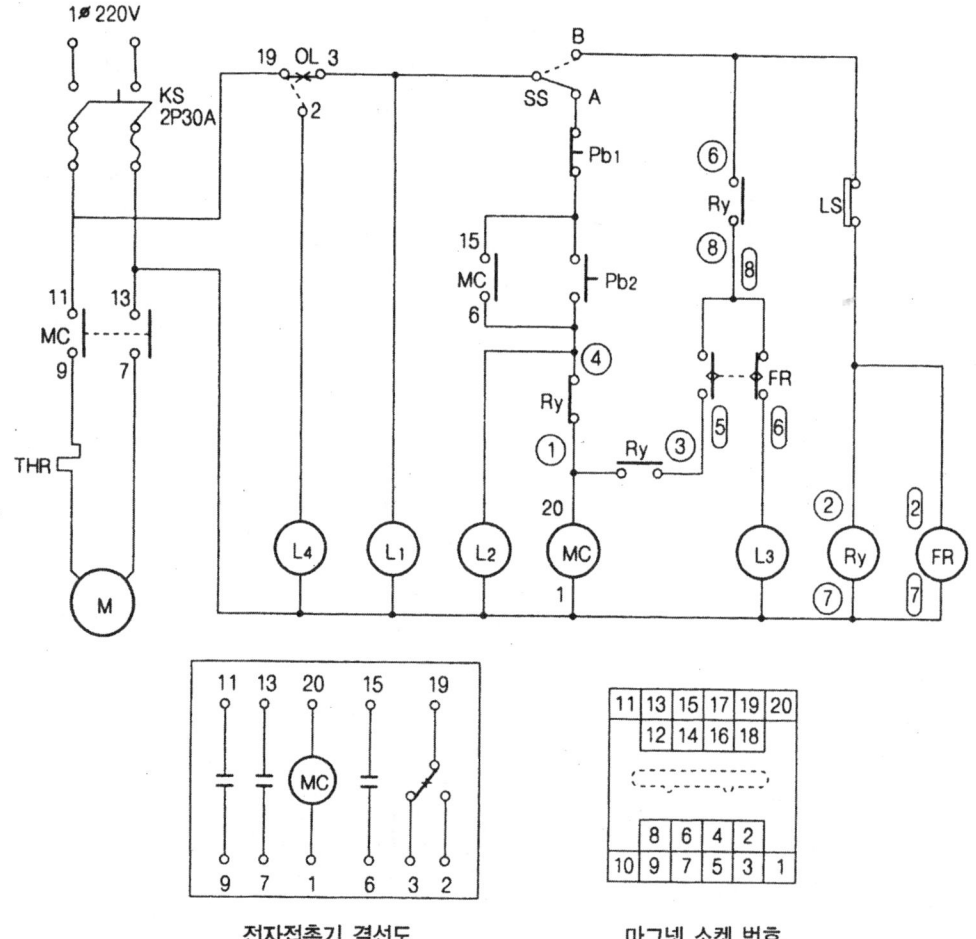

전자접촉기 결선도   마그넷 소켓 번호

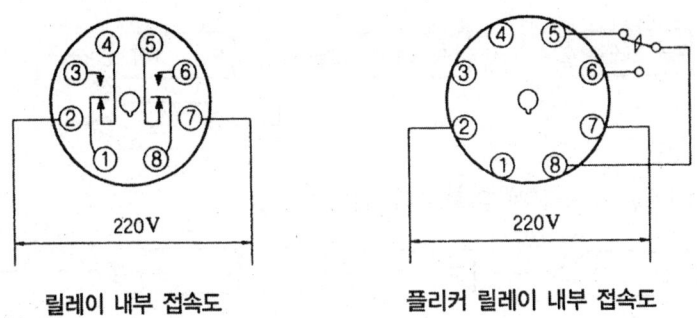

릴레이 내부 접속도   플리커 릴레이 내부 접속도

⑤ 실체 배선도

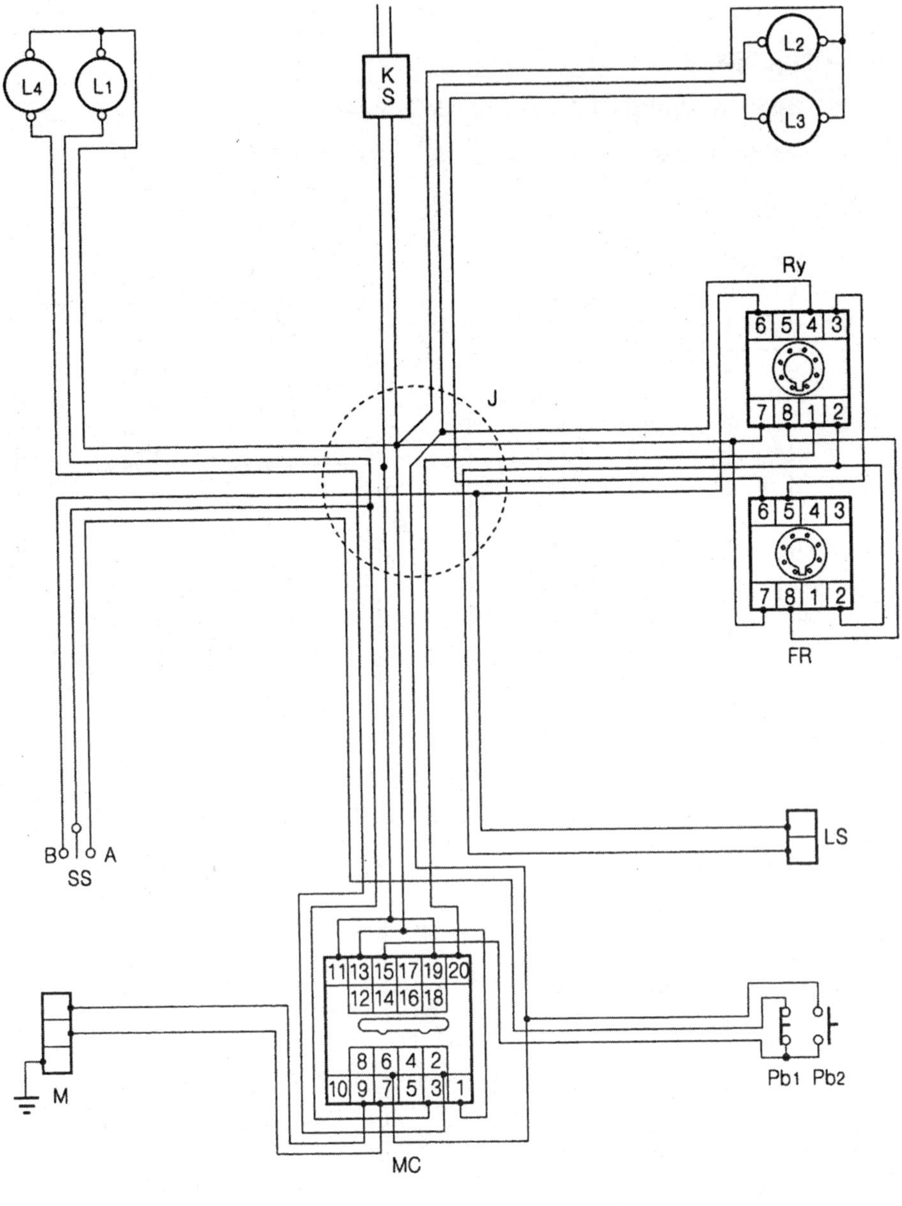

3. 단상 유도전동기 교대 운전회로

• 시험시간 : 표준시간 - 5시간 30분, 연장시간 - 30분

(1) 요구 사항

① 지급된 재료를 사용하여 제한시간 내에 도면에 표시된 공사를 내선공사 작업 방법에 의거 완성하시오.
② 전원 방식 : 단상 2 선식, 220 V
③ 공사 방법
　㈎ 케이블 공사
　㈏ PVC 관 공사
　㈐ 금속관 공사
　㈑ 노출공사
④ 동작 사항
　㈎ 주회로(즉, 전원 단자에서 전동기 단자까지)는 2.5 mm² 전선으로 배선하고 기타 제어회로, 표시등 회로는 1.5 mm² 전선으로 배선한다.
　㈏ 배선시 전선 가닥수가 여러 가닥이 들어 있는 부분이 있으나 관이 짧고 굴곡이 심하지 않기 때문에 공사 방법에 어긋나지 않으므로 전선관에 전선을 넣을 때에는 한꺼번에 전선을 모아 삽입하여야 한다.
　㈐ 전선은 동작상 최소의 가닥수를 넣어야 한다.
　㈑ 전원단자 P_1, P_3에는 전원측에 약 100 mm 정도의 길이로 전선을 부착하여, 동작시험하기에 편리하도록 전선 끝에서 약 10 mm 정도 벗겨 놓는다.

(2) 수검자 유의 사항

① 시험시간을 엄수하여 작품을 완성하여야 하며 부득이한 경우에는 표준시간 + 30분까지 연장할 수 있으나 연장할 경우에는 매 10분 이내 (10분 포함)마다 5점씩 감점을 하며, 초과시에는 미완성 작품으로 처리한다.
② 공사하기 전 지급받은 재료를 점검한 후 작업에 임하며 점검 후 파손된 재료는 수검자 부주의로 파손된 것으로 간주한다.
③ 지급된 재료 중 불량품 이외는 추가 지급할 수 없다.
④ 치수 단위는 mm이고, 허용오차는 ±5 mm이다.
⑤ 치수는 기구 및 박스의 중심을 기준으로 한다.
⑥ 치수가 없는 곳은 미관을 고려하여 충실하게 시공한다.
⑦ 지급된 합성수지관용 커넥터는 박스에만 사용하고 기타의 부분에서는 부싱을 만들어 사용한다.
⑧ 전원측 전선의 피복은 전선 끝에서 약 10 mm 정도 벗겨 놓는다.

⑨ 납땜, 테이핑 및 접지선은 생략한다.
⑩ 검정장소 이석시는 시험위원의 승인을 받아 이석하여야 한다.
⑪ 작업시에는 안전수칙을 준수하며, 다른 수검자와 일체의 잡담을 금한다.
⑫ 전선관은 모든 기구류 중심선에서 일치하도록 작업을 하여야 한다.
⑬ 금속관에서 나사의 길이는 16~19 mm 범위 내에서 하여야 한다.
⑭ 금속관에서 나사산이 파손되지 않게 작업을 하여야 한다.
⑮ 단자에 접속되는 전선은 단자에서부터 2 mm 정도 벗겨서 피복이 단자에 물리지 않도록 하여야 한다.
⑯ 와이어 커넥터 접속은 쥐꼬리 접속을 하여야 한다.
⑰ 동작이 완전하게 되었다 하여도 항목별 채점에서 불량개소가 많을 경우 불합격되는 경우가 있으니 모든 작업을 성실하게 하여야 한다.
⑱ 도면과 문제지는 작업이 완료된 후 반드시 제출하여야 한다.

(3) 지급 재료 목록

일련번호	재 료 명	규 격	단위	수량	비 고
1	8각 박스	철제	개	2	박스구멍이 모두 ϕ 27 mm
2	타이머 소켓	8핀	개	1	
3	릴레이 소켓	11핀	개	2	
4	파일럿 램프 케이스	ϕ 25, 4구멍	개	1	
5	단자대	4 P, 3 P, 20 A	개	각 1	
6	리셉터클	300 V, 6 A	개	4	
7	누름 버튼 스위치	매입용 ϕ 25, 1 a 1 b	개	3	
8	전환 스위치	ϕ 25, 1 a 1 b	개	1	
9	나사못	1″	갑	1/2	
10	나사못	$\frac{3}{4}$″	갑	1	
11	PVC 전선관	경질 ϕ 16 mm	m	4	
12	금속전선관	ϕ 16 mm	m	1.8	
13	절연전선	1.5 mm², 흑색	m	25	
14	절연전선	2.5 mm², 흑색, 적색	m	각 4	
15	케이블	2 C, 2.5 mm²	m	1.2	
16	새들	ϕ 1.6 mm용	개	20	
17	새들	2 C 평형 케이블에 꼭 맞는 것	개	4	
18	로크 너트	ϕ 16 mm	개	4	

19	부싱 (금속관용)	φ 16 mm	개	4	
20	PVC관 박스 커넥터	φ 16 mm	개	5	
21	케이블 박스 커넥터	φ 16 mm (PVC 제)	개	1	
22	와이어 커넥터	중	개	6	
23	릴레이	11핀, 220 V 용	개	1	
24	타이머	8핀, 220 V 용	개	1	

(4) 도면 및 해설

① 기구 배치도

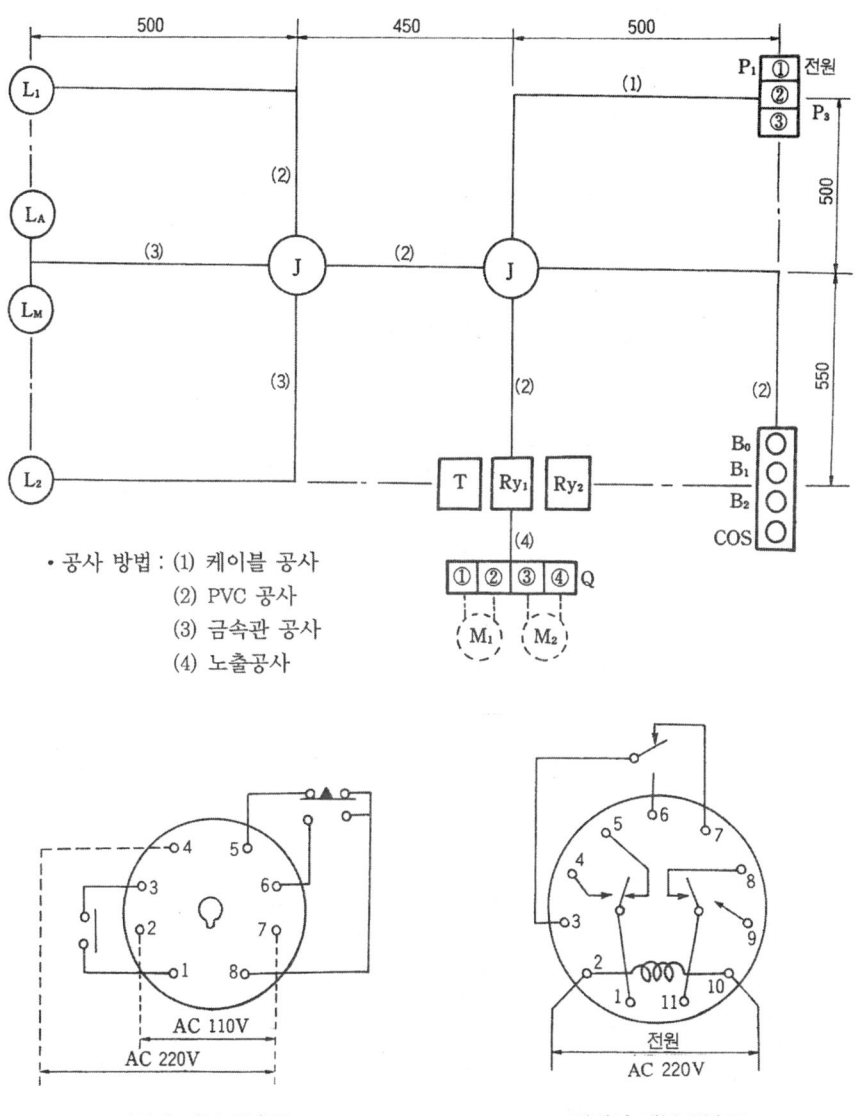

- 공사 방법: (1) 케이블 공사
- (2) PVC 공사
- (3) 금속관 공사
- (4) 노출공사

타이머 내부 접속도   릴레이 내부 접속도

② 동작 회로도

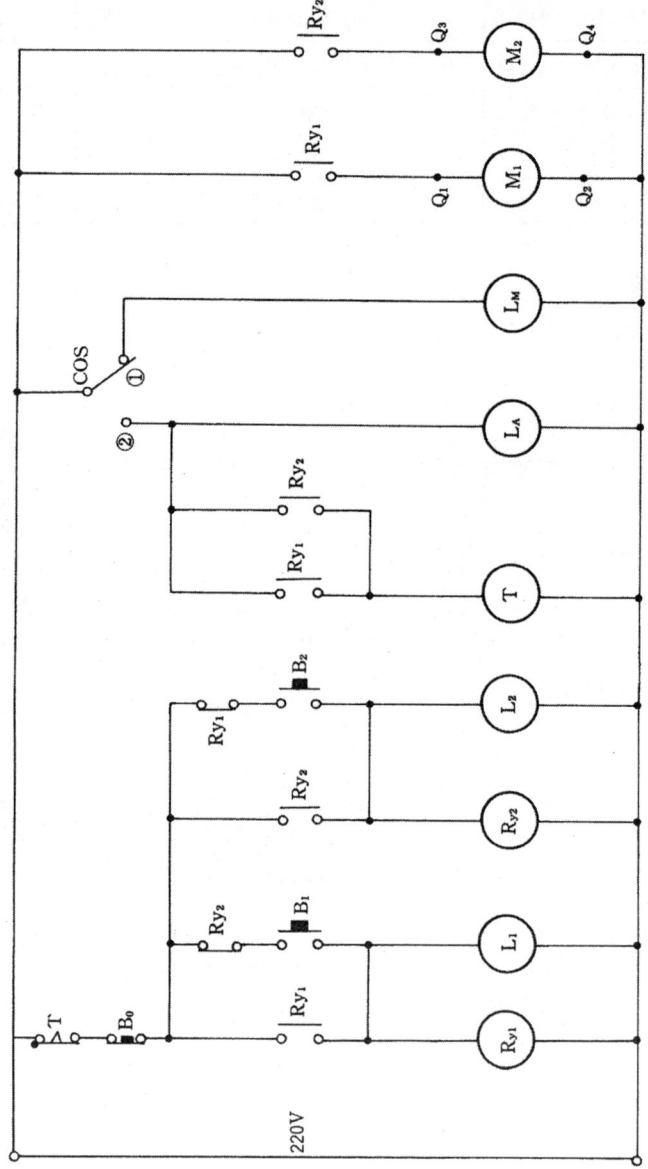

범 례

기 호	명 칭	기 호	명 칭
B_0, B_1, B_2	누름 버튼 스위치	L_1, L_2, L_A, L_M	표시등
RY_1, RY_2	보조계전기(릴레이)	M_1, M_2	유도전동기(소형)
T	한시계전기(타이머)	$Q_1 \sim Q_4$	단자대 단자번호
COS	전환 스위치	P_1, P_3	단자대 단자번호

③ 동작 순서

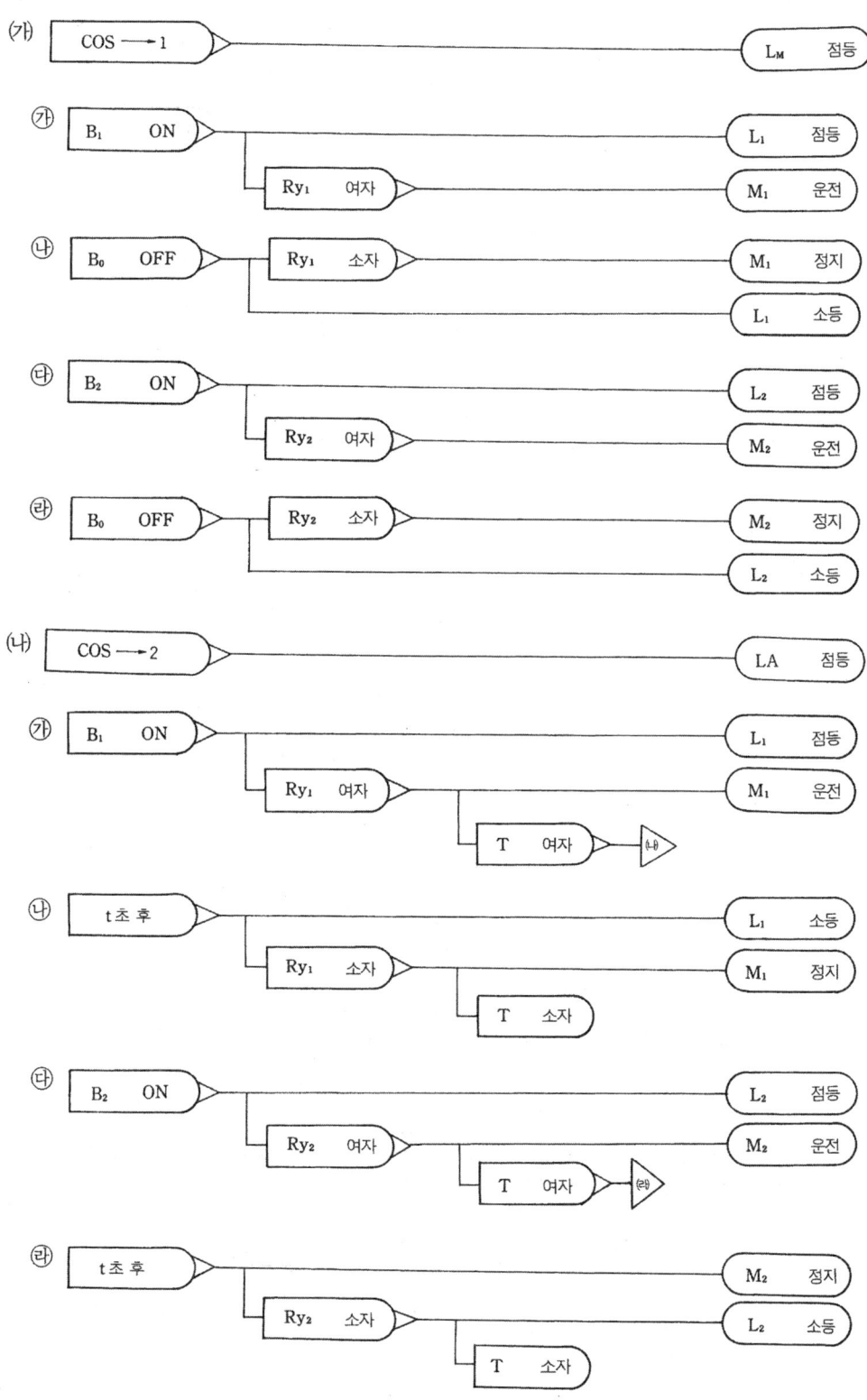

120 제 2 장 단상전원 전기설비 배선공사

④ 단자번호 부여

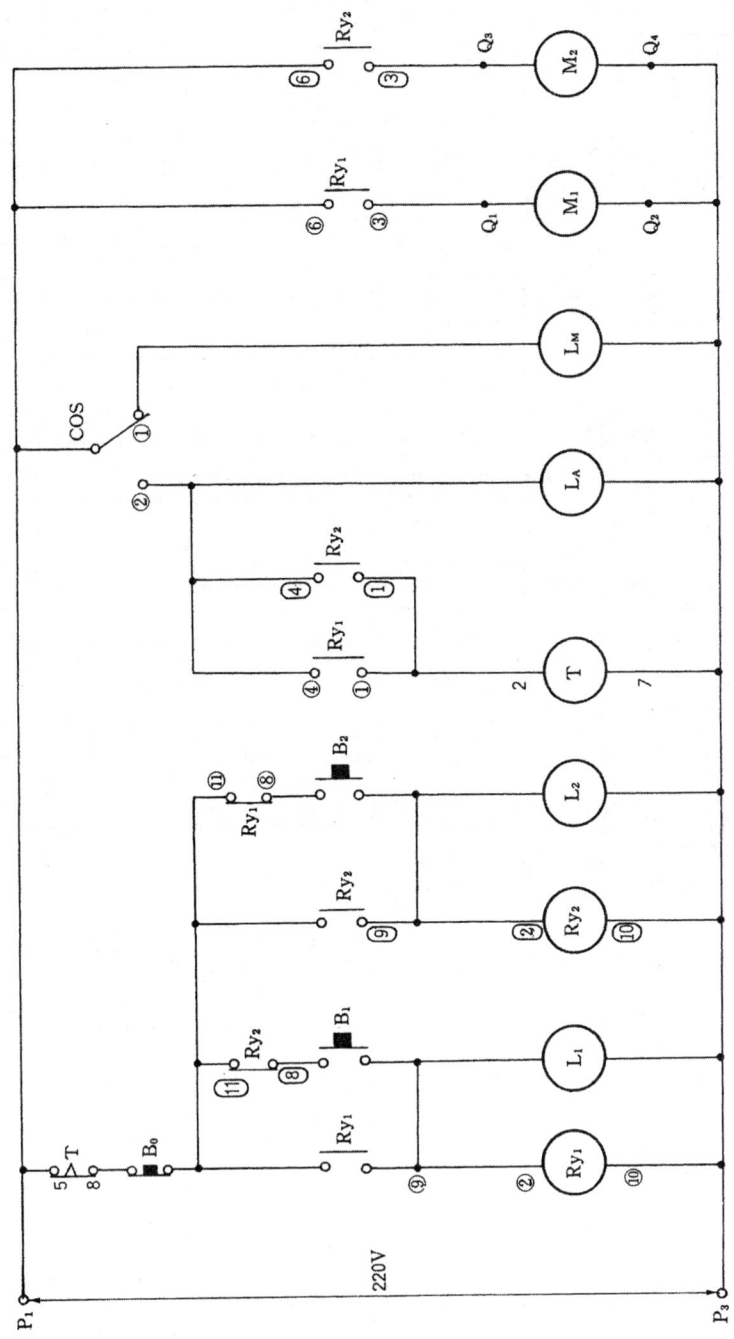

⑤ 실체 배선도

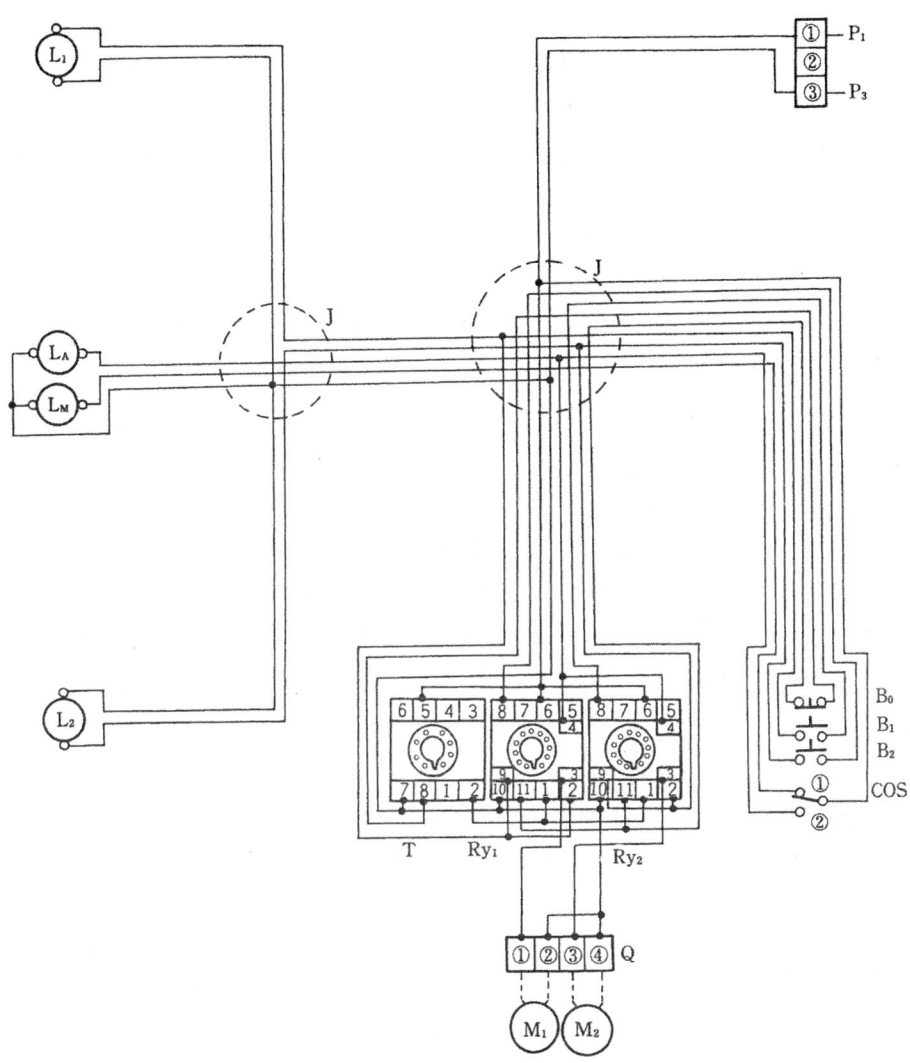

4. FD 사용 – 단상 유도전동기 제어회로

• 시험시간 : 표준시간 – 5시간, 연장시간 – 30분

(1) 요구 사항

① 지급된 재료를 사용하여 제한시간 내에 도면에 표시된 공사를 전기공사 작업 방법에 의거 완성하시오.
② 전원 방식 : 단상, 220 V
③ 공사 방법
  (가) 케이블 공사
  (나) PE 관 공사
  (다) 금속관 공사
④ 동작 사항
  CKS (커버 나이프 스위치)가 ON 상태에서
  (가) SS (실렉터 스위치)가 H (수동) 방향에서 PB_1 (푸시 버튼 스위치)을 누르면 MC (전자접촉기)가 동작, 모터가 운전되며, L_1 (표시등)은 소등되고 L_2 (표시등)가 점등된다. 이때 PB_2 (푸시 버튼 스위치)를 누르는 동안 RY_2 (릴레이)가 동작하여 MC, L_2의 동작은 멈추게 되며 모터는 정지한다. PB_2를 놓으면 L_1은 점등된다.
  (나) SS가 A (자동) 방향에서 FD (차동식 감지기)의 작동에 의하여 RY_1 (릴레이)과 MC가 동작하여 모터가 운전되고, L_3 (표시등)가 점등된다. 이때 FD의 동작이 멈추었을 때 PB_2를 누르면 MC, RY_1, L_3의 동작이 멈추게 되며, 모터는 정지한다.
  (다) 과부하로 인하여 THR (열동계전기)이 작동되면 모터 회로는 차단되고, BZ (버저)가 동작한다.

(2) 수검자 유의 사항

① 공사하기 전 지급받은 재료를 점검한 후 작업에 임한다. (점검 후 파손된 재료는 수검자 부주의로 파손된 것으로 간주한다.)
② 인입구 케이블은 10 mm 정도 피복을 제거하여 놓는다.
③ 금속관 및 PE 관의 r은 관지름의 $6\,d$ 이상으로 공사한다.
④ PE 전선관의 커플링 및 부싱은 만들어 사용하지 않는다.
⑤ 정크션 박스 내의 접속은 와이어 커넥터 접속법으로 한다.
⑥ 나이프 스위치에 퓨즈를 끼우지 않으면 부동작으로 처리한다.
⑦ 금속관 나사의 길이는 16~19 mm 범위 내에서 하여야 한다.
⑧ 치수는 박스 및 기구 또는 전선관 중심을 기준으로 한다.
⑨ 치수가 없는 곳은 미관을 고려하여 도면에 충실하게 시공한다.
⑩ 치수 단위는 mm이고, 허용오차는 ±5 mm이다.

⑪ 8각, 4각 (정크션 박스) 및 스위치 박스의 커버는 생략한다.
⑫ 전선의 색별은 R상은 적색, T상은 청색 전선을 사용하여 작업한다.
⑬ M(모터), FD(스폿형 감지기), C(콘센트) 등 도면에서 해당되는 것은 2P 단자판으로 대치 사용한다.
⑭ SS(실렉터 스위치)는 3로 스위치로 대치 사용한다.
⑮ 3로 스위치가 오른쪽으로 눌려 있을 때 A 방향, 왼쪽으로 눌려 있을 때 B 방향으로 작업한다.
⑯ 접지 표시가 되어 있는 곳은 접지를 하여야 하나 본 작업에서는 생략한다.
⑰ 전자 접촉기 타이머 릴레이의 내부 결선은 해당되는 접속도를 참조하여 작업한다.
⑱ 제한시간을 초과하지 않는 것을 원칙으로 하되 부득이 연장할 경우 매 10분마다 5점씩 감점하며, 30분을 초과할 수 없다. 연장시간을 초과할 경우는 미완성 작품으로 불합격 처리한다.
⑲ 동작이 완전하게 되었다 하여도 항목별 채점에서 불량개소가 많은 경우 불합격되는 경우가 있으니 모든 작업을 성실하게 하여야 한다.
⑳ 1개소라도 부동작이면 불합격이다.
㉑ 검정장소 출입시는 시험위원의 승인을 받는다.
㉒ 작업시 안전수칙을 준수하며 타인과 잡담을 금한다.
㉓ 작업이 완료되면 문제지와 도면은 반드시 제출한다.
㉔ 버저 접속부에는 납땜 및 테이핑은 생략한다.
㉕ 다음 작품은 미완성 작품, 오작이므로 불합격 처리한다.
 ㈎ 표준시간+30분까지의 미완성 작품
 ㈏ 완전작품 이외의 작품 (오작)

▶ 상이한 작품이란
 • 배관작업이 도면과 서로 다른 경우
 • 부품 위치가 도면과 다른 경우

(3) 지급 재료 목록

일련번호	재료명	규격	단위	수량	비고
1	단자판	2 P, 20 A	개	3	1개는 나이프 스위치 대용
2	단자판	10 P, 20 A	개	1	
3	리셉터클	6 A, 250 V	개	3	
4	4각 정크션 박스	각 구멍 ϕ 25, 102×102 mm	개	1	철제 얕은 형
5	8각 정크션 박스	각 구멍 ϕ 25, 98×98 mm	개	1	철제 얕은 형
6	PVC 박스 커넥터	ϕ 16 mm 관용	개	6	박스 구멍에 맞는 것
7	케이블 커넥터	ϕ 19 mm	개	2	
8	와이어 커넥터	중	개	7	
9	PE 전선관	ϕ 16 mm	m	5	
10	금속전선관	ϕ 16 mm	m	1.8	
11	케이블	2 C, 2.5 mm^2	m	2.5	
12	전열전선 (적색)	2.5 mm^2	m	28	
13	전열전선 (청색)	2.5 mm^2	m	10	
14	새들	ϕ 16 mm 관용	개	26	
15	새들	평형 케이블	개	10	
16	나사못	25 mm (1″) + 자형	개	40	
17	나사못	19 mm $\left(\frac{3}{4}''\right)$ + 자형	개	80	
18	3로 스위치 (매입형)	15 A, 300 V	개	1	steel bracket 1개 및 고정용 박스 포함
19	누름 버튼 스위치	1a 접점	개	2	노출형
20	4각 스위치 박스	각 구멍 ϕ 25, 51×102 mm	개	1	
21	마그넷 스위치 베이스	20핀	개	1	고정용 나사못 포함
22	로크너트 (금속제)	ϕ 16 mm 관용	개	8	
23	부싱 (금속제)	ϕ 16 mm 관용	개	4	
24	버저	220 V, 5 V·A	개	1	
25	릴레이 베이스	8핀	개	2	

(4) 도면 및 해설

① 기구 배치도

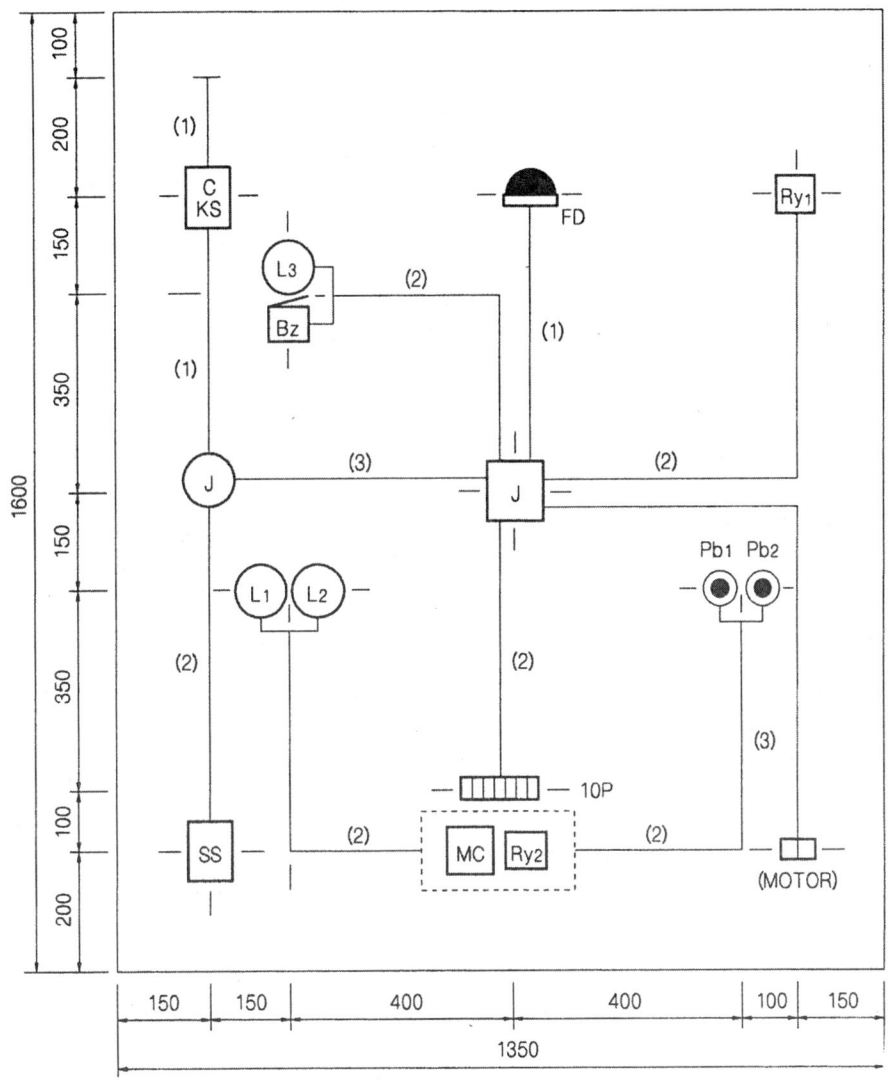

- 공사 방법 : (1) 케이블 공사
  (2) PE관 공사
  (3) 금속관 공사

② 동작 회로도

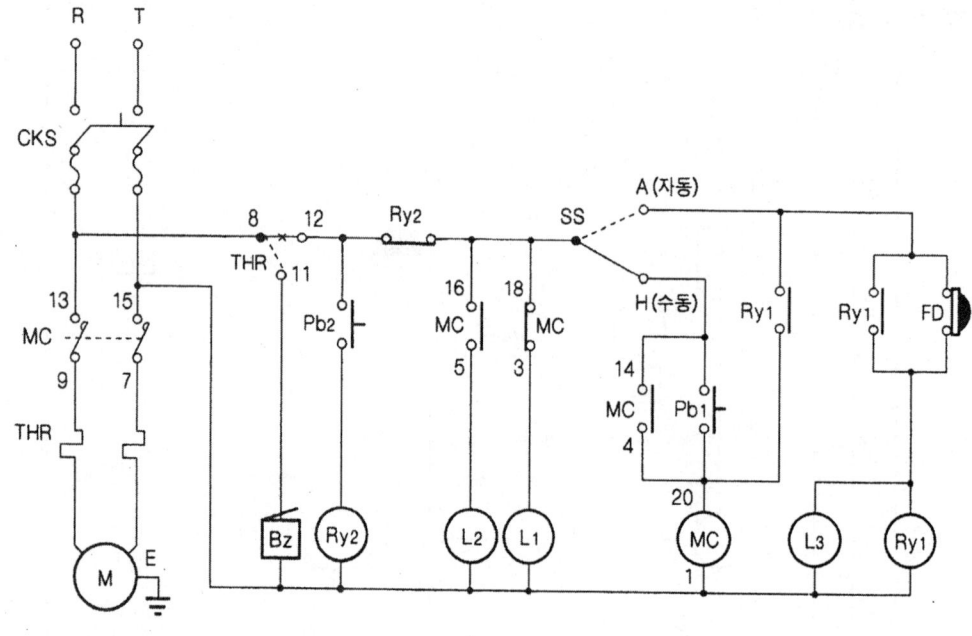

③ 동작 순서

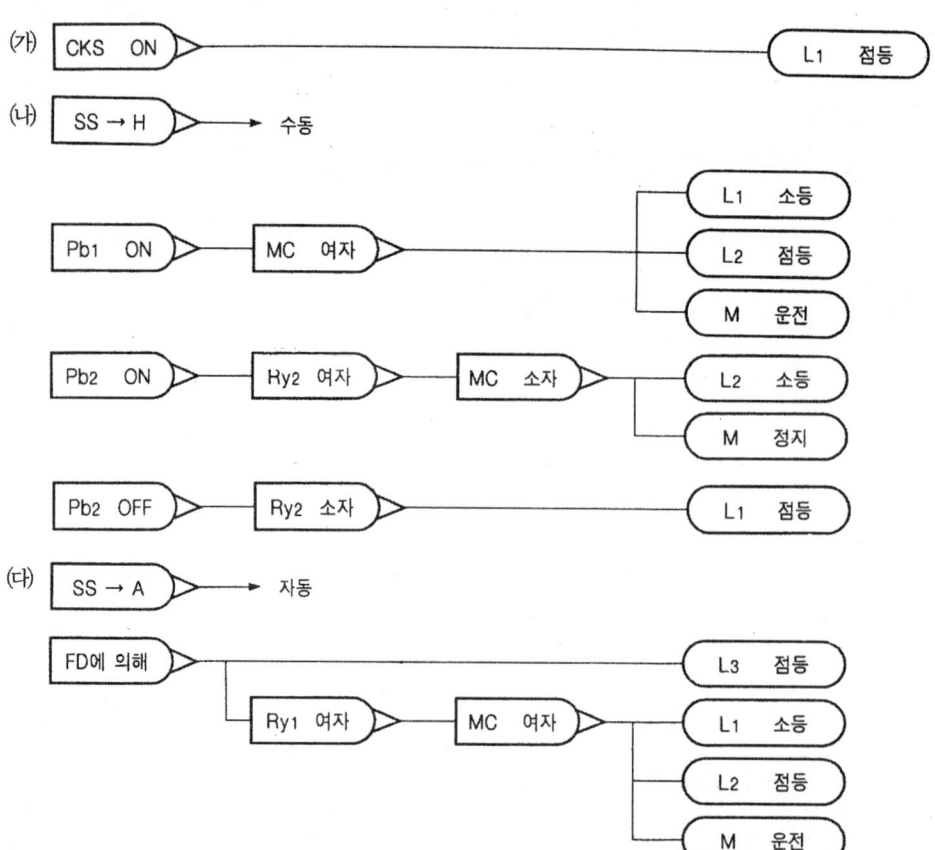

4. FD 사용-단상 유도전동기 제어회로 127

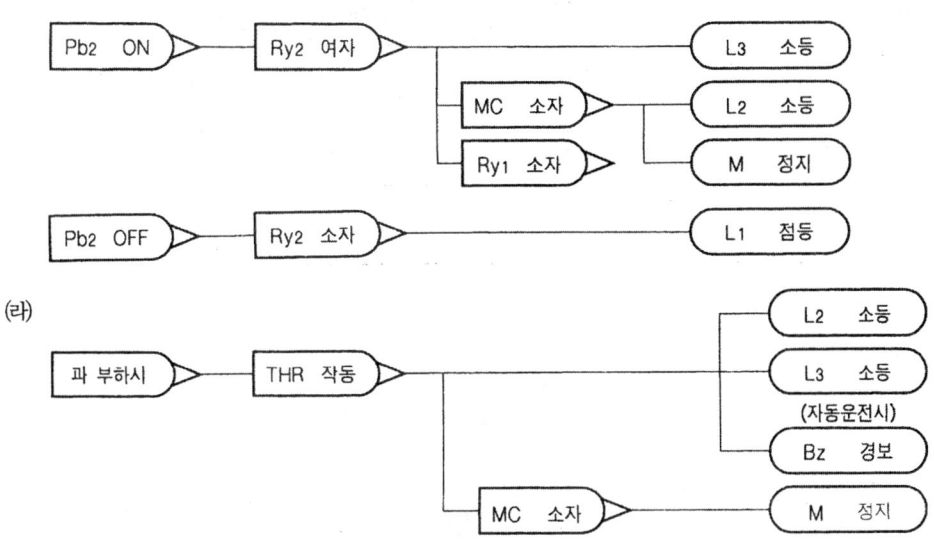

(라)

④ 단자번호 부여

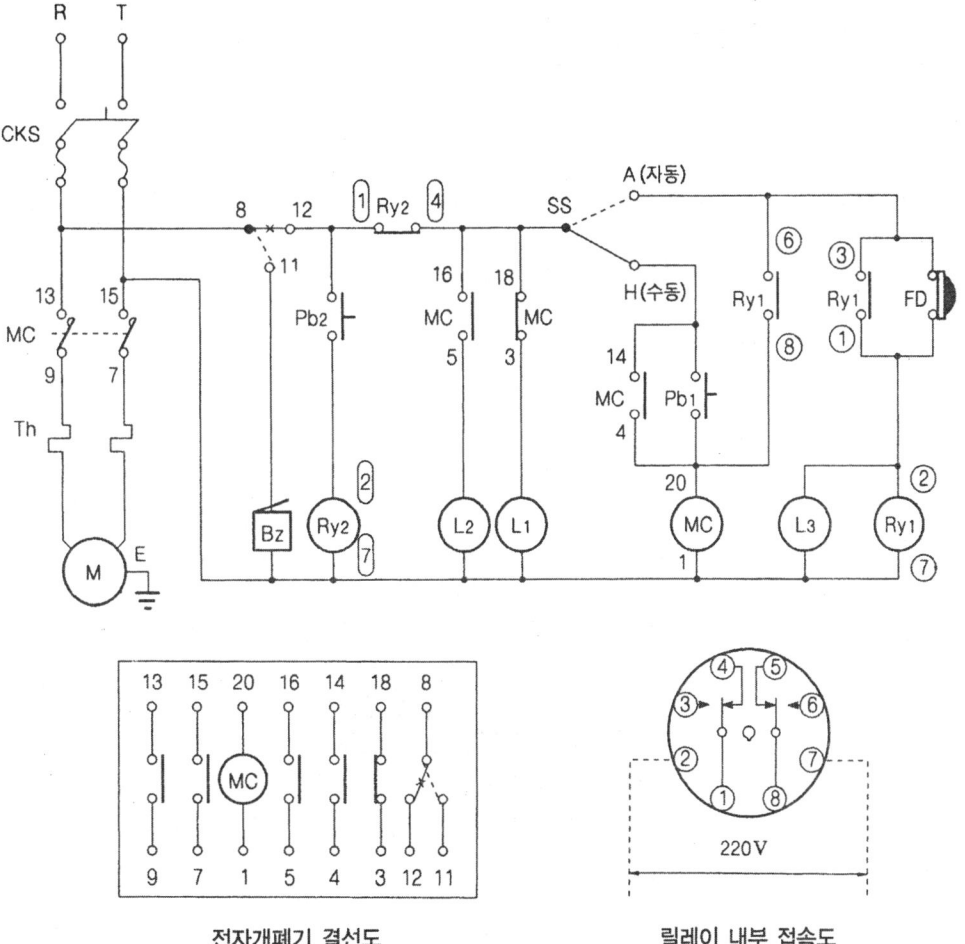

전자개폐기 결선도   릴레이 내부 접속도

128 제 2 장 단상전원 전기설비 배선공사

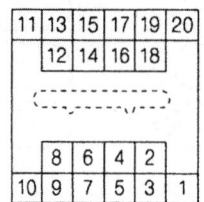

전자개폐기 소켓 번호

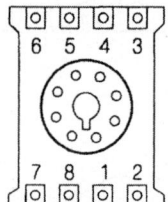

8핀 릴레이 베이스

⑤ 실체 배선도

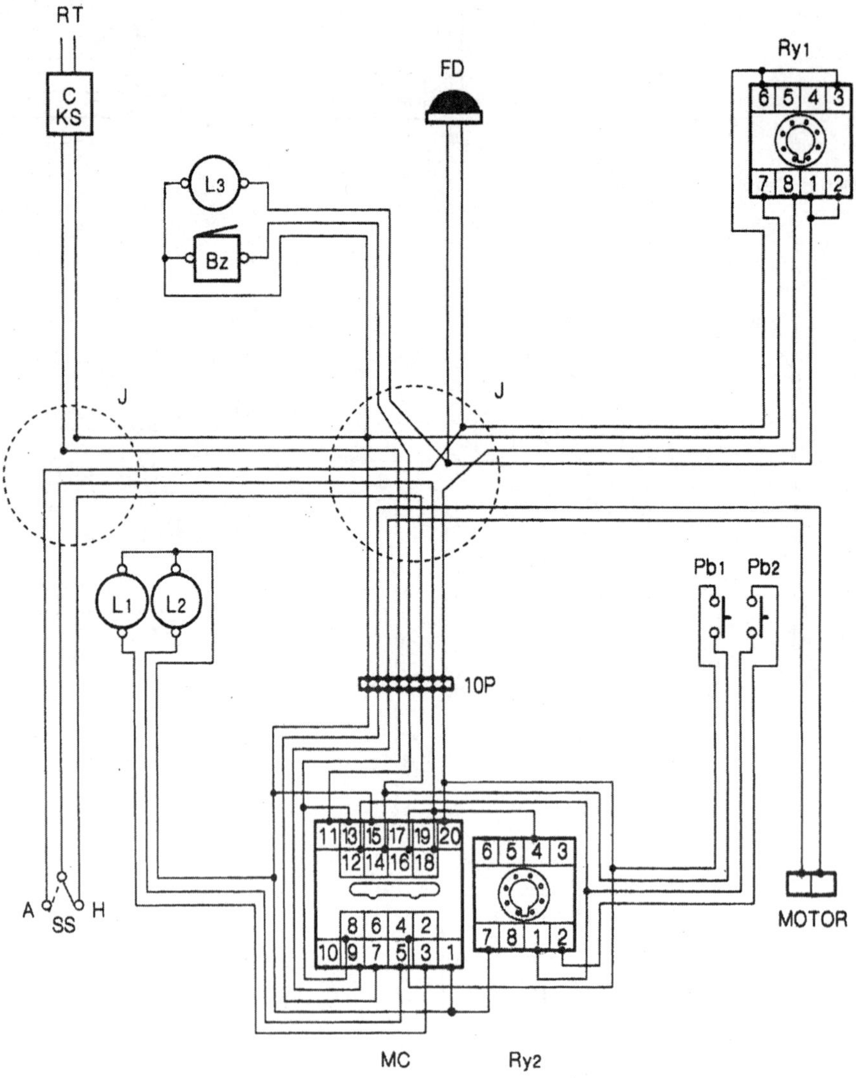

5. 온도조절기 사용 – 건조로 제어회로

• 시험시간 : 표준시간 – 5시간, 연장시간 – 30분

(1) 요구 사항

① 지급된 재료를 사용하여 제한시간 내에 도면에 표시된 공사를 내선공사 방법에 의거 완성하시오.
② 전원 방식 : 단상, 220 V
③ 시공 방법
  ㈎ PE 전선관 공사
  ㈏ 플렉시블 PVC 전선관 공사
④ 동작 사항 : 결선도에 의함
⑤ 기타 사항
  ㈎ 제어함 부분과 PE관 및 플렉시블관이 접속되는 부분에는 박스 커넥터를 끼워 놓는다.
  ㈏ 열전대는 생략하고 제어함 단자대까지 접속할 수 있게 배선하고 단자에 표시를 한다.

(2) 수검자 유의 사항

① 시험시간을 엄수하여 작품을 완성하여야 하며, 부득이한 경우에는 표준시간 + 30분까지 연장할 수 있으나, 연장할 경우에 매 10분 이내(10분 포함)마다 5점씩 감점을 하며, 초과시는 미완성 작품으로 불합격 처리한다.
② 공사하기 전 지급받은 재료를 점검한 후 작업에 임한다.(점검 후 파손된 재료는 수검자 부주의로 파손된 것으로 간주한다.)
③ 지급된 재료 중 불량품 이외는 추가 지급할 수 없다.
④ 치수는 mm이고, 허용오차는 ±5 mm이다.
⑤ 주회로는 2.5 mm² 전선으로 배선하고, 제어회로는 1.5 mm² 전선으로 배선한다.
⑥ 접지선은 2.5 mm² 전선을 사용한다.
⑦ 제어함 내부 배선 상태나 전선관 가공 상태가 전기적으로 전기 공급이 불가능하다고 판단될 때에는 불합격 처리할 수 있다.
⑧ 지급된 재료의 이상 유무를 확인하고 이상이 있을 때에는 감독위원에게 이야기한다.
⑨ 표시등의 위치가 다른 경우에는 상이한 작품으로 간주한다.
⑩ 전선은 도면에 표시된 대로 색상별로 사용한다.
⑪ 도면을 잘 이해하고, 작업을 하여야 한다.
⑫ 단자대(TB₁~TB₃)에서의 접지선의 위치는 맨 오른쪽 위치에서 접속한다.

⑬ 배선 작업은 단자대까지만 한다. 주어진 전선이 부족할 때에는 다른 전선을 사용할 수 있다.
⑭ 제어함 내의 기구 배치는 도면에 준하되 치수는 작업하기에 알맞고 기구가 들어갈 수 있도록 간격을 유지하도록 배치한다.
⑮ 본인의 동작시험은 개인이 준비한 시험기 또는 테스터를 가지고 동작시험을 할 수 있으나, 전원 투입 동작시험은 할 수가 없다.
⑯ 다음 작품은 미완성 작품, 오작이므로 불합격 처리한다.
　㈎ 표준시간+30분까지의 미완성 작품
　㈏ 완전 동작 이외의 작품 (오작)
　㈐ 완성된 작품이 도면과 서로 상이한 작품 (오작)·
　▶상이한 작품이란
　　· 배관작업이 관과 관이 서로 바뀐 경우
　　· 부품 위치가 부품과 부품이 바뀐 경우

(3) 지급 재료 목록

일련번호	재 료 명	규 격	단 위	수 량	비 고
1	합판	가로 300×세로 420×두께 9 mm	장	1	
2	컨트롤 박스	φ 25 2구용	개	1	
3	컨트롤 박스	φ 25 3구용	개	1	
4	단자대	250 V, 20 A, 3 P	개	3	
5	단자대	250 V, 20 A, 6 P	개	4	
6	퓨즈 홀더	박스형 유리통 퓨즈 1개용 600 V, 30 A	개	4	퓨즈 10 A
7	전자개폐기 소켓	20핀	개	2	
8	타이머 소켓	8핀	개	1	
9	릴레이 소켓	8핀	개	2	
10	파일럿 램프	φ 25, 220 V, 녹색, 빨강, 흰색, 노랑	개	각 1	
11	실렉터 스위치	1단 φ 25	개	1	
12	새들	16 mm 전선관용	개	22	
13	배선용 차단기	2 P, 30 A, 220 V	개	2	
14	PE 전선관	16 mm	m	5	
15	플렉시블 PVC 전선관	16 mm	m	1.5	
16	PVC 관 박스 커넥터	16 mm 관용	개	4	

17	나사못 (철판 비스)	4×19 mm	개	20	
18	나사못 (철판 비스)	4×12 mm	개	50	
19	나사못 (철판 비스)	4×25 mm	개	10	
20	나사못 (철판 비스)	4×30 mm	개	4	
21	절연전선 (적색)	2.5 mm²	m	10	
22	절연전선 (흑색)	2.5 mm²	m	10	
23	절연전선 (녹색)	2.5 mm²	m	10	
24	절연전선 (황색)	1.5 mm²	m	15	
25	절연전선 (흑색)	1.5 mm²	m	10	
26	절연전선 (적색)	1.5 mm²	m	10	
27	케이블 타이	포박용 (100 mm)	개	60	
28	플렉시블 PVC 관 박스 커넥터	16 mm	개	1	
29	온도 릴레이	KET-238	개	1	채점용
30	마그넷 스위치 20편용	5a 2b	개	4	채점용

(4) 도면 및 해설

① 기구 배치도

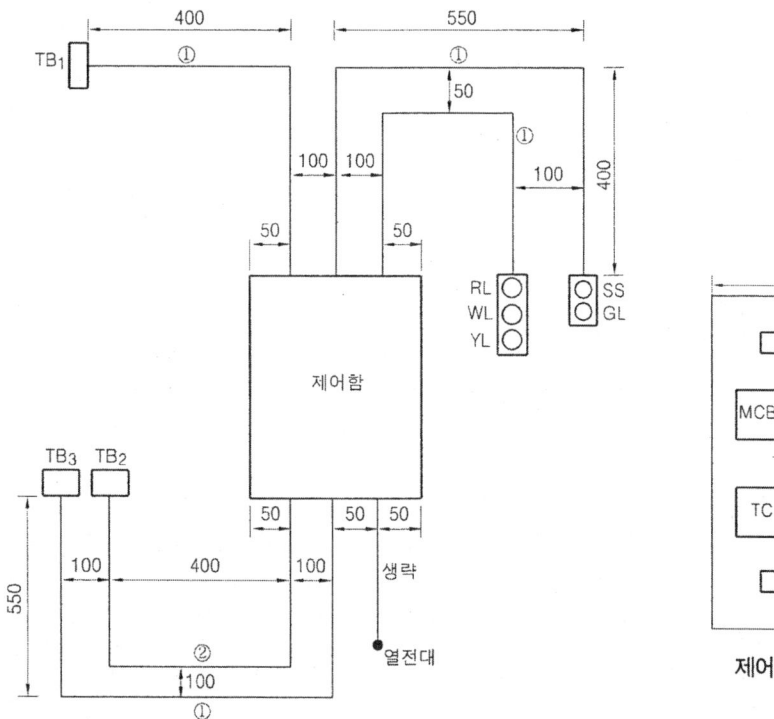
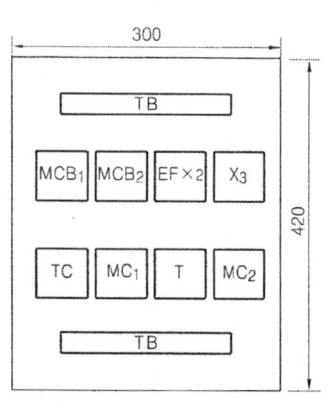

제어함 내부 기구 배치도(NS)

- 공사 방법 : ① PE 전선관 공사, ② 플렉시블 PVC 전선관 공사

② 동작 회로도

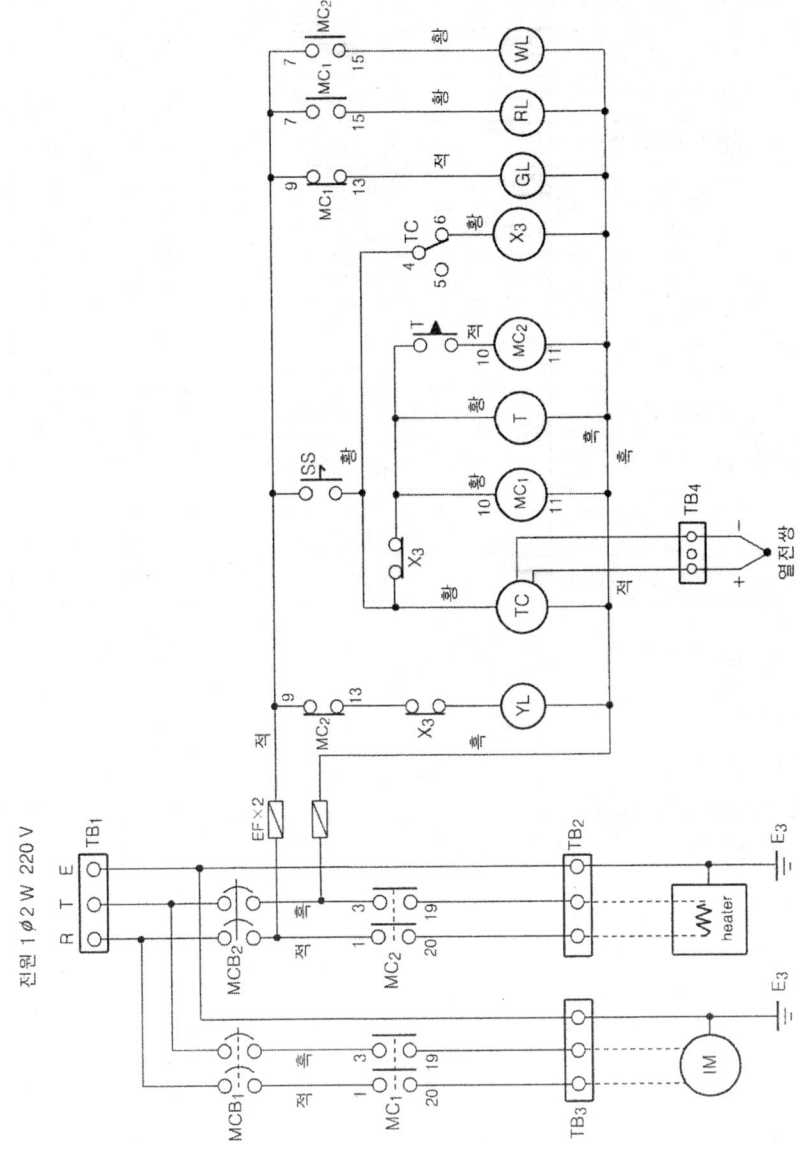

범 례

기 호	명 칭	기 호	명 칭
SS	실렉터 스위치	TC	온도조절기
MC_1, MC_2	전자접촉기	MCB_1, MCB_2	배선용 차단기
T	타이머	X_3	릴레이
YL, RL, GL, WL	표시등	$TB_1 \sim TB_4$	단자대

③ 동작 순서
  ㈎ 전원 투입 : MCB_1, MCB_2 ON

  ㈏ 히터(heater)가 저온일 때

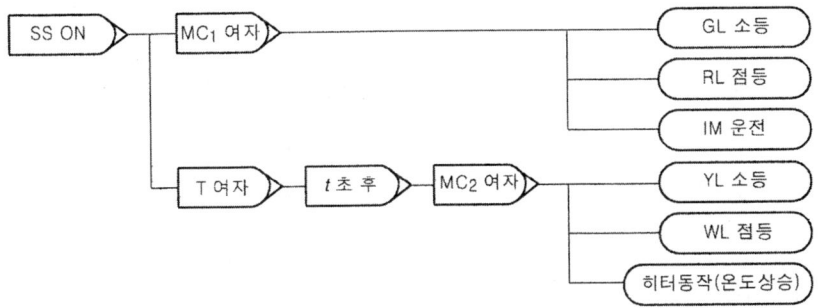

  ㈐ 히터(heater)가 고온일 때(TC가 여자된 상태에서 열전쌍에 의해 온도를 감지하여 히터가 설정 온도에 도달하면)

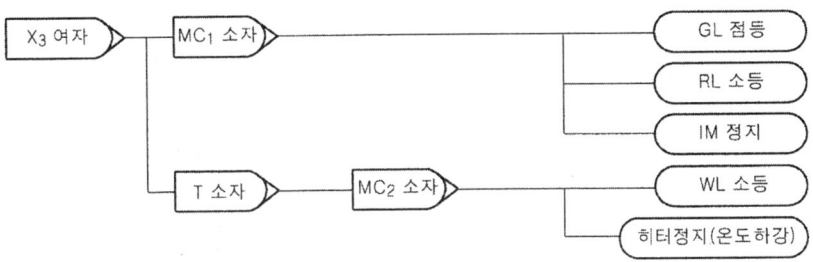

  ㈑ 히터(heater)의 저·고온에 따라 ㈏, ㈐의 동작을 반복

④ 단자번호 부여

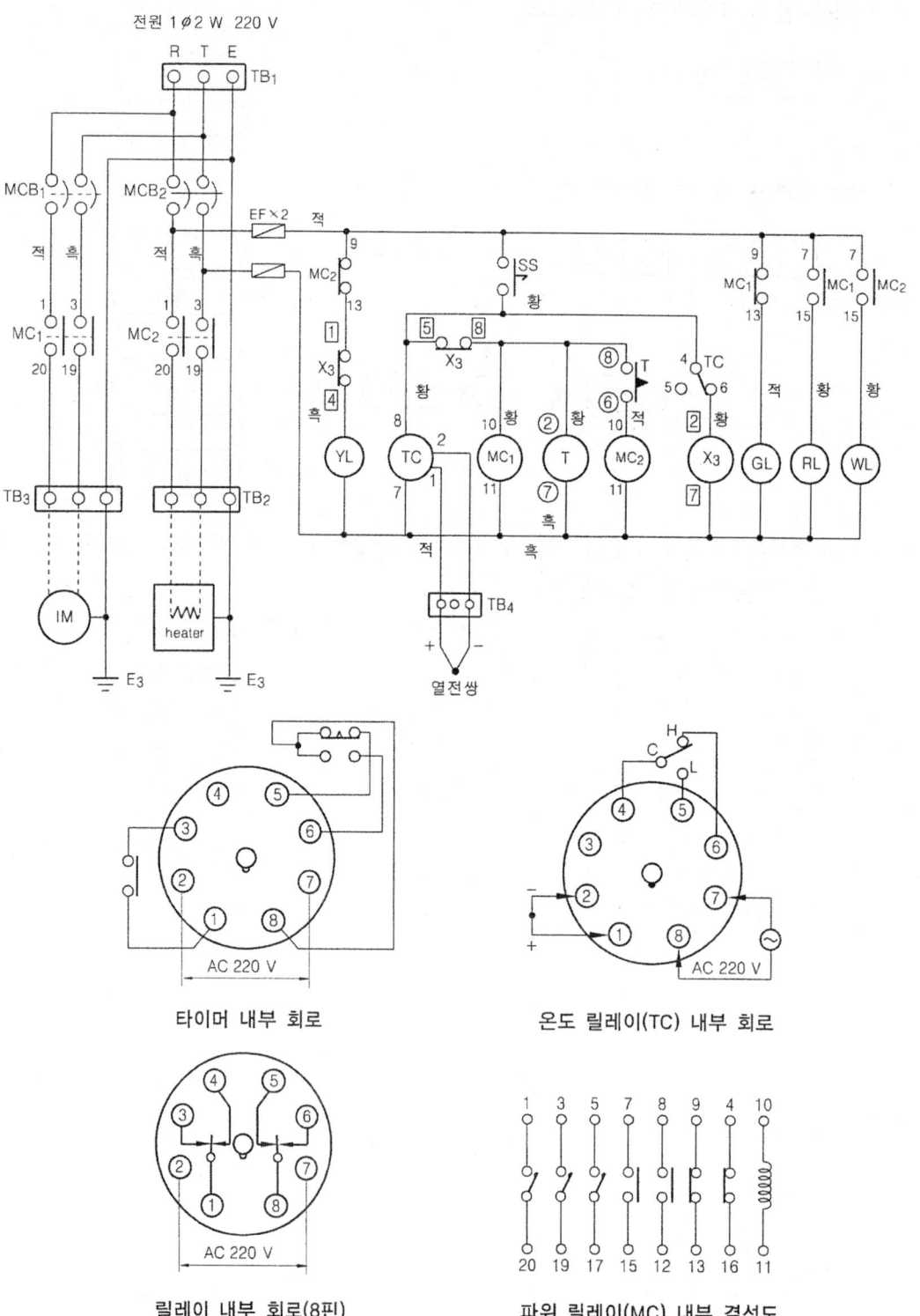

타이머 내부 회로

온도 릴레이(TC) 내부 회로

릴레이 내부 회로(8핀)

파워 릴레이(MC) 내부 결선도

5. 온도조절기 사용 – 건조로 제어회로

⑤ 실체 배선도

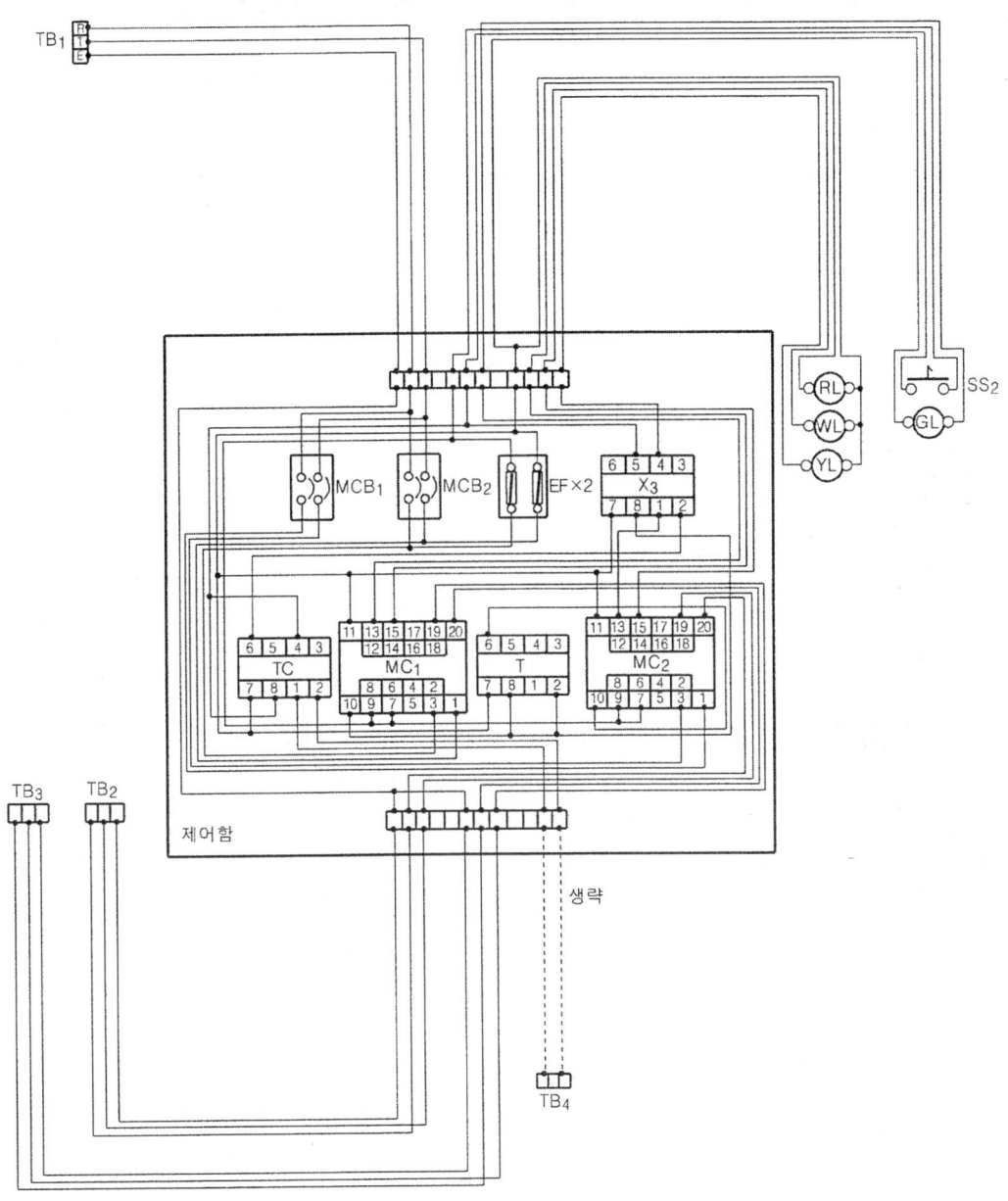

제 3 장   3상전원 전기설비 배선공사

1. 3상 유도전동기 운전 – 정지회로

• 시험시간 : 표준시간 – 6시간, 연장시간 – 30분

(1) 요구 사항

① 지급된 재료를 사용하여 제한시간 내에 도면에 표시된 공사를 전기공사 작업 방식에 의거 완성하시오.
② 전원 방식 : 3ϕ 220 V
③ 공사 방법
  (개) 케이블 공사
  (내) PE 관 공사
  (대) 금속관 공사
④ 동작 사항
  (개) 동력회로
- KS를 ON하고 P_2를 ON하면 PL_1이 점등하고 MS가 여자되어 전동기 M이 운전되며, P_1을 누르면 PL_1이 소등되고 MS가 소자되어 전동기 M은 정지한다.
- 전동기 M이 운전 중 과부하가 걸리면 OL이 동작되어 PL_1이 소등되고 또 MS가 소자되어 전동기 M은 정지한다. 그리고 OL의 동작에 의하여 FR이 여자되면서 BZ와 PL_2가 교대로 동작을 계속한다. 이때 P_3를 ON하면 RY_1이 여자되어 FR을 소자시키므로 BZ와 PL_2는 동작을 중지한다. OL을 조작하여 복귀시키면 RY_1은 소자되고 회로는 원상태로 복귀한다.

  (내) 전등회로
- S_1을 ON하면 R_1과 R_2가 직렬 점등한다.
- S_1을 ON하고 P_4를 누르고 있는 동안 RY_2가 여자되므로 P_1과 P_2는 병렬 점등된다.
- S_1을 OFF시키면 R_1과 R_2는 소등된다.

(2) 수검자 유의 사항

① 공사하기 전 지급받은 재료를 점검한 후 작업에 임한다. (점검 후 파손된 재료는 수검자 부주의로 파손된 것으로 간주한다.)
② 인입구의 케이블은 20 mm 정도 피복을 제거하여 놓는다.
③ 스위치 및 4각 정크션 박스의 커버는 생략한다.
④ 모터는 4 P 단자판으로 대치 사용한다.
⑤ 금속관 및 PE 전선관 공사에서 r은 관지름의 $6\,d$ 이상으로 공사한다.

⑥ 정크션 박스 내의 접속은 와이어 커넥터 접속으로 한다.
⑦ PE 전선관의 커플링 및 부싱은 만들어 사용하지 않는다.
⑧ 퓨즈를 끼우지 않으면 동작 불능으로 간주한다.
⑨ 1개소라도 부동작이면 불합격이다.
⑩ 치수 단위는 mm이고, 허용오차는 ±5 mm이다.
⑪ 치수가 없는 곳은 미관을 고려하여 도면에 충실하게 시공한다.
⑫ 치수는 박스 및 기구 또는 전선관의 중심을 기준으로 한다.
⑬ 금속관 나사의 길이는 16~19 mm 범위 내에서 하여야 한다.
⑭ 모터 접지는 개별 접지 방법에 의거 단자로부터 접지선을 뽑아놓는다.(전선은 여유선을 사용한다.)
⑮ 전선의 색별은 R상 (적), S상 (흑), T상 (청)의 2.5 mm² 전선을 사용하여 주회로를 공사하며 조작회로는 1.5 mm²의 황색 전선을 사용한다.
⑯ 버저에서 전선 접속부의 테이핑은 생략한다.
⑰ P_1은 8각 정크션 박스의 목대 위에 고정하여 작업한다.
⑱ 제한시간을 초과하지 않는 것을 원칙으로 하되 부득이 연장할 경우 매 10분마다 5점씩 감점하며, 30분을 초과할 수 없다.
⑲ 다음 작품은 미완성 작품, 오작이므로 불합격 처리한다.
　㈎ 표준시간+30분까지의 미완성 작품
　㈏ 완전작품 이외의 작품 (오작)
　㈐ 완성된 작품이 도면과 서로 상이한 경우 (오작)
　▶ 상이한 작품이란
　　• 배관작업이 도면과 서로 다른 경우
　　• 부품 위치가 도면과 다른 경우

(3) 지급 재료 목록

일련번호	재 료 명	규 격	단위	수량	비 고
1	커버 나이프 스위치	3 P, 15 A, 300 V	개	1	판 퓨즈 포함
2	리셉터클	6 A, 300 V	개	4	베크제
3	4각 박스	102×102 mm	개	1	
4	스위치 박스	102×51 mm	개	1	베크제
5	8각 박스	98×98 mm	개	1	베크제
6	누름 버튼 스위치	6 A, 300 V, 1a	개	2	노출형
7	누름 버튼 스위치	1a 1b 250 V, 6 A ON-OFF 용	개	1	노출형
8	매입 단로 스위치	10 A, 300 V	개	1	steel bracket 및 지지대 포함

9	버저	220 V 용	개	1	
10	릴레이 베이스	8핀	개	3	
11	마그넷 스위치 베이스	20핀	개	1	부착용 고정나사 포함
12	단자판	4 P, 250 V, 20 a	개	1	
13	새들	ϕ 16 mm 관용	개	28	
14	새들	환형 케이블용	개	6	
15	새들	평형 케이블용	개	4	
16	나사못	25 mm (1″)	개	40	
17	나사못	19 mm $\left(\frac{3}{4}″\right)$	개	80	
18	철판 비스	4 ϕ × 20 mm	개	4	
19	절연전선 (적색)	2.5 mm^2	m	5	
20	절연전선 (흑색)	2.5 mm^2	m	5	
21	절연전선 (청색)	2.5 mm^2	m	5	
22	절연전선 (황색)	1.5 mm^2	m	30	
23	케이블	3 C, 2.5 mm^2	m	1.5	
24	케이블	2 C, 1.5 mm^2	m	1.5	
25	PE 전선관	ϕ 16 mm	m	5.5	
26	금속관	ϕ 16 mm	m	1.8	
27	부싱	금속제 ϕ 16 mm 관용	개	4	
28	로크너트	금속제 ϕ 16 mm 관용	개	8	
29	케이블 커넥터	ϕ 16 mm	개	2	
30	PVC관 커넥터	ϕ 16 mm 관용	개	7	박스 구멍에 맞는 것
31	와이어 커넥터	중형	개	8	
32	호밍사	초입	m	5	
33	목대	ϕ 120 mm	개	1	
34	릴레이	2 a 2 b 220 V 8핀 (한국 릴레이)	개	2	1개 검정장 공용
35	플리커 릴레이	220 V, 5 A, 60초 (건흥)	개	1	1개 검정장 공용
36	마그넷 베이스용 플러그	20핀	개	1	1개 검정장 공용

(4) 도면 및 해설

① 기구 배치도

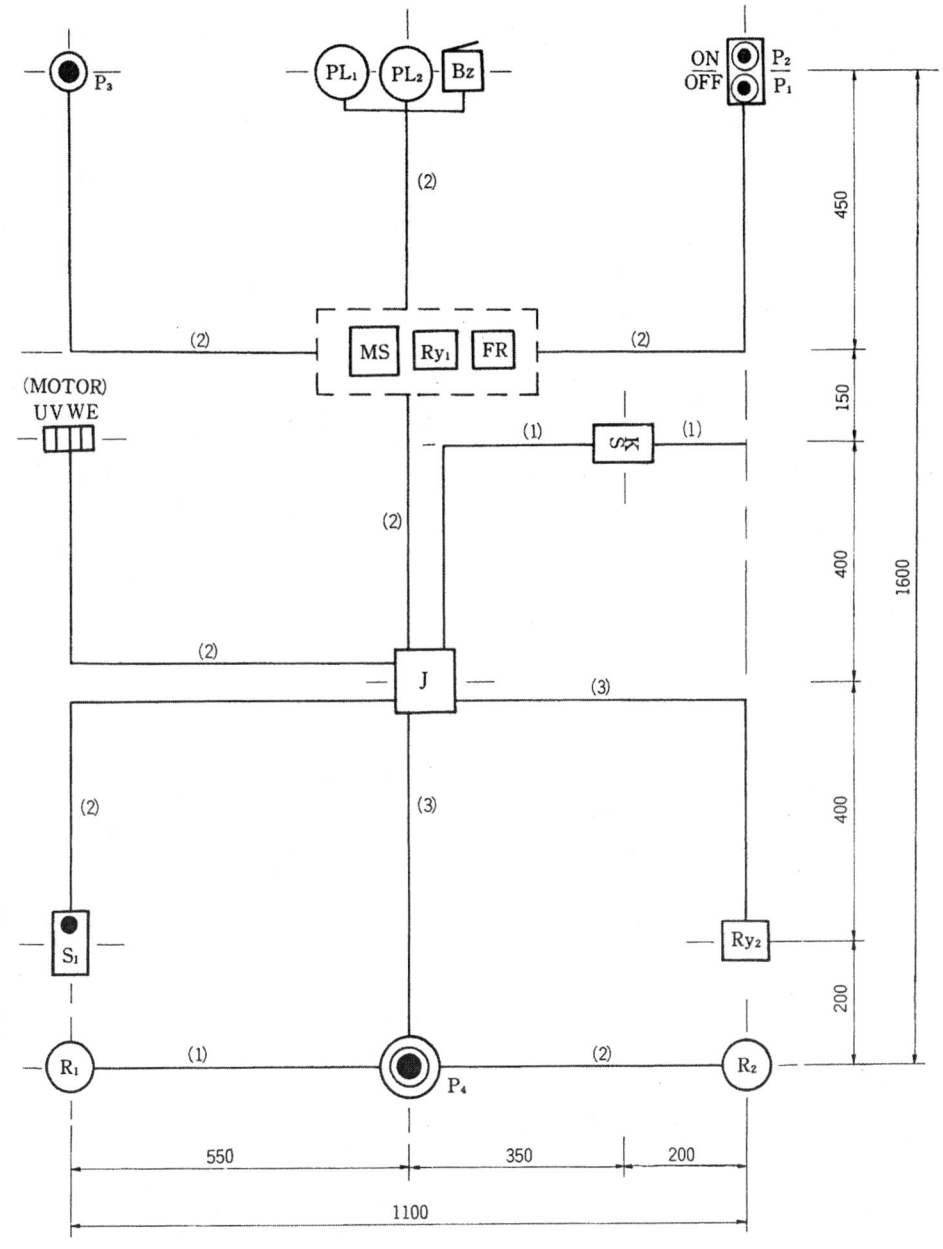

- 공사 방법 : (1) 케이블 공사
  (2) PE관 공사
  (3) 금속관 공사

② 동작 회로도

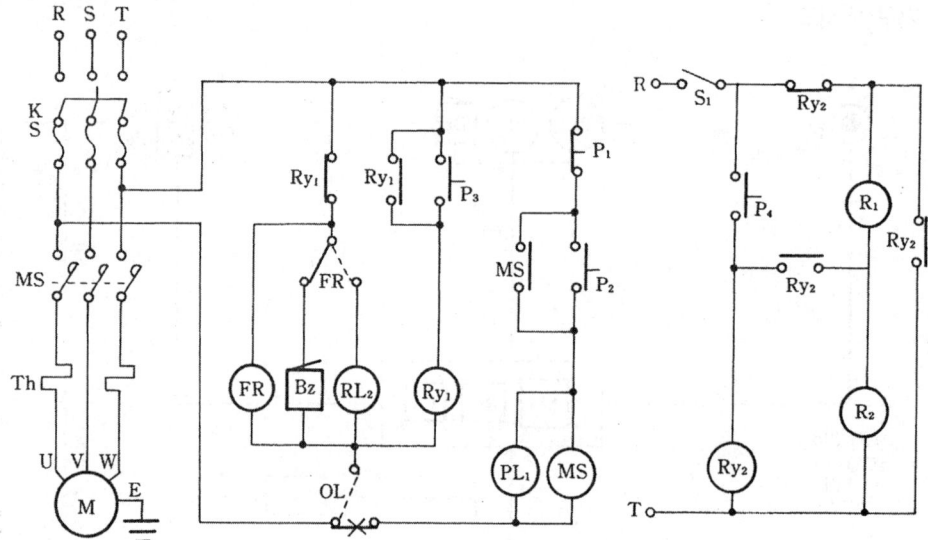

③ 동작 순서
  ㈎ 동력 회로

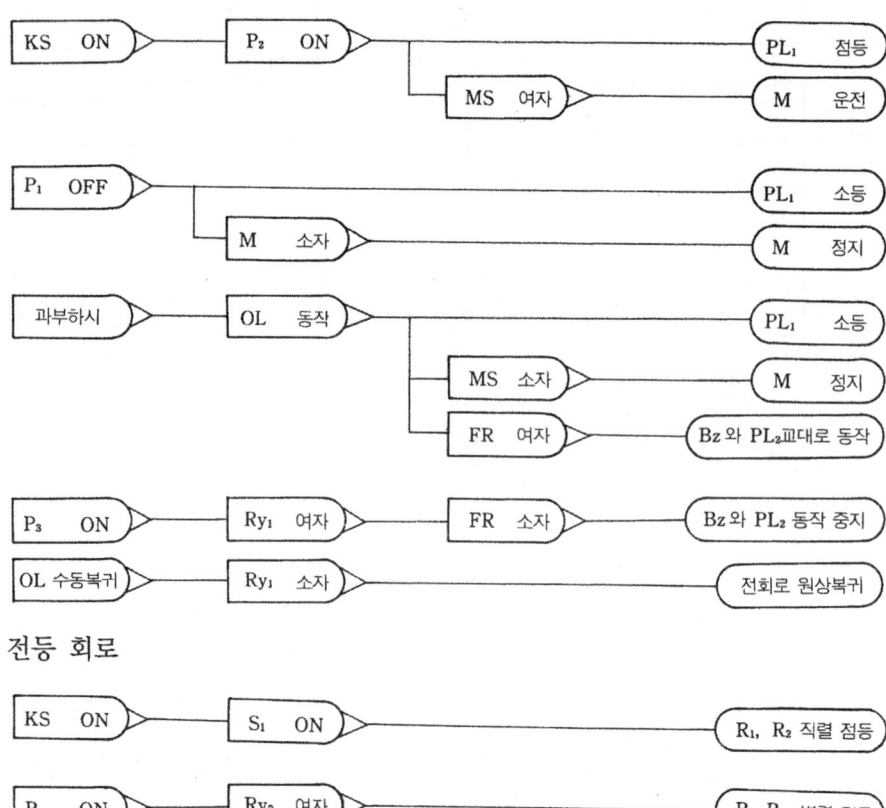

  ㈏ 전등 회로

④ 단자번호 부여

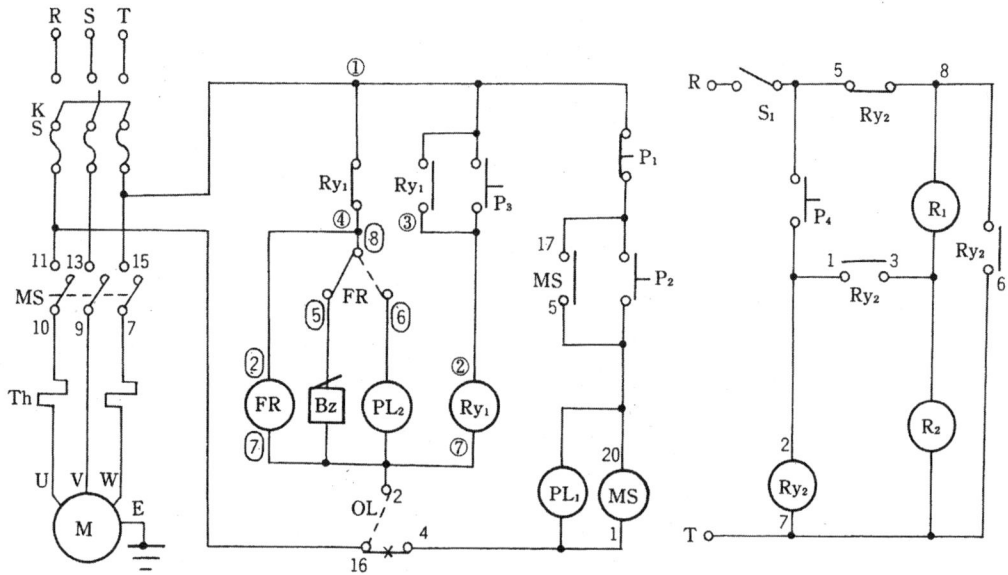

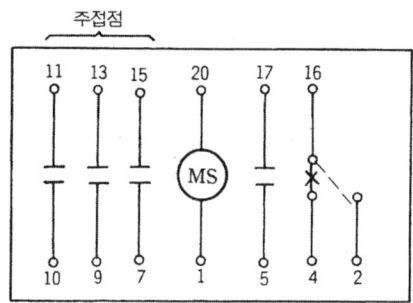

전자접촉기 결선도

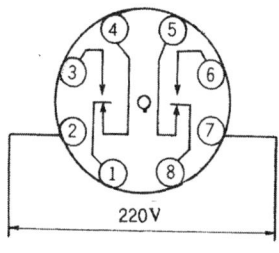

릴레이 내부 접속도

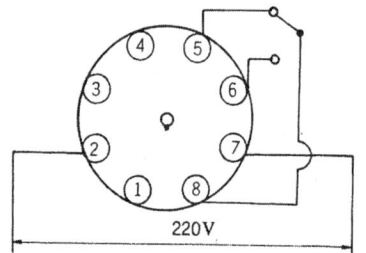

플리커 릴레이 내부 접속도

⑤ 실체 배선도

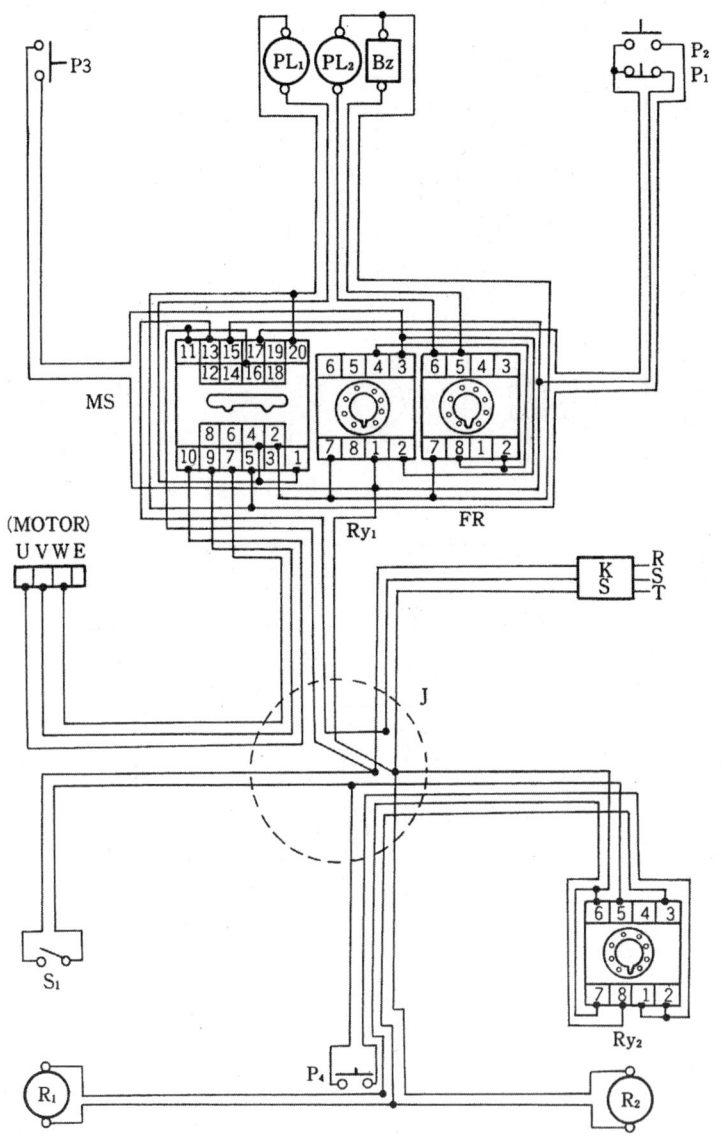

[참고] 주회로는 굵기가 다르기 때문에 KS의 $\begin{Bmatrix} R상과 \ MS의 \ 11번 \\ S상과 \ MS의 \ 13번 \\ T상과 \ MS의 \ 15번 \end{Bmatrix}$ 을 직접 결선해야 한다.

물론 출력도 $\begin{Bmatrix} MS의 \ 10번과 \ U상 \\ MS의 \ \ 9번과 \ V상 \\ MS의 \ \ 7번과 \ W상 \end{Bmatrix}$ 을 직결해야 한다.

2. 3상 유도전동기 한시 운전회로

• 시험시간 : 표준시간 – 6시간, 연장시간 – 30분

(1) 요구 사항

① 지급된 재료를 사용하여 제한시간 내에 도면에 표시된 공사를 내선공사 작업 방법에 의거 완성하시오.
② 전원 방식 : 3상, 220 V
③ 공사 방법
  ㈎ 케이블 공사
  ㈏ PE관 공사
  ㈐ 금속관 공사
④ 동작 사항
  ㈎ KS를 ON하고, P_1(푸시 버튼 스위치)과 S_1(단로 스위치) 중 어느 것이든 ON하면 RY_1(릴레이)이 동작, R_0(전등)가 점등된다.
    • P_1이나 S_1을 OFF하면 R_0는 소등된다.
  ㈏ KS가 ON 상태에서 PL_1(표시등)이 점등된다.
    ㉮ P_3(푸시 버튼 스위치)를 ON하면 MS(전자개폐기)와 T(타이머)가 동작되고, PL_2(표시등)가 점등되며, M(모터)이 가동된다. 이때 PL_1은 소등된다.
      • T의 설정된 시간 후에는 ㈏의 상태로 된다.
      • T의 설정된 시간 전에 모터를 정지시키고자 할 때는 P_2(푸시 버튼 스위치)를 누르면 모터는 정지하게 된다.
    ㉯ 모터가 가동시 과부하로 인하여 OL(열동계전기)이 작동되면 PL_3(표시등)가 점등되며, BZ(버저)가 동작된다.
      • 이때 P_4(푸시 버튼 스위치)를 누르면 RY_2(릴레이)가 동작되어 PL_3와 BZ는 정지된다.

(2) 수검자 유의 사항

① 공사하기 전 지급받은 재료를 점검한 후 작업에 임한다.(점검 후 파손된 재료는 수검자 부주의로 파손된 것으로 간주한다.)
② 인입구의 케이블은 20 mm 정도 피복을 제거하여 놓는다.
③ 스위치 및 4각 정크션 박스의 커버는 생략한다.
④ 모터는 4P 단자판으로 대치 사용한다.
⑤ 금속관 및 PE 전선관 공사에서 r은 관지름의 $6d$ 이상으로 공사한다.
⑥ 정크션 박스 내의 접속은 와이어 커넥터 접속으로 한다.
⑦ PE 전선관의 커플링 및 부싱은 만들어 사용하지 않는다.

⑧ 퓨즈를 끼우지 않으면 동작 불능으로 간주한다.
⑨ 1개소라도 부동작이면 불합격이다.
⑩ 치수 단위는 mm이고, 허용오차는 ±5 mm이다.
⑪ 치수가 없는 곳은 미관을 고려하여 도면에 충실하게 시공한다.
⑫ 치수는 박스 및 기구 또는 전선관의 중심을 기준으로 한다.
⑬ 금속관 나사의 길이는 16~19 mm 범위 내에서 하여야 한다.
⑭ 모터 접지는 개별 접지 방법에 의거 단자로부터 접지선을 뽑아놓는다.(전선은 여유선을 사용한다.)
⑮ 전선의 색별은 R상(적), S상(흑), T상(청)의 2.5 mm² 전선을 사용하여 주회로를 공사하며 조작회로는 1.5 mm²의 황색 전선을 사용한다.
⑯ 버저에서 전선 접속부의 테이핑은 생략한다.
⑰ P_1은 8각 정크션 박스의 목대 위에 고정하여 작업한다.
⑱ 제한시간을 초과하지 않는 것을 원칙으로 하되 부득이 연장할 경우 매 10분마다 5점씩 감점하며, 30분을 초과할 수 없다.
⑲ 다음 작품은 미완성 작품, 오작이므로 불합격 처리한다.
  ㈎ 표준시간+30분까지의 미완성 작품
  ㈏ 완전작품 이외의 작품 (오작)
  ㈐ 완성된 작품이 도면과 서로 상이한 경우 (오작)
  ▶ 상이한 작품이란
   • 배관작업이 도면과 서로 다른 경우
   • 부품 위치가 도면과 다른 경우

(3) 지급 재료 목록

일련번호	재 료 명	규 격	단 위	수 량	비 고
1	커버 나이프 스위치	3 P, 30 A, 300 V	개	1	
2	리셉터클	6 A, 300 V	개	4	베크제
3	4각 박스	102×102 mm	개	1	3/4인치
4	스위치 박스	102×51 mm	개	1	3/4인치
5	8각 박스	98×98 mm	개	1	3/4인치
6	누름 버튼 스위치	6 A, 300 V	개	2	노출형 (1 a)
7	누름 버튼 스위치	250 V, 6 A ON-OFF용	개	1	노출형 (1 a 1 b)
8	매입 단로 스위치	10 A, 300 V	개	1	매입형

9	서포터 (steel bracket)	철제 스위치 박스용	개	1	매입형 (지지못 포함)
10	릴레이 베이스	8핀	개	3	
11	마그넷 스위치 베이스	20핀	개	1	
12	단자판	4 P, 250 V, 20 A	개	1	
13	새들	16 mm 관용	개	28	
14	새들	환형 케이블용	개	6	
15	새들	평형 케이블용	개	4	
16	나사못	25 mm (1″)	개	40	
17	나사못	19 mm $\left(\frac{3}{4}''\right)$	개	80	
18	철판 비스	4 ϕ × 20 mm	개	4	
19	절연전선 (적색)	2.5 mm^2	m	5	
20	절연전선 (흑색)	2.5 mm^2	m	5	
21	절연전선 (청색)	2.5 mm^2	m	5	
22	절연전선 (황색)	1.5 mm^2	m	30	
23	케이블	3 C, 2.5 mm^2	m	1.5	
24	케이블	2 C, 1.5 mm^2	m	1.5	
25	PE 전선관	ϕ 16 mm	m	5.5	
26	금속관	ϕ 16 mm	m	1.8	
27	부싱	금속제 ϕ 16 mm 관용	개	4	
28	로크너트	금속제 ϕ 16 mm 관용	개	8	
29	케이블 커넥터	ϕ 16 mm	개	2	
30	PVC관 커넥터	ϕ 16 mm 관용	개	7	박스 구멍에 맞는 것
31	와이어 커넥터	중형	개	8	
32	호밍사	초입	m	5	
33	목대	ϕ 120 mm	개	1	
34	버저	220 V 용	개	1	노출형

(4) 도면 및 해설

① 기구 배치도

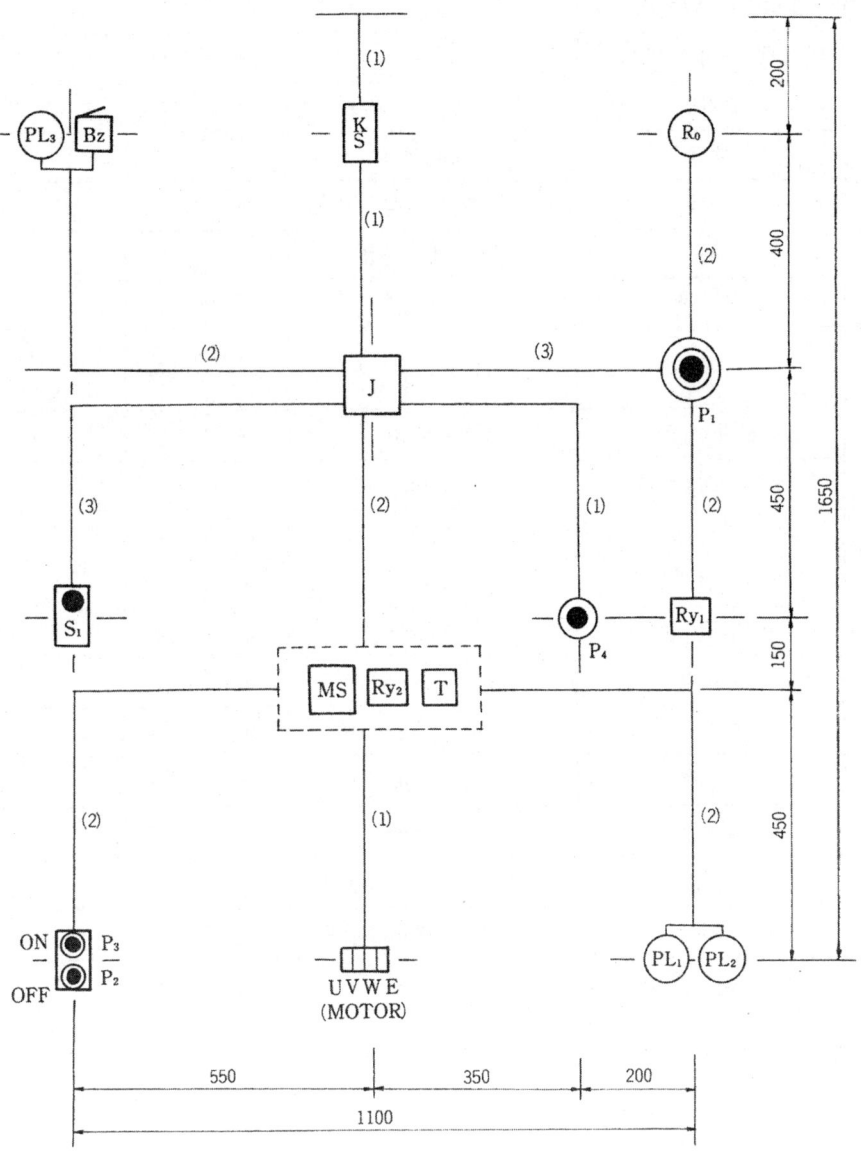

- 공사 방법 : (1) 케이블 공사
  (2) PE 관 공사
  (3) 금속관 공사

2. 3상 유도전동기 한시 운전회로   147

② 동작 회로도

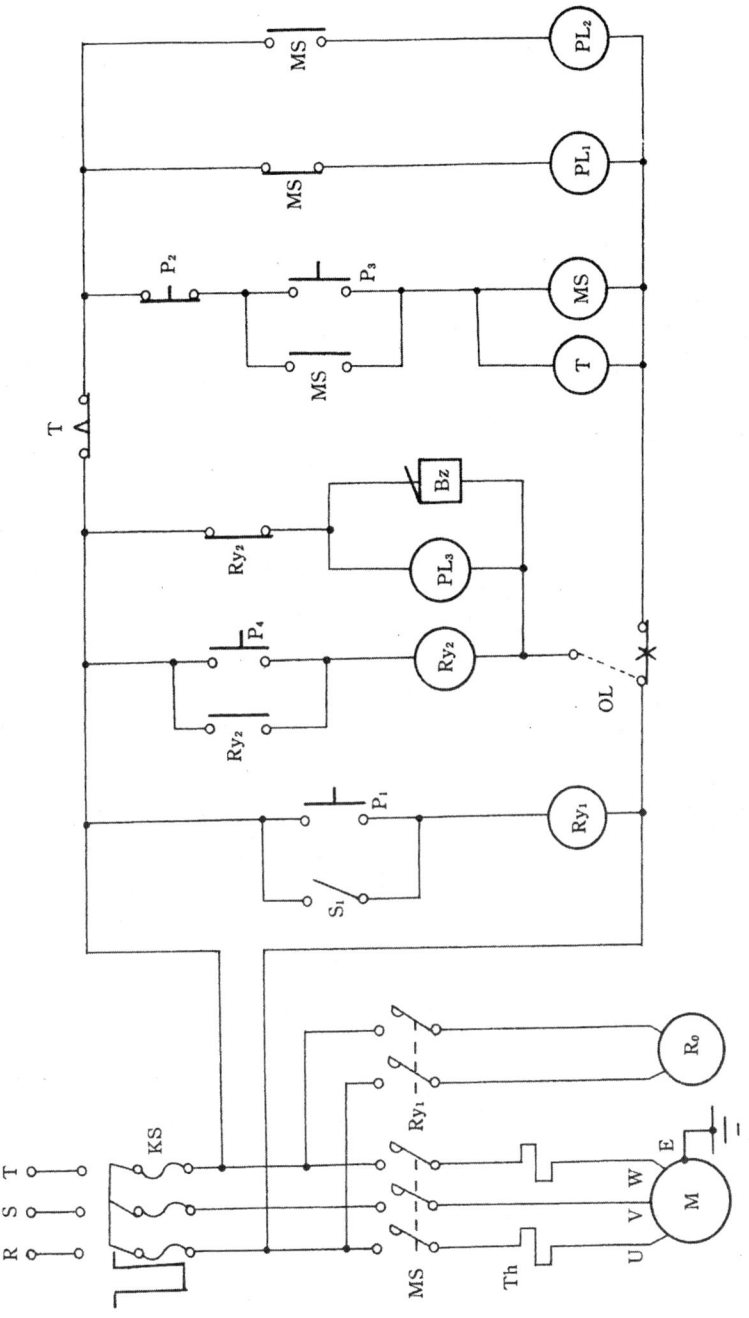

③ 동작 순서

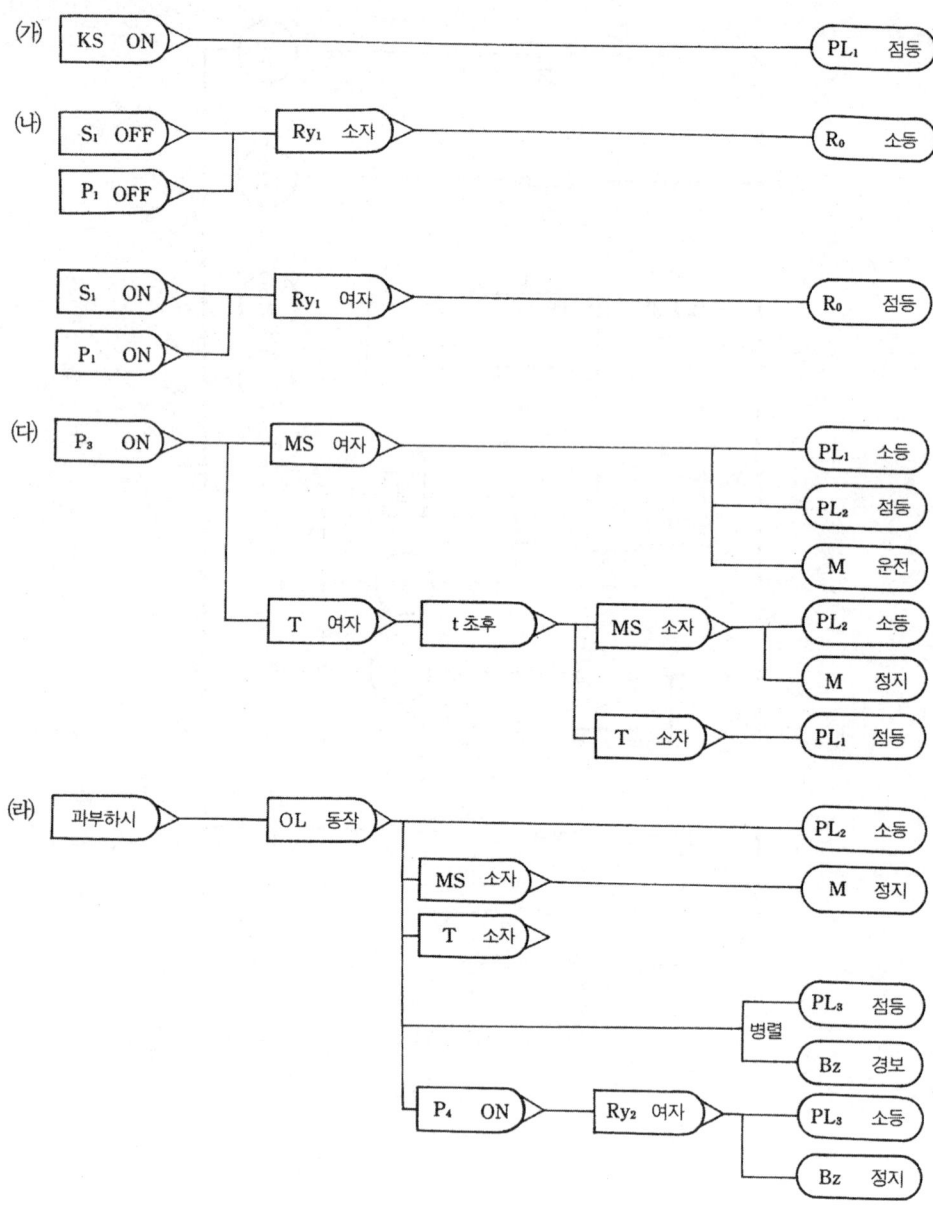

2. 3상 유도전동기 한시 운전회로   149

④ 단자번호 부여

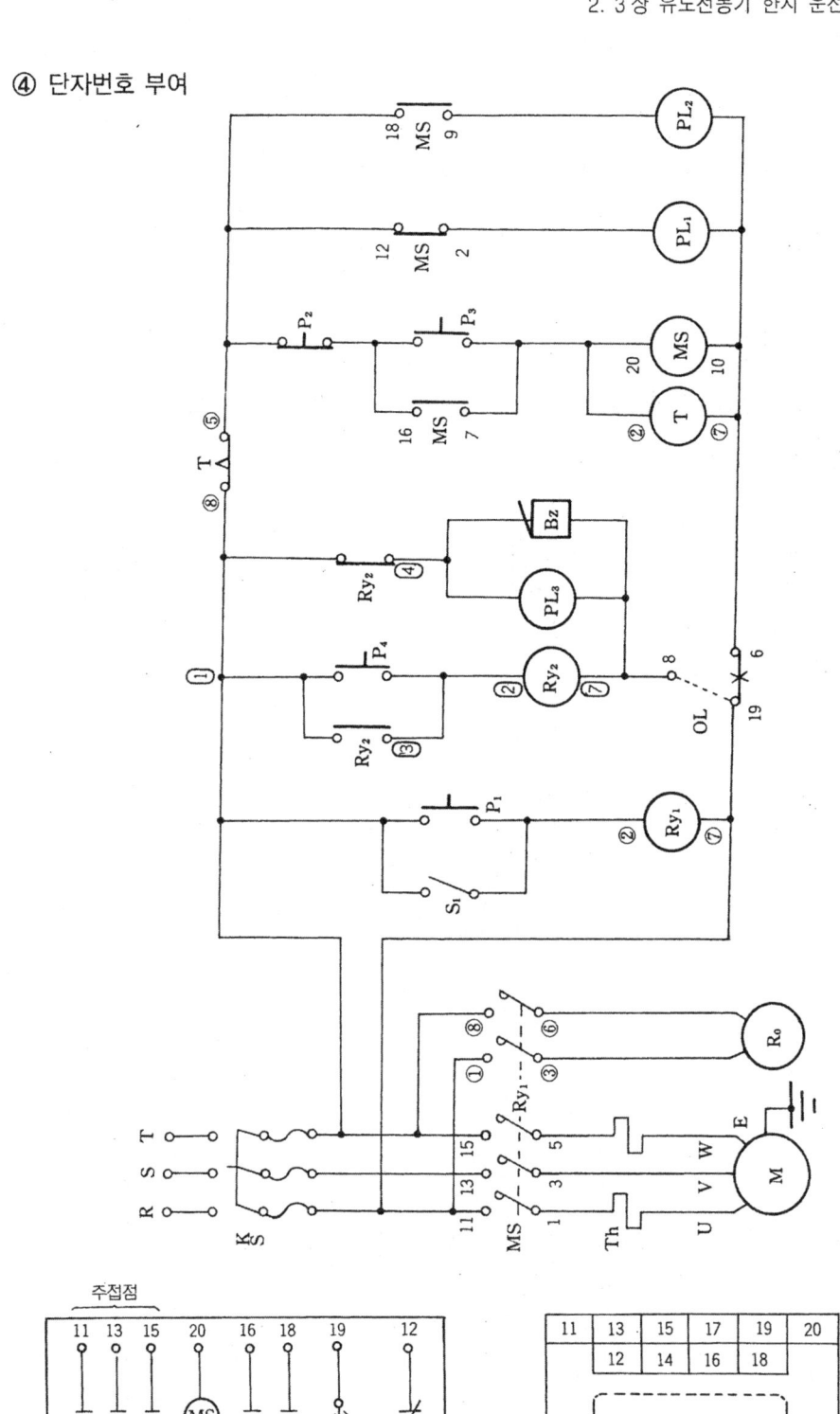

전자접촉기 결선도

전자개폐기 소켓 번호

150 제 3 장 3 상전원 전기설비 배선공사

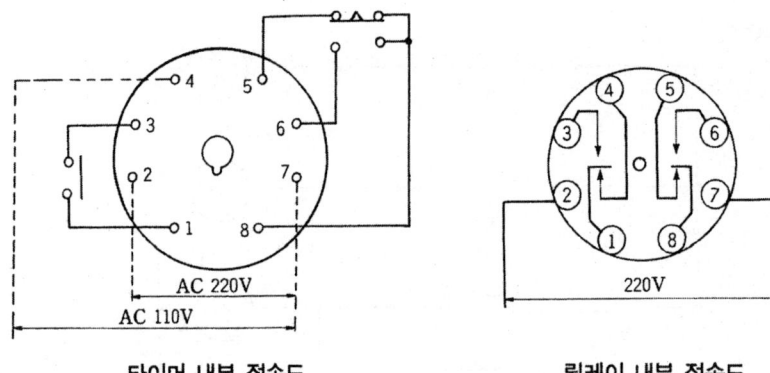

타이머 내부 접속도   릴레이 내부 접속도

⑤ 실체 배선도

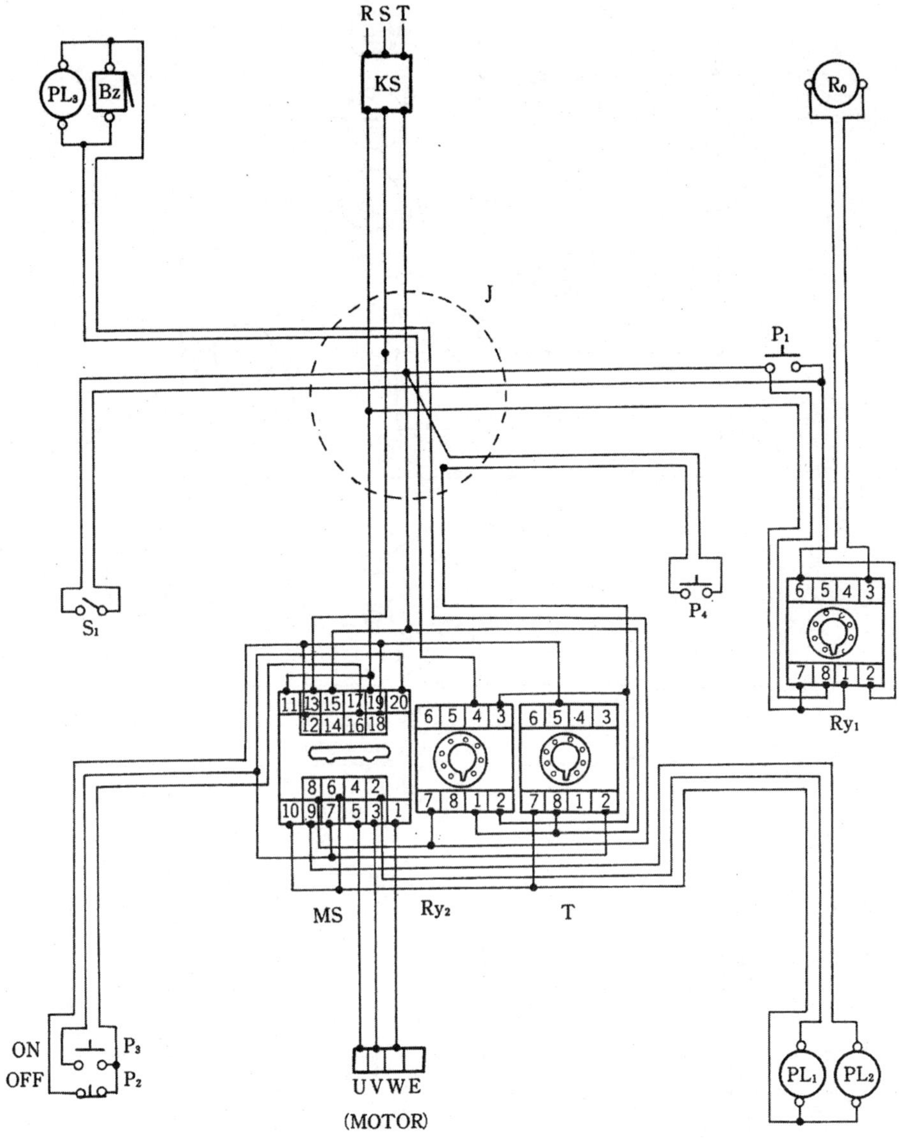

3. 3상 유도전동기 수동 – 자동 교대 운전회로

• 시험시간 : 표준시간 – 6시간, 연장시간 – 30분

(1) 요구 사항

① 지급된 재료를 사용하여 제한시간 내에 도면에 표시된 공사를 내선공사 방법에 의거 완성하시오.
② 전원 방식 : 3ϕ, 220 V
③ 공사 방법
  (가) 케이블 공사
  (나) PE 전선관 공사
  (다) 금속관 공사
④ 동작 사항
  (가) KS를 ON하고 S_{3-1}과 S_{3-2}로 전등(L_4)을 2개소 점등 점멸되도록 한다.
  (나) KS가 ON 상태에서
    ㉮ SS(실렉터 스위치)가 H(수동) 방향에서 PB_1의 ON을 누르면 MC가 동작하여 모터가 동작되는 동시에 L_1(표시등)이 점등된다.
    • PB_1의 OFF 스위치를 누르면 위의 동작은 모두 OFF된다.
    ㉯ SS가 A(자동) 방향에서 PB_2를 누르면 T(타이머)와 RY(릴레이)가 동작되는 동시에 L_2(표시등)가 점등되며 모터가 동작하게 된다.
    • T의 조정된 시간 t초 후에는 MC의 동작이 끊겨 모터는 정지하게 된다.
    ㉰ 위의 동작시 과부하로 인하여 OL이 트립되면 모든 동작은 OFF되며 L_3(표시등)가 점등된다.

(2) 수검자 유의 사항

① 공사하기 전 지급받은 재료를 점검한 후 작업에 임한다.(점검 후 파손된 재료는 수검자 부주의로 파손된 것으로 간주한다.)
② 인입구의 케이블은 20 mm 정도 피복을 제거하여 놓는다.
③ 스위치 및 4각 정크션 박스의 커버는 생략한다.
④ 모터는 3 P 단자판으로 대치 사용한다.
⑤ SS(실렉터 스위치)는 3로 스위치로 대치 사용한다.〔3로 스위치가 위쪽으로 올려 있는 상태가 자동(A), 아래쪽으로 내려 있는 상태가 수동(H) 방향으로 하여 작업한다.〕
⑥ 금속관 및 PE 전선관 공사에서 r은 관지름의 $6\,d$ 이상으로 공사한다.
⑦ 정크션 박스 내의 접속은 와이어 커넥터 접속으로 한다.
⑧ PE 전선관은 커플링 및 부싱은 만들어 사용하지 않는다.
⑨ 모터의 접지는 생략한다.

⑩ 퓨즈를 끼우지 않으면 동작 불능으로 간주한다.
⑪ 1개소라도 부동작이면 채점 대상에서 제외된다.
⑫ 치수 단위는 mm이고, 허용오차는 ±5 mm이다.
⑬ 치수가 없는 곳은 미관을 고려하여 도면에 충실하게 시공한다.
⑭ 복선도를 그려서 작업할 경우에는 도면과 문제지의 앞면과 뒷면의 여백을 이용하되 그 외는 사용할 수 없다.
⑮ 치수는 박스 및 기구 또는 전선관의 중심을 기준으로 한다.
⑯ 제한시간을 초과하지 않는 것을 원칙으로 하되 부득이 연장할 경우 매 10분마다 5점씩 감점하며, 30분을 초과할 수 없다. 연장시간을 초과할 경우는 미완성 작품으로 불합격 처리한다.
⑰ 작업시 안전수칙을 준수하며 타인과 잡담을 금한다.
⑱ 검정장소 이석시는 시험위원의 허락을 받는다.
⑲ 작업이 완료되면 문제지와 도면은 반드시 제출한다.
⑳ 전선의 색별은 R상(적), S상(흑), T상(청)의 전선을 사용한다.

(3) 지급 재료 목록

일련번호	재 료 명	규 격	단위	수량	비 고
1	커버 나이프 스위치	3 P, 30 A, 300 V	개	1	판 퓨즈 포함
2	리셉터클	6 A, 300 V	개	4	베크제
3	4각 박스	102×102 mm	개	1	철제 얇은 형
4	스위치 박스	102×51 mm	개	4	철제 얇은 형
5	매입 누름 버튼 스위치	6 A, 300 V	개	1	steel bracket 1개
6	매입 3로 스위치	6 A, 300 V	개	3	steel bracket 3개 및 지지못 포함
7	릴레이 소켓	8편	개	1	
8	타이머 소켓	8편	개	1	
9	마그넷 스위치 베이스	20편	개	1	부착용 고정나사 포함
10	단자판	3 P, 250 V, 20 A	개	1	
11	새들	16 mm 관용	개	26	
12	새들	케이블용	개	10	케이블에 꼭 맞는 것
13	나사못	25 mm (1″)	개	35	
14	나사못	19 mm $\left(\frac{3}{4}''\right)$	개	80	
15	절연전선 (적색)	2.5 mm²	m	35	
16	절연전선 (흑색)(청색)	2.5 mm²	m	각 3	
17	케이블	3 C, 2.5 mm²	m	2.5	

18	금속전선관	16 mm	m	1.8	
19	PE 전선관	16 mm	m	5.0	
20	부싱	금속제 φ16 mm 관용	개	4	
21	로크너트	금속제 φ16 mm 관용	개	6	
22	케이블 커넥터	16 mm	개	1	
23	PVC관 커넥터	16 mm 관용	개	6	철제박스에 맞는 것
24	와이어 커넥터	중형	개	5	
25	누름 버튼 스위치	250 V, 6 A ON-OFF용	개	1	노출형
26	호밍사	초입	m	2	

(4) 도면 및 해설

① 기구 배치도

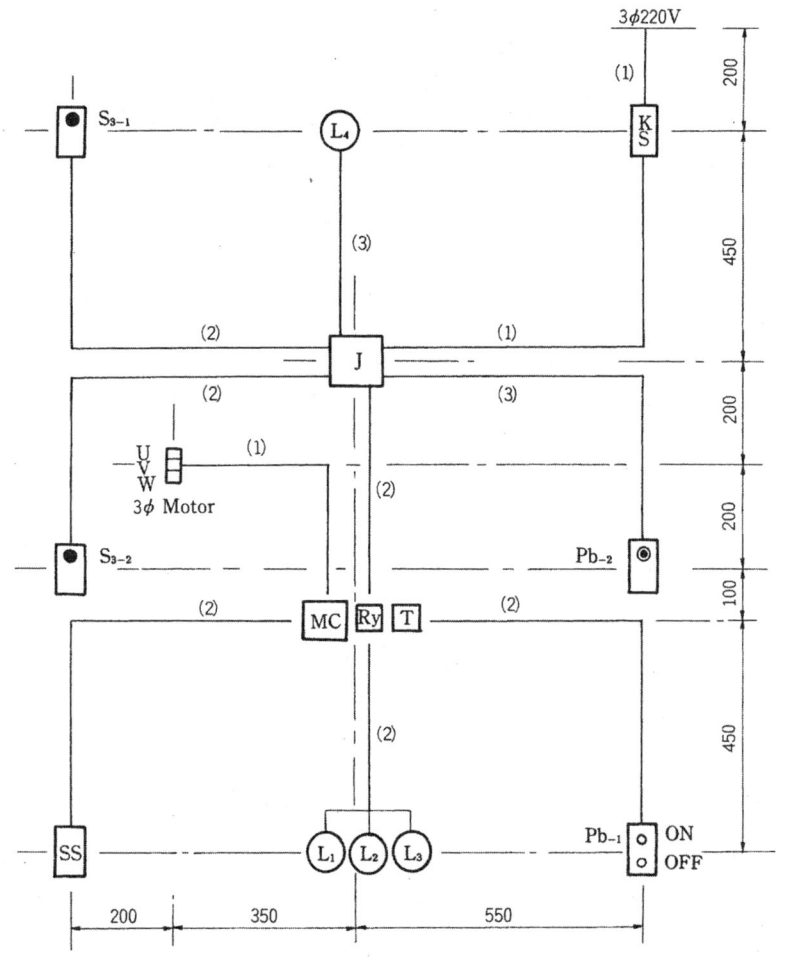

• 공사 방법: (1) 케이블 공사, (2) PE 전선관 공사, (3) 금속관 공사

154 제 3 장 3상전원 전기설비 배선공사

② 동작 회로도

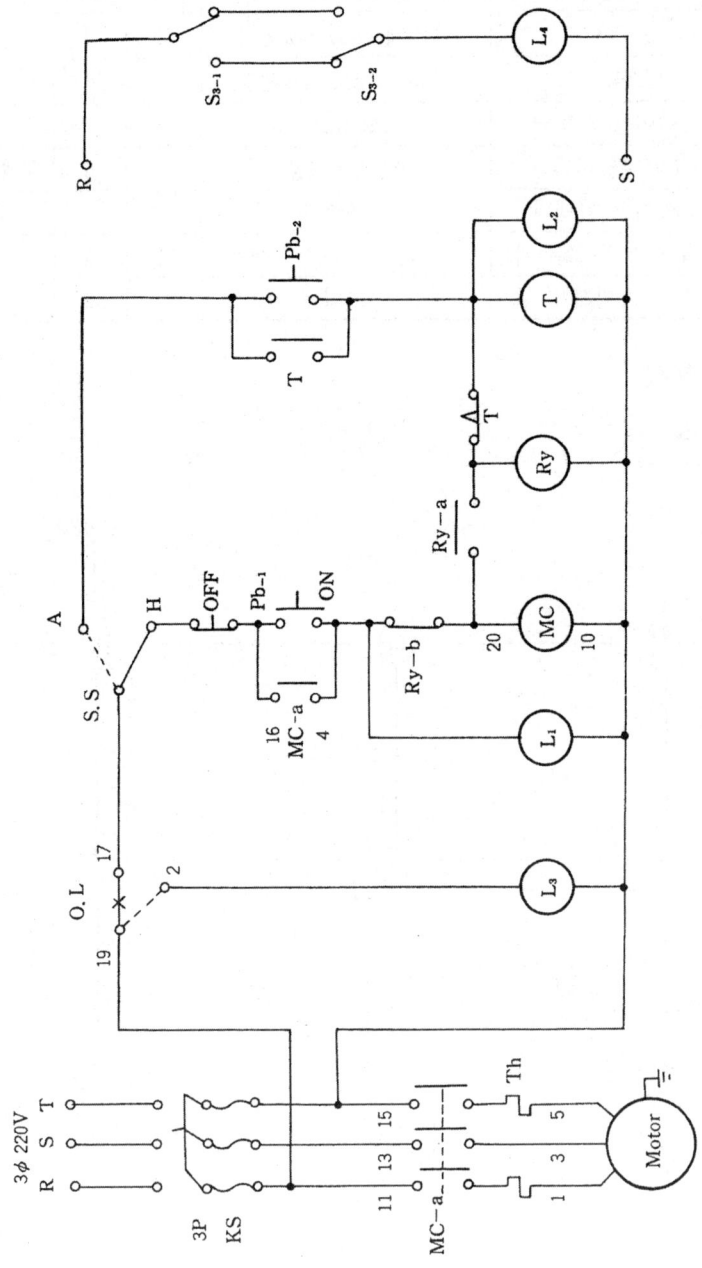

③ 동작 순서
  ㈎ 전등 회로

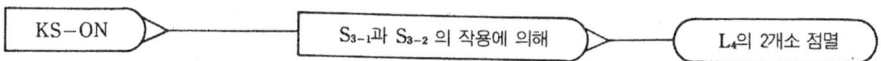

  ㈏ 동력 회로 → KS-ON 상태에서
   SS(실렉터 스위치)가 H(수동) 위치일 때

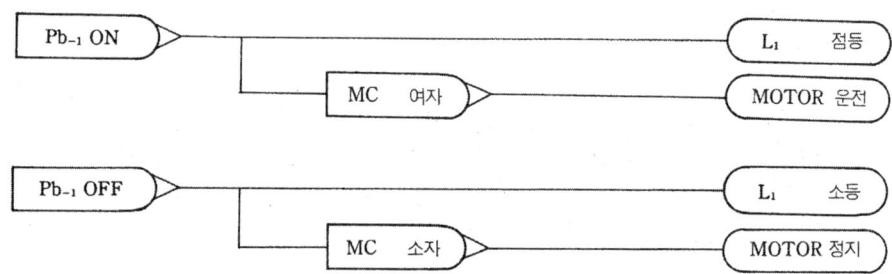

   SS(실렉터 스위치)가 A(자동) 위치일 때

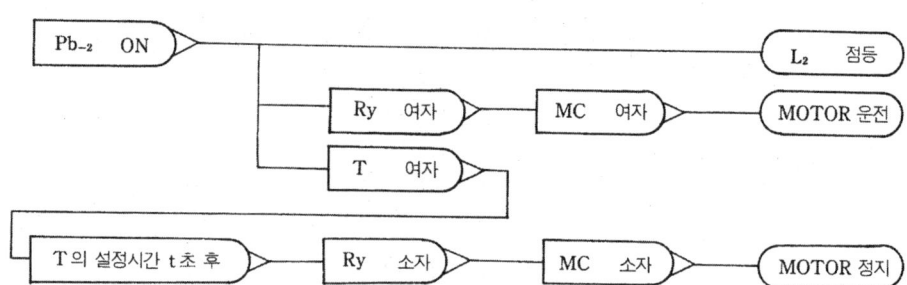

   SS의 위치에 관계없이 moter 운전 중 과부하가 걸리면

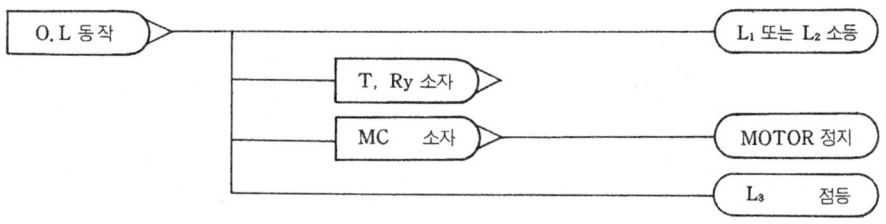

④ 단자번호 부여

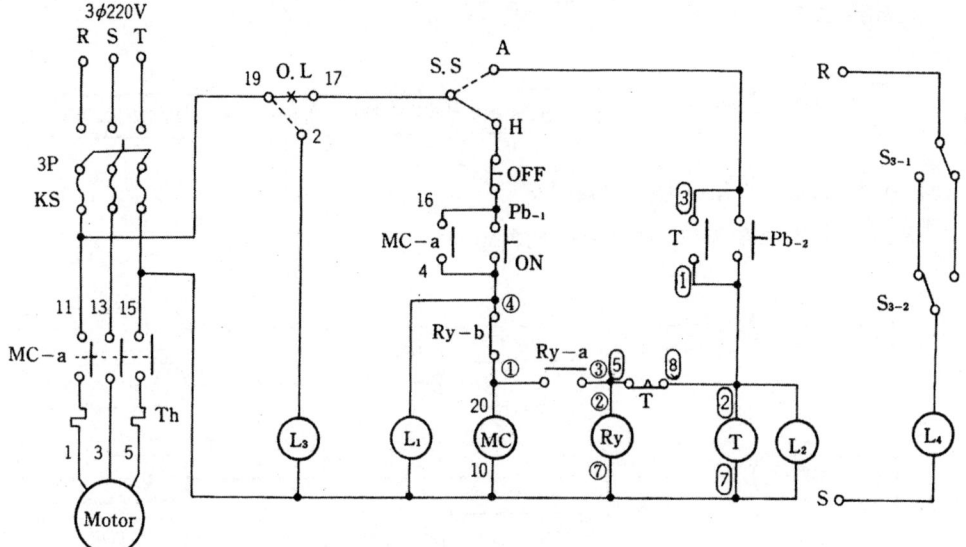

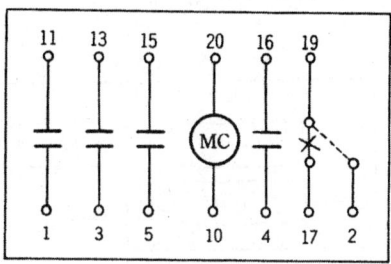

전자접촉기 결선도

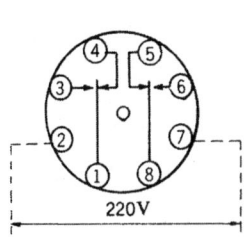

릴레이 내부 접속도

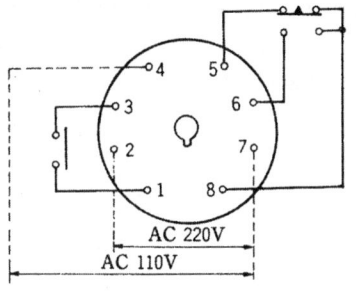

타이머 내부 접속도

3. 3상 유도전동기 수동-자동 교대 운전회로

⑤ 실체 배선도

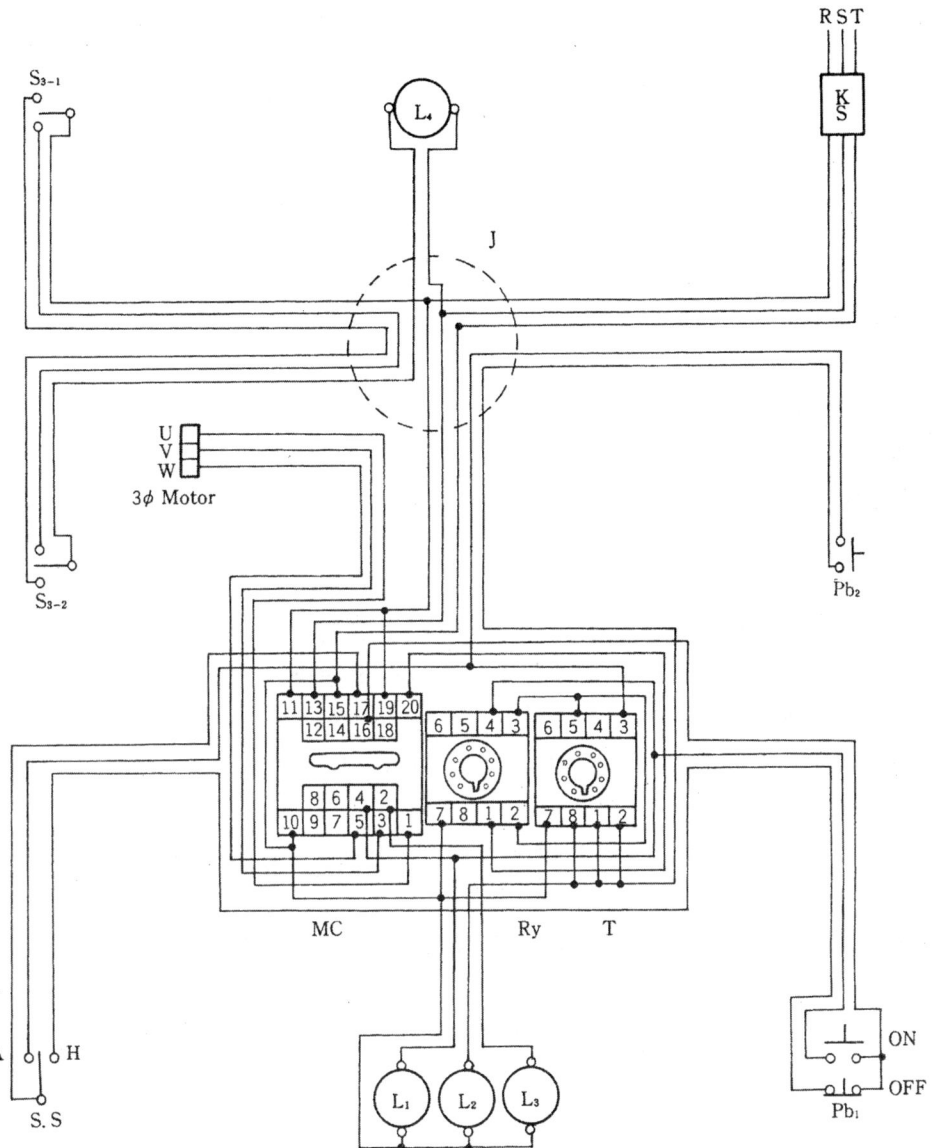

4. LS 사용 3상 유도전동기 제어회로

• 시험시간 : 표준시간 – 4시간, 연장시간 – 30분

(1) 요구 사항

① 지급된 재료를 사용하여 제한시간 내에 도면에 표시된 공사를 작업 방식에 의해서 완성하시오.
② 전원 방식 : 3상 3선식, 220 V
③ 공사 방법
  (개) 케이블 공사
  (내) PE 관 공사
  (대) PVC 관 공사
  (래) 노출공사
④ 동작 사항
  (개) 단자대 7, 8, 9에 리밋 스위치 LS를 접속하여 놓고, 단자대 4, 5, 6에는 전구 220 V 3개를 △로 접속하여 놓는다.(이 작업은 수검자는 생략한다.)
  (내) 단자대 1, 2, 3에 전원을 투입하면 표시등 H_1이 점등된다.
  (대) 기동 버튼을 ON하면 릴레이 RY_1 및 RY_2가 동작하며 전자접촉기 MC가 여자되어 전동기 IM이 동작한다. 이때 표시등 H_1은 소등된다.
  (래) 리밋 스위치 LS를 touch하면 RY_2와 MC는 소자되어 IM은 동작을 중지한다. 이때 정지표시등 H_2가 점등된다.
  (매) 리밋 스위치 LS를 놓으면(원위치로 복귀) 다시 RY_2가 여자, MC가 여자되어 전동기 IM이 동작한다.
  (배) 정지 버튼을 누르면 모든 동작은 중지하고 표시등 H_1만 점등된다.
  (사) 동작 중 과부하계전기 THR이 동작하면 모든 동작이 정지되고 표시등 H_3만 점등된다.

(3) 수검자 유의 사항

① 공사하기 전 지급받은 재료를 점검한 후 작업에 임한다.(점검 후 파손된 재료는 수검자 부주의로 파손된 것으로 간주한다.)
② 제한시간을 초과하지 않는 것을 원칙으로 하되 부득이 연장할 경우에는 매 10분마다 5점씩 감점하며 30분을 초과할 수 없다.
③ PE 관의 r은 관지름 $6d$ 이상으로 한다.
④ 접지공사는 생략한다.
⑤ 치수 표시가 없는 곳은 배선하기에 가장 적합하게 미관을 고려하여 배선한다.
⑥ 전선관에 필요 이상의 전선이 들어가지 않도록 한다.(필요 이상의 전선이 들어가

는 경우 감점된다.)
⑦ 전선관에 전선가닥이 규정보다 많이 들어가는 곳이 있으나 관의 길이가 짧고 전선의 온도 상승이 없기 때문에 검정시험에서는 허용하도록 한다.
⑧ 단자대 1, 2, 3에는 전선을 약 70~80 mm 정도 내어 놓고 끝을 약 15 mm 정도 벗겨 놓는다.
⑨ 치수 단위는 mm이고, 허용오차는 ±5 mm이다.
⑩ 동작이 완전하게 되었다 하여도 항목별 채점에서 불량개소가 많은 경우 불합격되는 경우가 있으니 모든 작업을 성실하게 하여야 한다.
⑪ 작업시 안전 수칙을 준수하며 잡담을 금한다.
⑫ PVC 관 부싱을 만들어서 사용한다.

(3) 지급 재료 목록

일련번호	재 료 명	규 격	단 위	수 량	비 고
1	단자판	3 P, 20 A	개	3	
2	리셉터클	6 A, 250 V	개	3	
3	4각 정크션 박스	102×102 mm, ϕ 25	개	1	철제 얕은 형
4	PVC 박스 커넥터	ϕ 16 mm 관용	개	5	
5	케이블 커넥터	ϕ 16 mm	개	1	
6	와이어 커넥터	중	개	5	
7	PE 전선관	ϕ 16 mm	m	3	
8	PVC 전선관	ϕ 16 mm	m	2	
9	케이블	3 C, 2.5 mm²	m	1	
10	절연전선 (청색)	2.5 mm²	m	5	
11	절연전선 (녹색)	2.5 mm²	m	4	
12	절연전선 (황색)	2.5 mm²	m	6	
13	절연전선 (백색)	2.5 mm²	m	4	
14	절연전선 (적색)	2.5 mm²	m	5	
15	새들	ϕ 16 mm 관용	개	16	
16	새들	원형 케이블용	개	4	
17	나사못	25 mm (1″) +자형	개	40	
18	나사못	19 mm $\left(\frac{3}{4}″\right)$ +자형	개	80	
19	누름 버튼 스위치	ON-OFF용 250 V 6 A	개	1	케이스 포함, 1a 1b
20	마그넷 스위치 베이스	20편	개	1	
21	릴레이 베이스	8편	개	2	

(4) 도면 및 해설

① 기구 배치도

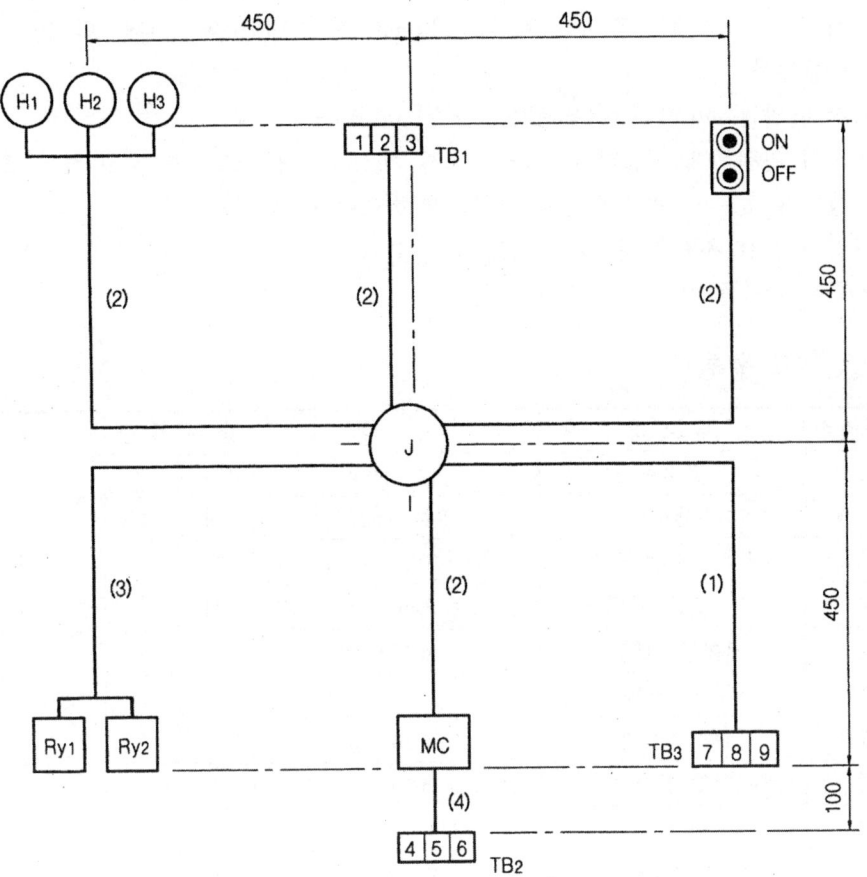

- 공사 방법 : (1) 케이블 공사, (2) PE관 공사
  (3) PVC관 공사, (4) 노출공사

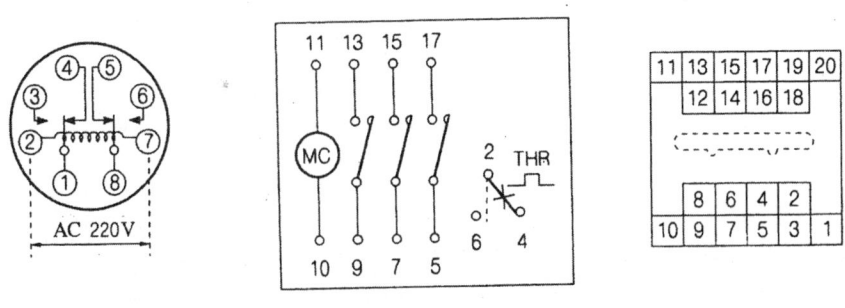

릴레이 내부 접속도   전자개폐기 결선도   소켓 핀 번호

② 동작 회로도

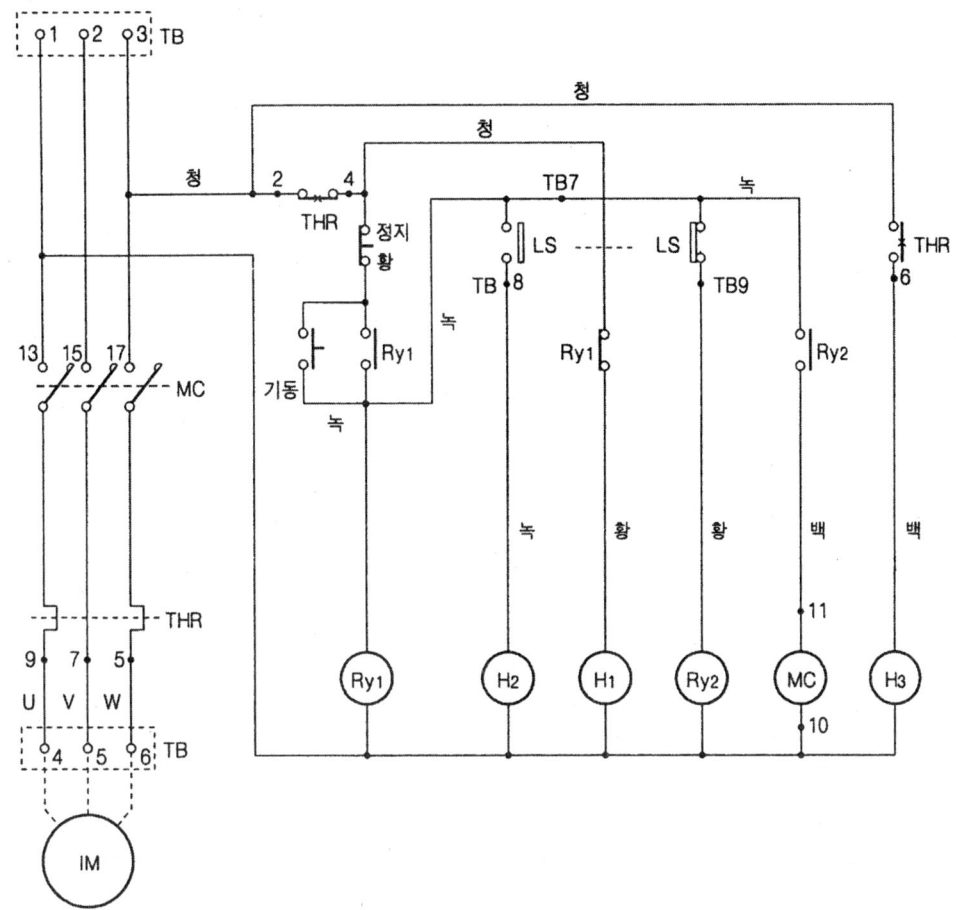

③ 동작 순서

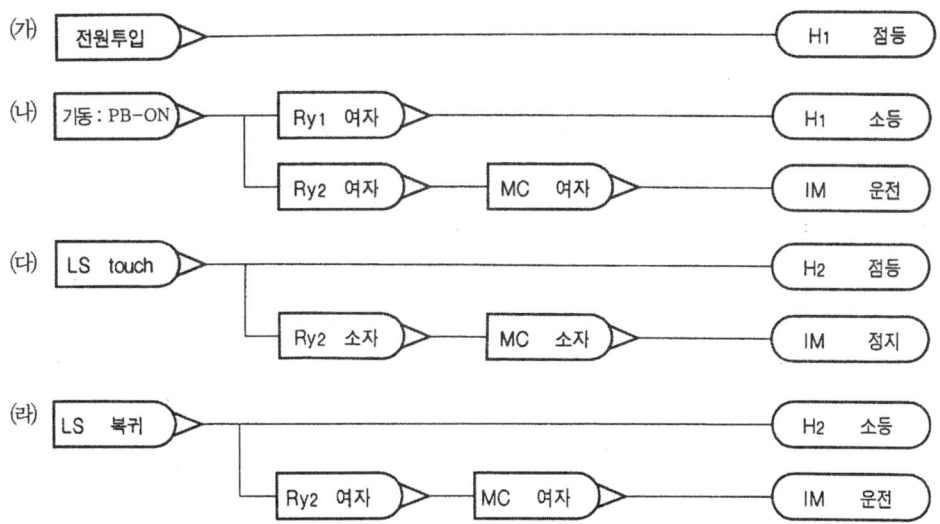

따라서 (다), (라)항을 반복한다.

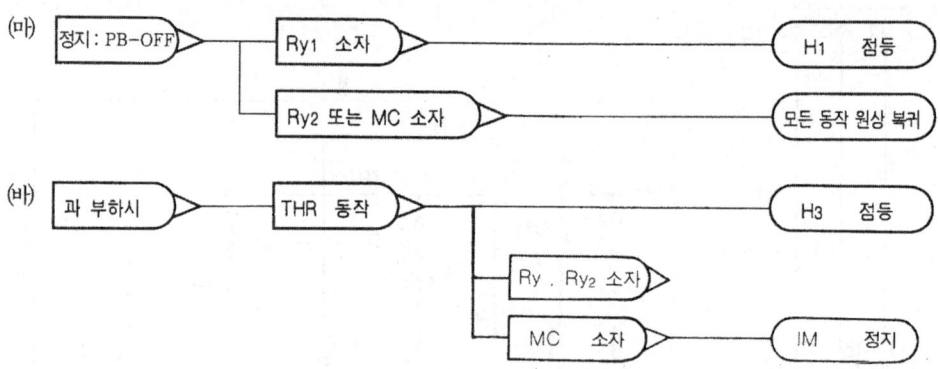

④ 단자번호 부여

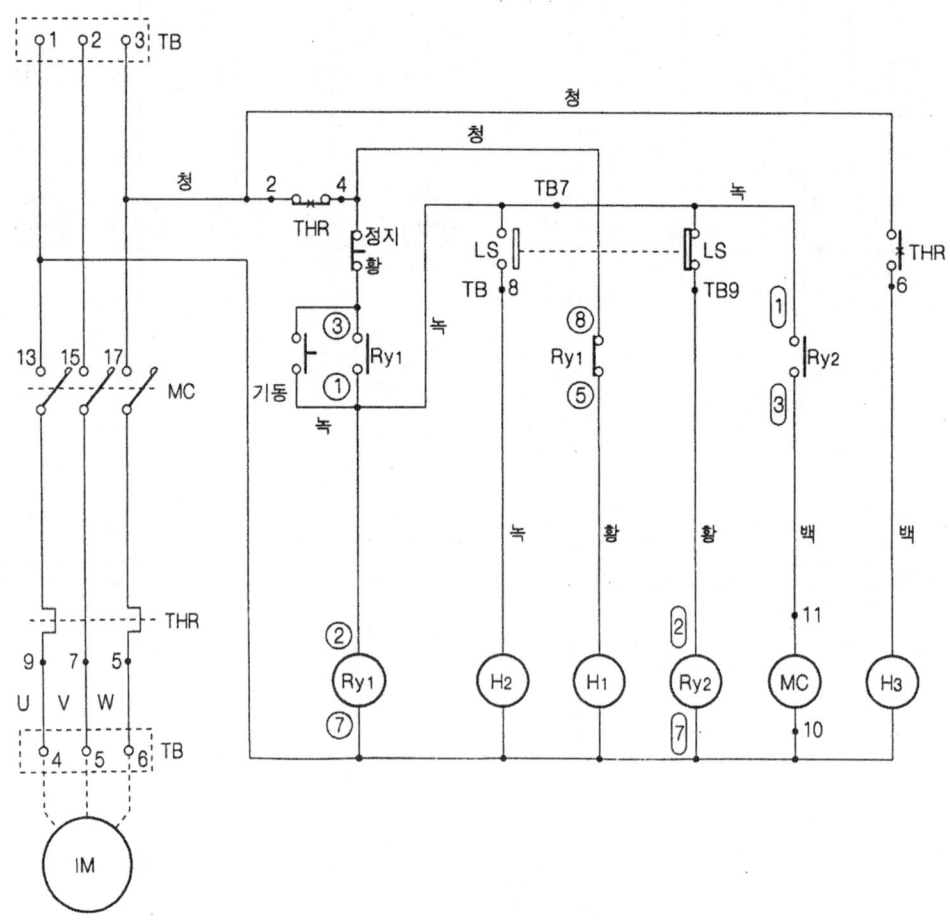

4. LS 사용 3상 유도전동기 제어회로

⑤ 실체 배선도

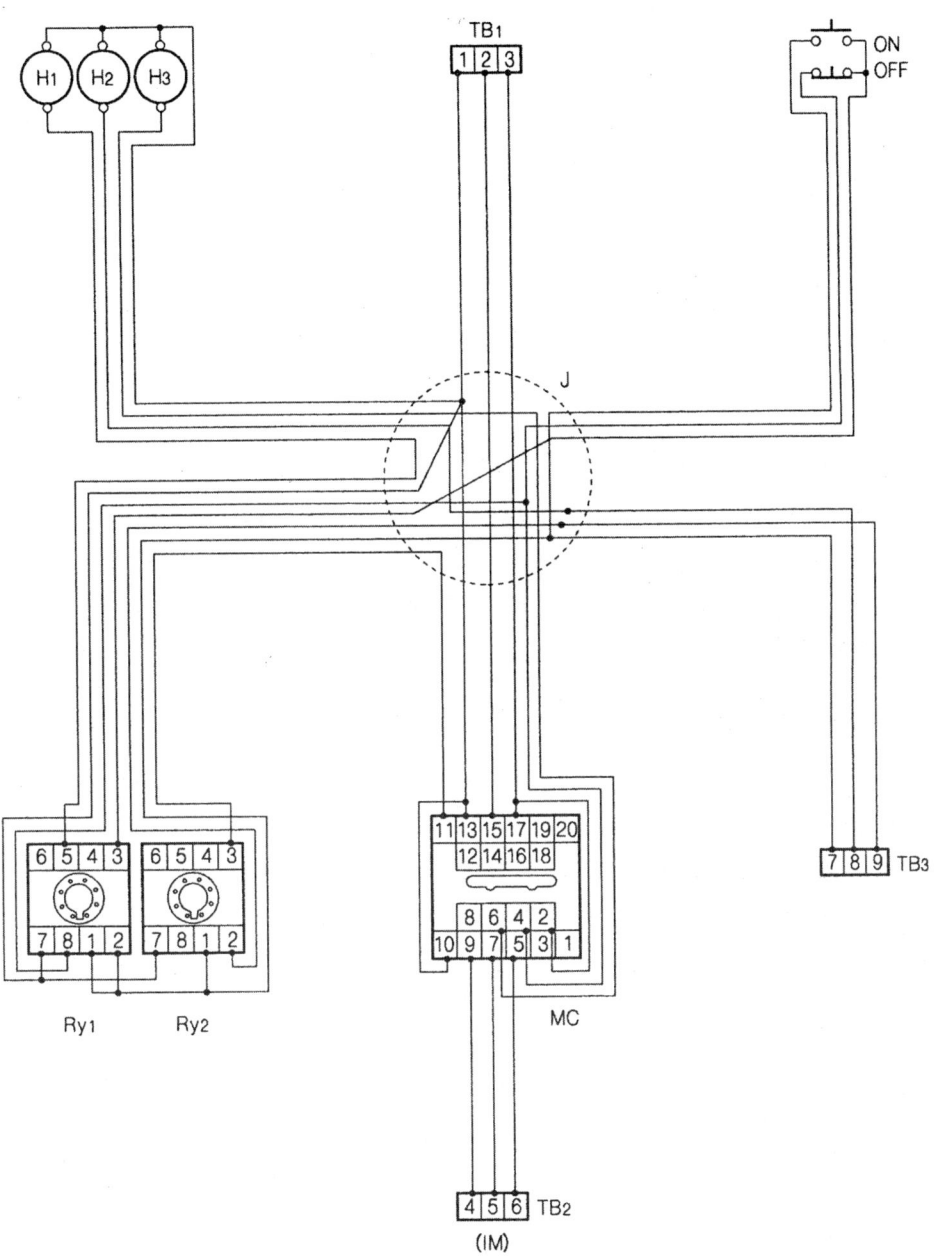

5. FLR 사용 펌프 제어회로 (1)

• 시험시간 : 표준시간 – 4시간, 연장시간 – 30분

(1) 요구 사항

① 지급된 재료를 사용하여 제한시간 내에 도면에 표시된 공사를 내선공사 작업 방법에 의거 완성하시오.
② 전원 : 3상 3선식, 220 V
③ 공사 방법 : PE관 배선공사
④ 동작 사항
  (가) 전원을 투입하면 표시등 L_3가 점등된다.
  (나) 기동 버튼을 ON하면 FLR에 의해 MC가 작동하여 전동기(급수 펌프)가 동작하고, 표시등 L_4가 점등된다.
  (다) 수조의 수위가 전극 E_1에 도달하면 MC가 동작을 정지하여 급수 펌프 IM이 정지하고, L_4가 소등되며, 표시등 L_2가 점등된다. 수위가 낮아져 전극 E_2 밑으로 떨어지면 다시 MC가 작동하여 IM이 동작하고, L_2는 소등, L_4가 점등된다.
  (라) 과부하가 되면 L_1만 점등된다.

(2) 수검자 유의 사항

① 수검자 지급 재료는 공사 시작 전 불량품이 있는 것을 철저히 조사하여 오동작되는 일이 없도록 한다.
② 검정 장소 내에서 타인의 도움을 받아서는 아니 된다.
③ 시험 종료 후에는 시험지와 배번을 반드시 반납하여야 한다.
④ 시험 중 검정 장소를 이석시는 시험위원에게 허락을 받고 이석하여야 한다.
⑤ 공사는 단자대까지만 하고, 리드선은 약 50~70 mm 정도 내어 놓는다(TB_1 및 TB_2).
⑥ 단자대 TB_3에는 도면에 표시된 것과 같이 전극의 길이가 차이가 있도록 E_1은 약 60 mm, E_2는 약 90 mm, E_3는 약 120 mm 정도 되게 내어 놓는다. 단자대 옆에 E_1, E_2, E_3 표시를 한다.
⑦ 접지선은 전선관 안을 통하여 전부 연결되도록 접속하여 놓는다.
⑧ 4각 박스, 8각 박스 및 기타 금속제 부분은 접지하지 않는다.
⑨ 접지선은 녹색 전선을 사용한다.
⑩ 치수오차는 ±5 mm까지는 유효로 한다.
⑪ 푸시 버튼 PB 부분의 배관시 전선관이 PB 안으로 들어가지 않게 하고, 밀착만 시켜 놓는다.
⑫ 시험 중 질문 사항이 있으면 시험위원에게 질문한다.

⑬ 공사 중 전선관에 전선 가닥수가 규정보다 많이 들어가는 것은 관의 길이가 짧고 전류가 많이 흐르지 않기 때문에 시공상 별 문제가 없다.
⑭ 치수 표시가 없는 것은 공사에 가장 적합한 방법으로 시공한다.
⑮ 전선은 도면에 표시된 것과 같이 색깔별로 사용한다.
⑯ 전선관 L굽힘은 스프링을 넣어 경질비닐 전선관을 굽힐 때와 같은 규정으로 잘 굽힌다.
⑰ 기타는 내선 규정에 준하여 작업을 하여야 한다.

(3) 지급 재료 목록

일련번호	재료명	규격	단위	수량	비고
1	단자대	250 V, 20 A, 4 P	개	3	
2	릴레이 소켓	8핀, 11핀	개	각 1	
3	전자개폐기 소켓	20 P, MSS-101	개	1	
4	푸시 버튼 스위치	ON, OFF	개	1	1a 1b
5	리셉터클	300 V, 6 A	개	4	
6	8각 박스	92×92 mm	개	1	철제
7	4각 박스	102×102 mm	개	1	스위치 2개용
8	절연전선	2.5 mm² (적색)	m	22	
9	절연전선	2.5 mm² (청색)	m	6	
10	절연전선	2.5 mm² (흑색)	m	7	
11	절연전선	2.5 mm² (녹색)	m	3	
12	PE 전선관	16 mm	m	7	A급
13	PVC관 박스 커넥터	16 mm용	개	9	
14	새들	16 mm용	개	30	
15	나사못	1″	개	30	
16	나사못	$\frac{3}{4}$″	갑	1	
17	나사못	$1\frac{1}{4}$″	개	6	
18	와이어 커넥터	중	개	3	
19	플로트리스 스위치	FLR 110 V / 220 V	개	1	KFS-PC11
20	릴레이	8핀, HR 707-2 P, 220 V	개	1	한국 릴레이
21	전자개폐기 베이스	20 P	개	1	

(4) 도면 및 해설

① 기구 배치도

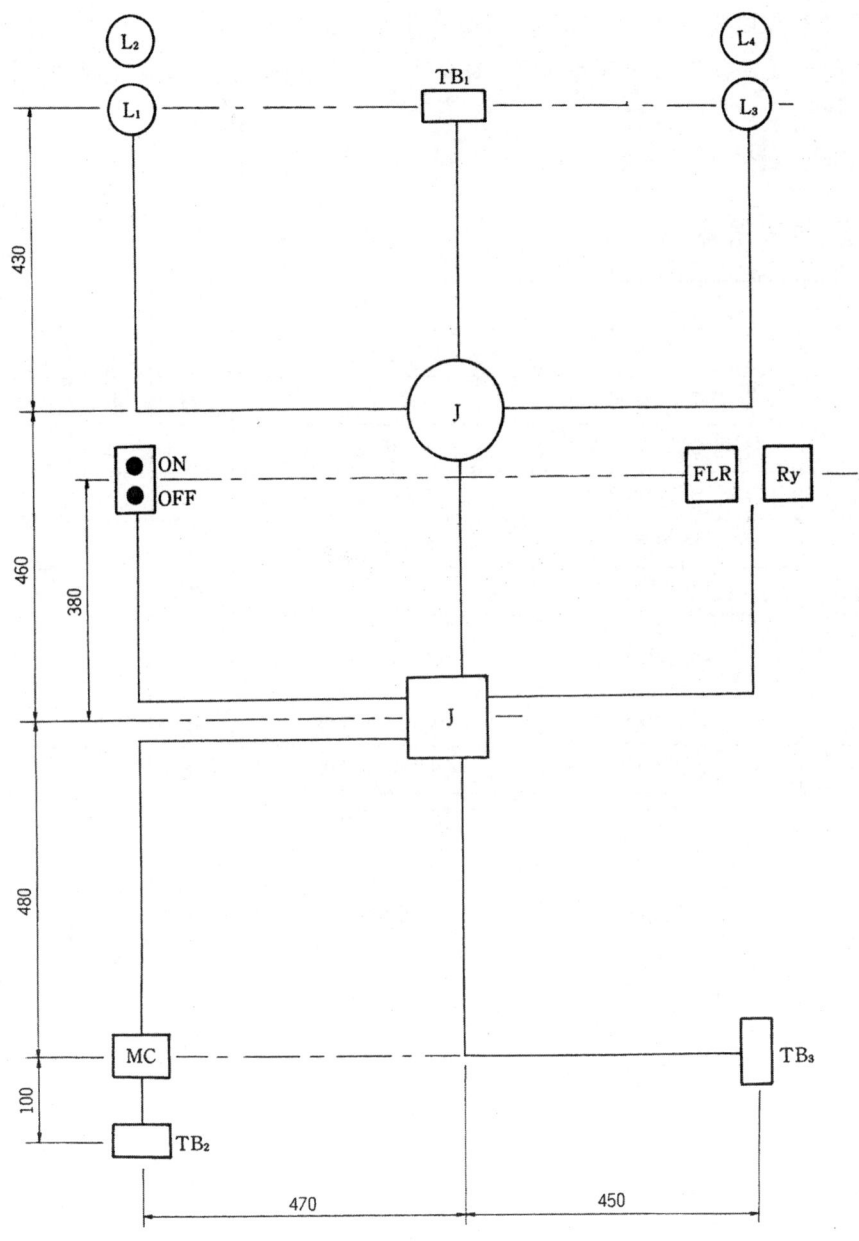

② 동작 회로도

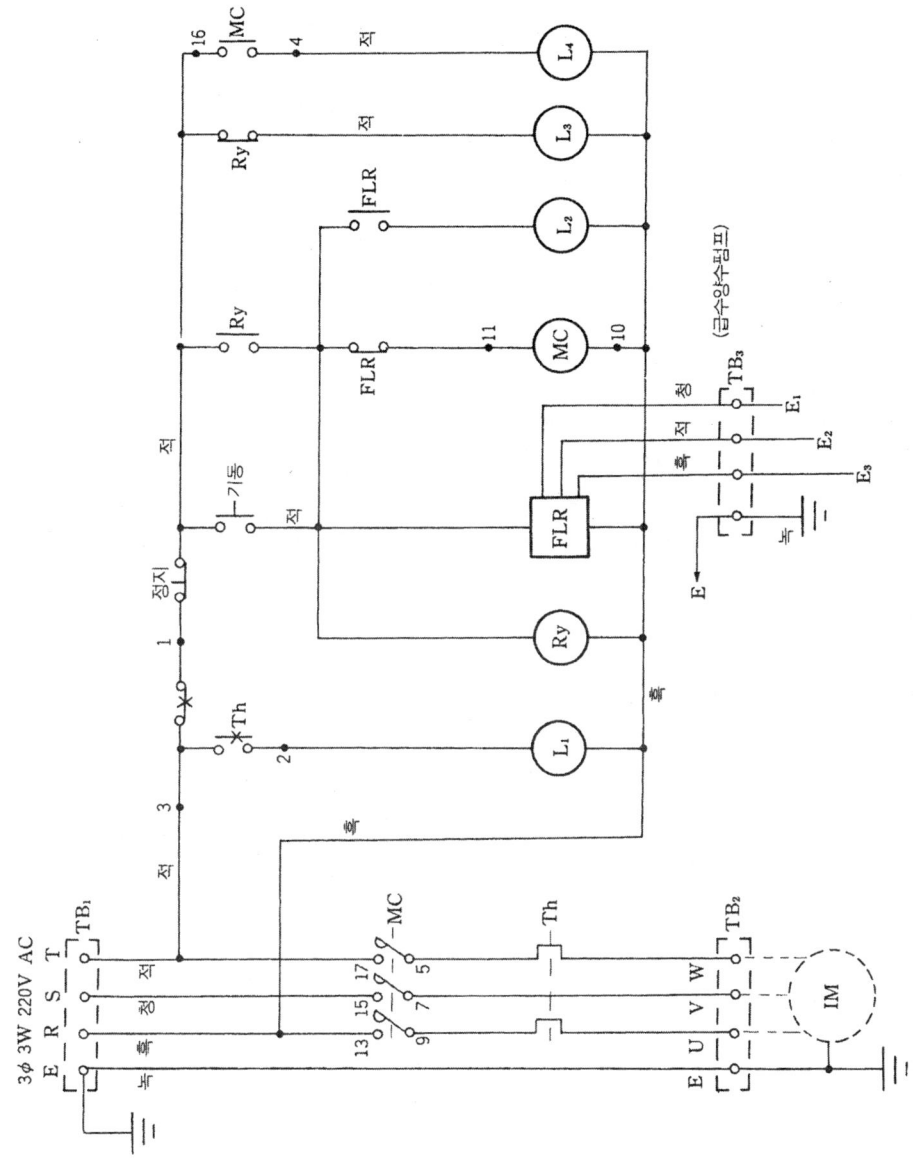

③ 동작 순서

(가) 전원 투입 → L_3 점등

(나)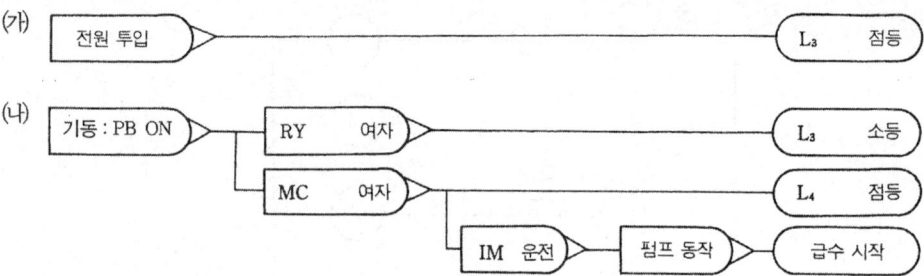

(다) 수조의 수위가 전극 E_1에 도달하면

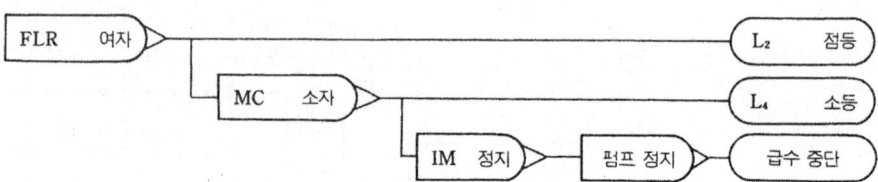

(라) 수조의 수위가 다시 전극 E_2의 밑으로 떨어지면

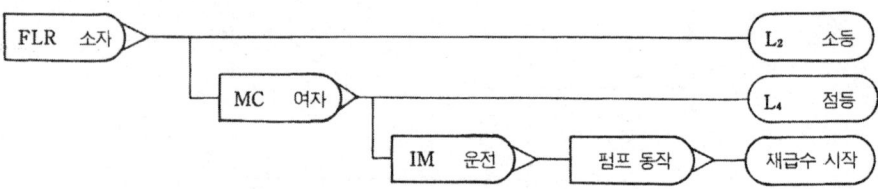

(마) IM 운전 중 과부하가 걸리면

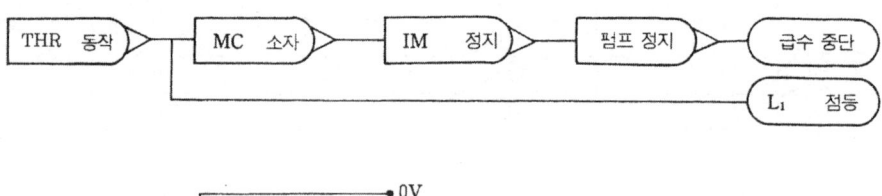

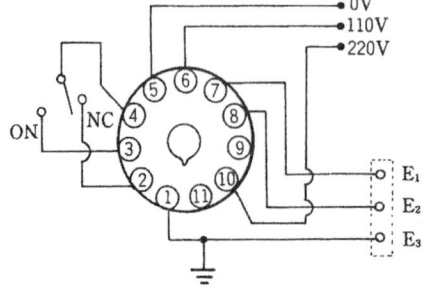
floatless switch(KFS-PC II)의 내부 접속도

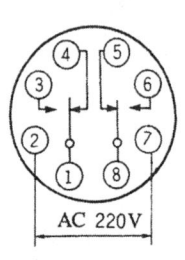
릴레이 내부 접속도

5. FLR 사용 펌프 제어회로 (1)

④ 단자번호 부여

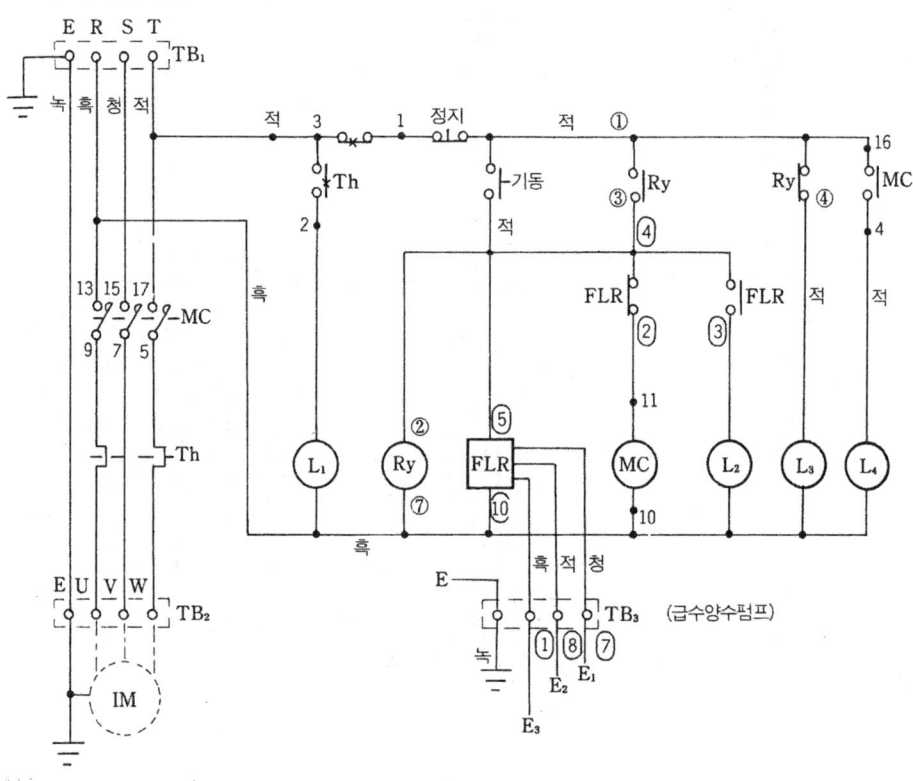

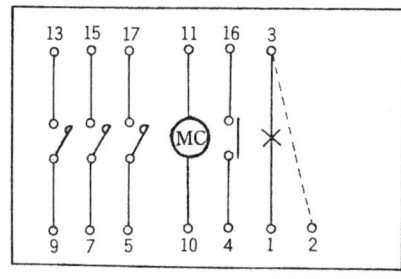

전자개폐기 결선도

11	13	15	17	19	20
	12	14	16	18	
	8	6	4	2	
10	9	7	5	3	1

전자개폐기 소켓 번호

170 제3장 3상전원 전기설비 배선공사

⑤ 실체 배선도

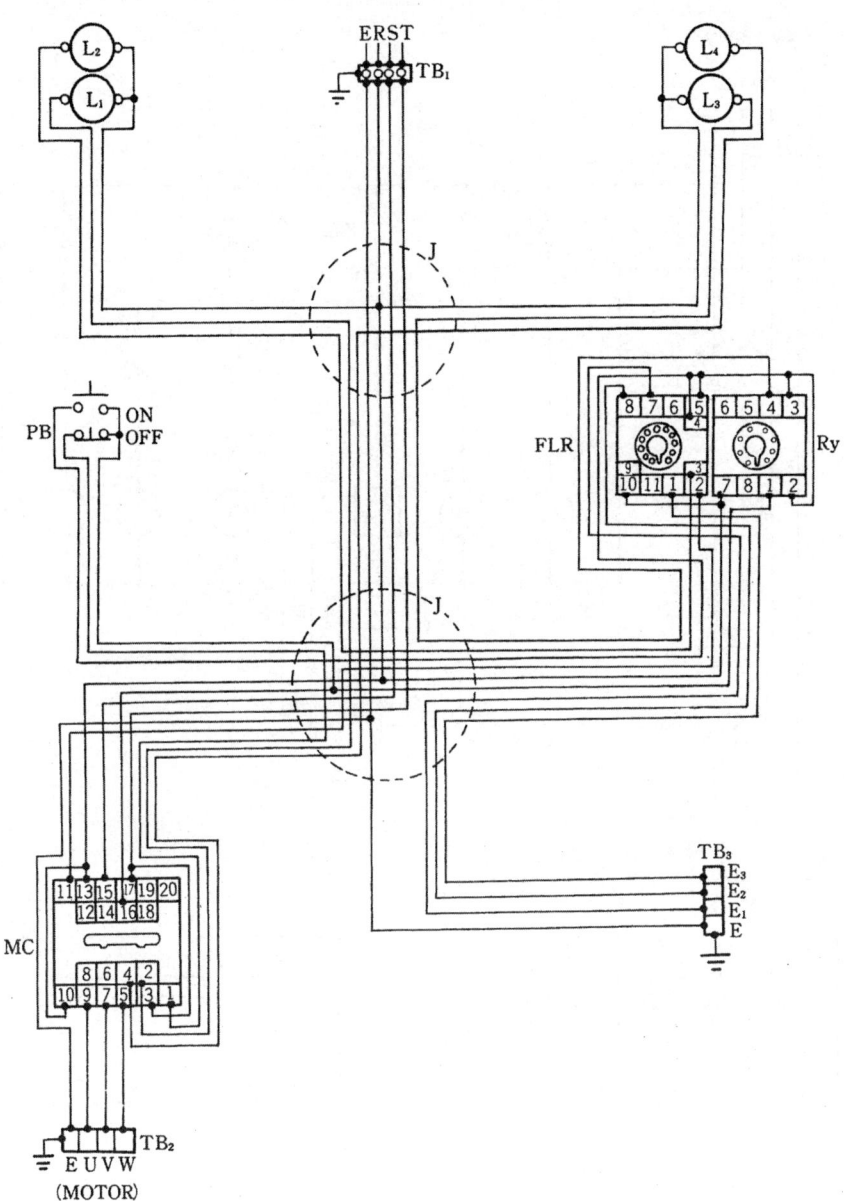

5. FLR 사용 펌프 제어회로 (1)

[참고] 플로트리스 스위치(floatless switch)
① 전자회로를 응용한 레벨 스위치이며, 수위 제어에 사용한다.
② 플로트리스 스위치 구성
  • 스위치
  • 전극 지지기
     전극봉 : E_1 - 수위의 상한 위치
              E_2 - 수위의 하한 위치
              E_3 - 접지

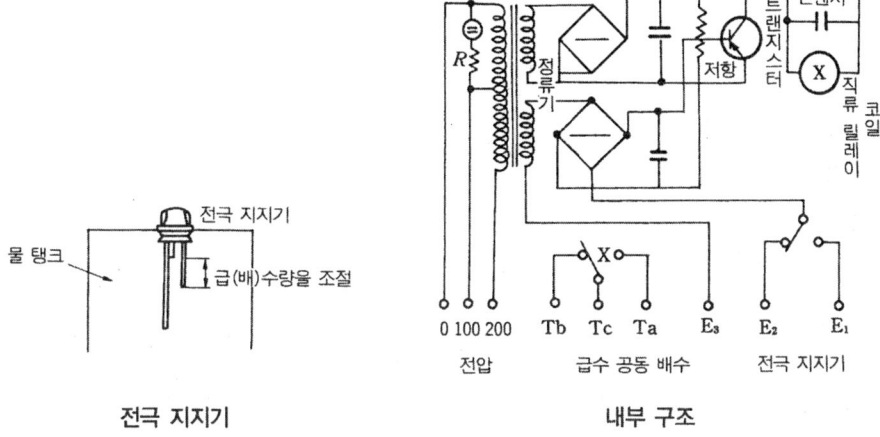

전극 지지기   내부 구조

③ 회로 구성도

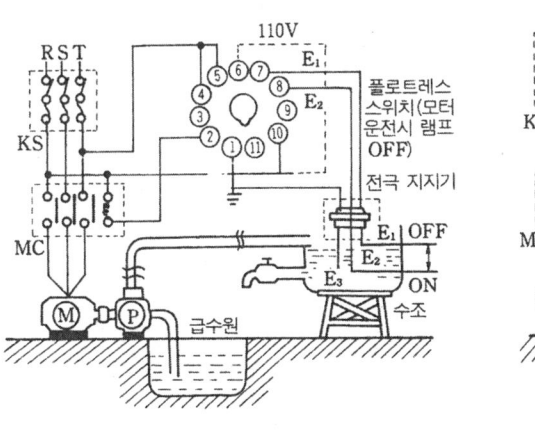
양수한 경우

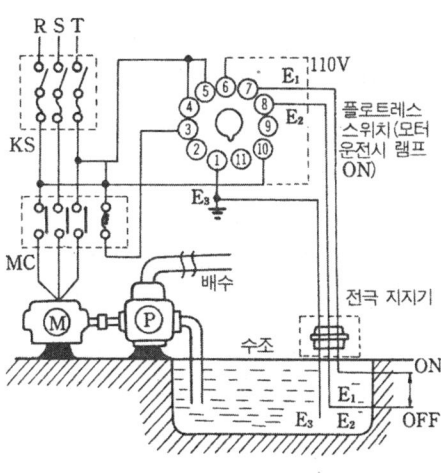
배수할 경우

6. FLR 사용 펌프 제어회로 (2)

• 시험시간 : 표준시간 – 5시간, 연장시간 – 30분

(1) 요구 사항

① 지급된 재료를 사용하여 제한시간 내에 도면에 표시된 공사를 내선공사 방법에 의거 완성하시오.
② 전원 방식 : 3상, 220 V
③ 시공 방법
 ㈎ PE 전선관 공사
 ㈏ 케이블 공사
④ 동작 상태
 ㈎ 전원을 투입하면 L_3 점등
 ㈏ PB_3를 ON하면 RY_3에 의해 MC가 여자되어 IM (모터) 기동, L_3 소등, L_2 점등
 ㈐ PB_2를 ON하면 RY_2에 의하여 L_2 소등, L_1 점등
  → 수조의 수위가 FLR (플로트리스 스위치) 전극 E_1에 도달하면 MC가 여자되어 IM이 기동, L_2 점등, L_1 소등
 ㈑ 동작 ㈎ 또는 ㈏ 중에 PB_1을 ON하면 항상 ㈎ 동작 상태로 복귀
 ㈒ 과부하시 THR이 동작하여 벨(B)만 동작

(2) 수검자 유의 사항

① 시험시간을 엄수하여 작품을 완성하여야 하며, 부득이한 경우에는 표준시간 + 30분까지 연장할 수 있으나, 연장할 경우에 매 10분 이내 (10분 포함)마다 5점씩 감점을 하며, 초과시는 미완성 작품으로 불합격 처리한다.
② 공사하기 전 지급받은 재료를 점검한 후 작업에 임한다.(점검 후 파손된 재료는 수검자 부주의로 파손된 것으로 간주한다.)
③ 지급된 재료의 이상 유무를 확인하고 이상이 있을 때에는 감독위원에게 이야기한다.
④ 지급된 재료 중 불량품 이외는 추가 지급할 수 없다.
⑤ 치수는 mm이고, 허용오차는 ±5 mm이다.
⑥ 주어지지 않은 치수는 안전과 기능 및 외관을 고려하여 도면의 척도에 준한다.
⑦ 주회로는 2.5 mm² 전선으로 배선하고, 제어회로는 1.5 mm² 전선으로 배선한다.
⑧ 접지선은 2.5 mm² 전선을 사용한다.
⑨ 제어함 내부 배선 상태나 전선관 가공 상태가 전기적으로 불가능하다고 판단될 때에는 불합격 처리할 수 있다.
⑩ 표시등의 위치가 다를 경우에는 동작 불능으로 간주한다.
⑪ 전선은 도면에 표시된 색깔대로 하고 기타는 임의로 한다.

⑫ 도면을 잘 이해하고, 작업에 임한다.
⑬ TB_1 - 전원, TB_2 - B, TB_3 - 플로트리스 스위치 전극, TB_4 - IM으로 대체하여 사용한다.
⑭ 단자대 TB_3는 단자대 왼쪽으로부터 E_1은 약 60 mm, E_2는 약 80 mm, E_3는 약 100 mm 정도 되게 내어놓고 약 10 mm 정도 벗겨 놓는다.
⑮ 접지선의 색깔은 녹색을 사용하고 전선관 안을 통하여 전부 연결되도록 접속하여 놓는다.
⑯ CB 부분의 케이블 작업은 커넥터를 생략하고 PVC 박스 커넥터 및 케이블의 끝은 합판의 끝으로부터 5 mm 정도 들어오게 한다.
⑰ 전선의 색깔은 도면에 표시한대로 작업한다.
⑱ 주어진 전선 중 부족할 때는 지급한 재료 중 다른 전선을 사용할 수 있다.
⑲ 본인의 동작시험은 개인이 준비한 시험기 또는 테스터를 가지고 동작시험을 할 수 있으나, 전원 투입 동작시험은 할 수가 없다.
⑳ 작업이 모두 끝난 수검자는 주변 청소를 깨끗이 하여야 한다.
㉑ 다음 작품은 미완성 작품, 오작이므로 불합격 처리한다.
　㈎ 표준시간+30분까지의 미완성 작품
　㈏ 완전 동작 이외의 작품 (오작)
　㈐ 완성된 작품이 도면과 서로 상이한 작품 (오작)
　　▶상이한 작품이란
　　　• 배관작업이 도면과 서로 다른 경우
　　　• 부품 위치가 도면과 다른 경우

(3) 지급 재료 목록

일련번호	재 료 명	규 격	단위	수량	비 고
1	절연전선	적 2.5 mm^2	m	5	
2	절연전선	청 2.5 mm^2	m	5	
3	절연전선	흑 2.5 mm^2	m	5	
4	절연전선	녹 2.5 mm^2	m	5	
5	절연전선	황 1.5 mm^2	m	45	
6	케이블	4 P ϕ 2.5 mm^2	m	1	
7	리셉터클	6 A, 250 V	개	3	
8	단자대	4 P, 20 A	개	3	
9	단자대	3 P, 20 A	개	1	
10	단자대	6 P, 20 A	개	4	
11	컨트롤 박스	3구용 ϕ 25 mm	개	1	
12	누름 버튼 스위치 (PB/SW)	ϕ 25 mm 적, 1 a	개	2	
13	누름 버튼 스위치 (PB/SW)	ϕ 25 mm 청, 1 a	개	1	
14	합판	300×500×9 mm	개	1	
15	PE 전선관	16 mm	m	7	
16	나사못	3×12	개	61	
17	나사못	3×20	개	36	
18	나사못	4×12	개	5	
19	마그넷 베이스	20핀	개	1	나사못 포함
20	릴레이 베이스	8핀	개	4	
21	PVC 관 박스 커넥터	16 mm 관용	개	6	
22	새들	16 mm 관용	개	24	
23	새들	원형 케이블용	개	2	
24	벨	220 V용	개	1	
25	마그넷 스위치	20핀 OL 포함, 5 a 2 b	개	1	채점용
26	릴레이	220 V 8핀	개	3	채점용
27	플로트리스 스위치	FLR 110/220 V	개	1	채점용

(4) 도면 및 해설

① 기구 배치도

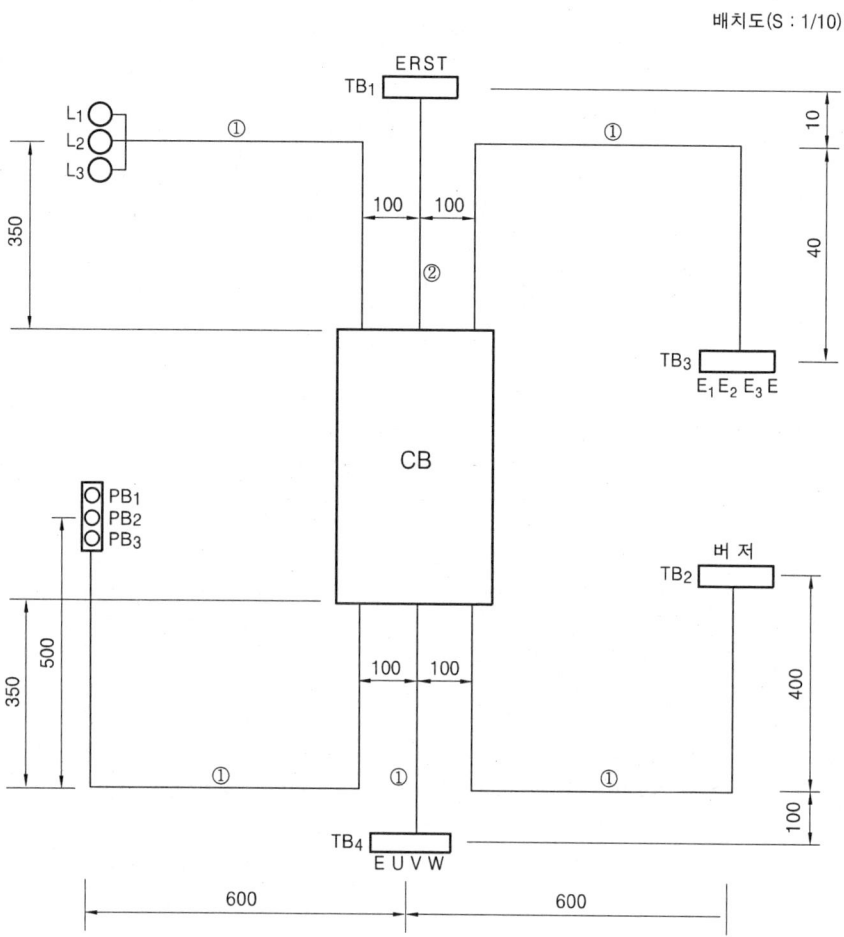

배치도(S : 1/10)

- 공사 방법 : ① PE관 공사
  ② 케이블 공사

② 제어함 내부 기구 배치도

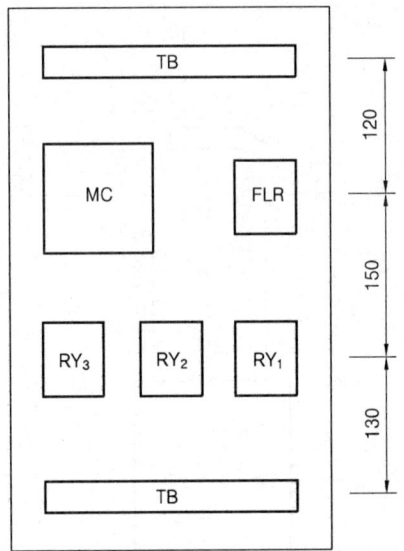

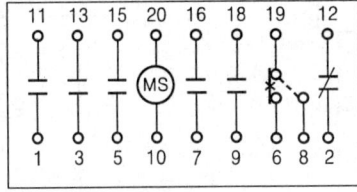

전자 접촉기 결선도   전자 개폐기 소켓 번호

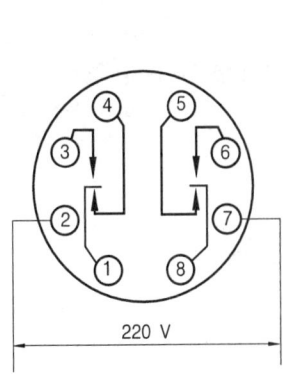

릴레이 내부 접속도

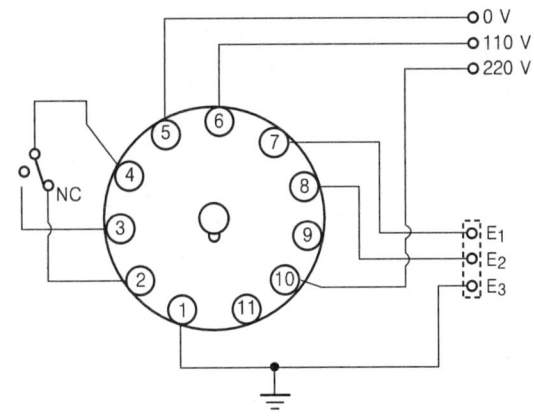

Floatless switch(KFS-PC11)의 내부 접속도

③ 동작 회로도

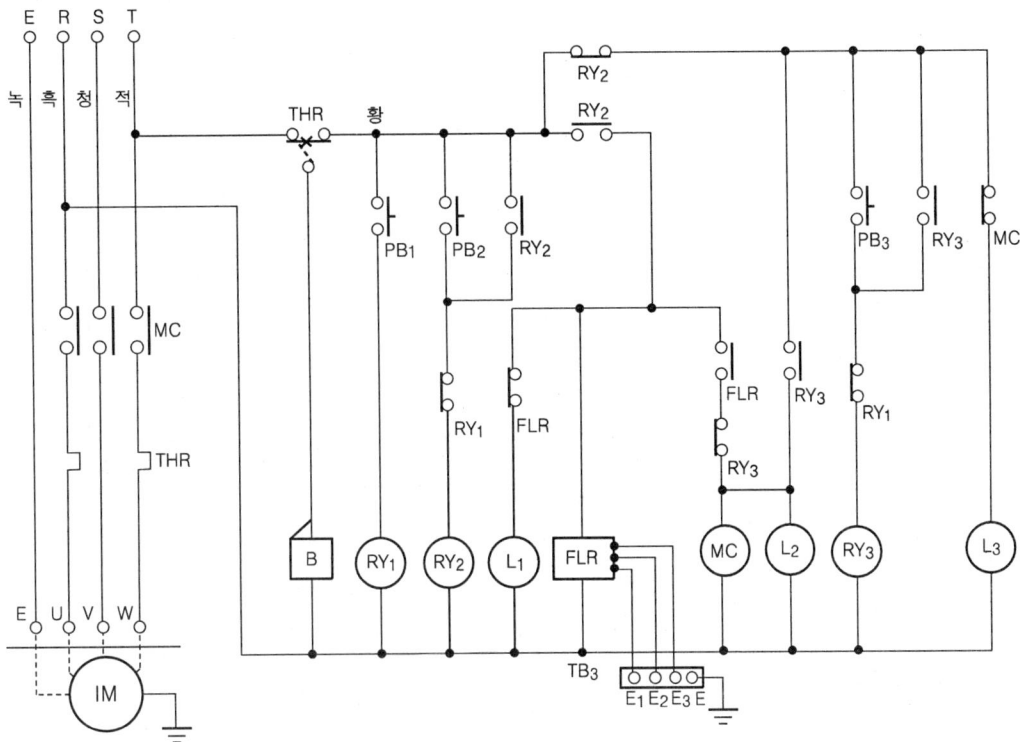

④ 동작 순서

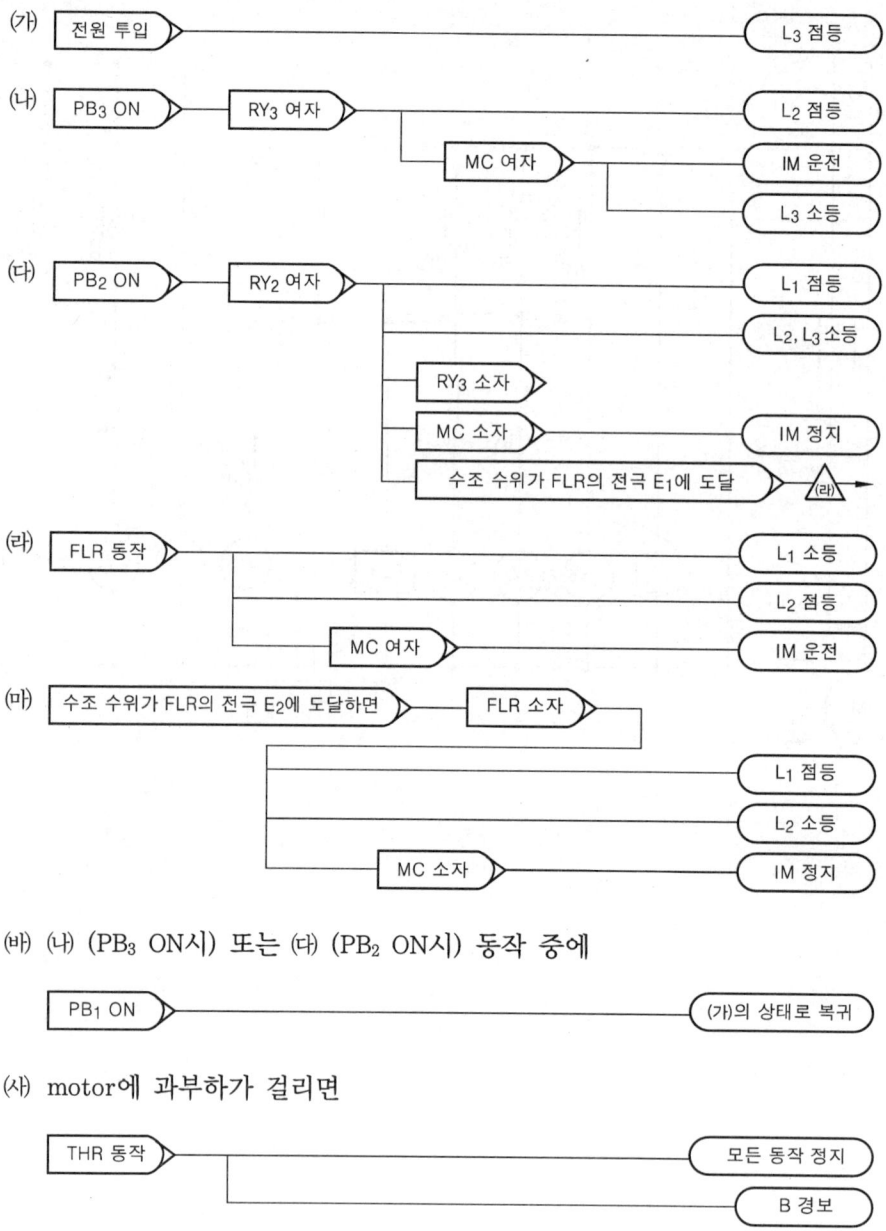

(바) (나) (PB₃ ON시) 또는 (다) (PB₂ ON시) 동작 중에

(사) motor에 과부하가 걸리면

[참고] ① 수조의 수위가 FLR의 전극 E1에 도달하면 FLR이 동작되어 배수를 시작하고, E₂ 이하로 되면 FLR이 정지되어 배수가 중단된다. 따라서 자동적으로 (라), (마)번을 반복한다.
② 전동기(IM) 운전시는 배수 펌프가 같이 동작하고 전동기 정지시는 배수 펌프도 정지한다.
③ PB₂는 자동 운전용, PB₃는 수동 운전용 스위치이다.

6. FLR 사용 펌프 제어회로 (2)

⑤ 단자번호 부여

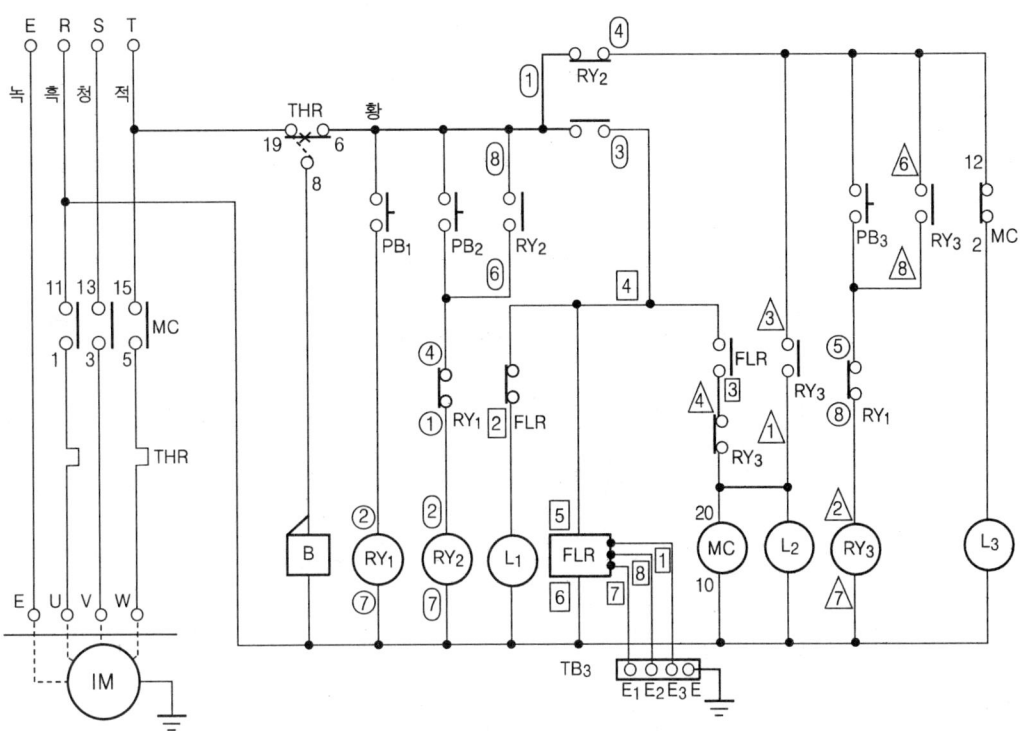

[참고] ① 마그넷 스위치, 릴레이(8핀), 플로트리스 스위치(8핀)의 단자번호 표시는 다음과 같다.
　(가) 마그넷 스위치 : 숫자로만 표시 (예 5)
　(나) 릴레이(8핀) : RY_1은 원 (예 ⑦), RY_2는 타원 (예 ⑦), RY_3은 삼각형 (예 △)
　(다) 플로트리스 스위치(8핀) : 사각형 (예 ⑦)
② 플로트리스 스위치의 구조도는 11핀으로 되어 있으나 재료 목록에는 8핀으로 되어 있다. 따라서 8핀으로 대체하여 사용하였으며, 8핀 플로트리스 스위치의 내부 구조도는 다음과 같다.

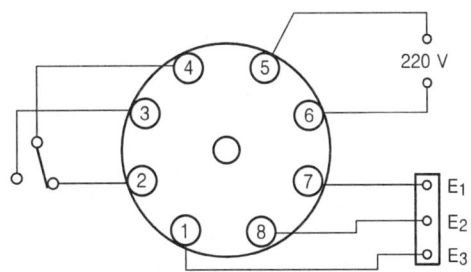

8핀 플로트리스 스위치 내부 구조도

⑥ 실체 배선도

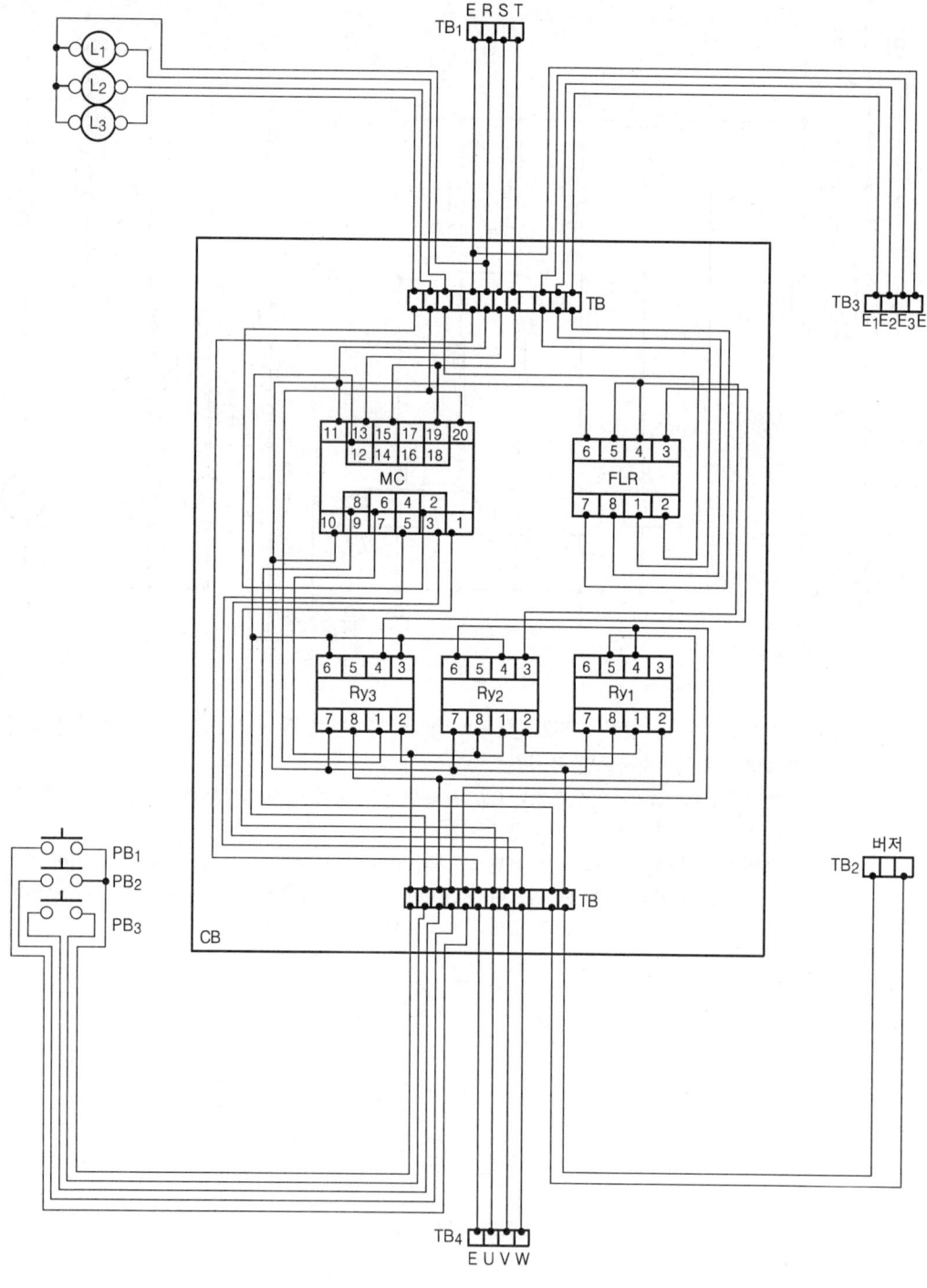

[참고] 전선의 접속은 제어 기구의 단자에서 이루어진다. 여기서는 편의상 접속선상에서 점으로 표시하였다.

7. 정전시 예비전원에 의한 전동기 운전회로

• 시험시간 : 표준시간 – 5시간, 연장시간 – 30분

(1) 요구 사항

① 지급된 재료를 사용하여 제한시간 내에 도면에 표시된 공사를 내선공사 방법에 의거 완성하시오.
② 전원 방식 : 3상 3선식, 220 V
③ 공사 방법
  ㈎ PE관 공사
  ㈏ 플렉시블관 공사
④ 동작 사항 : 상시 전원 정전시 SUN SW 감지에 의한 예비 전원으로 전동기 운전 (도면 참조)

(2) 수검자 유의 사항

① 시험시간을 엄수하여 작품을 완성하여야 하며, 부득이한 경우에는 표준시간 + 30분까지 연장할 수 있으나, 연장할 경우에 매 10분 이내 (10분 포함)마다 5점씩 감점을 하며, 초과시는 미완성 작품으로 불합격 처리한다.
② 공사하기 전 지급받은 재료를 점검한 후 작업에 임한다.(점검 후 파손된 재료는 수검자 부주의로 파손된 것으로 간주한다.)
③ 지급된 재료 중 불량품 이외는 추가 지급할 수 없다.
④ 치수는 mm이고, 허용오차는 ±5 mm이다.
⑤ 주회로는 2.5 mm² 전선으로 배선하고, 제어회로는 1.5 mm² 전선으로 배선한다.
⑥ 접지선은 2.5 mm² 전선을 사용한다.
⑦ 제어함 내부 배선 상태나 전선관 가공 상태가 전기적으로 불가능하다고 판단될 때에는 채점위원 합의하에 채점 대상에서 제외할 수 있다.
⑧ 지급된 재료의 이상 유무를 확인하고 이상이 있을 때에는 감독위원에게 이야기한다.
⑨ 표시등의 위치가 다른 경우에는 상이 작품 (동작 불능)으로 간주한다.
⑩ 전선은 도면에 표시된 대로 색상별로 사용한다.
⑪ 도면을 잘 이해하고, 작업을 하여야 한다.
⑫ 접지는 공통 접지로 한다 (제어함 접지 생략).
⑬ 배선 작업은 단자대까지만 한다. 지정된 전선이 부족할 때에는 다른 전선을 사용할 수 있다.
⑭ 제어함 내의 기구 배치는 도면에 준하되 치수는 작업하기에 알맞고 기구가 들어갈 수 있도록 간격을 유지하여 배치한다.
⑮ 본인의 동작시험은 개인이 준비한 시험기 또는 테스터를 가지고 동작을 할 수 있

으나, 전원 투입 동작시험은 할 수가 없다.
⑯ 다음 작품은 미완성 작품, 오작이므로 불합격 처리한다.
　㈎ 표준시간+30분까지의 미완성 작품
　㈏ 완전 동작 이외의 작품(오작)
　㈐ 완성된 작품이 도면과 서로 상이한 작품(오작)
　　▶상이한 작품이란
　　　• 배관작업이 도면과 서로 다른 경우
　　　• 부품 위치가 도면과 다른 경우
⑰ 합판을 철제 제어함으로 생각하고, 제어함(합판)과 접속하는 전선관은 아래 및 끝부분과 맞닿을 정도로 가깝게 배치한다. 이때 PE관, 플렉시블관은 각각의 커넥터를 사용한다.
⑱ 퓨즈 홀더에는 퓨즈를 끼워 놓는다.
⑲ TB_4 (SUN SW)와 RL_1은 가급적 가깝게 작업한다.

(3) 지급 재료 목록

일련번호	재료명	규격	단위	수량	비고
1	PE 전선관	16 mm	m	6.5	
2	플렉시블 전선관	16 mm	m	2.5	
3	PE관 박스 커넥터	16 mm용	개	10	
4	플렉시블 커넥터	16 mm용	개	3	
5	새들	16 mm용	개	35	
6	합판	300×400 mm	개	1	
7	8각 박스	구멍이 모두 큰 것	개	1	
8	스위치 박스	구멍이 모두 큰 것	개	1	
9	스위치 박스	ϕ 25, 2구	개	2	
10	스위치 박스	ϕ 25, 2구	개	1	
11	나사못	$\frac{1}{2}''$	개	80	
12	나사못	$\frac{3}{4}''$	개	20	
13	나사못	$1''$	개	10	
14	단자대	3P (커버 있는 것)	개	1	

15	단자대	4 P (커버 있는 것)	개	3	
16	단자대	10 P (커버 있는 것)	개	1	
17	단자대	15 P (커버 있는 것)	개	1	
18	파일럿 램프	ϕ 25, 적색	개	1	
19	파일럿 램프	ϕ 25, 흰색	개	2	
20	파일럿 램프	ϕ 25, 황색	개	2	
21	퓨즈 홀더 (박스형)	4각, 1 P	개	4	퓨즈 10 A 포함
22	리셉터클	250 V, 6 A	개	1	
23	배선용 차단기	30 A, 3 P	개	2	
24	전자개폐기 소켓	20 P	개	2	
25	타이머 소켓	8 P	개	1	
26	PB 스위치	ϕ 25, 1 a 1 b, 적색	개	1	
27	PB 스위치	ϕ 25, 1 a 1 b, 녹색	개	1	
28	절연전선	1.5 mm^2, 적색	m	30	
29	절연전선	1.5 mm^2, 흑색	m	12	
30	절연전선	1.5 mm^2, 황색	m	10	
31	절연전선	2.5 mm^2, 적색	m	2.5	
32	절연전선	2.5 mm^2, 청색	m	2.5	
33	절연전선	2.5 mm^2, 황색	m	2.5	
34	절연전선	2.5 mm^2, 녹색	m	2.5	

(4) 도면 및 해설

① 기구 배치도

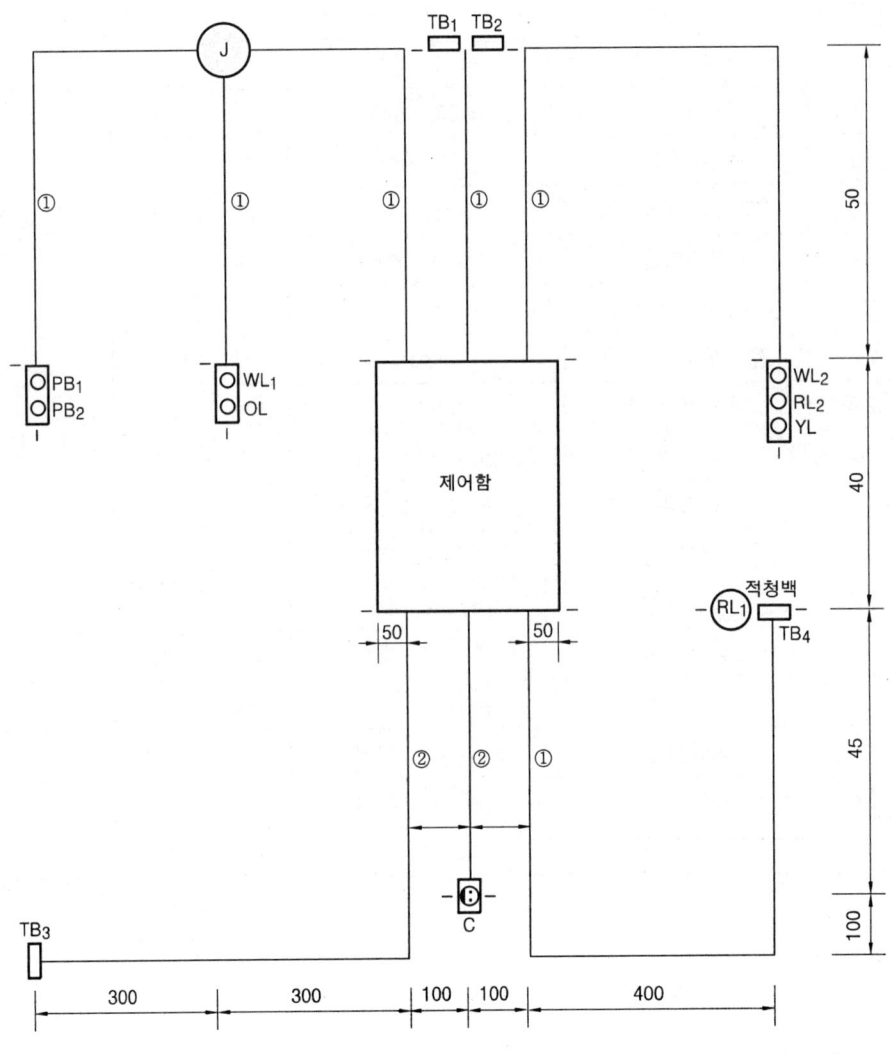

- 공사 방법 : ① PE관 공사
  ② 플렉시블관 공사

참고 TB₄(적, 청, 백)는 SUN SW의 전선색이다.

② 제어함 내부 기구 배치도

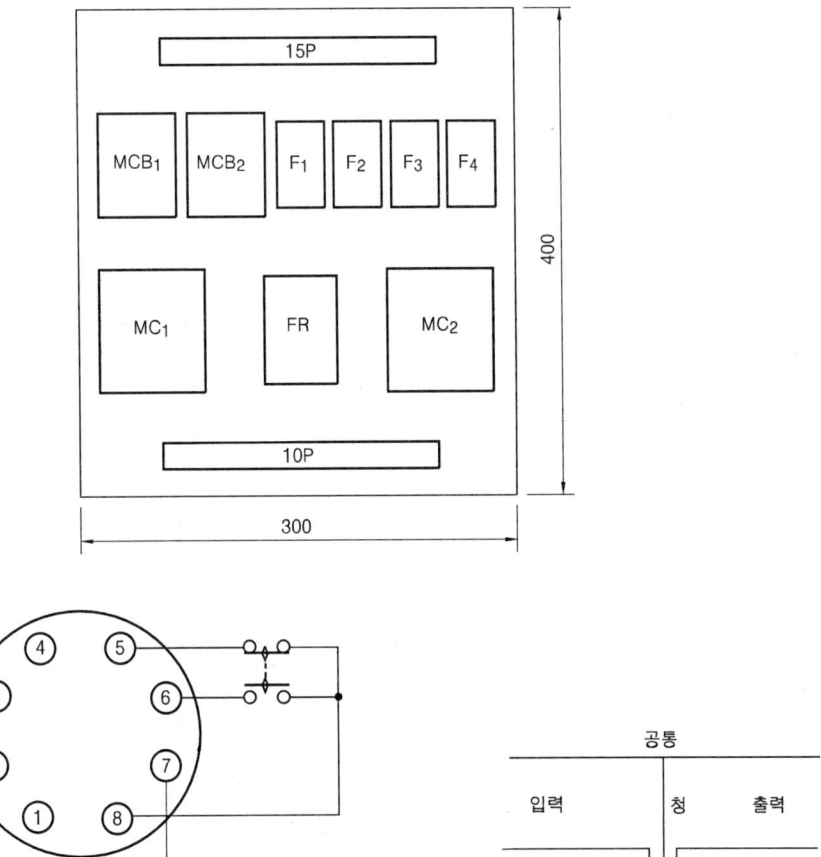

FR 내부 회로도

SUN S/W 회로도

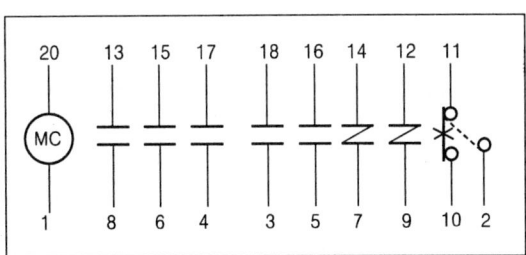

MC의 내부 회로도(MC₁, MC₂ 동일)

③ 동작 회로도

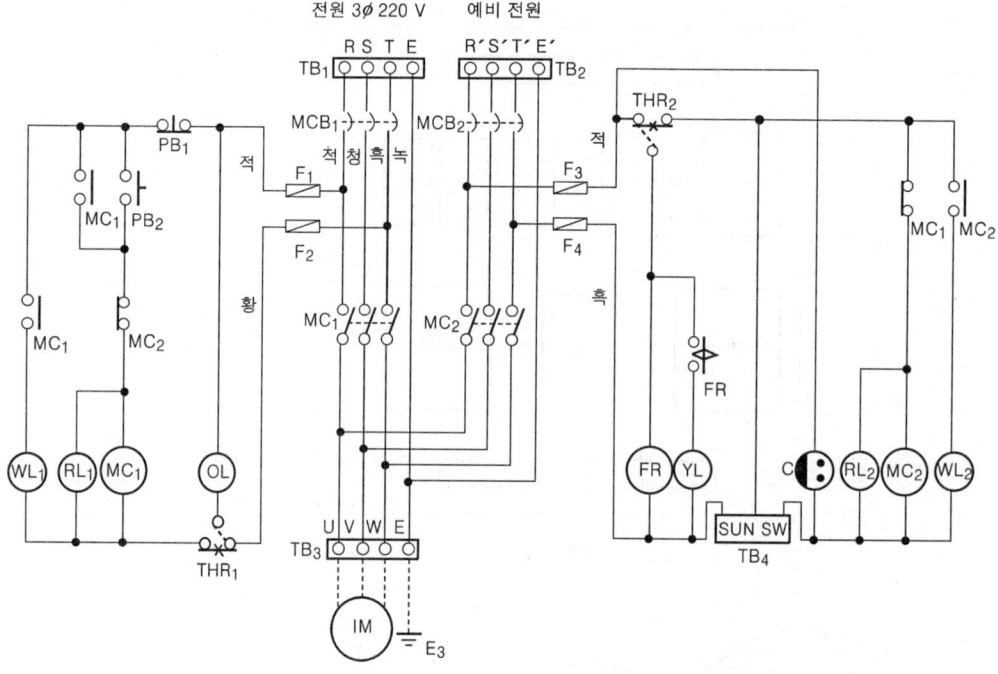

참고 제어함 접지는 생략하되 기타 접지는 공통 접지를 하여야 한다. 공통 접지를 하지 않은 경우에는 작업 또는 동작이 잘 되었다 하여도 미완성으로 간주하여 불합격 처리되니 공통 접지 작업을 하여야 한다.

④ 동작 순서

(가) MCB_1 ON (상시 전원 3상 220 V에 의한 동작)

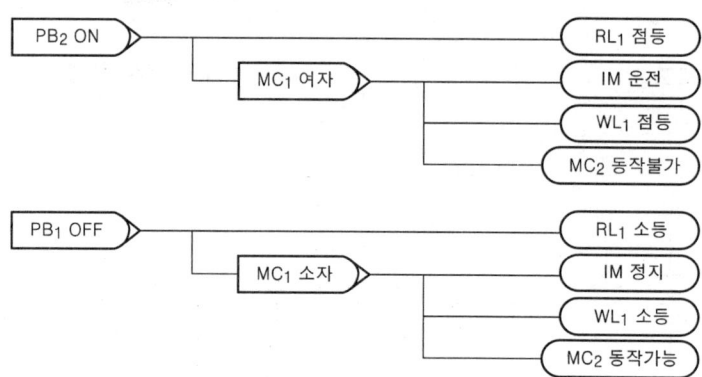

IM 운전 중 과부하가 걸리면

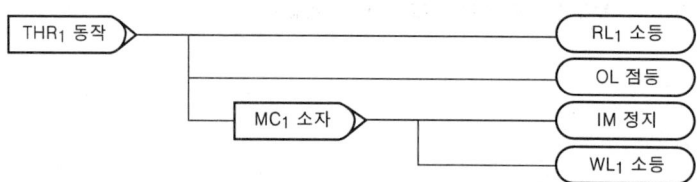

(나) MCB₂ ON (예비 전원에 의한 동작)

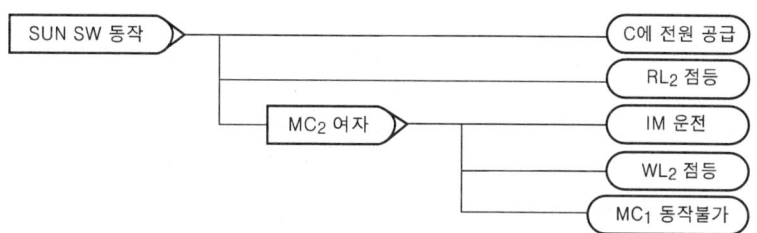

IM 운전 중 과부하가 걸리면

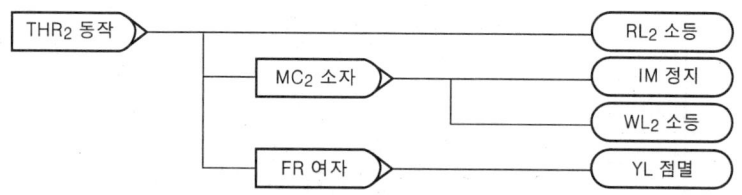

[참고] 전자개폐기 MC₁의 여자 코일은 MC₂의 b 접점과 MC₂의 여자 코일은 MC₁의 b 접점과 직렬로 결선되어 있으므로 동시에 여자되지는 않는다. (이와 같은 회로를 인터로크 회로라 한다.) 따라서 MC₁과 MC₂의 주접점이 동시에 닫히지는(폐로) 않는다.

⑤ 단자번호 부여

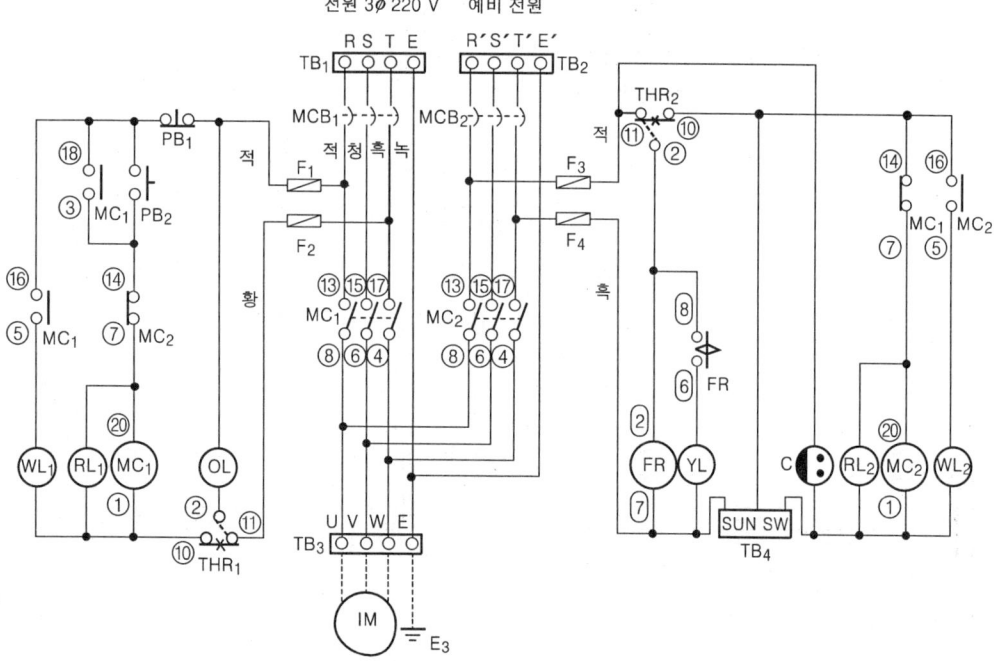

[참고] 전자개폐기 MC₁과 MC₂의 보조접점은 작업자의 편의에 따라 번호를 달리 부여할 수 있으나, 주접점과 THR은 위와 같이 번호를 부여하는 것이 일반적이다.

188 제3장 3상전원 전기설비 배선공사

⑥ 실체 배선도

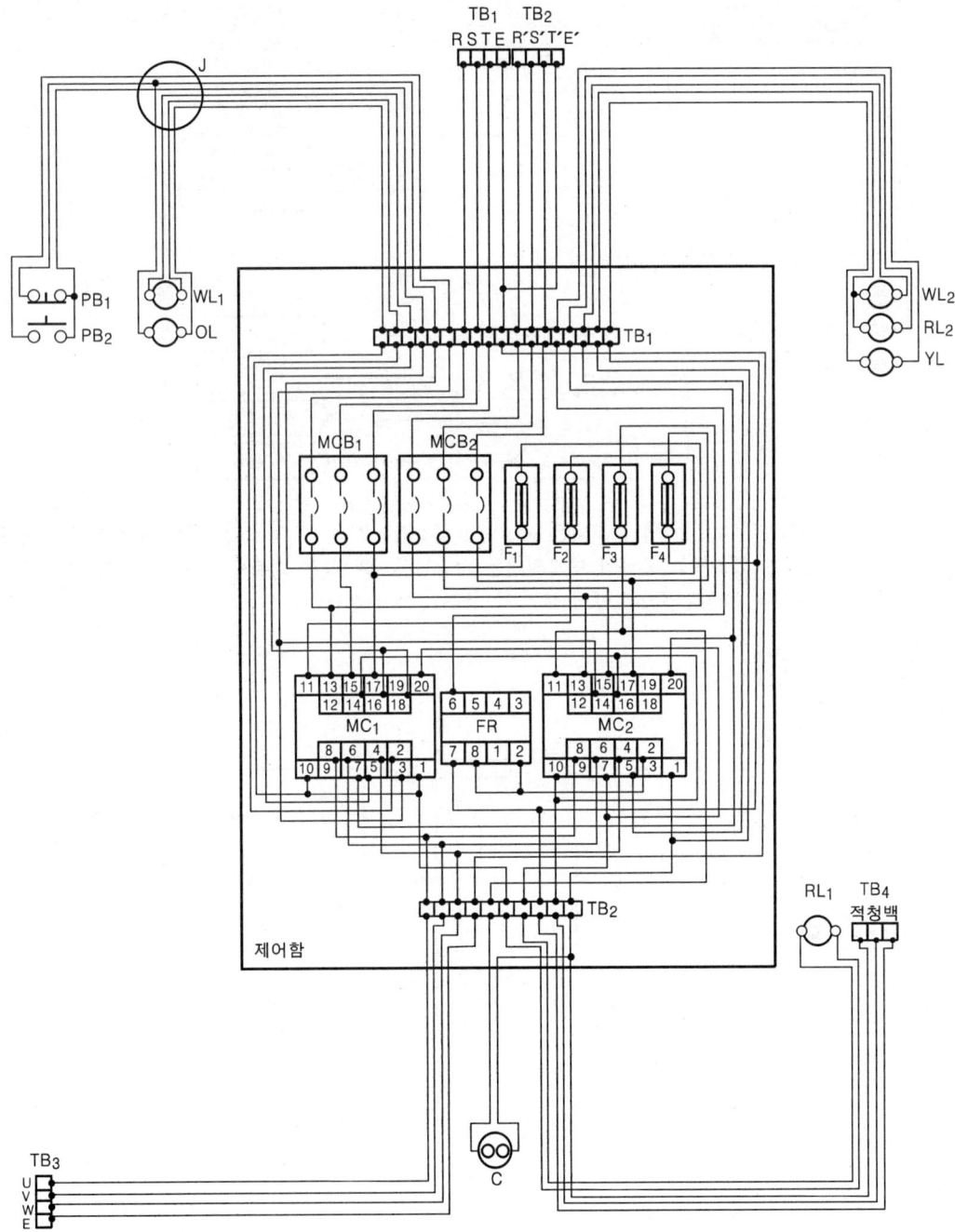

8. 자동문 제어회로

• 시험시간 : 표준시간-5시간 30분, 연장시간-30분

(1) 요구 사항

① 지급된 재료를 사용하여 제한시간 내에 도면에 표시된 공사를 내선공사 방법에 의거 완성하시오.
② 전원 방식 : 3상 3선식, AC 220 V
③ 시공 방법
  (가) PE 전선관 공사 (16 mm)
  (나) 합성수지제 가요전선관 공사 (16 mm)
  (다) 덕트 공사 (30 mm×40 mm)
④ 동작 상태
    PR_1 : 문닫힘용 전자접촉기 LS_1 : 문이 닫혔을 때 동작
    PR_2 : 문열림용 전자접촉기 LS_2 : 문이 열렸을 때 동작
  (가) 전원 투입 → L_5 점등
  (나) sensor(PB_1 ON)가 인체를 감지하면 → PR_2 동작 (역회전 motor 운전), L_1 점등
  (다) 문이 열렸다고 가정 → LS_2(PB_3 ON) 동작하면 → PR_2 정지 (역회전 motor 정지), L_1 소등 → T 여자, L_4 점등 → (설정시간 t초 후) → PR_1 동작 (정회전 motor 운전), X 여자, L_2 점등 → T 소자, L_4 소등
  (라) 문이 닫혔다고 가정 → LS_1(PB_2 ON) 동작하면 → PR_1 정지 (정회전 motor 정지), X 소자 L_2 소등, L_3 점등 [LS_1(PB_2가 ON하는 동안만)]
  (마) 문이 닫히는 중에 sensor(PB_1 ON)가 인체를 감지하면 → 위의 ②번 동작 반복
  (바) 실렉터 스위치를 ON시키면 BZ, YL 등이 동시 점등
  (사) 전원 차단 → L_5 소등

(2) 수검자 유의 사항

① 수검자는 도면을 잘 숙지하고 도면이 요구하는 대로 작업한다.
② 시험시간을 엄수하여 작품을 완성해야 하며 부득이한 경우 연장시간 30분을 사용할 수 있으나 연장시간 10분 초과시 3점씩 감점된다. (연장시간 30분 초과시는 미완성 작품으로 불합격 처리한다.)
③ 작업시간 전 지급받은 재료를 확인한 후 작업에 임한다.(파손되었거나 불량한 재료는 교환 가능하지만 작업 시작 후에는 일절 교환할 수 없다.)
④ 치수는 mm이고 허용오차는 ±5 mm이다 (치수가 50 mm 초과시 불합격 처리함).
⑤ 각 상의 선색은 R상 : 흑색, S상 : 적색, T상 : 청색, E상 : 녹색으로 한다.
⑥ 주회로는 2.5 mm^2 단선을 사용하고, 보조회로는 1.5 mm^2 (황색) 단선을 사용한다.

⑦ 접지공사를 하지 않은 경우 채점 대상에서 제외한다.
⑧ 접지는 TB_1에서 제어반을 거쳐 TB_2 단자대까지만 배선하되, 접지선의 위치는 제어반 내 단자대의 맨 오른쪽 단자를 이용하여 작업한다.
⑨ 리밋 스위치 LS_1과 LS_2 및 센서(sensor)는 푸시 버튼(PB)으로 대체하여 작업한다 (단, 리밋 스위치 및 센서의 a, b 접점은 푸시 버튼의 a, b 접점을 이용하여 작업한다).
⑩ 제어반 내의 단자대 사용시 단자대를 미사용하거나 단자대를 거치지 않고 직접 베이스 단자에 접속한 경우는 실격 처리한다.
⑪ 제어함 내의 기구 배치는 도면에 준하되 치수는 작업하기에 알맞고 제어 기구가 들어갈 수 있도록 간격을 유지하여 균형 있게 배치한다.
⑫ 덕트 공사 시 이음매는 45도 각도로 절단하여 접속하고, 제어반의 끝 부분에 덕트가 밀착되게 부착한다 (단, 덕트 내에서는 전선을 접속할 수 없다).
⑬ 입력 및 출력의 인출선은 100 mm 정도 인출하되 끝 부분은 15 mm 정도 피복을 벗겨 놓는다.
⑭ 본인의 작품에 대한 동작실험은 개인이 준비한 회로시험기나 벨 테스터기를 가지고 실험을 할 수 있으나 전원을 투입하여 동작시험을 할 수 없다.
⑮ PE 전선관과 플렉시블 전선관의 r은 관 지름의 $6d$ 이상으로 공사한다.
⑯ 정크션 박스 내의 접속은 와이어 커넥터 접속 방법으로 한다.
⑰ 제어반 부분의 전선관 처리는 S형 오프셋 방법으로 작업하며, 커넥터를 끼운 관 끝 부분이 제어반의 끝 부분과 밀착되게 작업한다.
⑱ $L_1 \sim L_4$는 작업판 위에 직접 작업하고, L_5는 8각 박스 위에 목대를 부착한 후 그 위에 작업한다.
⑲ 도면은 작업 종료 후 반환해야 하며 외부로 가지고 나갈 수 없다.
⑳ 다음 작품은 미완성 작품, 오작이므로 불합격 처리한다.
　㈎ 연장시간 30분까지 완성하지 못한 미완성 작품
　㈏ 완전 동작 이외의 작품 (부동작, 오동작, 부분 동작)
　　▶ 상이한 작품
　　• 배관작업이 도면과 서로 다른 경우
　　• 부품(기구) 위치가 도면과 다른 경우

(3) 지급 재료 목록

일련번호	재 료 명	규 격	단 위	수 량	비 고
1	합판	300×450×9 mm	장	1	
2	컨트롤 박스	ϕ 25, 3구	개	1	
3	컨트롤 박스	ϕ 25, 1구	개	3	
4	단자대	4 P, 20 A	개	2	

5	단자대	6 P, 20 A	개	4	
6	단자대	3 P, 20 A	개	2	
7	타이머 베이스	8핀	개	1	
8	릴레이 베이스	8핀	개	1	
9	파워 릴레이 소켓	12핀, 12 PRS	개	2	
10	리셉터클	250 V, 6 A	개	5	
11	파일럿 램프	ϕ 25, 220 V	개	1	황색
12	버저	ϕ 25, 220 V	개	1	
13	푸시 버튼 스위치	ϕ 25, 1 a 1 b	개	3	적색
14	목대	110 mm	개	1	
15	새들	16 mm 관용	개	32	
16	합성수지제 가요전선관	16 mm	m	4	
17	PE 전선관	16 mm	m	5	
18	가요전선관 커넥터	16 mm 관용	개	7	
19	PE 전선관 커넥터	16 mm 관용	개	7	
20	PVC 덕트	30 mm × 40 mm	m	1	
21	와이어 커넥터	중형	개	3	
22	나사못 (철판 비스)	4 M × 12 mm	개	70	
23	나사못 (철판 비스)	4 M × 20 mm	개	40	
24	나사못 (철판 비스)	4 M × 25 mm	개	8	
25	절연전선	2.5 mm^2 흑색	m	4	
26	절연전선	2.5 mm^2 적색	m	4	
27	절연전선	2.5 mm^2 청색	m	4	
28	절연전선	2.5 mm^2 녹색	m	3	
29	절연전선	2.5 mm^2 황색	m	55	
30	4각 박스	철제, 구멍 큰 것	개	1	
31	8각 박스	철제, 구멍 큰 것	개	1	
32	포선용 타이	100 mm	개	20	
33	RS (실렉터 스위치)	ϕ 25, 1 a 1 b, 2단	개	1	
34	릴레이	AC 220 V, 8 pin	개	1	채점용
35	파워 릴레이	AC 220 V, 12 pin	개	4	채점용
36	타이머 (ON delay)	AC 220 V, 60 s, 8 pin	개	1	채점용
37	전구	220 V, 10 W	개	5	채점용

(4) 도면 및 해설

① 기구 배치도

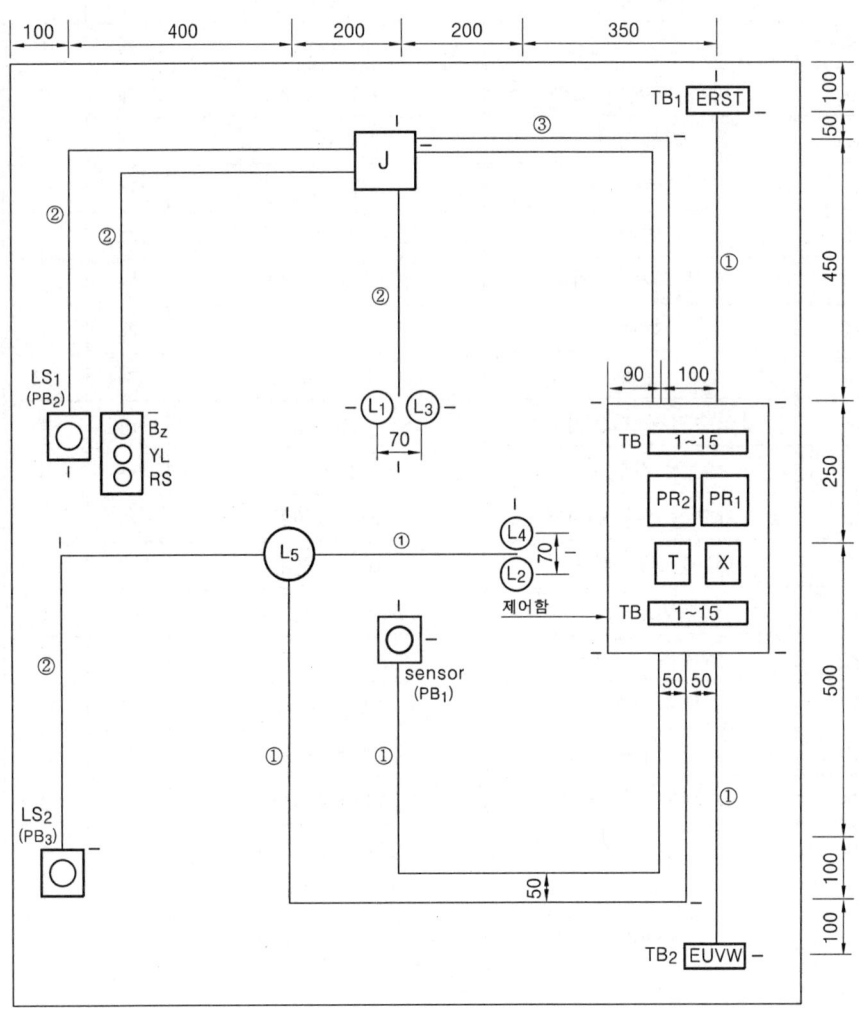

- 공사 방법 : ① PE 전선관 공사
  ② PVC 가요전선관 공사
  ③ 덕트 공사

② 동작 회로도

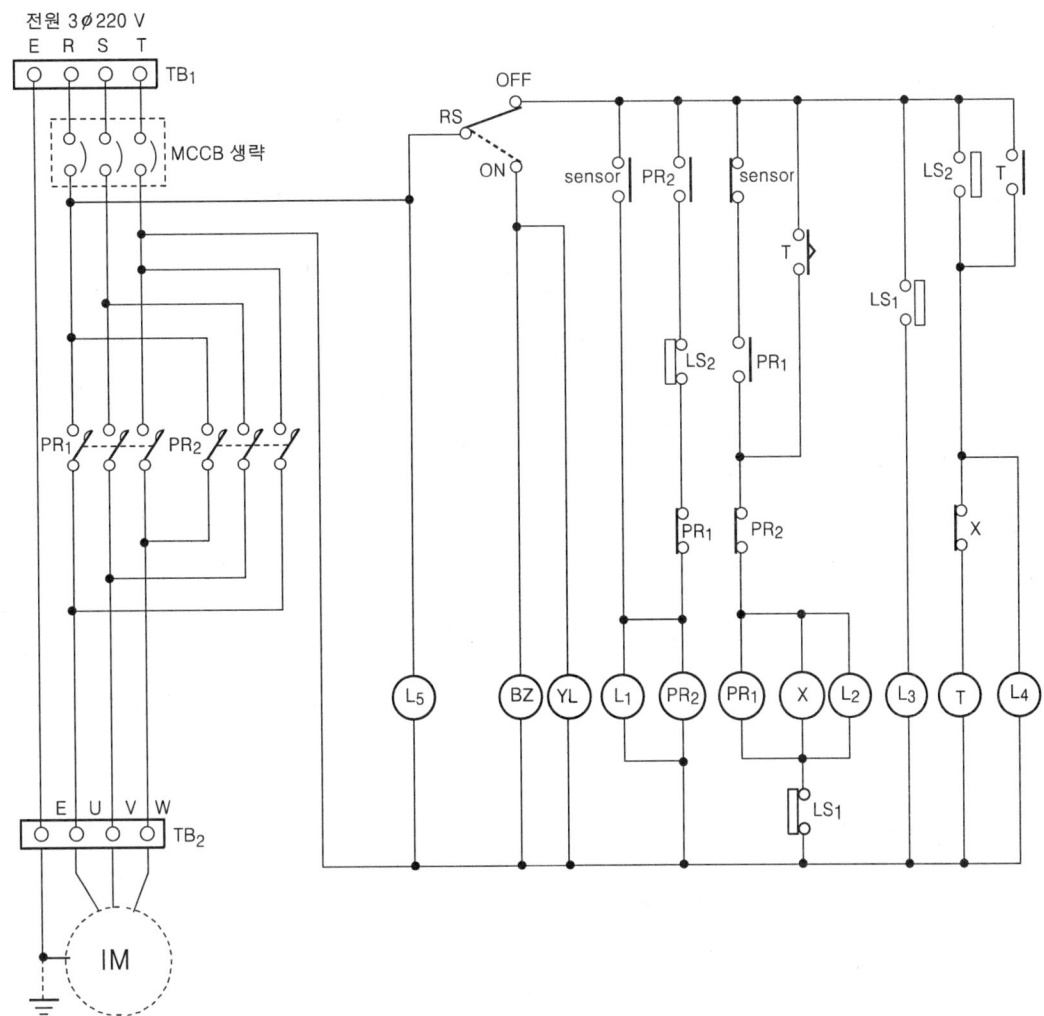

범 례

기 호	명 칭	기 호	명 칭
$TB_1 \sim TB_5$	단자대	T	타이머
YL	표시등 (황색)	RS	실렉터 스위치
$PR_1 \sim PR_2$	power relay	$L_1 \sim L_5$	백열전구
BZ	buzzer	IM	3상 유도전동기
X	릴레이		
LS_1, LS_2	리밋 스위치 (푸시 버튼으로 대치함)		
sensor	센서 (푸시 버튼으로 대치함)		

③ 동작 순서
   (가) 전원 투입

   (나) 센서(sensor)가 인체를 감지하면

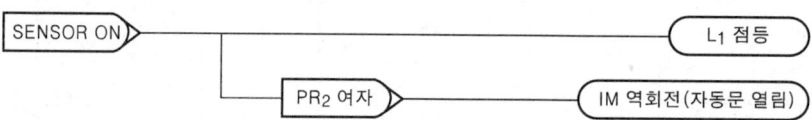

   (다) 문이 열렸을 경우

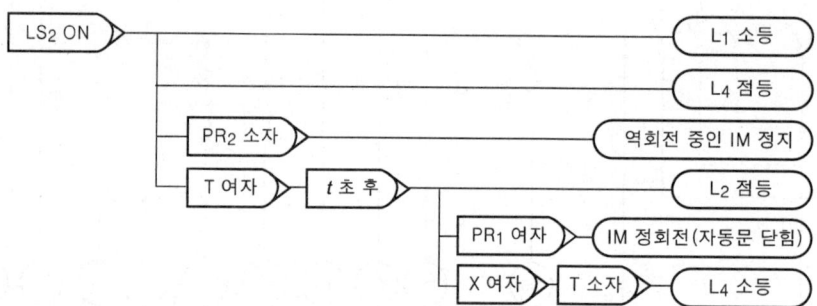

   (라) 문이 닫혔을 경우

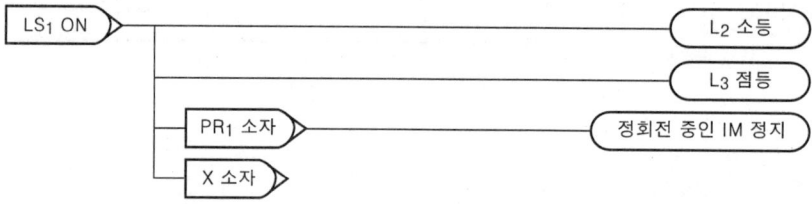

   (마) 문이 닫히는 중에 센서가 인체를 감지하면 위의 (나) 동작 반복
   (바) 실렉터 스위치(RS)를 동작시키면

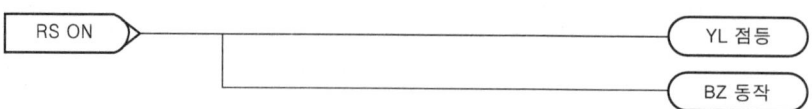

   (사) 전원 차단

④ 단자번호 부여

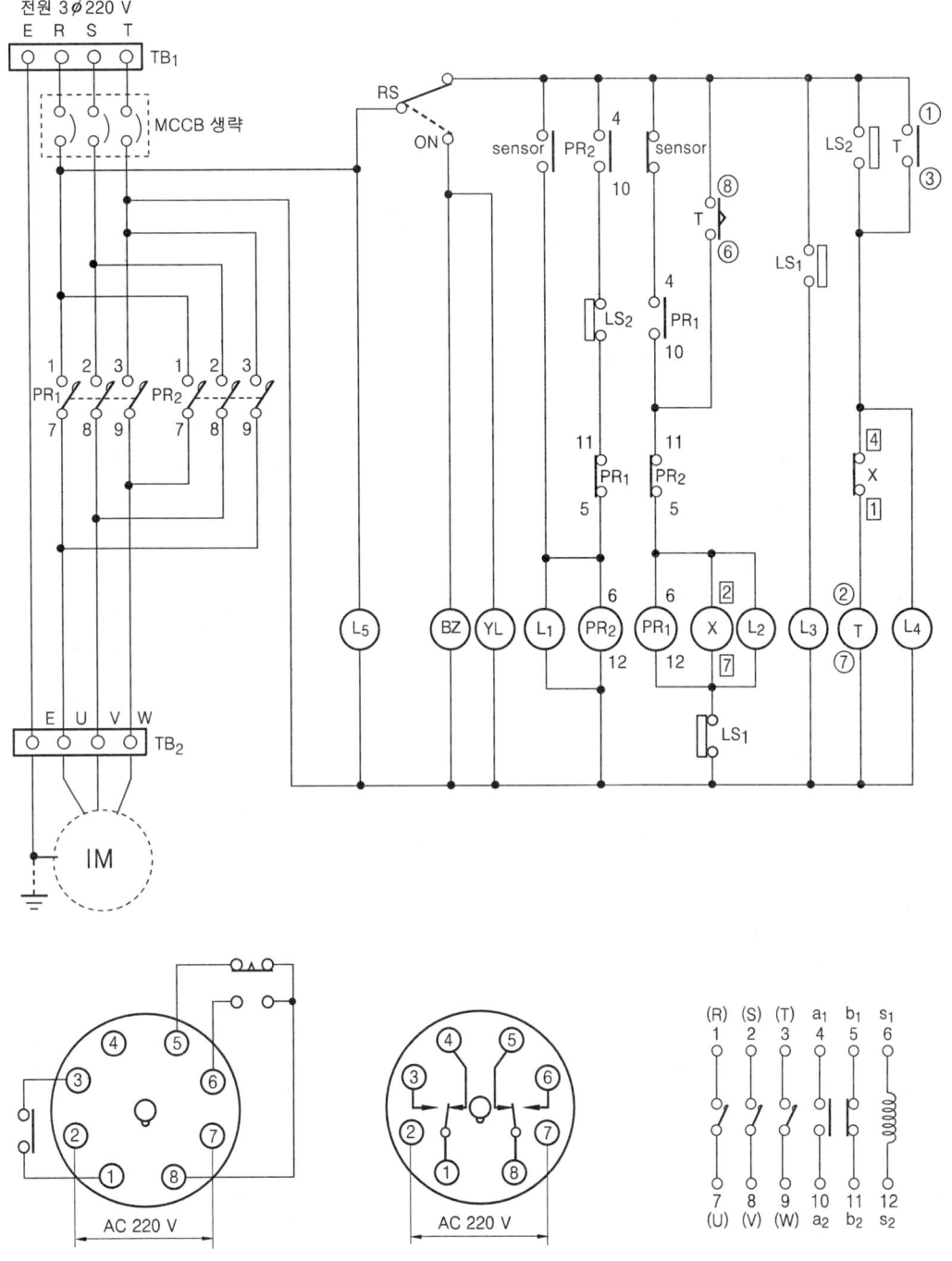

⑤ 실체 배선도

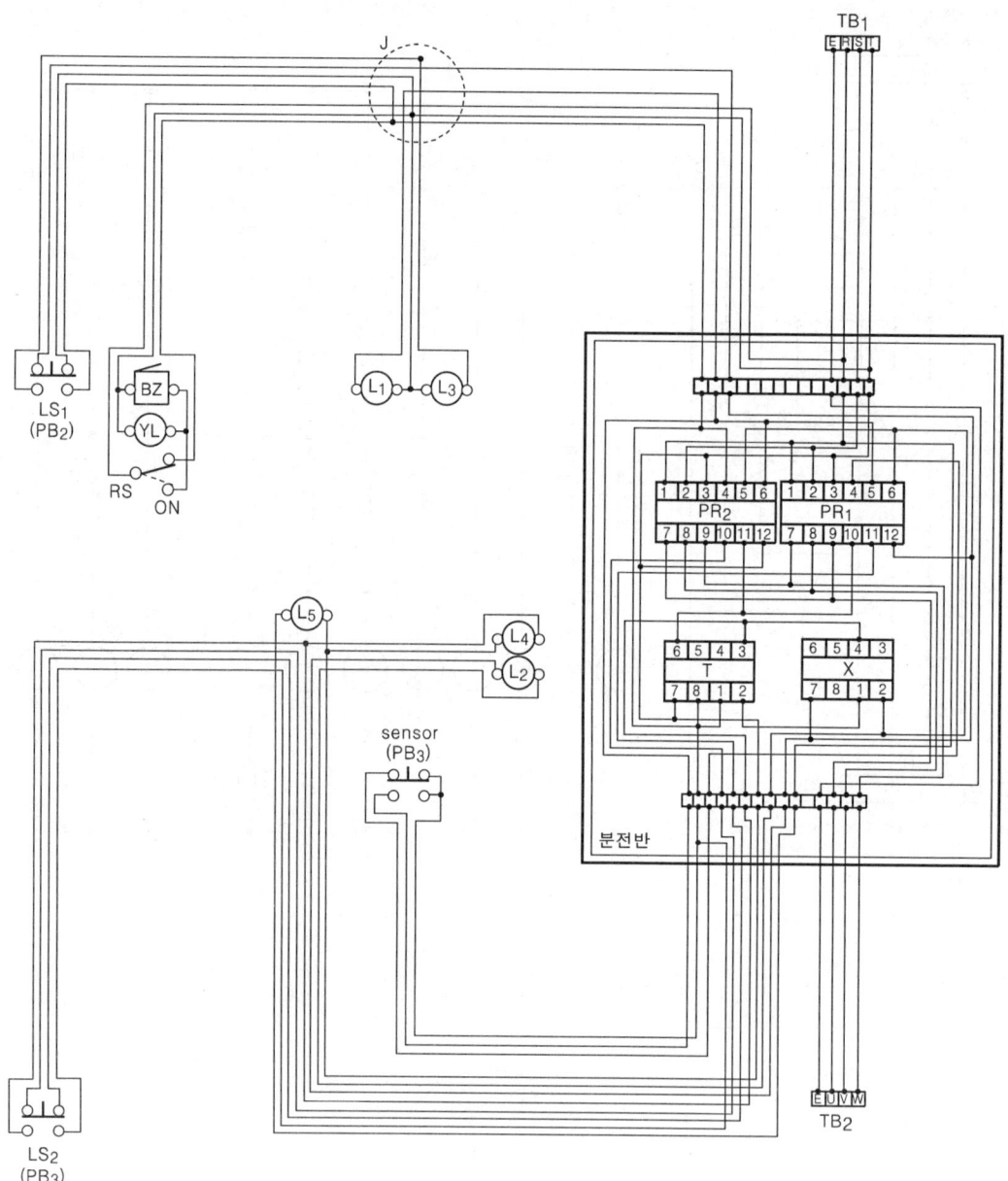

9. 3상 유도전동기(IM₁, IM₂) 운전 제어회로 (1)

• 시험시간 : 표준시간 – 5시간 30분, 연장시간 – 30분

(1) 요구 사항

① 지급된 재료를 사용하여 제한시간 내에 도면에 표시된 공사를 내선공사 방법에 의거 완성하시오.
② 전원 방식 : 3상 3선식, 220 V
③ 시공 방법
 ㈎ 플렉시블 PVC 전선관 공사
 ㈏ PE 전선관 공사
④ 동작 상태
 ㈎ 인터로크 회로〔auto, hand로 나누어 $PR_1(MC_1)$, $PR_2(MC_2)$ 인터로크 회로 동작〕
 ㈏ motor(IM_1, IM_2) 회로 (인터로크 회로에 의한 TB_2, TB_3 동작)

(2) 수검자 유의 사항

① 시험시간을 엄수하여 작품을 완성하여야 하며, 부득이한 경우에는 표준시간 + 30분까지 연장할 수 있으나 연장할 경우에 매 10분 이내(10분 포함)마다 5점씩 감점을 하며, 초과시는 미완성 작품으로 불합격 처리한다.
② 공사하기 전 지급받은 재료를 점검한 후 작업에 임한다.(점검 후 파손된 재료는 수검자 부주의로 파손된 것으로 간주한다.)
③ 지급된 재료 중 불량품 이외는 추가 지급할 수 없다.
④ 재료의 이상 유무를 확인하고, 이상이 있을 때에는 감독위원에게 확인 교체한다.
⑤ 지급된 모든 도면을 정확히 이해하고 작업에 임한다.
⑥ 치수 단위는 mm이고, 허용오차는 ± 5 mm이다.
⑦ 주회로는 2.5 mm^2 전선으로 배선하고, 제어회로는 1.5 mm^2 황색 단선으로 배선한다.
⑧ 접지 공사는 전원 단자(TB_1) 및 전동기 단자(TB_2, TB_3)에 걸쳐 2.5 mm^2 녹색 전선을 사용하며, 위치는 단자대($TB_1 \sim TB_3$)의 맨 오른쪽 위치에서 접속한다.
⑨ 전선 색별은 R상 (적), S상 (청), T상 (흑)의 전선을 사용한다.
⑩ SS (실렉터 스위치)는 A (자동), H (수동)를 구분하여 작업한다.
⑪ 표시등 (YL, RL, WL, GL)의 위치가 다른 경우에는 오작 처리한다.
⑫ 제어함 내부 배선 상태나 전선관 가공 상태가 전기적으로 전기 공급이 불가능하다고 판단될 때에는 불합격 처리할 수 있다.
⑬ 점선 부분의 LS_1 및 LS_2는 단자대로 대신한다.
⑭ 배선 작업은 단자대까지만 하고, 지정된 전선이 부족할 때에는 다른 전선을 사용

⑮ 제어함 내의 기구 배치는 도면에 준하되 치수는 작업하기에 알맞고 기구가 들어갈 수 있도록 간격을 유지하도록 배치한다.
⑯ 본인의 동작시험은 개인이 준비한 회로시험기 또는 벨 테스터를 가지고 동작시험을 할 수 있으나, 전원 투입 동작시험은 할 수 없다.
⑰ 1개소라도 부동작이면 채점 대상에서 제외된다.
⑱ 단자 접속에서 불량이라 하면 단자에 피복이 물린 경우와 2 mm 이상 피복이 벗겨져서 외관성으로 보일 경우이다.
⑲ 다음 작품은 미완성 작품, 오작이므로 불합격 처리한다.
  (가) 표준시간+30분까지의 미완성 작품
  (나) 완전 동작 이외의 작품(오작)
  (다) 완성된 작품이 도면과 서로 상이한 작품(오작)

▶ 상이한 작품이란
 • 배관작업이 도면과 서로 다른 경우(관과 관이 서로 바뀐 경우)
 • 부품 위치가 도면과 다른 경우(부품과 부품이 바뀐 경우)

(3) 지급 재료 목록

일련번호	재료명	규격	단위	수량	비고
1	합판	300×400×9	장	1	
2	컨트롤 박스	φ 25, 5구용	개	1	
3	누름 버튼 스위치 (φ 25)	1a 1b	개	3	
4	실렉터 스위치 (φ 25)	2단(1a 1b)	개	2	
5	리셉터클	220 V, 6 A	개	4	
6	단자대	3 P, 20 A	개	2	
7	단자대	4 P, 20 A	개	4	
8	단자대	6 P, 20 A	개	2	
9	단자대	10 P, 20 A	개	1	
10	타이머 소켓	8핀	개	1	
11	전자 접촉기 소켓	20핀	개	2	
12	새들	φ 16 mm	개	30	
13	8각 박스 (구멍이 큰 것 16 mm 용)	철제	개	1	
14	플렉시블 PVC 전선관	φ 16 mm	m	5	

15	박스 커넥터 (플렉시블 전선관)	ϕ 16 mm	개	1	
16	박스 커넥터 (PE 전선관)	ϕ 16 mm	개	3	
17	PE 전선관	ϕ 16 mm	m	2	
18	절연전선 (적색)	2.5 mm^2	m	8	
19	절연전선 (청색)	2.5 mm^2	m	8	
20	절연전선 (흑색)	2.5 mm^2	m	8	
21	절연전선 (녹색)	2.5 mm^2	m	8	
22	절연전선 (황색)	1.5 mm^2	m	42	
23	나사못 (철판비스)	12 mm	개	90	
24	나사못 (철판비스)	25 mm	개	30	
25	호밍사	약간	m	1	
26	FR 릴레이 소켓	8핀	개	1	
27	퓨즈 홀더 (박스형)	600 V, 300 A 3개용 (퓨즈 10 A 3개 포함)	개	1	
28	퓨즈 홀더 (박스형)	600 V, 300 A 2개용 (퓨즈 10 A 2개 포함)	개	1	
29	전구	220 V, 5 W	개	4	채점용
30	타이머	220 V, 60 s, 8핀	개	1	채점용
31	플리커 릴레이	220 V, 8핀	개	1	채점용
32	전자접촉기 (플러그 포함)	5 a 2 b	개	2	채점용

(4) 도면 및 해설

① 기구 배치도

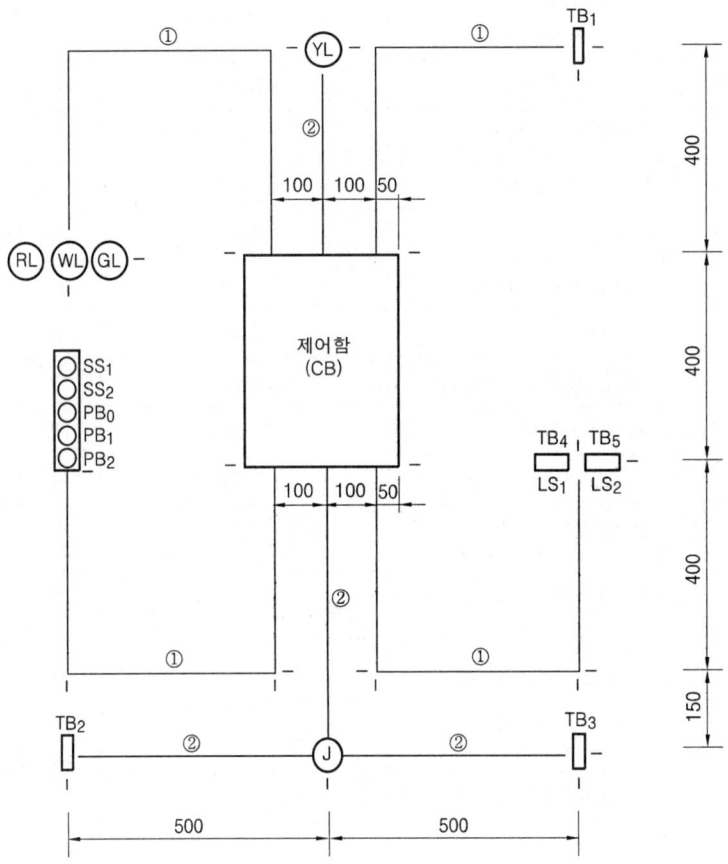

- 공사 방법 : ① 플렉시블 PVC 전선관 공사
 ② PE 전선관 공사

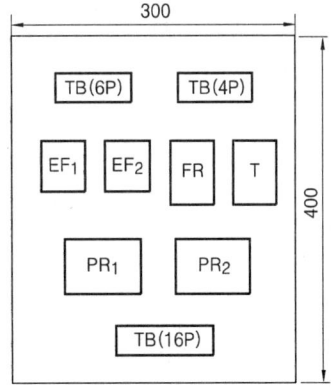

제어함 배치도(NS)

9. 3상 유도전동기(IM₁, IM₂) 운전 제어회로 (1)

② 동작 회로도

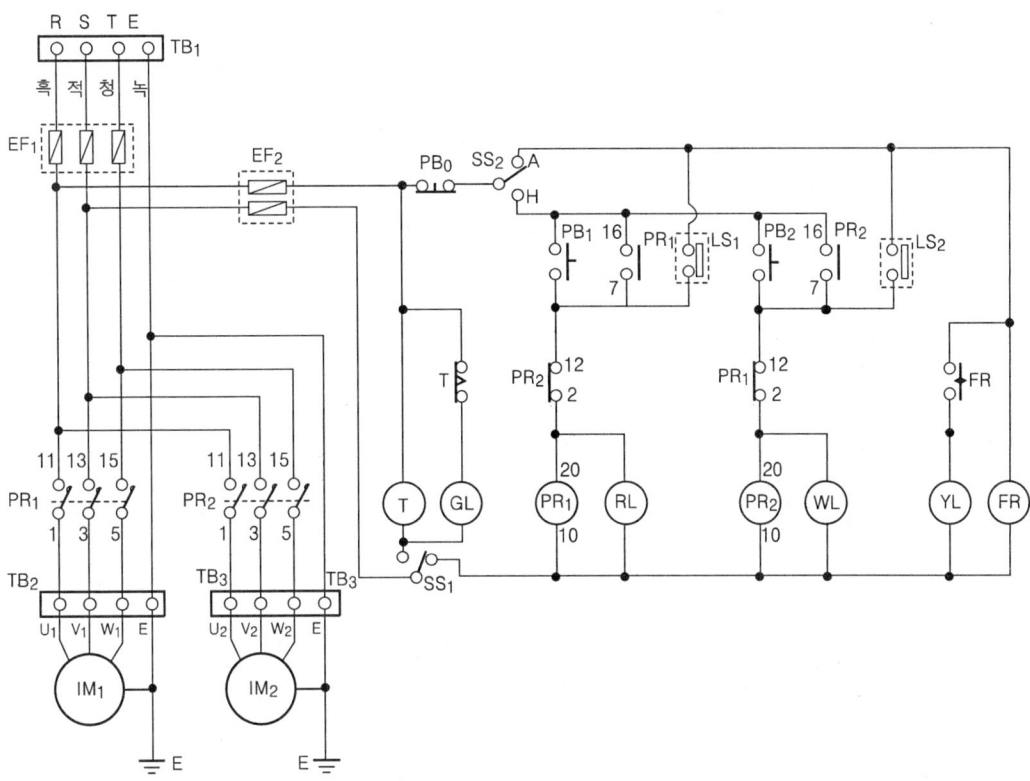

[참고] 실렉터 스위치 SS₁ 및 SS₂는 레버(손잡이)를 시계 반대 방향으로 돌렸을 때 도면 결선도와 같이 접속되도록 한다.

범 례

기 호	명 칭	기 호	명 칭
PR (MC)	전자접촉기	TB₁~TB₅	단자대
T	타이머	LS₁~LS₂	리밋 스위치
FR	플리커 릴레이	PB₀~PB₂	푸시 버튼 스위치
YL, RL, WL, GL	표시등	SS₁, SS₂	실렉터 스위치

③ 동작 순서

㈎ SS₂이 A(auto : 자동) 위치일 때

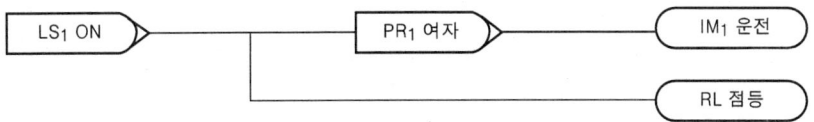

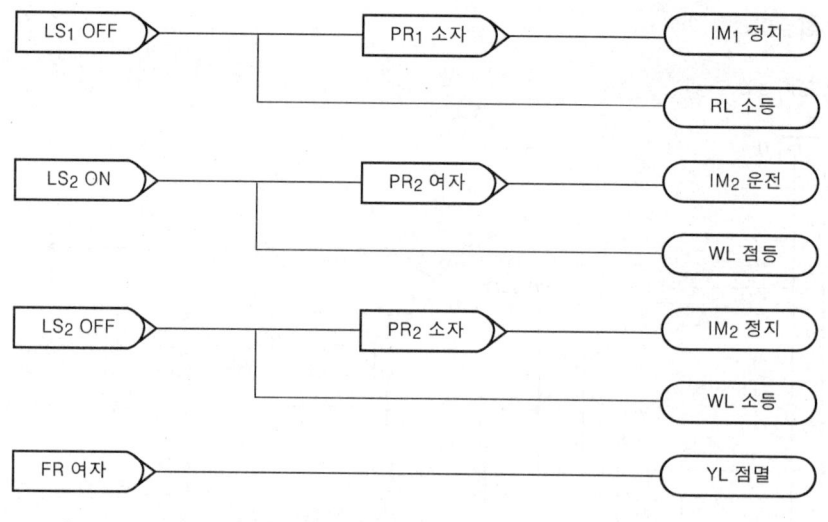

(나) SS_1이 H(hand : 수동) 위치일 때

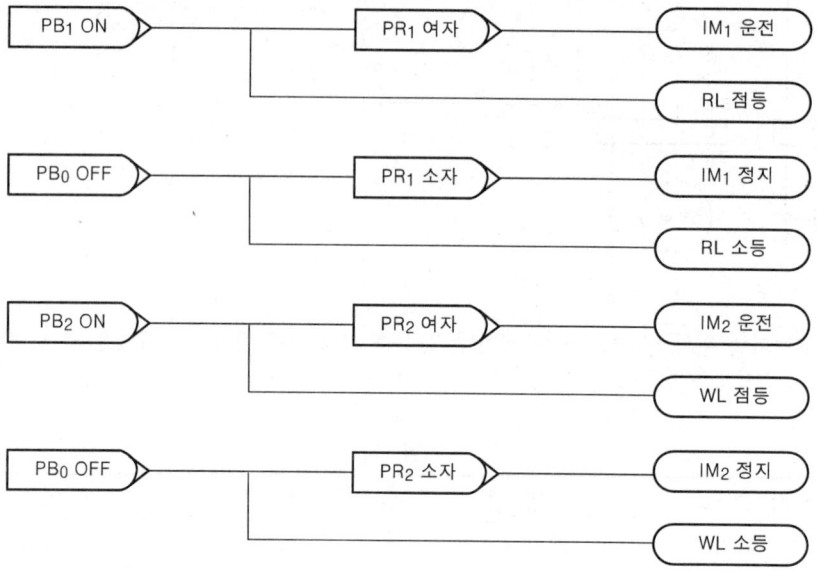

(다) SS_1을 시계 방향으로 돌렸을 때

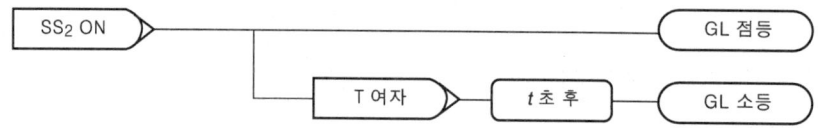

[참고] (가), (나)에서 (인터로크 회로)
- PR_1이 여자되면 PR_1의 b접점에 의해 PR_2는 여자될 수가 없으므로 전동기 IM_1만 운전되고 IM_2는 운전되지 않는다.
- 반대로 PR_2가 여자되면 PR_2의 b접점에 의해 PR_1은 여자될 수가 없으므로 전동기 IM_2만 운전되고 IM_1은 운전되지 않는다.
- 즉, 전동기 IM_1과 IM_2는 동시 운전은 되지 않는다.

④ 단자번호 부여

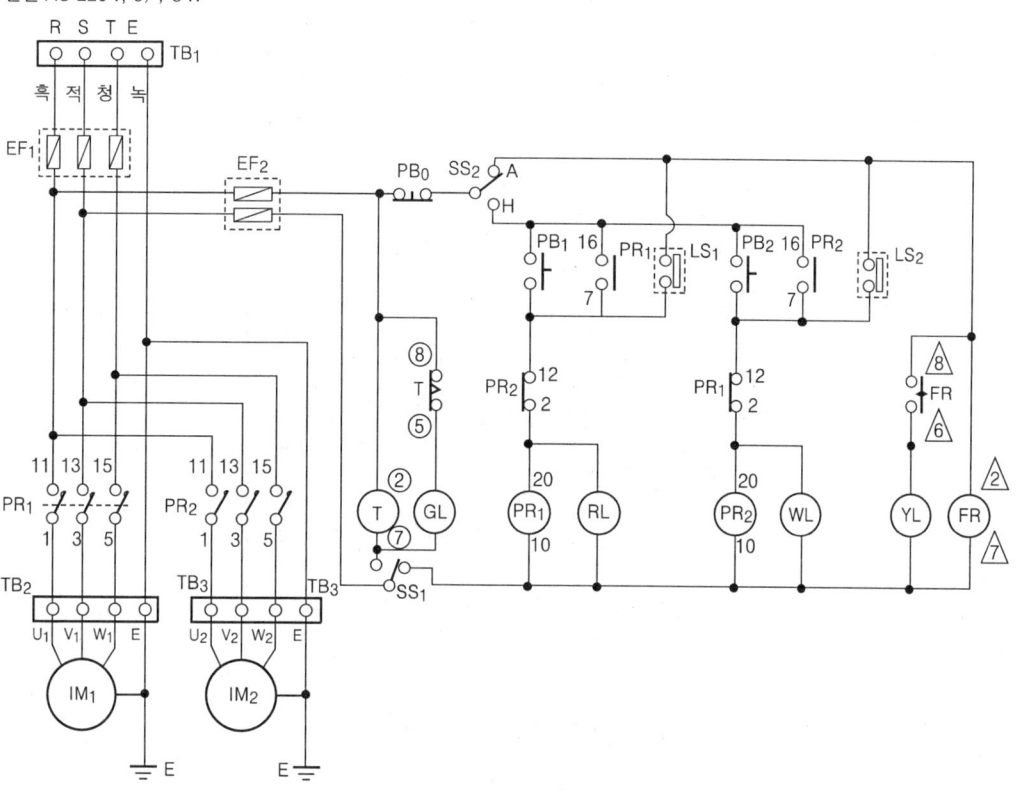

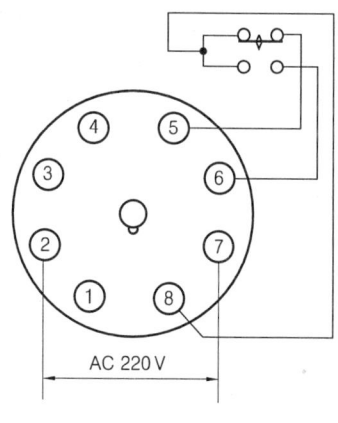

플리커 relay 내부 결선도

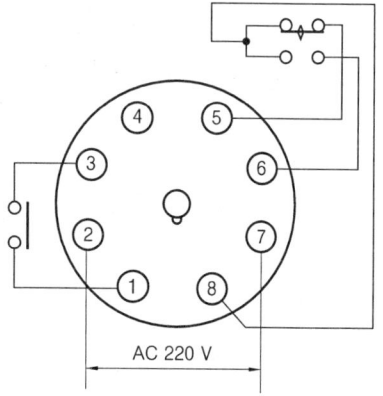

타이머 내부 결선도

⑤ 실체 배선도

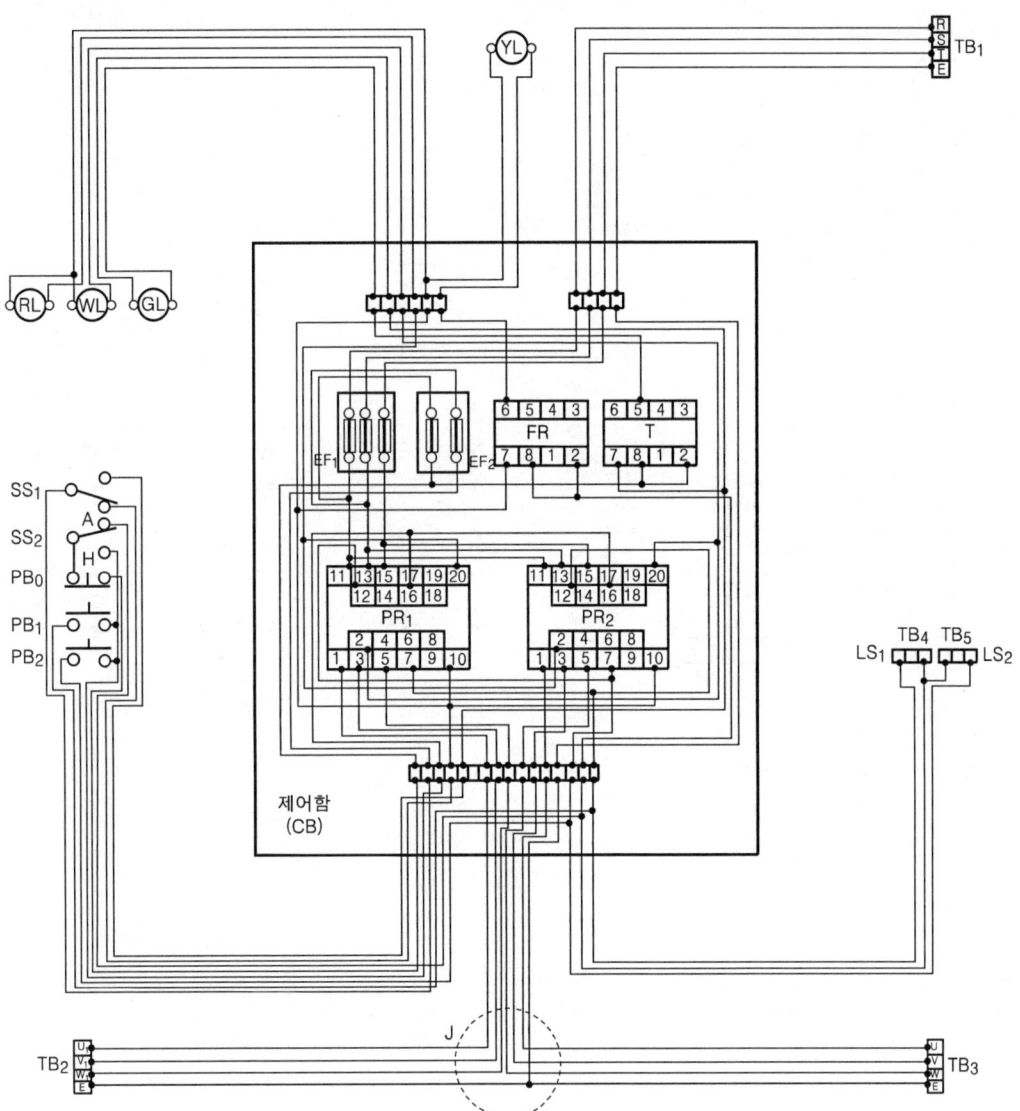

10. 3상 유도전동기(IM₁, IM₂) 운전 제어회로 (2)

• 시험시간 : 표준시간−5시간, 연장시간−30분

(1) 요구 사항

① 지급된 재료를 사용하여 제한시간 내에 도면에 표시된 공사를 내선공사 방법에 의거 완성하시오.
② 전원 방식 : 3상 3선식, 220 V
③ 시공 방법
   ㈎ PE 전선관
   ㈏ 플렉시블 PVC 전선관
   ㈐ PVC 덕트 공사
④ 동작 상태 : 결선도에 의함

(2) 수검자 유의 사항

① 시험시간을 엄수하여 작품을 완성하여야 하며, 부득이한 경우에는 표준시간+30분까지 연장할 수 있으나, 연장할 경우에 매 10분 이내 (10분 포함)마다 5점씩 감점을 하며, 초과시는 미완성 작품으로 불합격 처리한다.
② 공사하기 전 지급받은 재료를 점검한 후 작업에 임한다.(점검 후 파손된 재료는 수검자 부주의로 파손된 것으로 간주한다.)
③ 지급된 재료 중 불량품 이외는 추가 지급할 수 없다.
④ 치수는 mm이고, 허용오차는 ±5 mm이다.
⑤ 주회로는 2.5 mm² 전선으로 배선하고, 제어회로는 1.5 mm² 단선으로 배선한다.
⑥ 접지선은 2.5 mm² 전선을 사용한다.
⑦ 제어함 내부 배선 상태나 전선관 가공 상태가 전기적으로 전기 공급이 불가능하다고 판단될 때에는 불합격 처리할 수 있다.
⑧ 지급된 재료의 이상 유무를 확인하고 이상이 있을 때는 감독위원에게 이야기한다.
⑨ 표시등의 위치가 다를 경우에는 동작 불능으로 간주한다.
⑩ 전선은 도면에 표시된 대로 색상별로 사용한다.
⑪ 도면을 잘 이해하고 작업을 하여야 한다.
⑫ 단자대(TB₁~TB₃)에서의 접지선의 위치는 맨 오른쪽 위치에서 접속한다.
⑬ 배선작업은 단자대까지만 한다. 지정된 전선이 부족할 때에는 다른 전선을 사용할 수 있다.
⑭ 제어함 내의 기구 배치는 도면에 준하되 치수는 작업하기에 알맞고 기구가 들어갈 수 있도록 간격을 유지하도록 배치한다.
⑮ 본인의 동작시험은 개인이 준비한 시험기 또는 테스터를 가지고 동작시험을 할 수 있으나, 전원 투입 동작시험은 할 수가 없다.

⑯ 다음 작품은 미완성 작품, 오작이므로 불합격 처리한다.
　㈎ 표준시간+30분까지의 미완성 작품
　㈏ 완전 동작 이외의 작품 (오작)
　㈐ 완성된 작품이 도면과 서로 상이한 작품 (오작)
　▶ 상이한 작품이란
　• 배관작업이 도면과 서로 다른 경우
　• 부품 위치가 도면과 다른 경우
⑰ 컨트롤 박스(G_1, G_2 부분)의 접지는 생략하고 점선으로 된 부분(TH_1, TH_2)은 생략하고 직결한다.
⑱ 합판을 철제 제어함으로 생각하고, 제어함 (합판)과 접속하는 전선관이나 덕트는 제어함 아래 및 끝 부분과 맞닿을 정도로 가깝게 배치한다. 이때 PVC관 박스 커넥터는 PVC 덕트와 컨트롤 박스 부분에서 사용한다.
⑲ 덕트의 끝 부분은 막아 놓아야 하지만 여기서는 생략한다.
⑳ 퓨즈 홀더에는 퓨즈를 끼워 놓는다.

(3) 지급 재료 목록

일련번호	재료명	규격	단위	수량	비고
1	합판	가로 300×세로 450×두께 9 mm	장	1	
2	단자대	4 P	개	9	
3	단자대	6 P	개	1	
4	컨트롤 박스	ϕ 25 4구용	개	2	
5	릴레이 소켓	KH-RS-11 (11핀)	개	2	
6	배선용 차단기	30 A, 3 P, 2 E	개	1	
7	퓨즈 홀더 (박스형)	유리통 퓨즈 250 V, 10 A, 1 P	개	2	
8	파일럿 램프	ϕ 25, 220 V, 녹색	개	2	
9	파일럿 램프	ϕ 25, 220 V, 적색	개	2	
10	누름 버튼 스위치	ϕ 25, 1a	개	2	
11	누름 버튼 스위치	ϕ 25, 1b	개	2	
12	PVC 덕트	폭 30×높이 40 옆구멍이 있는 것	조	1	2 m
13	PE 관	16 mm A급	m	2.5	
14	PVC 플렉시블관	16 mm A급	m	3.5	
15	PVC관 박스 커넥터	16 mm용	개	3	
16	새들	16 mm용	개	22	
17	철판 비스	12 mm	개	80	
18	철판 비스	19 mm	개	20	

19	철판 비스	25 mm	개	9	
20	절연전선	2.5 mm² 적색	m	8.5	
21	절연전선	2.5 mm² 흑색	m	8.5	
22	절연전선	2.5 mm² 청색	m	8	
23	절연전선	2.5 mm² 녹색	m	8	
24	절연전선	1.5 mm² 황색	m	40	
25	전자개폐기 소켓	20핀	개	2	
26	호밍사	면실	m	0.5	
27	플렉시블 커넥터	16 mm 용	개	2	
28	전자개폐기	5 a 2 b, 20핀, 플러그 포함	개	2	채점용
29	릴레이	KH-102-3 C, 220 V, 11핀	개	2	채점용

(4) 도면 및 해설

① 배관 및 기구 배치도(S : 1/10)

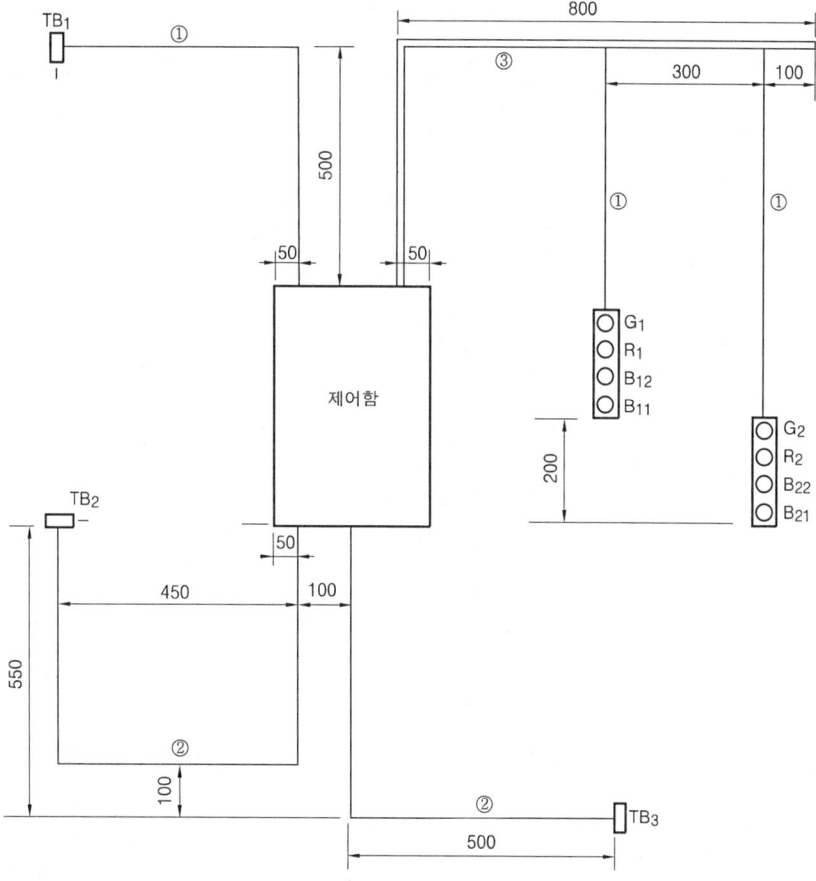

• 공사 방법 : ① PE관 공사, ② PVC 플렉시블관 공사, ③ PVC 덕트 공사

② 제어함 내부 기구 배치도

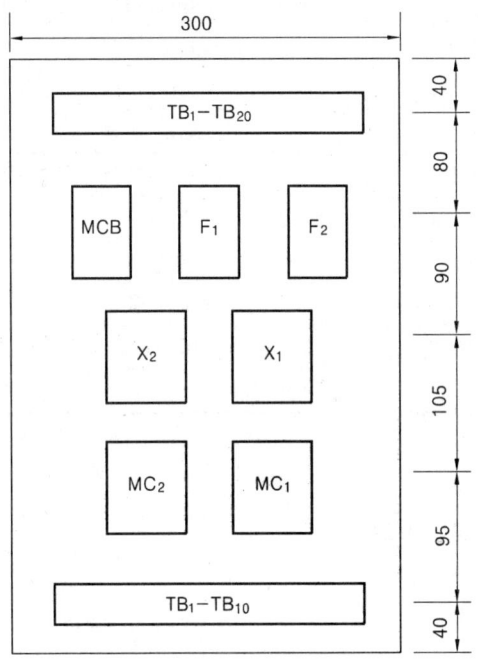

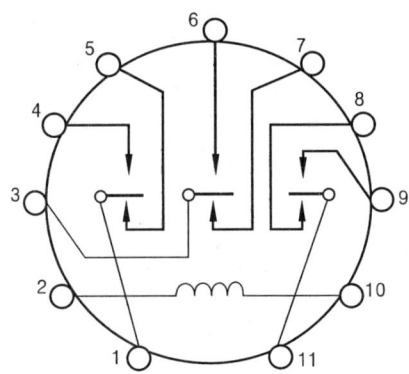

적용 소켓 : KH-RS-11

릴레이 내부 접속도(11핀)
[power relay]

10. 3상 유도전동기(IM₁, IM₂) 운전 제어회로 (2)   **209**

③ 동작 회로도

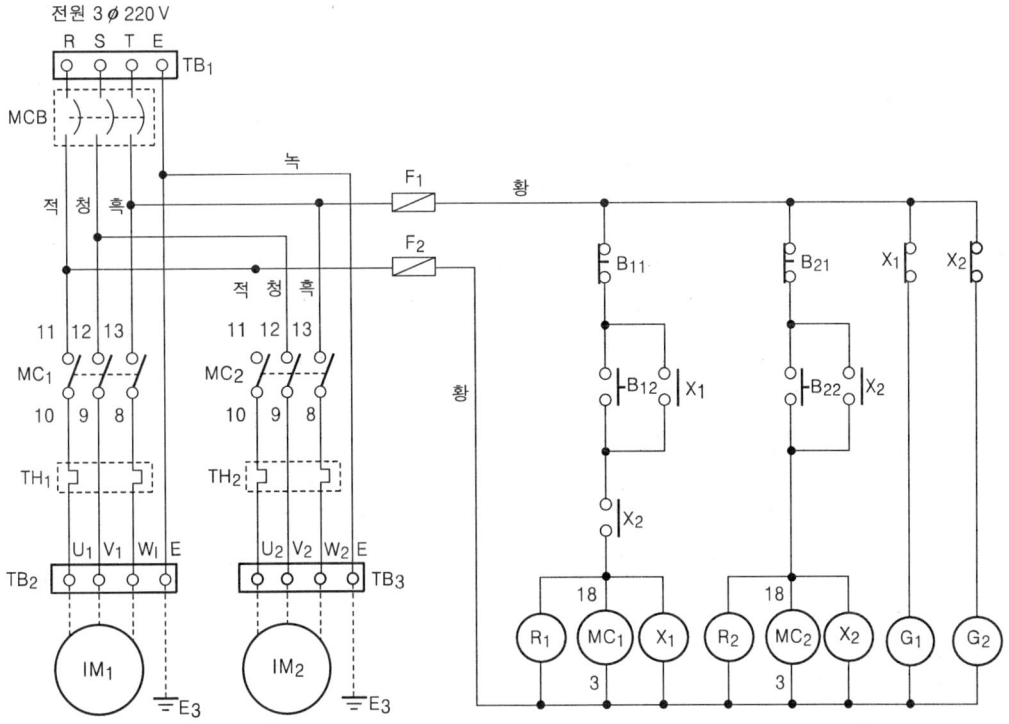

④ 동작 순서

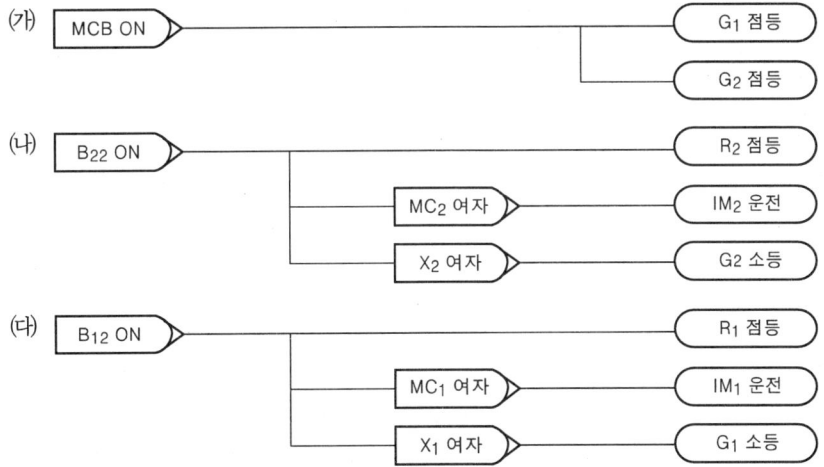

㈑ 동작 순서 ㈏, ㈐의 상태에서 B₁₁을 조작하면

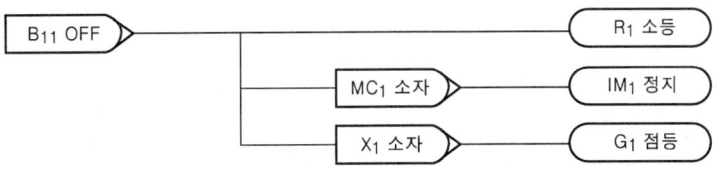

B₁₁을 조작하기 전에 B₂₁을 조작하면 [(가)의 상태로 복귀]

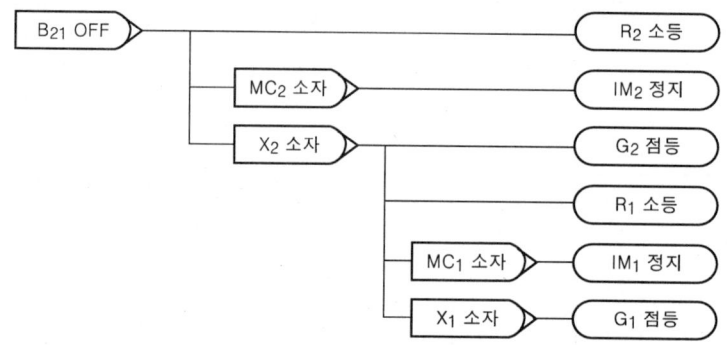

[참고] ① B₂₂를 먼저 조작한 후 B₁₂를 조작해야만 3상 유도전동기 IM₁이 운전된다. 즉, IM₂가 운전된 후에 IM₁이 운전되는 순차제어회로이다.
② 3상 유도전동기 IM₁만 정지시키려면 B₁₁만 조작하면 되고, 두 대를 모두 정지시키려면 B₁₁ 조작 후 B₂₁을 조작하거나, B₁₁을 조작하지 말고 B₂₁을 조작하면 된다.

⑤ 단자번호 부여

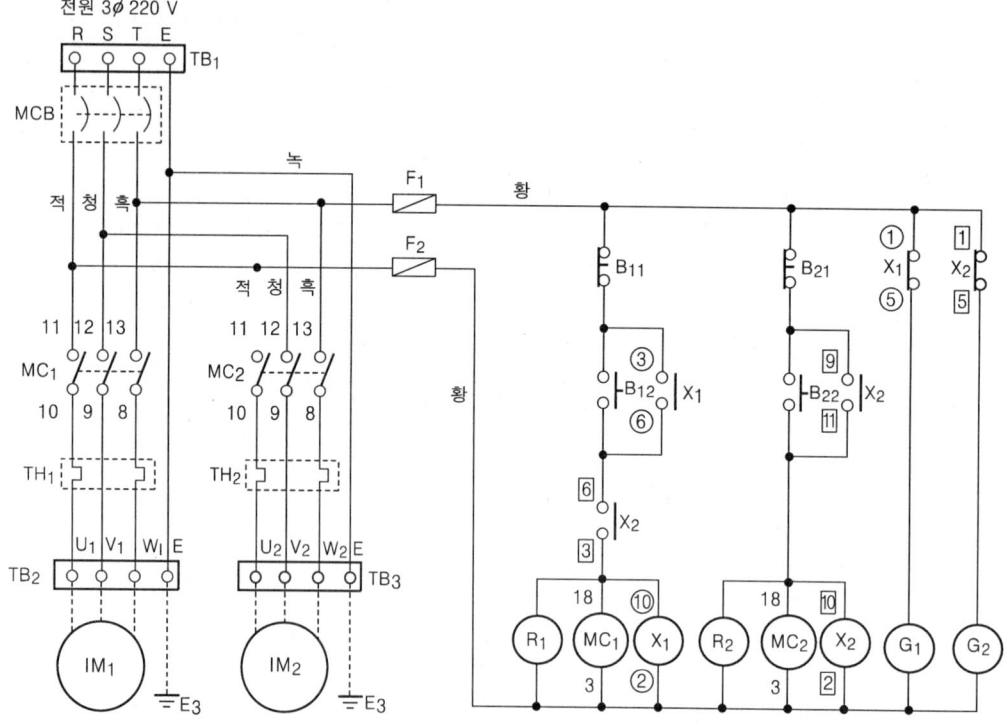

[참고] ① 마그넷 스위치, 릴레이(11핀)의 단자번호 표시는 다음과 같다.
　(가) 마그넷 스위치 : 숫자로만 표시 (예 10)
　(나) 릴레이 (11핀) : X₁은 원 (예 ③), X₂는 사각형 (예 ②)
② 릴레이 11핀 베이스의 형태는 그림과 같다.

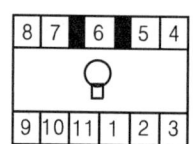

⑥ 실체 배선도

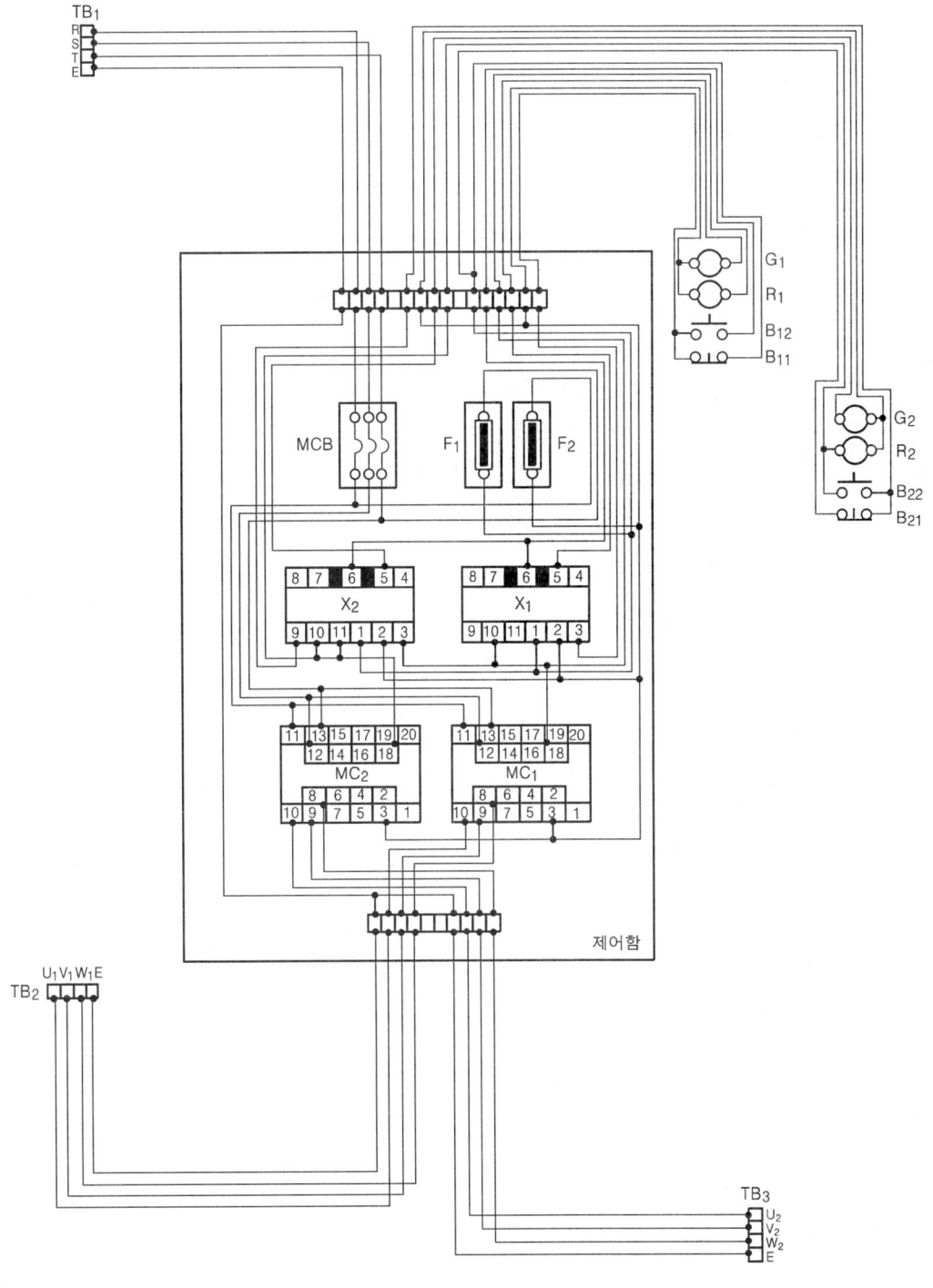

[참고] 전선의 접속은 제어 기구의 단자에서 이루어진다. 여기서는 편의상 접속선상에서 점으로 표시하였다.

11. 3상 유도전동기(IM_1, IM_2) 운전 제어회로 (3)

•시험시간 : 표준시간-5시간 30분, 연장시간-30분

(1) 요구 사항

① 지급된 재료를 사용하여 제한시간 내에 표시된 공사를 내선공사 방법에 의거 완성하시오.
② 전원 방식 : 3상 3선식, 220 V
③ 시공 방법
  (가) PE 전선관
  (나) 플렉시블 PVC 전선관
④ 동작 상태 : 전원 투입 L_1 상시 점등
  (가) PB_1을 ON하면 L_1 점등, M_1 운전
   • t초 후 L_3 점등, M_2 운전, L_2 소등, M_1 정지
   • t초 후 L_2 점등, M_1 운전, L_3 소등, M_2 정지
   • t초 후 연속 반복 동작
  (나) PB_0를 ON하면 동작 정지
  (다) PB_2를 ON하면 L_3 점등, M_2 운전
   • t초 후 L_2 점등, M_1 운전, L_3 소등, M_2 정지
   • t초 후 L_3 점등, M_2 운전, L_2 소등, M_1 정지
   • t초 후 연속 반복 동작
  (라) PB_0를 ON하면 동작 정지
  (마) $EOCR_1$ 동작 : YL_1 점등, BZ 작동
  (바) $EOCR_2$ 동작 : YL_2 점등
⑤ 기타 사항
  (가) 합판을 철제 제어함으로 생각하고 제어함(합판)과 접속되는 전선관에는 PVC 박스 커넥터를 사용하여 PVC 박스 커넥터 끝을 제어함(합판)에 5 mm 정도 올려서 작업한다.
  (나) 전동기의 접속은 생략하고 단자대까지만 배선한다.
  (다) 버저와 단선이 접속되는 부분은 접속 후 납땜과 테이핑을 하여야 하지만 본 과제에서는 생략하고 접속만 한다.

(2) 수검자 유의 사항

① 시험시간을 엄수하여 작품을 완성하여야 하며, 부득이한 경우에는 표준시간+30분까지 연장할 수 있으나 연장할 경우 매 10분 이내(10분 포함)마다 5점씩 감점하

며, 초과시는 미완성 작품으로 불합격 처리한다.
② 공사하기 전 지급받은 재료를 점검한 후 작업에 임한다.(점검 후 파손된 재료는 수검자 부주의로 파손된 것으로 간주한다.)
③ 지급된 재료 중 불량품 이외는 추가 지급할 수 없다.
④ 치수는 mm이고, 허용오차는 ±5 mm이다.
⑤ 주회로는 2.5 mm² 전선으로 배선하고, 제어회로는 1.5 mm² 전선(황색)으로 배선한다.
⑥ 접지선은 2.5 mm² (녹색) 전선을 사용한다.
⑦ 제어함(제어반) 내부 배선 상태나 전선관 가공 상태가 불량하여 전기 공급이 불가능하다고 판단될 때에는 불합격 처리할 수 있다.
⑧ 지급된 재료의 이상 유무를 확인하고 이상이 있을 때에는 감독위원에게 보고하고 교환하도록 한다.
⑨ 전선은 도면에 표시된 대로 색상별로 사용한다.
⑩ 배선 작업은 단자대까지만 한다. 지급된 전선이 부족할 때에는 감독위원에게 보고하고 다른 전선을 사용할 수 있다.
⑪ 제어함(제어반) 내의 기구 배치는 도면에 준하되 치수는 작업하기에 알맞고 기구가 들어갈 수 있도록 간격을 유지하여 배치한다.
⑫ 본인의 동작시험은 개인이 준비한 시험기 또는 테스터를 가지고 동작시험을 할 수 있으나, 전원 투입 동작시험은 할 수가 없다.
⑬ 접지는 도면에 표시된 부분만 하고 기타 부분은 생략한다.
⑭ 표시등의 위치가 다른 경우에는 오동작으로 간주한다.
⑮ 동작 회로도의 점선 부분은 생략한다.
⑯ 다음 작품은 미완성 작품, 오작이므로 불합격 처리한다.
  ㈎ 표준시간+30분까지의 미완성 작품
  ㈏ 완전 동작 이외의 작품 (오작)
  ㈐ 완성된 작품이 도면과 서로 상이한 작품 (오작)

▶ 상이한 작품이란
  • 배관작업이 도면과 서로 다른 경우
  • 부품 위치가 도면과 다른 경우

(3) 지급 재료 목록

일련번호	재 료 명	규 격	단위	수량	비 고
1	제어함 (합판)	420 mm×300 mm×9 mm	장	1	제어반
2	컨트롤 박스	φ25 mm, 2구용	개	1	
3	컨트롤 박스	φ25 mm, 3구용	개	1	

4	단자대	4 P, 20 A	개	3	6 P 4개, 3 P 2개로 대체 가능
5	단자대	15 P, 20 A	개	2	
6	타이머 소켓	220 V, 8핀	개	2	
7	MOS 릴레이 소켓	12핀	개	4	
8	8각 박스	철제, 구멍이 큰 것	개	2	
9	파일럿램프 (황)	ϕ 25 mm, 220 V	개	2	
10	푸시 버튼 스위치 (녹)	ϕ 25 mm, 1 a 1 b	개	2	
11	푸시 버튼 스위치 (적)	ϕ 25 mm, 1 a 1 b	개	1	
12	버저	노출형, 220 V	개	1	
13	새들	16 mm 전선관용	개	30	
14	PE 전선관	ϕ 16 mm	m	5.5	
15	플렉시블 PVC 전선관	ϕ 16 mm	m	3.5	
16	절연전선 (흑색)	2.5 mm^2	m	6	
17	절연전선 (적색)	2.5 mm^2	m	6	
18	절연전선 (청색)	2.5 mm^2	m	6	
19	절연전선 (녹색)	2.5 mm^2	m	5	
20	절연전선 (황색)	1.5 mm^2	m	57	
21	케이블 타이	소	개	50	
22	나사못 (둥근머리)	M 4×12 mm	개	80	
23	나사못 (둥근머리)	M 4×15 mm	개	15	
24	나사못 (둥근머리)	M 4×20 mm	개	30	
25	나사못 (둥근머리)	M 4×25 mm	개	5	
26	리셉터클	250 V, 10 A	개	3	
27	PVC 관 박스 커넥터	16 mm 관용	개	8	
28	플렉시블관 박스 커넥터	16 mm 관용	개	5	
29	와이어 커넥터	중	개	1	
30	타이머	8핀 220 V, 30초	개	2	채점용
31	power relay	12핀 AC 220 V	개	2	채점용
32	EOCR	12핀 AC 220 V	개	2	채점용
33	전구	230 V, 11 W	개	3	채점용

(4) 도면 및 해설

① 기구 배치도

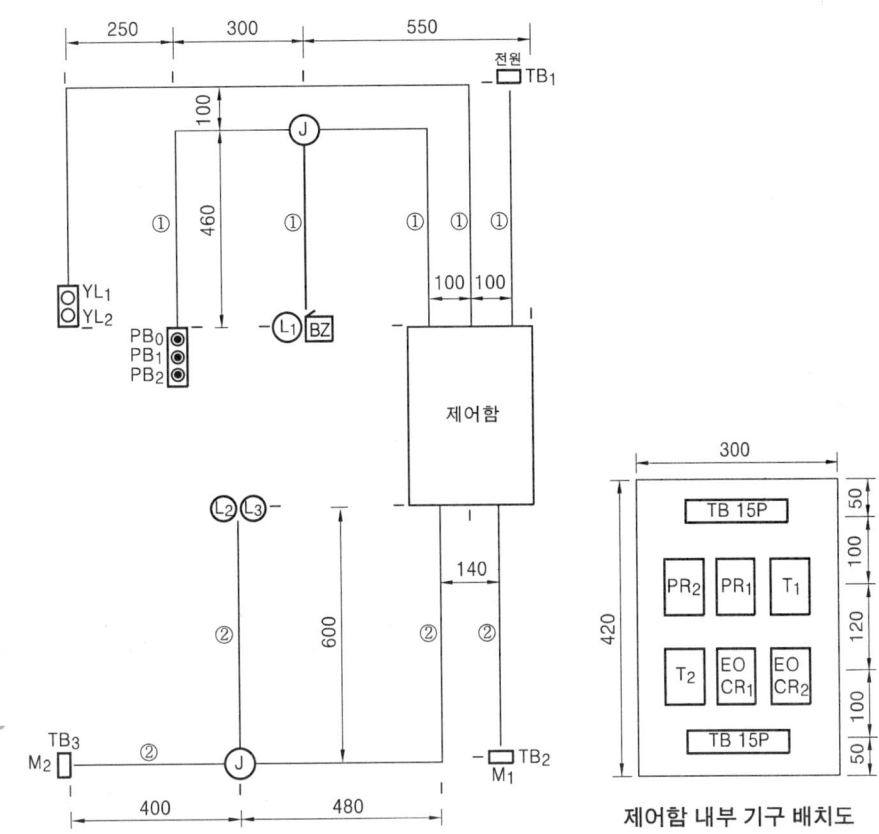

범 례

기 호	명 칭
TB_1	전원 (4 P)
TB_2, TB_3	모터 (4 P)
PR_1, PR_2	power relay
$EOCR_1$, $EOCR_2$	EOL
T_1, T_2	타이머
L_1, L_2, L_3	리셉터클
YL_1, YL_2	파일럿 램프 (황색)
J	8각 박스
PB_0 (적색), PB_1, PB_2(녹색)	푸시 버튼 스위치
BZ	버저 (노출형)

② 동작 회로도

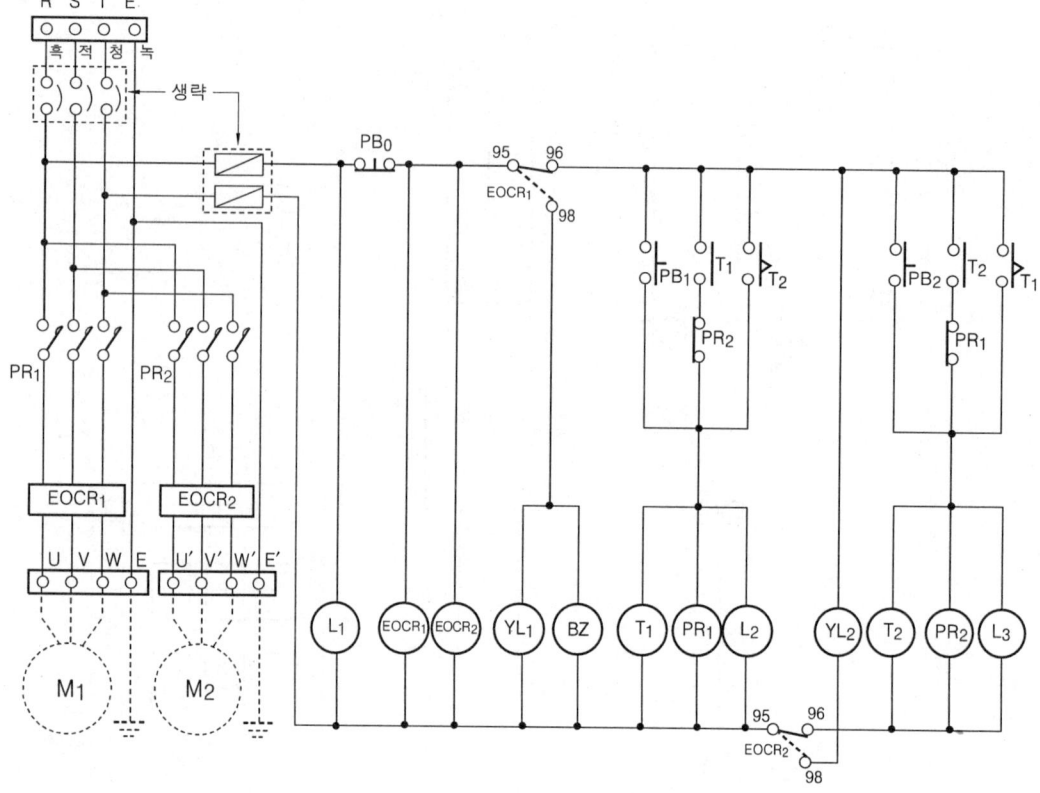

③ 동작 순서

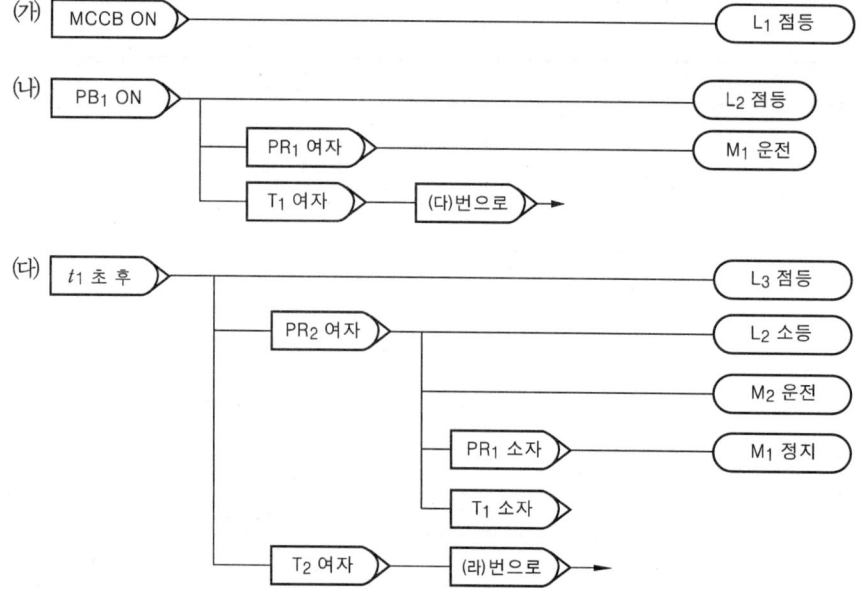

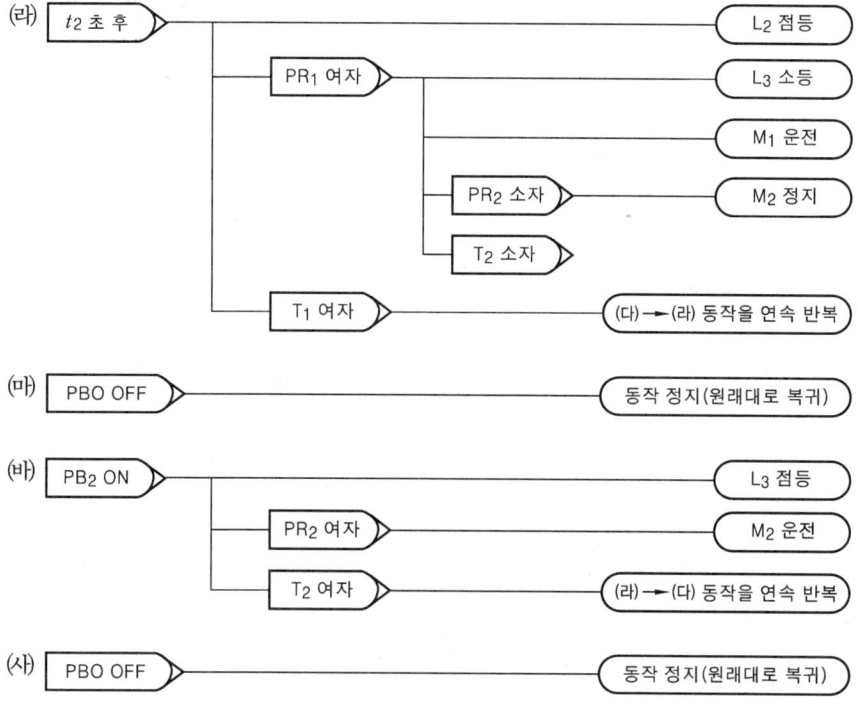

(마) PBO OFF — 동작 정지(원래대로 복귀)

(바) PB₂ ON
- L₃ 점등
- PR₂ 여자 → M₂ 운전
- T₂ 여자 → (라)→(다) 동작을 연속 반복

(사) PBO OFF — 동작 정지(원래대로 복귀)

(아) M₁ 운전 중 M₁에 과부하가 걸리면 EOCR₁이 동작

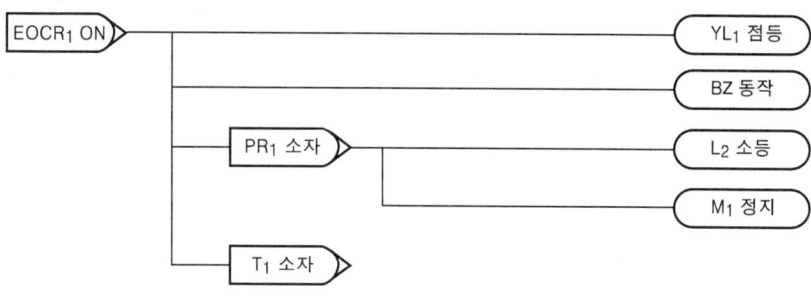

(자) M₂ 운전 중 M₂에 과부하가 걸리면 EOCR₂가 동작

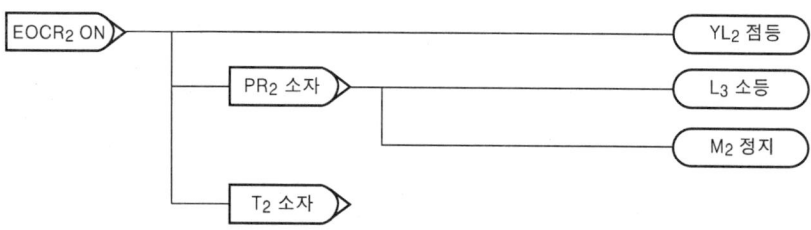

④ 단자번호 부여

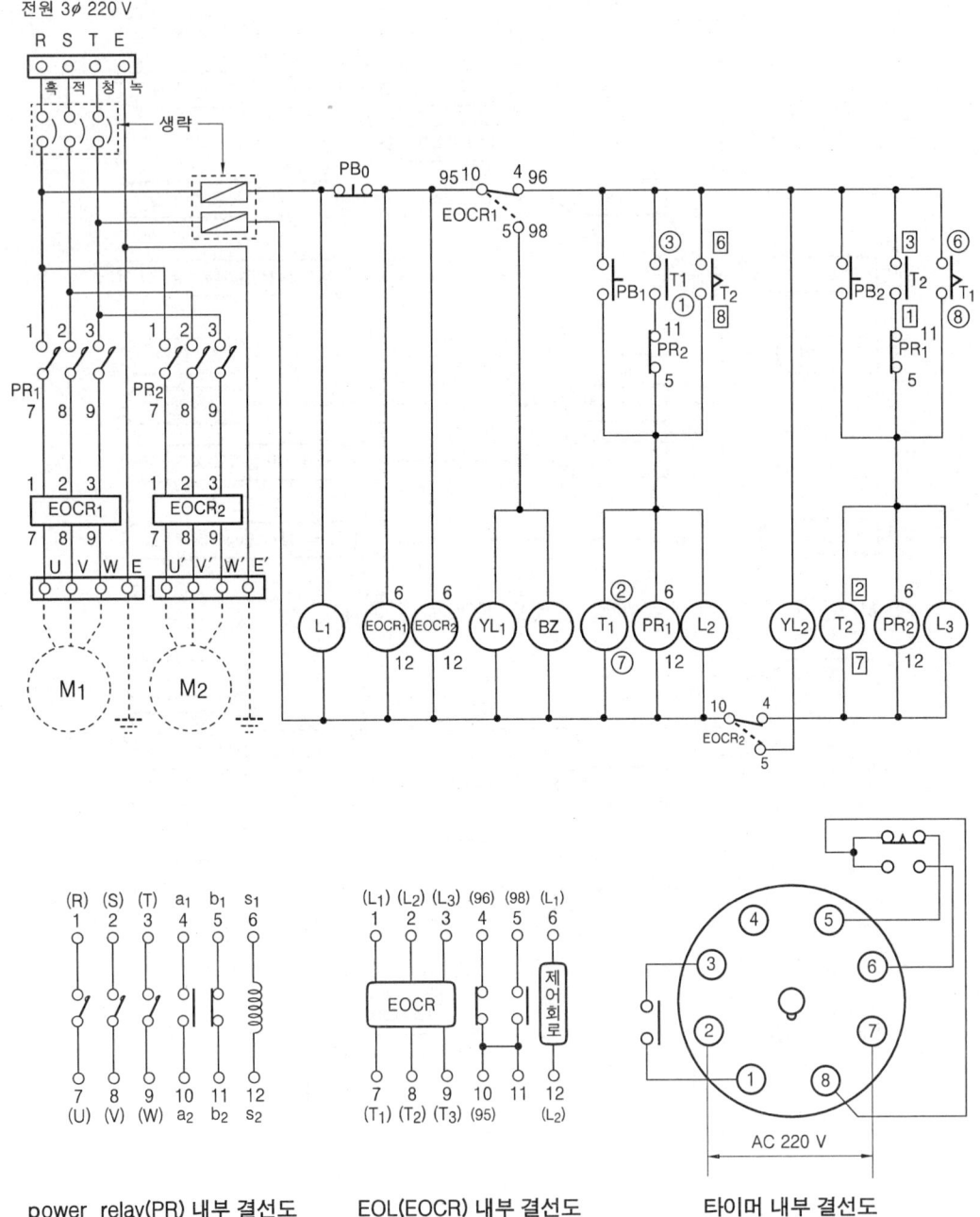

⑤ 실체 배선도

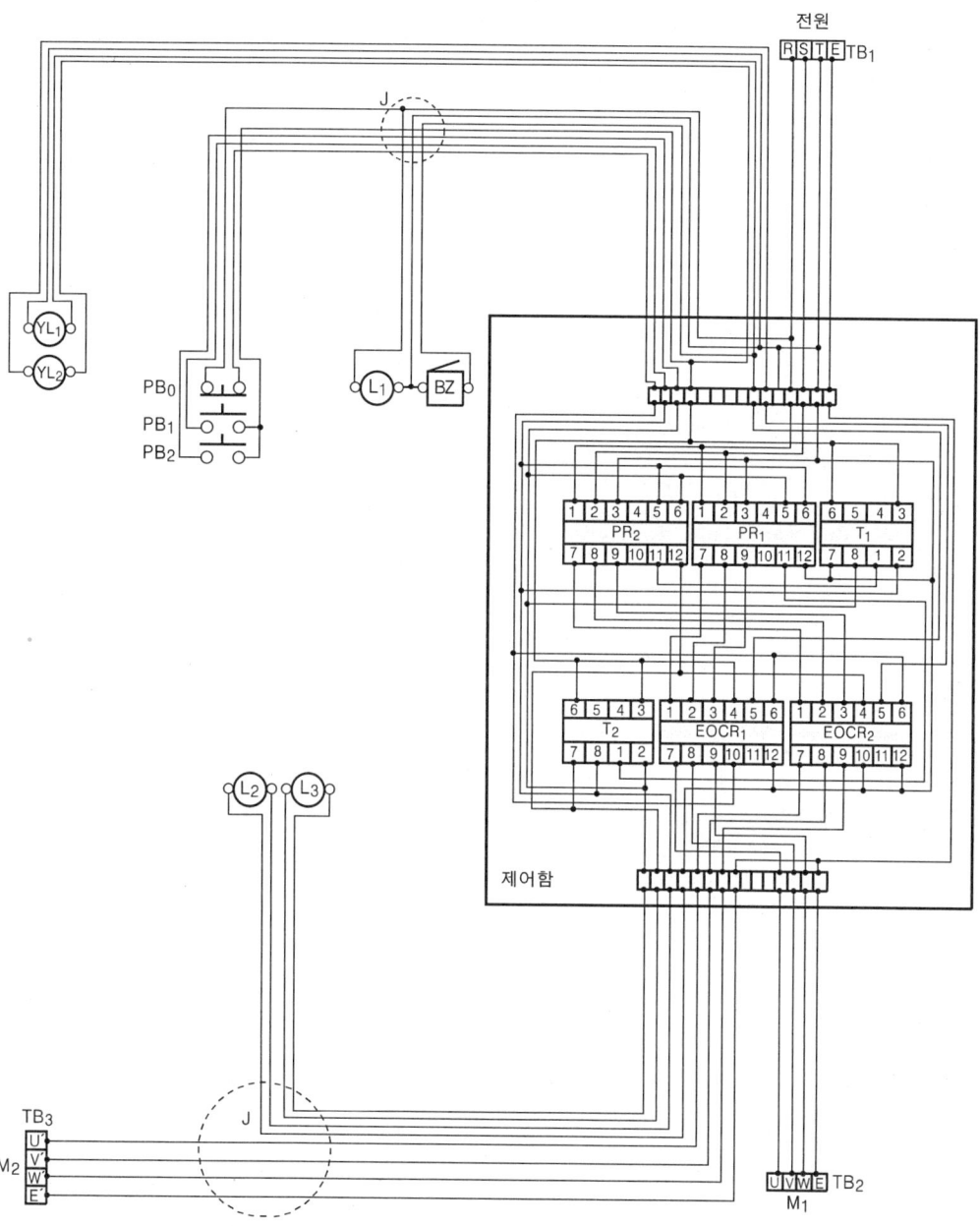

부록

과년도 출제 문제

※ 2013년도 시행 문제 ※

□ 전기 기능사(실기)　　　　　　　　　　　　　　▶ 2013. 6. 1 시행

■ 과제명 : 자동온도조절 제어장치

• 시험시간 : 표준시간－4시간 30분, 연장시간－30분

(1) 요구 사항

① 지급된 재료를 사용하여 제한시간 내에 주어진 과제를 완성하시오.
   (다만, 특별히 명시되어 있지 않은 공사방법 등은 내선공사 방법을 따릅니다.)

② 공통 사항
   (가) 전원방식 : 3상 3선식 220 V
   (나) 공사방법
   • PE 전선관
   • 합성수지제 가요 전선관(CD)
   • 케이블

③ 작동
   (가) 전원을 투입하면 PL_0 점등
   (나) PB_1 ON 시 X여자, PR_1 동작, PL_2 점등, 순환 모터 동작
   (다) TC에 의하여 설정 온도에 도달하면 PR_1 정지, PL_2 소등, 순환 모터 정지
   (라) timer에 의하여 t초 후에 PR_2 동작, PL_3 점등, 배기 모터 동작
   (마) PB_2를 누르면 모든 동작이 정지하며 초기화된다.
   (바) EOCR 동작 시(과부하 시) PL_1, BZ가 FR에 의하여 t_{FR}초를 주기로 점멸한다.

④ 기타 사항
   (가) 도면의 모터(전동기) 부분은 접속을 생략하고 작업하시오.
   (나) 범례를 참고하여 배치도를 구성하시오.

(2) 수검자 유의사항

① 주어진 표준시간을 초과하여 연장시간을 사용한 경우 초과된 시간 10분 이내마다 전체득점에서 5점씩 감점합니다.
② 시험 시작 전 지급된 재료의 이상 유무를 확인하고 이상이 있을 때에는 시험위원의 승인을 얻어 교환할 수 있습니다. (단, 시험 시작 후 파손된 재료는 수험자 부주의로 파손된 것으로 간주되어 추가로 지급받지 못합니다.)
③ 제어함(판)을 포함한 작업대(판)에서의 제반 치수는 mm이고 치수 허용 오차는 외관

(전선관, 박스, 전원 및 부하측 단자대 등)은 ±30 mm이고, 제어판 내부는 ±5 mm입니다.

④ 전선관의 수직과 수평을 맞추어 작업하고, 전선관의 곡률 반경은 전선관 안지름의 6배 이상으로 합니다.

⑤ 전선관이 작업판에서 뜨지 않도록 새들을 사용하여 튼튼하게 고정합니다.

⑥ 제어함 내의 기구 배치는 도면에 따르되 소켓에 power relay와 타이머 등 채점용 기기 등이 들어갈 수 있도록 합니다.

※ 제어함 배선 시 기구와 기구 사이 배선 금지

⑦ 주회로는 2.5 mm²(1/1.78)전선, 보조회로는 1.5 mm²(1/1.38)전선을 사용하고, 주회로의 전선 색깔은 R상은 흑색, S상은 적색, T상은 청색을 사용합니다.

⑧ 접지회로는 2.5 mm²(1/1.78)전선(녹색)으로 배선하여야 합니다.

※ 지급된 전선이 부족할 경우에는 규격 이상의 다른 전선을 사용할 수 있으며, 주회로는 녹색선을 제외한 2.5 mm²(1/1.78) 이상의 전선을 사용하며, 부족 전선은 추가 지급합니다.

⑨ 제어함과 전선관이 접속되는 부분에는 전선관용 커넥터를 사용하고 제어함에 5 mm 정도 올리고 새들로 고정하여야 하며, 퓨즈 홀더에는 퓨즈를 끼워 놓아야 합니다.

⑩ 전원 및 부하(전동기) 단자대는 제어회로도 순으로 결선합니다.

⑪ 전원측 단자대인 TB_1에는 동작시험을 할 수 있도록 전원선의 색깔에 맞추어 100 mm 정도 인입선을 붙이고 클립으로 연결할 수 있도록 10 mm 정도 피복을 벗겨둡니다.

⑫ 단자에 전선을 접속하는 경우 나사를 견고하게 조입니다. 단자조임 불량이란 전선 피복제거가 2 mm 이상 보이거나, 피복이 단자에 물린 경우를 말합니다.

※ 한 단자에 전선 세 가닥 이상 접속 금지

⑬ 동작시험은 수험자가 준비한 회로시험기 또는 벨 시험기를 가지고 확인을 할 수 있으나, 전원을 투입하여 동작시험은 할 수 없습니다.

⑭ 접지는 도면에 표시된 부분만 실시하고, 접지선은 입력 단자대에서 제어함 내의 단자대를 거쳐 출력 단자대까지 결선하여 모든 접지는 입력 단자대의 접지측과 연결되어야 합니다.

⑮ 다음과 같은 경우에는 채점대상에서 제외합니다.

  ㈎ 시험시간(표준시간 및 연장시간 포함) 내에 요구사항을 완성하지 못한 경우

  ㈏ 시험시간 내에 제출된 작품이라도 다음과 같은 경우

- 완성된 과제가 도면 및 배치도와 상이한 경우 등(스위치 및 램프 색상 포함)
- 제어함 밖으로 인출되는 배선이 제어함 내의 단자대를 거치지 않고 직접 접속된 경우
- 제어함 내부 배선상태나 전선관 가공 상태가 불량하여 전기 공급이 불가한 경우
- 제어함(판) 내의 기구 간격 불량으로 동작상태의 확인이 불가한 경우
- 접지공사를 하지 않은 경우

(3) 지급 재료 목록

일련번호	재 료 명	규 격	단위	수량	비 고
1	제어함(합판)	400×420×12 mm	장	1	
2	퓨즈 홀더	2P(2A 퓨즈 2개 포함)	개	1	
3	EOCR 소켓	12pin(둥근형)	개	1	
4	컨트롤 박스	1구, $\phi25$	개	1	
5	컨트롤 박스	2구, $\phi25$	개	3	
6	8각 박스	철제, 구멍 큰 것	개	1	
7	4P 단자대	20A 4P 220V	개	14	
8	푸시 버튼 스위치	$\phi25$(녹) 1a1b 220V	개	1	
9	푸시 버튼 스위치	$\phi25$(적) 1a1b 220V	개	1	
10	파일럿 램프	$\phi25$ 220 V(적)	개	2	
11	파일럿 램프	$\phi25$ 220 V(백)	개	1	
12	파일럿 램프	$\phi25$ 220 V(황)	개	1	
13	버저	$\phi25$ 220 V	개	1	
14	릴레이 소켓, TC 소켓	8pin	개	2	
15	타이머 소켓, 플리커 소켓	8pin	개	2	
16	파워 릴레이(PR) 소켓	12pin(둥근형)	개	2	
17	전선	1.5 mm^2 (1/1.38 mm)(황색)	m	50	
18	전선	2.5 mm^2 (1/1.78 mm)(흑색)	m	6	
19	전선	2.5 mm^2 (1/1.78 mm)(적색)	m	6	
20	전선	2.5 mm^2 (1/1.78 mm)(청색)	m	6	
21	전선	2.5 mm^2 (1/1.78 mm)(녹색)	m	6	
22	PE 전선관	$\phi16$ mm	m	6	
23	PE 전선관 커넥터	$\phi16$ mm 전선관용	개	5	
24	가요(CD) 전선관	$\phi16$ mm	m	6	
25	가요(CD) 전선관 커넥터	$\phi16$ mm 전선관용	개	9	
26	케이블	4C 2.5SQ	m	1	
27	케이블 커넥터	4C용	개	1	
28	케이블 새들	4C 케이블용	개	4	
29	새들	16 mm	개	40	
30	나사못	M4×12	개	80	
31	나사못	M4×15	개	20	
32	나사못	M4×20	개	20	
33	나사못	M4×25	개	20	
34	케이블 타이	100 mm	개	50	
35	릴레이	AC 220 V, 8pin	개	1	채점용
36	타이머	AC 220 V, 8pin	개	1	채점용
37	플리커 릴레이	AC 220 V, 8pin	개	1	채점용
38	파워 릴레이(PR)	12pin 둥근형	개	2	채점용
39	EOCR	12pin 둥근형	개	1	채점용
40	TC(온도 릴레이)	8핀 220V TN-34	개	1	채점용
41	TC 열전대	TN-34형에 맞는 것	개	1	채점용

(4) 배관 및 기구 배치도

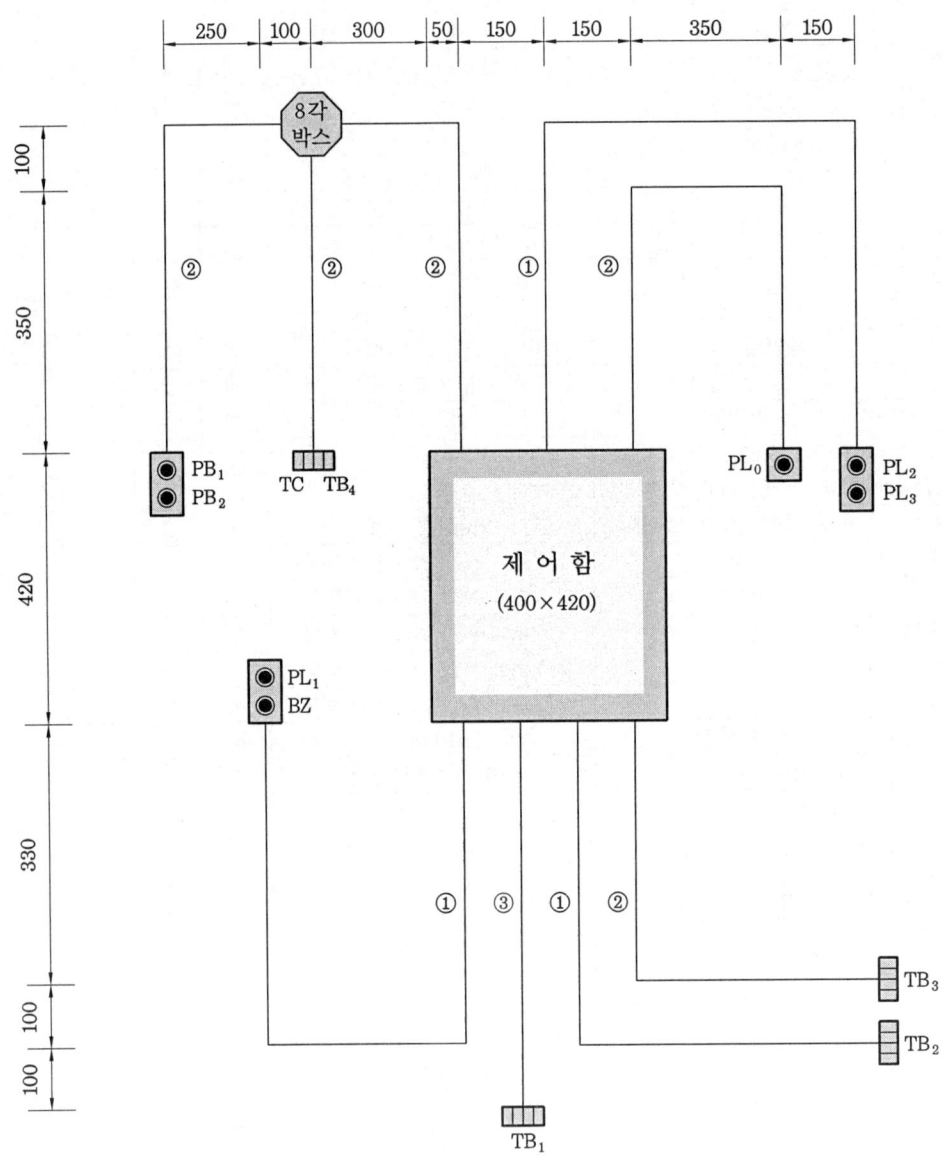

공사 방법

①	PE 전선관 공사
②	CD 전선관 공사
③	케이블 공사

(5) 제어함 내부 기구 배치도

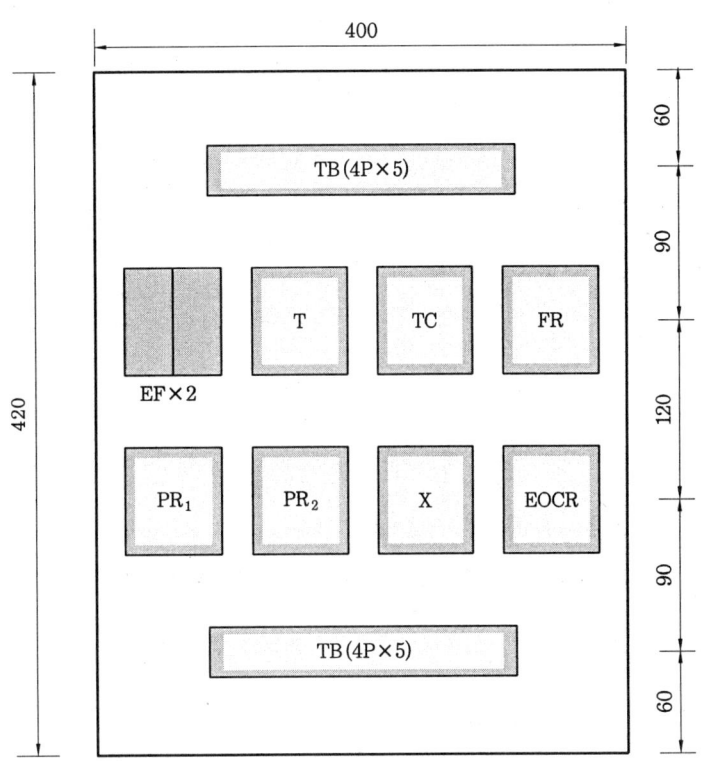

범 례

기 호	명 칭	기 호	명 칭
TB$_1$	전원(단자대 4P)	FR	플리커 릴레이(8핀 타이머 소켓)
TB$_2$	모터(단자대 4P)	EF×2	퓨즈 및 퓨즈 홀더
TB$_3$	모터(단자대 4P)	PB$_1$	푸시 버튼 스위치(녹색)
TB$_4$	TC(단자대 4P)	PB$_2$	푸시 버튼 스위치(적색)
PR$_1$	power relay 소켓(12P)	PL$_0$	파일럿 램프(백색) 220 V
PR$_2$	power relay 소켓(12P)	PL$_1$	파일럿 램프(황색) 220 V
EOCR	EOCR 소켓(12P)	PL$_2$	파일럿 램프(적색) 220 V
TC	온도제어기(8핀 릴레이 소켓)	PL$_3$	파일럿 램프(적색) 220 V
X	릴레이(8핀 릴레이 소켓)	BZ	25ϕ 220 V
T	타이머(8핀 타이머 소켓)	TB(4P×5)	단자대

(6) 동작 회로도

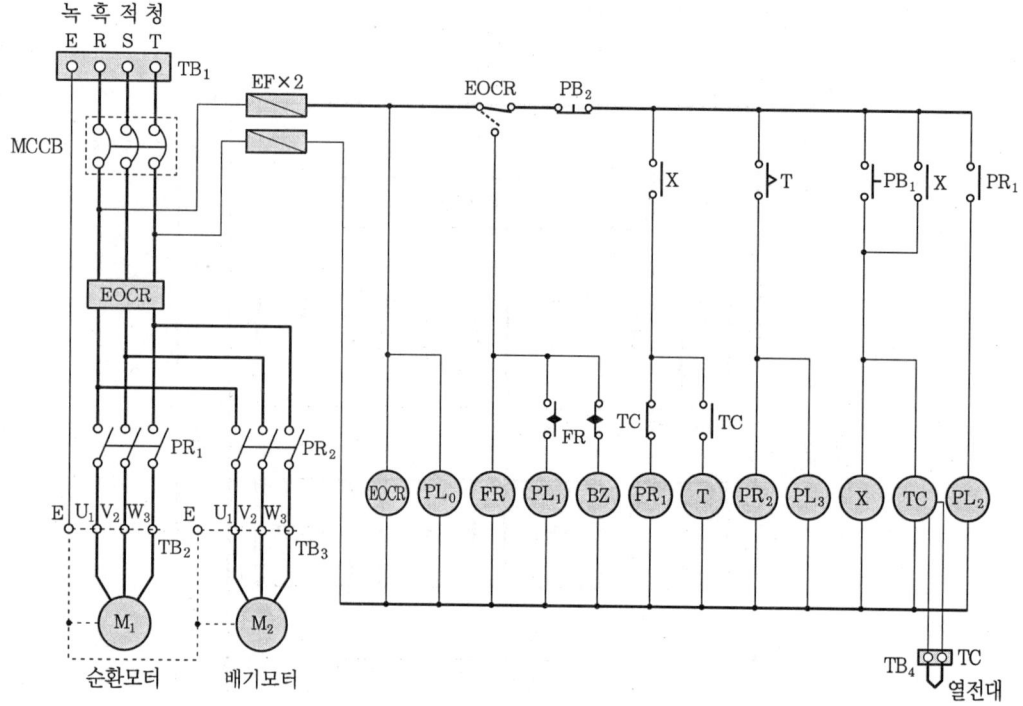

(7) 동작 순서

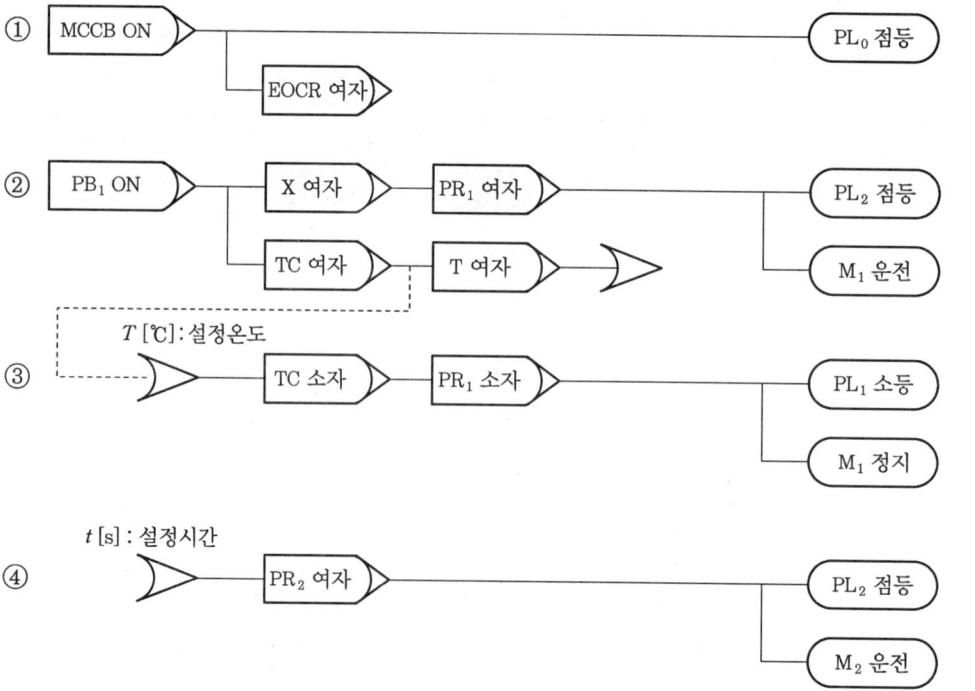

⑤

- motor 운전 중 과부하로 인하여 EOCR이 동작하면

⑥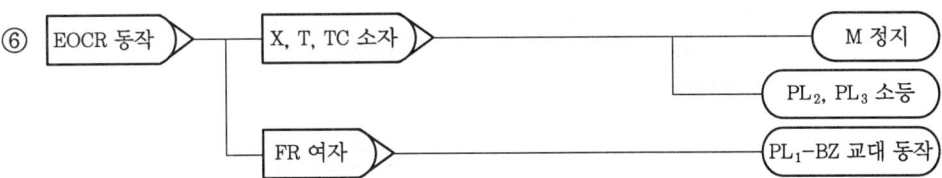

(8) 제어 부품 내부 결선도

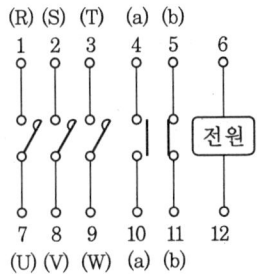

전자개폐기

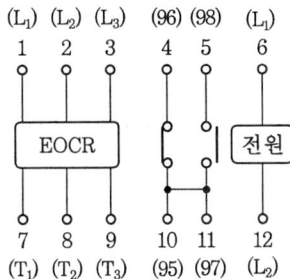

EOCR

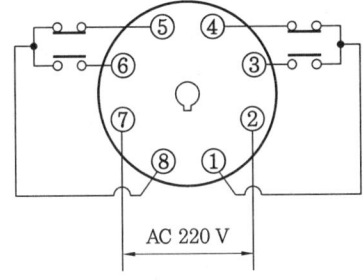

릴레이

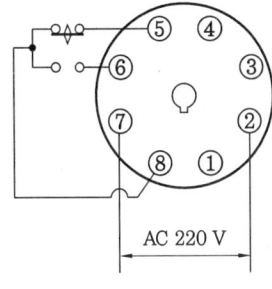

FR 릴레이

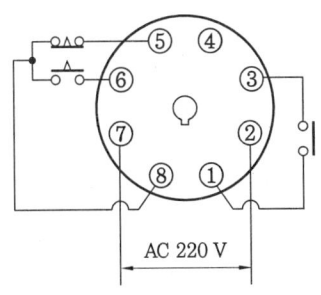

타이머

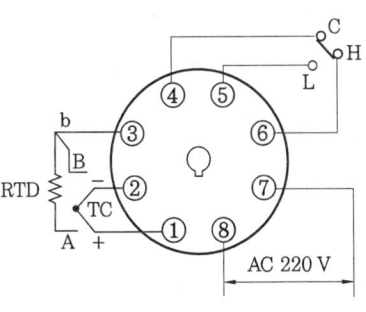

TC

230 부 록

(9) 단자번호 부여

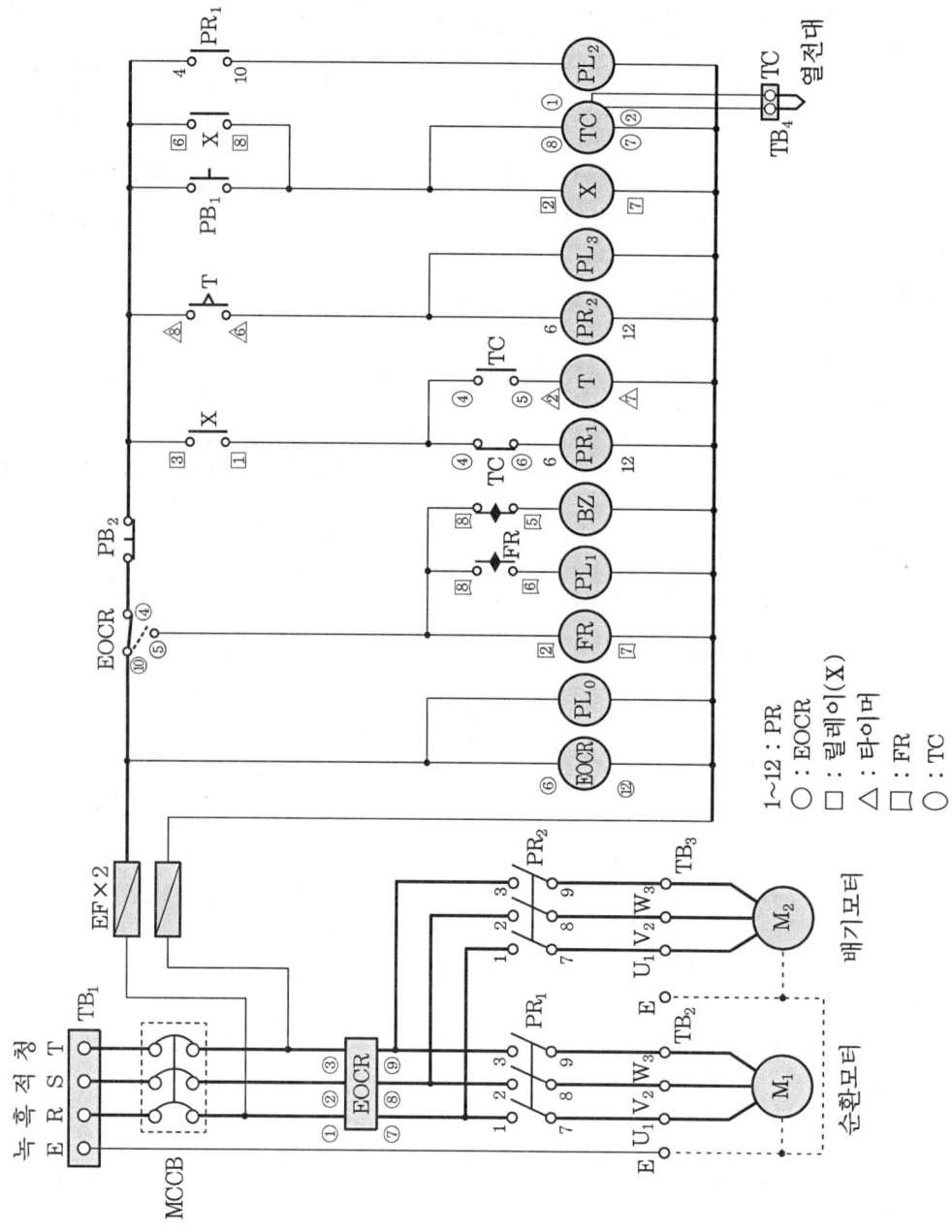

(10) 실체 배선도

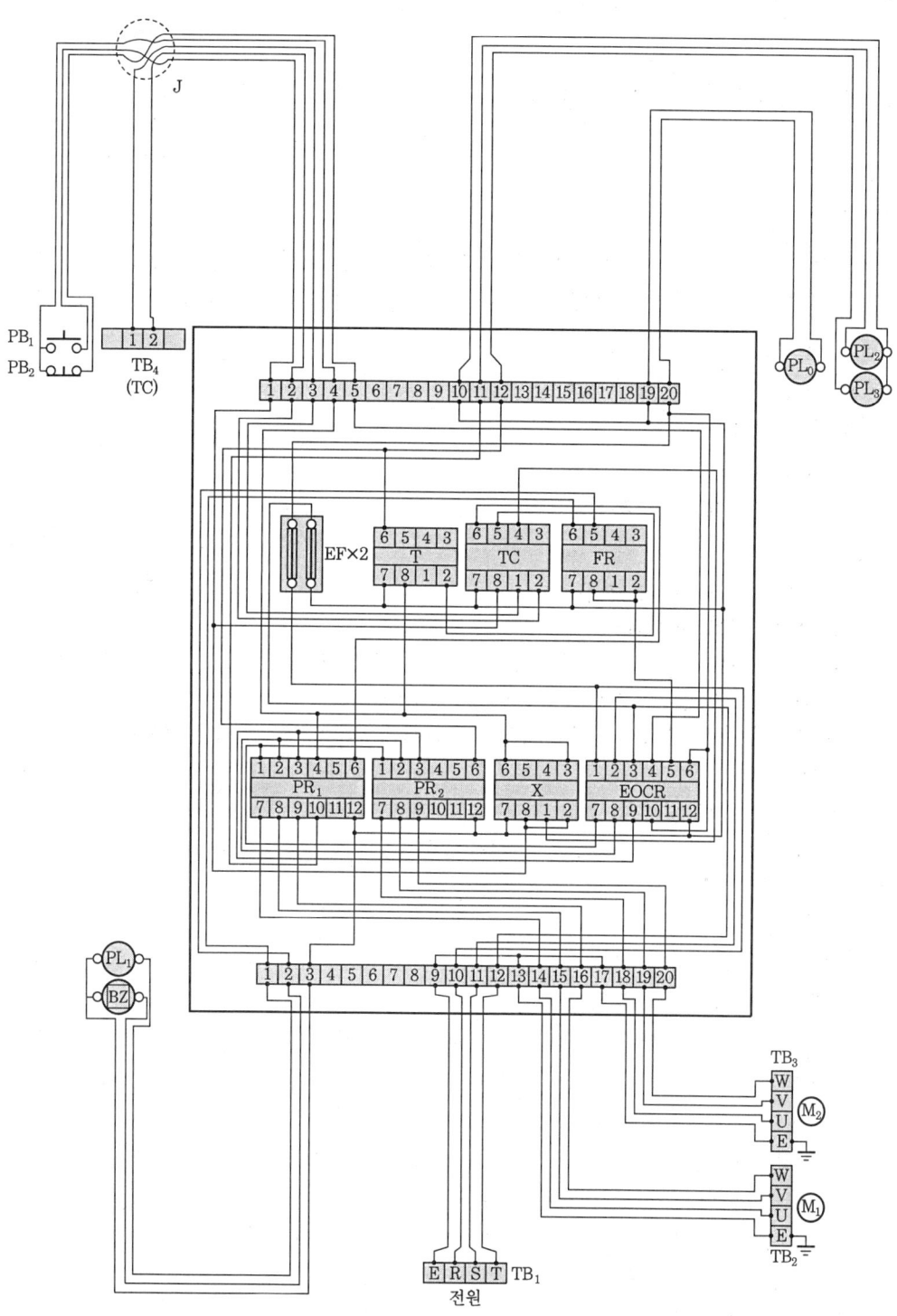

□ 전기 기능사(실기) ▶ 2013. 12. 1 시행

■ 과제명 : 전동기 운전 제어회로

• 시험시간 : 표준시간-4시간 30분, 연장시간-30분

(1) 요구 사항

① 지급된 재료를 사용하여 제한시간 내에 주어진 과제를 완성하시오(다만, 특별히 명시되어 있지 않은 공사방법 등은 내선공사 방법을 따릅니다.).

② 공통 사항
  (가) 전원방식 : 3상 3선식 220 V
  (나) 공사방법
   • PE 전선관
   • 합성수지제 가요 전선관(CD)

③ 동작
  (가) 전원 투입하면 GL 점등
  (나) PB_1을 ON하면 T여자
  (다) t초 후 MC 여자, 전동기 운전, GL 소등, RL 점등
  (라) 동작 중 PB_0를 누르면 모든 회로는 초기화된다.
  (마) 전동기 운전 중 EOCR 작동 시 FR에 의해 BZ와 YL 교대 점멸한다.

④ 기타 사항
  (가) 도면의 모터(전동기) 부분은 접속을 생략하고 작업하시오.
  (나) 범례를 참고하여 배치도를 구성하시오.

(2) 수험자 유의사항

① 주어진 표준시간을 초과하여 연장시간을 사용한 경우 초과된 시간 10분 이내마다 전체득점에서 5점씩 감점합니다.
② 시험 시작 전 지급된 재료의 이상 유무를 확인하고 이상이 있을 때에는 시험위원의 승인을 얻어 교환할 수 있습니다.(단, 시험 시작 후 파손된 재료는 수험자 부주의로 파손된 것으로 간주되어 추가로 지급받지 못합니다.)
③ 제어함을 포함한 배관 및 기구배치도의 치수는 mm이고 치수 허용 오차는 외관(전선관, 박스, 전원 및 부하측 단자대 등)은 ±30 mm이고, 제어판 내부는 ±5 mm입니다.
④ 전선관의 수직과 수평을 맞추어 작업하고, 전선관의 곡률 반경은 전선관 안지름의 6D 이상 10D 이하이어야 합니다(D : 전선관 안지름).
⑤ 전선관이 작업판에서 뜨지 않도록 새들을 사용하여 튼튼하게 고정합니다.
⑥ 제어함 내의 기구 배치는 도면에 따르되 소켓에 power relay와 FR, T 등 채점용

기기 등이 들어갈 수 있도록 합니다.
※ 제어함 배선 시 기구와 기구 사이 배선 금지
⑦ 주회로는 2.5 mm²(1/1.78)전선, 보조회로는 1.5 mm²(1/1.38)전선을 사용하고, 주회로의 전선 색깔은 R상은 흑색, S상은 적색, T상은 청색을 사용합니다.
⑧ 접지회로는 2.5 mm²(1/1.78)전선(녹색)으로 배선하여야 합니다.
⑨ 제어함과 전선관이 접속되는 부분에는 전선관용 커넥터를 사용하고 제어함에 5 mm 정도 올리고 새들로 고정하여야 합니다.
⑩ 퓨즈 홀더에는 퓨즈를 끼워 놓아야 합니다.
⑪ 전원 및 부하(전동기) 단자대는 제어회로도 순으로 결선합니다.
⑫ 전원측 단자대인 TB₁에는 동작시험을 할 수 있도록 전원선의 색깔에 맞추어 100 mm 정도 인입선을 붙이고 클립으로 연결할 수 있도록 10 mm 정도 피복을 벗겨둡니다.
⑬ 단자에 전선을 접속하는 경우 나사를 견고하게 조입니다. 단자조임 불량이란 전선 피복제거가 2 mm 이상 보이거나, 피복이 단자에 물린 경우를 말합니다.
※ 한 단자에 전선 세 가닥 이상 접속 금지
⑭ 동작시험은 수험자가 준비한 회로시험기 또는 벨 시험기를 가지고 확인을 할 수 있으나, 전원을 투입하여 동작시험은 할 수 없습니다.(기타 시험기 불가)
⑮ 접지는 도면에 표시된 부분만 실시하고, 접지선은 입력 단자대에서 제어함 내의 단자대를 거쳐 출력 단자대까지 결선하여 모든 접지는 입력 단자대의 접지측과 연결되어야 합니다.
⑯ 다음과 같은 경우에는 채점대상에서 제외합니다.
  (개) 시험시간(표준시간 및 연장시간 포함) 내에 요구사항을 완성하지 못한 경우
  (내) 시험시간 내에 제출된 작품이라도 다음과 같은 경우
- 완성된 과제가 도면 및 배치도와 상이한 경우 등(스위치 및 램프 색상 포함)
- 제어함 밖으로 인출되는 배선이 제어함 내의 단자대를 거치지 않고 직접 접속된 경우
- 제어함 내부 배선상태나 전선관 가공 상태가 불량하여 전기 공급이 불가한 경우
- 제어함(판) 내의 기구 간격 불량으로 동작상태의 확인이 불가한 경우
- 접지공사를 하지 않은 경우

  (대) 배관 및 기구배치도에서 허용 오차 ±50 mm 이상일 경우 채점대상 제외
⑰ 작업이 종료된 후에는 도면을 제출하여야 하며, 외부로 반출할 수 없습니다.
⑱ 시험 종료 후 작품의 작동 여부를 시험위원으로부터 확인받을 수 있습니다.

(3) 지급 재료 목록

일련번호	재료명	규격	단위	수량	비고
1	합판	300×420×9 mm	장	1	
2	컨트롤 박스	ϕ25 2구	개	3	
3	단자대	4P, 250V, 20A	개	7	
4	타이머 소켓	8핀	개	2	
5	전자접촉기 소켓	12핀	개	1	
6	전자식 과부하 계전기 소켓	12핀	개	1	
7	퓨즈 및 퓨즈 홀더	유리관형 5A, 2P	개	1	퓨즈 포함
8	파일럿 램프(적색)	ϕ25 220V	개	1	
9	파일럿 램프(녹색)	ϕ25 220V	개	1	
10	파일럿 램프(황색)	ϕ25 220V	개	1	
11	버저	ϕ25 220V	개	1	
12	푸시 버튼 스위치	ϕ25 1a1b, 적색	개	1	
13	푸시 버튼 스위치	ϕ25 1a1b, 녹색	개	1	
14	케이블 타이	백색, 100mm	개	20	
15	새들	16 mm 관용	개	30	
16	CD 전선관	16 mm	m	3	
17	PE 전선관	16 mm	m	3	
18	CD 전선관 커넥터	ϕ25 16 mm용	개	4	
19	PE 전선관 커넥터	ϕ25 16 mm용	개	4	
20	나사못	12 mm, ϕ4	개	100	
21	나사못	16 mm, ϕ4	개	30	
22	나사못	20 mm, ϕ4	개	10	
23	전선(IV)	2.5 mm^2(1/1.78)(흑색)	m	5	
24	전선(IV)	2.5 mm^2(1/1.78)(적색)	m	5	
25	전선(IV)	2.5 mm^2(1/1.78)(청색)	m	5	
26	전선(IV)	2.5 mm^2(1/1.78)(녹색)	m	5	
27	전선(IV)	1.5 mm^2(1/1.38)(황색)	m	30	
28	전자 개폐기	220 V, 12핀	개	1	채점용
29	전자식 과부하 계전기	220 V, 12핀	개	1	채점용
30	플리커 릴레이	220 V 60S 8핀	개	1	채점용
31	타이머	220 V 60S 8핀	개	1	채점용

(4) 배관 및 기구 배치도

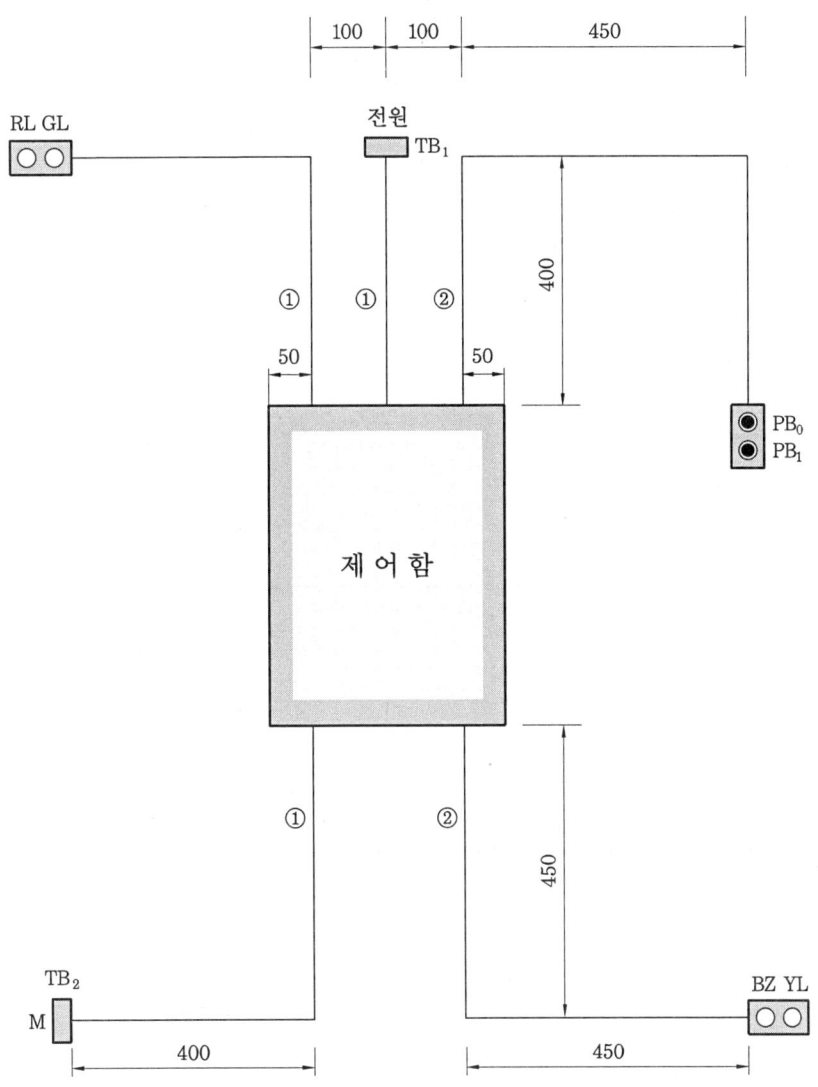

공사 방법

①	PE 전선관
②	합성수지제 가요 전선관(CD)

(5) 제어함 내부 기구 배치도

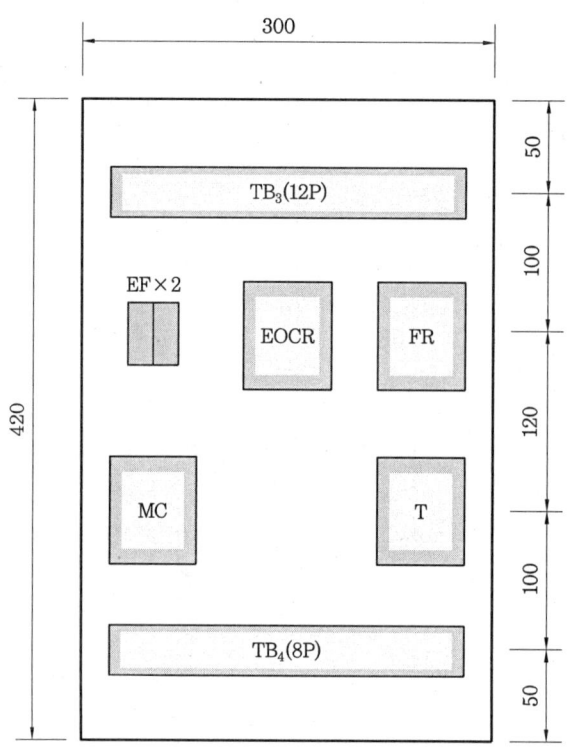

범 례

기 호	명 칭
TB₁, TB₂	단자대(4P)
MC	전자 접촉기
EOCR	전자식 과부하 계전기
BZ	버저
T	타이머
FR	플리커 릴레이
PL, GL, YL	파일럿 램프
EF×2	유리관 퓨즈 및 홀더
PB₀, PB₁	푸시 버튼 스위치
TB₃, TB₄	제어함 단자대

(6) 동작 회로도

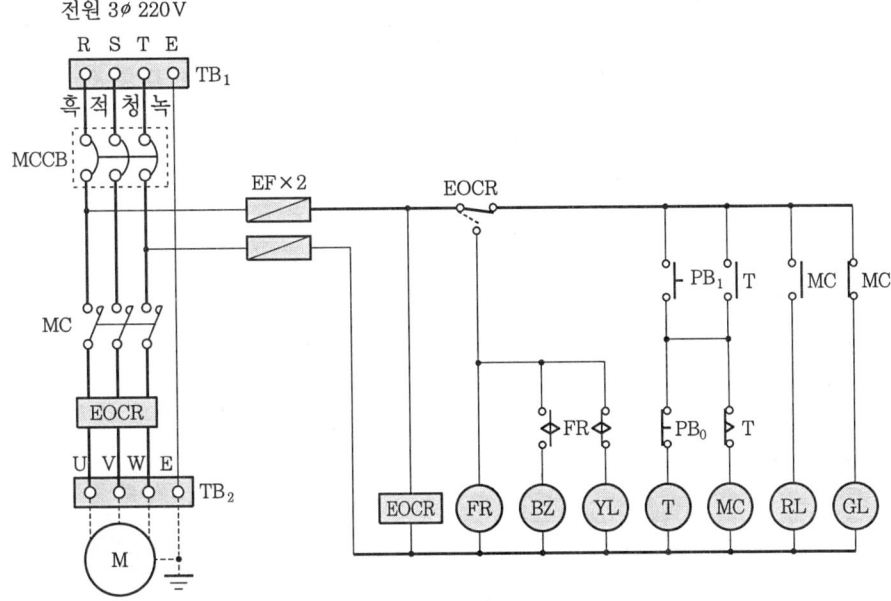

(7) 동작 순서

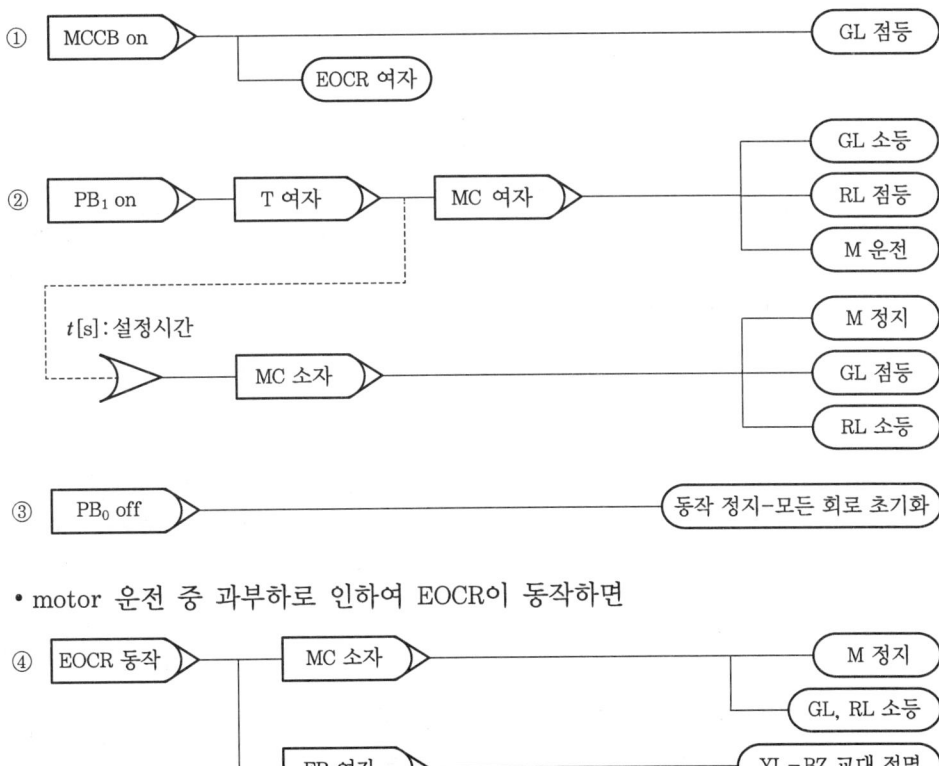

(8) 제어 부품 내부 결선도

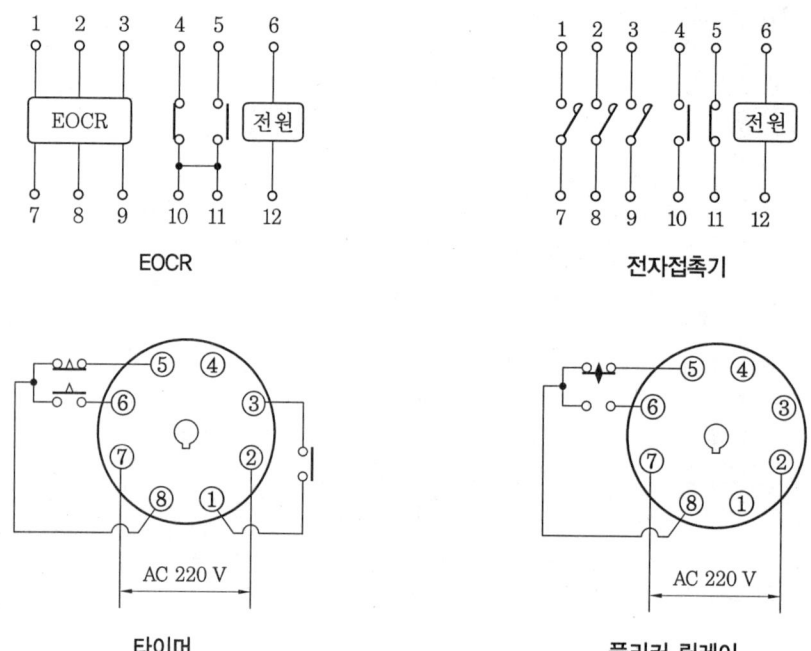

(9) 단자번호 부여

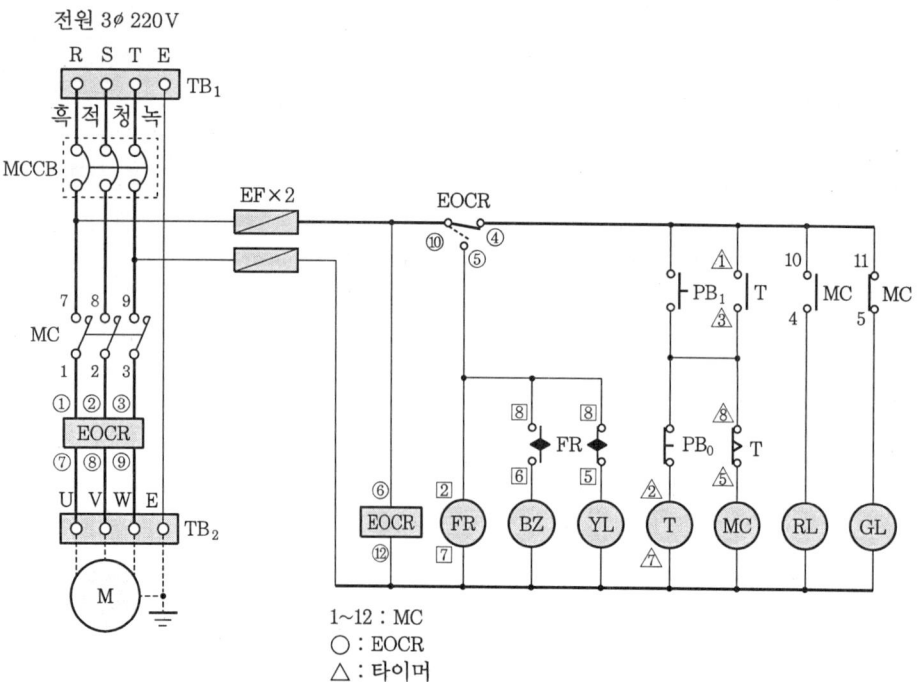

(10) 실체 배선도

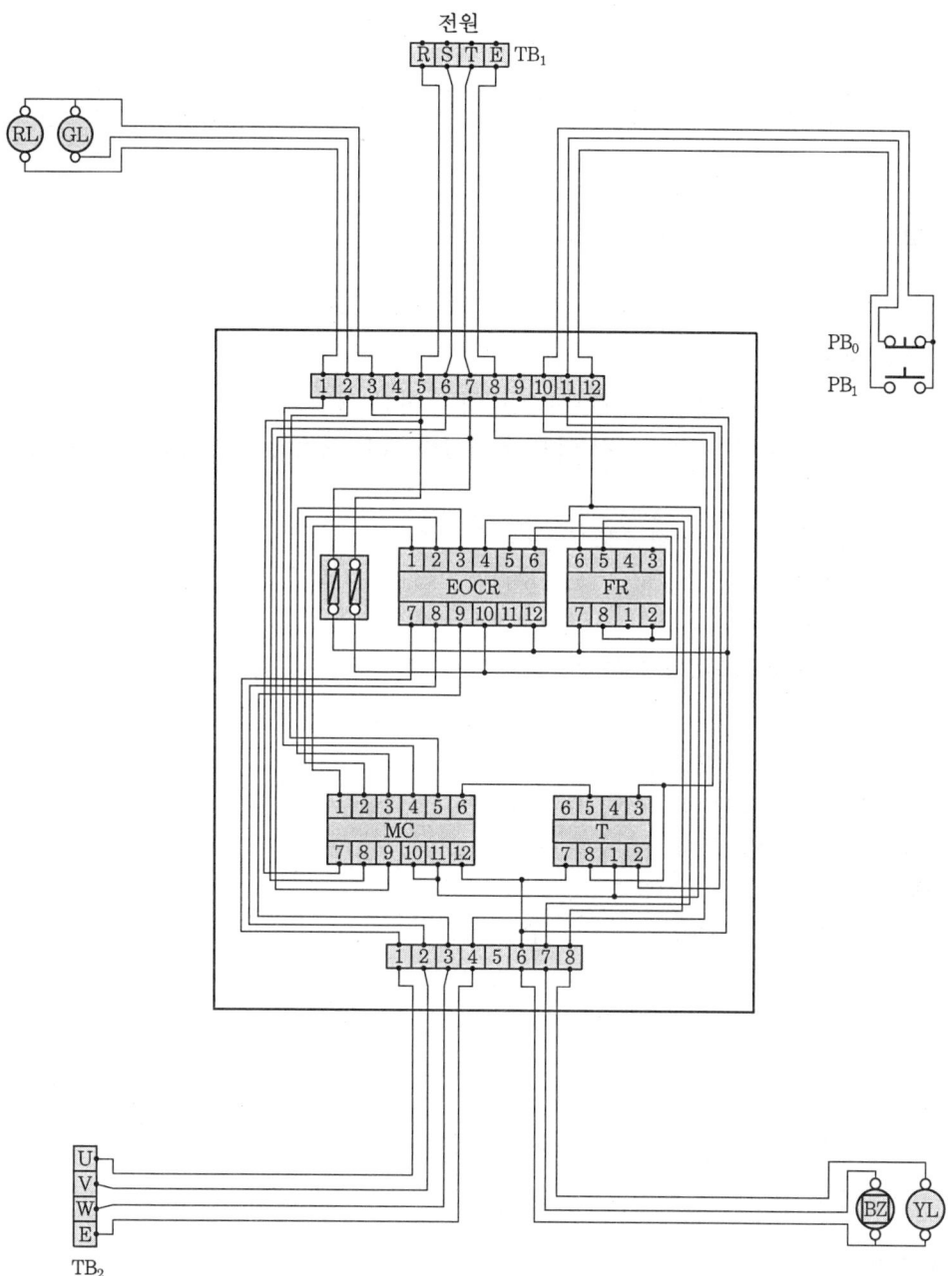

☀ 2014년도 시행 문제 ☀

□ 전기 기능사(실기) ▶ 2014. 3. 28 시행

과제명 : 컨베이어 제어회로

• 시험시간 : 표준시간－4시간 30분, 연장시간－30분

(1) 요구 사항

① 지급된 재료를 사용하여 제한시간 내에 주어진 과제를 완성하시오.
　(다만, 특별히 명시되어 있지 않은 공사방법 등은 내선공사 방법을 따릅니다.)

② 공통 사항
　㈎ 전원방식 : 3상 3선식 220 V
　㈏ 공사방법
　　• PE 전선관
　　• 합성수지제 가요 전선관(CD)

③ 동작
　㈎ PB_1을 ON하면 PL_1 점등
　㈏ LS_1이 작동되면 M_1 운전, L_1 점등
　㈐ T_1 t초 후 M_1 정지, L_1 소등, PL_2 점등
　㈑ LS_2가 작동되면 M_2 운전, L_2 점등
　㈒ T_2 t초 후 M_2 정지, L_2 소등, PL_2 소등
　㈓ 동작 중 PB_2를 누르면 모든 회로는 초기화된다.
　㈔ 전동기 운전 중 $EOCR_1$, $EOCR_2$ 작동 시 모든 회로는 초기화된다.
　※ 기타 세부 동작사항은 도면에 따른다.

④ 기타 사항
　㈎ 도면의 모터(전동기) 부분은 접속을 생략하고 작업하시오.
　㈏ 범례를 참고하여 배치도를 구성하시오.

(2) 수험자 유의사항

① 주어진 표준시간을 초과하여 연장시간을 사용한 경우 초과된 시간 10분 이내마다 전체득점에서 5점씩 감점합니다.
② 시험 시작 전 지급된 재료의 이상 유무를 확인하고 이상이 있을 때에는 시험위원의 승인을 얻어 교환할 수 있습니다. (단, 시험 시작 후 파손된 재료는 수험자 부주의로 파손된 것으로 간주되어 추가로 지급받지 못합니다.)

③ 제어함을 포함한 배관 및 기구 배치도의 치수는 mm이고 치수 허용 오차는 외관(전선관, 박스, 전원 및 부하측 단자대 등)은 ±30 mm이고, 제어함 내부는 ±10 mm입니다.
④ 전선관의 수직과 수평을 맞추어 작업하고, 전선관의 곡률 반경은 전선관 안지름의 6D 이상 10D 이하이어야 합니다(D : 전선관 안지름).
⑤ 전선관이 작업판에서 뜨지 않도록 새들을 사용하여 튼튼하게 고정합니다.
⑥ 제어함 내의 기구 배치는 도면에 따르되 MC, EOCR, T, R 등 채점용 기기 등이 들어갈 수 있도록 합니다.
 ※ 제어함 배선 시 기구와 기구 사이 배선 금지
⑦ 주회로는 2.5 mm^2(1/1.78)전선, 보조회로는 1.5 mm^2(1/1.38)전선을 사용하고, 주회로의 전선 색깔은 R상은 흑색, S상은 적색, T상은 청색을 사용합니다.
⑧ 접지회로는 2.5 mm^2(1/1.78)전선(녹색)으로 배선하여야 합니다.
⑨ 제어함과 전선관이 접속되는 부분에는 전선관용 커넥터를 사용하고 제어함에 5 mm 정도 올리고 새들로 고정하여야 합니다.
⑩ 전원 및 부하(전동기) 단자대는 제어회로도 순으로 결선합니다.
⑪ 전원측 단자대인 TB_1에는 동작시험을 할 수 있도록 전원선의 색깔에 맞추어 100 mm 정도의 인입선을 붙이고 클립으로 연결할 수 있도록 10 mm 정도 피복을 벗겨 둡니다.
⑫ 단자에 전선을 접속하는 경우 나사를 견고하게 조입니다. 단자조임 불량이란 전선 피복제거가 2 mm 이상 보이거나, 피복이 단자에 물린 경우를 말합니다.
 ※ 한 단자에 전선 세 가닥 이상 접속 금지
⑬ 동작시험은 수험자가 준비한 회로시험기 또는 벨 시험기를 가지고 확인을 할 수 있으나, 전원을 투입하여 동작시험은 할 수 없습니다(기타 시험기 불가).
⑭ 접지는 도면에 표시된 부분만 실시하고, 접지선은 입력 단자대에서 제어함 내의 단자대를 거쳐 출력 단자대까지 결선하여 모든 접지는 입력 단자대의 접지측과 연결되어야 합니다.
⑮ 다음과 같은 경우에는 채점대상에서 제외합니다.
 ㈎ 시험시간(표준시간 및 연장시간 포함) 내에 요구사항을 완성하지 못한 경우
 ㈏ 시험시간 내에 제출된 작품이라도 다음과 같은 경우
  • 완성된 과제가 도면 및 배치도와 상이한 경우 등(스위치 및 램프 색상 포함)
  • 제어함 밖으로 인출되는 배선이 제어함 내의 단자대를 거치지 않고 직접 접속된 경우
  • 제어함 내부 배선 상태나 전선관 가공 상태가 불량하여 전기 공급이 불가한 경우
  • 제어함(판) 내의 기구 간격 불량으로 동작 상태의 확인이 불가한 경우
  • 접지공사를 하지 않은 경우
 ㈐ 배관 및 기구 배치도에서 허용 오차 ±50 mm 이상일 경우 채점대상 제외
⑯ 작업이 종료된 후에는 도면을 제출하여야 하며, 외부로 반출할 수 없습니다.

(3) 지급 재료 목록

일련번호	재 료 명	규 격	단위	수량	비 고
1	합판(제어함)	300×420×9 mm	장	1	
2	컨트롤 박스	φ25 2구	개	3	
3	단자대	15P, 250V, 20A	개	2	6P(4개), 3P(2개) 대용
3	단자대	4P, 250V, 20A	개	3	
3	단자대	3P, 250V, 20A	개	2	
4	타이머 소켓	8핀	개	2	
5	전자 접촉기 소켓	12핀	개	2	
6	전자식 과부하 계전기(EOCR) 소켓	12핀	개	2	
7	릴레이 소켓	미니 14P	개	2	
8	파일럿 램프(적색)	φ25 220V	개	2	
9	파일럿 램프(녹색)	φ25 220V	개	2	
10	푸시 버튼 스위치	φ25 1a1b, 적색	개	1	
11	푸시 버튼 스위치	φ25 1a1b, 녹색	개	1	
12	케이블 타이	백색, 100 mm	개	20	
13	새들	16 mm 관용	개	35	
14	CD 전선관	16 mm	m	5	
15	PE 전선관	16 mm	m	5	
16	CD 전선관 커넥터	φ25 16 mm용	개	5	
17	PE 전선관 커넥터	φ25 16 mm용	개	5	
18	나사못	12 mm, φ4	개	100	
19	나사못	16 mm, φ4	개	30	
20	나사못	20 mm, φ4	개	10	
21	HIV 전선	2.5 mm^2(1/1.78)흑색	m	5	
22	HIV 전선	2.5 mm^2(1/1.78)적색	m	5	
23	HIV 전선	2.5 mm^2(1/1.78)청색	m	5	
24	HIV 전선	2.5 mm^2(1/1.78)녹색	m	5	
25	HIV 전선	1.5 mm^2(1/1.38)황색	m	40	
26	전자 접촉기	220V, 12핀	개	2	채점용
27	전자식 과부하 계전기(EOCR)	220V, 12핀	개	2	채점용
28	릴레이	220V, 미니 14핀	개	2	채점용
29	타이머	220V, 60S, 8핀	개	2	채점용

(4) 배관 및 기구 배치도

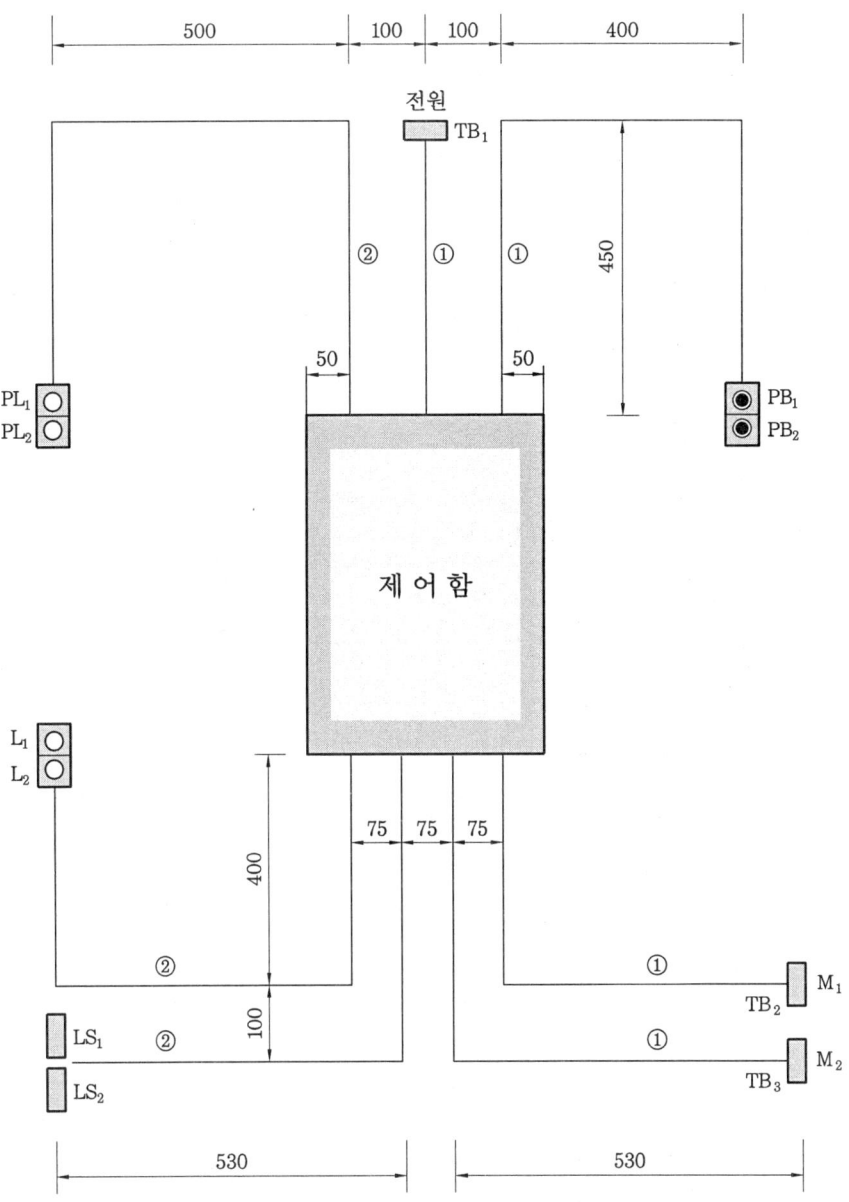

(5) 제어함 내부 기구 배치도

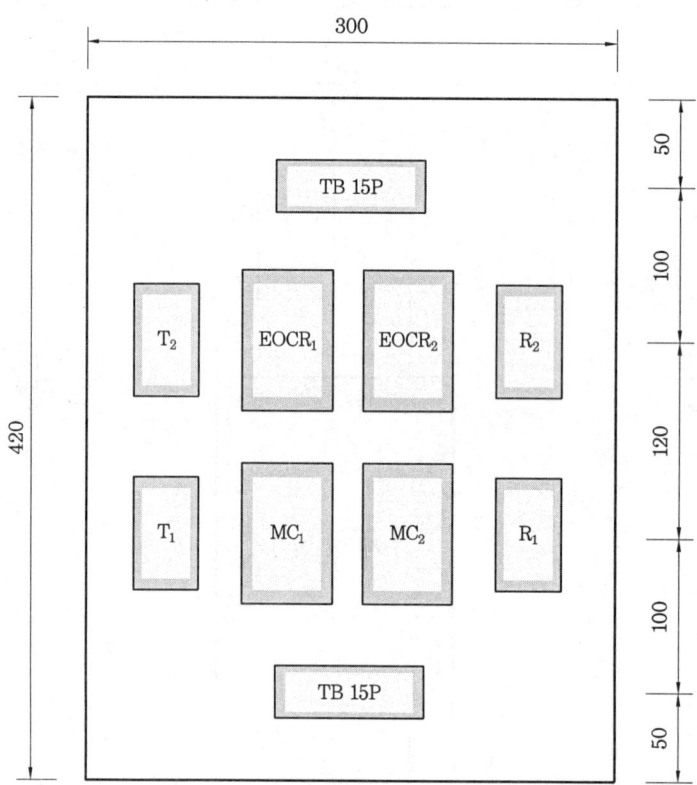

범 례

기 호	명 칭	기 호	명 칭
TB_1	전원(4P)	L_1, L_2	파일럿 램프(녹색)
TB_2, TB_3	모터(4P)	PL_1, PL_2	파일럿 램프(적색)
MC_1, MC_2	전자 접촉기	LS_1, LS_2	리밋 스위치(3P 단자대 대용)
$EOCR_1$, $EOCR_2$	전자식 과전류 계전기	PB_1(녹색), PB_2(적색)	푸시 버튼 스위치
T_1, T_2	타이머	R_1, R_2	릴레이(미니 14P)

(6) 동작 회로도

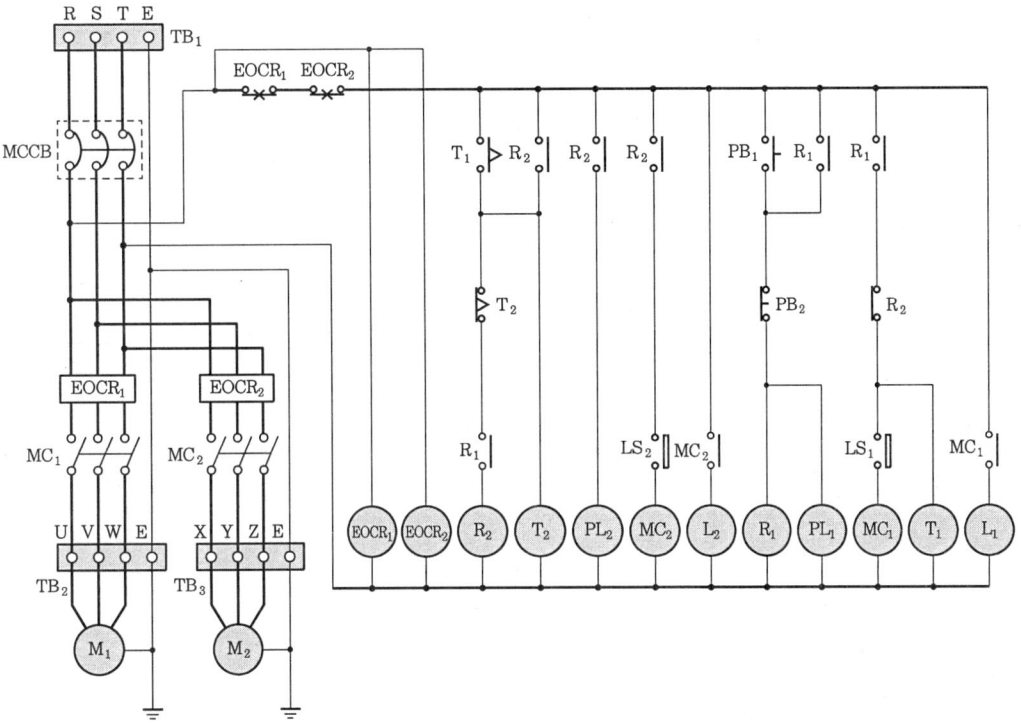

(7) 동작 순서

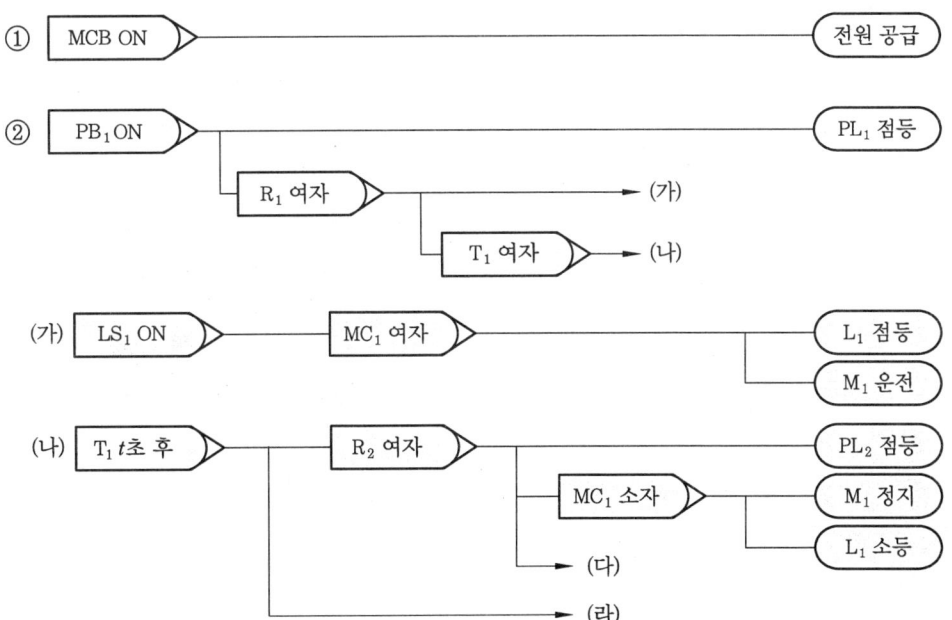

246 부 록

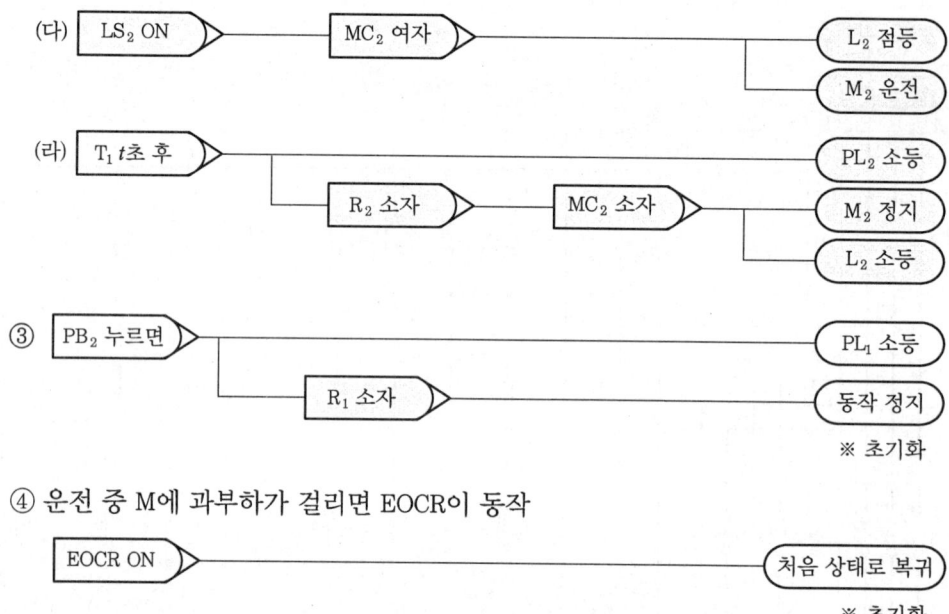

④ 운전 중 M에 과부하가 걸리면 EOCR이 동작

(8) 제어 부품 내부 결선도

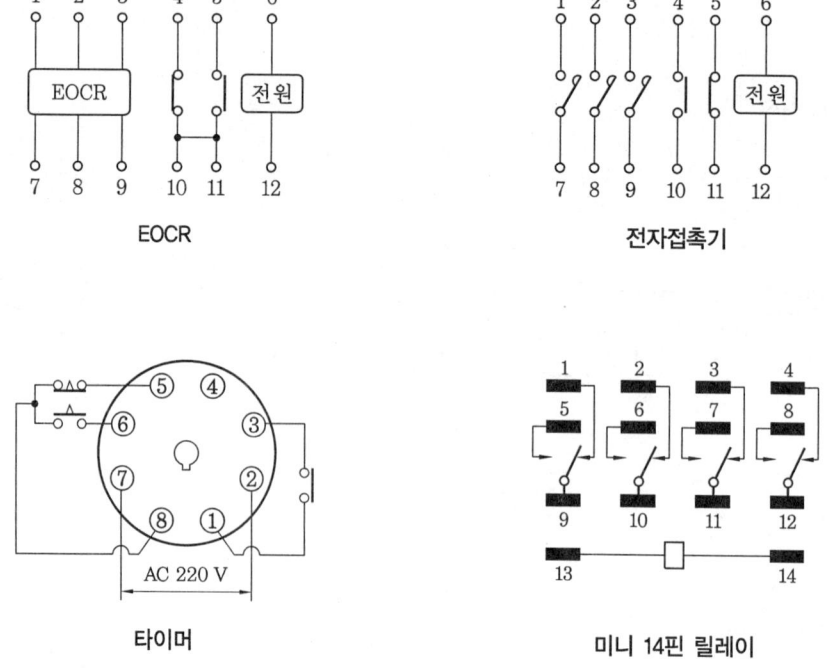

(9) 단자번호 부여

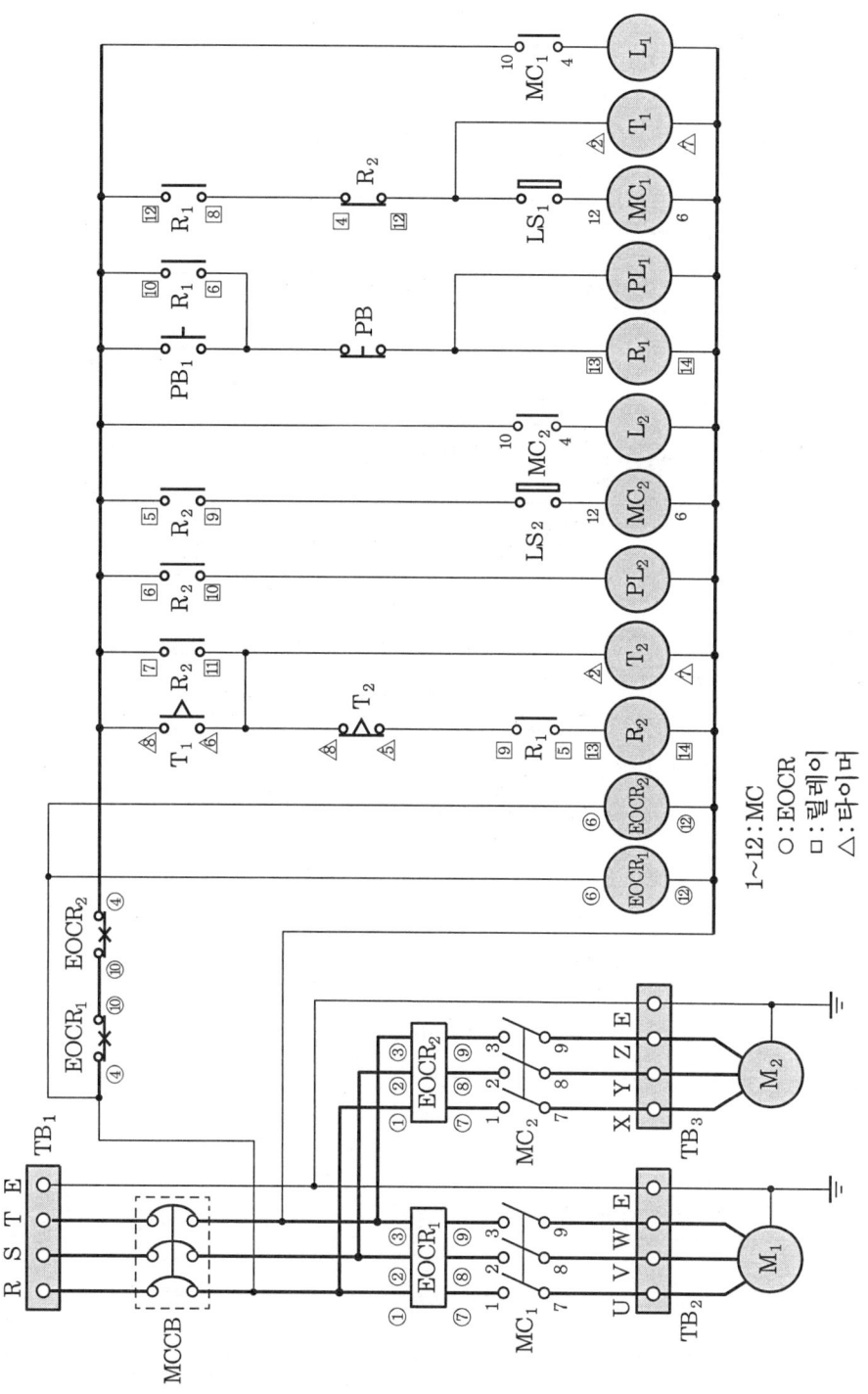

(10) 실체 배선도

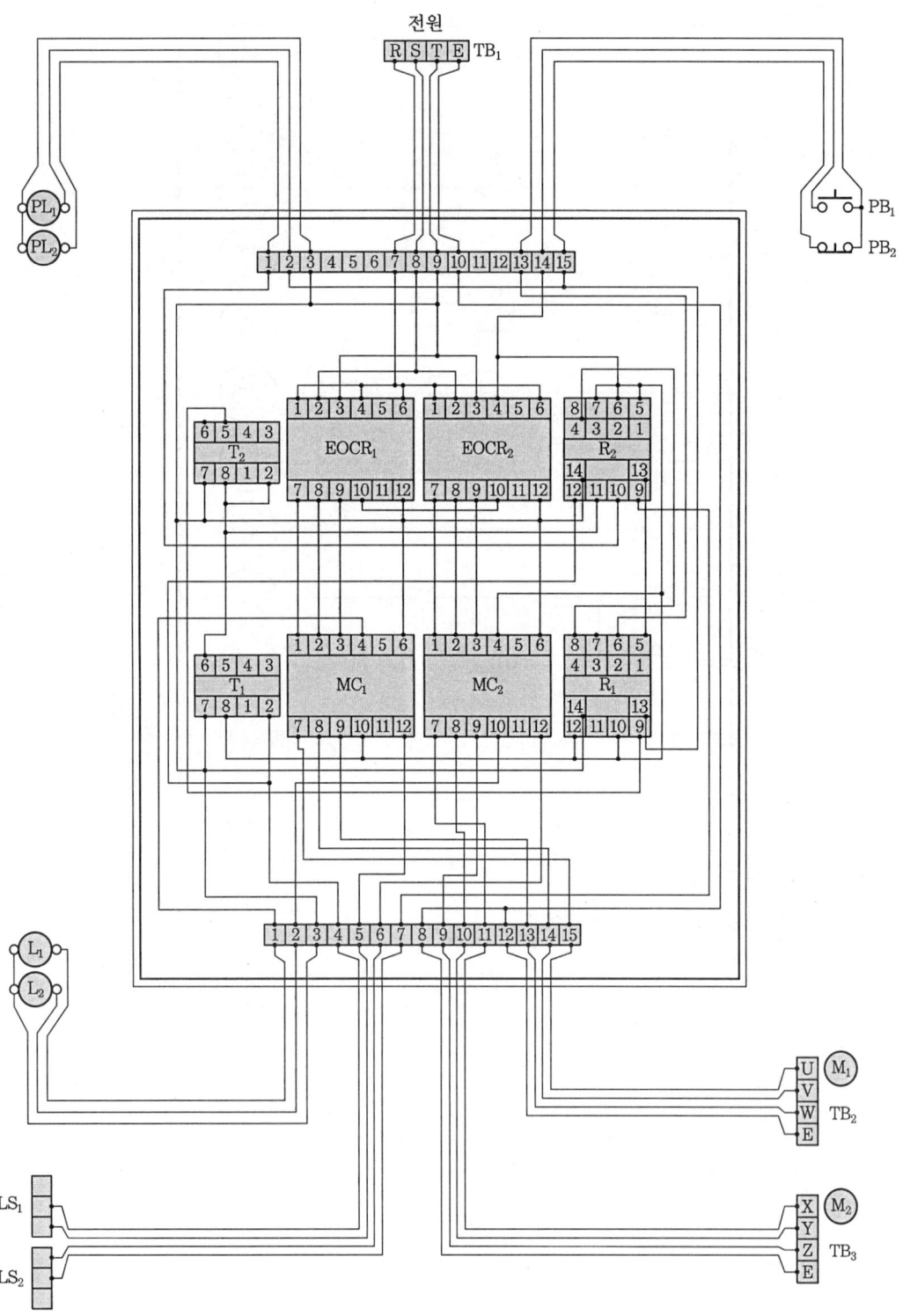

전기 기능사(실기) ▶ 2014. 5. 31 시행

■ 과제명 : 전동기 제어회로

• 시험시간 : 표준시간-4시간, 연장시간-30분

(1) 요구 사항

① 지급된 재료를 사용하여 제한시간 내에 주어진 과제를 완성하시오.

② 공통 사항

㈎ 전원방식 : 3상 3선식 220 V

㈏ 공사방법
- PE 전선관
- 합성수지제 가요 전선관(CD)

③ 동작

㈎ PB_2를 ON하면 MC_1 여자, 모터 정회전, PL_1 점등

㈏ PB_1을 ON하면 MC_1 소자, PL_1 소등, MC_2 여자, 모터 역회전, PL_2 점등

㈐ 모터 운전 중 EOCR 동작되면 BZ, YL 교대 점멸, 모터 정지

④ 기타 사항

㈎ 도면의 모터(전동기) 부분은 접속을 생략하고 작업하시오.

㈏ 범례를 참고하여 배치도를 구성하시오.

㈐ 기타 명시되지 않은 공사방법 등은 내선공사법 및 감독관의 지시에 따릅니다.

(2) 수험자 유의사항

① 주어진 표준시간을 초과하여 연장시간을 사용한 경우 초과된 시간 10분 이내마다 전체득점에서 5점씩 감점합니다.

② 시험 시작 전 지급된 재료의 이상 유무를 확인하고 이상이 있을 때에는 시험위원의 승인을 얻어 교환할 수 있습니다. (단, 시험 시작 후 파손된 재료는 수험자 부주의로 파손된 것으로 간주되어 추가로 지급받지 못합니다.)

③ 제어함(판)을 포함한 작업대(판)에서의 제반 치수는 mm이고 치수 허용 오차는 제어판 내부는 ±10 mm, 배관 및 기구 배치도는 ±30 mm입니다.

④ 전선관의 수직과 수평을 맞추어 작업하고, 전선관의 곡률 반경은 전선관 안지름의 6배 이상으로 합니다.

⑤ 전선관이 작업판에서 뜨지 않도록 새들을 사용하여 튼튼하게 고정합니다.

⑥ 제어함 내의 기구 배치는 도면에 따르되 소켓에 전자접촉기(MC)와 플리커 릴레이 등 채점용 기구 등이 들어갈 수 있도록 합니다.

※ 제어함 배선 시 기구와 기구 사이 배선 금지

⑦ 주회로는 2.5 mm²(1/1.78)전선, 보조회로는 1.5 mm²(1/1.38)전선을 사용하고, 주회로의 전선 색깔은 R상은 흑색, S상은 적색, T상은 청색을 사용합니다.
⑧ 접지회로는 2.5 mm²(1/1.78)전선(녹색)으로 배선하여야 합니다.
⑨ 제어함과 전선관이 접속되는 부분에는 전선관용 커넥터를 사용하고 제어함에 5 mm 정도 올리고 새들로 고정하여야 합니다.
⑩ 퓨즈 홀더에 퓨즈를 끼워 놓아야 합니다.
⑪ 전원 및 부하(전동기) 단자대는 제어회로도 순으로 결선합니다.
⑫ 전원측 단자대인 TB_1에는 동작시험을 할 수 있도록 전원선의 색깔에 맞추어 100 mm 정도의 인입선을 붙이고 클립으로 연결할 수 있도록 10 mm 정도 피복을 벗겨 둡니다.
⑬ 단자에 전선을 접속하는 경우 나사를 견고하게 조입니다. 단자조임 불량이란 전선 피복제거가 2 mm 이상 보이거나, 피복이 단자에 물린 경우를 말합니다.
　※ 한 단자에 전선 세 가닥 이상 접속 금지
⑭ 동작시험은 수험자가 준비한 회로시험기 또는 벨 시험기를 가지고 확인을 할 수 있으나, 전원을 투입하여 동작시험은 할 수 없습니다 (기타 시험기 불가).
⑮ 접지는 도면에 표시된 부분만 실시하고, 접지선은 입력 단자대에서 제어함 내의 단자대를 거쳐 출력 단자대까지 결선하여 모든 접지는 입력 단자대의 접지측과 연결되어야 합니다.
⑯ 다음과 같은 경우에는 채점대상에서 제외합니다.
　㈎ 시험시간(표준시간 및 연장시간 포함) 내에 요구사항을 완성하지 못한 경우
　㈏ 시험시간 내에 제출된 작품이라도 다음과 같은 경우
　　• 완성된 과제가 도면 및 배치도와 상이한 경우 등(스위치 및 램프 색상 포함)
　　• 제어함 밖으로 인출되는 배선이 제어함 내의 단자대를 거치지 않고 직접 접속된 경우
　　• 제어함 내부 배선 상태나 전선관 가공 상태가 불량하여 전기 공급이 불가한 경우
　　• 제어함(판) 내의 기구 간격 불량으로 동작 상태의 확인이 불가한 경우
　　• 접지공사를 하지 않은 경우
　㈐ 배관 및 기구 배치도에서 허용 오차 ±50 mm 이상일 경우 채점대상 제외
⑰ 작업이 종료된 후에는 도면을 제출하여야 하며, 외부로 반출할 수 없습니다.
⑱ 시험 종료 후 작품의 작동 여부를 시험위원으로부터 확인받을 수 있습니다.

(3) 지급 재료 목록

일련번호	재 료 명	규 격	단위	수량	비 고
1	합판	300×420×9 mm	장	1	
2	컨트롤 박스	φ25 2구	개	3	
3	단자대	4P, 20A	개	8	
4	플리커 릴레이 소켓	8핀	개	1	
5	전자 접촉기 소켓	12핀	개	2	
6	전자식 과부하 계전기 소켓	12핀	개	1	
7	퓨즈 및 퓨즈 홀더	유리관 5A 2구용	개	1	퓨즈 포함
8	파일럿 램프(적색)	φ25 220V	개	2	
9	파일럿 램프(황색)	φ25 220V	개	1	
10	버저	φ25 220V	개	1	
11	푸시 버튼 스위치	φ25 1a1b, 녹색	개	2	
12	케이블 타이	백색, 100 mm	개	20	
13	새들	16 mm 관용	개	30	
14	CD 전선관	16 mm	m	5	
15	PE 전선관	16 mm	m	3	
16	CD 전선관 커넥터	φ25 16 mm용	개	6	
17	PE 전선관 커넥터	φ25 16 mm용	개	2	
18	나사못	4×12	개	100	
19	나사못	4×16	개	30	
20	나사못	4×20	개	10	
21	전선(HIV) 흑색	2.5 mm^2(1/1.78)	m	5	
22	전선(HIV) 적색	2.5 mm^2(1/1.78)	m	5	
23	전선(HIV) 녹색	2.5 mm^2(1/1.78)	m	5	
24	전선(HIV) 청색	2.5 mm^2(1/1.78)	m	5	
25	전선(HIV) 황색	1.5 mm^2(1/1.38)	m	40	
26	전자 접촉기	220V, 12핀	개	2	채점용
27	전자식 과부하 계전기	12핀(핀 포함)	개	2	채점용
28	플리커 릴레이	220V, 8핀	개	1	채점용

(4) 배관 및 기구 배치도

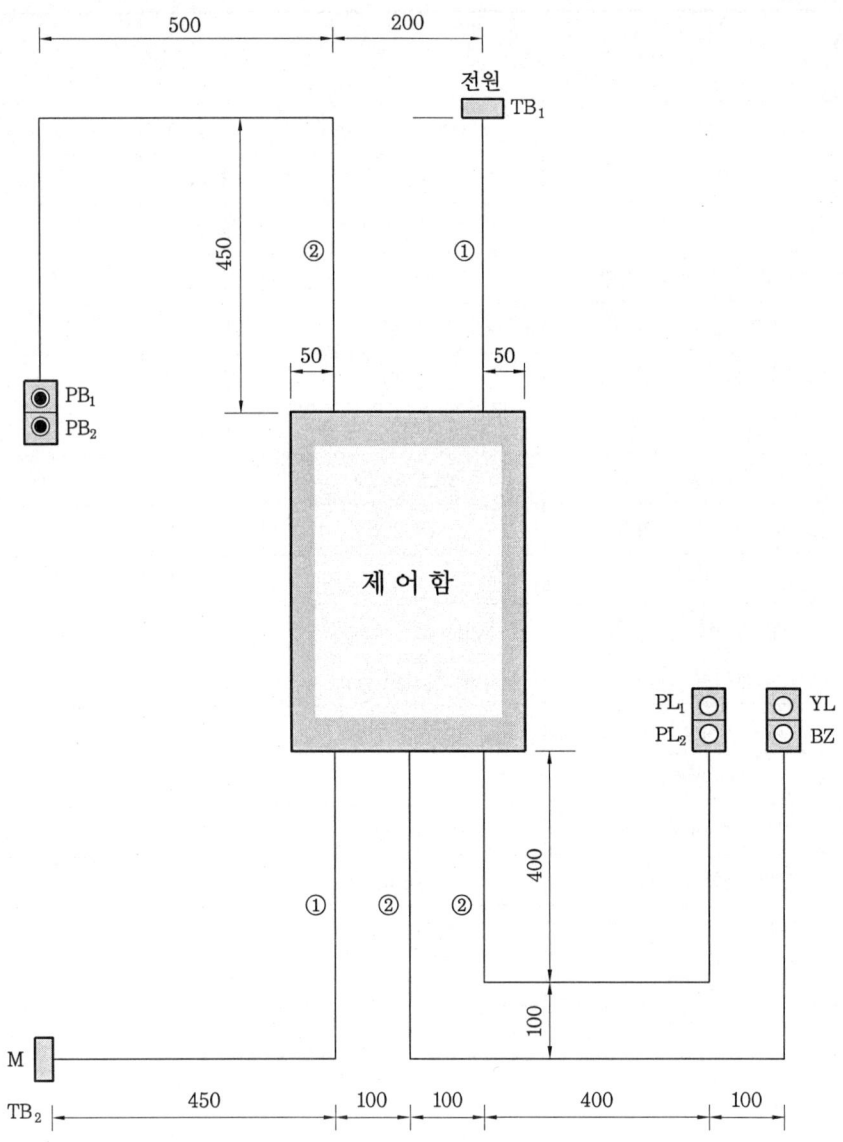

공사 방법

①	PE 전선관
②	합성수지제 가요 전선관(CD)

(5) 제어함 내부 기구 배치도

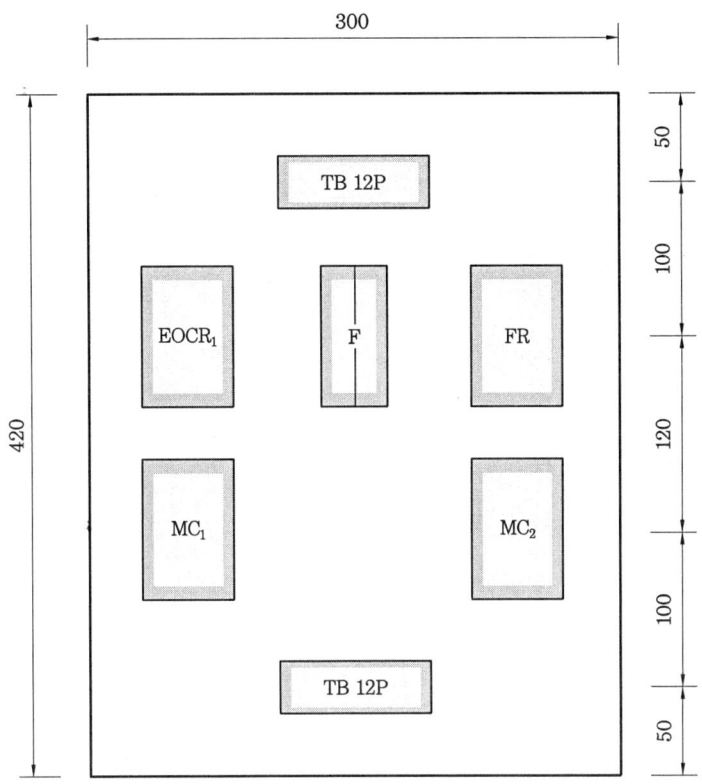

범 례

기 호	명 칭	기 호	명 칭
MC$_1$, MC$_2$	전자 접촉기	FR	플리커 릴레이
TB$_1$, TB$_2$	단자대(4P)	PL$_1$, PL$_2$	파일럿 램프(적색)
F	퓨즈(2P)	YL	파일럿 램프(황색)
EOCR	전자식 과전류 계전기	PB$_1$, PB$_2$	푸시 버튼 SW(녹색)
TB 12P	제어함 단자대	BZ	버저

254 부 록

(6) 동작 회로도

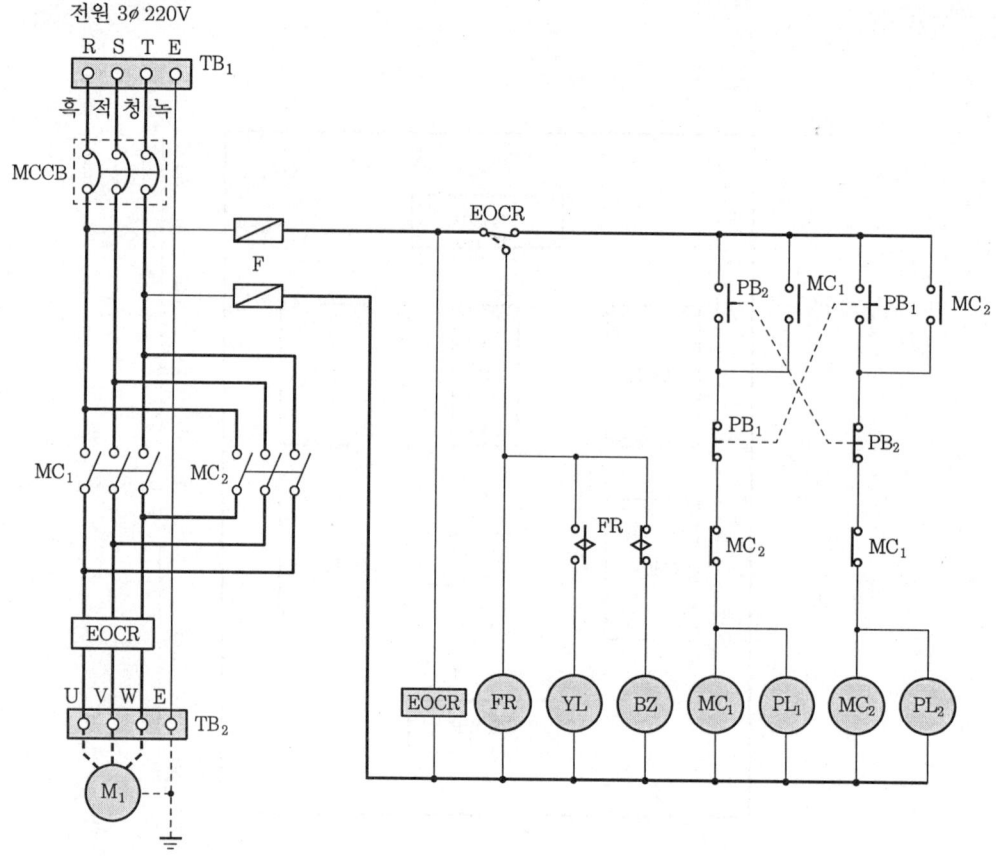

(7) 동작 순서

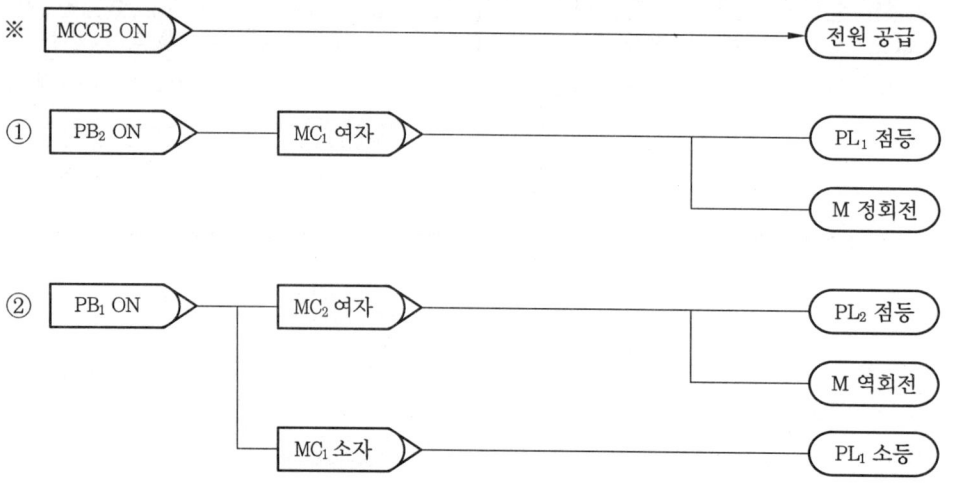

③ motor 운전 중 과부하로 인하여 EOCR이 동작하면

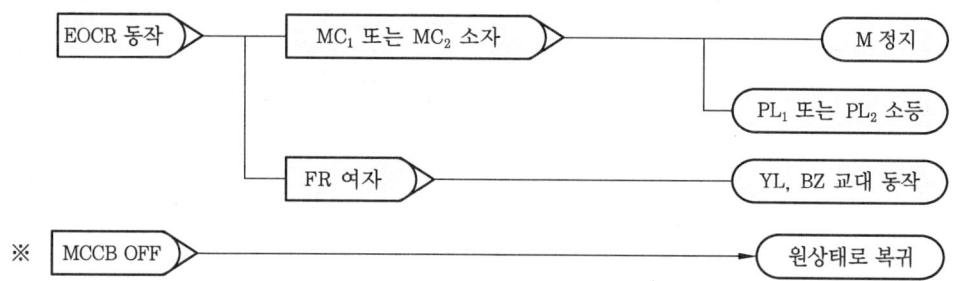

※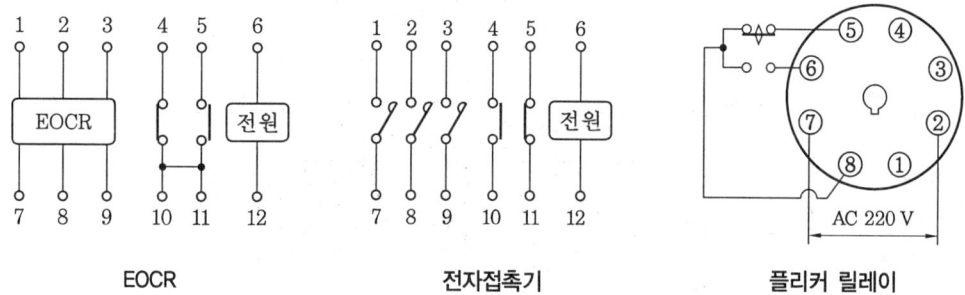

(8) 제어 부품 내부 결선도

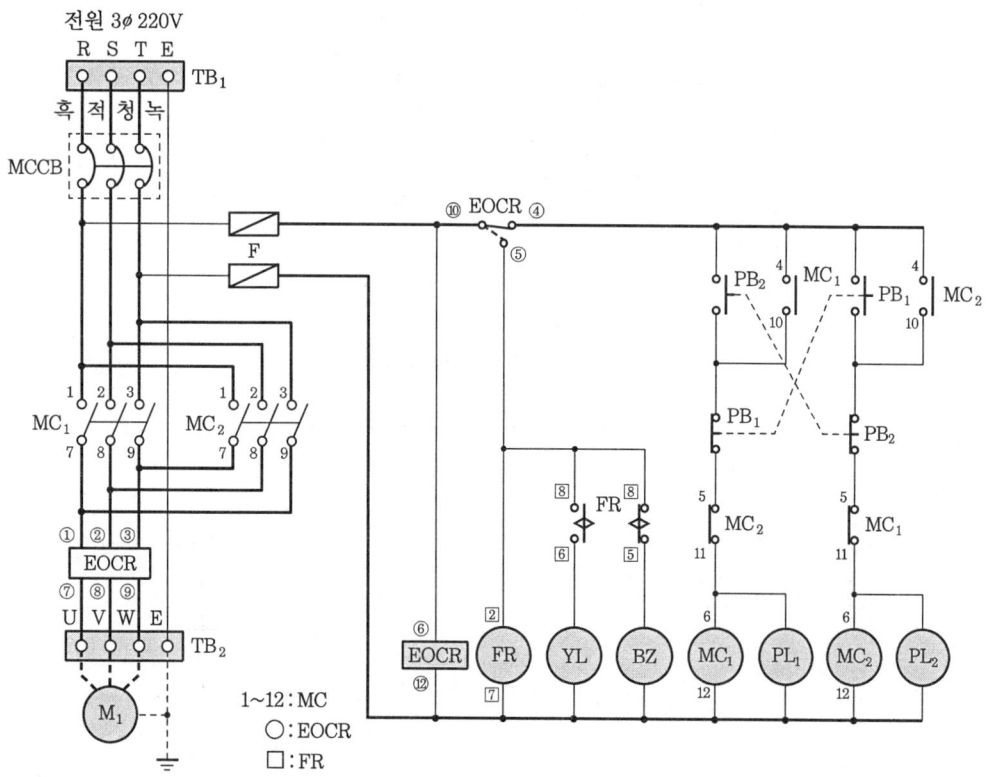

(10) 실체 배선도

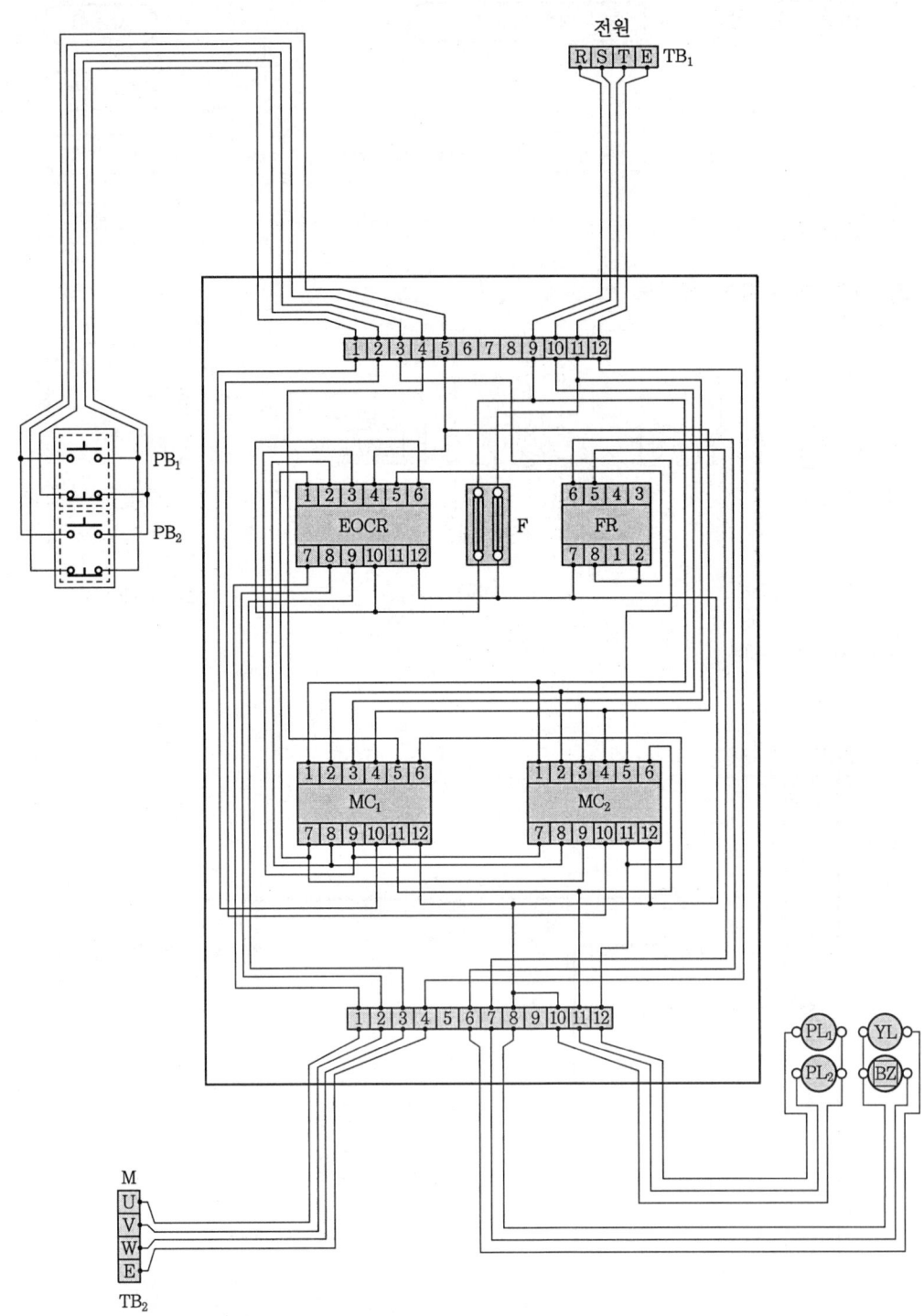

전기 기능사(실기) ▶ 2014. 6. 30 시행

  과제명 : 온실하우스 간이 난방운전

• 시험시간 : 표준시간-4시간, 연장시간-30분

(1) 요구 사항
① 지급된 재료를 사용하여 제한시간 내에 주어진 과제를 완성하시오.
② 공통 사항
  (가) 전원방식 : 3상 3선식 220 V
  (나) 공사방법
    • PE 전선관
    • 합성수지제 가요 전선관(CD)
③ 동작
  (가) 전원 투입 시 GL 점등
  (나) PB$_1$(수동)을 ON하면 R$_1$(릴레이) 여자, H(전자접촉기) 여자되어 Heater(히터) 동작, RL$_1$ 및 RL$_2$ 점등, 타이머 설정시간 후 F(전자접촉기)가 여자되어 FAN이 운전한다.
  (다) PB$_2$(자동)을 ON하면 R$_2$ 여자되고 센서(단자대 대치)에 의하여 H가 여자되어 Heater(히터) 동작, RL$_3$ 및 RL$_2$ 점등, 타이머 설정시간 후 F(전자접촉기)가 여자되어 FAN이 운전한다.
  (라) H 및 F 운전 중에 EOCR 작동되면 BZ 및 YL이 FR의 설정시간에 따라 경보·점등이 반복된다.
  (마) PB$_0$를 누르면 H, F 동작 정지
④ 기타 사항
  (가) 도면의 히터 및 FAN 부분은 접속을 생략하고 작업하시오.
  (나) 범례를 참고하여 배치도를 구성하시오.
  (다) 기타 명시되지 않은 공사방법 등은 내선공사법 및 감독관의 지시에 따릅니다.

(2) 수검자 유의사항
① 주어진 표준시간을 초과하여 연장시간을 사용한 경우 초과된 시간 10분 이내마다 전체득점에서 5점씩 감점합니다.
② 시험 시작 전 지급된 재료의 이상 유무를 확인하고 이상이 있을 때에는 시험위원의 승인을 얻어 교환할 수 있습니다. (단, 시험 시작 후 파손된 재료는 수험자 부주의로 파손된 것으로 간주되어 추가로 지급받지 못합니다.)
③ 제어함(판)을 포함한 작업대(판)에서의 제반 치수는 mm이고 치수 허용 오차는 제어판 내부는 ±10 mm, 배관 및 기구 배치도는 ±30 mm입니다.
④ 전선관의 수직과 수평을 맞추어 작업하고, 전선관의 곡률 반경은 전선관 안지름의

6배 이상으로 합니다.
⑤ 전선관이 작업판에서 뜨지 않도록 새들을 사용하여 튼튼하게 고정합니다.
⑥ 제어함 내의 기구 배치는 도면에 따르되 소켓에 전자접촉기와 플리커 릴레이 등 채점용 기구 등이 들어갈 수 있도록 합니다.
　※ 제어함 배선 시 기구와 기구 사이 배선 금지
⑦ 주회로는 1.5 mm²(1/1.38) R상은 흑색, T상은 청색 전선, 보조회로는 1.5 mm²(1/1.38) 황색 전선을 사용합니다.
⑧ 접지회로는 1.5 mm²(1/1.38) 전선(녹색)으로 배선하여야 합니다.
⑨ 제어함과 전선관이 접속되는 부분에는 전선관용 커넥터를 사용하고 제어함에 5 mm 정도 올리고 새들로 고정하여야 합니다.
⑩ 퓨즈 홀더에 퓨즈를 끼워 놓아야 합니다.
⑪ 전원 및 부하(전동기) 단자대는 제어회로도 순으로 결선합니다.
⑫ 전원측 단자대인 TB_1에는 동작시험을 할 수 있도록 전원선의 색깔에 맞추어 100 mm 정도의 인입선을 붙이고 클립으로 연결할 수 있도록 10 mm 정도 피복을 벗겨둡니다.
⑬ 센서의 단자대(TB_4) 부분에는 100 mm 정도의 인입선을 붙이고 클립으로 연결할 수 있도록 10 mm 정도 피복을 벗겨둡니다.
⑭ 단자에 전선을 접속하는 경우 나사를 견고하게 조입니다. 단자조임 불량이란 전선 피복 제거가 2 mm 이상 보이거나 피복이 단자에 물린 경우를 말합니다.
　※ 한 단자에 전선 세 가닥 이상 접속 금지
⑮ 동작시험은 수험자가 준비한 회로시험기 또는 벨 시험기를 가지고 확인을 할 수 있으나, 전원을 투입하여 동작시험은 할 수 없습니다 (기타 시험기 불가).
⑯ 접지는 도면에 표시된 부분만 실시하고, 접지선은 입력 단자대에서 제어함 내의 단자대를 거쳐 출력 단자대까지 결선하여 모든 접지는 입력 단자대의 접지측과 연결되어야 합니다.
⑰ 다음과 같은 경우에는 채점대상에서 제외합니다.
　㈎ 시험시간(표준시간 및 연장시간 포함) 내에 요구사항을 완성하지 못한 경우
　㈏ 시험시간 내에 제출된 작품이라도 다음과 같은 경우
　　• 완성된 과제가 도면 및 배치도와 상이한 경우 등(스위치 및 램프 색상 포함)
　　• 제어함 밖으로 인출되는 배선이 제어함 내의 단자대를 거치지 않고 직접 접속된 경우
　　• 제어함 내부 배선 상태나 전선관 가공 상태가 불량하여 전기 공급이 불가한 경우
　　• 제어함(판) 내의 기구 간격 불량으로 동작 상태의 확인이 불가한 경우
　　• 접지공사를 하지 않은 경우(전동기 부분은 생략)
　㈐ 배관 및 기구배치도에서 허용 오차 ±50 mm 이상일 경우 채점대상에서 제외
⑱ 작업이 종료된 후에는 도면을 제출하여야 하며, 외부로 반출할 수 없습니다.
⑲ 시험 종료 후 작품의 작동 여부를 감독위원으로부터 확인받을 수 있습니다.

(3) 지급 재료 목록

일련번호	재 료 명	규 격	단위	수량	비 고
1	제어함	350×450×9 mm	개	1	
2	컨트롤 박스	φ25 mm 3구	개	1	
3	컨트롤 박스	φ25 mm 2구	개	3	
4	단자대	15P, 20A	개	2	(6P : 2, 3P : 1)
5	단자대	3P, 20A	개	4	
6	타이머 소켓	8P	개	2	
7	릴레이 소켓	8P	개	2	
8	파일럿 램프	φ25 mm, 220V(적)	개	5	적색 3개, 황색 1개, 녹색 1개
9	푸시 버튼 스위치	φ25 mm, 1a1b(녹)	개	3	녹색 2개, 적색 1개
10	전자접촉기 소켓	12P	개	2	
11	EOCR 소켓	12P	개	1	
12	새들	16 mm, 전선관용	개	40	
13	PE 전선관	φ16	m	7	
14	플렉시블 전선관	φ16	m	7	
15	케이블 타이	100 mm	개	20	
16	IV 전선	1.5 mm²(1/1.38) 황색	m	50	
17	IV 전선	1.5 mm²(1/1.38) 흑색	m	7	
18	IV 전선	1.5 mm²(1/1.38) 청색	m	7	
19	IV 전선	1.5 mm²(1/1.38) 녹색	m	7	
20	나사못	M4×12 mm	개	90	
21	나사못	M4×16 mm	개	10	
22	나사못	M4×20 mm	개	20	
23	버저	AC 250 V, 25φ	개	1	
24	퓨즈 홀더	250 V 2P	개	1	(2A 퓨즈 2개 포함)
25	PE 전선관 커넥터	16 mm	개	6	
26	CD 전선관 커넥터	16 mm	개	6	
27	타이머	on delay 8P 30sec	개	1	
28	power relay	12P	개	2	
29	EOCR	12P	개	1	
30	릴레이	8P	개	2	
31	플리커	8P	개	1	

(4) 배관 및 기구 배치도

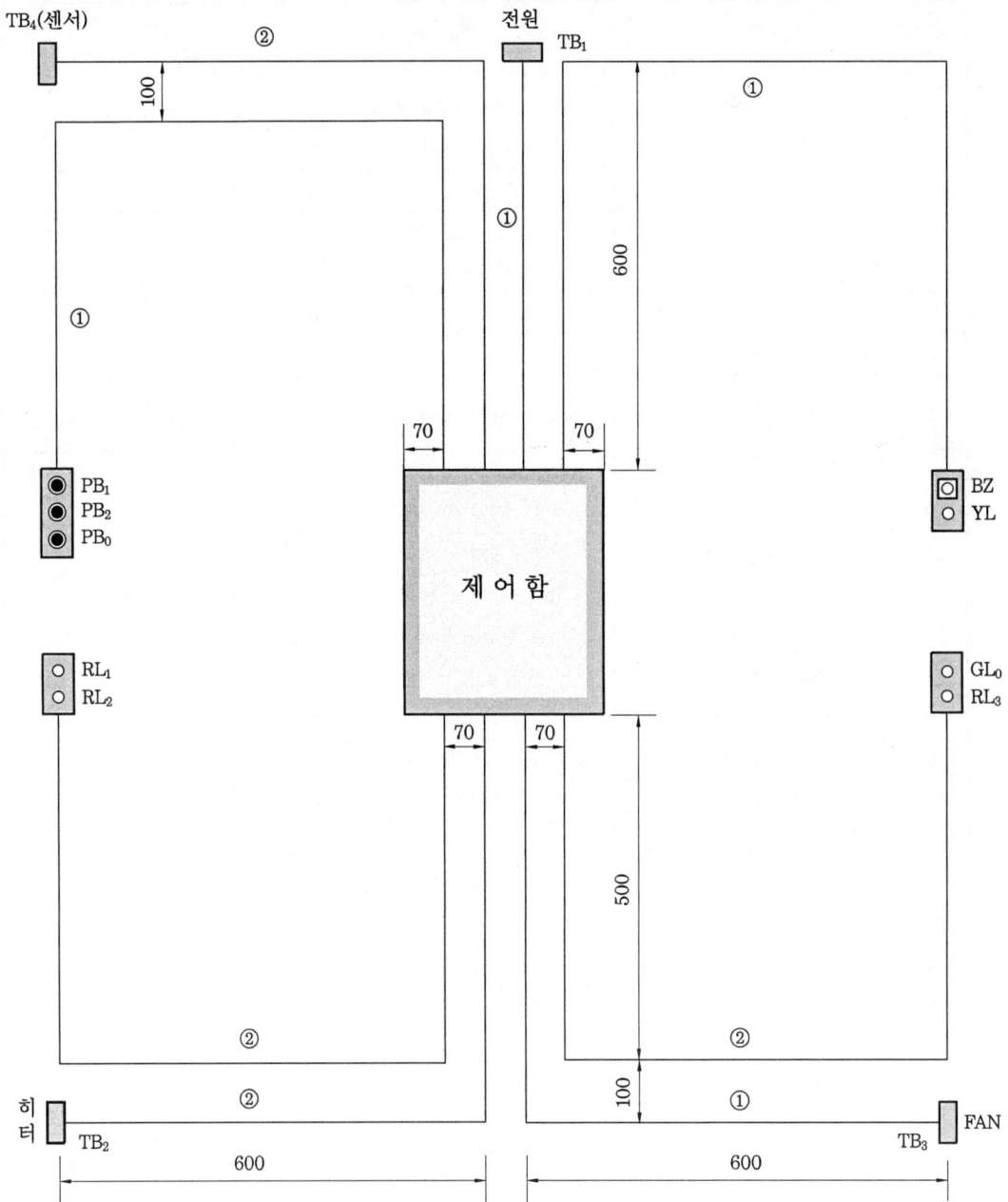

(5) 제어함 내부 기구 배치도

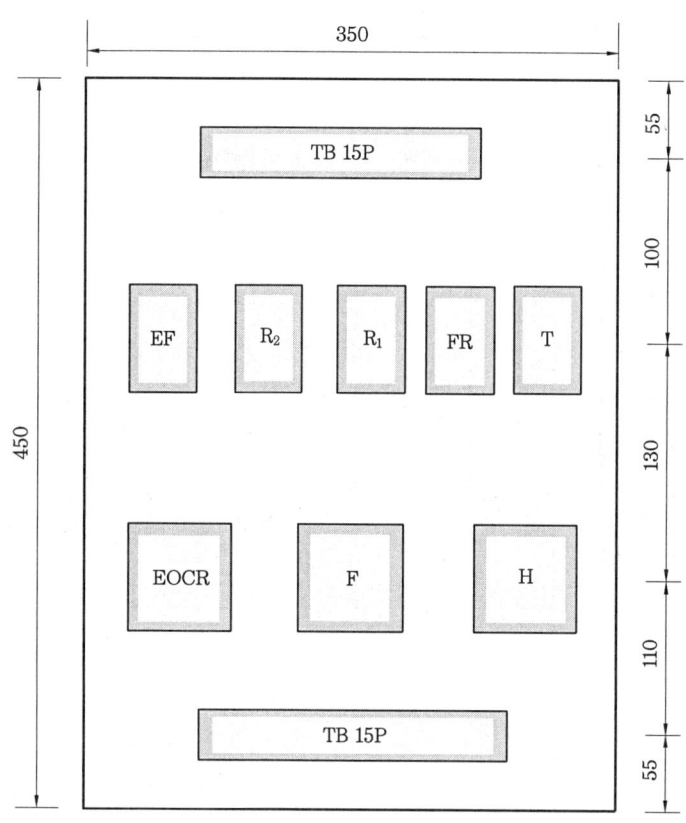

범 례

기 호	명 칭	기 호	명 칭
TB_1, TB_2, TB_3, TB_4	전원(3P)	RL_1, RL_2, RL_3	파일럿 램프(적색)
H, F	전자접촉기 power relay(12P)	BZ	버저
EOCR	EOCR(12P)	PB_0(적색)	푸시 버튼 스위치
T	타이머(8P)	R_1, R_2	릴레이(8P)
YL	파일럿 램프(황색)	EF	유리 퓨즈(2A)×2P
GL	파일럿 램프(녹색)	PB_1, PB_2(녹색)	푸시 버튼 스위치
FR	플리커 릴레이	TB 15P	제어함 단자대

262 부 록

(6) 동작 회로도

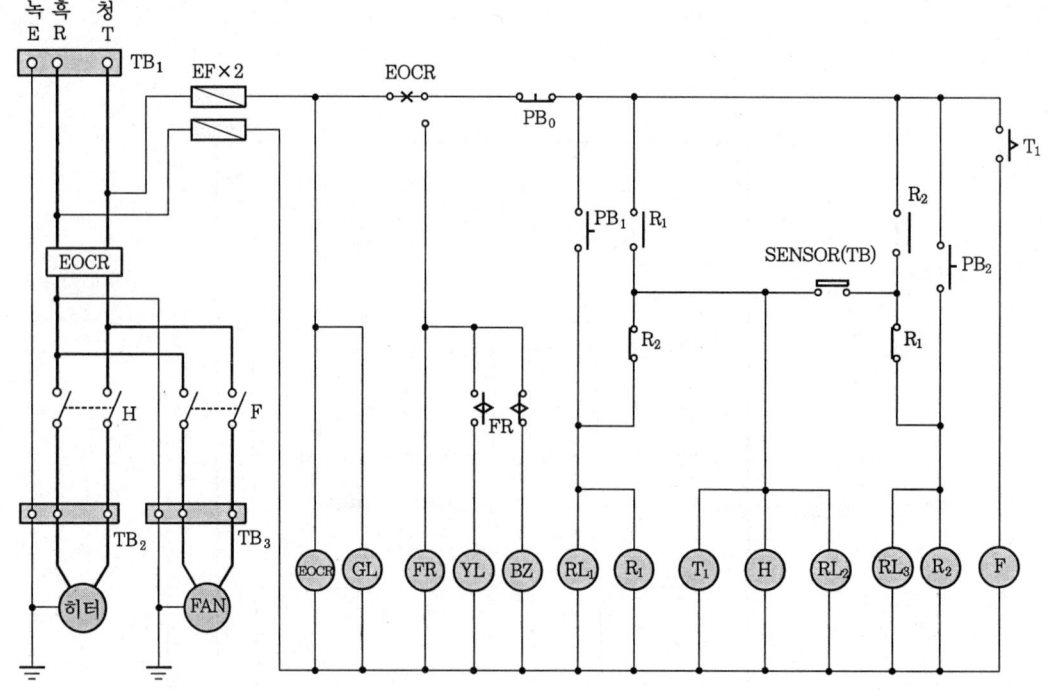

(7) 동작 순서

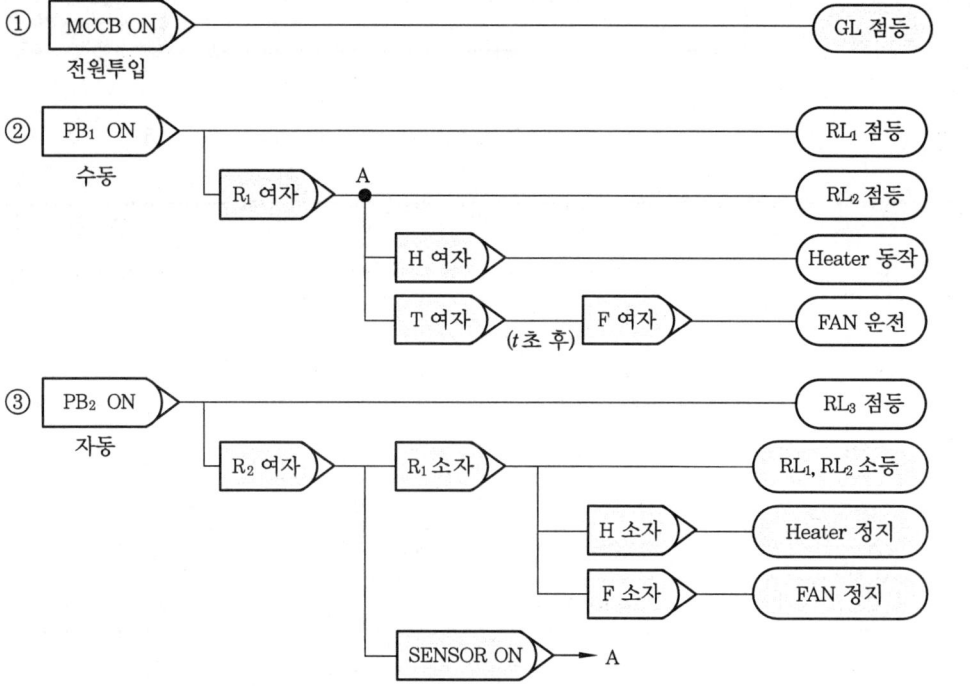

• H 및 F 운전 중 과부하로 인하여 EOCR이 동작하면

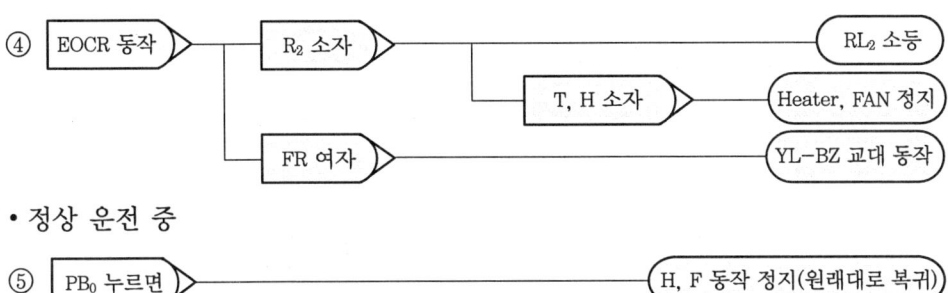

• 정상 운전 중

⑤ PB₀ 누르면 ⟩──────────────────⟨ H, F 동작 정지(원래대로 복귀)

(8) 제어 부품 내부 결선도

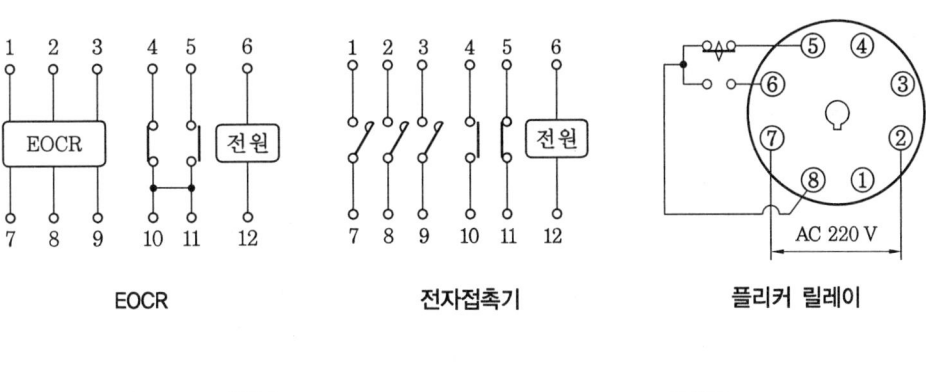

EOCR 　　　　전자접촉기 　　　　플리커 릴레이

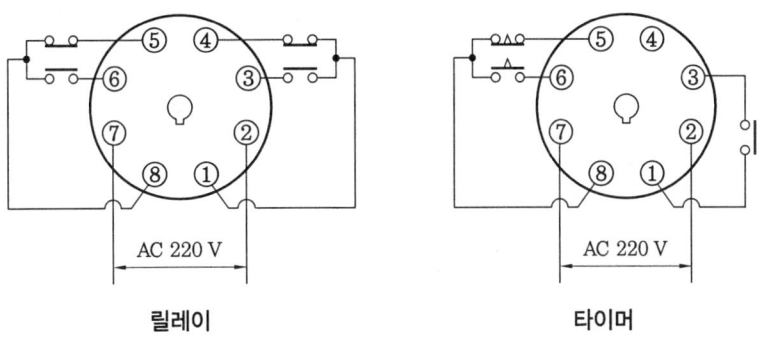

릴레이 　　　　타이머

(9) 단자번호 부여

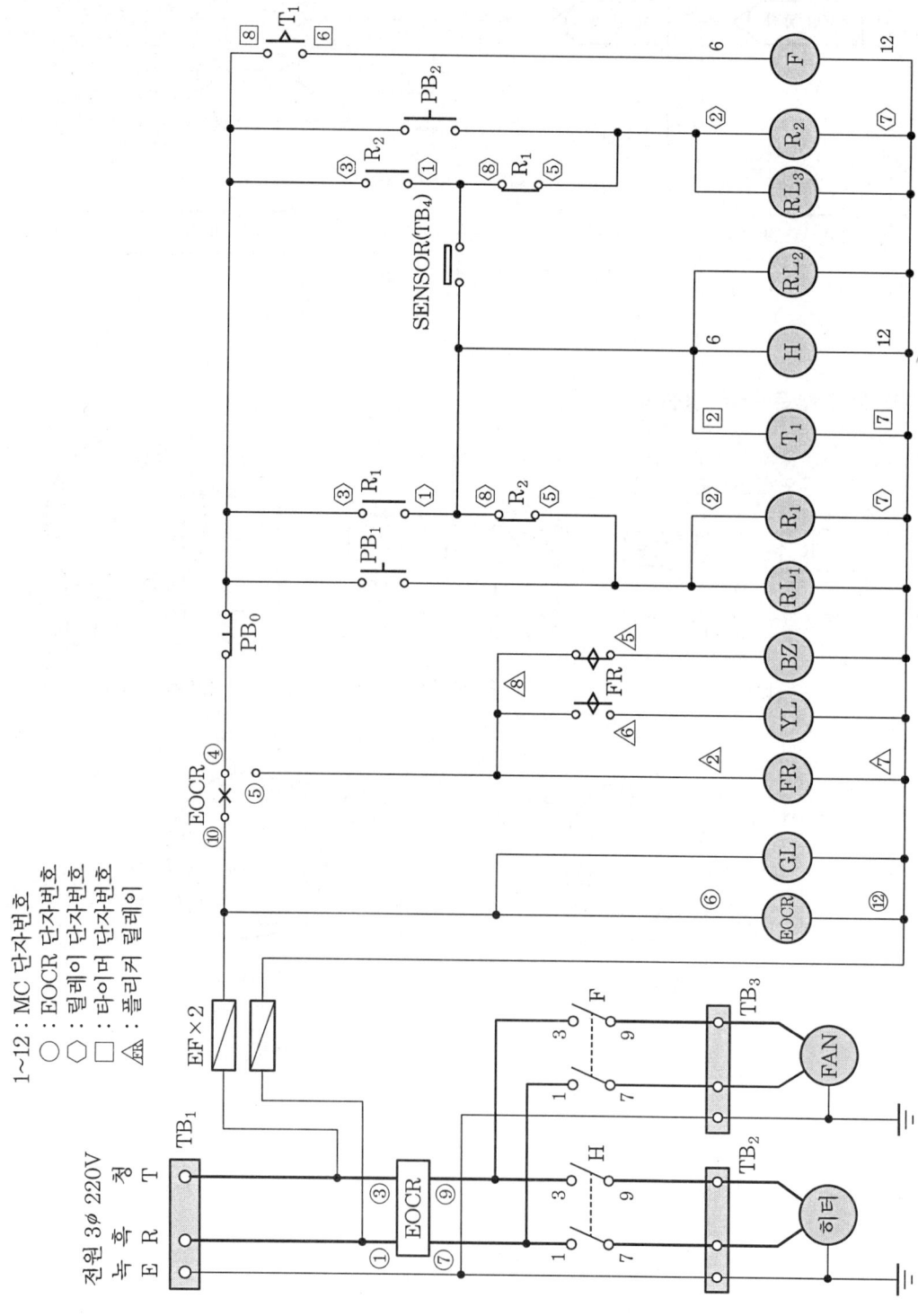

(10) 실체 배선도

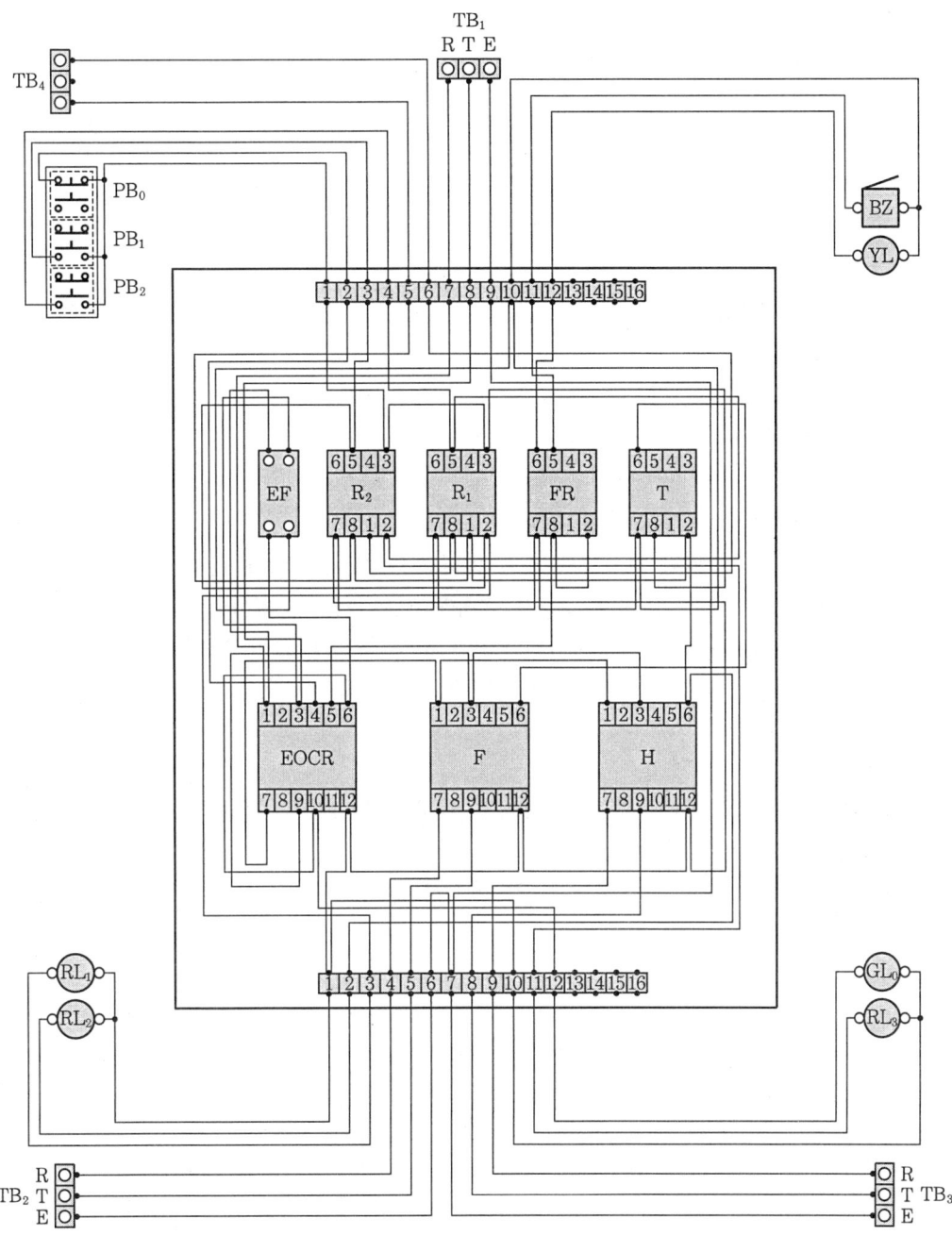

□ 전기 기능사(실기) ▶ 2014. 11. 24 시행

■ 과제명 : 전동기 제어회로

• 시험시간 : 표준시간-4시간, 연장시간-30분

(1) 요구 사항

① 지급된 재료를 사용하여 제한시간 내에 주어진 과제를 완성하시오.

② 공통 사항

　㈎ 전원방식 : 3상 3선식 220 V

　㈏ 공사방법
　　• 합성수지제 가요 전선관(CD)
　　• PE 전선관

③ 동작

　㈎ 전원 ON 시 PL_1, PL_4, PL_5 점등

　㈏ PB_1을 누르면 PR_1이 여자, PL_2가 점등되고 PL_4가 소등된다.

　㈐ PB_3을 누르면 PR_2가 여자, PL_3가 점등되고 PL_5가 소등된다.

　㈑ PB_2를 누르거나 LS_1이 감지되면 PR_1이 소자, PL_2가 소등, PL_4 점등된다.

　㈒ PB_4를 누르거나 LS_2가 감지되면 PR_2가 소자, PL_3이 소등, PL_5 점등된다.

　㈓ 동작 진행 중 PB_0를 누르고 있을 때, PL_1을 제외한 모든 회로는 소자 또는 소등된다.

　㈔ 동작 진행 중 $EOCR_1$ 또는 $EOCR_2$가 과부하 시 PL_1을 제외한 모든 회로는 소자 또는 소등되고 BZ가 동작된다.

　㈕ $EOCR_1$, $EOCR_2$를 reset하면 BZ가 동작을 정지하며, 모든 회로는 초기화 상태로 돌아간다.

④ 기타 사항

　㈎ 도면의 모터 부분(접지 포함)은 접속을 생략하고 작업하시오.

　㈏ 범례를 참고하여 배치도를 구성하시오.

　㈐ 기타 명시되지 않은 공사방법 등은 내선공사법 및 감독관의 지시에 따릅니다.

(2) 수검자 유의사항

① 주어진 표준시간을 초과하여 연장시간을 사용한 경우 초과된 시간 10분 이내마다 전체득점에서 5점씩 감점합니다.

② 시험 시작 전 지급된 재료의 이상 유무를 확인하고 이상이 있을 때에는 시험위원의 승인을 얻어 교환할 수 있습니다. (단, 시험 시작 후 파손된 재료는 수험자 부주의로 파손된 것으로 간주되어 추가로 지급받지 못합니다.)

③ 제어함(판)을 포함한 작업대(판)에서의 제반 치수는 mm이고 치수 허용 오차는 제어판

내부는 ±10 mm, 배관 및 기구 배치도는 ±30 mm입니다.
④ 전선관의 수직과 수평을 맞추어 작업하고, 전선관의 곡률 반경은 전선관 안지름의 6배 이상으로 합니다.
⑤ 전선관이 작업판에서 뜨지 않도록 새들을 사용하여 튼튼하게 고정합니다.
⑥ 제어함 내의 기구 배치는 도면에 따르되 소켓에 전자접촉기와 플리커 릴레이 등 채점용 기구 등이 들어갈 수 있도록 합니다.
　※ 제어함 배선 시 기구와 기구 사이 배선 금지
⑦ 주회로는 $2.5\ mm^2$(1/1.78) 전선, 보조회로는 $1.5\ mm^2$(1/1.38) 전선을 사용하고 주회로의 전선 색깔은 R상은 흑색, S상은 적색, T상은 청색을 사용합니다.
⑧ 접지회로는 $2.5\ mm^2$(1/1.78) 전선(녹색)으로 배선하여야 합니다.
⑨ 제어함과 전선관이 접속되는 부분에는 전선관용 커넥터를 사용하고 제어함에 5 mm 정도 올리고 새들로 고정하여야 합니다.
⑩ 퓨즈 홀더에 퓨즈를 끼워 놓아야 합니다.
⑪ 전원 및 부하(전동기) 단자대는 제어회로도 순으로 결선합니다.
⑫ 전원측 단자대인 TB_1에는 동작시험을 할 수 있도록 전원선의 색깔에 맞추어 100 mm 정도의 인입선을 붙이고 클립으로 연결할 수 있도록 10 mm 정도 피복을 벗겨둡니다.
⑬ 단자에 전선을 접속하는 경우 나사를 견고하게 조입니다. 단자조임 불량이란 전선 피복 제거가 2 mm 이상 보이거나, 피복이 단자에 물린 경우를 말합니다.
　※ 한 단자에 전선 세 가닥 이상 접속 금지
⑭ 동작시험은 수험자가 준비한 회로시험기 또는 벨 시험기를 가지고 확인을 할 수 있으나, 전원을 투입하여 동작시험은 할 수 없습니다(기타 시험기 불가).
⑮ 접지는 도면에 표시된 부분만 실시하고, 접지선은 입력 단자대에서 제어함 내의 단자대를 거쳐 출력 단자대까지 결선하여 모든 접지는 입력 단자대의 접지측과 연결되어야 합니다.
⑯ 다음과 같은 경우에는 채점대상에서 제외합니다.
　㈎ 시험시간(표준시간 및 연장시간 포함) 내에 요구사항을 완성하지 못한 경우
　㈏ 시험시간 내에 제출된 작품이라도 다음과 같은 경우
　　• 완성된 과제가 도면 및 배치도와 상이한 경우 등(스위치 및 램프 색상 포함)
　　• 제어함 밖으로 인출되는 배선이 제어함 내의 단자대를 거치지 않고 직접 접속된 경우
　　• 제어함 내부 배선 상태나 전선관 가공 상태가 불량하여 전기 공급이 불가한 경우
　　• 제어함(판) 내의 기구 간격 불량으로 동작 상태의 확인이 불가한 경우
　　• 접지공사를 하지 않은 경우(전동기 부분은 생략)
⑰ 작업이 종료된 후에는 도면을 제출하여야 하며, 외부로 반출할 수 없습니다.
⑱ 시험 종료 후 작품의 작동 여부를 감독위원으로부터 확인받을 수 있습니다.

(3) 지급 재료 목록

일련번호	재 료 명	규 격	단위	수량	비 고
1	합판	300×420×9 mm	장	1	
2	컨트롤 박스	ϕ25 2구	개	2	
3	컨트롤 박스	ϕ25 3구	개	1	
4	컨트롤 박스	ϕ25 4구	개	1	(2구용 2개로 대체)
5	단자대	10P 20A	개	4	
6	단자대	4P 20A	개	3	
7	단자대	3P 20A	개	2	LS용
8	릴레이 소켓	8P	개	2	
9	PR 소켓	12P 220V	개	2	
10	EOCR 소켓	12P 220V	개	2	
11	파일럿 램프	ϕ25 220V(백)	개	1	
12	파일럿 램프	ϕ25 220V(적)	개	2	
13	파일럿 램프	ϕ25 220V(녹)	개	2	
14	푸시 버튼 스위치	1a1b 220V ϕ25 (녹)	개	2	
15	푸시 버튼 스위치	1a1b 220V ϕ25 (적)	개	3	
16	버저	220V ϕ25	개	1	
17	새들	16 mm 전선관용	개	50	
18	PE 전선관	ϕ16	m	6	
19	플렉시블 전선관	ϕ16	m	6	
20	케이블 타이	100 mm	개	20	
21	IV 전선	1.5 mm^2(1/1.38)(황)	m	40	
22	IV 전선	2.5 mm^2(1/1.78)(흑)	m	6	
23	IV 전선	2.5 mm^2(1/1.78)(적)	m	6	
24	IV 전선	2.5 mm^2(1/1.78)(청)	m	6	
25	IV 전선	2.5 mm^2(1/1.78)(녹)	m	6	
26	커넥터	16 mm PVC 전선관용	개	6	
27	커넥터	16 mm CD 전선관용	개	6	
28	나사못	M4×12	개	100	
29	나사못	M4×15	개	40	
30	나사못	M4×25	개	10	
31	power relay	220V 12P(둥근형)	개	2	
32	EOCR	220V 12P(둥근형)	개	2	
33	릴레이	220V 8P	개	2	

(4) 배관 및 기구 배치도

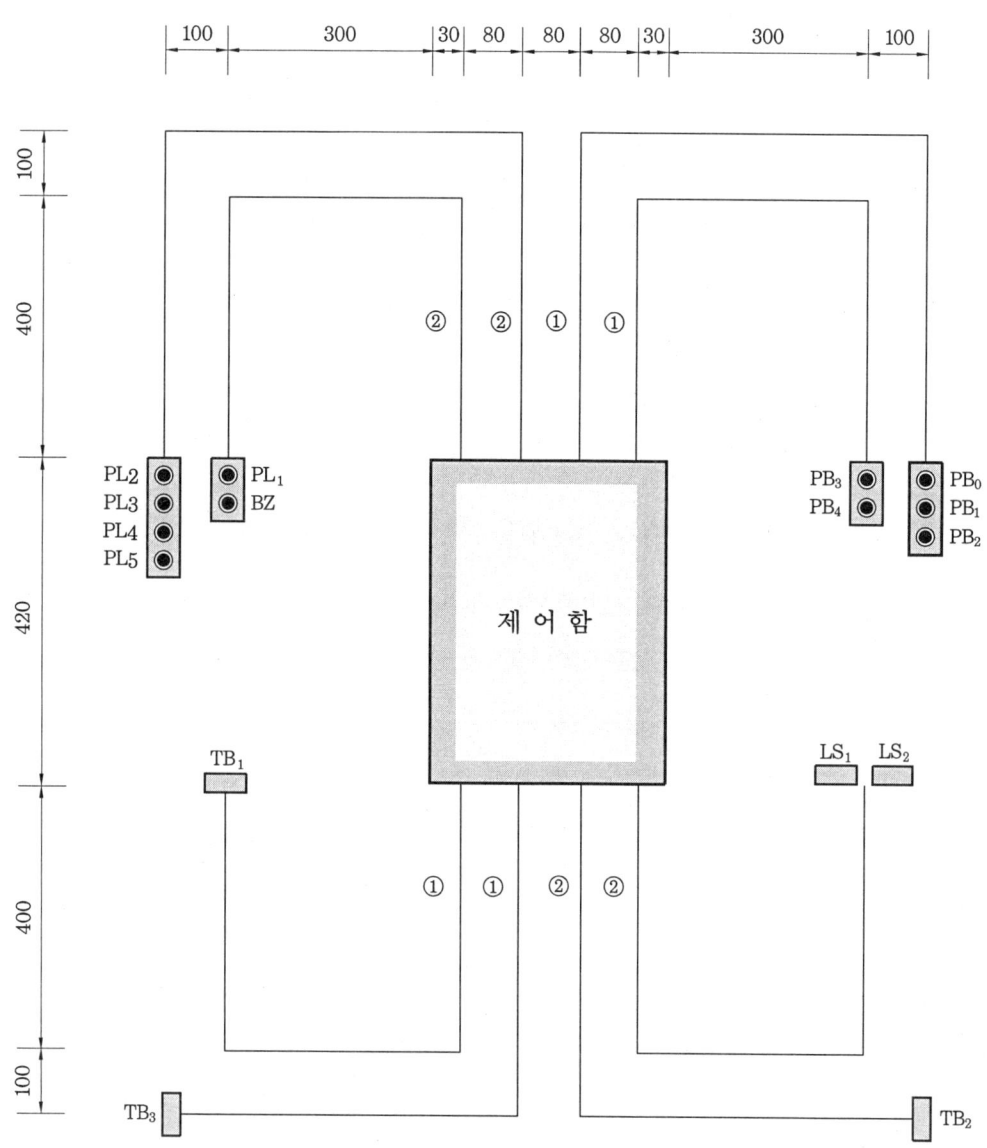

공사 방법

①	CD 전선관
②	PE 전선관

(5) 제어함 내부 기구 배치도

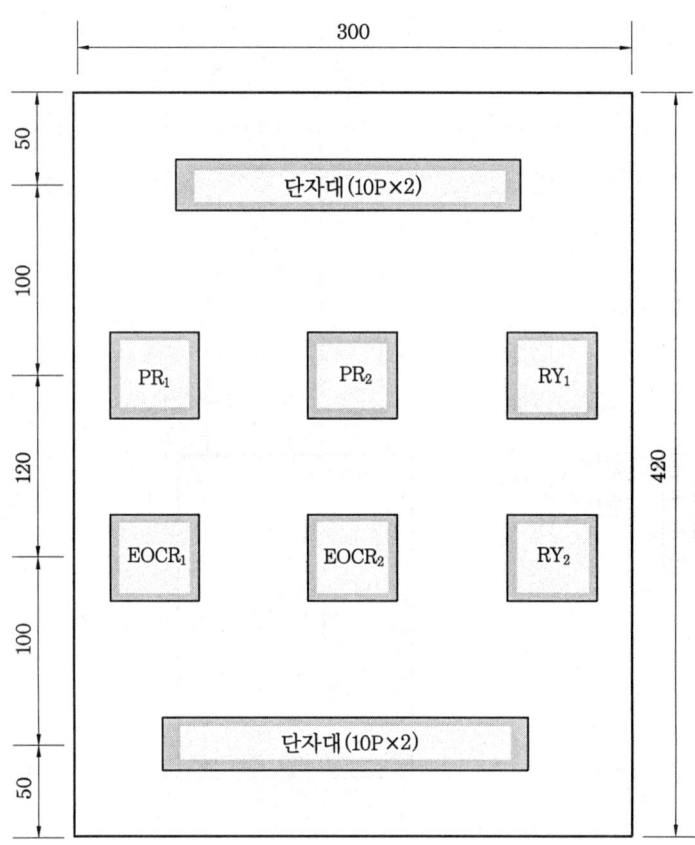

범 례

기 호	명 칭	기 호	명 칭
TB_1, TB_2, TB_3	단자대(4P)	PL_1	파일럿 램프(백)
LS_1, LS_2	단자대(3P)	PL_2, PL_3	파일럿 램프(녹)
PR_1, PR_2	전자접촉기(12P)	PL_4, PL_5	파일럿 램프(적)
$EOCR_1$, $EOCR_2$	과전류계전기(12P)	PB_1, PB_3	푸시 버튼 스위치(녹)
RY_1, RY_2	릴레이(8P)	PB_0, PB_2, PB_4	푸시 버튼 스위치(적)
BZ	버저(220V)		

(6) 동작 회로도

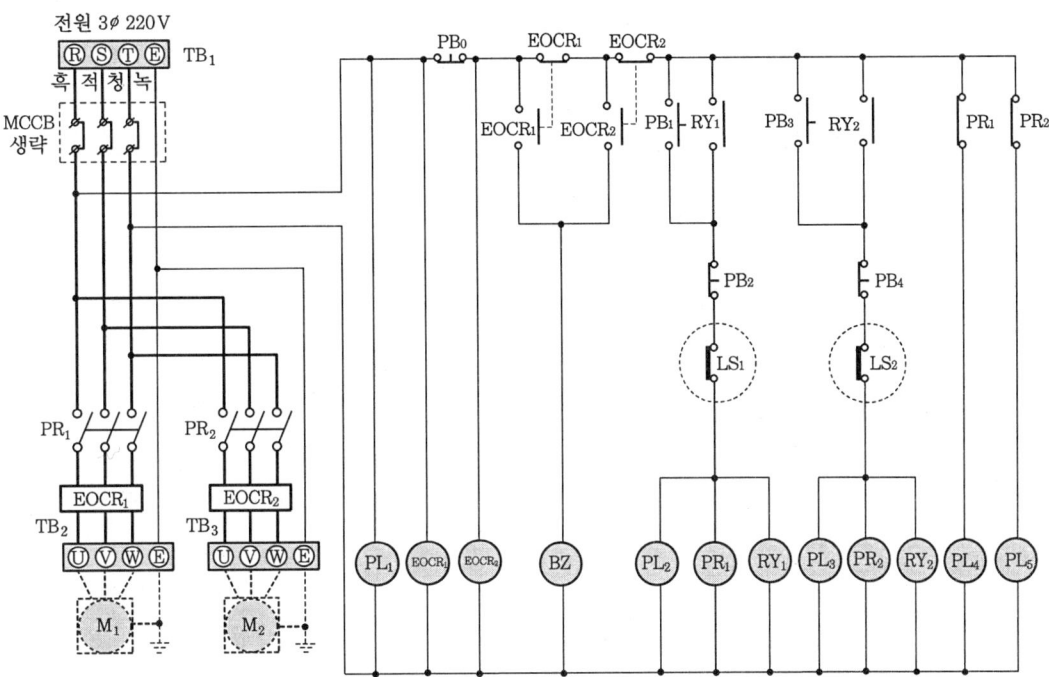

(7) 동작 순서

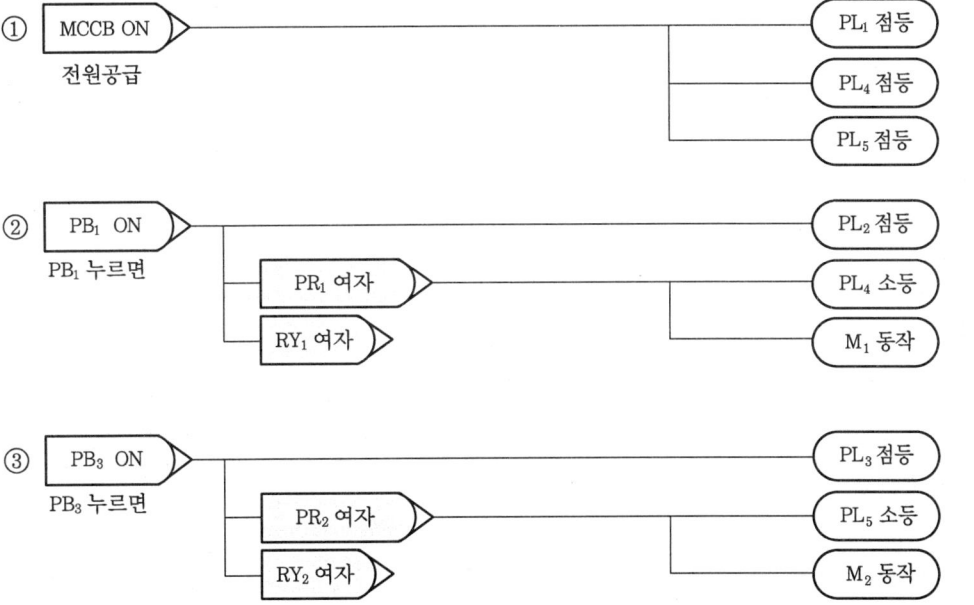

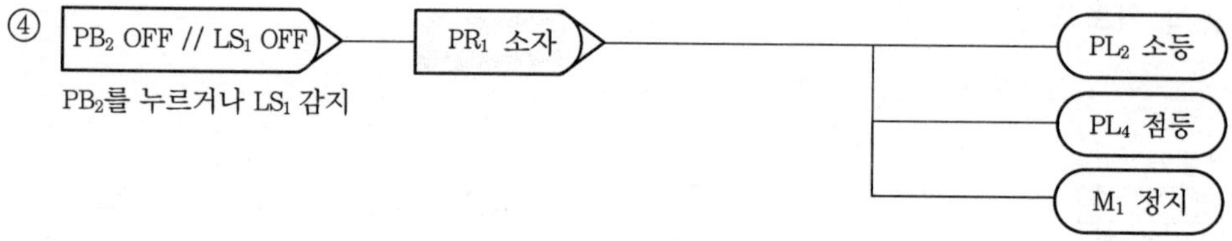

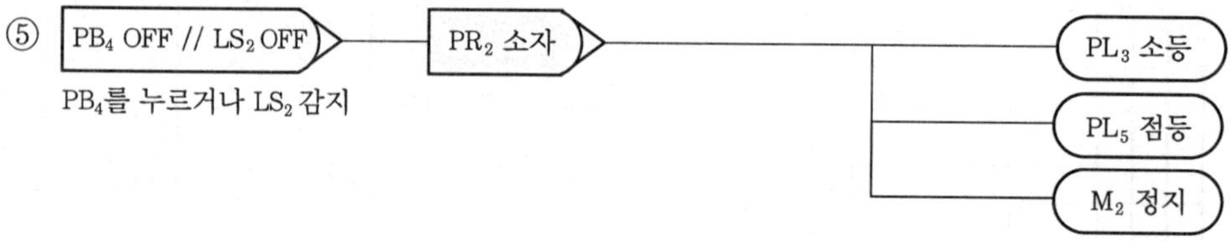

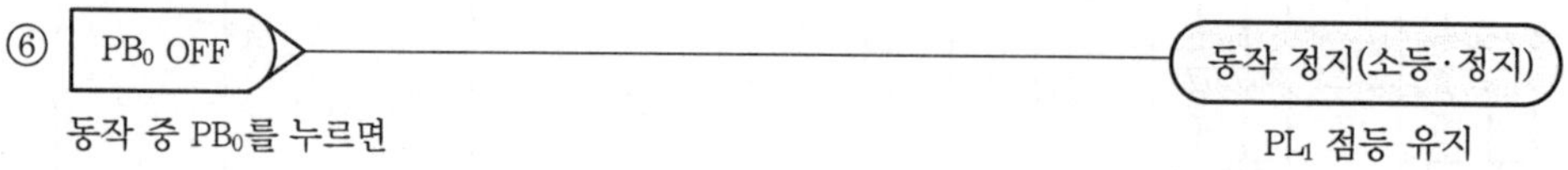

④
PB₂ OFF // LS₁ OFF
PB₂를 누르거나 LS₁ 감지
PR₁ 소자
PL₂ 소등
PL₄ 점등
M₁ 정지

⑤
PB₄ OFF // LS₂ OFF
PB₄를 누르거나 LS₂ 감지
PR₂ 소자
PL₃ 소등
PL₅ 점등
M₂ 정지

⑥
PB₀ OFF
동작 중 PB₀를 누르면
동작 정지(소등·정지)
PL₁ 점등 유지

⑦
EOCR₁ // EOCR₂ 동작
운전 중 과부하로 인하여 EOCR 동작
BZ 동작
동작 정지(소등·정지)
PL₁ 점등 유지

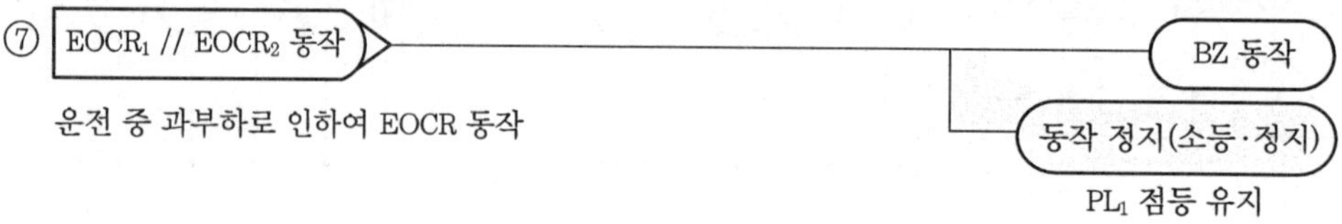

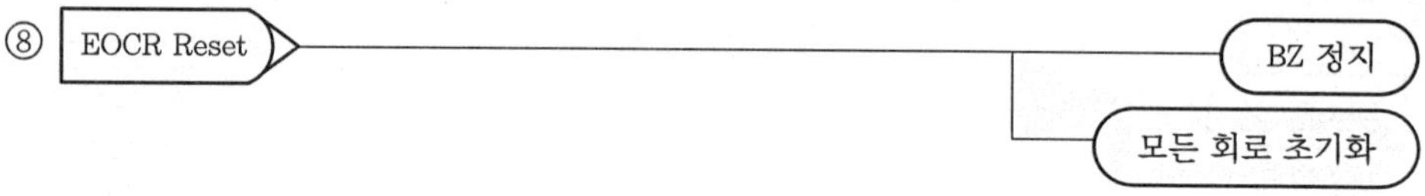

⑧
EOCR Reset
BZ 정지
모든 회로 초기화

(8) 제어 부품 내부 결선도

1 2 3 4 5 6
EOCR
전원
7 8 9 10 11 12

EOCR

1 2 3 4 5 6
전원
7 8 9 10 11 12

전자접촉기

⑤ ④ ⑥ ③ ⑦ ② ⑧ ①
AC 220 V

릴레이

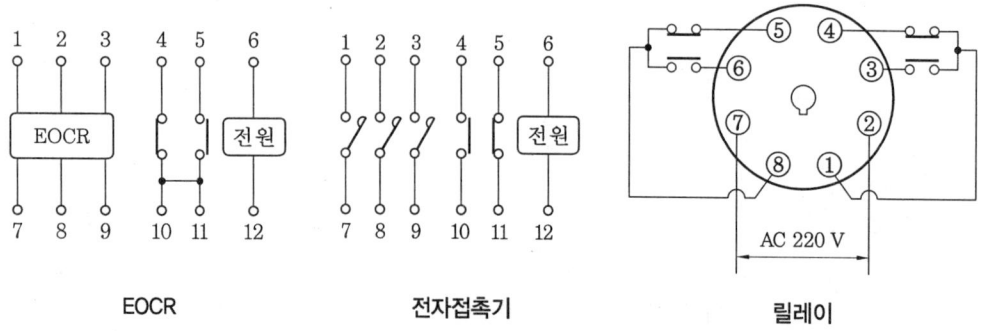

(9) 단자번호 부여

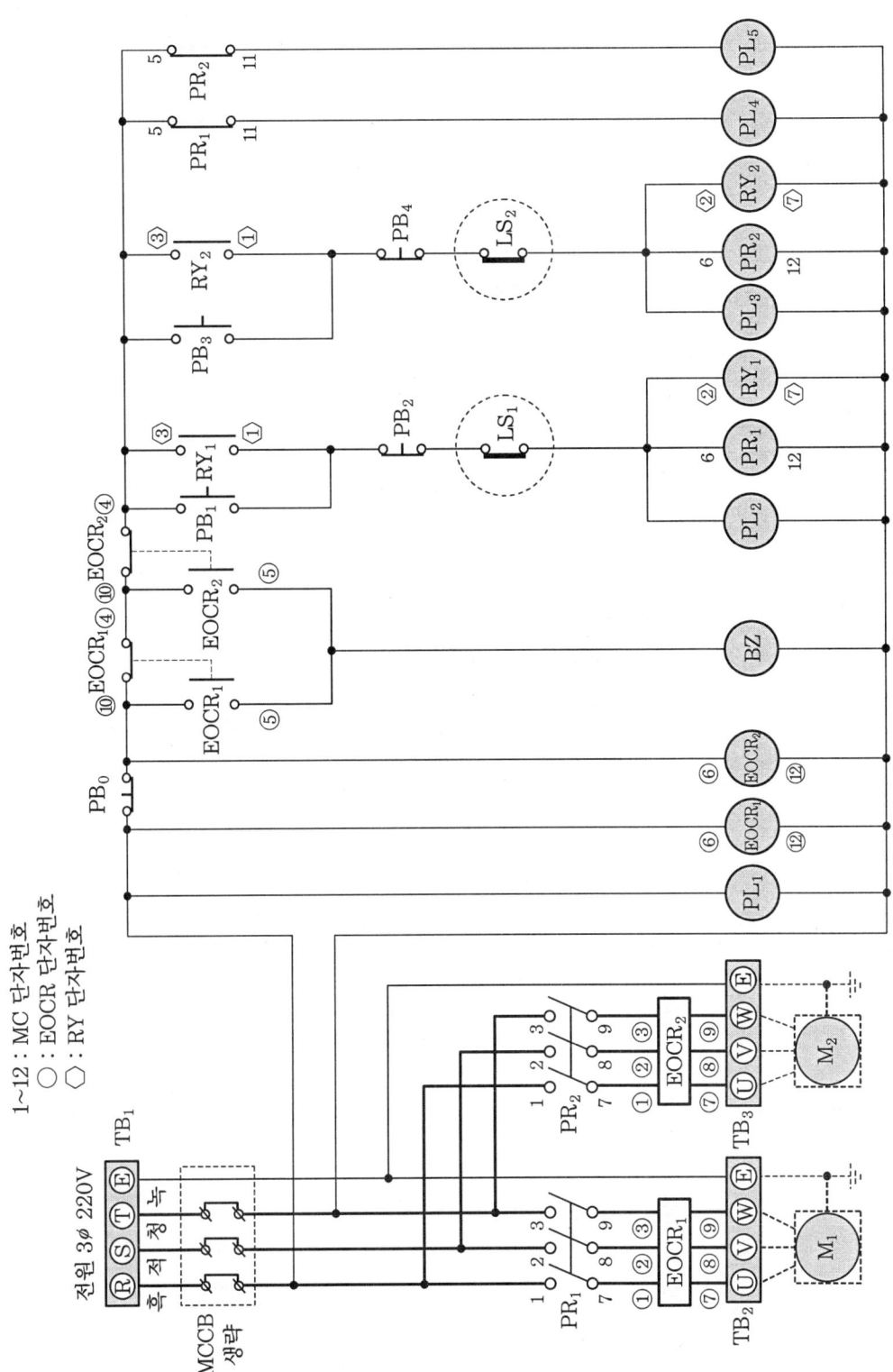

274 부록

(10) 실체 배선도

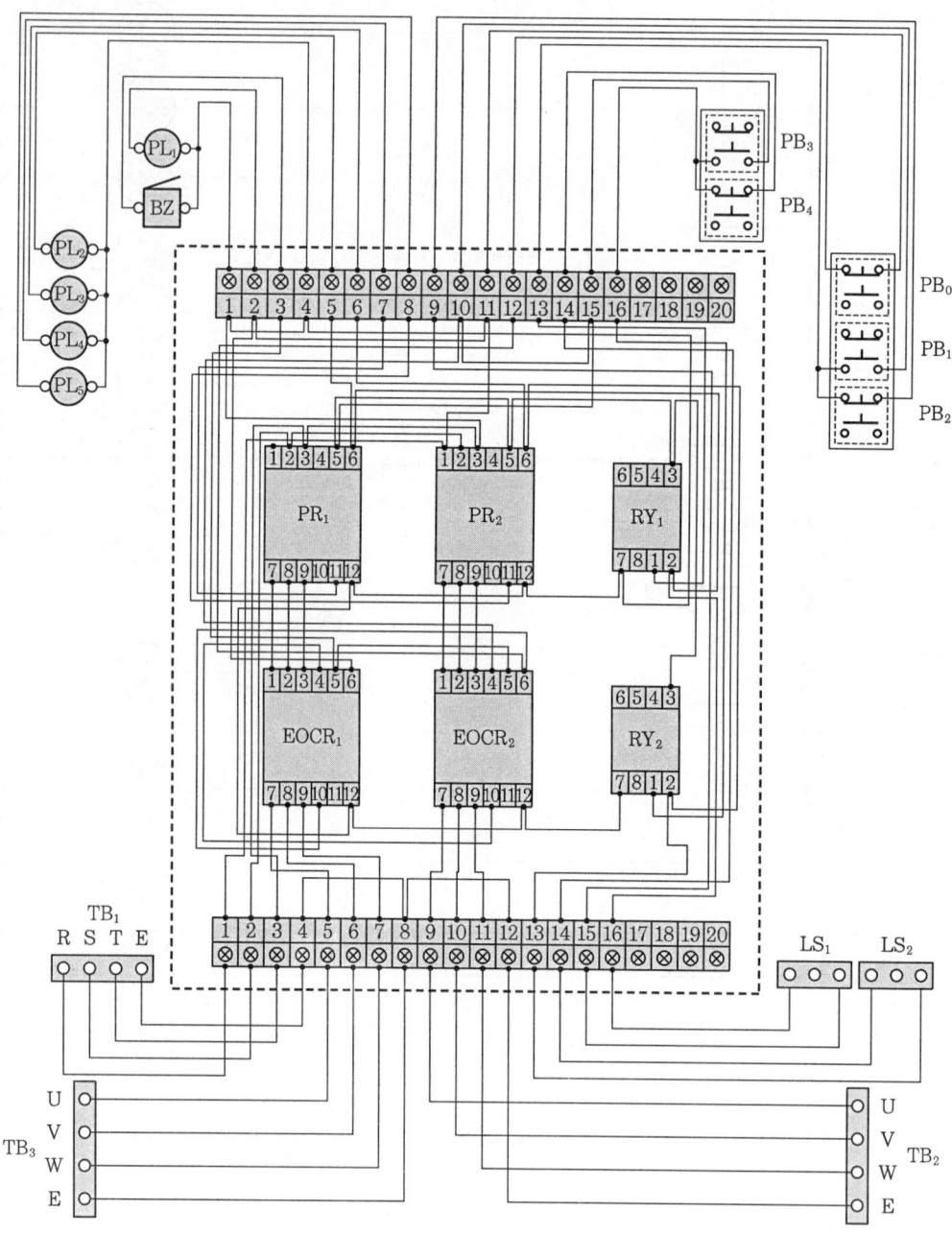

🌼 2015년도 시행 문제 🌼

□ 전기 기능사(실기)　　　　　　　　　　　　　▶ 2015. 3. 20 시행

■ 과제명 : 전동기의 1개소 기동 정지회로

• 시험시간 : 표준시간－4시간, 연장시간－없음

(1) 요구 사항

① 지급된 재료를 사용하여 제한시간 내에 주어진 과제를 완성하시오.
② 공통 사항
　㈎ 전원방식 : 3상 3선식 220 V
　㈏ 공사방법
　　• 합성수지제 가요 전선관(CD)
　　• PE 전선관
③ 동작 사항
　㈎ 전원을 ON하면 GL 점등
　㈏ PB_2를 누르면 RL 점등, GL 소등, MC 여자, 전동기 운전
　㈐ PB_1을 누르면 RL 소등, GL 점등, MC 소자, 전동기 정지
　㈑ 과부하 상태일 때, BZ와 YL이 t초를 주기로 반복 동작한다.
　㈒ PB_3를 누르면 BZ는 작동을 정지하며 YL만 t초를 주기로 점멸한다. (EOCR 동작 접점이 복귀되면 ㈎의 준비상태로 초기화된다.)
④ 기타 사항
　㈎ 도면의 전동기 부분(접지 포함)은 접속을 생략하고 작업하시오.
　㈏ 범례를 참고하여 배치도를 구성하시오.
　㈐ 기타 명시되지 않은 공사방법 등은 내선공사법 및 감독관의 지시에 따릅니다.

(2) 수검자 유의사항

① 시험시간(연장시간 없음)을 엄수하여 작품을 완성하여야 하며, 표준시간을 초과한 경우 미완성 작품으로 처리되어 채점대상에서 제외됩니다.
② 시험 시작 전 지급된 재료의 이상 유무를 확인하고 이상이 있을 때에는 시험위원의 승인을 얻어 교환할 수 있습니다. (단, 시험 시작 후 파손된 재료는 수험자 부주의로 파손된 것으로 간주되어 추가로 지급받지 못합니다.)
③ 제어함(판)과 배관 및 기구배치도의 치수는 mm이고 치수 허용 오차는 제어판 내부는 ±10 mm이고, 배관 및 기구배치도는 ±30 mm입니다.

④ 전선관은 수직과 수평을 맞추어 작업하고, 전선관의 곡률 반경은 전선관 안지름의 6D 이상 10D 이하이어야 합니다(D는 전선관 안지름).
⑤ 전선관이 작업판에서 뜨지 않도록 새들을 사용하여 튼튼하게 고정합니다.
⑥ 제어함 내의 기구 배치는 도면에 의하며 소켓에 전자접촉기(MC)와 과부하계전기(EOCR), 타이머, 릴레이 등 채점용 기기 등이 들어갈 수 있도록 합니다.
   ※ 제어함 배선 시 기구와 기구 사이 배선 금지
⑦ 주회로는 2.5 mm^2(1/1.78) 전선, 보조회로는 1.5 mm^2(1/1.38) 전선을 사용하고, 주회로의 전선 색상은 R상은 흑색, S상은 적색, T상은 청색을 사용합니다.
⑧ 접지회로는 2.5 mm^2(1/1.78) 전선(녹색)으로 배선하여야 합니다.
⑨ 제어함과 전선관이 접속되는 부분에는 전선관용 커넥터를 사용하고 제어함에 5 mm 정도 올리고 새들로 고정하여야 합니다.
⑩ 전원 및 부하(전동기) 단자대의 배선은 시퀀스도의 표시된 순서대로 결선합니다.
⑪ 전원측 단자대인 TB$_1$에는 동작시험을 할 수 있도록 전원선의 색깔에 맞추어 100 mm 정도의 인입선을 붙이고 클립으로 연결할 수 있도록 10 mm 정도 피복을 벗겨 둡니다.
⑫ 단자에 전선을 접속하는 경우 나사를 견고하게 조입니다. 단자조임 불량이란 전선 피복 제거가 2 mm 이상 보이거나, 피복이 단자에 물린 경우를 말합니다.
   ※ 한 단자에 전선 3가닥 이상 접속 금지
⑬ 회로의 배선점검은 본인이 준비한 회로시험기 또는 벨 시험기를 활용하여 확인할 수 있으나, 전원을 투입하여 동작시험은 할 수 없습니다.
⑭ 접지는 도면에 표시된 부분만 실시하고, 접지선은 입력 단자대에서 제어함 내의 단자대를 거쳐 출력 단자대까지 결선하여 모든 접지는 입력 단자대의 접지측과 연결되어야 합니다.
⑮ 다음과 같은 경우에는 채점대상에서 제외합니다.
   ㈎ 시험시간(표준시간) 내에 요구사항을 완성하지 못한 경우
   ㈏ 시험시간 내에 제출된 작품이라도 다음과 같은 경우
     • 완성된 과제가 도면 및 배치도와 상이한 경우 등(스위치 및 램프 색상 포함)
     • 제어함 밖으로 인출되는 배선이 제어함 내의 단자대를 거치지 않고 직접 접속된 경우
     • 제어함 내부 배선 상태나 전선관 가공 상태가 불량하여 전기 공급이 불가한 경우
     • 제어함(판) 내의 기구 간격 불량으로 동작 상태의 확인이 불가한 경우
     • 접지공사를 하지 않은 경우(전동기 부분은 생략)
⑯ 작업이 종료된 후에는 도면을 제출하여야 하며, 외부로 반출할 수 없습니다.
⑰ 시험 종료 후 완성작품에 대하여 동작사항을 시험위원으로부터 확인받을 수 있습니다.

(3) 지급 재료 목록

일련번호	재료명	규격	단위	수량	비 고
1	합판	350×450×12 mm	장	1	
2	MCCB	3P 30A	개	1	
3	퓨즈(2P)	유리관형(퓨즈 포함)	개	1	
4	전선	1.5 mm^2(1/1.38)(황)	m	40	
5	전선	2.5 mm^2(1/1.78)(흑)	m	7	
6	전선	2.5 mm^2(1/1.78)(적)	m	7	
7	전선	2.5 mm^2(1/1.78)(청)	m	7	
8	전선	2.5 mm^2(1/1.78)(녹)	m	7	
9	릴레이 소켓	8P	개	1	
10	타이머 소켓	8P	개	1	
11	MC 및 EOCR 소켓	12P(둥근형)	개	2	
12	단자대	4P 20A	개	8	
13	컨트롤 박스	ϕ25 1구	개	1	
14	컨트롤 박스	ϕ25 2구	개	3	
15	파일럿 램프	ϕ25 220V(녹)	개	1	
16	파일럿 램프	ϕ25 220V(적)	개	1	
17	파일럿 램프	ϕ25 220V(황)	개	1	
18	버저	ϕ25 220V	개	1	
19	푸시 버튼 스위치	1a1b 220V ϕ25 (녹)	개	1	
20	푸시 버튼 스위치	1a1b 220V ϕ25 (적)	개	2	
21	케이블 타이	100 mm	개	30	
22	PE 전선관	16 mm	m	5	
23	CD 전선관	16 mm	m	5	
24	CD 전선관 커넥터	ϕ25 16 mm용	개	5	
25	PE 전선관 커넥터	ϕ25 16 mm용	개	5	
26	새들	16 m 전선관용	개	30	
27	나사못	M4×12	개	70	
28	나사못	M4×16	개	30	
29	나사못	M4×25	개	8	
30	power relay	220V 12P(둥근형)	개	1	
31	EOCR	220V 12P	개	1	
32	릴레이	220V 8P	개	1	
33	플리커 릴레이	220V 8P 60초	개	1	

(4) 배관 및 기구 배치도

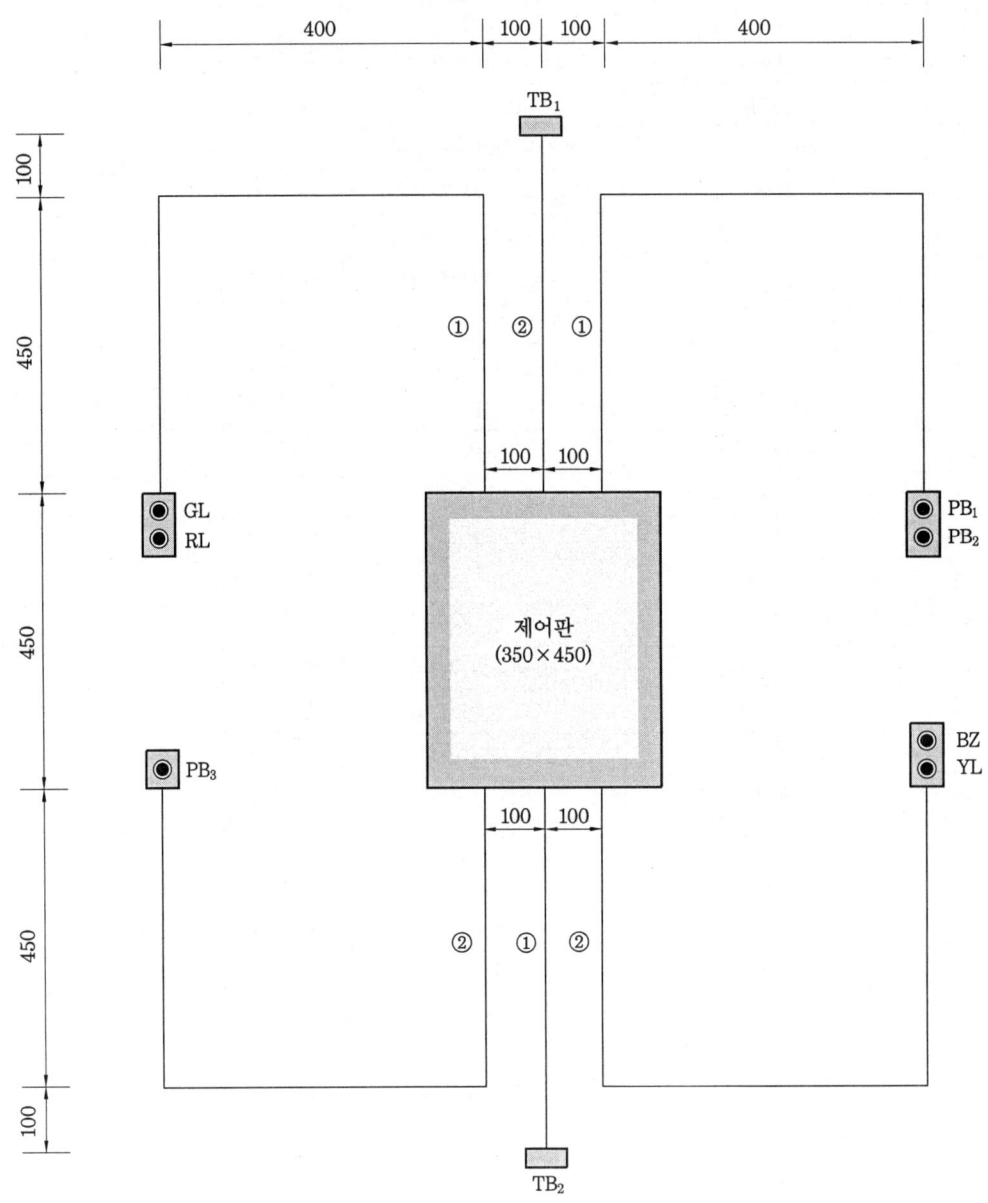

공사 방법

①	합성수지제 가요 전선관(CD)
②	PE 전선관

(5) 제어함 내부 기구 배치도

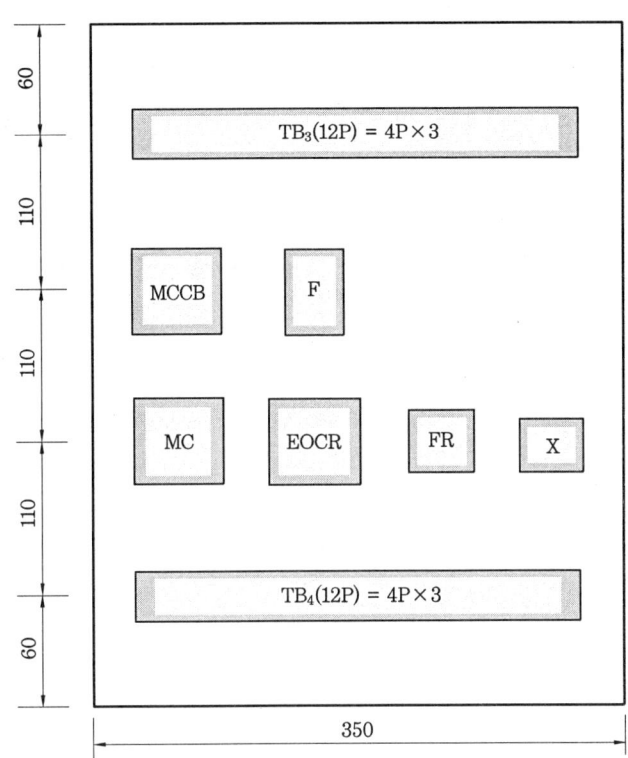

범 례

기 호	명 칭	기 호	명 칭
MCCB	배선용 차단기	PB_1	푸시 버튼 스위치(녹)
MC	전자접촉기	PB_2, PB_3	푸시 버튼 스위치(적)
EOCR	과전류차단기	GL	파일럿 램프(녹)
FR	플리커 릴레이	RL	파일럿 램프(적)
X	릴레이(8핀)	YL	파일럿 램프(황)
TB_1~TB_2	4P 단자대	BZ	버저
TB_3~TB_4	12P 단자대(4P×3)	F	퓨즈(2P)

(6) 동작 회로도

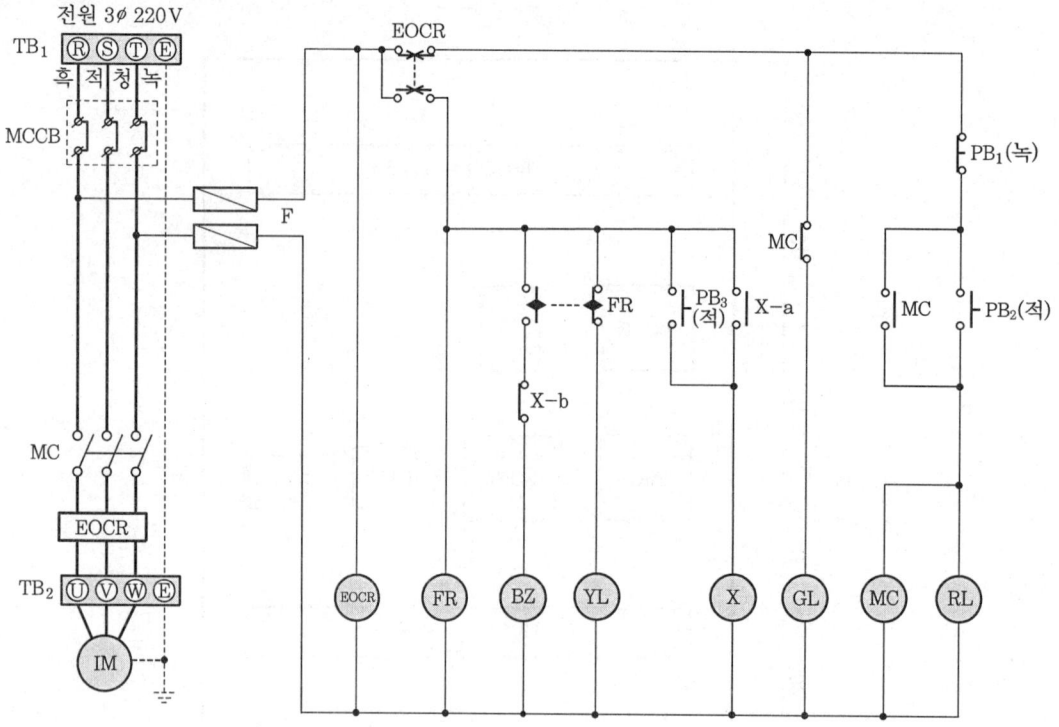

(7) 동작 순서

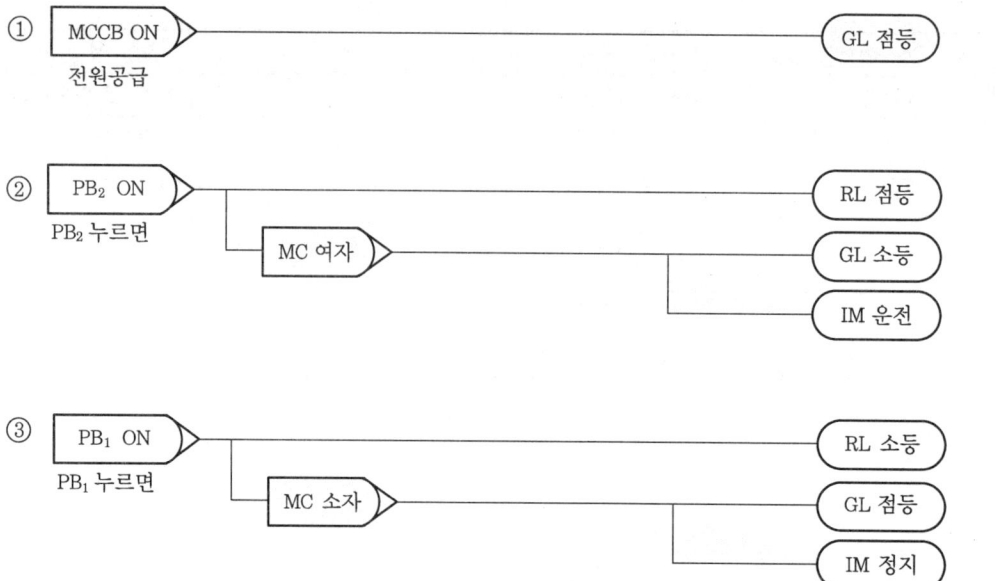

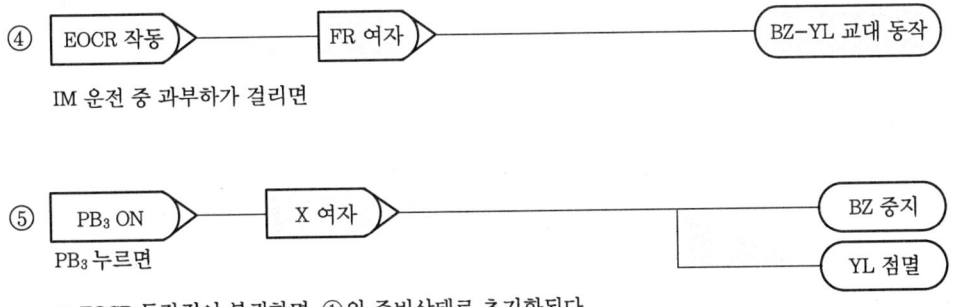

※ EOCR 동작점이 복귀하면 ①의 준비상태로 초기화된다.

(8) 제어 부품 내부 결선도

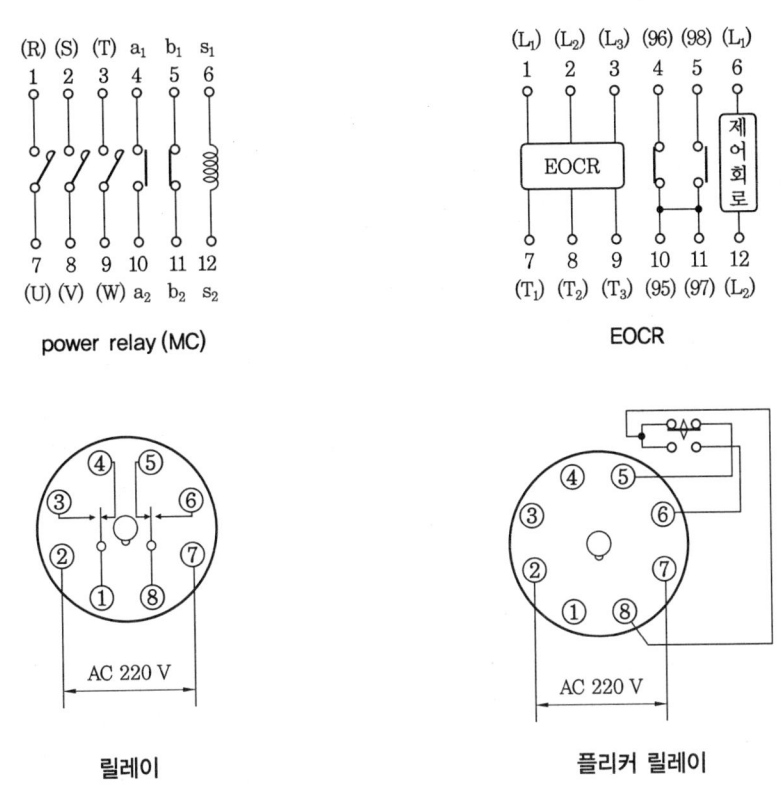

(9) 단자번호 부여

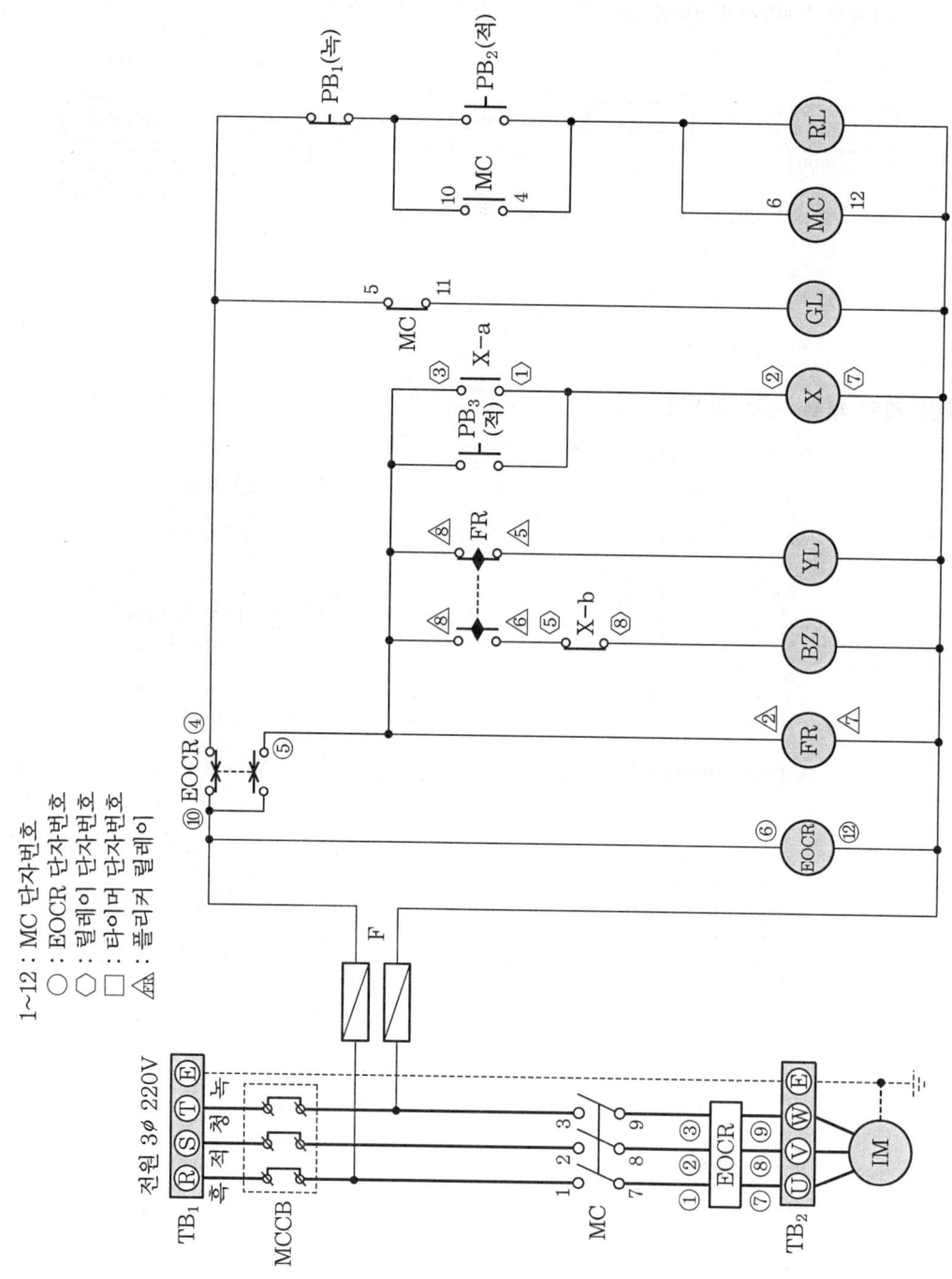

(10) 실체 배선도

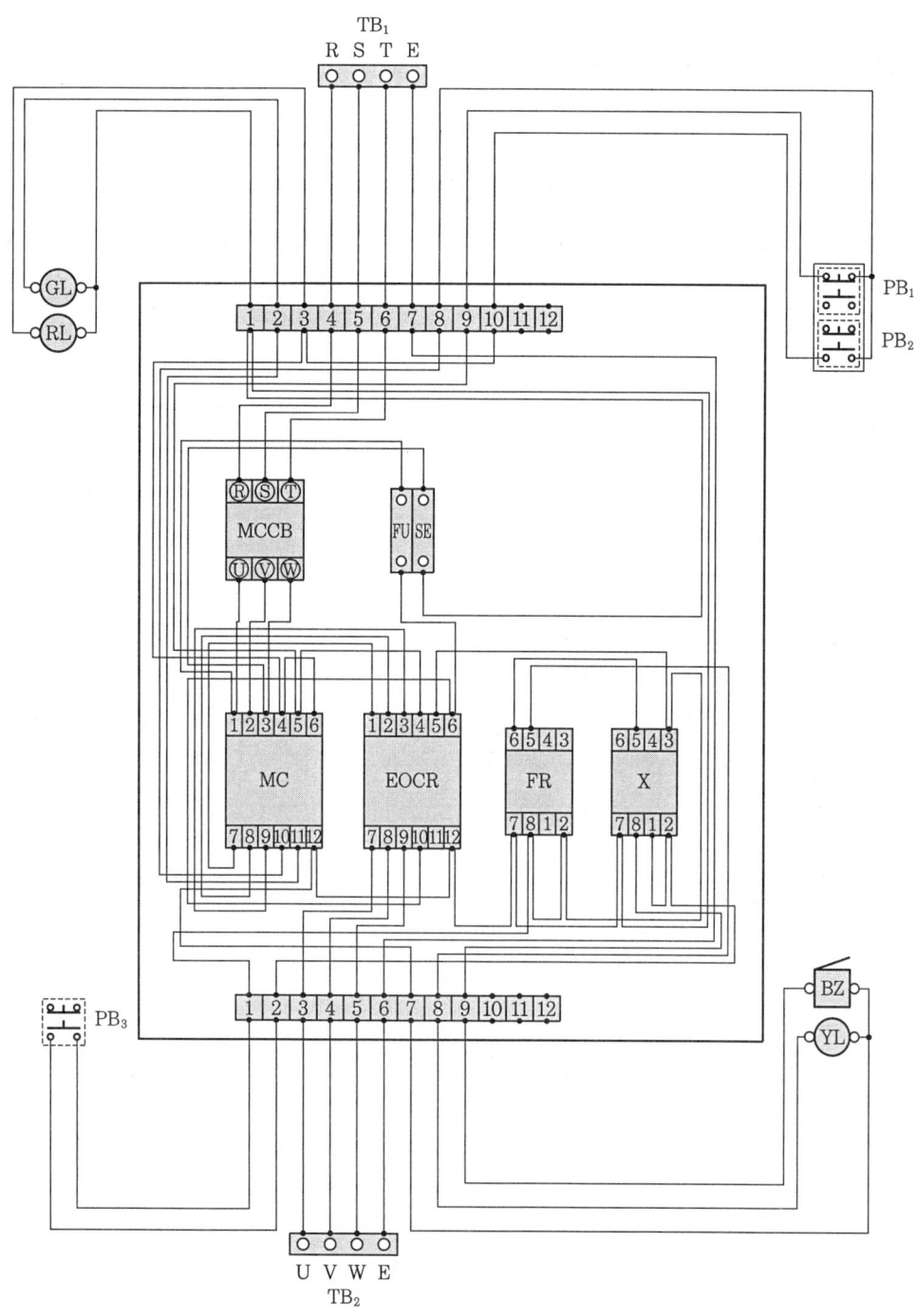

□ 전기 기능사(실기) ▶ 2015. 5. 20 시행

 과제명 : 전동기 제어회로

• 시험시간 : 표준시간—4시간 30분, 연장시간—30분

(1) 요구 사항

① 지급된 재료를 사용하여 제한시간 내에 주어진 과제를 완성하시오.
  (다만, 특별히 명시되어 있지 않은 공사방법 등은 내선공사 방법을 따릅니다.)

② 공통 사항
  (개) 전원방식 : 3상 3선식 220 V
  (내) 공사방법
    • 16 mm 가요 전선관(CD)
    • 16 mm PE 전선관

③ 동작
  (개) 자동 동작 사항
    • MCCB을 ON하면 GL 점등한다.
    • SS를 A방향(지시부 왼쪽)으로 놓고 Sen(센서)가 감지하는 동안 MC가 여자되며, RL이 점등되고, GL은 소등된다. 이때 motor(전동기)는 운전한다. (센서가 감지하지 않으면 전동기는 정지한다.)
  (내) 수동 동작 사항
    • SS를 M방향(지시부 오른쪽)으로 놓으면 motor(전동기)는 정지하며, RL이 소등되고, GL은 점등된다.
    • SS가 M방향 상태에서 PB_2를 ON하면 타이머 T와 릴레이 X가 여자되며, 릴레이 X에 의하여 MC가 여자되어 RL이 점등되고, GL은 소등된다. 이때 motor(전동기)는 운전한다.
    • t 초(타이머 설정시간) 후 타이머 한시 b 접점에 의하여 릴레이 X가 소자되어 motor(전동기)는 정지하며, RL이 소등되고, GL이 점등된다.
    • 또한 t 초(타이머 설정시간) 전이라도 PB_1을 누르면 타이머 T와 릴레이 X가 소자되어, motor(전동기)는 정지하며, RL이 소등되고, GL이 점등된다.
  (대) 동작 중 과부하가 발생하여 EOCR이 동작되면 motor(전동기)는 정지하며, RL 및 GL은 소등되고, FR에 의하여 YL 및 BZ가 t 초(FR 설정시간)를 주기로 교대 점등 및 동작한다.

④ 기타 사항
  (개) 도면의 모터(전동기) 부분은 접속을 생략하고 작업하시오.

(나) 범례를 참고하여 배치도를 구성하시오.
(다) 센서는 단자대(3P)로 대체합니다.

(2) 수검자 유의사항

① 시험 시작 전 지급된 재료의 이상 유무를 확인하고 이상이 있을 때에는 시험위원의 승인을 얻어 교환할 수 있습니다. (단, 시험 시작 후 파손된 재료는 수험자 부주의로 파손된 것으로 간주되어 추가로 지급받지 못합니다.)
② 제어함(판)을 포함한 작업대(판)에서의 제반 치수는 mm이고 치수 허용 오차는 외관(전선관, 박스, 전원 및 부하측 단자대 등)은 ±30 mm이고, 제어판 내부는 ±5 mm입니다.
③ 전선관의 수직과 수평을 맞추어 작업하고, 전선관의 곡률 반경은 전선관 안지름의 6배 이상으로 합니다.
④ 전선관이 작업판에서 뜨지 않도록 새들을 사용하여 튼튼하게 고정합니다.
⑤ 제어함 내의 기구 배치는 도면에 따르되 소켓에 채점용 기기 등이 들어갈 수 있도록 합니다.
⑥ 제어함 배선은 미관을 고려하여 배선(수평수직)하고 전선의 흐트러짐 등이 없도록 케이블 타이를 이용하여 균형있게 배선합니다.
  ※ 제어함 배선 시 기구와 기구 사이 배선 금지
⑦ 주회로는 $2.5\,mm^2$(1/1.78)전선, 보조회로는 $1.5\,mm^2$(1/1.38)전선을 사용하고 주회로의 전선 색깔은 R상은 흑색, S상은 적색, T상은 청색을 사용합니다.
⑧ 접지회로는 $2.5\,mm^2$(1/1.78)전선(녹색)으로 배선하여야 합니다.
  ※ 지급된 전선이 부족할 경우에는 규격 이상의 다른 전선을 사용할 수 있으며, 주회로는 녹색선을 제외한 $2.5\,mm^2$(1/1.78) 이상의 전선을 사용하며, 부족전선은 추가 지급합니다.
⑨ 제어함과 전선관이 접속되는 부분에는 전선관용 커넥터를 사용하고 제어함에 5 mm 정도 올리고 새들로 고정하여야 합니다.
⑩ 퓨즈 홀더에는 퓨즈를 끼워 놓아야 합니다.
⑪ 전원 및 부하(전동기) 단자대는 제어회로도 순으로 결선합니다.
⑫ 전원측 단자대인 TB_1에는 동작시험을 할 수 있도록 전원선의 색깔에 맞추어 100 mm 정도의 인입선을 붙이고 클립으로 연결할 수 있도록 10 mm 정도 피복을 벗겨둡니다.
⑬ 단자에 전선을 접속하는 경우 나사를 견고하게 조입니다. 단자조임 불량이란 전선 피복제거가 2 mm 이상 보이거나, 피복이 단자에 물린 경우를 말합니다.
  ※ 한 단자에 전선 세 가닥 이상 접속 금지
⑭ 동작시험은 수험자가 준비한 회로시험기 또는 벨 시험기를 가지고 확인을 할 수 있으나, 전원을 투입하여 동작시험은 할 수 없습니다.
⑮ 접지는 도면에 표시된 부분만 실시하고, 접지선은 입력 단자대에서 제어함 내의

단자대를 거쳐 출력 단자대까지 경선하여 모든 접지는 입력 단자대의 접지측과 연결되어야 합니다.
⑯ 다음과 같은 경우에는 채점 대상에서 제외합니다.
  ㈎ 시험시간(표준시간 및 연장시간 포함) 내에 요구사항을 완성하지 못한 경우
  ㈏ 시험시간 내에 제출된 작품이라도 다음과 같은 경우
    • 완성된 과제가 도면 및 배치도와 상이한 경우 등(스위치 및 램프 색상 포함)
    • 제어함 밖으로 인출되는 배선이 제어함 내의 단자대를 거치지 않고 직접 접속된 경우
    • 제어함 내부 배선 상태나 전선관 가공 상태가 불량하여 전기공급이 불가한 경우
    • 제어함(판) 내의 기구 간격 불량으로 동작상태의 확인이 불가한 경우
    • 접지공사를 하지 않은 경우
⑰ 작업이 종료된 후에는 도면을 제출하여야 하며, 외부로 반출할 수 없습니다.
⑱ 시험 종료 후 작품의 작동 여부를 시험위원으로부터 확인 받을 수 있습니다.

(3) 지급 재료 목록

일련번호	재료명	규격	단위	수량	비고
1	제어함(합판)	350×450×9 mm	장	1	
2	컨트롤 박스	1구	개	1	
3	컨트롤 박스	2구	개	3	
4	PE 전선관	$\phi 16$	m	3	
5	CD 난연 전선관	$\phi 16$	m	6	
6	새들	$\phi 16$ mm 용	개	40	
7	나사못	$\phi 4 \times 12$ mm(+)	개	80	
8	나사못	$\phi 4 \times 12$ mm(+)	개	20	
9	나사못	$\phi 4 \times 12$ mm(+)	개	30	
10	케이블 타이	100 mm	개	30	
11	단자대	3P, 250 V, 15 A	개	1	
12	단자대	4P, 250 V, 15 A	개	8	
13	8각 박스	철제	개	1	
14	푸시 버튼 스위치(적)	$\phi 25$ mm, 1a 1b, 220 V	개	1	
15	푸시 버튼 스위치(녹)	$\phi 25$ mm, 1a 1b, 220 V	개	1	
16	파일럿 램프(황)	$\phi 25$, 220 V	개	1	
17	파일럿 램프(적)	$\phi 25$, 220 V	개	1	
18	파일럿 램프(녹)	$\phi 25$, 220 V	개	1	
19	MC 소켓	12 Pin, 원형	개	1	PR
20	플리커 릴레이 소켓	8 Pin	개	1	
21	릴레이 소켓	8 Pin	m	1	
22	타이머	8 Pin	개	1	
23	EOCR 소켓	12 Pin, 원형	개	1	
24	PE 전선관 커넥터	$\phi 16$ mm 관용	개	4	
25	CD 전선관 커넥터	$\phi 16$ mm 관용	개	9	
26	전선(흑색)	2.5 mm^2 (1/1.78 mm)	m	4	
27	전선(적색)	2.5 mm^2 (1/1.78 mm)	m	4	
28	전선(청색)	2.5 mm^2 (1/1.78 mm)	m	4	
29	전선(녹색)	2.5 mm^2 (1/1.78 mm)	m	4	
30	전선(황색)	1.5 mm^2 (1/1.78 mm)	m	50	
31	실렉터 스위치	$\phi 25$, 3단	개	1	
32	MCCB	3P, 220 V, 30 A	개	1	
33	버저	$\phi 25$, 220 V	개	1	
34	퓨즈 홀더	유리관형, 2P	개	1	퓨즈 포함
35	MC(PR)	220 V, 12핀용, 원형	개	1	동작검사용
36	플리커 릴레이	220 V, 60초, 8핀용	개	1	동작검사용
37	릴레이	220 V, 8핀용	개	1	동작검사용
38	타이머	220 V, 60초, 8핀용	개	1	동작검사용
39	EOCR	220 V, 12핀용, 원형	개	1	동작검사용

(4) 배관 및 기구 배치도

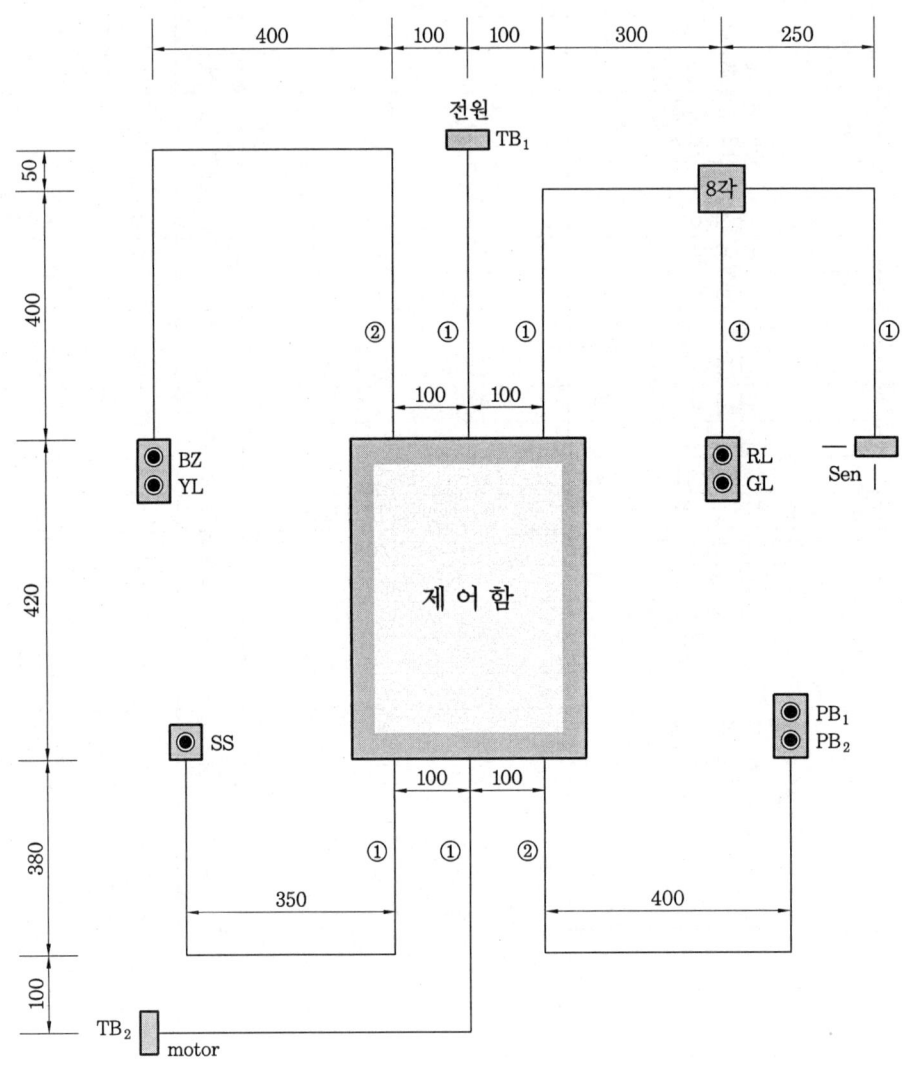

배관 재료

①	합성수지제 가요 전선관(CD)
②	PE 전선관

(5) 제어함 내부 기구 배치도

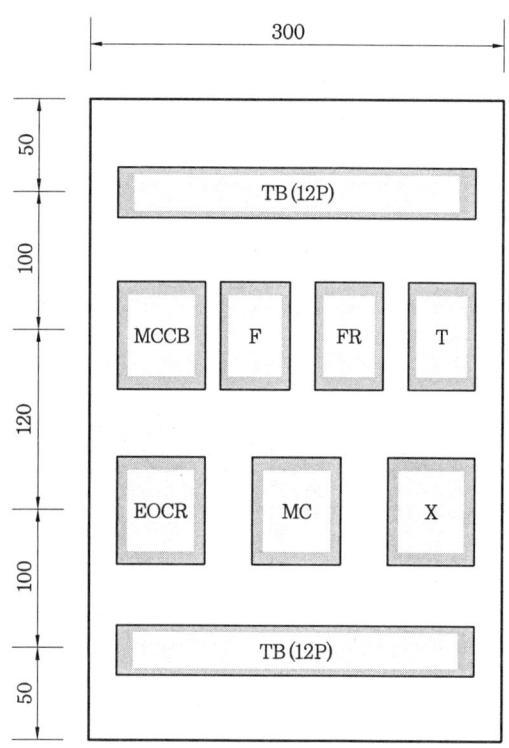

범 례

기 호	명 칭	기 호	명 칭
TB$_1$, TB$_2$ TB(12P)	단자대(4P)	FR	플리커 릴레이 8Pin
MC(PR)	전자접촉기 12Pin, 원형	RL(적색) GL(녹색) YL(황색)	파일럿 램프
EOCR	과부하 계전기 12Pin, 원형	MCCB	배선용 차단기
BZ	매입용 버저	PB$_1$, PB$_2$	푸시 버튼 스위치
SS	실렉터 스위치(3단)	X	릴레이(8핀)
T	타이머(220 V) 8Pin	F	유리관 퓨즈, 2P
TB$_3$	Sen 단자대(3P)	–	–

(6) 동작 회로도

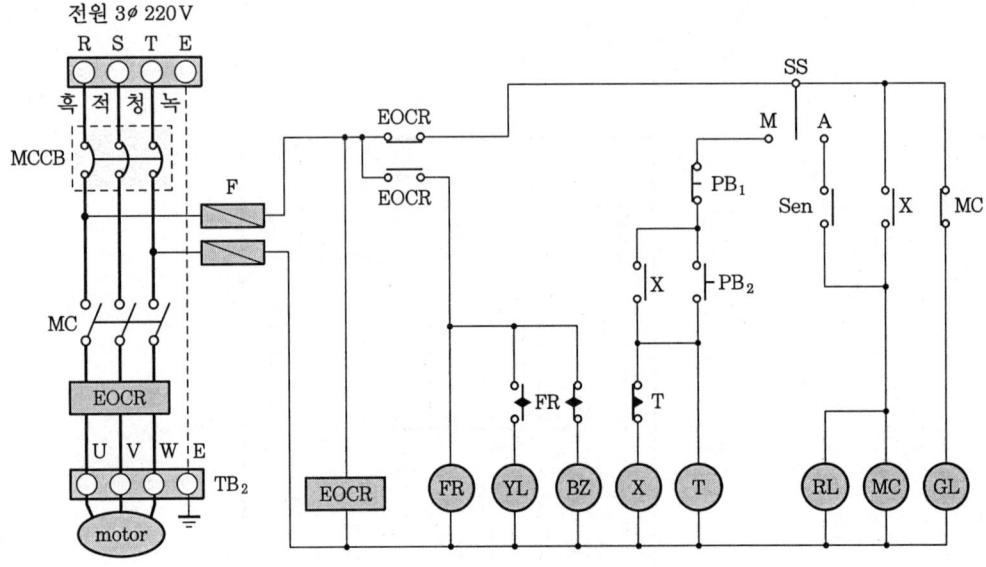

(7) 동작 순서

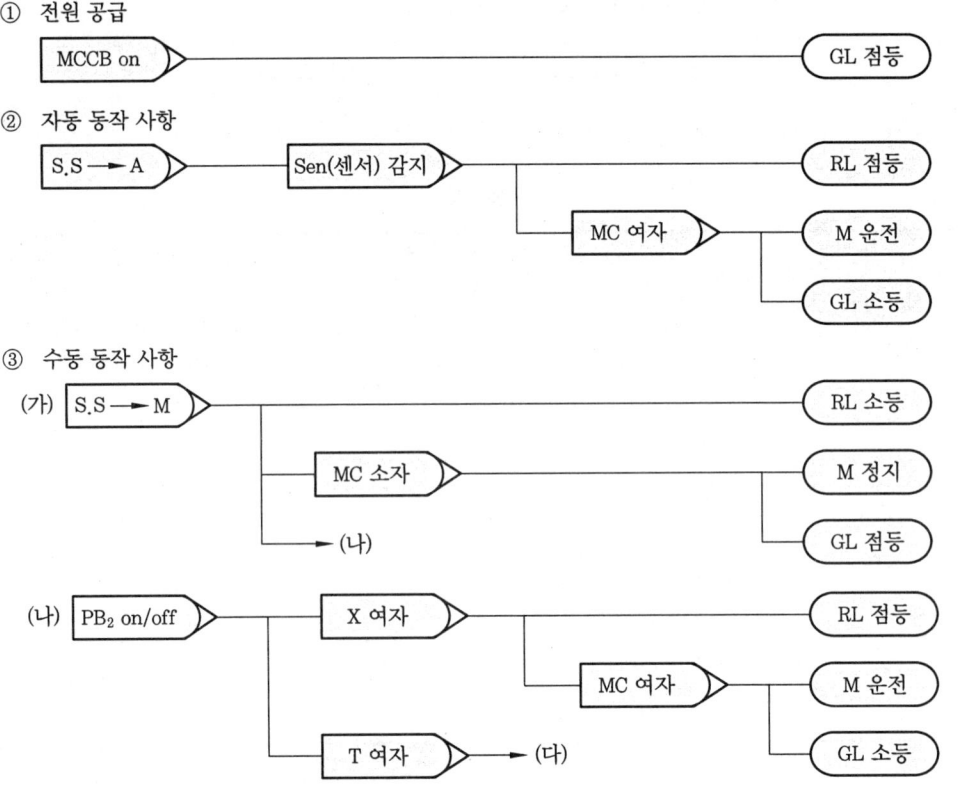

(다)

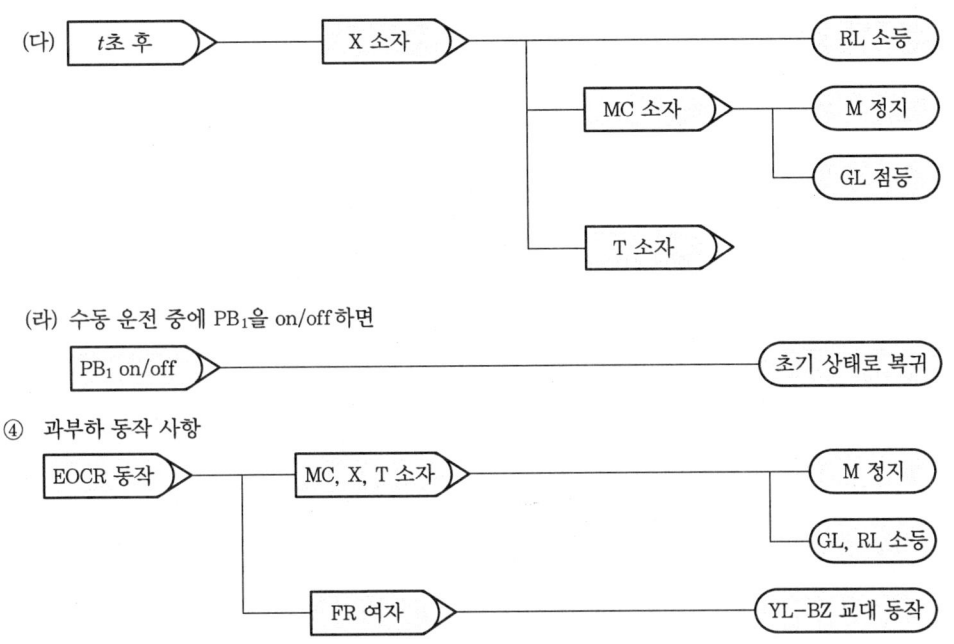

(라) 수동 운전 중에 PB₁을 on/off 하면

PB₁ on/off ▷──────────────────────▷ 초기 상태로 복귀

④ 과부하 동작 사항

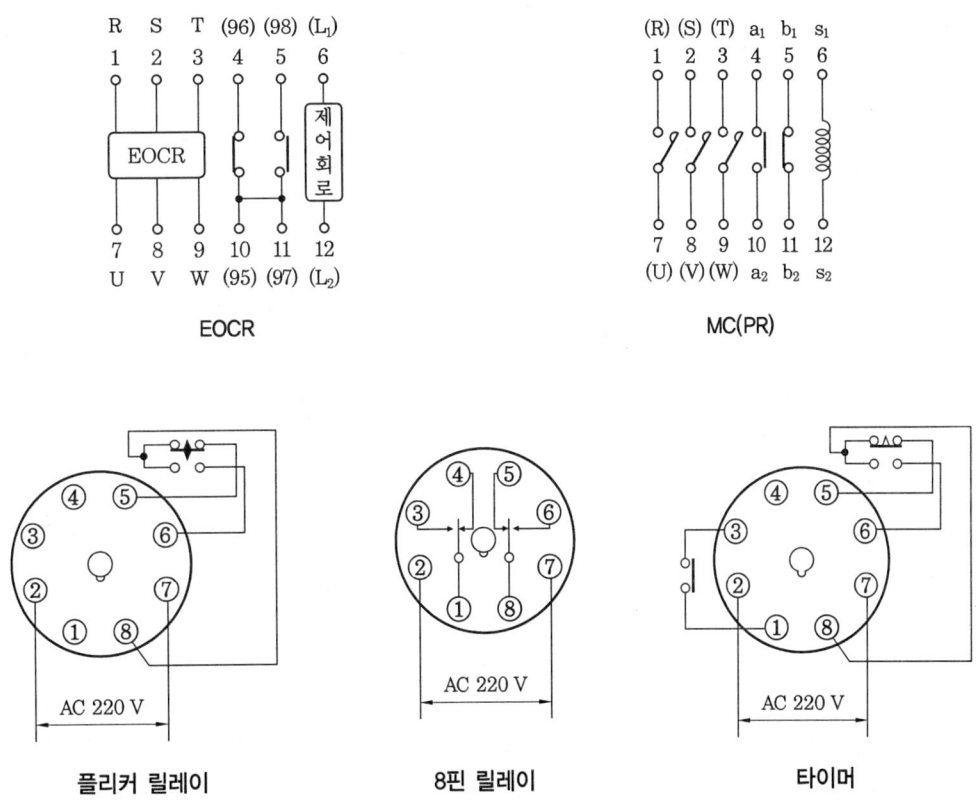

(8) 제어 부품 내부 결선도

(9) 단자번호 부여

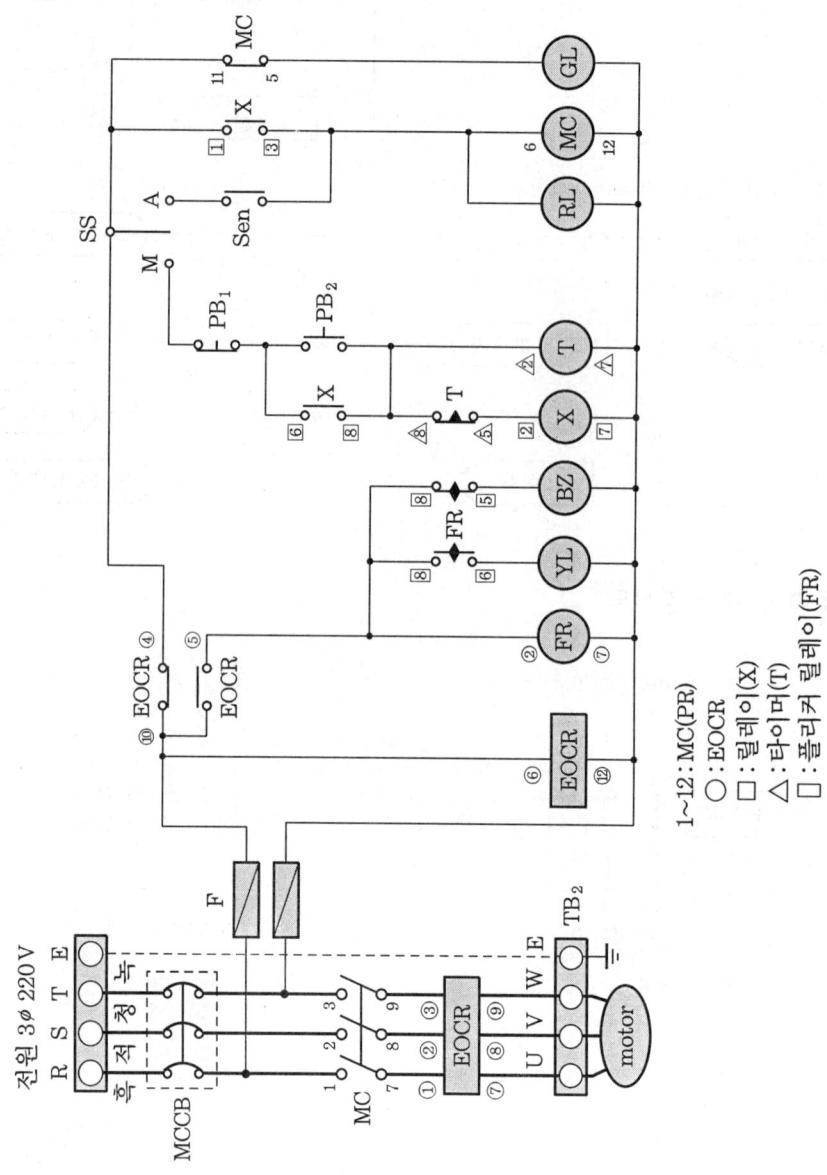

(10) 실체 배선도

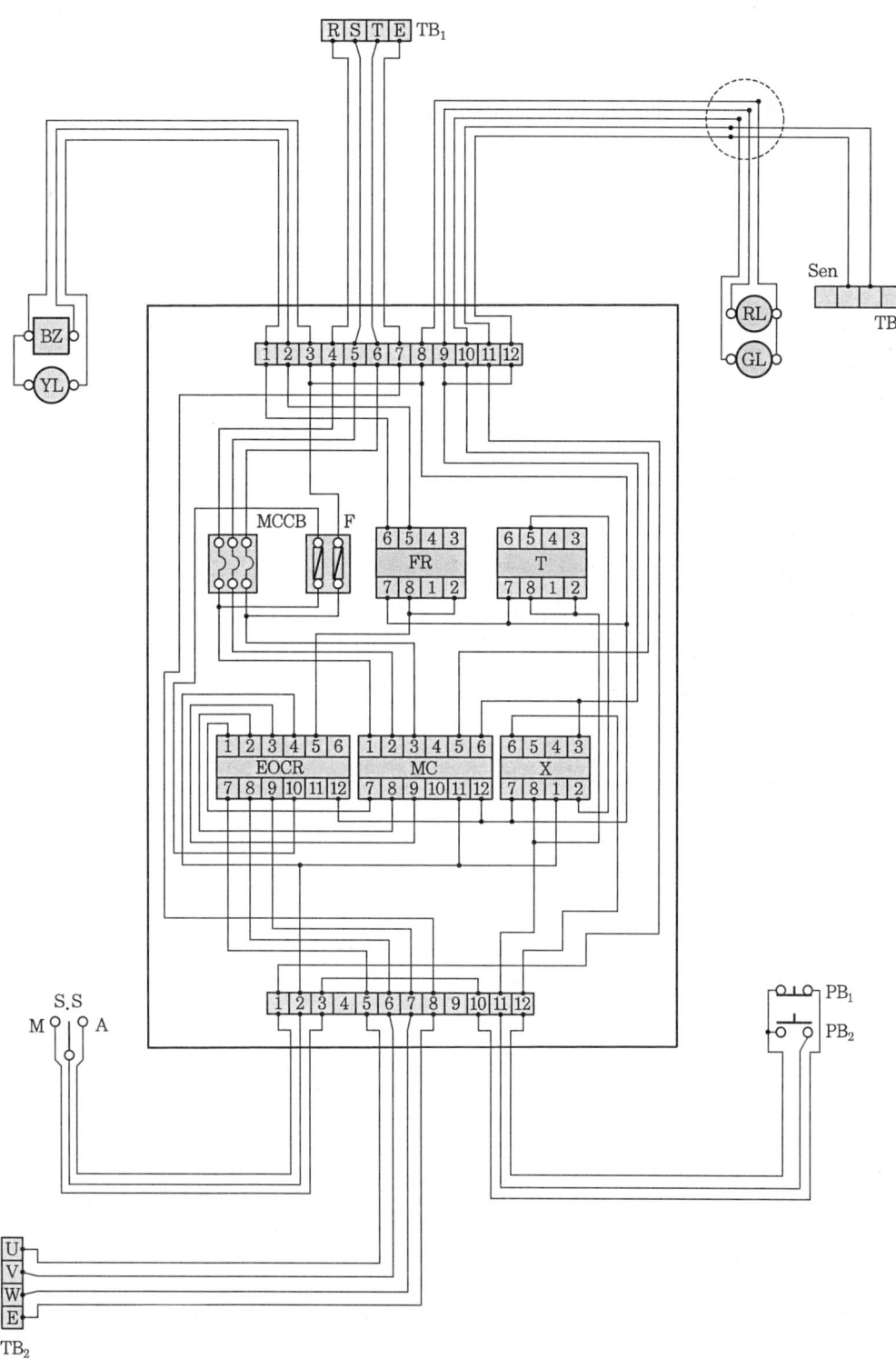

□ 전기 기능사(실기) ▶ 2015. 8. 26 시행

 과제명 : 컨베이어 정·역 운전제어회로

• 시험시간 : 표준시간－4시간 30분, 연장시간－30분

(1) 요구 사항
① 지급된 재료를 사용하여 제한시간 내에 도면에 표시된 공사를 내선공사 방법에 의거 완성하시오.
② 전원방식 : 3상 3선식 220 V
③ 공사 방법
　㈎ PE 전선관(16 mm)
　㈏ CD 난연전선관(16mm)
④ 동작 상태
　㈎ MCB 투입, PB_1을 ON하면 MCF 여자, 모터 정회전, GL 점등
　㈏ PB_0 누르면 모터 정지, PB_2 ON하면 MCR 여자, 모터 역회전, RL 점등
　㈐ LS_1을 ON하면 T_1여자, t초 후 MCR 여자, 모터 역회전, RL 점등
　㈑ LS_2을 ON하면 T_2여자, t초 후 MCF 여자, 모터 정회전, GL 점등
　㈒ 모터 운전 중 PB_0을 누르면 모터 정지
　㈓ 모터 운전 중 EOCR 동작, 모터 정지, OL 점등
⑤ 기타 사항
　㈎ 제어함 부분과 PE관 및 CD 난연 전선관이 접속되는 부분은 커넥터를 끼워 놓는다.
　㈏ 리밋 스위치(LS_1, LS_2)는 3핀 단자대로 대체하여 공사하고, 리드선을 10 mm 뽑아서 끝부분의 피복을 10 mm 벗겨 놓는다.
　㈐ 입력 및 출력 단자는 동작 시험이 용이하도록 인출선을 100 mm 뽑아서 끝부분의 피복을 10 mm 벗겨 놓는다.

(2) 수검자 유의사항
① 시험시간을 엄수하여 작품을 완성하여야 하며, 부득이한 경우에는 표준시간 ＋30분까지 연장할 수 있으나 연장할 경우 매 10분 이내(10분 포함)마다 5점씩 감점하며, 초과 시는 미완성 작품으로 불합격 처리한다.
② 공사하기 전 지급받은 재료를 점검한 후 작업에 임한다.(점검 후 파손된 재료는 수검자 부주의로 파손된 것으로 간주한다.)

③ 지급된 재료 중 불량품 이외는 추가 지급할 수 없다.
④ 치수는 mm이고, 허용오차는 ±10 mm이다.
⑤ 주회로는 2.5 mm² 전선(R : 적색, S : 청색, T : 흑색)으로 배선하고, 제어회로는 1.5 mm² 황색 전선으로 배선한다.
⑥ 접지선은 2.5 mm² 녹색 전선을 사용한다.
⑦ 접지선은 입력 단자대에서 제어함 내의 15핀 단자대(상, 하 포함)를 거쳐 출력 단자대까지 연결한다.
⑧ 도면을 잘 이해하고 작업을 하여야 한다.
⑨ 단자대(TB_1 – TB_2)에서의 접지선의 위치는 맨 오른쪽 또는 제일 아래쪽에 접속한다.
⑩ 제어함 내의 기구 배치는 도면에 준하되 치수는 작업하기에 알맞고 동작용 기구가 들어갈 수 있도록 작업한다.
⑪ 본인의 동작시험은 개인이 준비한 시험기 또는 테스터를 가지고 동작시험을 할 수 있으나, 전원을 투입한 동작시험은 할 수가 없다.
⑫ 다음 작품은 미완성 작품, 오작이므로 불합격 처리한다.
　㈎ 표준시간+30분까지의 미완성 작품
　㈏ 완전 동작 이외의 작품(오작)
　㈐ 제어함 내부 배선 상태나 전선관 가공 상태가 전기적으로 전기 공급이 불가능하다고 판단될 때
　㈑ 치수가 ±10 mm 이상 차이가 나는 작품
　㈒ 완성된 작품이 도면과 서로 상이한 작품
　▶ 상이한 작품이란?
　　• 배관작업에서 관과 관이 서로 바뀐 경우
　　• 기구(스위치, 표시등, 리밋 스위치) 위치가 서로 바뀐 경우

(3) 지급 재료 목록

일련번호	재료명	규격	단위	수량	비고
1	합판	350 mm×420 mm×9 mm	장	1	
2	누름 버튼 스위치	ϕ 25 1a1b(적색)	개	1	
3	누름 버튼 스위치	ϕ 25 1a1b(녹색)	개	2	
4	단자대	250 V 20A 3P	개	2	
5	단자대	250 V 20A 4P	개	2	
6	단자대	250 V 20A 15P	개	2	
7	유리통 퓨즈 및 홀더	250 V, 320A (박스 2개용)	개	1	퓨즈 10A 2개 포함
8	파워 릴레이(MC) 소켓	20핀	개	2	
9	EOCR 소켓	12핀	개	1	
10	타이머 소켓	8핀	개	2	
11	컨트롤 박스	ϕ 25 mm, 2구용	개	3	
12	새들	16 mm 전선관용	개	36	
13	배선용 차단기	3상용, AC 250 V, 30A	개	1	
14	PE 전선관	ϕ 16 mm	m	7	
15	CD 난연(불연) 전선관	ϕ 16 mm	m	1.5	
16	PVC관 커넥터	ϕ 16 관용	개	10	
17	CD 난연 전선관 커넥터	ϕ 16 관용	개	2	
18	나사못 (철판비스)	ϕ 4×12 mm	개	80	
19	나사못 (철판비스)	ϕ 4×19 mm	개	30	
20	나사못 (철판비스)	ϕ 4×25 mm	개	10	
21	나사못 (철판비스)	ϕ 4×30 mm	개	4	
22	HIV 전선	2.5 mm^2(적색)	m	6	
23	HIV 전선	2.5 mm^2(청색)	m	6	
24	HIV 전선	2.5 mm^2(흑색)	m	6	
25	HIV 전선	2.5 mm^2(녹색)	m	6	
26	HIV 전선	1.5 mm^2(황색)	m	35	
27	케이블 타이	100 mm	개	30	
28	표시 램프	ϕ25 적색	개	1	
29	표시 램프	ϕ25 녹색	개	1	
30	표시 램프	ϕ25 황색	개	1	
31	8각 박스	철제, 구멍 큰 것	개	1	
32	와이어 커넥터	중형	개	1	
33	타이머	220 V용, 8핀	개	2	채점용
34	파워릴레이(MC)	AC 220 V용, 20핀	개	2	채점용
35	EOCR	AC 220 V용, 12핀	개	1	채점용

(4) 배관 및 기구 배치도 (S : 1/10)

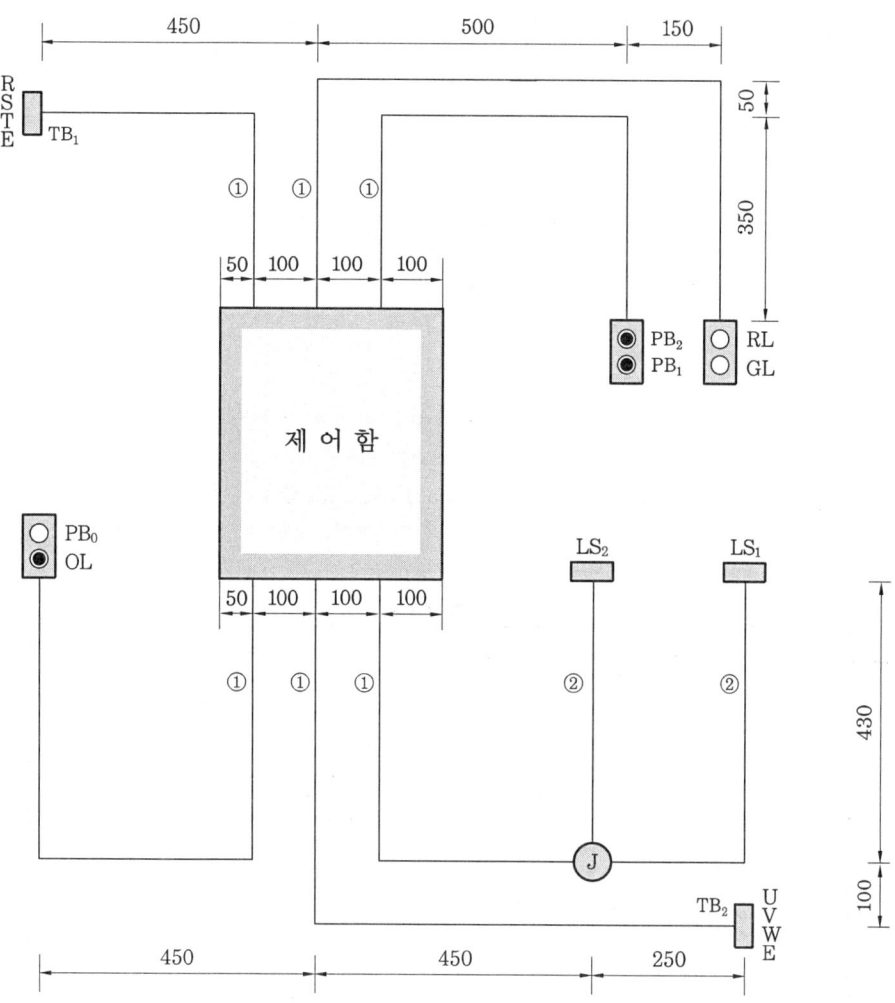

- 공사 방법
  ① PE 전선관 공사
  ② CD 난연 전선관 공사

(5) 제어함 내부 기구 배치도

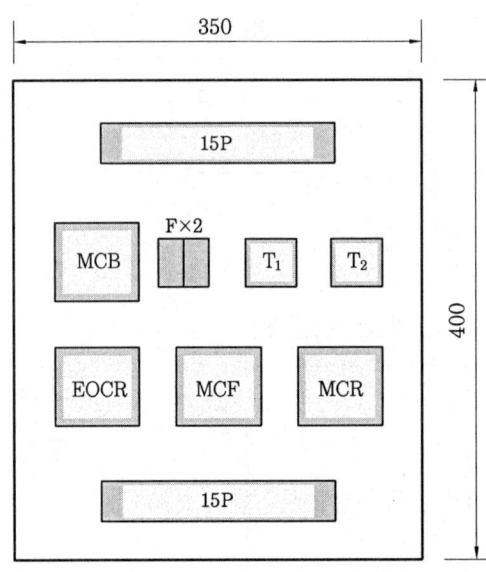

범 례

기 호	명 칭
TB₁	전원 (단자대 4 P)
TB₂	모터 (단자대 4 P)
MCF	파워릴레이(정회전)
MCR	파워릴레이(역회전)
TB 15 P	단자대 3 P×1개 단자대 4 P×3개
EF×2	유리통 퓨즈 2개
T₁, T₂	타이머
PB₁, PB₂	푸시 버튼 스위치
EOCR	전자식 과부하 계전기
GL, RL, OL	표시 램프
LS₁, LS₂	리밋 스위치
MCB	배선용 차단기

(6) 동작 회로도

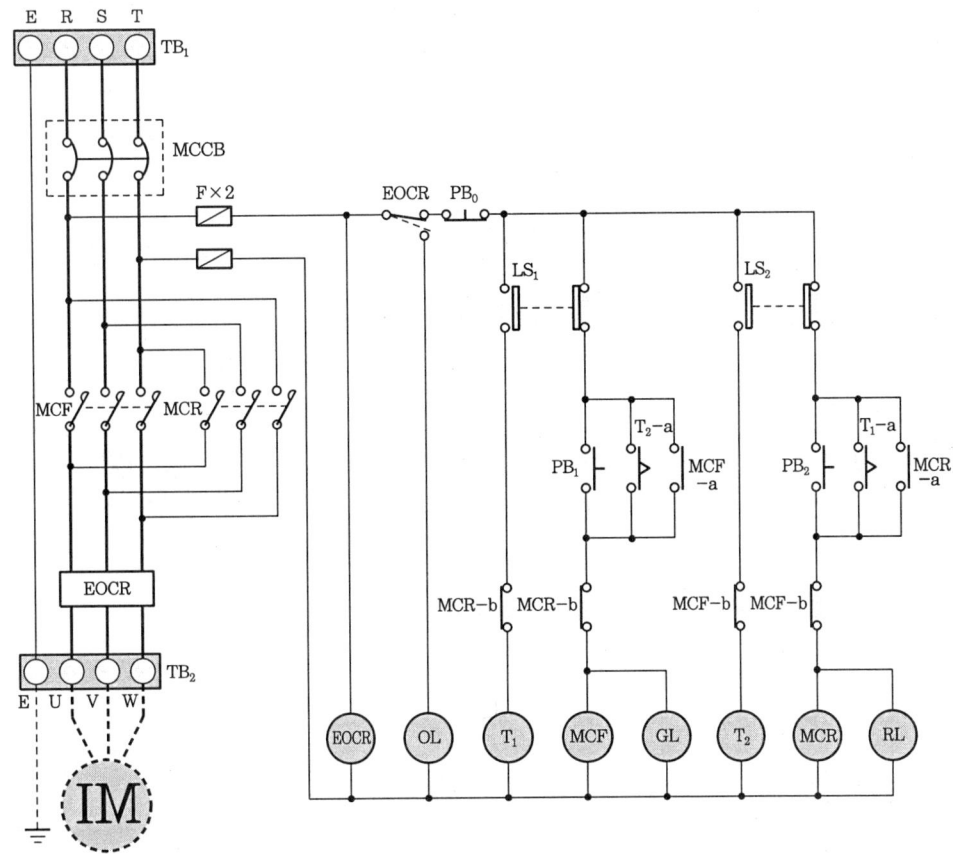

(7) 동작 순서

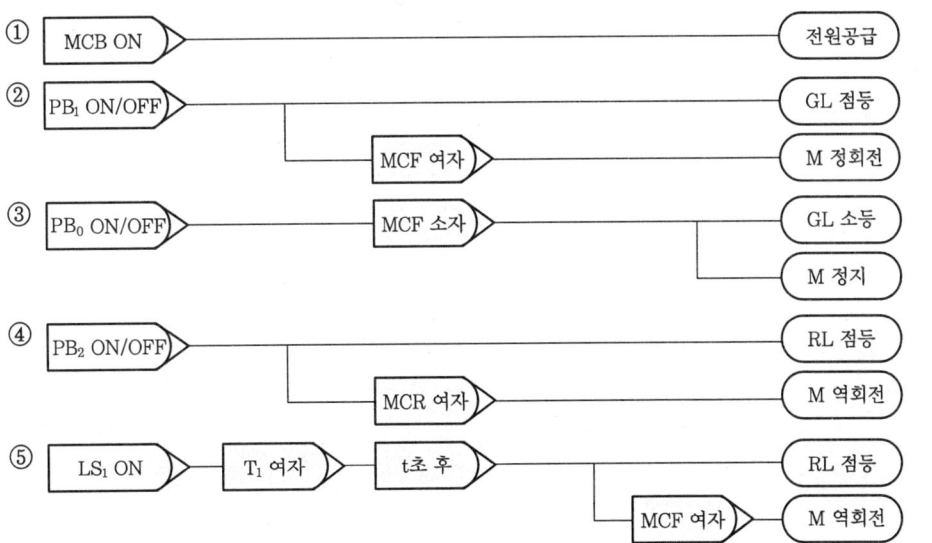

300 부 록

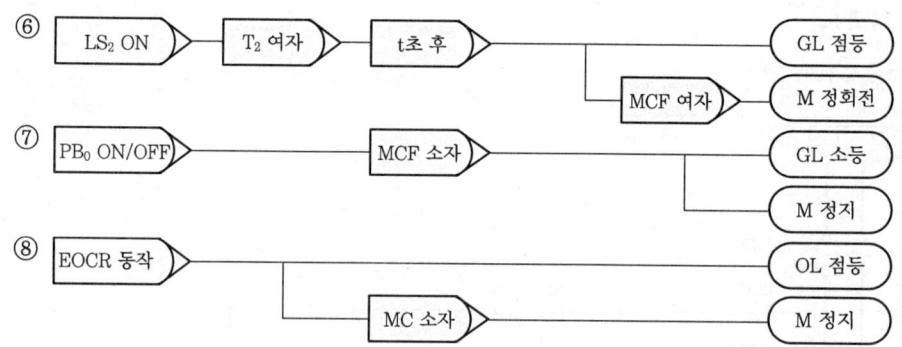

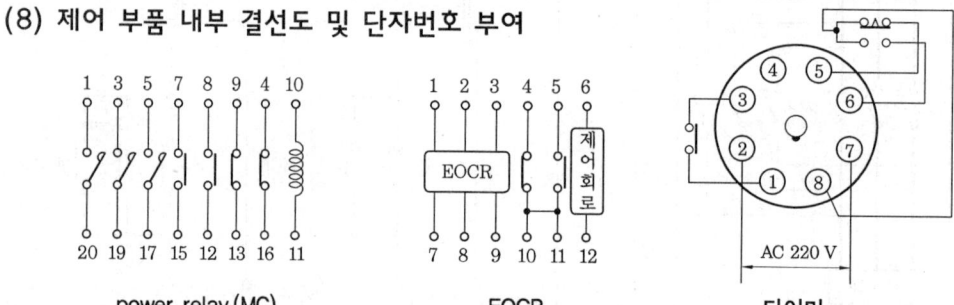

(8) 제어 부품 내부 결선도 및 단자번호 부여

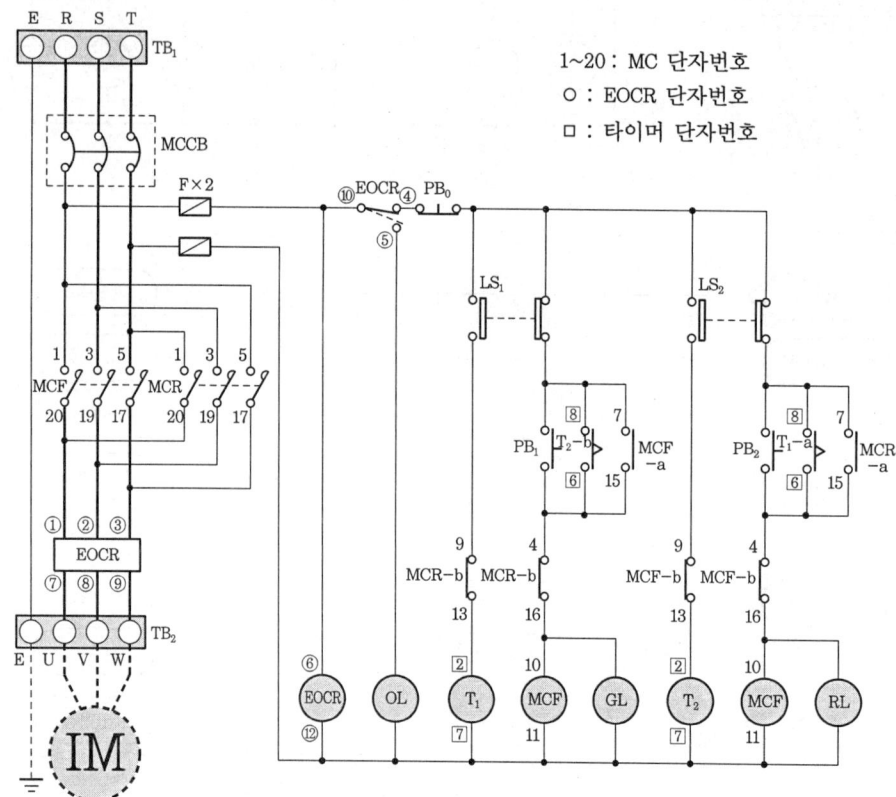

(9) 실체 배선도

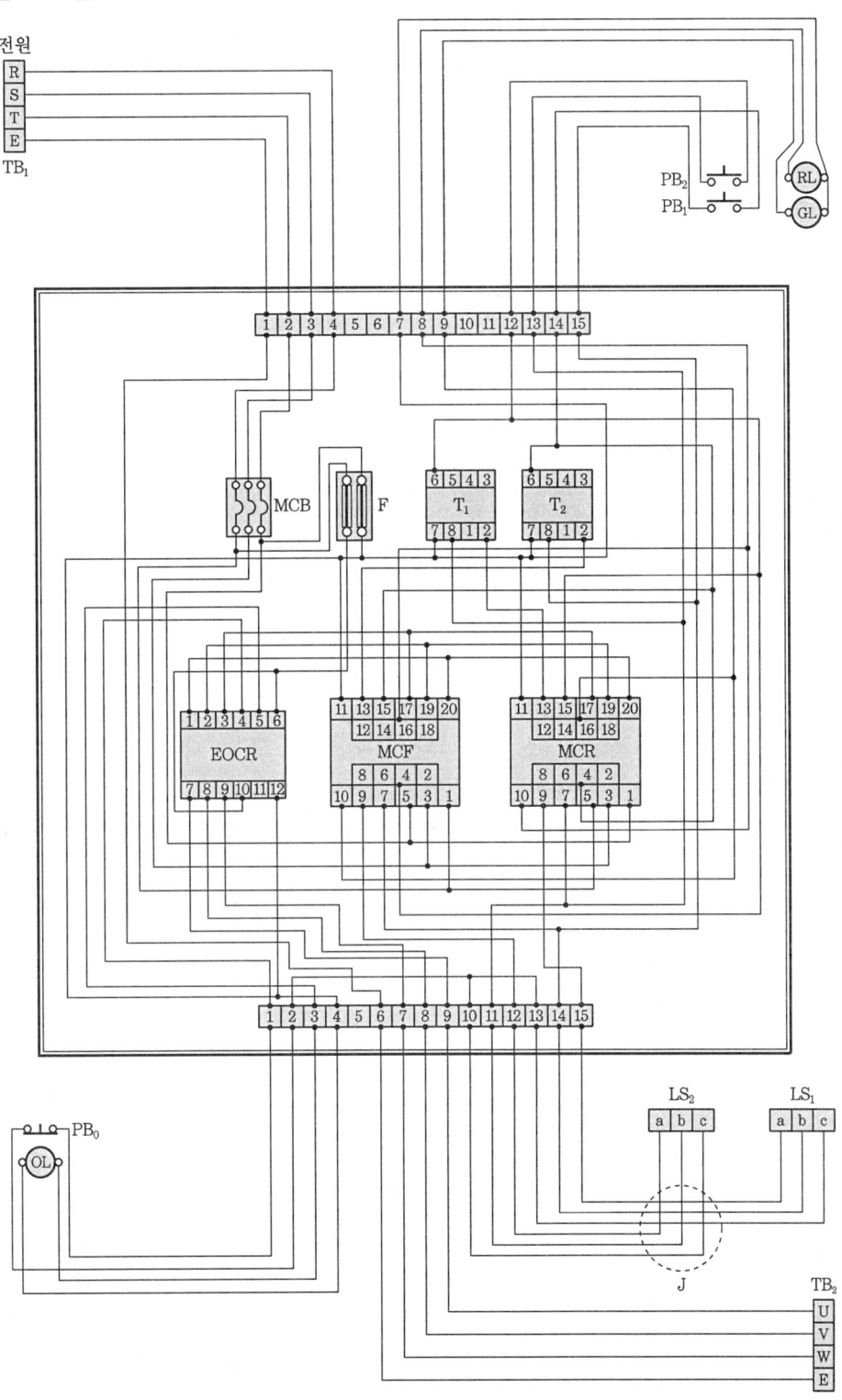

전기 기능사(실기) ▶ 2015. 11. 27 시행

■ 과제명 : 전동기 운전 제어회로

• 시험시간 : 표준시간-4시간 30분

(1) 요구 사항

① 지급된 재료를 사용하여 제한시간 내에 주어진 과제를 완성하시오.

② 공통 사항
  (가) 전원방식 : 3상 3선식 220 V
  (나) 공사방법
  • PE 전선관
  • CD 난연 전선관

③ 동작 사항
  (가) MCCB 투입, PB_1을 누르면 RY_1, MC_1 여자, 전동기 정회전, L_1, L_3 점등
  (나) PB_2를 누르면 RY_2, T 여자, L_1 소등, t초 동안 MC_1 여자, L_3 점등
  (다) t초 후 MC_1 소자, MC_2 여자, 전동기 역회전, L_3 소등, L_2 점등
  (라) 릴레이 RY_1과 RY_2는 서로 인터로크 동작
  (마) PB_0를 누르면 전동기 동작 정지
  (바) 전동기 운전 중 전동기가 과부하되어 과전류가 흐를 때 전자식 과전류계전기(EOCR)가 동작되어 전동기가 정지되고, BZ가 동작
  (사) 전자식 과전류계전기(EOCR)를 리셋(reset)하면 초기상태로 복귀

④ 기타 사항
  (가) 제어함 부분과 PE 전선관 및 CD 난연 전선관이 접속되는 부분은 커넥터를 끼워 놓습니다.
  (나) 전동기의 접속은 생략하고 단자대까지 접속할 수 있게 배선합니다.

(2) 수검자 유의사항

① 시험 시작 전 지급된 재료의 이상 유무를 확인하고 이상이 있을 때에는 시험위원의 승인을 얻어 교환할 수 있습니다. (단, 시험 시작 후 파손된 재료는 수험자 부주의로 파손된 것으로 간주되어 추가로 지급받지 못합니다.)

② 제어함(판)을 포함한 작업대(판)에서의 제반 치수는 mm이고 치수 허용 오차는 외관(전선관, 박스, 전원 및 부하측 단자대 등)은 ±30 mm, 제어함 내부는 ±5 mm입니다.

③ 전선관의 수직과 수평을 맞추어 작업하고, 전선관의 곡률 반경은 전선관 안지름의 6배 이상 8배 이하로 합니다.

④ 전선관이 작업판에서 뜨지 않도록 새들을 사용하여 튼튼하게 고정합니다.

⑤ 제어함 내의 기구 배치는 도면에 따르되 소켓에 채점용 기기 등이 들어갈 수 있도록 합니다.

⑥ 제어함 배선은 미관을 고려하여 배선(수평수직)하고 전선의 흐트러짐 등이 없도록

케이블 타이를 이용하여 균형있게 배선합니다.
 ※ 제어함 배선 시 기구와 기구 사이 배선 금지
⑦ 주회로는 2.5 mm²(1/1.78) 전선, 보조회로는 1.5 mm²(1/1.38) 황색 전선을 사용하고, 주회로의 전선 색상은 R상은 흑색, S상은 적색, T상은 청색을 사용합니다.
⑧ 접지회로는 2.5 mm²(1/1.78) 전선(녹색)으로 배선하여야 합니다.
⑨ 제어함과 전선관이 접속되는 부분에는 전선관용 커넥터를 사용하고 제어함에 5 mm 정도 올리고 새들로 고정하여야 합니다.
⑩ 전원 및 부하(전동기) 단자대는 제어회로도 순으로 결선합니다.
⑪ 전원측 및 부하측 단자대는 동작시험을 할 수 있도록 전원선의 색상에 맞추어 100 mm 정도의 인입선을 인출하고 피복은 전선 끝에서 약 10 mm 정도 벗겨둡니다.
⑫ 단자에 전선을 접속하는 경우 나사를 견고하게 조입니다. 단자조임 불량이란 전선 피복제거가 2 mm 이상 보이거나, 피복이 단자에 물린 경우를 말합니다.
 ※ 한 단자에 전선 세 가닥 이상 접속 금지
⑬ 동작시험은 수험자가 준비한 회로시험기 또는 벨 시험기를 가지고 확인을 할 수 있으나, 전원을 투입하여 동작시험은 할 수 없습니다(기타 시험기구 사용 불가).
⑭ 퓨즈 홀더에는 퓨즈를 끼워 놓아야 합니다.
⑮ EOCR, 전자접촉기, 타이머, 릴레이 등의 소켓(베이스)은 홈이 아래로 향하게 배치합니다.
⑯ 접지는 도면에 표시된 부분만 실시하고, 접지선은 입력 단자대에서 제어함 내의 단자대를 거쳐 출력 단자대까지 결선하여 모든 접지는 입력 단자대의 접지측과 연결되어야 합니다.
⑰ 다음과 같은 경우에는 채점대상에서 제외합니다.
 ㈎ 시험시간(연장시간 없음) 내에 요구사항을 완성하지 못한 경우(완성작품이란 모든 부품을 완전히 장착하고 깔끔히 배선 정리를 한 상태를 말함)
 ㈏ 시험시간 내에 제출된 작품이라도 다음과 같은 경우
  • 완성된 과제가 도면 및 배치도와 상이한(방향 및 결선 상태 포함) 경우(EOCR, MCCB, 전자접촉기, 릴레이, 타이머, 램프 색상 등)
  • 주회로 배선의 전선 굵기 및 색상 등이 유의사항과 다른 경우
  • 제어함 밖으로 인출되는 배선이 제어함 내의 단자대를 거치지 않고 직접 접속된 경우
  • 제어함 내부 배선 상태나 전선관 가공 상태가 불량하여 전기 공급이 불가한 경우
  • 제어함(판) 내의 배선 상태나 기구 간격 불량으로 동작 상태의 확인이 불가한 경우
  • 접지공사를 하지 않은 경우 및 접지선 색상이 틀린 경우(전동기로 출력되는 부분은 생략)
  • 작품의 외형상 안전성이 결여되거나 조잡한 작품
  • 컨트롤 박스 커버 등이 조립되지 않아 내부가 보이는 경우
 ㈐ 배관 및 기구배치도에서 허용 오차 ±50 mm 이상일 경우 채점대상에서 제외 (단, 3개소 이상인 경우)

(3) 지급 재료 목록

일련번호	재 료 명	규 격	단위	수량	비 고
1	합판	400×420×12 mm	장	1	
2	단자대	4P 20A 220V	개	10	
3	컨트롤 박스	φ25 1구	개	3	
4	컨트롤 박스	φ25 2구	개	2	
5	푸시 버튼 스위치	1a1b 220V φ25	개	3	녹 1, 적 2
6	파일럿 램프	φ25 220V	개	3	적 1, 녹 1, 황 1
7	버저	220V φ25	개	1	
8	8각 박스	철제	개	1	
9	PM(MC) 소켓	12P(둥근형)	개	2	
10	EOCR 소켓	12P(둥근형)	개	1	
11	타이머 소켓	8P(둥근형)	개	1	
12	릴레이 소켓	8P(둥근형)	개	2	
13	PE 전선관	16 mm	m	4	
14	CD 난연 전선관	16 mm	m	3	
15	커넥터	16 mm PE 전선관용	개	8	
16	커넥터	16 mm CD 난연 전선관용	개	6	
17	비닐절연전선	1.5SQ(1/1.38)(황)	m	50	
18	비닐절연전선	2.5SQ(1/1.78)(흑)	m	5	
19	비닐절연전선	2.5SQ(1/1.78)(적)	m	5	
20	비닐절연전선	2.5SQ(1/1.78)(청)	m	5	
21	비닐절연전선	2.5SQ(1/1.78)(녹)	m	5	
22	새들	16 mm 전선관용	개	35	
23	케이블 타이	100 mm	개	50	
24	나사못	φ4×12 mm	개	90	
25	나사못	φ4×25 mm	개	40	
26	power relay(MC)	220V 12P	개	2	
27	EOCR	220V 12P(둥근형)	개	1	
28	타이머	220V 8P	개	1	
29	릴레이	220V 8P	개	2	
30	유리통 퓨즈 및 홀더	250V 30A(박스 2개용)	개	1	퓨즈 10A 2개 포함
31	배선용 차단기	3상용 AC 250V 30A	개	1	

(4) 배관 및 기구 배치도

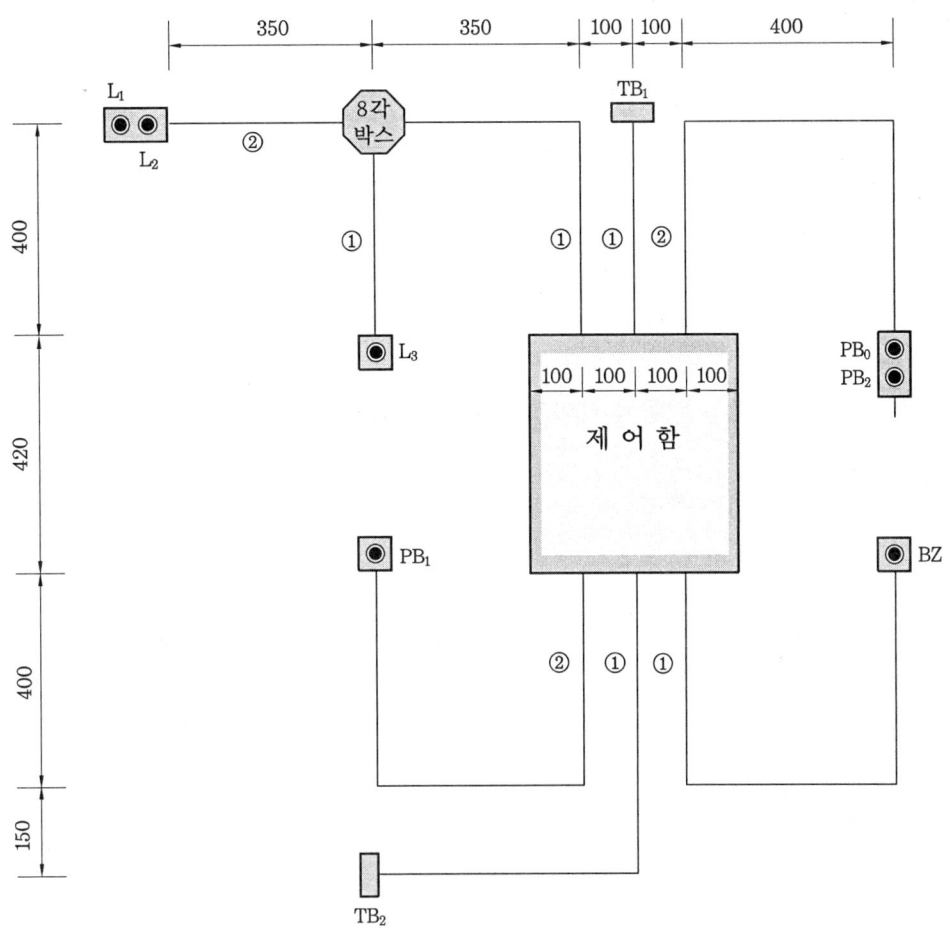

공사 방법

①	PE 전선관
②	CD 난연 전선관

(5) 제어함 내부 기구 배치도

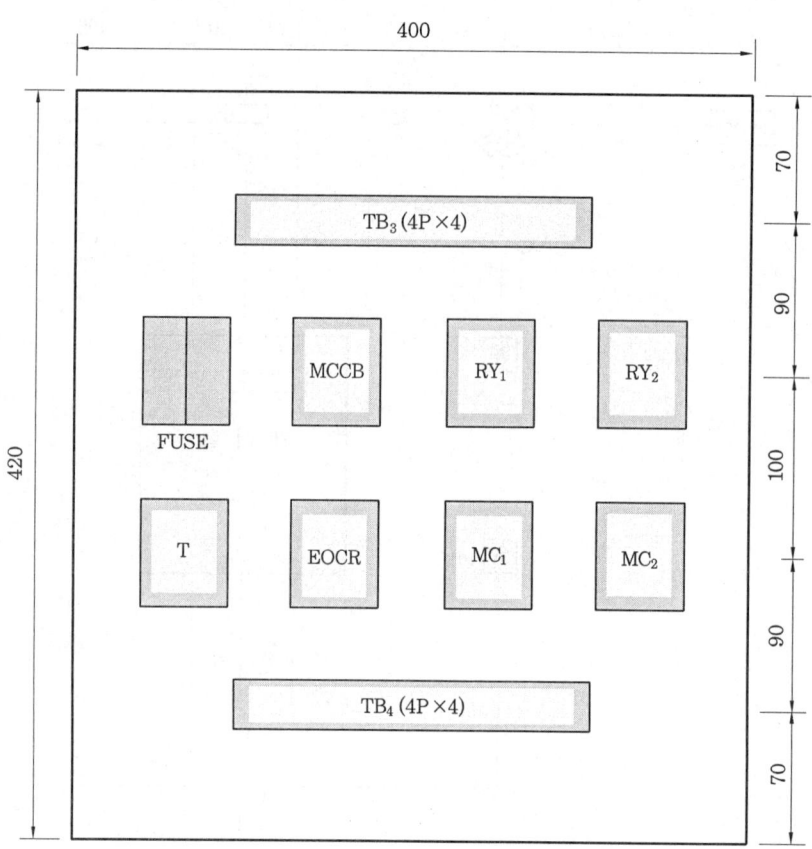

범 례

기 호	명 칭	기 호	명 칭
TB_1	전원(단자대 4P)	T	타이머 소켓(8P)
TB_2	모터(단자대 4P)	FUSE	퓨즈 및 퓨즈 홀더
TB_3	단자대(4P×4)	PB_0	푸시 버튼 스위치(녹)
TB_4	단자대(4P×4)	PB_1	푸시 버튼 스위치(적)
MC_1	power relay 소켓(12P)	PB_2	푸시 버튼 스위치(적)
MC_2	power relay 소켓(12P)	L_1	파일럿 램프(황) 220V
EOCR	EOCR 소켓(12P)	L_2	파일럿 램프(녹) 220V
RY_1	릴레이 소켓(8P)	L_3	파일럿 램프(적) 220V
RY_2	릴레이 소켓(8P)	MCCB	배선용 차단기

(6) 동작 회로도

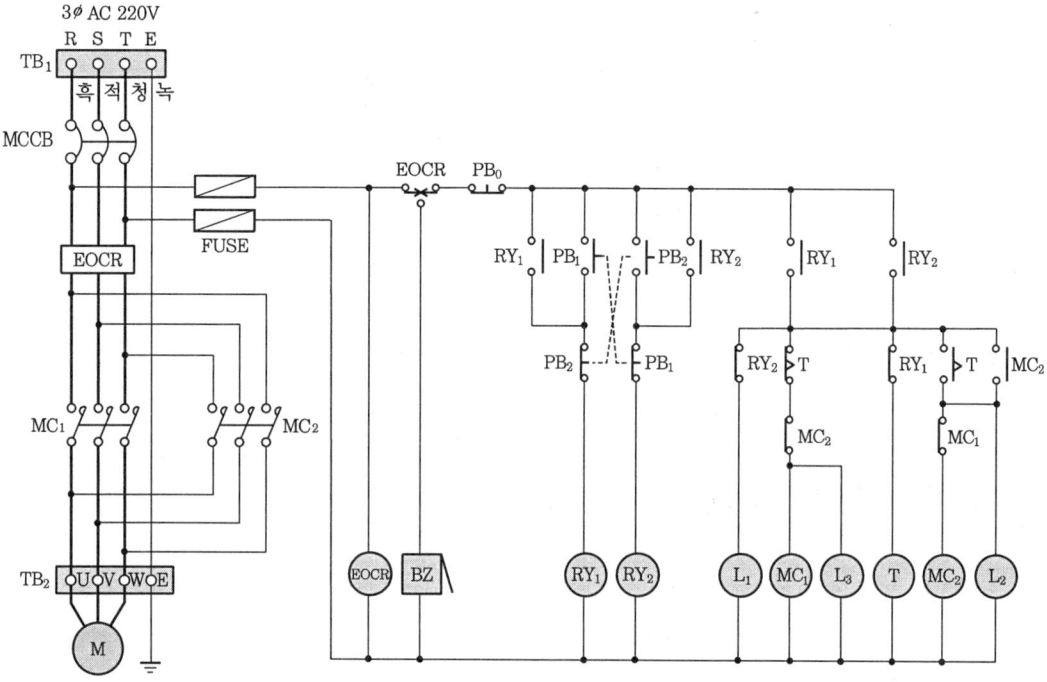

(7) 동작 순서

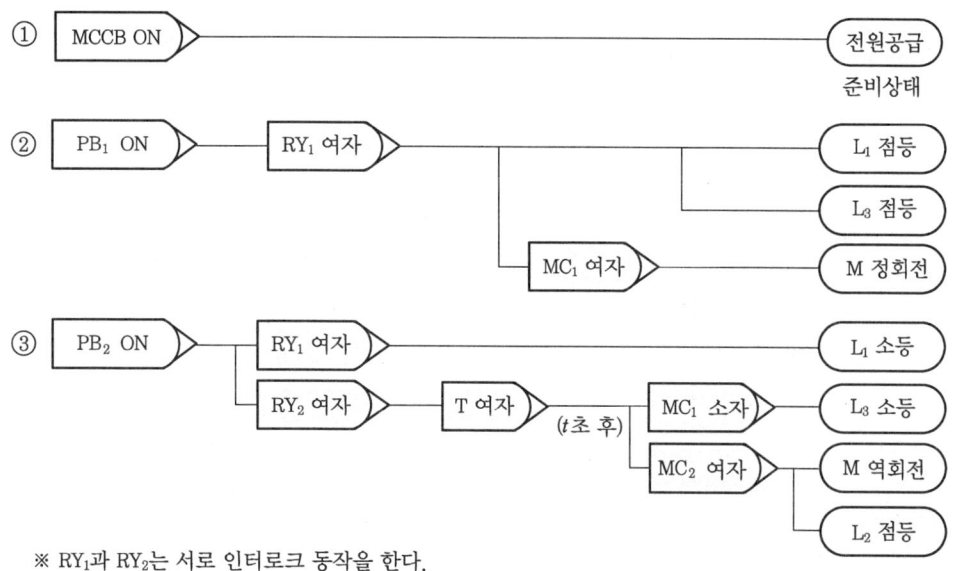

※ RY_1과 RY_2는 서로 인터로크 동작을 한다.

308 부 록

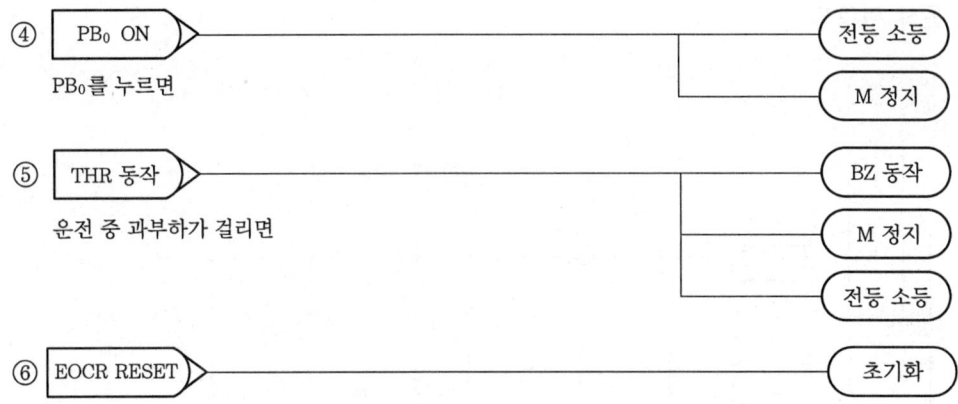

(8) 제어 부품 내부 결선도

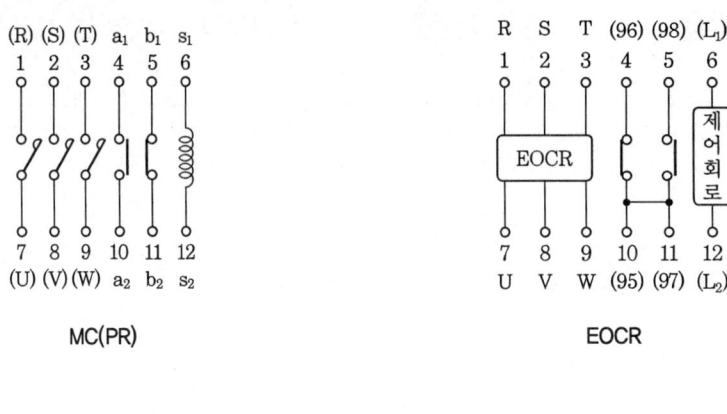

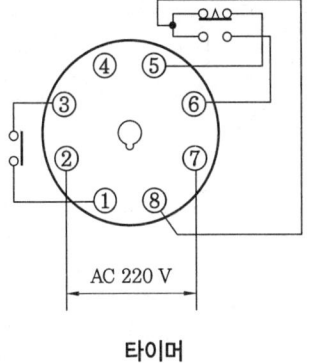

타이머

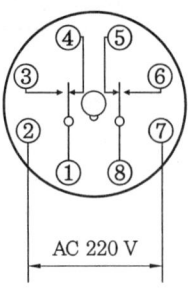

릴레이

(9) 단자번호 부여

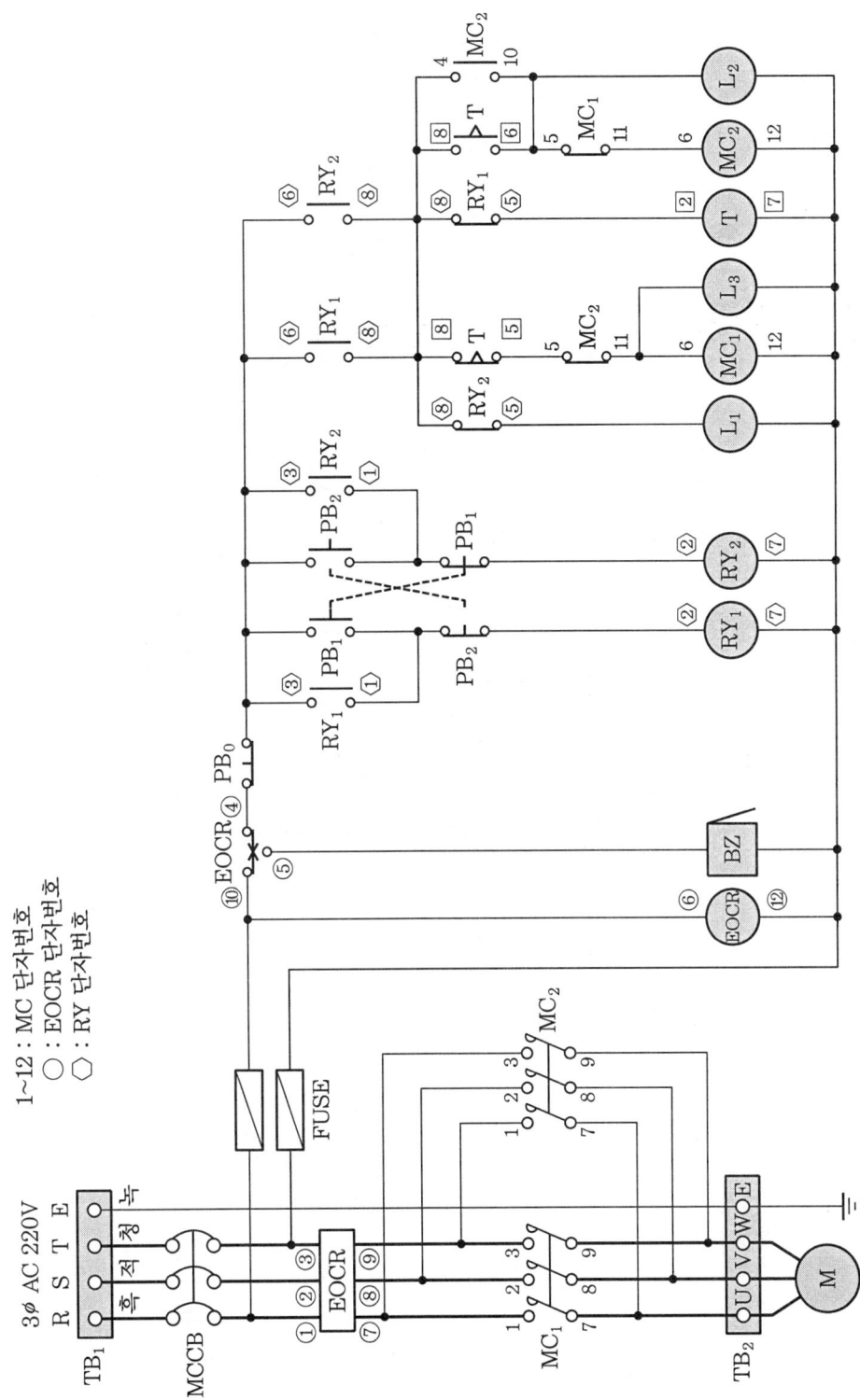

(10) 실체 배선도

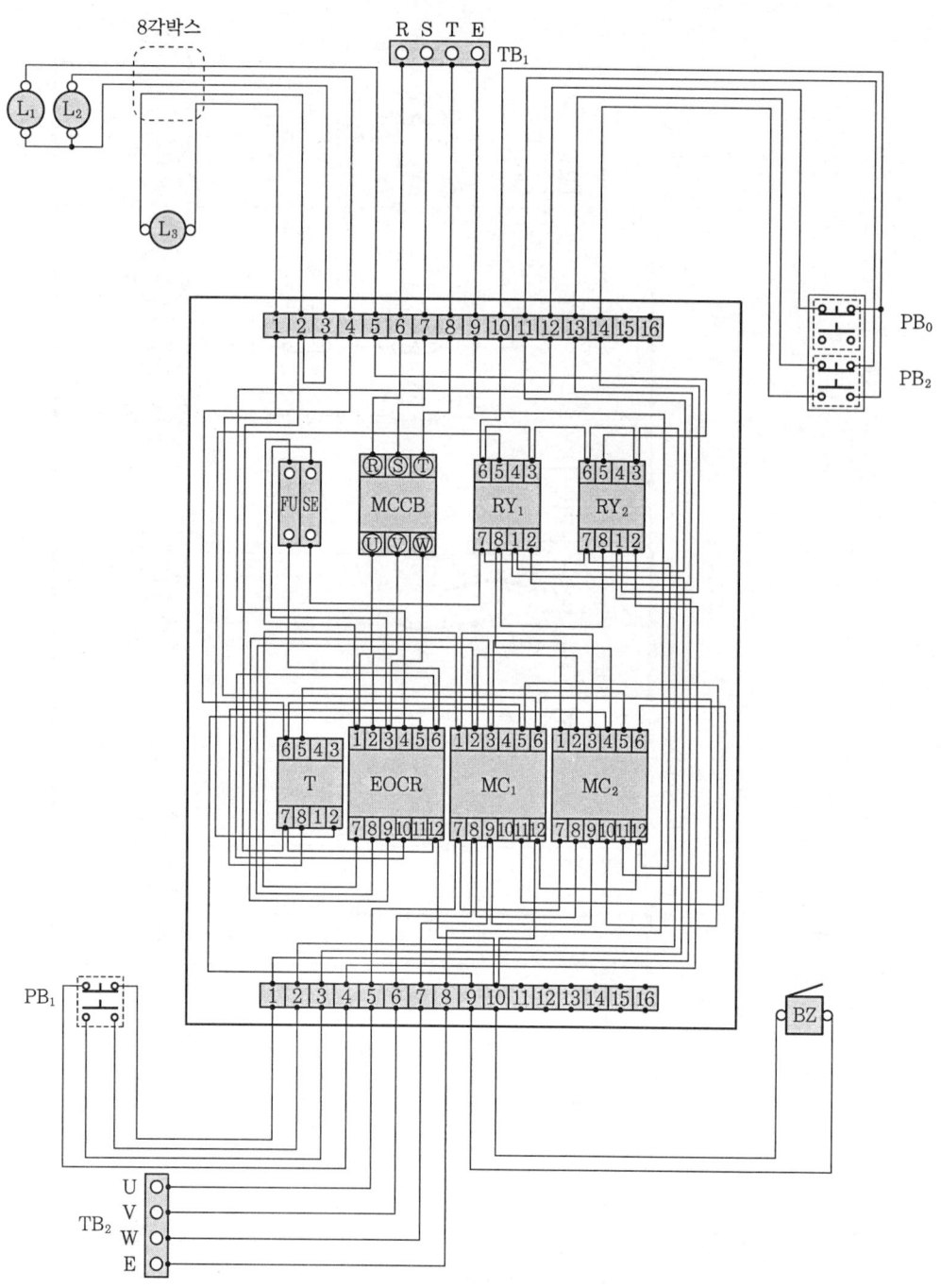

2016년도 시행 문제

□ 전기 기능사(실기) ▶ 2016. 3. 14 시행

과제명 : 컨베이어 제어회로

• 시험시간 : 표준시간-4시간 30분

(1) 요구 사항

① 지급된 재료를 사용하여 제한시간 내에 주어진 과제를 완성하시오.

② 공통 사항

  (가) 전원방식 : 3상 3선식 220 V

  (나) 공사방법

    • 플렉시블 전선관

    • PE 전선관

③ 동작 사항

  (가) PB_1을 ON하면 PR_1 여자, T_1 여자, GL 점등(M_1 동작)

  (나) t_1(3초) 후 PR_2 여자, T_2 여자, RL 점등(M_1 작동)

    (M_1 운전, GL 점등 상태이며 T_1은 소자된다.)

  (다) t_2(3초) 후 PR_3 여자, WL 점등(M_3 작동)

    (M_1, M_2 운전, RL 점등 상태이며 T_2는 소자된다.)

  (라) PB_2를 누르면 X(relay)가 여자되고 T_3, T_4가 여자되며, PR_3가 소자되며 WL 소등 (M_3이 정지되고, M_1, M_2는 운전 상태이다.)

  (마) t_3(5초) 후 PR_2가 소자(M_2가 정지, RL 소등되고, M_1은 운전 상태이다.)

  (바) t_4(7초) 후 PR_1이 소자(M_1이 정지, GL 소등된다.)

  (사) 동작 사항 진행 중 PB_0를 누르면 reset(초기화)된다.

  (아) 전동기 운전 중 전동기가 과부하되어 과전류가 흐를 때 전자식 과전류계전기 (EOCR)가 동작되어 전동기가 정지되고, YL 점등된다.

  (자) 전자식 과전류계전기(EOCR)를 리셋(reset)하면 초기상태로 복귀된다.

④ 기타 사항

  (가) 제어함 부분과 PE 전선관 및 플렉시블 전선관이 접속되는 부분은 커넥터를 끼워 놓습니다.

  (나) 전동기의 접속은 생략하고 단자대까지 접속할 수 있게 배선합니다.

(2) 수검자 유의사항

① 시험 시작 전 지급된 재료의 이상 유무를 확인하고 이상이 있을 때에는 시험위원의 승인을 얻어 교환할 수 있습니다. (단, 시험 시작 후 파손된 재료는 수험자 부주의로 파손된 것으로 간주되어 추가로 지급받지 못합니다.)
② 제어함(판)을 포함한 작업대(판)에서의 제반 치수는 mm이고 치수 허용 오차는 외관(전선관, 박스, 전원 및 부하측 단자대 등)은 ±30 mm, 제어함 내부는 ±5 mm입니다.
③ 전선관의 수직과 수평을 맞추어 작업하고, 전선관의 곡률 반경은 전선관 안지름의 6배 이상으로 합니다.
④ 전선관이 작업판에서 뜨지 않도록 새들을 사용하여 튼튼하게 고정합니다.
⑤ 제어함 내의 기구 배치는 도면에 따르되 소켓에 채점용 기기 등이 들어갈 수 있도록 합니다.
⑥ 제어함 배선은 미관을 고려하여 배선(수평수직)하고 전선의 흐트러짐 등이 없도록 케이블 타이를 이용하여 균형있게 배선합니다.
  ※ 제어함 배선 시 기구와 기구 사이 배선 금지
⑦ 주회로는 2.5 mm^2(1/1.78) 전선, 보조회로는 1.5 mm^2(1/1.38) 황색 전선을 사용하고, 주회로의 전선 색상은 R상은 흑색, S상은 적색, T상은 청색을 사용합니다.
⑧ 접지회로는 2.5 mm^2(1/1.78) 전선(녹색)으로 배선하여야 합니다.
⑨ 제어함과 전선관이 접속되는 부분에는 전선관용 커넥터를 사용하고 제어함에 5 mm 정도 올리고 새들로 고정하여야 합니다.
⑩ 전원 및 부하(전동기) 단자대는 제어회로도 순으로 결선합니다.
⑪ 전원측 및 부하측 단자대는 동작시험을 할 수 있도록 전원선의 색상에 맞추어 100 mm 정도의 인입선을 인출하고 피복은 전선 끝에서 약 10 mm 정도 벗겨둡니다.
⑫ 단자에 전선을 접속하는 경우 나사를 견고하게 조입니다. 단자 조임 불량이란 전선 피복 제거가 2 mm 이상 보이거나, 피복이 단자에 물린 경우를 말합니다.
  ※ 한 단자에 전선 세 가닥 이상 접속 금지
⑬ 동작시험은 회로시험기 또는 벨 시험기를 가지고 확인을 할 수 있으나, 전원을 투입하여 동작시험은 할 수 없습니다 (기타 시험기구 사용 불가).
⑭ 퓨즈 홀더에는 퓨즈를 끼워 놓아야 합니다.
⑮ 전자접촉기, EOCR, 타이머 및 릴레이는 소켓번호에 유의하여 작업하도록 합니다.
⑯ EOCR, 전자접촉기, 타이머 및 릴레이 등의 소켓(베이스)은 홈이 아래로 향하게 배치합니다.
⑰ 접지는 도면에 표시된 부분만 실시하고, 접지선은 입력 단자대에서 제어함 내의 단자대를 거쳐 출력 단자대까지 결선하여 모든 접지는 입력 단자대의 접지측과 연결되어야 합니다.

⑱ 다음 사항에 대해서는 채점 대상에서 제외하니 특히 유의하시기 바랍니다.
   (가) 기권
      – 과제 진행 중 수험자 스스로 작업에 대한 포기의사를 표현한 경우
   (나) 실격
      – 지급 재료 이외의 재료를 사용한 작품
      – 시험 중 시설·장비의 조작 또는 재료의 취급이 미숙하여 위해를 일으킬 것으로 시험위원 전원이 합의하여 판단한 경우
      – 기능이 해당 등급 수준에 전혀 도달하지 못한 것으로 시험위원 전원이 합의하여 판단한 경우
   (다) 미완성
      – 시험시간 내에 요구사항을 완성하지 못한 경우(완성작품이란 모든 부품을 완전히 장착하고 깔끔히 배선 정리를 한 상태를 말함)
   (라) 오작
      – 시험시간 내에 제출된 작품이라도 다음과 같은 경우
      • 완성된 과제가 도면 및 배치도, 유의사항과 상이한(방향 및 결선 상태 포함) 경우(EOCR, MCCB, 전자접촉기, 릴레이, 타이머, 램프 색상 등)
      • 주회로 배선의 전선 굵기 및 색상 등이 도면과 다른 경우
      • 작품의 외형상 전선의 흐트러짐, 기구 배치 및 고정, 킹크 발생, 연결 상태 등이 조잡한 작품
      • 제어함 밖으로 인출되는 배선이 제어함 내의 단자대를 거치지 않고 직접 접속된 경우
      • 제어함 내부 배선 상태나 전선관 가공 상태가 불량하여 전기 공급이 불가한 경우
      • 제어함(판) 내의 배선 상태나 기구 간격 불량으로 동작 상태의 확인이 불가한 경우
      • 접지공사를 하지 않은 경우 및 접지선 색상이 틀린 경우(전동기로 출력되는 부분은 생략)
      • 컨트롤 박스 커버 등이 조립되지 않아 내부가 보이는 경우
      • 배관 및 기구배치도에서 허용 오차 ±50 mm 이상일 경우(단, 3개소 이상인 경우)

(3) 지급 재료 목록

일련번호	재 료 명	규 격	단위	수량	비 고
1	합판	400×450×12 mm	장	1	
2	단자대	4P 20A 220V	개	5	
3	단자대	12P 20A 220V	개	2	
4	컨트롤 박스	φ25 1구	개	1	
5	컨트롤 박스	φ25 3구	개	2	
6	푸시 버튼 스위치	1a1b 220V φ25	개	3	녹 1, 적 2
7	파일럿 램프	φ25 220V	개	4	적 1, 녹 1, 황 1, 백 1
8	8각 박스	철제	개	1	
9	전자접촉기 소켓	220V 12P(둥근형)	개	3	
10	EOCR 소켓	220V 12P(둥근형)	개	1	
11	타이머 소켓	220V 8P	개	4	
12	릴레이 소켓	220V 8P	개	1	
13	PE 전선관	16 mm	m	5	
14	플렉시블 전선관	16 mm	m	5	
15	커넥터	16 mm PE 전선관용	개	6	
16	커넥터	16 mm 플렉시블 전선관용	개	8	
17	비닐절연전선	1.5SQ(1/1.38)(황)	m	50	
18	비닐절연전선	2.5SQ(1/1.78)(흑)	m	7	
19	비닐절연전선	2.5SQ(1/1.78)(적)	m	7	
20	비닐절연전선	2.5SQ(1/1.78)(청)	m	7	
21	비닐절연전선	2.5SQ(1/1.78)(녹)	m	7	
22	새들	16 mm 전선관용	개	40	
23	케이블 타이	100 mm	개	40	
24	나사못	φ M4×12 mm	개	100	
25	나사못	φ M4×25 mm	개	10	
26	나사못	φ M4×16 mm	개	40	
27	전자접촉기	220V 12P	개	3	
28	EOCR	220V 12P(둥근형)	개	1	
29	타이머	220V 8P	개	4	
30	릴레이	220V 8P	개	1	
31	유리통 퓨즈 및 홀더	250V 30A(박스 2개용)	개	1	퓨즈 10A 2개 포함

(4) 배관 및 기구 배치도

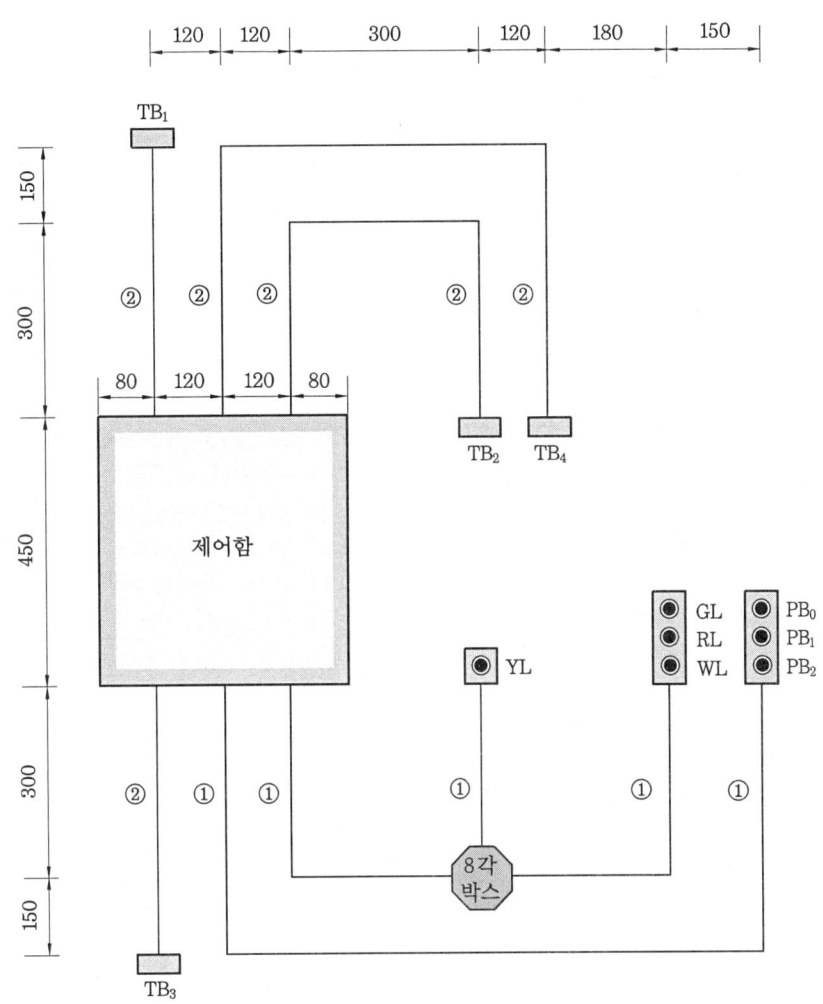

공사 방법

①	플렉시블 전선관
②	PE 전선관

(5) 제어함 내부 기구 배치도

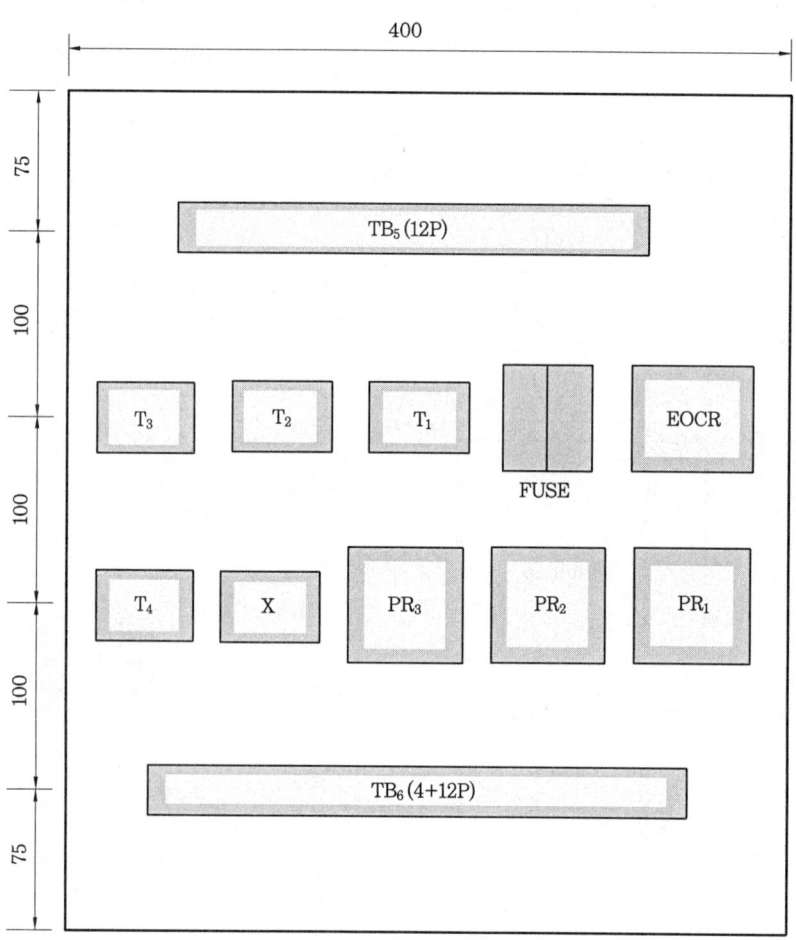

범 례

기 호	명 칭	기 호	명 칭
TB_1	전원(단자대4P)	FUSE	퓨즈 및 퓨즈 홀더
$TB_2 \sim TB_4$	모터(단자대4P)	PB_0	푸시 버튼 스위치(녹)
TB_5	단자대(12P)	PB_1	푸시 버튼 스위치(적)
TB_6	단자대(4+12P)	PB_2	푸시 버튼 스위치(적)
$PR_1 \sim PR_3$	전자접촉기(12P)	YL	파일럿 램프(황) 220V
$T_1 \sim T_4$	타이머(8P)	GL	파일럿 램프(녹) 220V
EOCR	EOCR 소켓(12P)	RL	파일럿 램프(적) 220V
X	릴레이(8P)	WL	파일럿 램프(백) 220V

(6) 동작 회로도

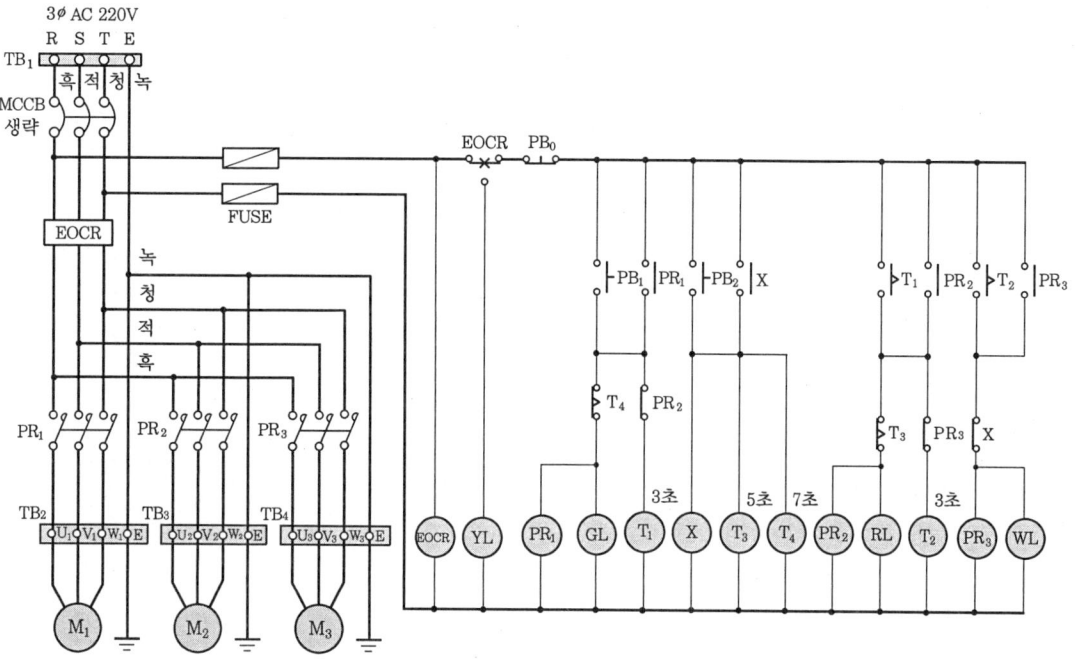

(7) 동작 순서

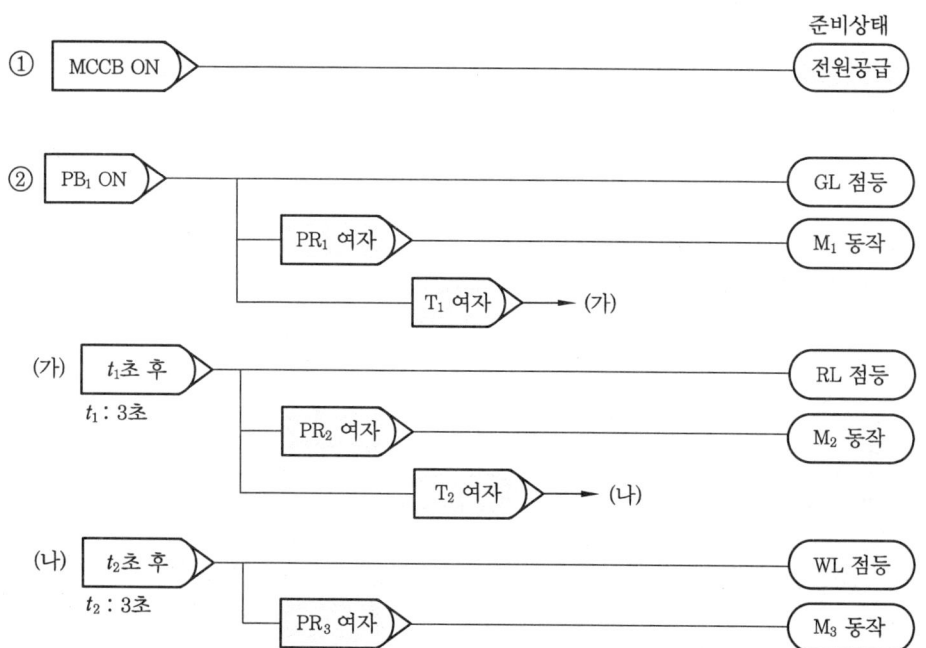

318 부록

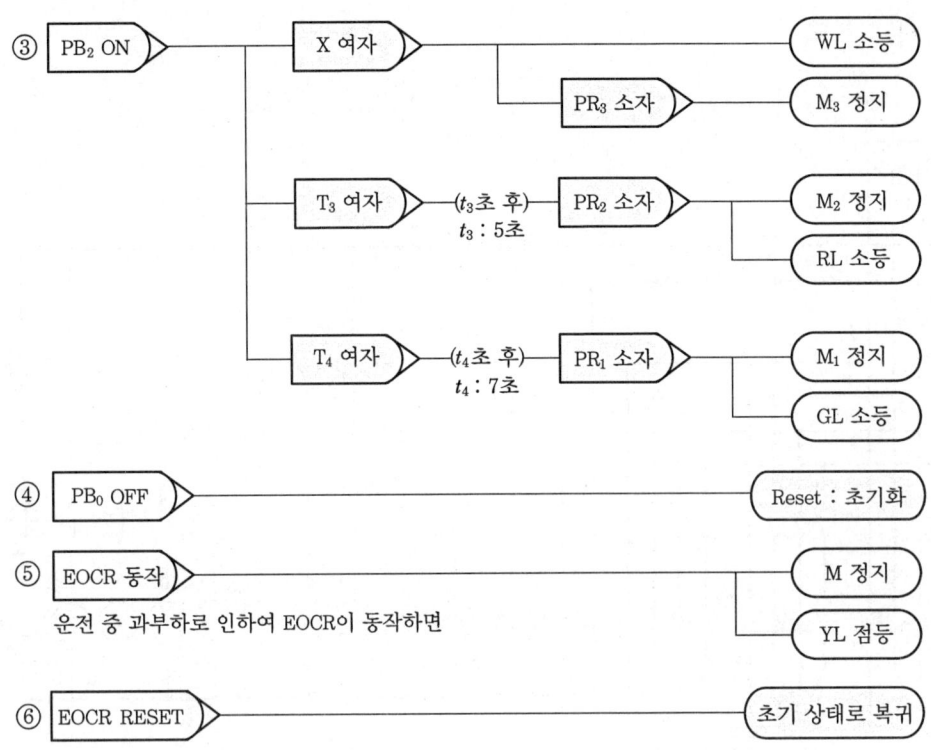

(8) 제어 부품 내부 결선도

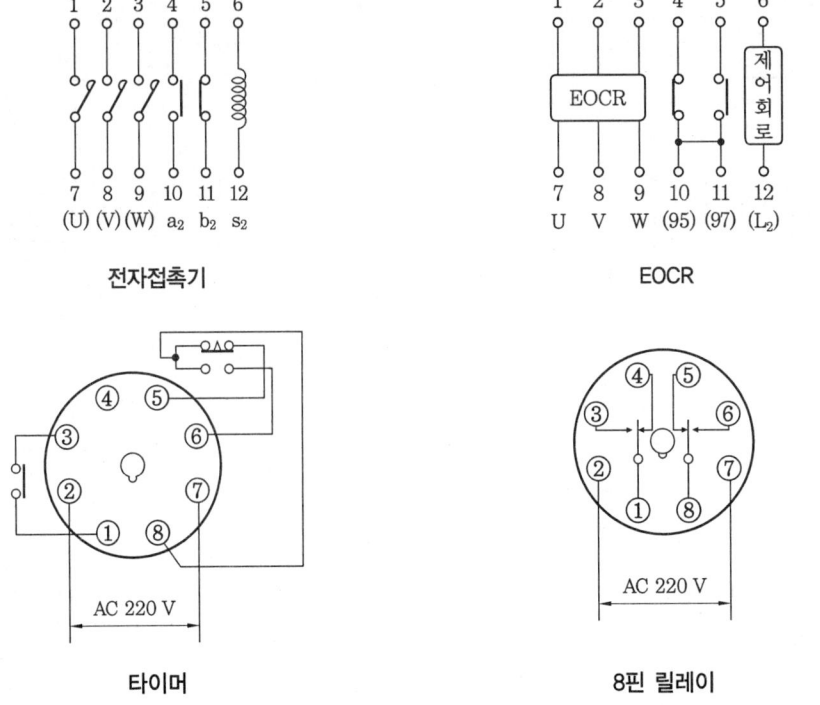

전자접촉기   EOCR

타이머   8핀 릴레이

(9) 단자번호 부여

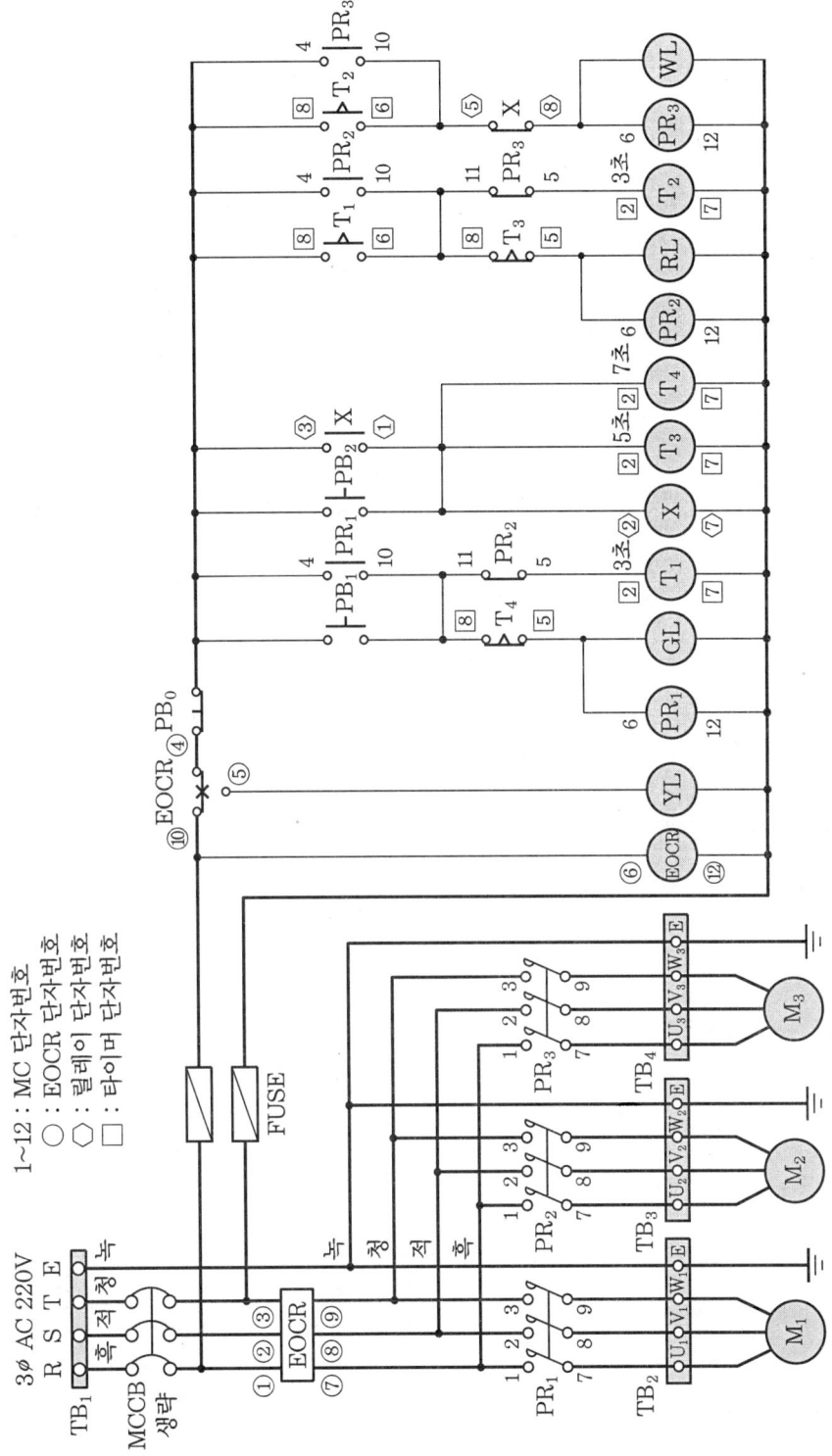

(10) 실체 배선도

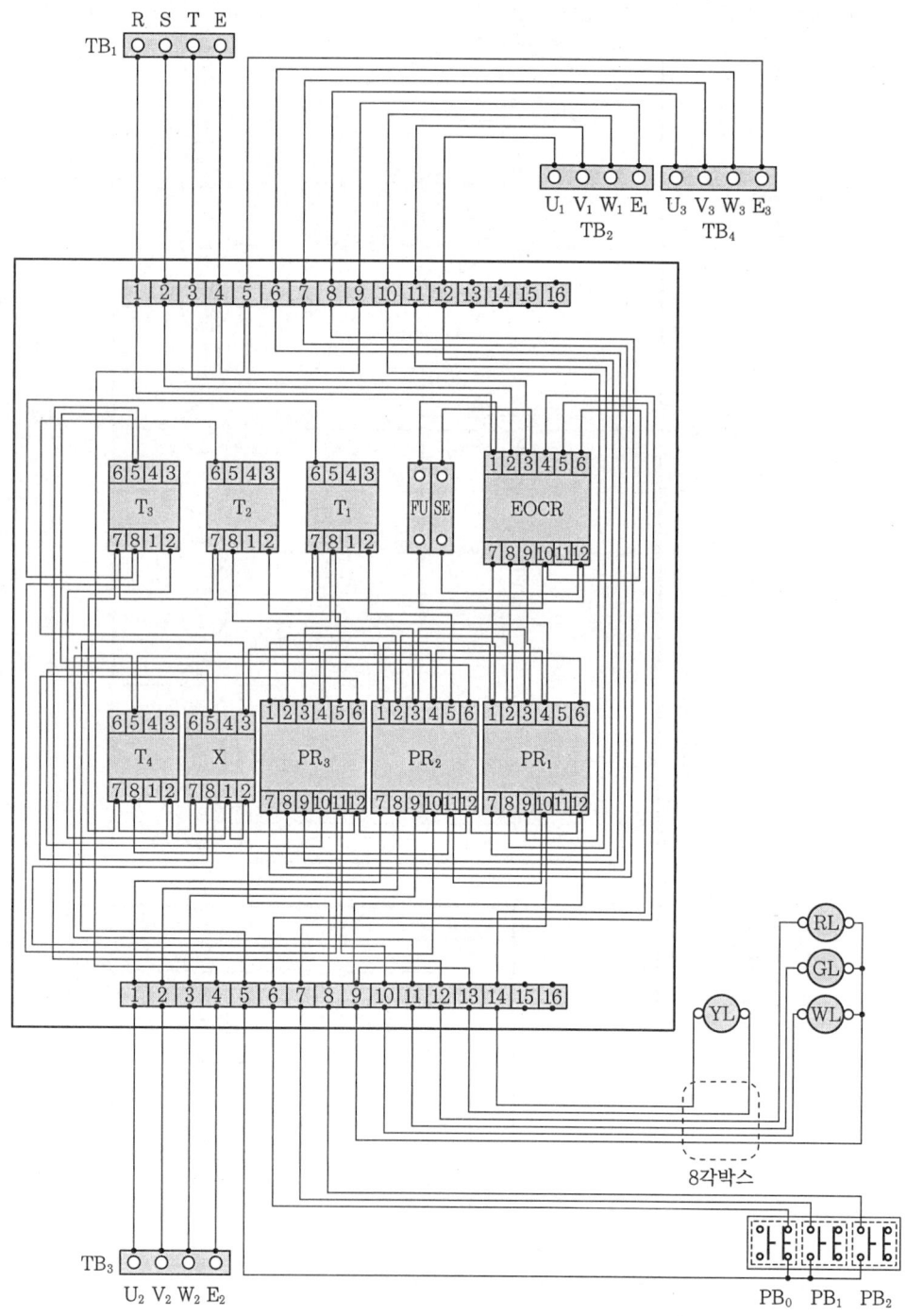

전기 기능사(실기) ▶ 2016. 5. 21 시행

 과제명 : 전동기 운전 제어회로

• 시험시간 : 표준시간-4시간 30분

(1) 요구 사항

① 지급된 재료를 사용하여 제한시간 내에 주어진 과제를 완성하시오.

② 공통 사항
  (가) 전원방식 : 3상 3선식 220 V
  (나) 공사방법
    • PE 전선관
    • 플렉시블 전선관

③ 동작
  (가) 자동 동작 사항
    • MCCB을 ON하고 SS를 A 방향으로 놓으면 X_3이 여자되고, LS_1을 동작시키면 X_1, PR_1이 여자되고, RL이 점등된다. → (M_1 동작)
    • SS를 A 방향 상태에서 LS_2를 동작시키면 X_2, PR_2이 여자되고, GL이 점등된다. → (M_2 동작)
    • X_1과 X_2가 모두 여자되면 T가 동작하여 t초 후 WL은 점등되며, RL, GL은 소등되고 PR_1과 PR_2가 소자되어 전동기(M_1, M_2) 동작은 정지된다.
  (나) 수동 동작 사항
    • SS를 M 방향으로 놓고 PB_1을 ON하면 PR_1이 여자되고, RL이 점등된다. → (M_1 동작)
    • SS를 M 방향에서 PB_2를 ON하면 PR_2가 여자되고, GL이 점등된다. → (M_2 동작)
    • SS를 M 방향에서 PB_0를 OFF하면 RL과 GL은 소등되고, PR_1과 PR_2가 소자되어 전동기(M_1, M_2) 동작은 정지된다.
  (다) 과부하 동작 사항
    • 동작 중 과부하가 발생하여 $EOCR_1$과 $EOCR_2$가 동작되면 모든 동작이 정지되고 YL이 점등된다.

④ 기타 사항
  (가) 제어함 부분과 PE 전선관 및 플렉시블 전선관이 접속되는 부분은 커넥터를 끼워 놓는다.
  (나) 전동기의 접속은 생략하고 단자대까지 접속할 수 있게 배선한다.
  (다) LS_1과 LS_2는 단자대(4P)로 대체한다.

(2) 수검자 유의사항

① 시험 시작 전 지급된 재료의 이상 유무를 확인하고 이상이 있을 때에는 시험위원의 승인을 얻어 교환할 수 있습니다. (단, 시험 시작 후 파손된 재료는 수험자 부주의로 파손된 것으로 간주되어 추가로 지급받지 못합니다.)
② 제어함(판)을 포함한 작업대(판)에서의 제반 치수는 mm이고 치수 허용 오차는 외관(전선관, 박스, 전원 및 부하측 단자대 등)의 경우 ±30 mm이며, 제어함 내부는 ±5 mm입니다.
③ 전선관의 수직과 수평을 맞추어 작업하고, 전선관의 곡률 반경은 전선관 안지름의 6배 이상, 8배 이하로 작업하여야 합니다.
④ 전선관이 작업판에서 뜨지 않도록 새들을 사용하여 튼튼하게 고정합니다.
⑤ 제어함 내의 기구 배치는 도면에 따르며 소켓에 채점용 기기 등이 들어갈 수 있도록 합니다.
⑥ 제어함 배선은 미관을 고려하여 배선(수평수직)하고 전선의 흐트러짐 등이 없도록 케이블 타이를 이용하여 균형있게 배선합니다.
   ※ 제어함 배선 시 기구와 기구 사이 배선 금지
⑦ 주회로는 $2.5\,mm^2$(1/1.78) 전선, 보조회로는 $1.5\,mm^2$(1/1.38) 황색 전선을 사용하고, 주회로의 전선 색상은 R상은 흑색, S상은 적색, T상은 청색을 사용합니다.
⑧ 접지회로는 $2.5\,mm^2$(1/1.78) 전선(녹색)으로 배선하여야 합니다.
⑨ 제어함과 전선관이 접속되는 부분에는 전선관용 커넥터를 사용하고 제어함에 5 mm 정도 올려서 새들로 고정하여야 합니다.
⑩ 전원 및 부하(전동기) 단자대의 단자는 가로인 경우 왼쪽으로부터, 세로인 경우 위쪽으로부터 R, S, T, E(접지) 또는 U1, V1, W1, E(접지), U2, V2, W2, E(접지)의 순으로 결선합니다.
⑪ 전원측 및 부하측 단자대는 동작시험을 할 수 있도록 전원선의 색상에 맞추어 100 mm 정도 인입선을 인출하고, 피복은 전선 끝에서 약 10 mm 정도 벗겨둡니다.
⑫ 단자에 전선을 접속하는 경우 나사를 견고하게 조입니다. 단자 조임 불량이란 전선 피복 제거가 2 mm 이상 보이거나, 피복이 단자에 물린 경우를 말합니다.
   ※ 한 단자에 전선 세 가닥 이상 접속 금지
⑬ 동작사항은 회로시험기 또는 벨 시험기를 가지고 확인을 할 수 있으나, 전원을 투입하여 동작시험은 할 수 없습니다 (기타 시험기구 사용 불가).
⑭ 퓨즈 홀더에는 퓨즈를 끼워 놓아야 합니다.
⑮ EOCR, 전자접촉기, 플리커 릴레이, 타이머 및 릴레이는 소켓번호에 유의하여 작업하도록 합니다.
⑯ EOCR, 전자접촉기, 플리커 릴레이, 타이머 및 릴레이의 소켓(베이스)은 홈이 아래로 향하게 배치합니다.
⑰ 접지는 도면에 표시된 부분만 실시하고, 접지선은 입력 단자대에서 제어함 내의

단자대를 거쳐 출력 단자대까지 결선하여 모든 접지는 입력 단자대의 접지측과 연결되어야 합니다.
⑱ 다음 사항에 대해서는 채점 대상에서 제외하니 특히 유의하시기 바랍니다.
  ㈎ 기권
  ㈏ 미완성
  ㈐ 실격
    - 지급 재료 이외의 재료를 사용한 작품
  ㈑ 오작
    • 완성된 과제가 도면 및 배치도, 유의사항과 상이한(방향 및 결선 상태 포함) 경우
    • 주회로 배선의 전선 굵기 및 색상 등이 도면 및 유의사항과 다른 경우
    • 제어함 내부 배선 상태나 전선관 가공 상태가 불량하여 전기 공급이 불가한 경우
    • 제어함(판) 내의 배선 상태나 기구 간격 불량으로 동작 상태의 확인이 불가한 경우
    • 접지공사를 하지 않은 경우 및 접지선 색상이 틀린 경우
    • 배관 및 기구배치도에서 허용 오차 ±50 mm 이상일 경우(단, 3개소 이상인 경우)

(3) 지급 재료 목록

일련번호	재 료 명	규 격	단위	수량	비 고
1	제어함(합판)	400×420×12 mm	장	1	
2	단자대	4P 20A 220V	개	4	
3	단자대	10P 20A 220V	개	4	
4	컨트롤 박스	ϕ25 2구	개	1	
5	컨트롤 박스	ϕ25 3구	개	2	
6	푸시 버튼 스위치	1a1b 220V ϕ25	개	3	녹 1, 적 2
7	파일럿 램프	ϕ25 220V	개	4	적 1, 녹 1, 황 1, 백 1
8	전자접촉기 소켓	220V 12P	개	2	
9	EOCR 소켓	220V 12P	개	2	
10	타이머 소켓	220V 8P	개	1	
11	릴레이 소켓	220V 8P	개	3	
12	실렉터 스위치	ϕ25 2단	개	1	
13	PE 전선관	16 mm	m	5	
14	플렉시블 전선관	16 mm	m	5	
15	커넥터	16 mm PE 전선관용	개	6	
16	커넥터	16 mm 플렉시블 전선관용	개	5	
17	비닐절연전선	1.5SQ(1/1.38)(황)	m	50	
18	비닐절연전선	2.5SQ(1/1.78)(흑)	m	7	
19	비닐절연전선	2.5SQ(1/1.78)(적)	m	7	
20	비닐절연전선	2.5SQ(1/1.78)(청)	m	7	
21	비닐절연전선	2.5SQ(1/1.78)(녹)	m	7	
22	새들	16 mm 전선관용	개	36	
23	케이블 타이	100 mm	개	40	
24	전자접촉기	220V 12P	개	2	채점용
25	EOCR	220V 12P	개	2	채점용
26	타이머	220V 8P	개	1	채점용
27	릴레이	220V 8P	개	3	채점용
28	유리통 퓨즈 및 홀더	250V 30A(박스 2개용)	개	1	퓨즈 10A 2개 포함
29	배선용 차단기	3상용, AC 250V, 30A	개	1	

(4) 배관 및 기구 배치도

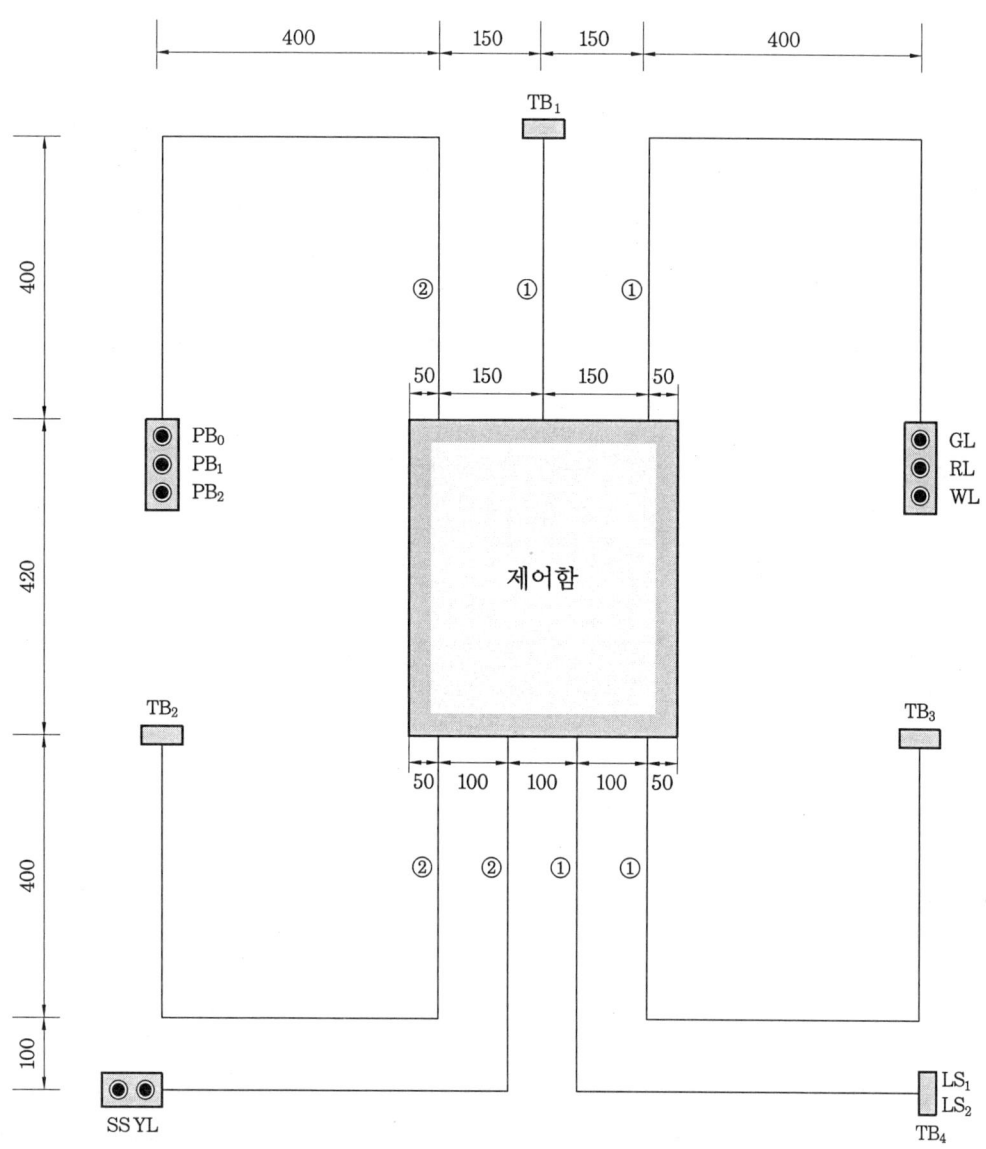

공사 방법

①	PE 전선관
②	플렉시블 전선관

(5) 제어함 내부 기구 배치도

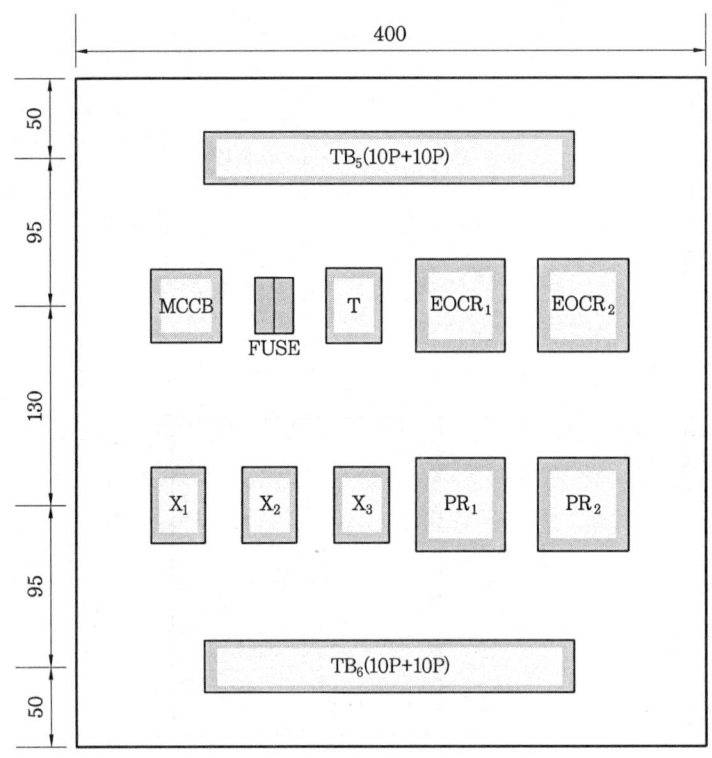

범 례

기 호	명 칭	기 호	명 칭
TB_1	전원(단자대 4P)	FUSE	퓨즈 및 퓨즈 홀더
TB_2, TB_3	모터(단자대 4P)	PB_0	푸시 버튼 스위치(녹)
TB_4	리밋 스위치(단자대 4P)	PB_1	푸시 버튼 스위치(적)
TB_5, TB_6	단자대(10P+10P)	PB_2	푸시 버튼 스위치(적)
PR_1, PR_2	전자접촉기 소켓(12P)	YL	파일럿 램프(황) 220V
T	타이머 소켓(8핀)	GL	파일럿 램프(녹) 220V
$EOCR_1$, $EOCR_2$	EOCR 소켓(12P)	RL	파일럿 램프(적) 220V
X_1, X_2, X_3	릴레이 소켓(8핀)	WL	파일럿 램프(백) 220V
MCCB	배선용 차단기		

(6) 동작 회로도

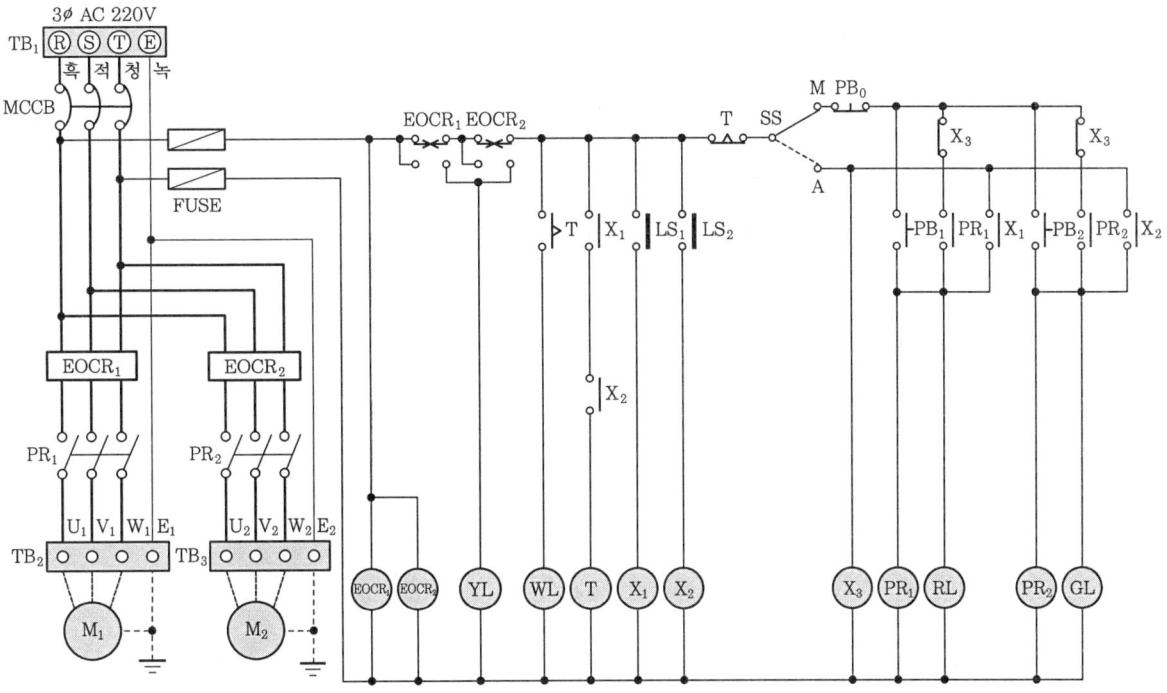

(7) 동작 순서

① 전원 공급

② 자동 동작 사항

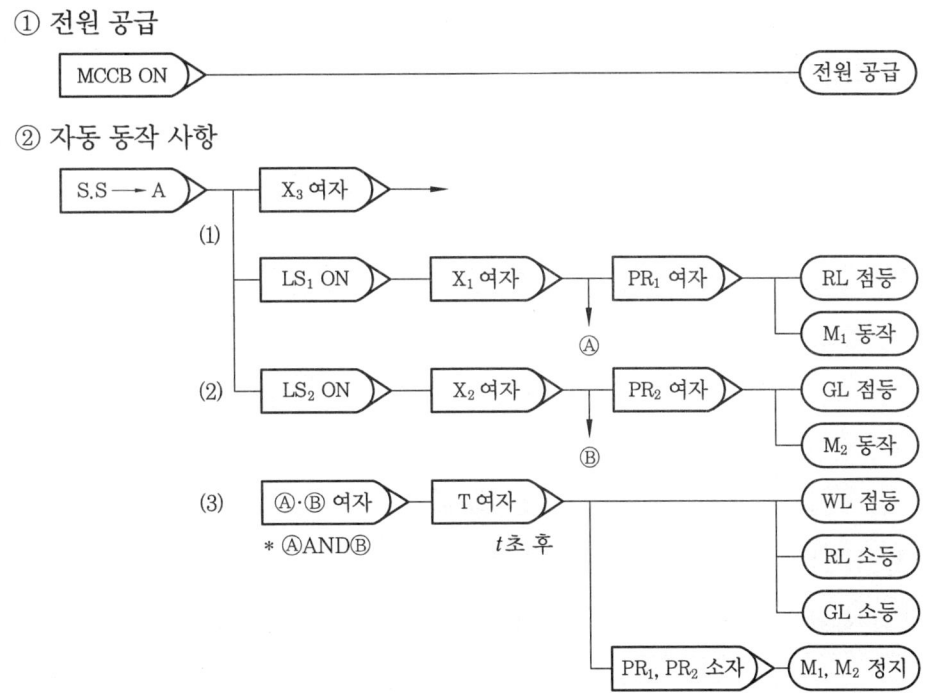

③ 수동 동작 사항

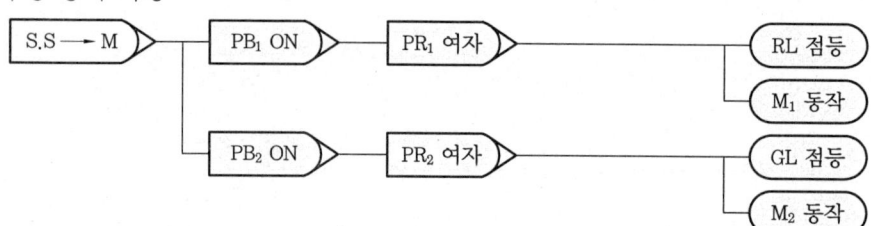

④ 운전 중 M_1, M_2 과부하가 걸리면 EOCR이 동작

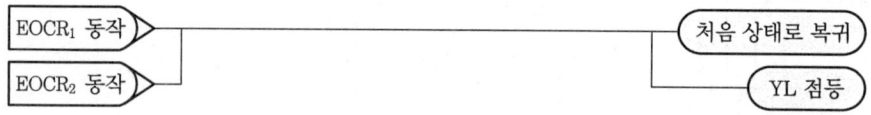

(8) 제어 부품 내부 결선도

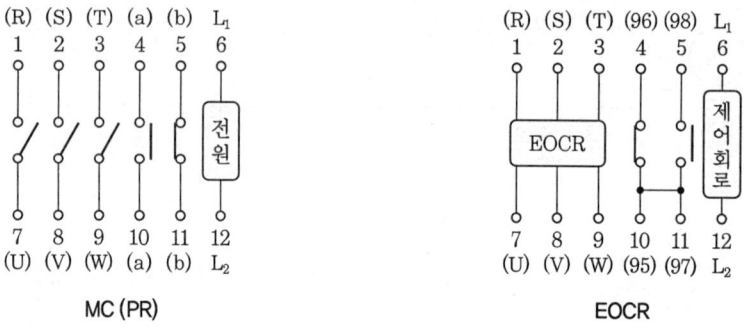

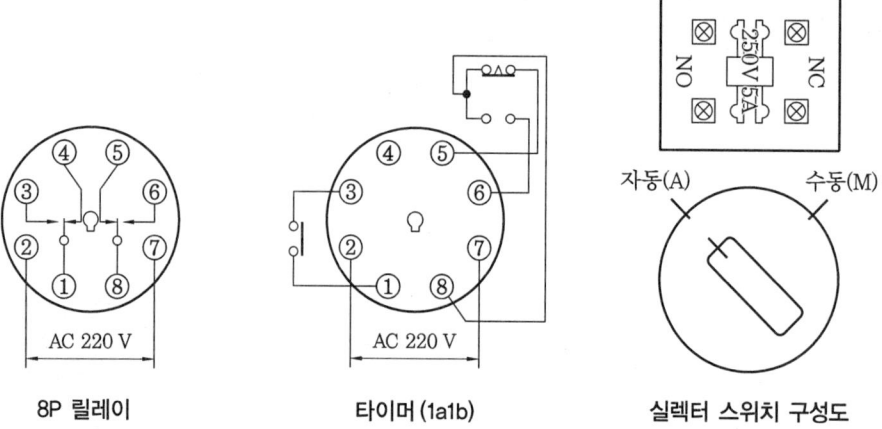

(9) 단자번호 부여

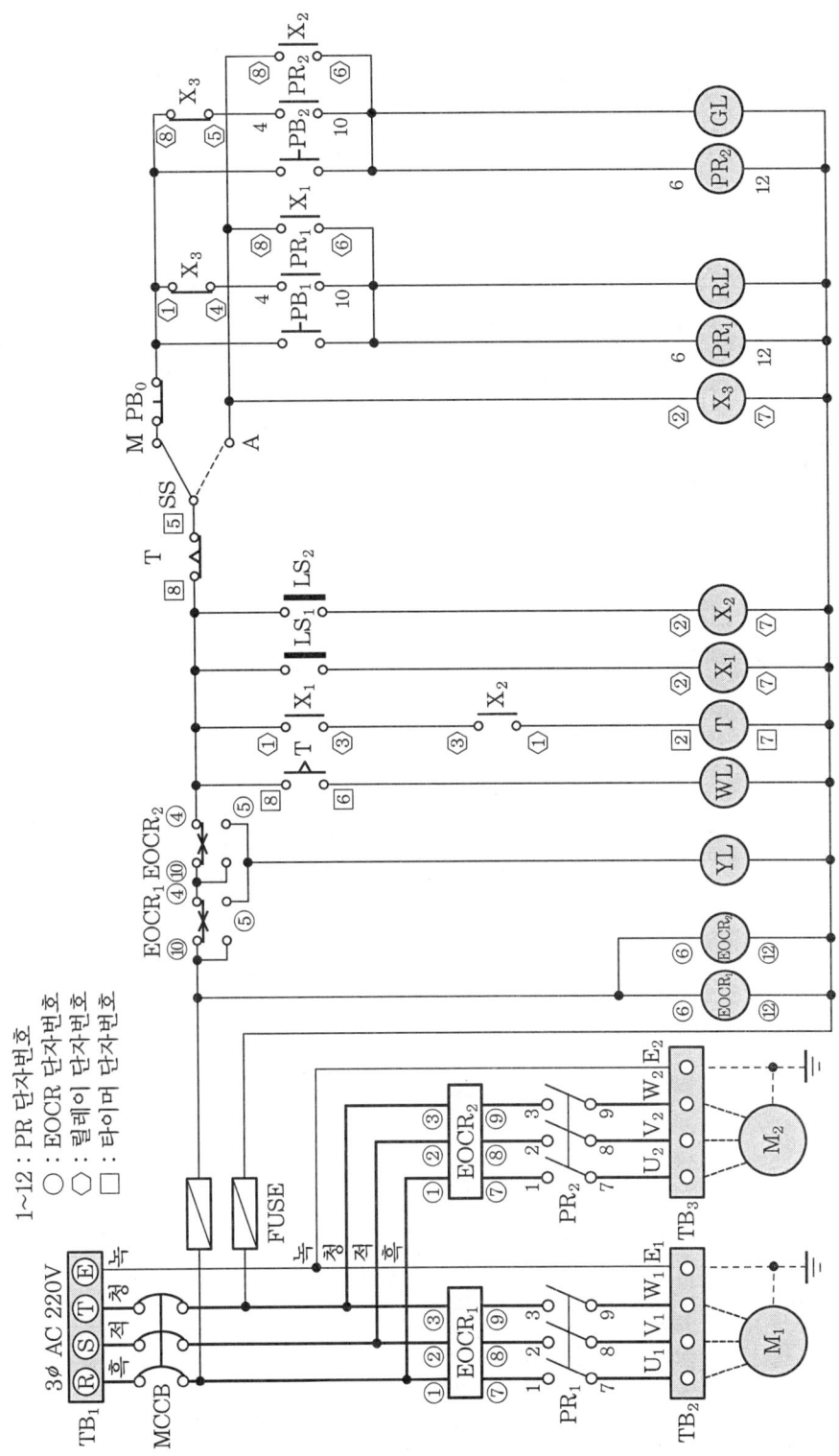

(10) 실체 배선도

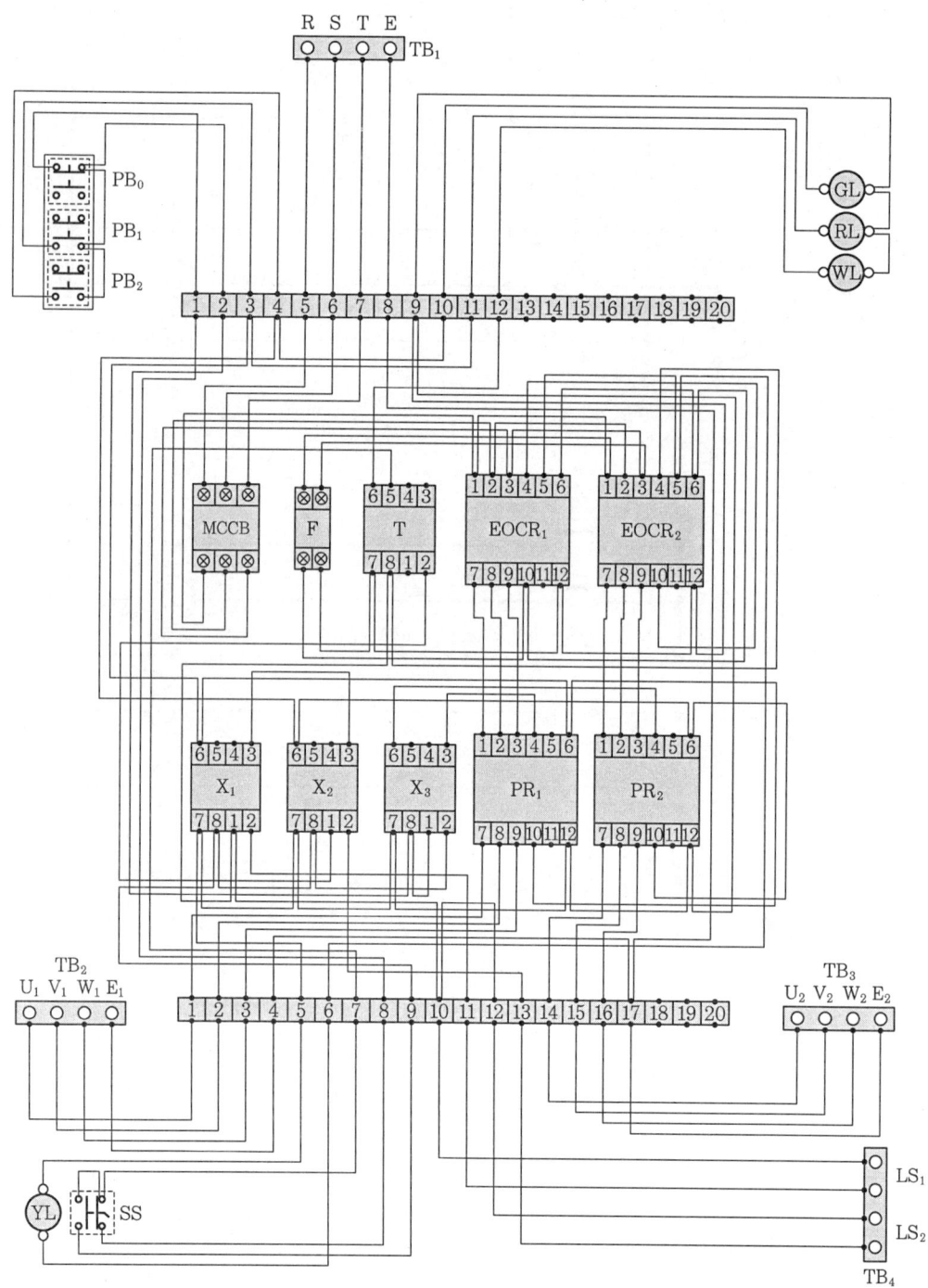

□ 전기 기능사(실기)　　　　　　　　　　　　　　　　▶ 2016. 8. 27 시행

과제명 : 급·배수 처리장치

• 시험시간 : 표준시간-4시간, 연장시간-30분

(1) **요구 사항**

① 지급된 재료를 사용하여 제한시간 내에 주어진 과제를 완성하시오. (다만, 특별히 명시되어 있지 않은 공사방법 등은 내선공사 방법을 따른다.)

② 전원방식 : 3상 3선식 220 V

③ 공사 방법
  ㈎ 플렉시블 전선관
  ㈏ PE 전선관

④ 동작
  ㈎ 수동 동작 사항
  • 전원을 ON하면 GL 점등
  • 실렉터 스위치 SS를 수동 동작 모드(왼쪽)으로 전환
  • PB_2를 누르면(push) MC_1 여자, RL_1 점등, GL 소등, 급수 시작(motor 1 동작)
  • PB_1을 누르면(push) MC_1 소자, RL_1 소등, GL 점등, 급수 정지(motor 1 정지)
  • PB_4를 누르면(push) MC_2 여자, RL_2 점등, GL 소등, 배수 시작(motor 2 동작)
  • PB_3을 누르면(push) MC_2 소자, RL_2 소등, GL 점등, 배수 정지(motor 2 정지)

  ㈏ 자동 동작 사항
  • 실렉터 스위치 SS를 자동 동작 모드(오른쪽)으로 전환
  • 릴레이 X가 여자되어 RL_1 점등, GL 소등, 급수 시작(motor 1 동작)
  • 급수탱크에 급수가 완료되어 플로트 스위치(FLS_1)의 센서가 작동하면 RL_1 소등, GL 점등, 급수 정지(motor 1 정지)
  • 배수탱크에 물이 차서 배수용 플로트 스위치(FLS_2)의 센서가 작동하면 RL_2 점등, GL 소등, 배수 시작(motor 2 동작)
  • 배수가 완료되면 RL_2 소등, GL 점등, 배수 정지(motor 2 정지)

⑤ 기타 사항
  ㈎ 제어함 부분과 PE관 및 플렉시블 전선관이 접속되는 부분은 박스 커넥터를 사용한다.
  ㈏ 모터의 접속은 생략하고 단자대까지 접속할 수 있게 배선한다.

(2) **수검자 유의사항**

① 시험시간을 엄수하여 작품을 완성하여야 하며, 부득이한 경우에는 표준시간 +30분까지 연장할 수 있으나 연장할 경우 매 10분 이내(10분 포함 30분까지)마다 5점

씩 감점된다.
② 시험 시작 전 지급된 재료의 이상 유무를 확인하고 이상이 있을 때에는 시험위원에게 고지하여 교환하도록 한다.(단, 시험 시작 후 파손된 재료는 수험자 부주의로 파손된 것으로 간주되어 추가 지급되지 않는다.)
③ 작업판에서의 치수는 mm이고 허용오차는 ±30 mm이다.
④ 전선은 도면에 표시된 대로 색상별로 사용하며, 주회로는 2.5SQ(1/1.78)전선, 보조회로는 1.5SQ(1/1.38)전선(황색)으로, 접지회로는 2.5SQ(1/1.78)녹색전선으로 배선한다. (단, 지급된 전선이 부족할 때에는 다른 전선을 사용할 수 있으며, 주회로는 녹색선을 제외한 2.5SQ(1/1.78)전선을 사용한다.)
⑤ 배선작업은 단자대까지만 한다.
⑥ 제어판 내의 기구배치는 도면에 준하되, 치수는 작업하기에 알맞고 기구가 들어갈 수 있도록 간격을 유지하여 배치한다.
⑦ 제어판 배관공사 시 제어판에 박스 커넥터를 5 mm 정도 올려서 새들로 고정한다.
⑧ 동작시험은 수험자가 준비한 회로시험기 또는 벨시험기를 가지고 확인할 수 있으나, 전원을 투입하여 동작시험은 할 수 없다.
⑨ 도면에 표시된 플로트 스위치 센서 E_1, E_2, E_3의 인출선의 길이는 각각 100 mm, 150 mm, 200 mm로 한다.
⑩ 퓨즈 홀더에 퓨즈를 끼워 놓는다.
⑪ 실렉터 스위치는 왼쪽(반시계 방향)에 수동, 오른쪽(시계 방향)을 자동 위치로 놓는다.
⑫ 접지는 도면에 표시된 부분만 실시하며, 접지공사를 하지 않은 경우 실격으로 처리된다.
⑬ 제어판 내부 배선 상태나 전선관 가공 상태가 불량하여 전기공급이 불가한 경우 또는 제어판 내의 기구배치 간격 불량으로 동작상태의 확인이 불가한 경우에는 불합격으로 처리된다.
⑭ 제어판 내 단자대를 거치지 않고 직접 접속한 경우는 불합격으로 처리된다.
⑮ 다음 작품은 미완성 작품, 오동작이므로 불합격 처리된다.
㈎ 표준시간 +30분까지의 미완성 작품
㈏ 완전 동작 이외의 작품(오동작)
㈐ 완성된 작품이 도면과 서로 상이한 작품

▶상이한 작품이란
• 배관작업이 도면과 서로 다른 경우
• 기구배치가 도면과 다른 경우

(3) 지급 재료 목록

일련번호	재 료 명	규 격	단위	수량	비 고
1	합판	350×450×9 mm	장	1	
2	MCCB	3P 30A	개	1	
3	퓨즈(2P)	유리관형(퓨즈 포함)	개	1	
4	HIV 전선	1.5SQ(1/1.38)(황)	m	45	
5	HIV 전선	2.5SQ(1/1.78)(흑)	m	7	
6	HIV 전선	2.5SQ(1/1.78)(적)	m	7	
7	HIV 전선	2.5SQ(1/1.78)(청)	m	7	
8	HIV 전선	2.5SQ(1/1.78)(녹)	m	7	
9	릴레이 소켓	8P	개	1	
10	타이머 소켓	8P	개	2	
11	MC 소켓	12P(둥근형)	개	2	
12	단자대	4P 20A	개	11	
13	단자대	3P 20A	개	2	
14	컨트롤 박스	ϕ25 3구	개	2	
15	컨트롤 박스	ϕ25 3구	개	1	
16	8각 박스	철제	개	2	
17	파일럿 램프	ϕ25 220 V(녹)	개	1	
18	파일럿 램프	ϕ25 220 V(적)	개	2	
19	실렉터 스위치	ϕ25 2a 2b(3단)	개	1	
20	푸시 버튼 스위치	1a 1b 220 V ϕ25(녹)	개	2	
21	푸시 버튼 스위치	1a 1b 220 V ϕ25(적)	개	2	
22	PE 전선관	ϕ16	m	7	
23	플렉시블 전선관	ϕ16	m	7	
24	플렉시블 전선관 커넥터	ϕ25 16 mm용	개	10	
25	PE 전선관 커넥터	ϕ25 16 mm용	개	10	
26	케이블 타이	100 mm	개	30	
27	새들	16 mm 전선관용	개	40	
28	나사못	M4×12	개	100	
29	나사못	M4×16	개	40	
30	나사못	M4×25	개	10	
31	power relay	220 V 12P(둥근형)	개	2	채점용
32	릴레이	220 V 8P	개	1	채점용
33	플로트 스위치	YSFS-C22-M5	개	2	채점용

(4) 배관 및 기구 배치도

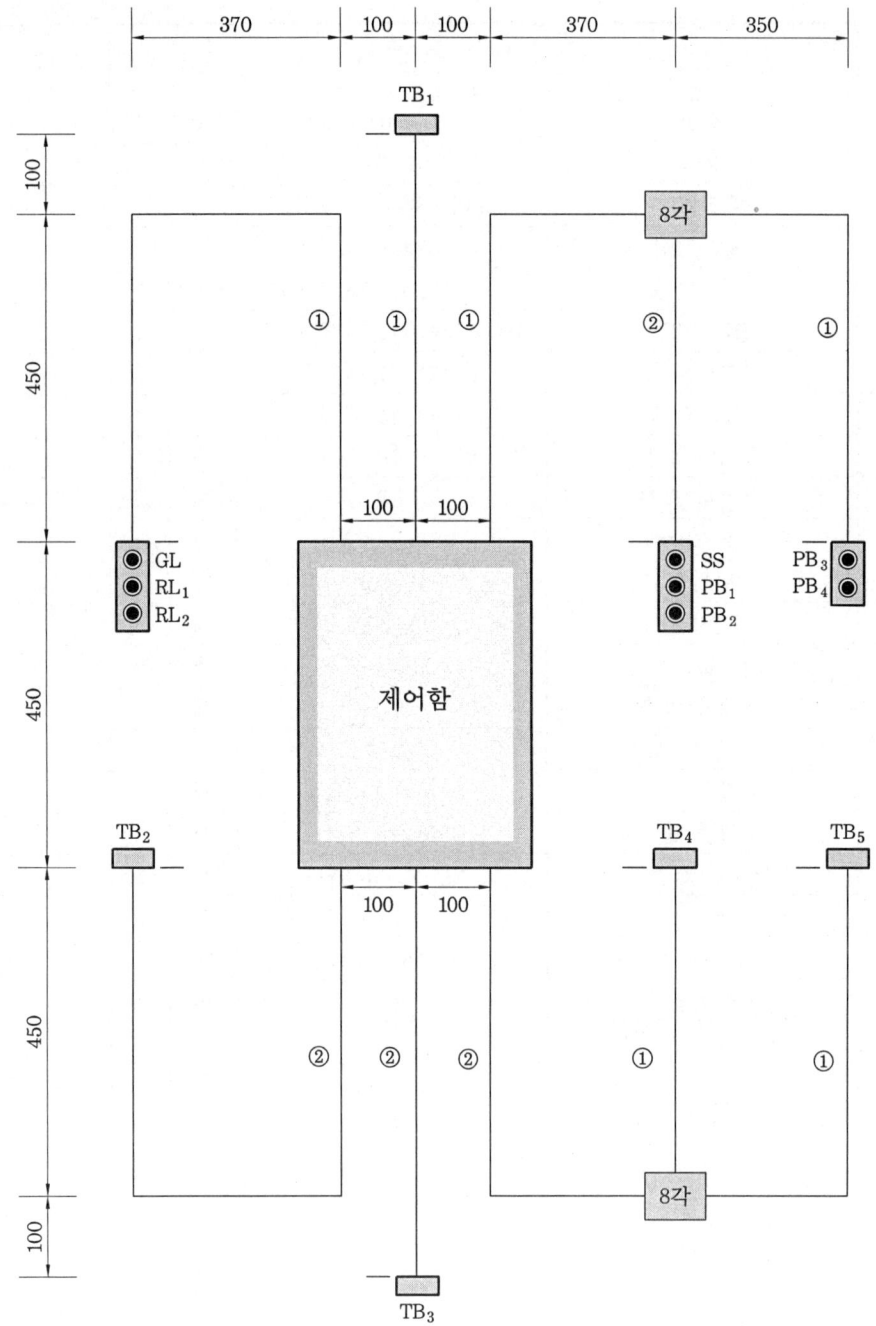

공사 방법

①	플렉시블 전선관
②	PE 전선관

(5) 제어함 내부 기구 배치도 및 범례

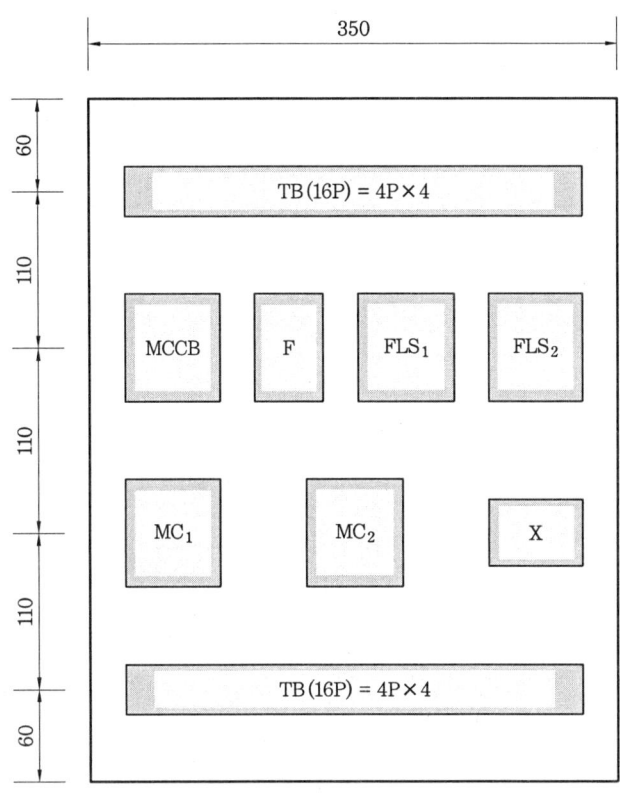

범 례

기 호	명 칭	기 호	명 칭
MC_1, MC_2	전자개폐기	X	릴레이(8핀)
MCCB	배선용 차단기	FLS_1~FLS_2	플로트 스위치
F	퓨즈(2P)	GL	파일럿 램프(녹)
TB_1~TB_3	4P 단자대	RL_1, RL_2	파일럿 램프(적)
TB_4~TB_5	3P 단자대	PB_1, PB_3	푸시 버튼 SW(녹)
SS	실렉터 스위치(3단)	PB_2, PB_4	푸시 버튼 SW(적)

(6) 동작 회로도

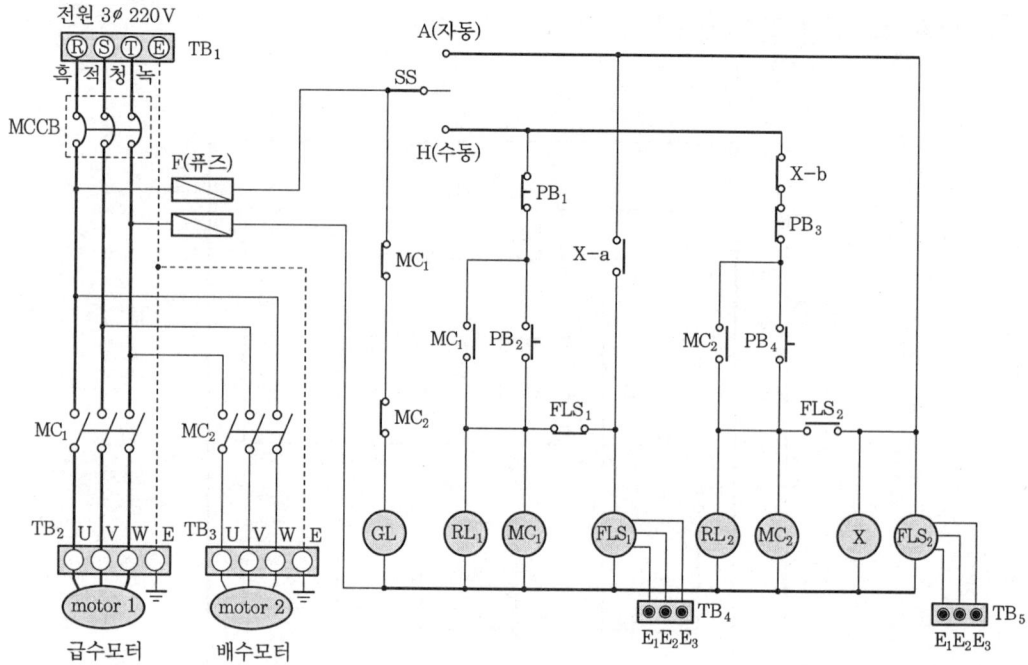

(7) 동작 순서

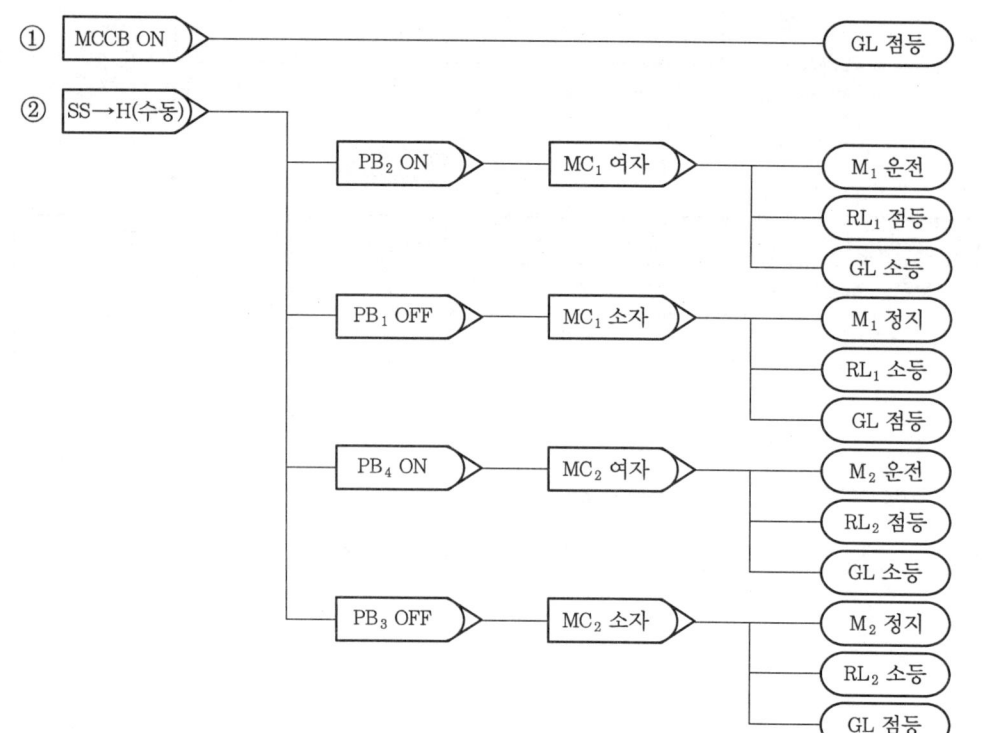

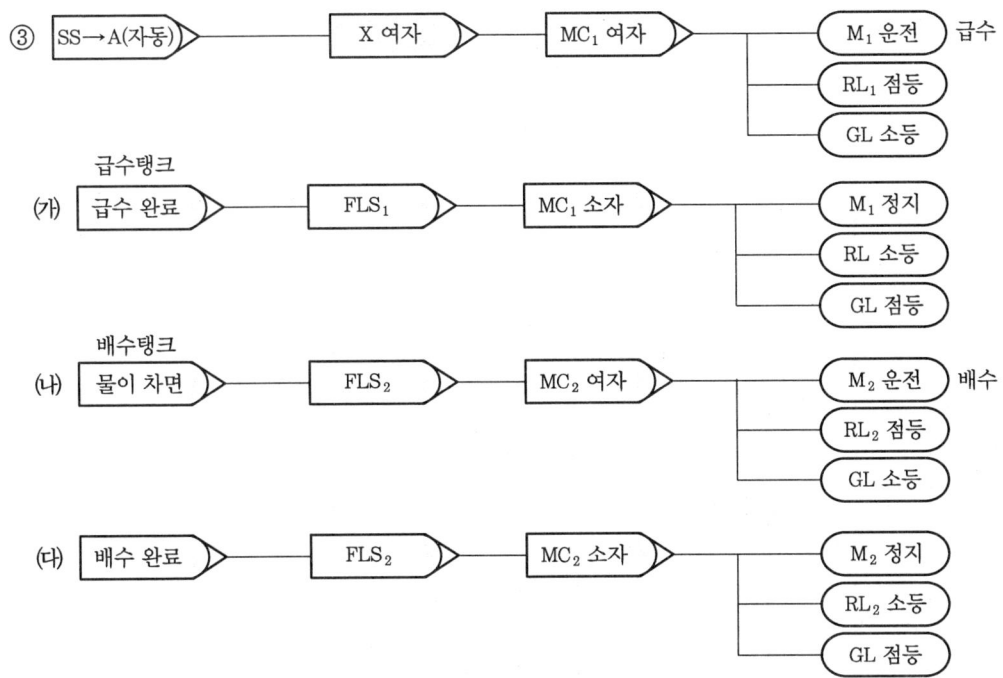

(8) 제어 부품 내부 결선도

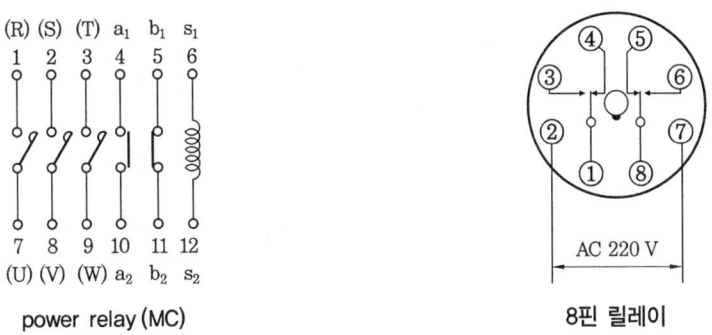

power relay (MC)   8핀 릴레이

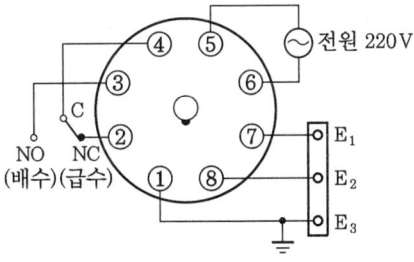

플로트 스위치

(9) 단자번호 부여

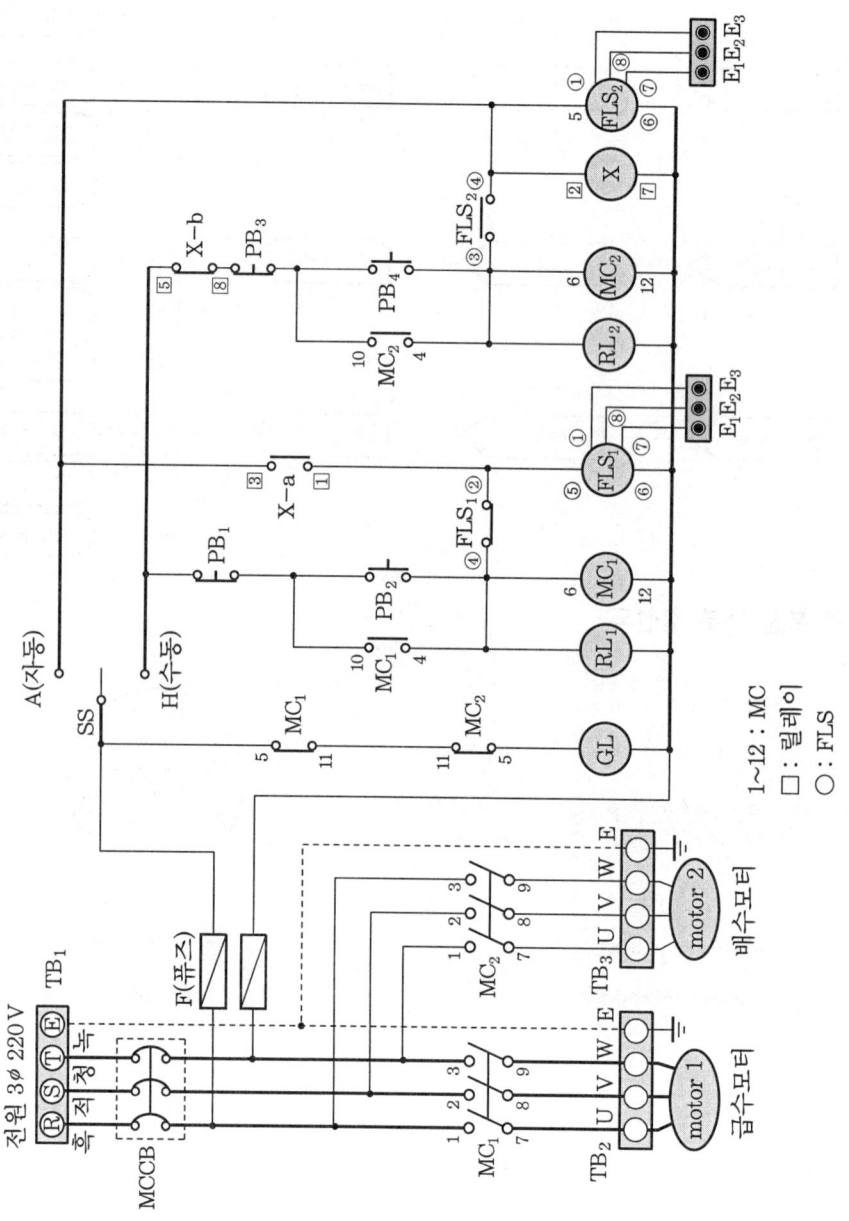

(10) 실체 배선도

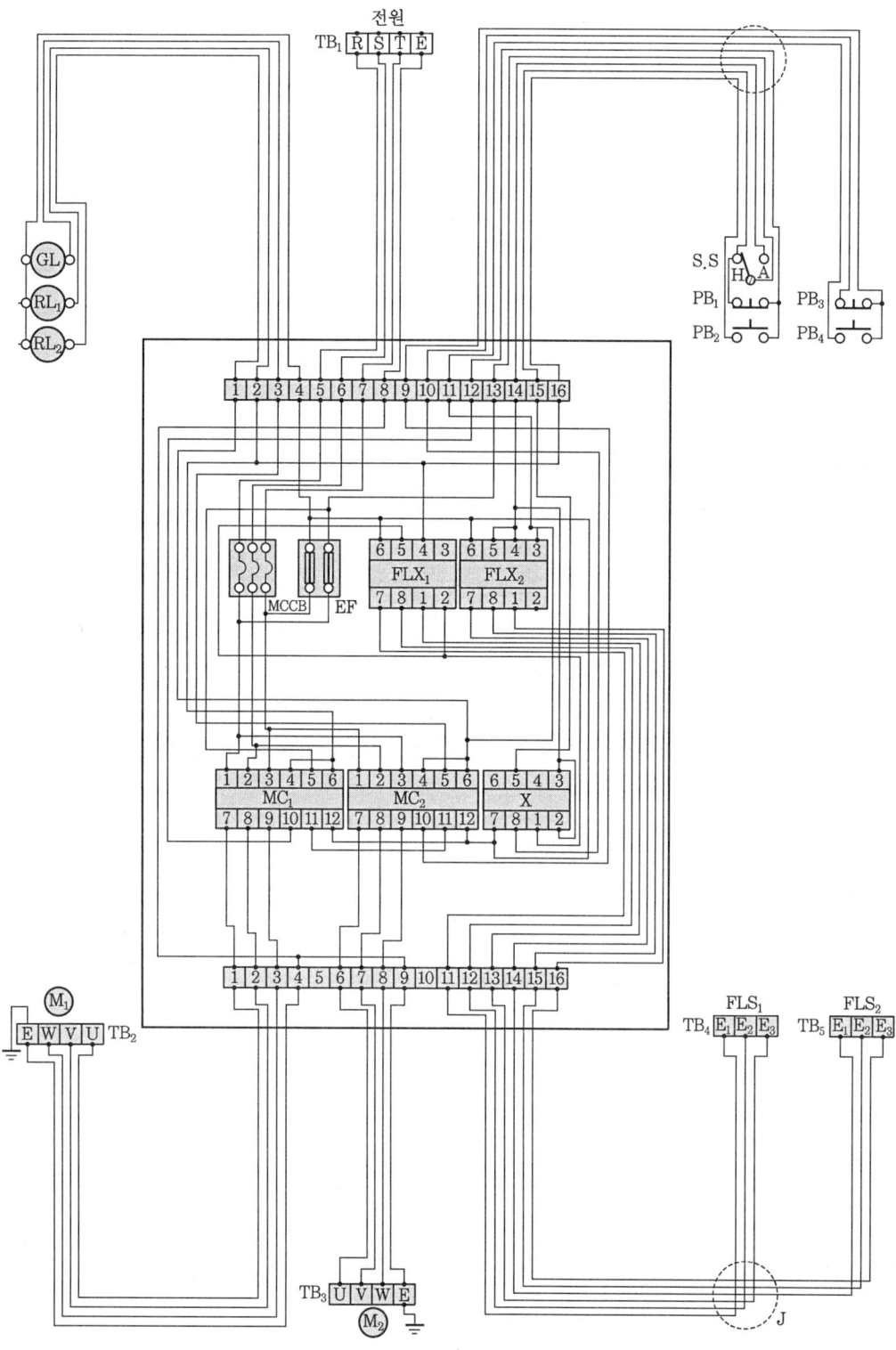

전기 기능사(실기) ▶ 2016. 11. 26 시행

■ 과제명 : 승강기 제어회로

• 시험시간 : 표준시간－4시간 30분

(1) 요구 사항

① 지급된 재료를 사용하여 제한시간 내에 주어진 과제를 완성하시오.

② 공통 사항
  (가) 전원방식 : 3상 3선식 220 V
  (나) 공사방법
    • PE 전선관
    • 플렉시블 전선관

③ 동작
  (가) 전원을 투입하면 회로에 전원이 공급된다.
  (나) PB_1을 누르면(ON) X_1 여자, 타이머 T_1 여자, 램프 WL 점등된다.
  (다) 타이머 T_1의 설정시간 t초 내 LS_1에 신호가 들어오면 MC_1 여자, 램프 RL_1 점등된다.
  (라) 타이머 T_1의 설정시간 t초 후 X_2 여자, 타이머 T_2 여자, 램프 GL 점등, MC_1 소자, 타이머 T_1 소자, 램프 RL_1 소등된다.
  (마) 타이머 T_2의 설정시간 t초 내 LS_2에 신호가 들어오면 MC_2 여자, 램프 RL_2 점등된다.
  (바) 타이머 T_2의 설정시간 t초 후 X_2 소자, 타이머 T_2 소자, 램프 GL 소등, MC_2 소자, 램프 RL_2 소등, 타이머 T_1 여자된다.
  (사) 타이머 T_1과 타이머 T_2에 의하여 위의 동작을 반복하여 동작한다.
  (아) PB_0를 누르면 운전 중인 전동기의 동작이 정지된다.
  (자) 전동기 운전 중 $M_1(M_2)$이 과부하로 과전류가 흐를 때 전자식 과전류계전기 EOCR이 동작되어 전동기 $M_1(M_2)$ 정지, 램프 YL 점등, 기타 모든 기기는 OFF 된다.
  (차) 전자식 과전류계전기 EOCR을 리셋(reset)하면 초기 상태로 복귀한다.

④ 기타 사항
  (가) 제어함 부분과 PE 전선관 및 플렉시블 전선관이 접속되는 부분은 커넥터를 끼워 놓는다.
  (나) 전동기의 접속은 생략하고 단자대까지 접속할 수 있게 배선한다.

(2) 수검자 유의사항

① 시험 시작 전 지급된 재료의 이상 유무를 확인하고 이상이 있을 때에는 시험위원의 승인을 얻어 교환할 수 있습니다.
② 제어함(판)을 포함한 작업대(판)에서의 제반 치수는 mm이고, 치수 허용 오차는 외관(전선관, 박스, 전원 및 부하측 단자대 등)은 ±30 mm, 제어함 내부는 ±5 mm입니다.
③ 전선관은 수직과 수평을 맞추어 작업하고, 전선관의 곡률 반경은 전선관 안지름의 6배 이상, 8배 이하로 작업하여야 합니다.
④ 전선관이 작업판에서 뜨지 않도록 새들을 사용하여 튼튼하게 고정합니다.
⑤ 제어함 내의 기구 배치는 도면에 따르되 소켓에 채점용 기기 등이 들어갈 수 있도록 합니다.
⑥ 제어함 배선은 미관을 고려하여 배선(수평수직)하고 전선의 흐트러짐 등이 없도록 케이블 타이를 이용하여 균형있게 배선합니다.
⑦ 주회로는 2.5 mm^2(1/1.78) 전선, 보조회로는 1.5 mm^2(1/1.38) 황색 전선을 사용하고, 주회로의 전선 색상은 R상은 흑색, S상은 적색, T상은 청색을 사용합니다.
⑧ 접지회로는 2.5 mm^2(1/1.78) 녹색 전선으로 배선하여야 합니다.
⑨ 제어함과 전선관이 접속되는 부분에는 전선관용 커넥터를 사용하고 제어함에 5 mm 정도 올리고 새들로 고정하여야 합니다.
⑩ 전원 및 부하(전동기) 단자대의 단자는 가로인 경우 왼쪽부터, 세로인 경우 위쪽부터 R, S, T, E(접지) 또는 U1, V1, W1, E(접지), U2, V2, W2, E(접지)의 순으로 결선합니다.
⑪ 전원측 및 부하측 단자대는 동작시험을 할 수 있도록 전원선의 색상에 맞추어 100 mm 정도 인입선을 인출하고, 피복은 전선 끝에서 약 100 mm 정도 벗겨둡니다.
⑫ 단자에 전선을 접속하는 경우 나사를 견고하게 조입니다. 단자 조임 불량이란 전선 피복 제거가 2 mm 이상 보이거나, 피복이 단자에 물린 경우를 말합니다.
 ※ 한 단자에 전선 세 가닥 이상 접속 금지
⑬ 동작사항은 회로시험기 또는 벨 시험기를 가지고 확인을 할 수 있으나, 전원을 투입하여 동작시험은 할 수 없습니다(기타 시험기구 사용 불가).
⑭ 퓨즈 홀더에는 퓨즈를 끼워 놓아야 합니다.
⑮ EOCR, 전자접촉기, 타이머 및 릴레이는 소켓번호에 유의하여 작업하도록 합니다.
⑯ EOCR, 전자접촉기, 타이머 및 릴레이 등의 소켓(베이스)은 홈이 아래로 향하게 배치합니다(각 소켓(베이스) 구성도 참조).
⑰ 접지는 도면에 표시된 부분만 실시하고, 접지선은 입력 단자대에서 제어함 내의 단자대를 거쳐 출력 단자대까지 결선하여 모든 접지는 입력 단자대의 접지측과 연결되어야 합니다.
⑱ 다음 사항에 대해서는 채점 대상에서 제외하니 특히 유의하시기 바랍니다.
 ㈎ 기권

(나) 실격
- 지급 재료 이외의 재료를 사용한 작품
(다) 미완성
- 시험시간 내에 요구사항을 완성하지 못한 경우
(라) 오작
- 완성된 과제가 도면 및 배치도, 유의사항과 상이한(방향 및 결선 상태 포함) 경우(EOCR, MCCB, 전자접촉기, 릴레이, 타이머, 램프 색상 등)
- 주회로 배선의 전선 굵기 및 색상 등이 도면 및 유의사항과 다른 경우
- 작품의 외형상 전선의 흐트러짐, 기구 배치 및 고정, 킹크 발생, 연결 상태 등이 조잡한 작품
- 제어함 밖으로 인출되는 배선이 제어함 내의 단자대를 거치지 않고 직접 접속된 경우
- 제어함 내부 배선 상태나 전선관 가공 상태가 불량하여 전기 공급이 불가한 경우
- 제어함(판) 내의 배선 상태나 기구 간격 불량으로 동작 상태의 확인이 불가한 경우
- 접지공사를 하지 않은 경우 및 접지선 색상이 틀린 경우(전동기로 출력되는 부분은 생략)
- 컨트롤 박스 커버 등이 조립되지 않아 내부가 보이는 경우
- 배관 및 기구배치도에서 허용 오차 ±50 mm 이상일 경우(단, 3개소 이상인 경우)

(3) 지급 재료 목록

일련번호	재 료 명	규 격	단위	수량	비 고
1	제어함(합판)	400×420×12 mm	장	1	
2	단자대	4P 20A 220V	개	5	
3	단자대	10P 20A 220V	개	4	
4	컨트롤 박스	φ25 2구	개	2	
5	컨트롤 박스	φ25 3구	개	1	
6	푸시 버튼 스위치	1a1b 220V φ25	개	2	녹 1, 적 1
7	파일럿 램프	φ25 220V	개	5	적 2, 녹 1, 황 1, 백 1
8	전자접촉기 소켓	220V 12P	개	2	
9	EOCR 소켓	220V 12P	개	1	
10	타이머 소켓	220V 8P	개	2	
11	릴레이 소켓	220V 11P	개	2	2단
12	실렉터 스위치	φ25 2단	개	1	
13	PE 전선관	16 mm	m	7	
14	플렉시블 전선관	16 mm	m	7	
15	커넥터	16 mm PE 전선관용	개	6	
16	커넥터	16 mm 플렉시블 전선관용	개	5	
17	비닐절연전선	1.5SQ(1/1.38)(황)	m	50	
18	비닐절연전선	2.5SQ(1/1.78)(흑)	m	4	
19	비닐절연전선	2.5SQ(1/1.78)(적)	m	4	
20	비닐절연전선	2.5SQ(1/1.78)(청)	m	4	
21	비닐절연전선	2.5SQ(1/1.78)(녹)	m	4	
22	새들	16 mm 전선관용	개	40	
23	케이블 타이	100 mm	개	40	
24	전자접촉기	220V 12P	개	2	채점용
25	EOCR	220V 12P	개	1	채점용
26	타이머	220V 8P	개	2	채점용
27	릴레이	220V 8P	개	2	채점용
28	유리통 퓨즈 및 홀더	250V 30A(박스 2개용)	개	1	퓨즈 10A 2개 포함

(4) 배관 및 기구 배치도

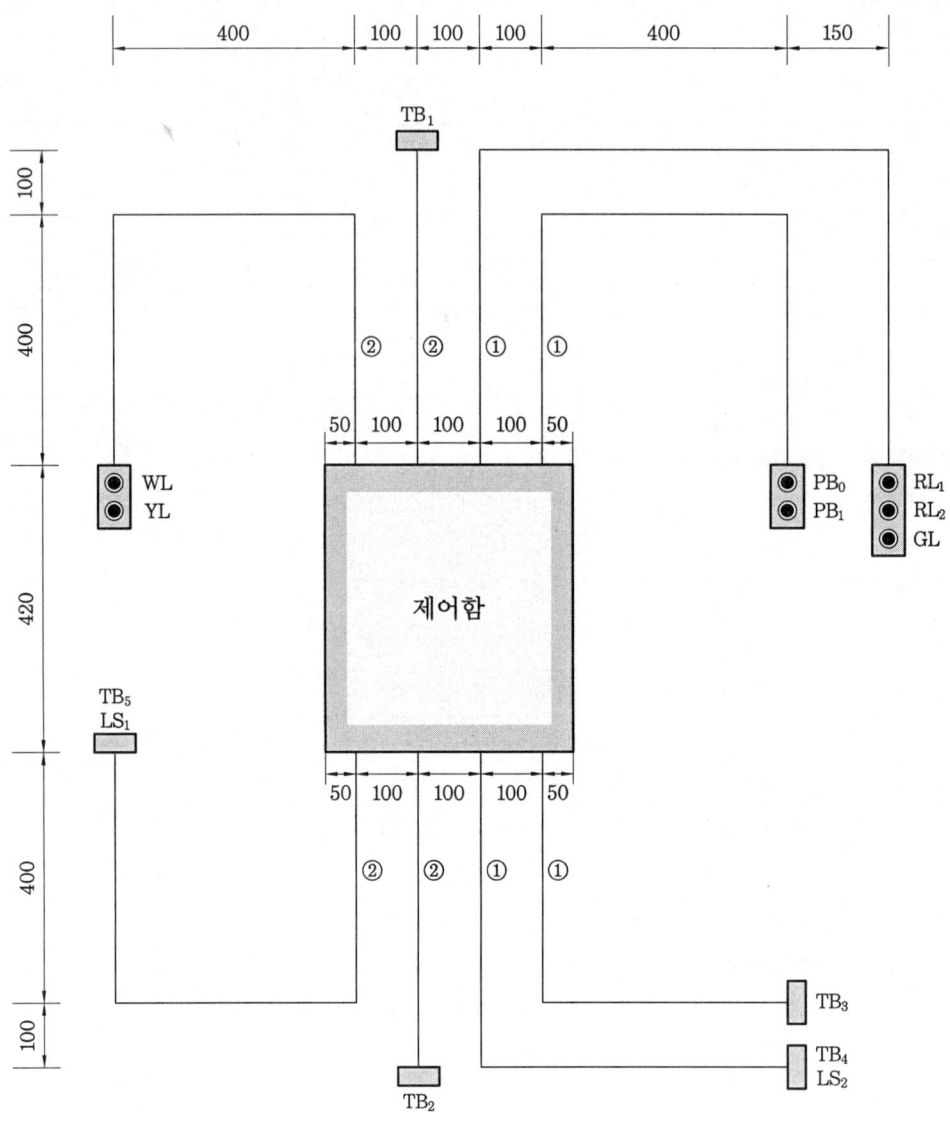

공사 방법

①	PE 전선관(PE)
②	플렉시블 전선관

(5) 제어함 내부 기구 배치도

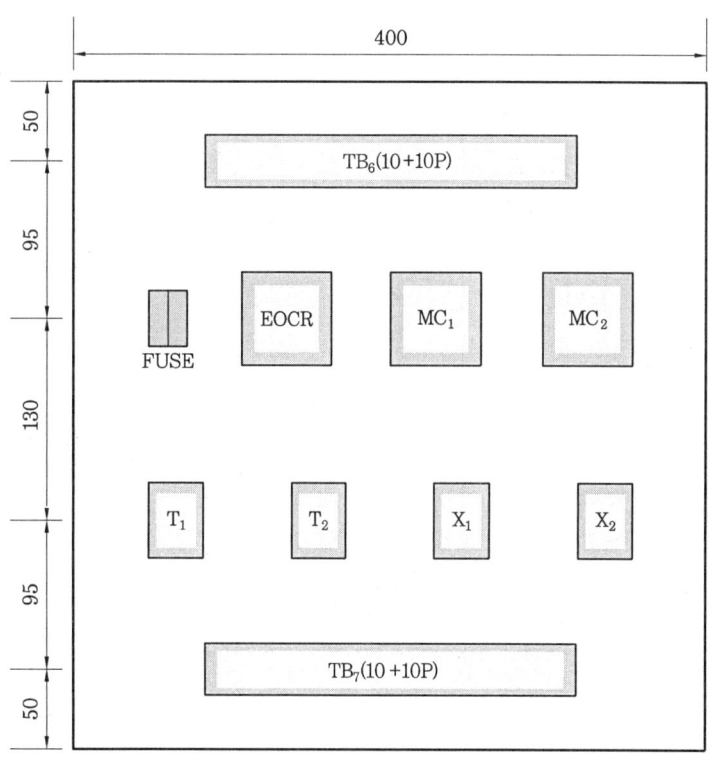

범 례

기 호	명 칭	기 호	명 칭
TB_1	전원(단자대 4P)	PB_0	푸시 버튼 스위치(녹)
TB_2, TB_3	모터(단자대 4P)	PB_1	푸시 버튼 스위치(적)
TB_4, TB_5	리밋 스위치(단자대 4P)	YL	파일럿 램프(황) 220V
TB_6, TB_{67}	단자대(10+10P)	GL	파일럿 램프(녹) 220V
MC_1, MC_2	전자접촉기 소켓(12P)	WL	파일럿 램프(백) 220V
X_1, X_2	릴레이 소켓(11핀)	RL_1, RL_2	파일럿 램프(적) 220V
EOCR	과부하계전기 소켓(12P)	FUSE	퓨즈 및 퓨즈 홀더
T_1, T_2	타이머 소켓(8핀)		

(6) 동작 회로도

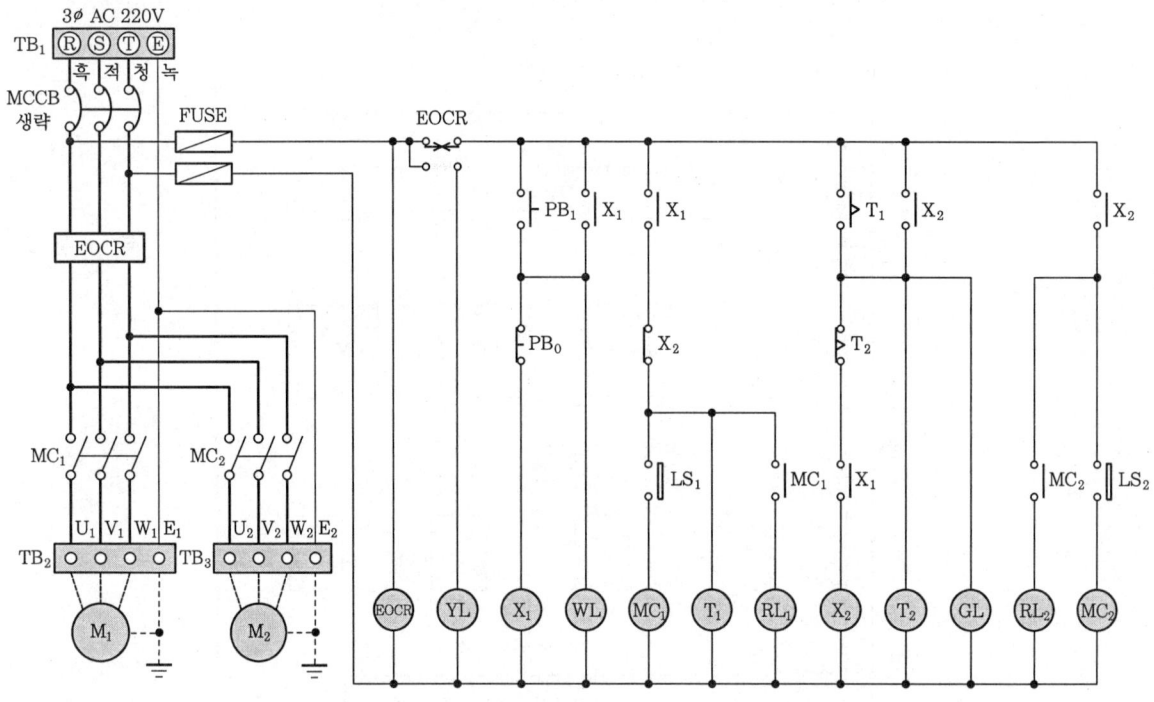

(7) 동작 순서

- 전원 공급

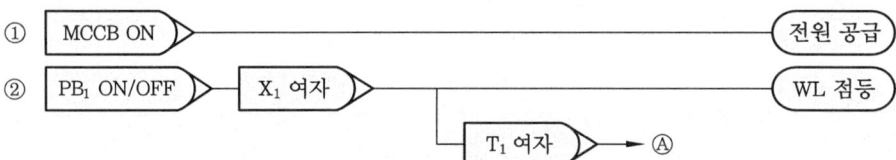

- T_1 설정시간 내 동작 사항

- Ⓐ ←

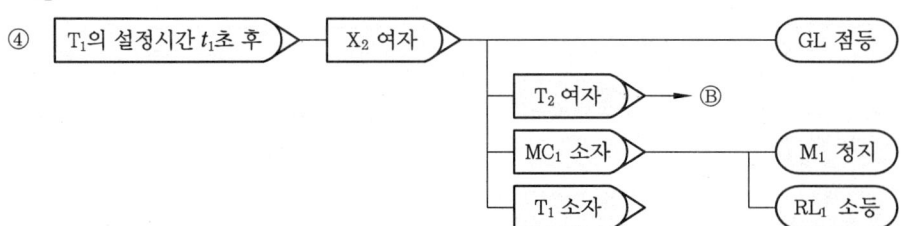

- T_2 설정시간 내 동작 사항

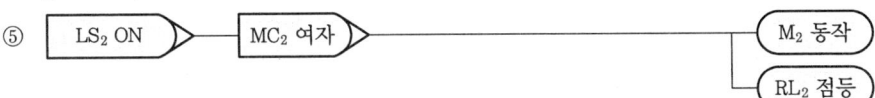

- Ⓑ ←

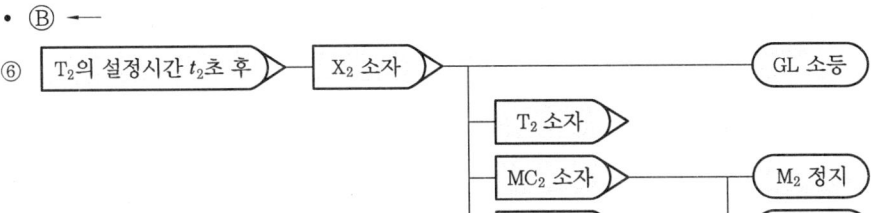

- 자동 반복 동작

⑦ timer T_1과 T_2에 의해 motor M_1과 M_2가 자동 반복 운전되며, 따라서 표시등 ㉾과 ㉾도 자동 반복 점멸한다.

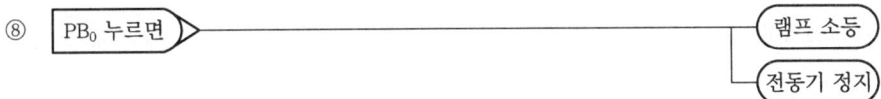

- 운전 중 M에 과부하가 걸리면 EOCR이 동작

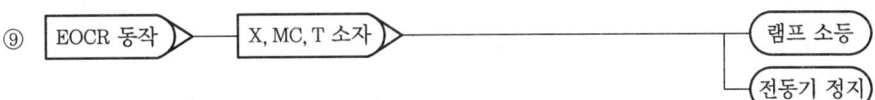

- EOCR Reset

(8) 제어 부품 내부 결선도

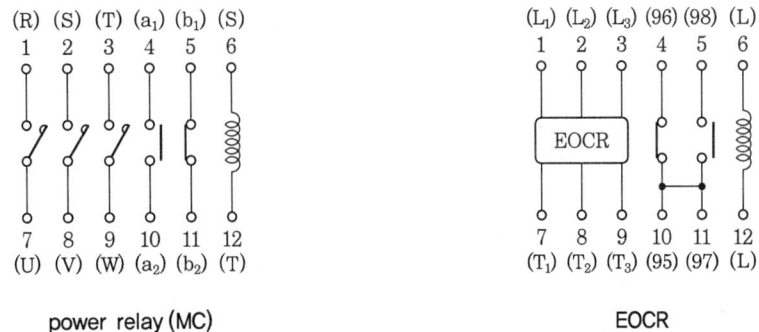

power relay (MC)　　　　　　　　　　EOCR

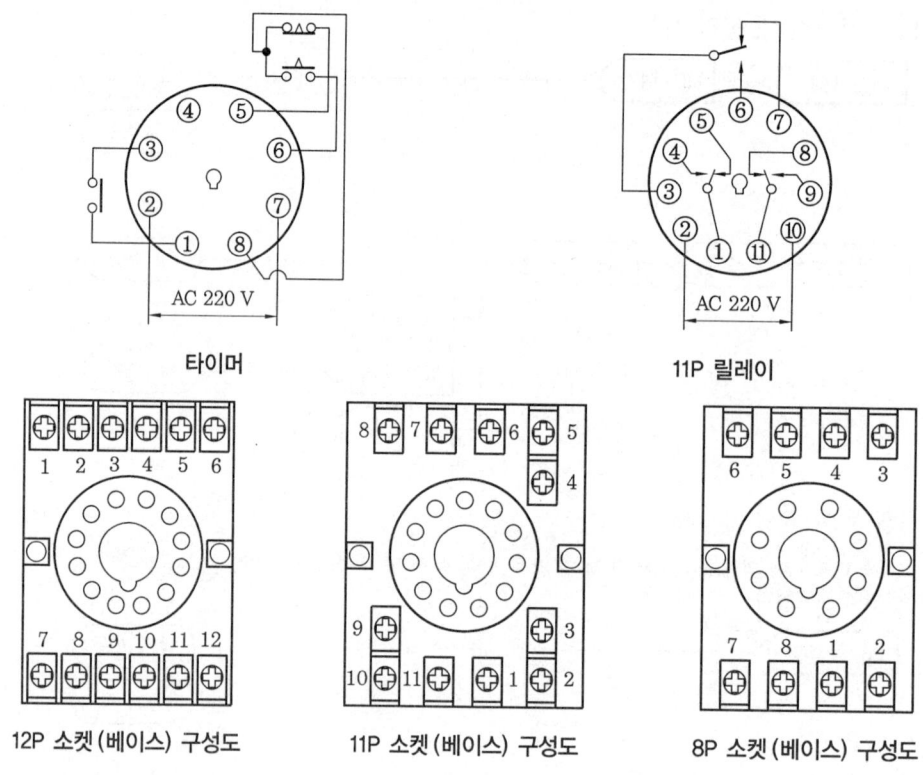

타이머   11P 릴레이

12P 소켓 (베이스) 구성도   11P 소켓 (베이스) 구성도   8P 소켓 (베이스) 구성도

(9) 단자번호 부여

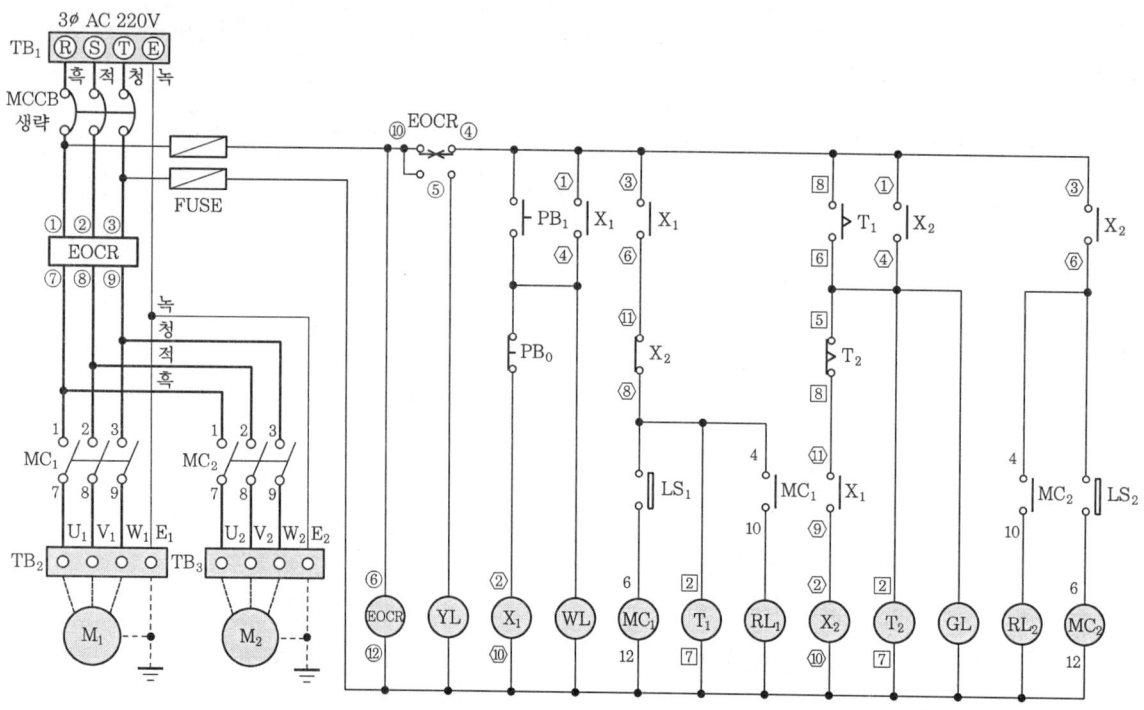

(10) 실체 배선도

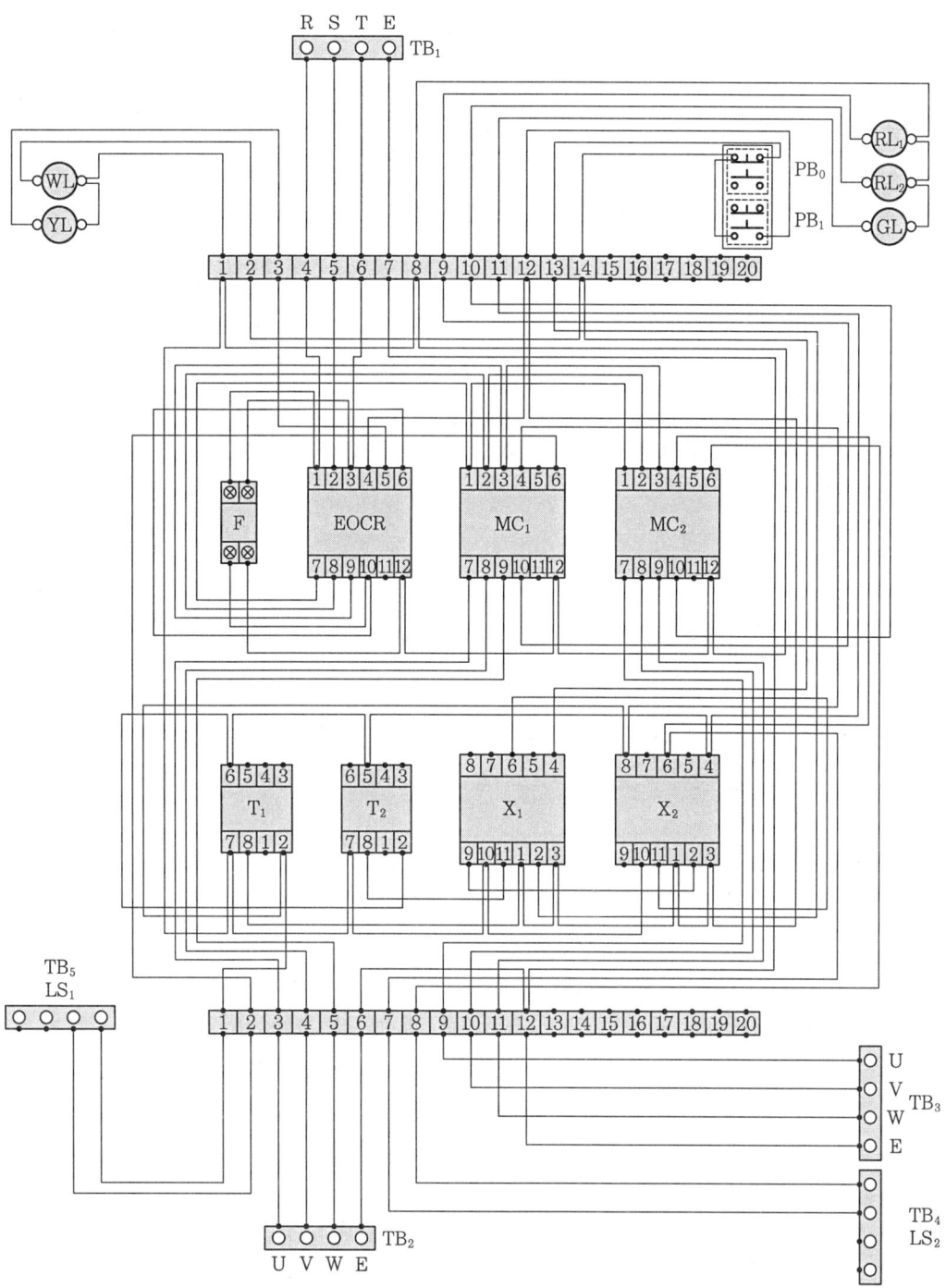

◎ 2017년도 시행 문제 ◎

□ 전기 기능사(실기) ▶ 2017. 3(1회) 시행

■ 과제명 : 전동기 제어회로

• 시험시간 : 표준시간－4시간 30분

(1) 요구 사항
① 지급된 재료를 사용하여 제한시간 내에 주어진 과제를 완성하시오.
② 공통 사항
  (가) 전원방식 : 3상 3선식 220 V
  (나) 공사방법
  • 플렉시블 전선관
  • PE 전선관
  • 케이블
③ 동작
  (가) 자동 동작 사항
  • MCCB에 전원을 투입하면 회로에 전원이 공급되고 램프 WL이 점등된다.
  • SS를 A방향(지시부 오른쪽)으로 놓고 Sen(센서)가 감지되면 릴레이 X_1이 여자된다.
  • 릴레이 X_1에 의하여 MC_1 여자, 타이머 T_2 여자, 램프 RL이 점등된다.
  • 타이머 T_2의 설정시간 t초 후 X_2 여자, MC_2 여자, 램프 GL 점등, MC_1 소자, 램프 RL 소등, 타이머 T_2가 소자된다.
  • Sen(센서) 감지가 해제된 후 PB_0를 누르면 운전 중인 전동기의 동작이 정지된다.
  • 전동기 운전 중 전동기 M이 과부하로 과전류가 흐를 때 전자식 과전류계전기(EOCR)가 동작되어 전동기 M이 정지, 플리커 릴레이 FR이 여자된다.
  • 플리커 릴레이 FR에 의해서 YL과 버저 BZ가 교대로 동작한다.
  • 전자식 과전류계전기(EOCR)를 리셋(reset)하면 초기 상태로 복귀한다.
  (나) 수동 동작 사항
  • MCCB에 전원을 투입하면 회로에 전원이 공급되고 램프 WL이 점등된다.
  • SS를 M방향(지시부 왼쪽)으로 놓고 PB_1을 누르면 타이머 T_1이 여자된다.
  • 타이머 T_1의 설정시간 t초 후 MC_1 여자, 타이머 T_2 여자, 램프 RL이 점등된다.
  • 타이머 T_2의 설정시간 t초 후 X_2 여자, MC_2 여자, 램프 GL 점등, MC_1 소자, 램

프 RL 소등, 타이머 T_2가 소자된다.
- PB_0를 누르면 운전 중인 전동기의 동작이 정지된다.
- 전동기 운전 중 전동기 M이 과부하로 과전류가 흐를 때 전자식 과전류계전기 (EOCR)가 동작되어 전동기 M이 정지, 플리커 릴레이 FR이 여자된다.
- 플리커 릴레이 FR에 의해서 YL과 버저 BZ가 교대로 동작한다.
- 전자식 과전류계전기(EOCR)를 리셋(reset)하면 초기 상태로 복귀한다.

④ 기타 사항
  (개) 제어함 부분과 PE 전선관 및 플렉시블 전선관, 케이블이 접속되는 부분은 전선관용 커넥터를 끼워 놓습니다.
  (내) 전동기의 접속은 생략하고 단자대까지 접속할 수 있게 배선합니다.
  (대) 실렉터 스위치 방향은 제어 부품 내부 결선도 형태로 배선합니다.
  (래) 수험자 유의사항을 고려하여 요구사항을 완성하도록 합니다.

(2) 수험자 유의사항

① 시험 시작 전 지급된 재료의 이상 유무를 확인하고 이상이 있을 때에는 시험위원의 승인을 얻어 교환할 수 있습니다. (단, 시험 시작 후 파손된 재료는 수험자 부주의로 파손된 것으로 간주되어 추가로 지급받지 못합니다.)
② 제어함(판)을 포함한 작업대(판)에서의 제반 치수는 mm이고, 치수 허용 오차는 외관(전선관, 박스, 전원 및 부하측 단자대 등)은 ±30 mm이며, 제어함 내부는 ±5 mm입니다.
③ 전선관은 수직과 수평을 맞추어 작업하고, 전선관의 곡률 반경은 전선관 안지름의 6배 이상, 8배 이하로 작업하여야 합니다.
④ 전선관이 작업판에서 뜨지 않도록 새들을 사용하여 튼튼하게 고정합니다.
⑤ 제어함 내의 기구 배치는 도면에 따르되 소켓에 채점용 기기 등이 들어갈 수 있도록 합니다.
⑥ 제어함 배선은 미관을 고려하여 배선(수평수직)하고 전선의 흐트러짐 등이 없도록 케이블 타이를 이용하여 균형있게 배선합니다.
  ※ 제어함 배선 시 기구와 기구 사이 배선 금지
⑦ 주회로는 $2.5\,mm^2$(1/1.78) 전선, 보조회로는 $1.5\,mm^2$(1/1.38) 황색 전선을 사용하고, 주회로의 전선 색상은 R상은 흑색, S상은 적색, T상은 청색을 사용합니다.
⑧ 접지회로는 $2.5\,mm^2$(1/1.78) 전선(녹색)으로 배선하여야 합니다.
⑨ 제어함과 전선관이 접속되는 부분에는 전선관용 커넥터를 사용하고 제어함에 5 mm 정도 올리고 새들로 고정하여야 합니다.
⑩ 전원 및 부하(전동기) 단자대의 단자는 가로인 경우 왼쪽부터, 세로인 경우 위쪽부터 R, S, T, E(접지) 또는 U, V, W, E(접지)의 순으로 결선합니다.
⑪ 전원측 및 부하측 단자대는 동작시험을 할 수 있도록 전원선의 색상에 맞추어

100 mm 정도 인입선을 인출하고, 피복은 전선 끝에서 약 10 mm 정도 벗겨둡니다.
⑫ 단자에 전선을 접속하는 경우 나사를 견고하게 조입니다. 단자 조임 불량이란 전선 피복 제거가 2 mm 이상 보이거나, 피복이 단자에 물린 경우를 말합니다.
  ※ 한 단자에 전선 세 가닥 이상 접속 금지
⑬ 동작시험은 회로시험기 또는 벨 시험기를 가지고 확인을 할 수 있으나, 전원을 투입하여 동작시험은 할 수 없습니다 (기타 시험기구 사용 불가).
⑭ 퓨즈 홀더에는 퓨즈를 끼워 놓아야 합니다.
⑮ EOCR, 전자접촉기, 타이머, 릴레이 및 플리커 릴레이는 소켓번호에 유의하여 작업하도록 합니다.
⑯ EOCR, 전자접촉기, 타이머, 릴레이 및 플리커 릴레이의 소켓(베이스)은 홈이 아래로 향하게 배치합니다 (각 소켓(베이스) 구성도 참조).
⑰ 접지는 도면에 표시된 부분만 실시하고, 접지선은 입력 단자대에서 제어함 내의 단자대를 거쳐 출력 단자대까지 결선하며 모든 접지는 입력 단자대의 접지측과 연결되어야 합니다.
⑱ 다음 사항에 대해서는 채점 대상에서 제외하니 특히 유의하시기 바랍니다.
  (가) 기권
    – 과제 진행 중 수험자 스스로 작업에 대한 포기의사를 표현한 경우
  (나) 실격
    – 지급 재료 이외의 재료를 사용한 작품
    – 시험 중 시설·장비의 조작 또는 재료의 취급이 미숙하여 위해를 일으킬 것으로 시험위원 전원이 합의하여 판단한 경우
    – 기능이 해당 등급 수준에 전혀 도달하지 못한 것으로 시험위원 전원이 합의하여 판단한 경우
  (다) 미완성
    – 시험시간 내에 요구사항을 완성하지 못한 경우(완성작품이란 모든 부품을 완전히 장착하고 깔끔히 배선 정리를 한 상태를 말함)
  (라) 오작
    – 시험시간 내에 제출된 작품이라도 다음과 같은 경우
    • 완성된 과제가 도면 및 배치도, 요구사항과 부품의 방향 및 결선 상태 등이 상이한 경우 등(EOCR, 전자접촉기, 타이머, 릴레이, 플리커 릴레이, 램프 색상 등)
    • 주회로 배선의 전선 굵기 및 색상 등이 도면 및 유의사항과 다른 경우
    • 작품의 외형상 전선의 흐트러짐, 기구 배치 및 고정, 킹크 발생, 연결 상태 등이 조잡한 작품
    • 제어함 밖으로 인출되는 배선이 제어함 내의 단자대를 거치지 않고 직접 접속된 경우

- 제어함 내부 배선 상태나 전선관 가공 상태가 불량하여 전기 공급이 불가한 경우
- 제어함(판) 내의 배선 상태나 기구 간격 불량으로 동작 상태의 확인이 불가한 경우
- 접지공사를 하지 않은 경우 및 접지선 색상이 틀린 경우(전동기로 출력되는 부분은 생략)
- 컨트롤 박스 커버 등이 조립되지 않아 내부가 보이는 경우
- 배관 및 기구배치도에서 허용 오차 ±50 mm 이상일 경우(단, 3개소 이상인 경우)

⑲ 작업이 종료된 후에는 도면을 제출하여야 하며, 외부로 반출할 수 없습니다.
⑳ 시험 종료 후 완성 작품에 한해서만 작동 여부를 감독위원으로부터 확인 받을 수 있습니다.

(3) 주요 지급 재료 목록

일련번호	재 료 명	규 격	단위	수량	비 고
1	컨트롤 박스	φ25 2구용	개	4	
2	푸시 버튼 스위치	φ25, 1a1b 적색	개	1	
3	푸시 버튼 스위치	φ25, 1a1b 녹색	개	1	
4	파일럿 램프	φ25, 220V	개	4	적, 녹, 황, 백
5	전자접촉기 소켓	12P(둥근형)	개	2	
6	EOCR 소켓	12P(둥근형)	개	1	
7	릴레이 소켓	8pin	개	2	
8	타이머 소켓	8pin(플리커 겸용)	개	3	
9	실렉터 스위치	φ25, 220V(1a1b, 2단)	개	1	
10	단자대	4P, 250V 20A	개	3	
11	단자대	10P, 250V 20A	개	4	
12	MCCB	3P, 250V 20A	개	1	
13	퓨즈 폴더(2P)	유리관형, 퓨즈 2개 포함	개	1	
14	PE관 커넥터	16 mm용	개	6	
15	새들	16 mm 전선관용	개	34	
16	케이블 타이	100 mm	개	40	
17	제어함(합판)	400×420×12t	장	1	
18	케이블	2.5SQ 4C×1 m	개	1	
19	케이블 새들	2.5SQ 4C용	개	2	
20	케이블 커넥터	2.5SQ 4C용(그랜트)	개	1	
21	버저	φ25, 220V	개	1	
22	8각 박스	92×92	개	1	

(4) 배관 및 기구 배치도

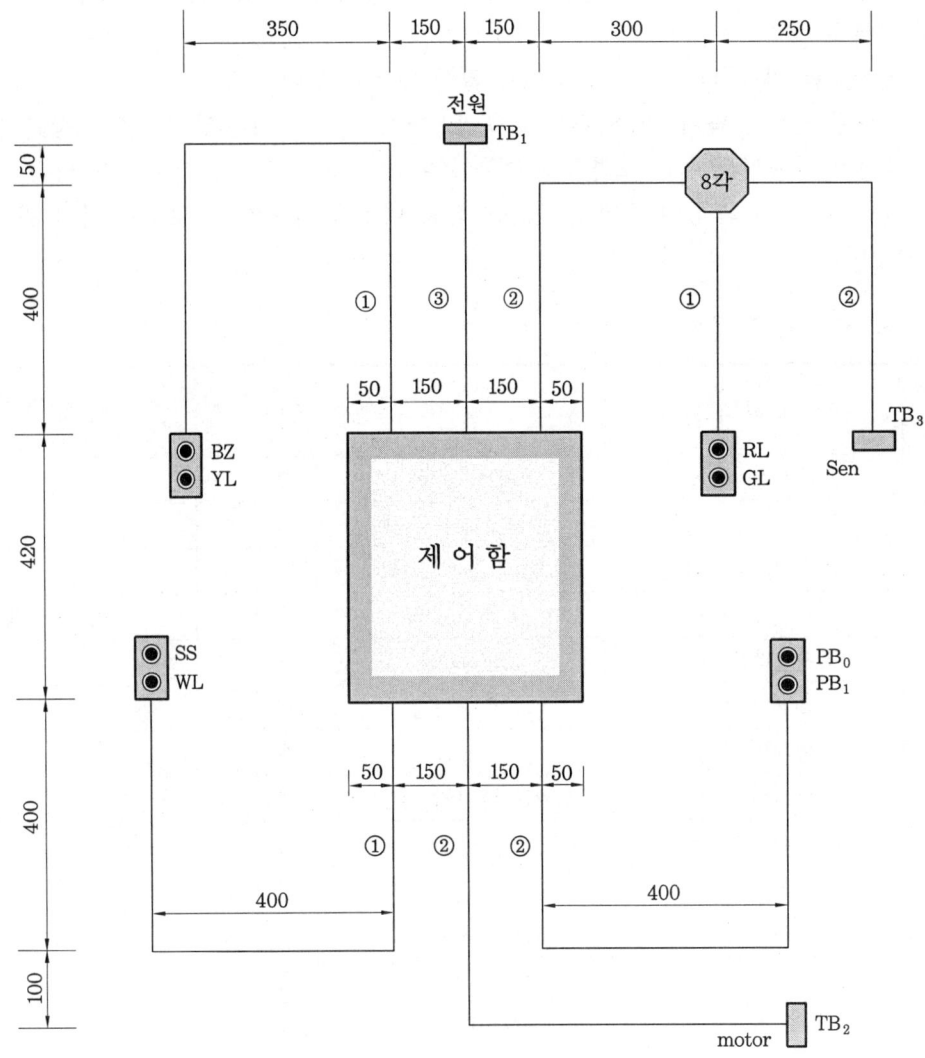

공사 방법

①	플렉시블 전선관
②	PE 전선관
③	케이블

(5) 제어함 내부 기구 배치도

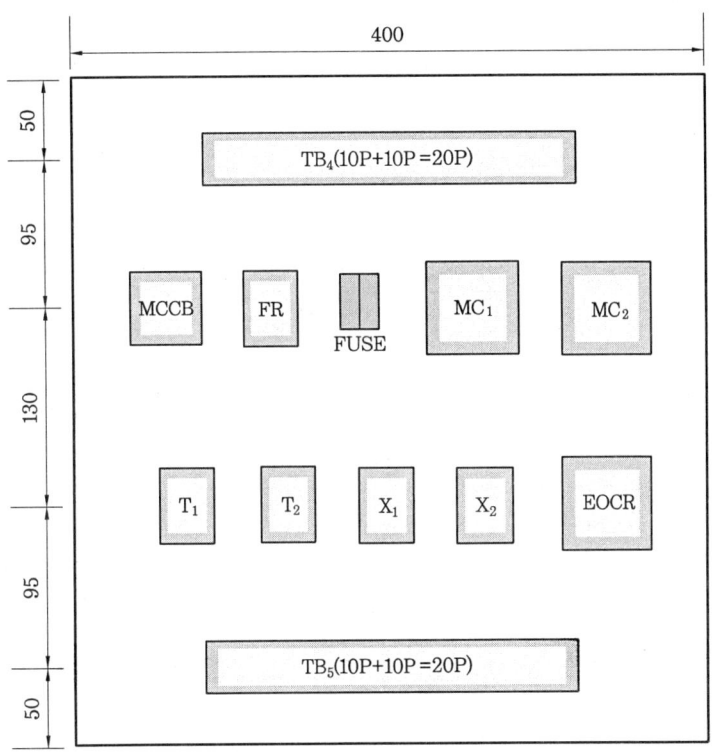

범 례

기 호	명 칭	기 호	명 칭
TB_1	전원(단자대 4P)	PB_0	푸시 버튼 스위치(녹)
TB_2	모터(단자대 4P)	PB_1	푸시 버튼 스위치(적)
TB_3	Sen(센서)(단자대 4P)	YL	파일럿 램프(황) 220V
TB_4, TB_5	단자대(10P+10P)	GL	파일럿 램프(녹) 220V
MC_1, MC_2	전자접촉기(12P)	RL	파일럿 램프(적) 220V
X_1, X_2	릴레이 소켓(8P)	WL	파일럿 램프(백) 220V
EOCR	EOCR 소켓(12P)	FUSE	퓨즈 및 퓨즈 홀더
T_1, T_2	타이머 소켓(8P)	MCCB	배선용 차단기
FR	플리커 릴레이 소켓(8P)	SS	실렉터 스위치
BZ	버저 220V		

356 부 록

(6) 동작 회로도

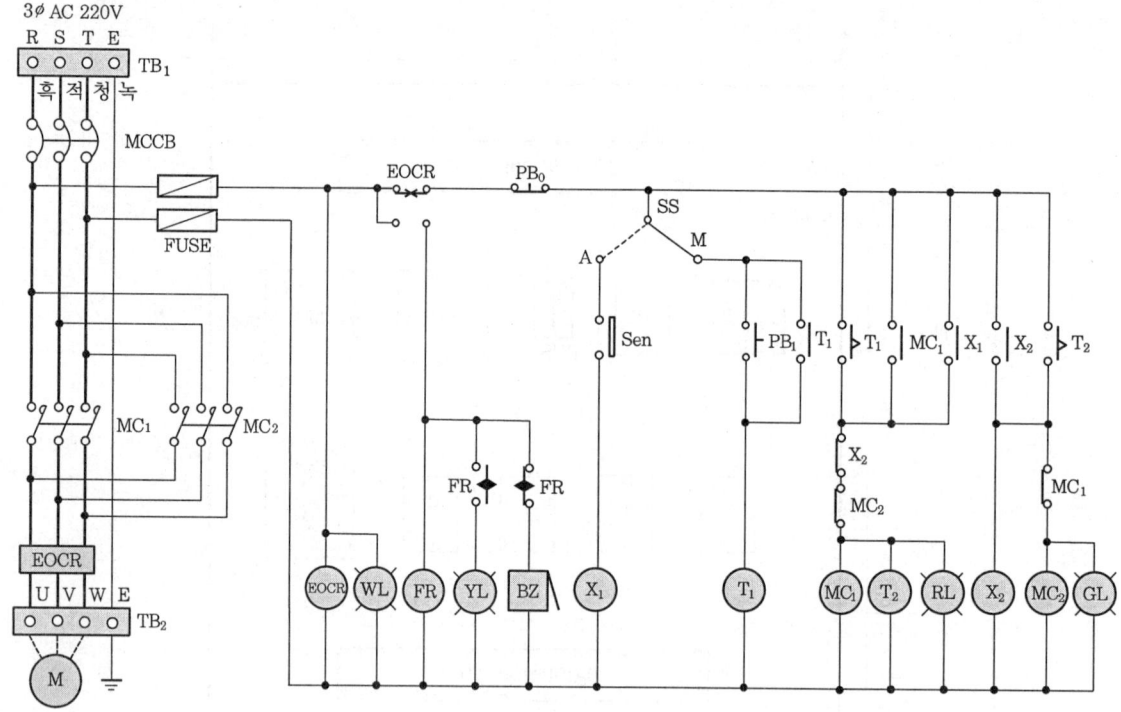

(7) 동작 순서

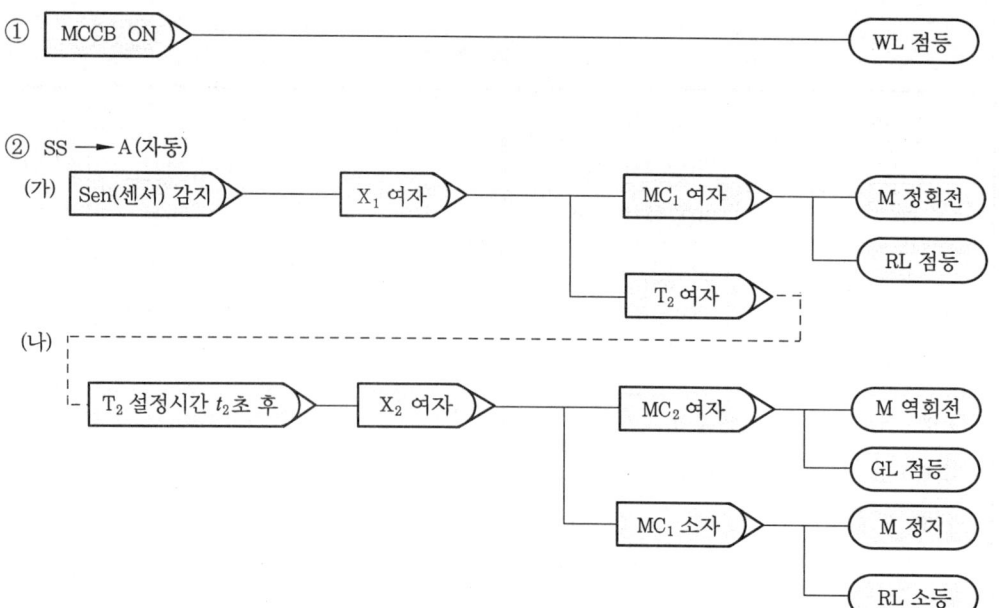

③ SS → M(수동)

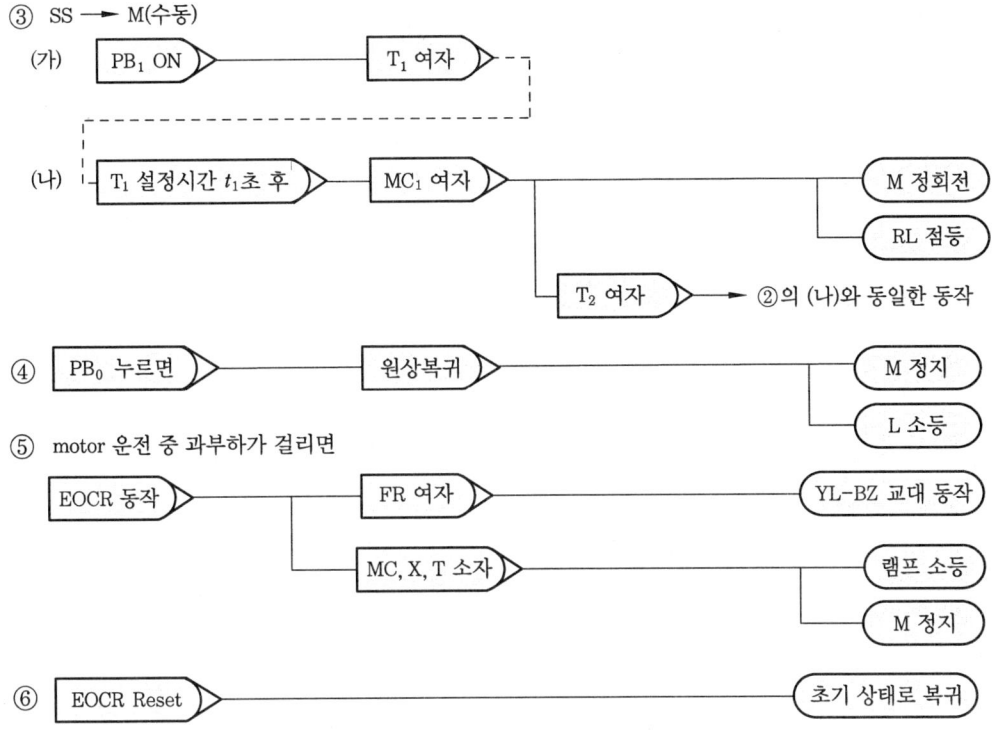

(8) 제어 부품 내부 결선도

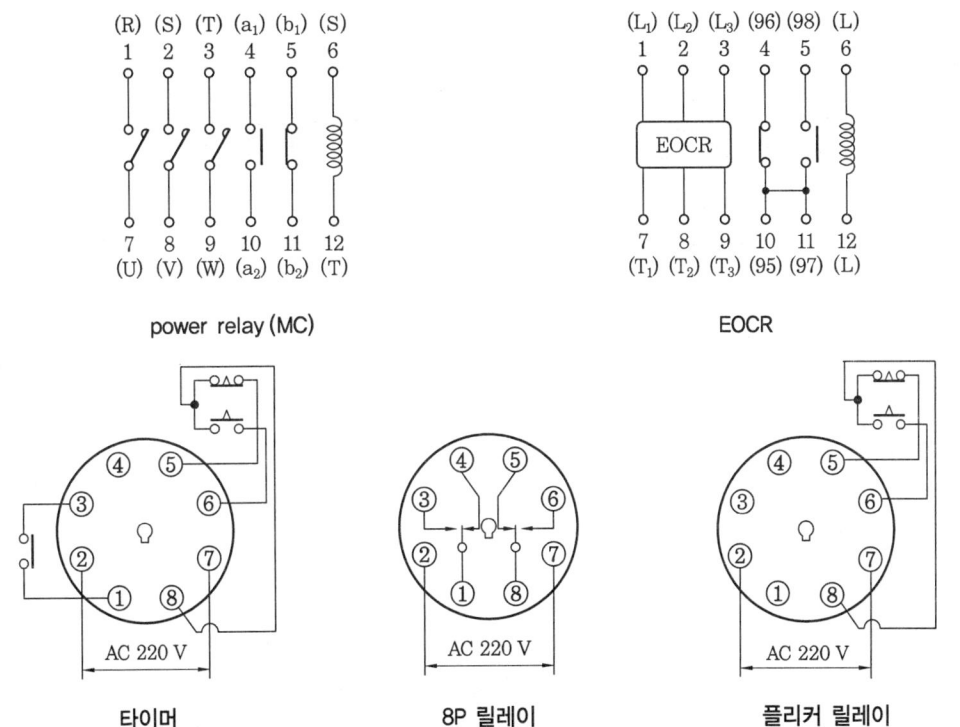

358 부록

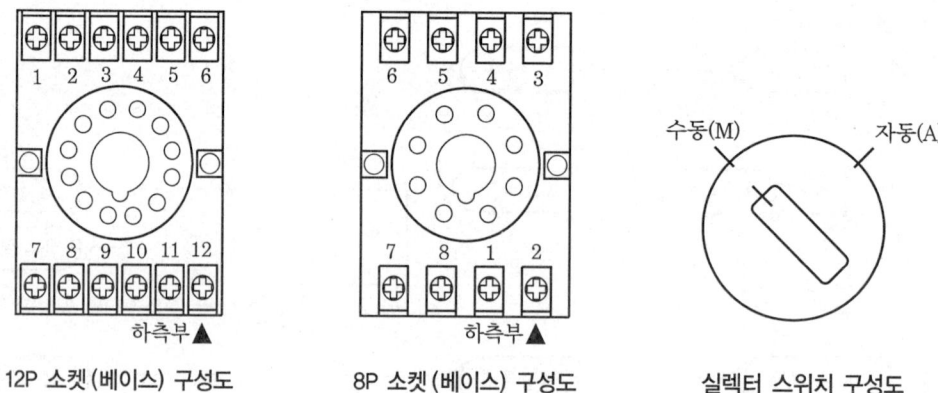

12P 소켓(베이스) 구성도　　8P 소켓(베이스) 구성도　　셀렉터 스위치 구성도

(9) 단자번호 부여

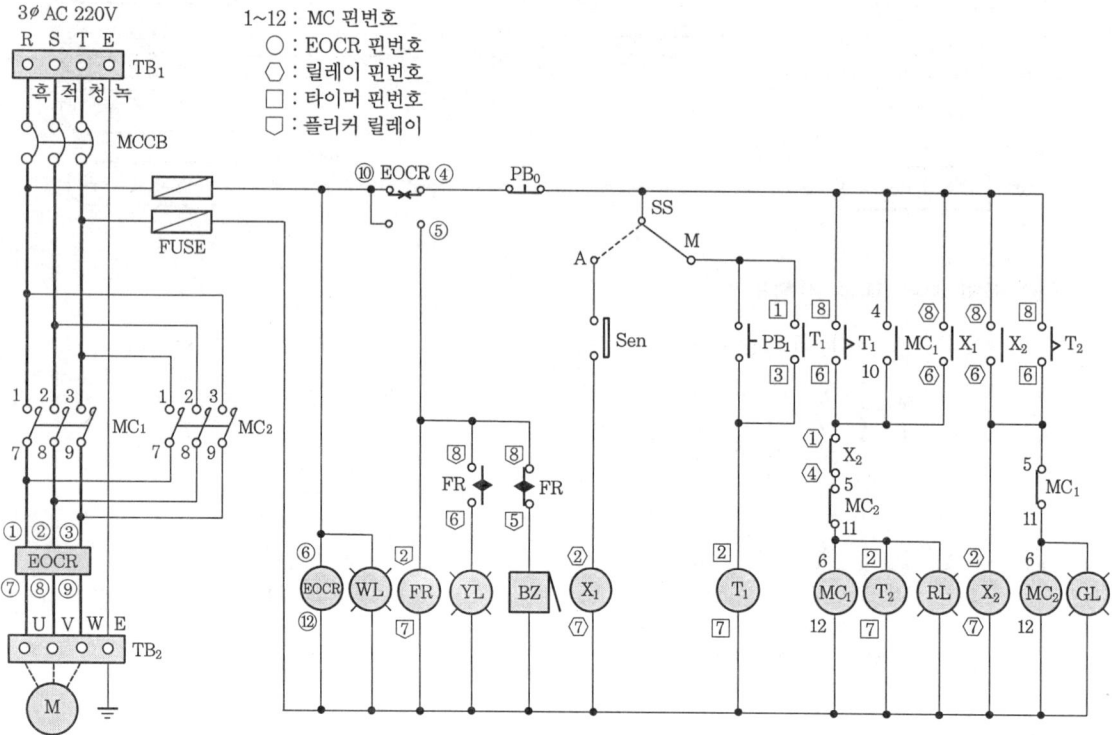

(10) 실체 배선도

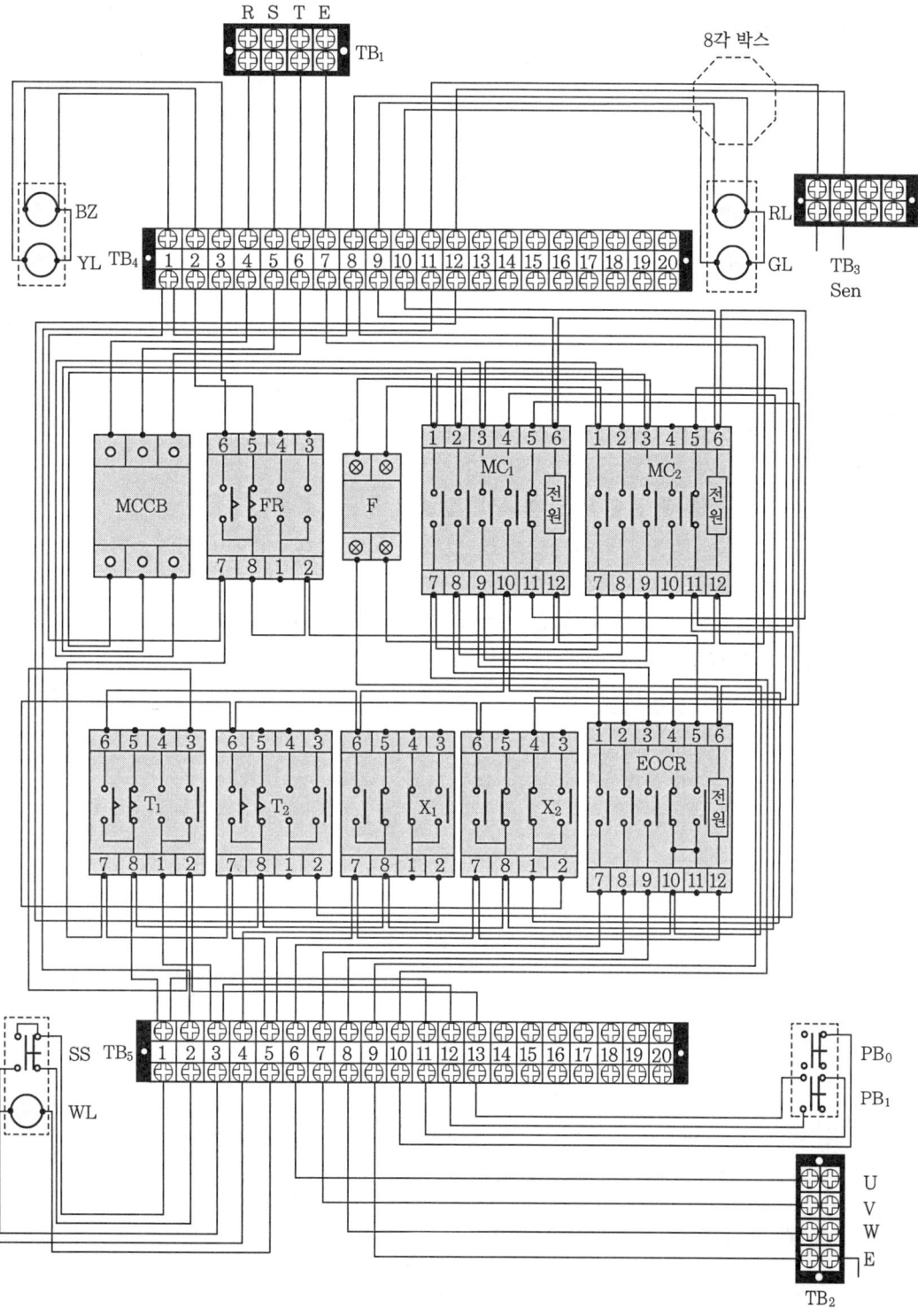

□ 전기 기능사(실기) ▶ 2017. 5(2회) 시행

■ 과제명 : 자동온도조절 제어회로

• 시험시간 : 표준시간—4시간 30분

(1) 요구 사항

① 지급된 재료를 사용하여 제한시간 내에 주어진 과제를 완성하시오.

② 공통 사항
  (가) 전원방식 : 3상 3선식 220 V
  (나) 공사방법
   • 플렉시블 전선관
   • PE 전선관
   • 케이블

③ 동작
  (가) MCCB에 전원을 투입하면 회로에 전원이 공급되고 WL이 점등된다.
  (나) 푸시 버튼 스위치 PB_1을 누르면 릴레이 X가 여자, MC_1이 여자, 램프 RL이 점등되며, 순환모터가 작동된다.
  (다) 설정 온도에 도달하면 온도 릴레이 TC가 여자, 타이머 T가 여자, MC_1이 소자, 램프 RL이 소등되며, 순환모터가 정지한다.
  (라) 타이머 T의 설정시간 t초 후 MC_2가 여자, 램프 GL이 점등되고 배기모터가 동작된다.
  (마) PB_0를 누르면 운전 중인 모든 전동기의 동작이 정지된다.
  (바) 전동기 운전 중 순환모터 M_1(배기모터 M_2)이 과부하로 과전류가 흐를 때 전자식 과전류계전기 $EOCR_1(EOCR_2)$가 동작되어 순환모터 M_1(배기모터 M_2)이 정지, 플리커 릴레이 FR이 여자된다.
  (사) 플리커 릴레이 FR에 의해서 램프 YL이 점멸한다.
  (아) 전자식 과전류계전기 $EOCR_1(EOCR_2)$를 리셋(reset)하면 초기 상태로 복귀된다.

④ 기타 사항
  (가) 제어함 부분과 PE 전선관 및 플렉시블 전선관, 케이블이 접속되는 부분은 전선관용 커넥터를 끼워 놓습니다.
  (나) 전동기의 접속은 생략하고 단자대까지 접속할 수 있게 배선합니다.
  (다) 수험자 유의사항을 고려하여 요구사항을 완성하도록 합니다.

(2) 수험자 유의사항

① 시험 시작 전 지급된 재료의 이상 유무를 확인하고 이상이 있을 때에는 시험위원

의 승인을 얻어 교환할 수 있습니다. (단, 시험 시작 후 파손된 재료는 수험자 부주의로 파손된 것으로 간주되어 추가로 지급받지 못합니다.)
② 제어함(판)을 포함한 작업대(판)에서의 제반 치수는 mm이고 치수 허용 오차는 외관(전선관, 박스, 전원 및 부하측 단자대 등)은 ±30 mm, 제어판 내부는 ±5 mm입니다.
③ 전선관의 수직과 수평을 맞추어 작업하고, 전선관의 곡률 반경은 전선관 안지름의 6배 이상, 8배 이하로 작업하여야 합니다.
④ 전선관이 작업판에서 뜨지 않도록 새들을 사용하여 튼튼하게 고정합니다.
⑤ 제어함 내의 기구 배치는 도면에 따르되 소켓에 채점용 기기 등이 들어갈 수 있도록 합니다.
⑥ 제어함 배선은 미관을 고려하여 배선(수평수직)하고 전선의 흐트러짐 등이 없도록 케이블 타이를 이용하여 균형있게 배선합니다.
   ※ 제어함 배선 시 기구와 기구 사이 배선 금지
⑦ 주회로는 $2.5\,mm^2$(1/1.78) 전선, 보조회로는 $1.5\,mm^2$(1/1.38) 황색 전선을 사용하고, 주회로의 전선 색상은 R상은 흑색, S상은 적색, T상은 청색을 사용합니다.
⑧ 접지회로는 $2.5\,mm^2$(1/1.78) 전선(녹색)으로 배선하여야 합니다.
⑨ 케이블의 색상이 주회로 색상과 상이한 경우 감독위원이 지정한 색상으로 대체합니다(녹색 전선은 제외).
⑩ 제어함과 전선관이 접속되는 부분에는 전선관용 커넥터를 사용하고 제어함에 5 mm 정도 올리고 새들로 고정하여야 합니다.
⑪ 전원 및 부하(전동기) 단자대의 단자는 가로인 경우 왼쪽부터, 세로인 경우 위쪽부터 R, S, T, E(접지) 또는 U_1, V_1, W_1, E(접지), U_2, V_2, W_2, E(접지)의 순으로 결선합니다.
⑫ 전원측 및 부하측 단자대는 동작시험을 할 수 있도록 전원선의 색상에 맞추어 100 mm 정도 인입선을 인출하고, 피복은 전선 끝에서 약 10 mm 정도 벗겨둡니다.
⑬ 단자에 전선을 접속하는 경우 나사를 견고하게 조입니다. 단자 조임 불량이란 전선 피복 제거가 2 mm 이상 보이거나, 피복이 단자에 물린 경우를 말합니다.
   ※ 한 단자에 전선 세 가닥 이상 접속 금지
⑭ 동작시험은 회로시험기 또는 벨 시험기를 가지고 확인을 할 수 있으나, 전원을 투입하여 동작시험은 할 수 없습니다 (기타 시험기구 사용 불가).
⑮ 퓨즈 홀더에는 퓨즈를 끼워 놓아야 합니다.
⑯ EOCR, 전자접촉기, 타이머, 릴레이, 플리커 릴레이, 온도 릴레이는 소켓번호에 유의하여 작업하도록 합니다.
⑰ EOCR, 전자접촉기, 타이머, 릴레이, 플리커 릴레이, 온도 릴레이 등의 소켓(베이스)은 지급된 채점용 기기와 같은 규격이어야 하며, 홈이 아래로 향하게 배치합니다

(각 소켓(베이스) 구성도 참조).
⑱ 접지는 도면에 표시된 부분만 실시하고, 접지선은 입력 단자대에서 제어함 내의 단자대를 거쳐 출력 단자대까지 결선하며, 도면에서 별도로 표시하지 않더라도 모든 접지는 입력 단자대의 접지측과 연결되어야 합니다.
※ 기타 외부로의 접지는 시행하지 않아도 됩니다.
⑲ 기타 내선공사 방법 등은 감독위원의 지시사항을 준수하여 작업하며, 작업에 대한 문의사항은 시험 시작 전 질의하도록 하고 시험 진행 중에는 질의를 삼가도록 합니다.
⑳ 다음 사항에 대해서는 채점 대상에서 제외하니 특히 유의하시기 바랍니다.
　(가) 기권
　　- 과제 진행 중 수험자 스스로 작업에 대한 포기의사를 표현한 경우
　(나) 실격
　　- 지급 재료 이외의 재료를 사용한 작품
　　- 시험 중 시설·장비의 조작 또는 재료의 취급이 미숙하여 위해를 일으킬 것으로 시험위원 전원이 합의하여 판단한 경우
　　- 기능이 해당 등급 수준에 전혀 도달하지 못한 것으로 시험위원 전원이 합의하여 판단한 경우
　(다) 미완성
　　- 시험시간 내에 요구사항을 완성하지 못한 경우(완성작품이란 모든 부품을 완전히 장착하고 깔끔히 배선 정리를 한 상태를 말함)
　(라) 오작
　　- 시험시간 내에 제출된 작품이라도 다음과 같은 경우
　　• 완성된 과제가 도면 및 배치도, 요구사항과 부품의 방향 및 결선 상태 등이 상이한 경우 등(EOCR, 전자접촉기, 타이머, 릴레이, 플리커 릴레이, 온도 릴레이, 램프 색상 등)
　　• 주회로 배선의 전선 굵기 및 색상 등이 도면 및 유의사항과 다른 경우
　　• 작품의 외형상 전선의 흐트러짐, 기구 배치 및 고정, 킹크 발생, 연결 상태 등이 조잡한 작품
　　• 제어함 밖으로 인출되는 배선이 제어함 내의 단자대를 거치지 않고 직접 접속된 경우
　　• 제어함 내부 배선 상태나 전선관 가공 상태가 불량하여 전기 공급이 불가한 경우
　　• 제어함(판) 내의 배선 상태나 기구 간격 불량으로 동작 상태의 확인이 불가한 경우
　　• 접지공사를 하지 않은 경우 및 접지선 색상이 틀린 경우(전동기로 출력되는 부분은 생략)

(3) 주요 지급 재료 목록

일련 번호	재료명	규격	단위	수량	비고
1	제어함(합판)	400×420×12 mm	장	1	
2	단자대	4P 20A 220V	개	4	
3	단자대	10P 20A 220V	개	4	
4	컨트롤 박스	ϕ25 2구	개	3	
5	푸시 버튼 스위치	1a1b 220V ϕ25	개	2	녹 1, 적 1
6	파일럿 램프	ϕ25 220V	개	4	적 1, 녹 1, 황 1, 백 1
7	전자접촉기 소켓	220V 12P	개	2	
8	EOCR 소켓	220V 12P	개	2	
9	타이머 소켓	220V 8P	개	1	
10	릴레이 소켓	220V 8P	개	1	
11	플리커 릴레이 소켓	220V 8P	개	1	
12	온도 릴레이 소켓	220V 8P	개	1	
13	PE 전선관	16 mm	m	5	
14	플렉시블 전선관	16 mm	m	5	
15	커넥터	16 mm PE 전선관용	개	6	
16	커넥터	16 mm 플렉시블 전선관용	개	6	
17	비닐절연전선(HIV)	1.5SQ(1/1.38)(황)	m	50	
18	비닐절연전선(HIV)	2.5SQ(1/1.78)(흑)	m	4	
19	비닐절연전선(HIV)	2.5SQ(1/1.78)(적)	m	4	
20	비닐절연전선(HIV)	2.5SQ(1/1.78)(청)	m	4	
21	비닐절연전선(HIV)	2.5SQ(1/1.78)(녹)	m	4	
22	새들	16 mm 전선관용	개	34	
23	케이블 타이	100 mm	개	30	
24	퓨즈 홀더(2P)	유리관형, 250V 10A, 퓨즈 2개 포함	개	1	
25	배선용 차단기	3상용, AC 250V, 30A	개	1	
26	케이블	2.5SQ 4C×1 m	개	1	
27	케이블 새들	2.5SQ 4C용	개	4	
28	케이블 커넥터	2.5SQ 4C용(그랜트)	개	1	
29	8각 박스	92×92	개	1	

(4) 배관 및 기구 배치도

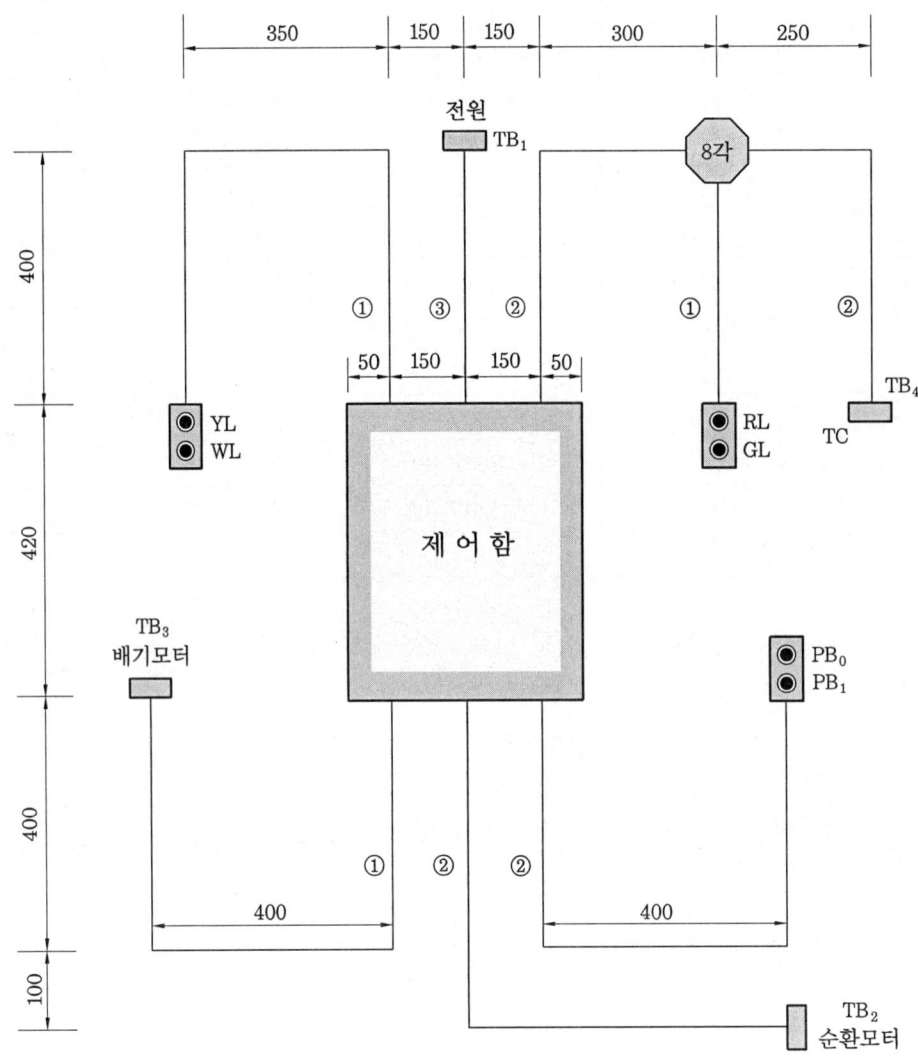

공사 방법

①	플렉시블 전선관
②	PE 전선관
③	케이블

(5) 제어함 내부 기구 배치도

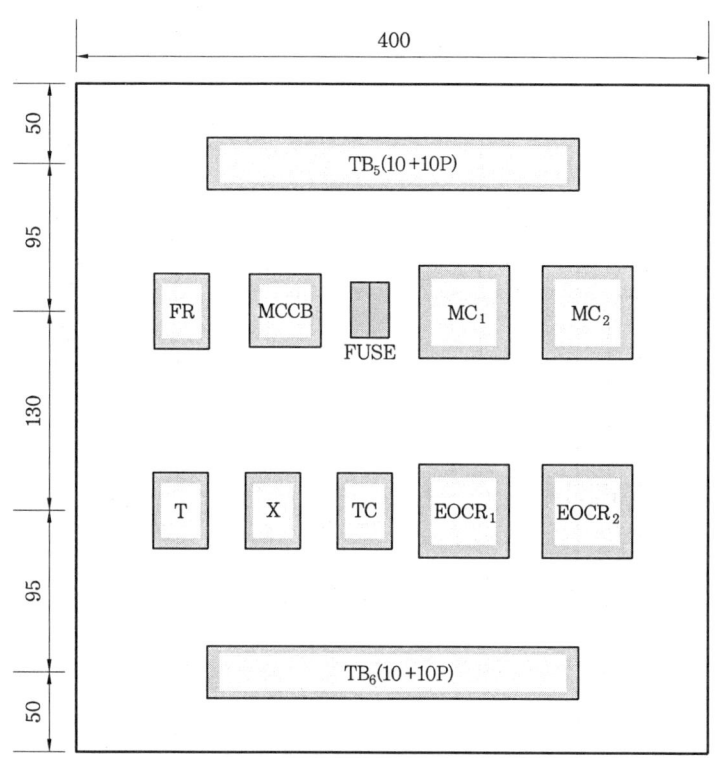

범 례

기 호	명 칭	기 호	명 칭
TB_1	전원(단자대 4P)	TC	온도제어기(8P)
TB_2	순환모터(단자대 4P)	PB_0	푸시 버튼 스위치(녹)
TB_3	배기모터(단자대 4P)	PB_1	푸시 버튼 스위치(적)
TB_4	TC(온도센서)(단자대 4P)	YL	파일럿 램프(황) 220V
TB_5, TB_6	단자대(10P+10P)	GL	파일럿 램프(녹) 220V
MC_1, MC_2	전자접촉기(12P)	RL	파일럿 램프(적) 220V
$EOCR_1$, $EOCR_2$	EOCR 소켓(12P)	WL	파일럿 램프(백) 220V
X	릴레이 소켓(8P)	FUSE	퓨즈 및 퓨즈 홀더
T	타이머 소켓(8P)	MCCB	배선용 차단기
FR	플리커 릴레이(8P)		

(6) 동작 회로도

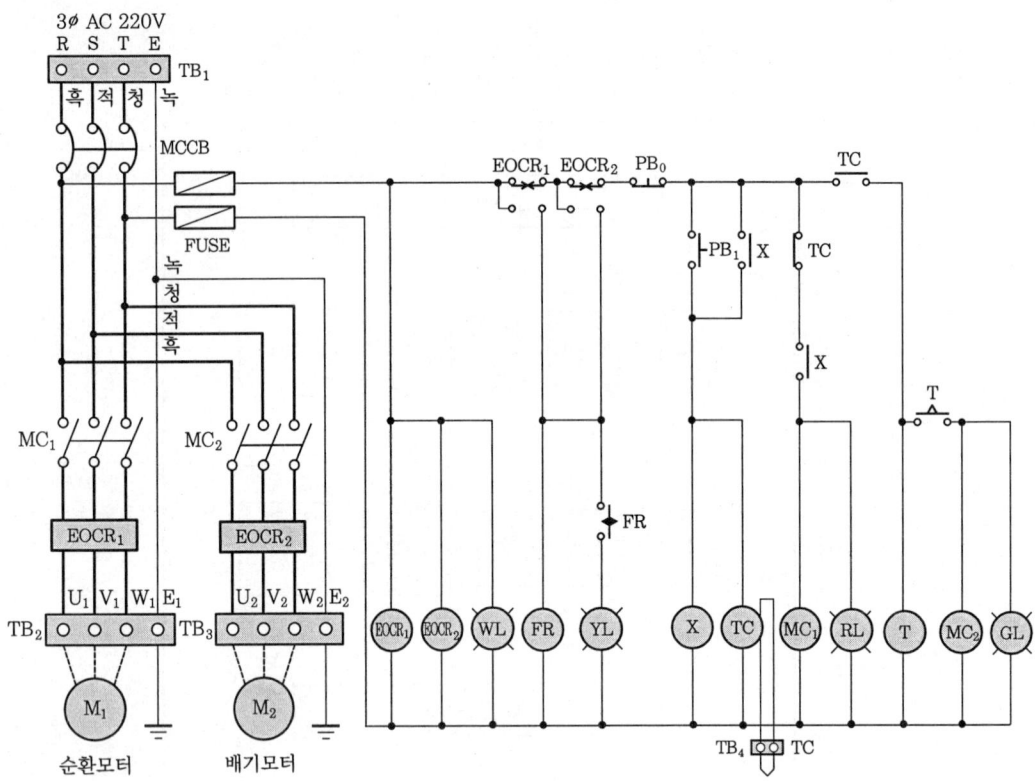

(7) 동작 순서

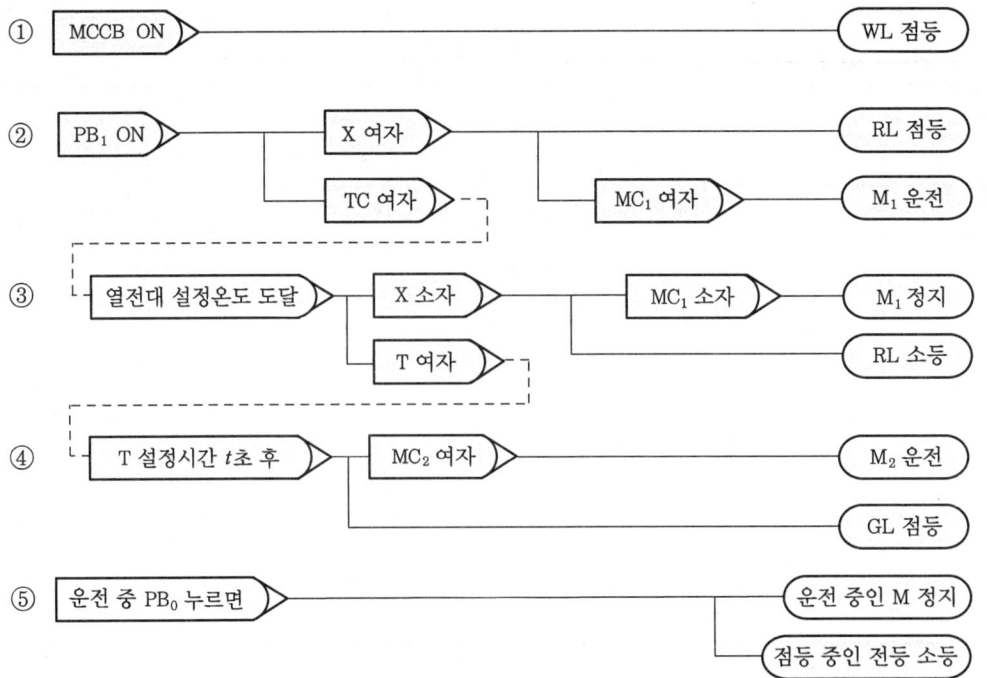

⑥ 전동기 M 운전 중 과부하가 걸리면

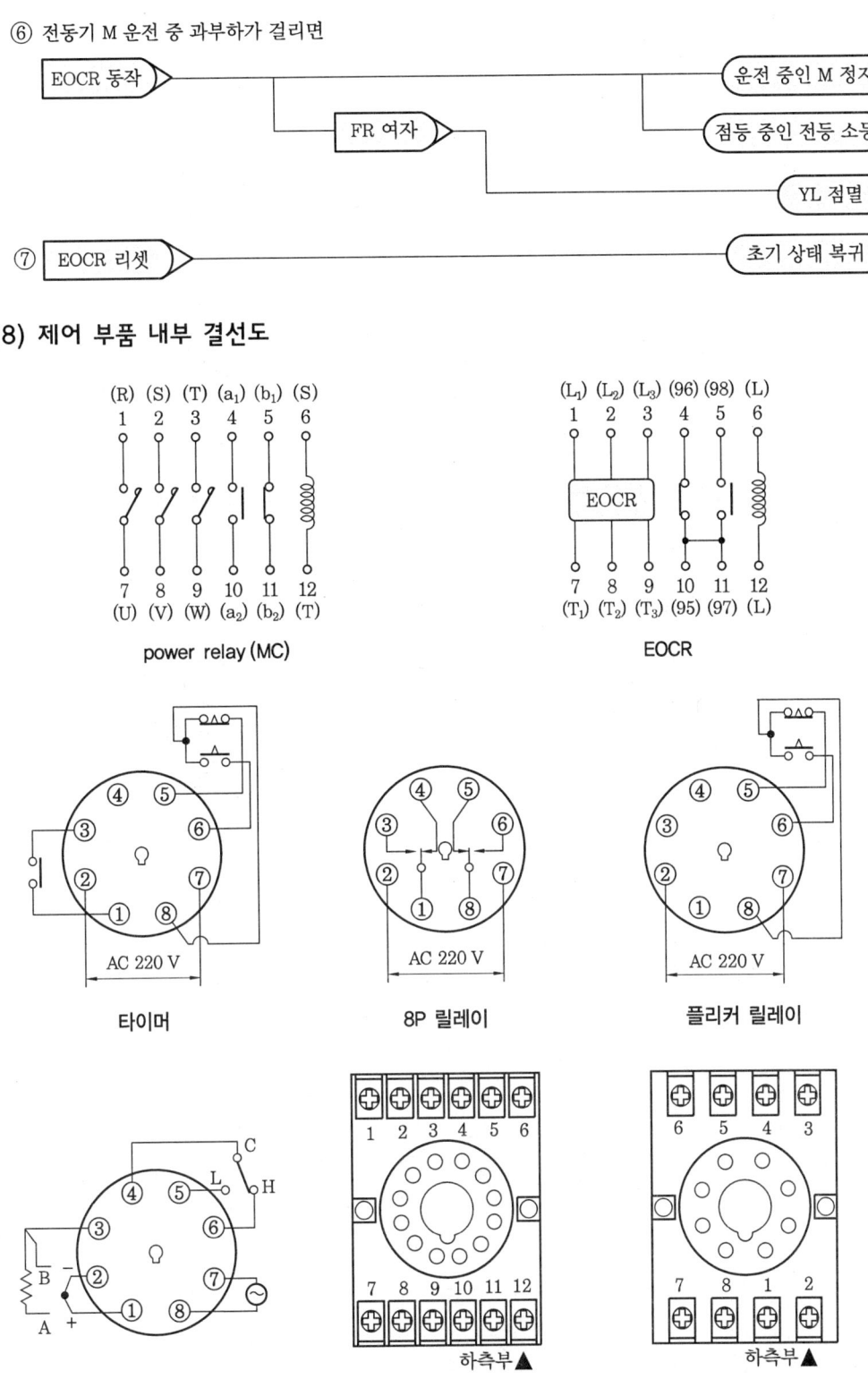

(8) 제어 부품 내부 결선도

(9) 단자번호 부여

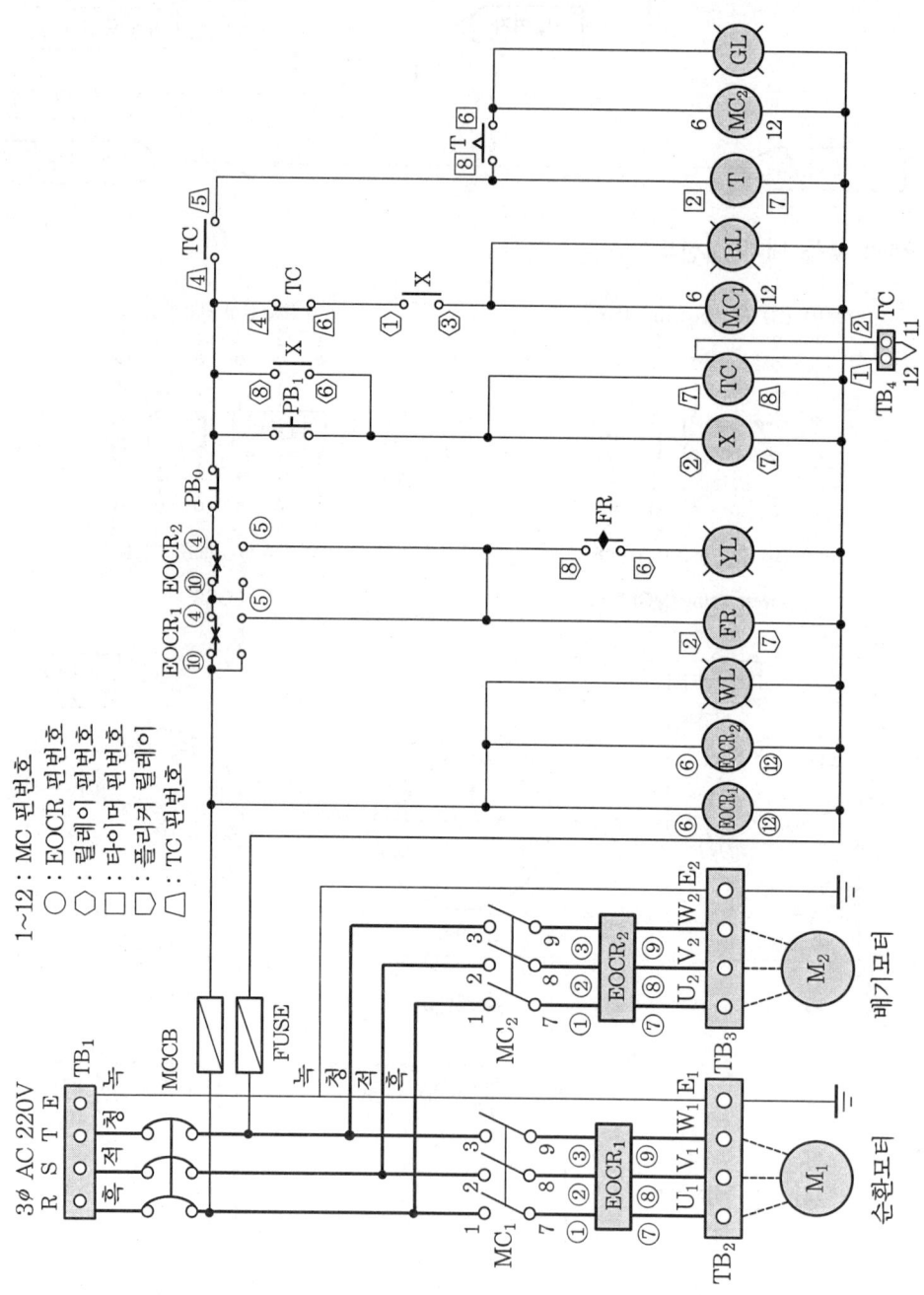

(10) 실체 배선도

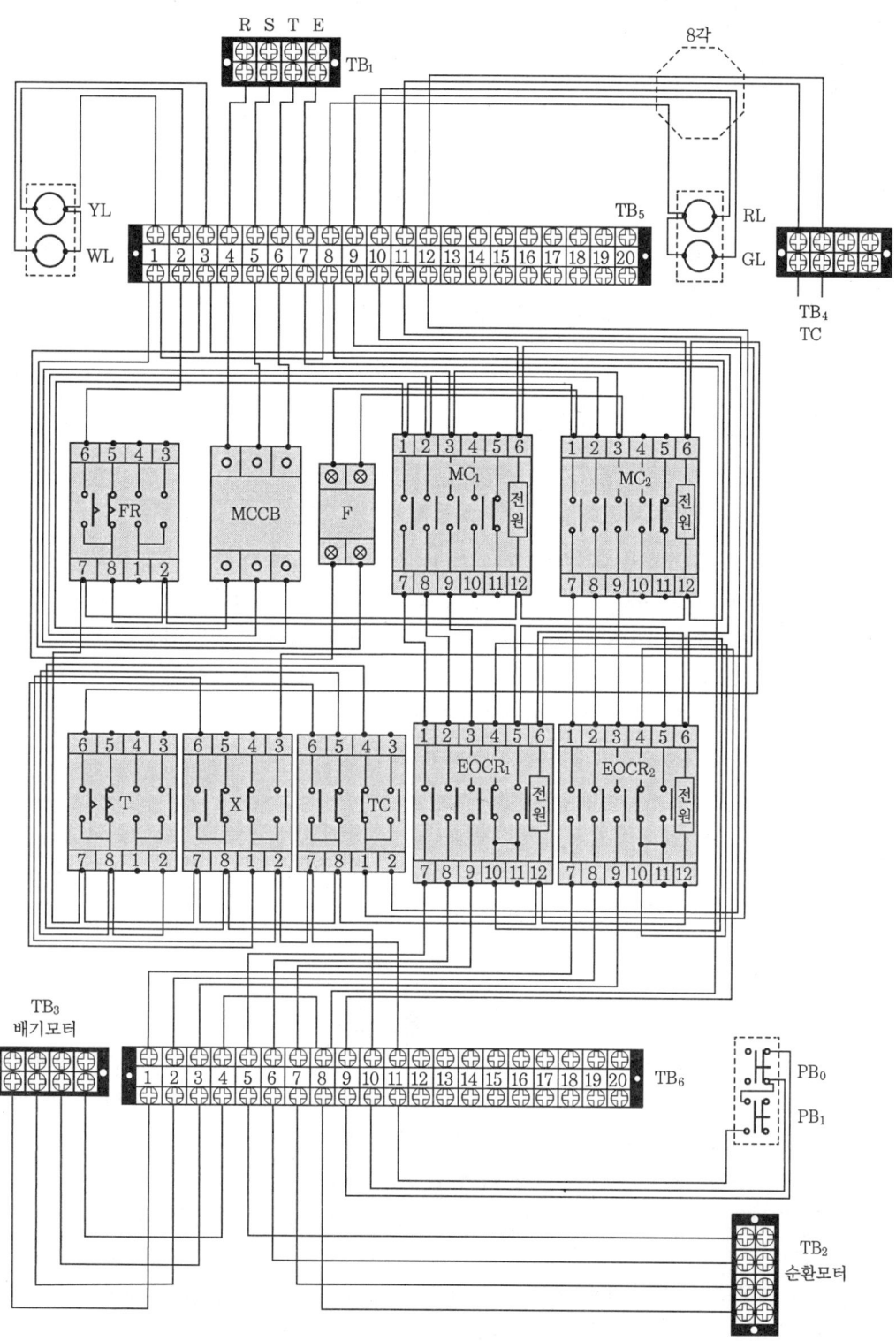

□ 전기 기능사(실기) ▶ 2017. 6(3회) 시행

■ 과제명 : 컨베이어 정·역 운전회로

• 시험시간 : 표준시간−4시간 30분

(1) 요구 사항

① 지급된 재료를 사용하여 제한시간 내에 주어진 과제를 완성하시오.

② 공통 사항
  (가) 전원방식 : 3상 3선식 220 V
  (나) 공사방법
   • 플렉시블 전선관
   • PE 전선관
   • 케이블

③ 동작
  (가) MCCB 투입, PB_1을 ON하면 MC_1 여자, X_1 여자, 모터 정회전, GL 점등
  (나) PB_2를 ON하면 MC_2 여자, X_2 여자, 모터 역회전, RL 점등
  (다) LS_1을 ON하면 T_1 여자, t초 후 MC_2 여자, 모터 역회전, RL 점등
  (라) LS_2를 ON하면 T_2 여자, t초 후 MC_1 여자, 모터 정회전, GL 점등
  (마) 모터 운전 중 PB_0를 누르면 모터 정지
  (바) 모터 운전 중 EOCR(과부하 시) 동작, 모터 정지, YL 점등

④ 기타 사항
  (가) 제어함 부분과 PE 전선관 및 플렉시블 전선관이 접속되는 부분은 커넥터를 끼워 놓습니다.
  (나) 리밋 스위치(LS_1, LS_2)는 단자대(3P)로 대체하여 공사하고, 리드선은 100 mm 뽑아서 끝부분의 피복을 10 mm 벗겨 놓습니다.

(2) 수험자 유의사항

① 시험 시작 전 지급된 재료의 이상 유무를 확인하고 이상이 있을 때에는 시험위원의 승인을 얻어 교환할 수 있습니다. (단, 시험 시작 후 파손된 재료는 수험자 부주의로 파손된 것으로 간주되어 추가로 지급받지 못합니다.)

② 제어함(판)을 포함한 작업대(판)에서의 제반 치수는 mm이고 치수 허용 오차는 외관(전선관, 박스, 전원 및 부하측 단자대 등)은 ±30 mm, 제어함 내부는 ±5 mm입니다.

③ 전선관의 수직과 수평을 맞추어 작업하고, 전선관의 곡률 반경은 전선관 안지름의 6배 이상으로 합니다.

④ 전선관이 작업판에서 뜨지 않도록 새들을 사용하여 튼튼하게 고정합니다.
⑤ 제어함 내의 기구 배치는 도면에 따르되 소켓에 채점용 기기 등이 들어갈 수 있도록 합니다.
⑥ 제어함 배선은 미관을 고려하여 배선(수평수직)하고 전선의 흐트러짐 등이 없도록 케이블 타이를 이용하여 균형있게 배선합니다.
  ※ 제어함 배선 시 기구와 기구 사이 배선 금지
⑦ 주회로는 $2.5\,mm^2$(1/1.78) 전선, 보조회로는 $1.5\,mm^2$(1/1.38) 황색 전선을 사용하고, 주회로의 전선 색상은 R상은 흑색, S상은 백색, T상은 적색을 사용합니다.
⑧ 접지회로는 $2.5\,mm^2$(1/1.78) 전선(녹색)으로 배선하여야 합니다.
⑨ 제어함과 전선관이 접속되는 부분에는 전선관용 커넥터를 사용하고 제어함에 5 mm 정도 올리고 새들로 고정하여야 합니다.
⑩ 전원 및 부하(전동기) 단자대는 제어회로도 순으로 결선합니다.
⑪ 전원측 및 부하측 단자대는 동작시험을 할 수 있도록 전원선의 색상에 맞추어 100 mm 정도 인입선을 인출하고 피복은 전선 끝에서 약 10 mm 정도 벗겨둡니다.
⑫ 단자에 전선을 접속하는 경우 나사를 견고하게 조입니다. 단자 조임 불량이란 전선 피복 제거가 2 mm 이상 보이거나, 피복이 단자에 물린 경우를 말합니다.
⑬ 동작시험은 회로시험기 또는 벨 시험기를 가지고 확인을 할 수 있으나, 전원을 투입하여 동작시험은 할 수 없습니다(기타 시험기구 사용 불가).
⑭ 퓨즈 홀더에는 퓨즈를 끼워 놓아야 합니다.
⑮ 접지는 도면에 표시된 부분만 실시하고, 접지선은 입력 단자대에서 제어함 내의 단자대를 거쳐 출력 단자대까지 결선하여 모든 접지는 입력 단자대의 접지측과 연결되어야 합니다.
⑯ 다음과 같은 경우에는 채점대상에서 제외합니다.
  (가) 시험시간(연장시간 없음) 내에 요구사항을 완성하지 못한 경우
  (나) 시험시간 내에 제출된 작품이라도 다음과 같은 경우
    • 완성된 과제가 도면 및 배치도와 상이한(방향 및 결선 상태 포함) 경우(EOCR, MCCB, 전자개폐기, 릴레이, 타이머, 램프 색상 등)
    • 주회로 배선의 전선 굵기 및 색상 등이 도면과 다른 경우
    • 제어함 밖으로 인출되는 배선이 제어함 내의 단자대를 거치지 않고 직접 접속된 경우
    • 제어함 내부 배선 상태나 전선관 가공 상태가 불량하여 전기 공급이 불가한 경우
    • 제어함(판) 내의 배선 상태나 기구 간격 불량으로 동작 상태의 확인이 불가한 경우
    • 접지공사를 하지 않은 경우 및 접지선 색상이 틀린 경우(전동기로 출력되는 부분은 생략)
  (다) 배관 및 기구배치도에서 허용 오차 ±50 mm 이상일 경우 채점대상에서 제외

(단, 3개소 이상인 경우)
⑰ 작업이 종료된 후에는 도면을 제출하여야 하며, 외부로 반출할 수 없습니다.
⑱ 시험 종료 후 작품의 작동 여부를 감독위원으로부터 확인 받을 수 있습니다.

(3) 주요 지급 재료 목록

일련번호	재 료 명	규 격	단위	수량	비 고
1	제어함(합판)	400×420×12 mm	장	1	
2	단자대	4P 20A 220V	개	4	
3	단자대	10P 20A 220V	개	4	
4	컨트롤 박스	ϕ25 2구	개	3	
5	푸시 버튼 스위치	1a1b 220V ϕ25	개	3	녹 1, 적 2
6	파일럿 램프	ϕ25 220V	개	3	적 1, 녹 1, 황 1
7	전자접촉기 소켓	220V 12P	개	2	
8	EOCR 소켓	220V 12P	개	1	
9	타이머 소켓	220V 8P	개	2	
10	릴레이 소켓	220V 8P	개	2	
11	PE 전선관	16 mm	m	5	
12	플렉시블 전선관	16 mm	m	5	
13	커넥터	16 mm PE 전선관용	개	6	
14	커넥터	16 mm 플렉시블 전선관용	개	6	
15	비닐절연전선(HIV)	1.5SQ(1/1.38)(황)	m	50	
16	비닐절연전선(HIV)	2.5SQ(1/1.78)(흑)	m	4	
17	비닐절연전선(HIV)	2.5SQ(1/1.78)(적)	m	4	
18	비닐절연전선(HIV)	2.5SQ(1/1.78)(청)	m	4	
19	비닐절연전선(HIV)	2.5SQ(1/1.78)(녹)	m	4	
20	새들	16 mm 전선관용	개	34	
21	케이블 타이	100 mm	개	30	
22	퓨즈 홀더(2P)	유리관형, 250V 10A, 퓨즈 2개 포함	개	1	
23	케이블	2.5SQ 4C×1 m	개	1	
24	케이블 새들	2.5SQ 4C용	개	4	
25	케이블 커넥터	2.5SQ 4C용(그랜드)	개	1	

(4) 배관 및 기구 배치도

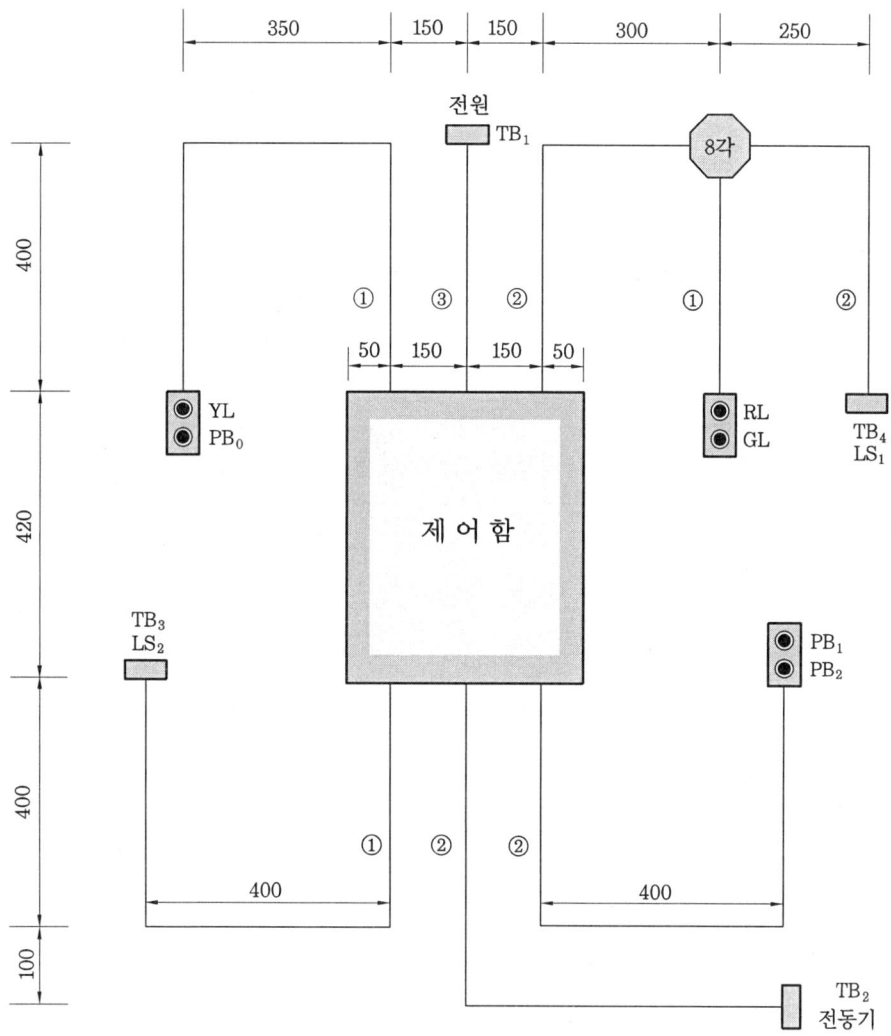

공사 방법

①	플렉시블 전선관
②	PE 전선관
③	케이블

(5) 제어함 내부 기구 배치도

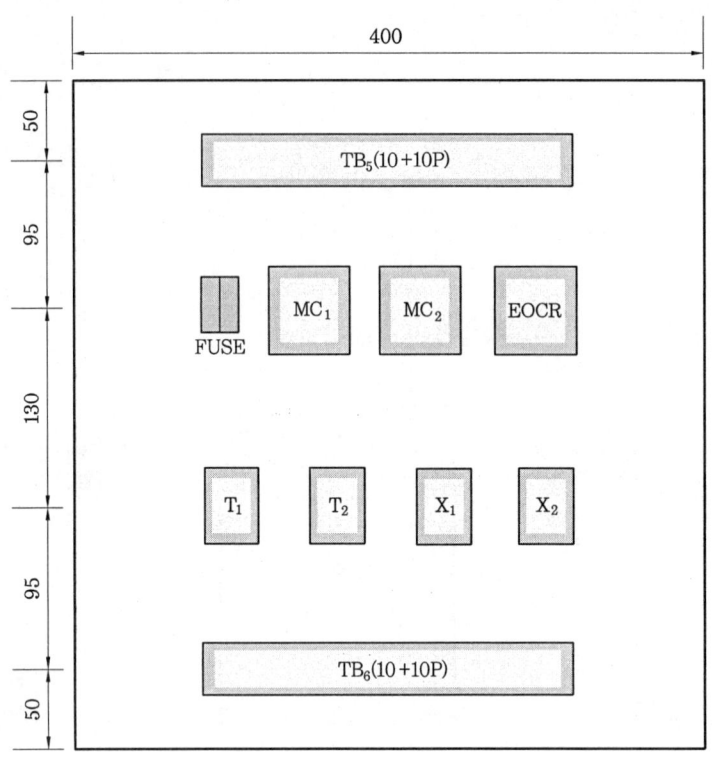

범 례

기 호	명 칭	기 호	명 칭
TB_1	전원(단자대 4P)	PB_0	푸시 버튼 스위치(녹)
TB_2	전동기(단자대 4P)	PB_1	푸시 버튼 스위치(적)
TB_3, TB_4	리밋 스위치(단자대 4P)	PB_2	푸시 버튼 스위치(적)
TB_5, TB_6	단자대(10+10P)	YL	파일럿 램프(황) 220V
MC_1, MC_2	전자접촉기(12P)	GL	파일럿 램프(녹) 220V
EOCR	EOCR(12P)	RL	파일럿 램프(적) 220V
T_1, T_2	타이머(8P)	FUSE	퓨즈 및 퓨즈 홀더
X_1, X_2	릴레이(8P)		

(6) 동작 회로도

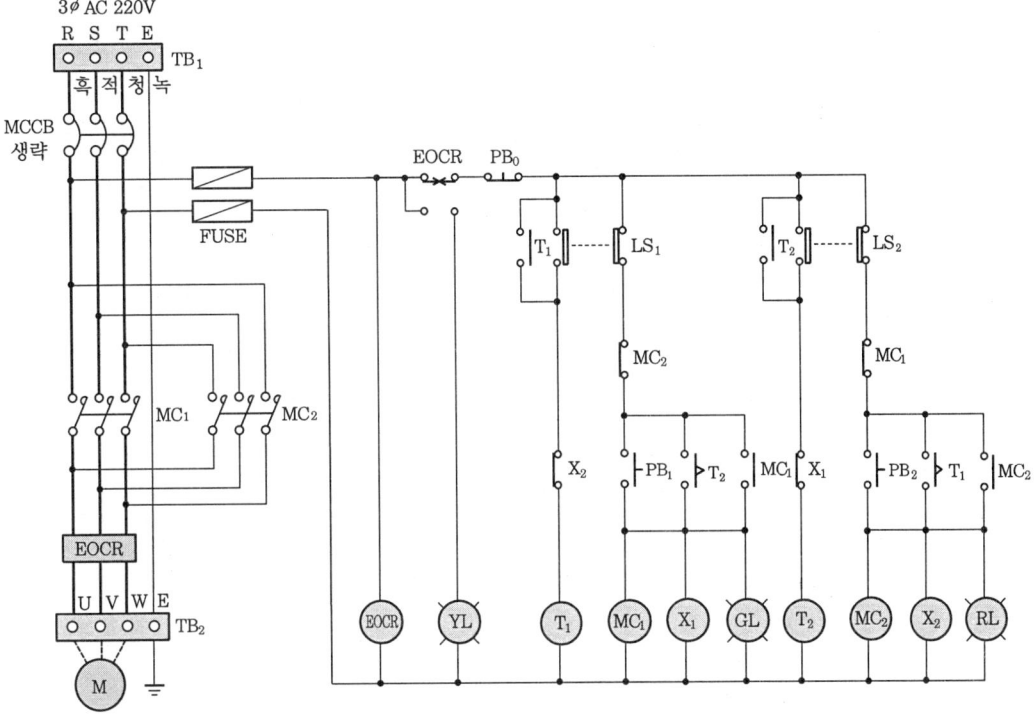

(7) 동작 순서

① MCCB ON → 전원공급

② PB₁ ON → GL 점등
　　　　　→ MC₁ 여자 → M 정회전
　　　　　→ X₁ 여자

③ PB₂ ON → RL 점등
　　　　　→ MC₂ 여자 → M 역회전
　　　　　→ X₂ 여자

④ LS₁ ON → T₁ 여자 → t초 후 → RL 점등
　　　　　　　　　　　　　　→ MC₂ 여자 → M 역회전

⑤ LS₂ ON → T₂ 여자 → t초 후 → GL 점등
　　　　　　　　　　　　　　→ MC₁ 여자 → M 정회전

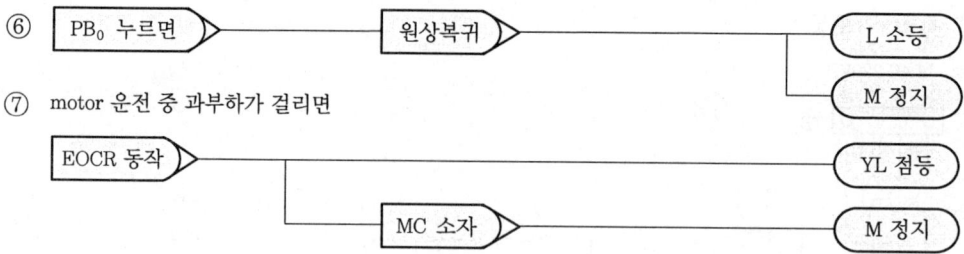

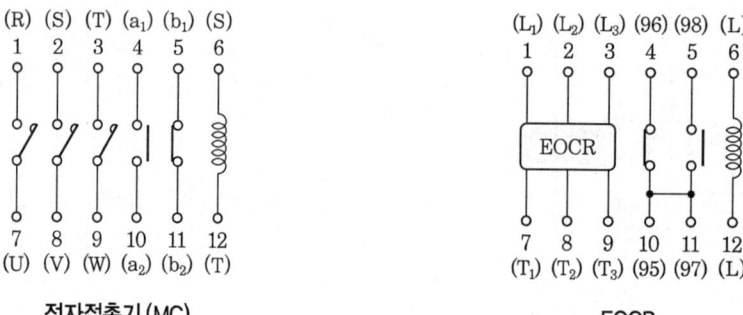

(8) 제어 부품 내부 결선도

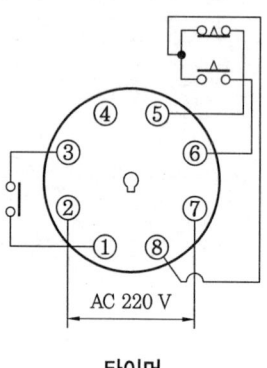

전자접촉기(MC)

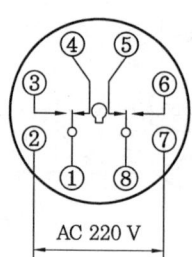

EOCR

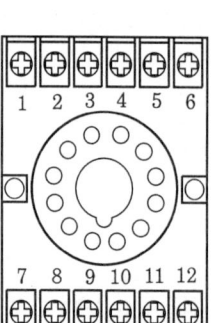

타이머

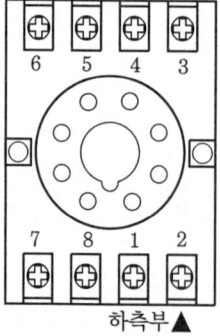

릴레이

12P 소켓(베이스) 구성도

8P 소켓(베이스) 구성도

(9) 단자번호 부여

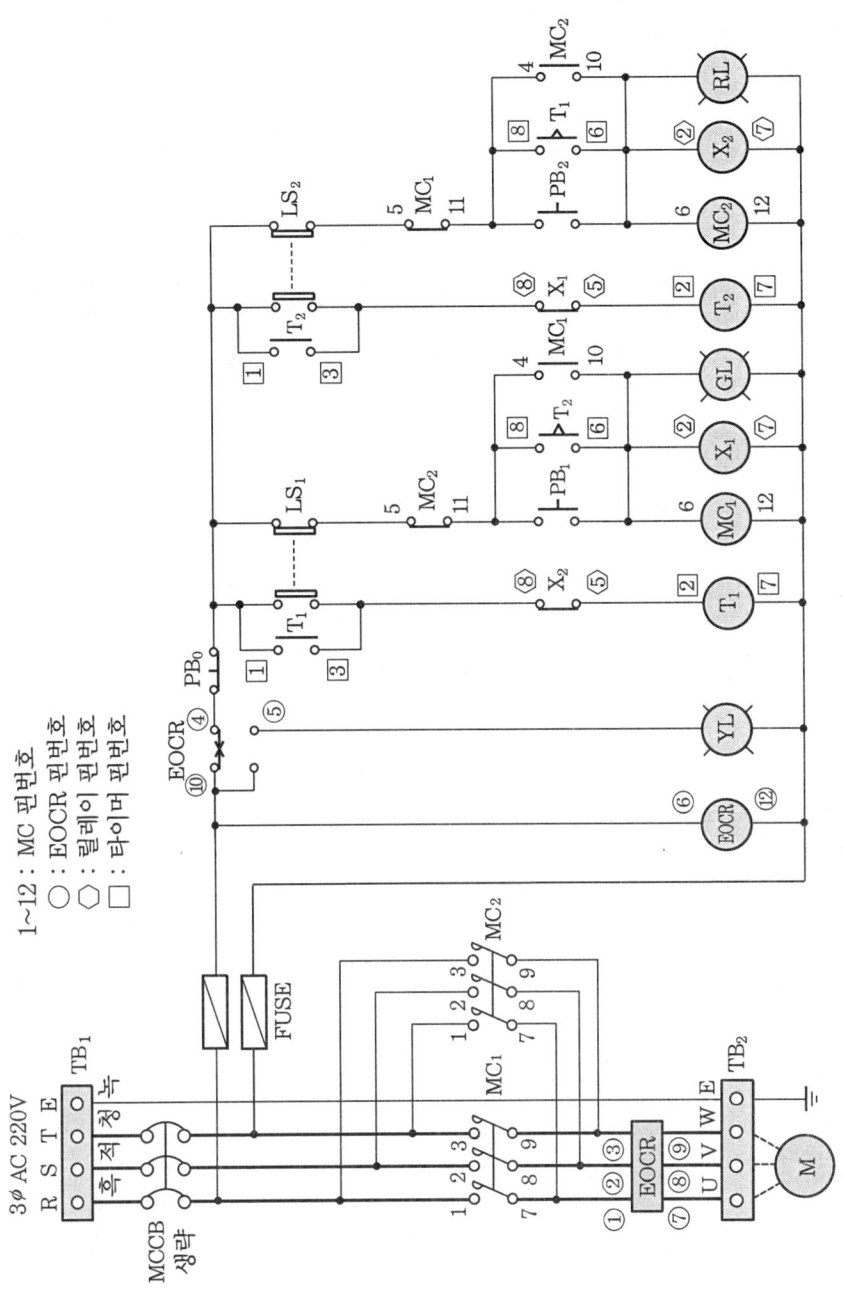

(10) 실체 배선도

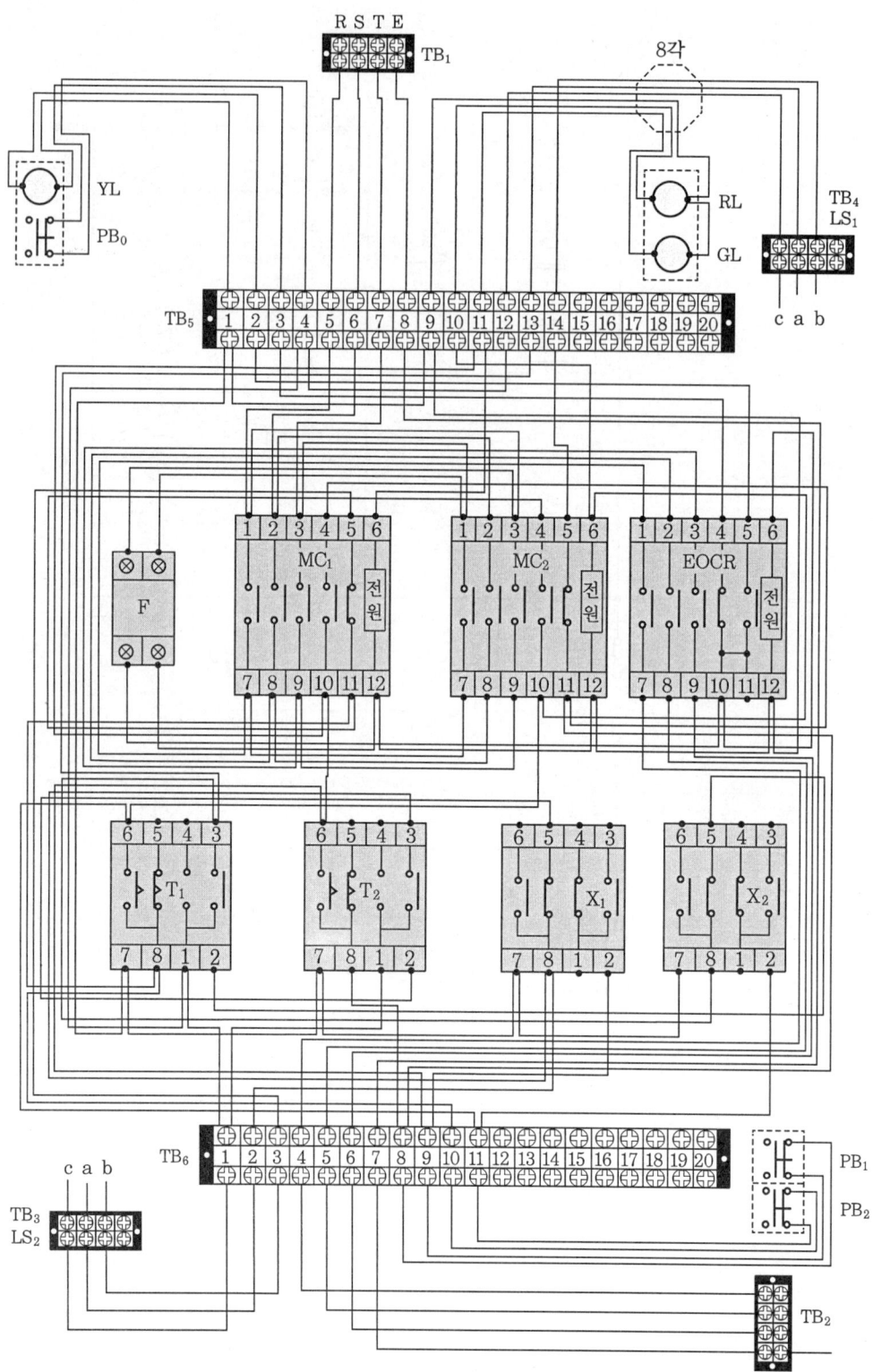

전기 기능사(실기) ▶ 2017. 9(4회) 시행

■ 과제명 : 전동기 운전 제어회로

• 시험시간 : 표준시간-4시간 30분

(1) 요구 사항

① 지급된 재료를 사용하여 제한시간 내에 주어진 과제를 완성하시오.

② 공통 사항

  (개) 전원방식 : 3상 3선식 220 V

  (내) 공사방법
  • 플렉시블 전선관
  • PE 전선관
  • 케이블

③ 동작

  (개) MCCB에 전원을 투입하고 푸시 버튼 스위치 PB_1을 누르면 릴레이 X_1이 여자, MC_1이 여자, 램프 RL과 WL이 점등되며, 전동기가 정회전한다.

  (내) 푸시 버튼 스위치 PB_2를 누르면 릴레이 X_2가 여자, 타이머 T가 여자, 램프 WL이 소등되고, 타이머 설정시간 t 초 동안 MC_1이 여자되어 전동기는 정회전한다.

  (대) 타이머 설정시간 t 초 후에 MC_1이 소자, MC_2가 여자, 램프 RL이 소등, 램프 GL이 점등되고 전동기가 역회전한다.

  (라) 푸시 버튼 스위치 PB_1과 PB_2에 의해 상호 인터로크 회로로 동작한다.

  (마) 푸시 버튼 스위치 PB_0를 누르면 전동기 제어 동작은 모두 정지된다.

  (바) 전동기 운전 중 전동기 M이 과부하로 과전류가 흐를 때 전자식 과전류계전기 EOCR이 동작되어 전동기 M이 정지, 램프 YL이 점등된다.

  (사) 전자식 과전류계전기 EOCR을 리셋(reset)하면 초기 상태로 복귀된다.

④ 기타 사항

  (개) 제어함 부분과 PE 전선관 및 플렉시블 전선관, 케이블이 접속되는 부분은 전선관용 커넥터를 끼워 놓습니다.

  (내) 전동기의 접속은 생략하고 단자대까지 접속할 수 있게 배선합니다.

  (대) 수험자 유의사항을 고려하여 요구사항을 완성하도록 합니다.

(2) 수험자 유의사항

① 시험 시작 전 지급된 재료의 이상 유무를 확인하고 이상이 있을 때에는 시험위원의 승인을 얻어 교환할 수 있습니다. (단, 시험 시작 후 파손된 재료는 수험자 부주의로 파손된 것으로 간주되어 추가로 지급받지 못합니다.)

② 제어함(판)을 포함한 작업대(판)에서의 제반 치수는 mm이고 치수 허용 오차는 외관(전선관, 박스, 전원 및 부하측 단자대 등)은 ±30 mm, 제어판 내부는 ±5 mm입니다.
③ 전선관의 수직과 수평을 맞추어 작업하고, 전선관의 곡률 반경은 전선관 안지름의 6배 이상, 8배 이하로 작업하여야 합니다.
④ 전선관이 작업판에서 뜨지 않도록 새들을 사용하여 튼튼하게 고정합니다.
⑤ 제어함 내의 기구 배치는 도면에 따르되 소켓에 채점용 기기 등이 들어갈 수 있도록 합니다.
⑥ 제어함 배선은 미관을 고려하여 배선(수평수직)하고 전선의 흐트러짐 등이 없도록 케이블 타이를 이용하여 균형있게 배선합니다.
    ※ 제어함 배선 시 기구와 기구 사이 배선 금지
⑦ 주회로는 $2.5\,mm^2$(1/1.78) 전선, 보조회로는 $1.5\,mm^2$(1/1.38) 황색 전선을 사용하고, 주회로의 전선 색상은 R상은 흑색, S상은 적색, T상은 청색을 사용합니다.
⑧ 접지회로는 $2.5\,mm^2$(1/1.78) 전선(녹색)으로 배선하여야 합니다.
⑨ 케이블의 색상이 주회로 색상과 상이한 경우 감독위원이 지정한 색상으로 대체합니다 (녹색 전선은 제외).
⑩ 제어함과 전선관이 접속되는 부분에는 전선관용 커넥터를 사용하고 제어함에 5 mm 정도 올리고 새들로 고정하여야 합니다.
⑪ 전원 및 부하(전동기) 단자대의 단자는 가로인 경우 왼쪽부터, 세로인 경우 위쪽부터 R, S, T, E(접지) 또는 U, V, W, E(접지)의 순으로 결선합니다.
⑫ 전원측 및 부하측 단자대는 동작시험을 할 수 있도록 전원선의 색상에 맞추어 100 mm 정도 인입선을 인출하고 피복은 전선 끝에서 약 10 mm 정도 벗겨둡니다.
⑬ 단자에 전선을 접속하는 경우 나사를 견고하게 조입니다. 단자 조임 불량이란 전선 피복 제거가 2 mm 이상 보이거나, 피복이 단자에 물린 경우를 말합니다.
    ※ 한 단자에 전선 세 가닥 이상 접속 금지
⑭ 동작시험은 회로시험기 또는 벨 시험기를 가지고 확인을 할 수 있으나, 전원을 투입하여 동작시험은 할 수 없습니다 (기타 시험기구 사용 불가).
⑮ 퓨즈 홀더에는 퓨즈를 끼워 놓아야 합니다.
⑯ EOCR, 전자접촉기, 타이머, 릴레이는 소켓번호에 유의하여 작업하도록 합니다.
⑰ EOCR, 전자접촉기, 타이머, 릴레이 등의 소켓(베이스)은 지급된 채점용 기기와 같은 규격이어야 하며, 홈이 아래로 향하게 배치합니다 (각 소켓(베이스) 구성도 참조).
⑱ 접지는 도면에 표시된 부분만 실시하고, 접지선은 입력 단자대에서 제어함 내의 단자대를 거쳐 출력 단자대까지 결선하며, 도면에서 별도로 표시하지 않더라도 모든 접지는 입력 단자대의 접지측과 연결되어야 합니다.
    ※ 기타 외부로의 접지는 시행하지 않아도 됩니다.
⑲ 기타 내선공사 방법 등은 감독위원의 지시사항을 준수하여 작업하며, 작업에 대한

문의사항은 시험 시작 전 질의하도록 하고, 시험 진행 중에는 질의를 삼가도록 합니다.
⑳ 다음 사항에 대해서는 채점 대상에서 제외하니 특히 유의하시기 바랍니다.
 ㈎ 기권
  - 과제 진행 중 수험자 스스로 작업에 대한 포기의사를 표현한 경우
 ㈏ 실격
  - 지급 재료 이외의 재료를 사용한 작품
  - 시험 중 시설·장비의 조작 또는 재료의 취급이 미숙하여 위해를 일으킬 것으로 시험위원 전원이 합의하여 판단한 경우
  - 기능이 해당 등급 수준에 전혀 도달하지 못한 것으로 시험위원 전원이 합의하여 판단한 경우
 ㈐ 미완성
  - 시험시간 내에 요구사항을 완성하지 못한 경우(완성작품이란 모든 부품을 완전히 장착하고 깔끔히 배선 정리를 한 상태를 말함)
 ㈑ 오작
  - 시험시간 내에 제출된 작품이라도 다음과 같은 경우
  • 완성된 과제가 도면 및 배치도, 요구사항과 부품의 방향 및 결선 상태 등이 상이한 경우 등(EOCR, 전자접촉기, 타이머, 릴레이, 램프 색상 등)
  • 주회로 배선의 전선 굵기 및 색상 등이 도면 및 유의사항과 다른 경우
  • 작품의 외형상 전선의 흐트러짐, 기구 배치 및 고정, 킹크 발생, 연결 상태 등이 조잡한 작품
  • 제어함 밖으로 인출되는 배선이 제어함 내의 단자대를 거치지 않고 직접 접속된 경우
  • 제어함 내부 배선 상태나 전선관 가공 상태가 불량하여 전기 공급이 불가한 경우
  • 제어함(판) 내의 배선 상태나 기구 간격 불량으로 동작 상태의 확인이 불가한 경우
  • 접지공사를 하지 않은 경우 및 접지선 색상이 틀린 경우(전동기로 출력되는 부분은 생략)
  • 컨트롤 박스 커버 등이 조립되지 않아 내부가 보이는 경우
  • 배관 및 기구배치도에서 허용 오차 ±50 mm 이상일 경우(단, 3개소 이상인 경우)

(3) 주요 지급 재료 목록

일련 번호	재료명	규격	단위	수량	비고
1	합판	400×420×12 mm	장	1	
2	컨트롤 박스	1구 φ25	개	3	
3	컨트롤 박스	2구 φ25	개	2	
4	단자대	10P 20A	개	4	
5	단자대	4P 20A	개	2	
6	릴레이 베이스	11핀	개	2	
7	타이머 베이스	8핀	개	1	
8	전자접촉기 소켓	12핀 12P(둥근형)	개	2	
9	EOCR 소켓	12핀 12P(둥근형)	개	1	
10	파일럿 램프(적색)	220V φ25	개	2	
11	파일럿 램프(녹색)	220V φ25	개	1	
12	파일럿 램프(황색)	220V φ25	개	1	
13	파일럿 램프(백색)	220V φ25	개	1	
14	푸시 버튼 스위치(적색)	1a1b φ25	개	2	
15	푸시 버튼 스위치(녹색)	1a1b φ25	개	1	
16	8각 박스	92 mm×92 mm 철재	개	2	
17	배선용 차단기	3상용, AC 250V, 30A	개	1	
18	퓨즈 홀더(유리관용)	250V 30A(박스 2개용)	개	1	퓨즈 10A 2개 포함
19	케이블	4C 2.5 mm^2	m	1	
20	케이블 타이	백색, 100 mm	개	30	
21	플렉시블 전선관	16 mm	m	5	
22	PE 전선관	16 mm	m	5	
23	플렉시블 전선관 커넥터	φ25 16 mm용	개	7	
24	PE 전선관 커넥터	φ25 16 mm용	개	7	
25	케이블 커넥터	4C 케이블용	개	1	
26	케이블 새들	4C 케이블용	개	2	
27	새들	16 mm관용	개	34	
28	전선(흑색)	2.5SQ(1/1.38) 흑색	m	4	
29	전선(적색)	2.5SQ(1/1.78) 적색	m	4	
30	전선(청색)	2.5SQ(1/1.78) 청색	m	4	
31	전선(녹색)	2.5SQ(1/1.78) 녹색	m	4	
32	전선(황색)	1.5SQ(1/1.78) 황색	m	50	

(4) 배관 및 기구 배치도

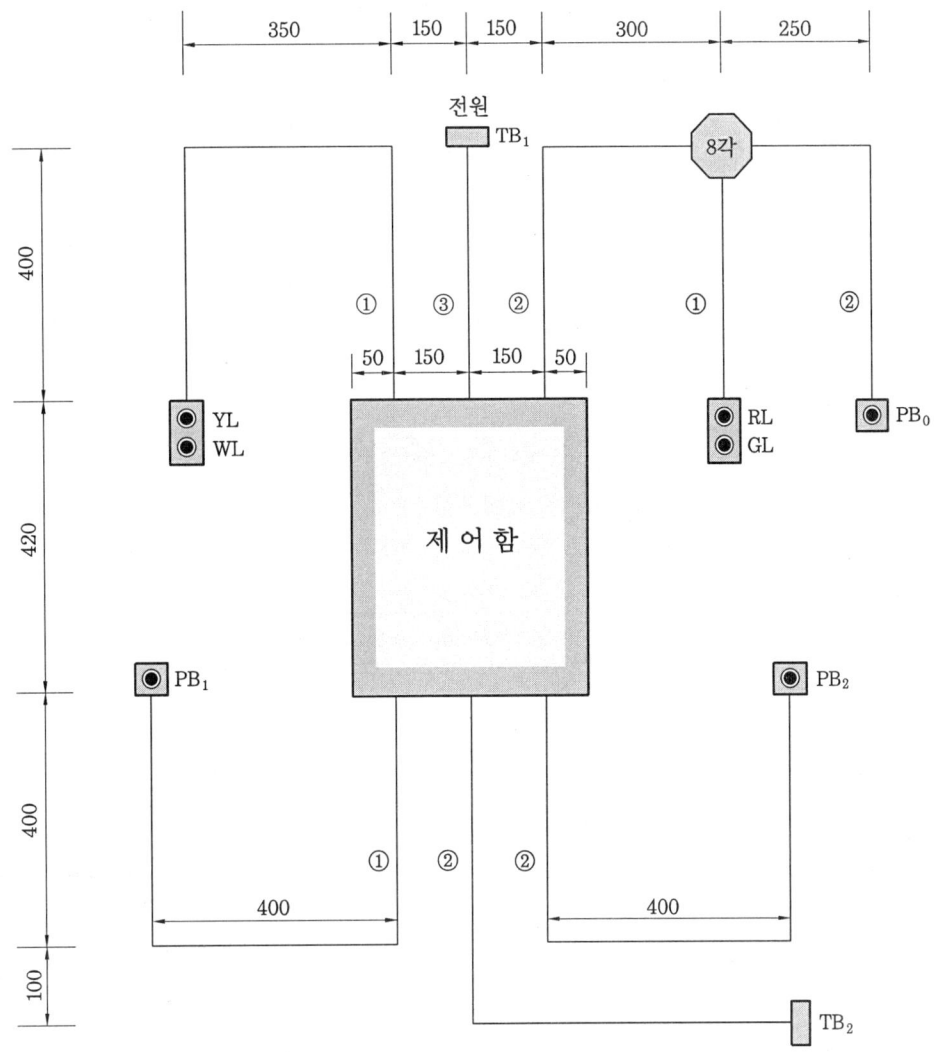

공사 방법

①	플렉시블 전선관
②	PE 전선관
③	케이블

(5) 제어함 내부 기구 배치도

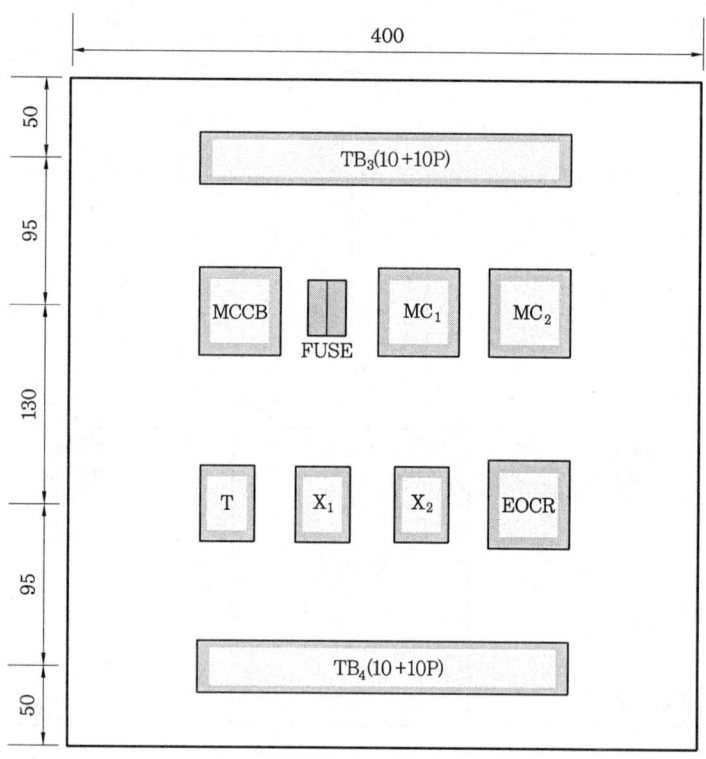

범 례

기 호	명 칭	기 호	명 칭
TB_1	전원(단자대 4P)	PB_0	푸시 버튼 스위치(녹색)
TB_2	전동기(단자대 4P)	PB_1, PB_2	푸시 버튼 스위치(적색)
TB_3, TB_4	단자대(10+10P)	YL	파일럿 램프(황색) 220V
MC_1, MC_2	전자접촉기(12P)	GL	파일럿 램프(녹색) 220V
EOCR	EOCR(12P)	RL	파일럿 램프(적색) 220V
X_1, X_2	릴레이(11핀)	WL	파일럿 램프(백색) 220V
T	타이머(8핀)	FUSE	퓨즈 및 퓨즈 홀더
MCCB	배선용 차단기		

(6) 동작 회로도

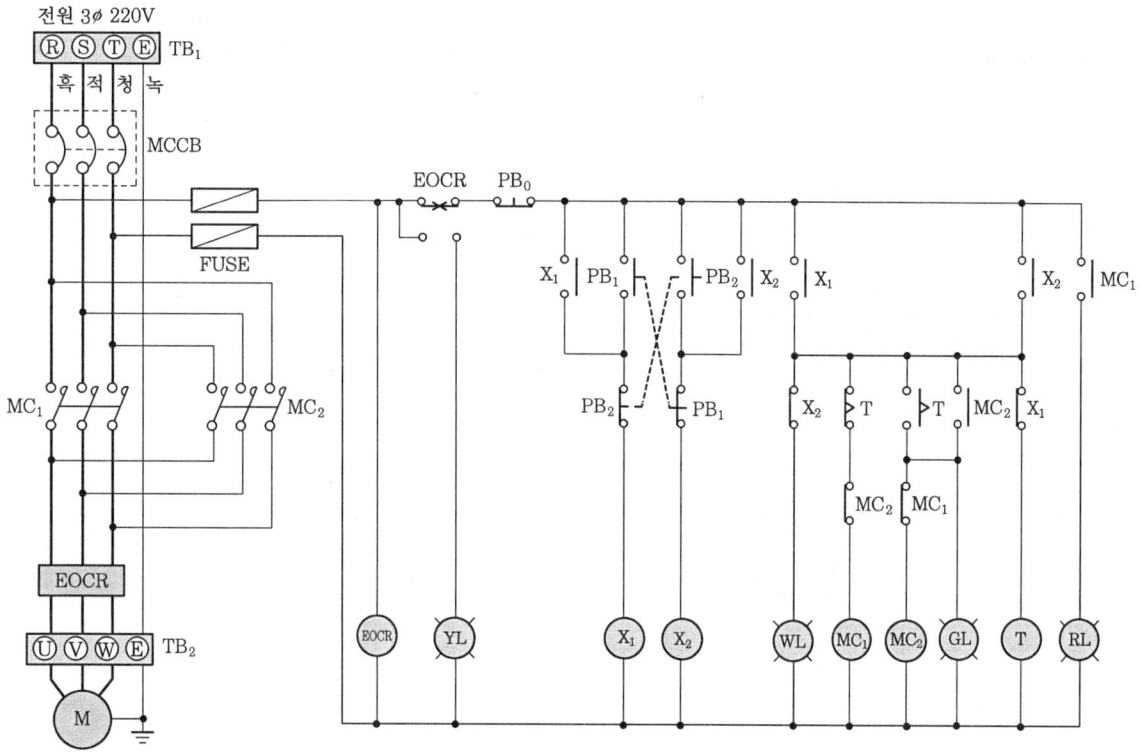

(7) 동작 순서

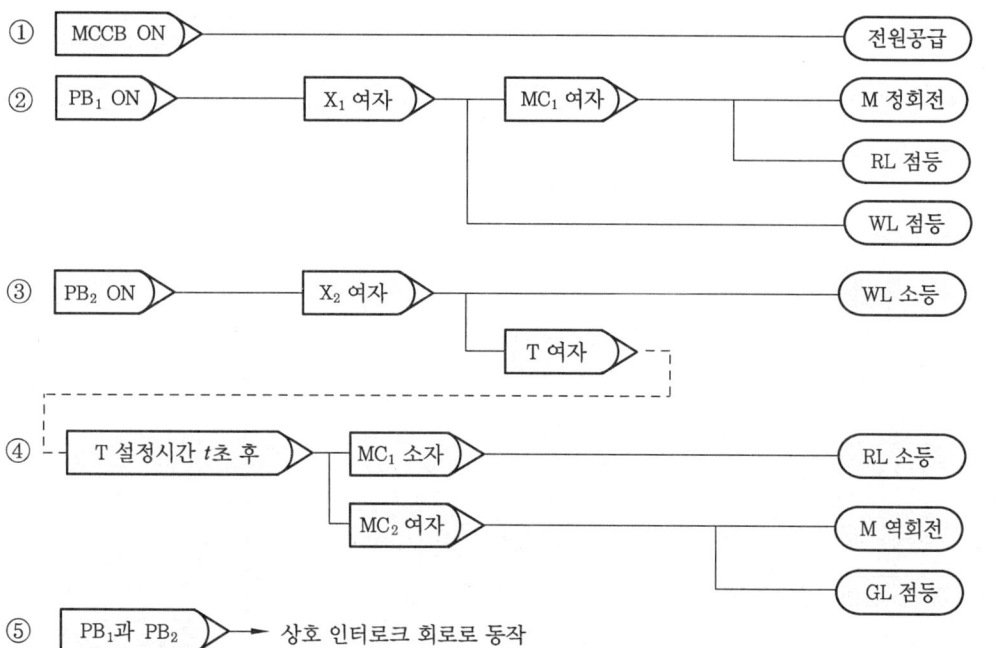

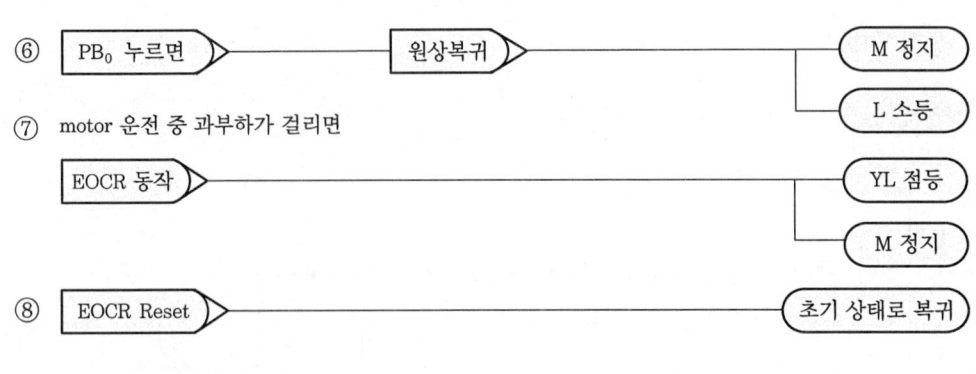

(8) 제어 부품 내부 결선도

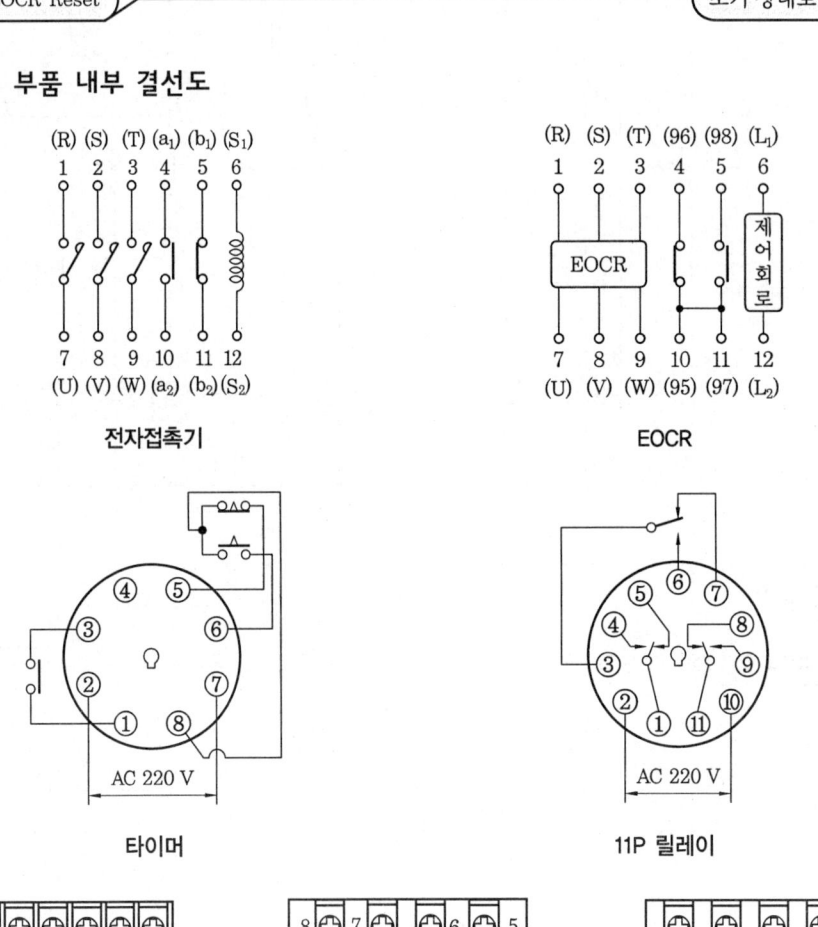

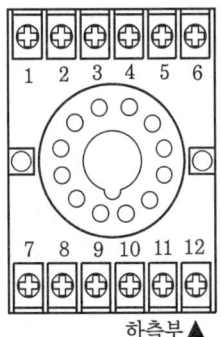

12P 소켓 (베이스) 구성도

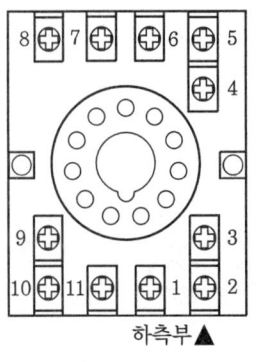

11P 소켓 (베이스) 구성도

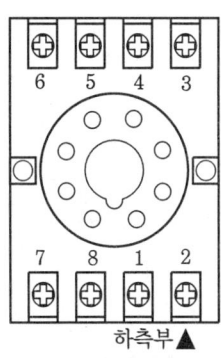

8P 소켓 (베이스) 구성도

(9) 단자번호 부여

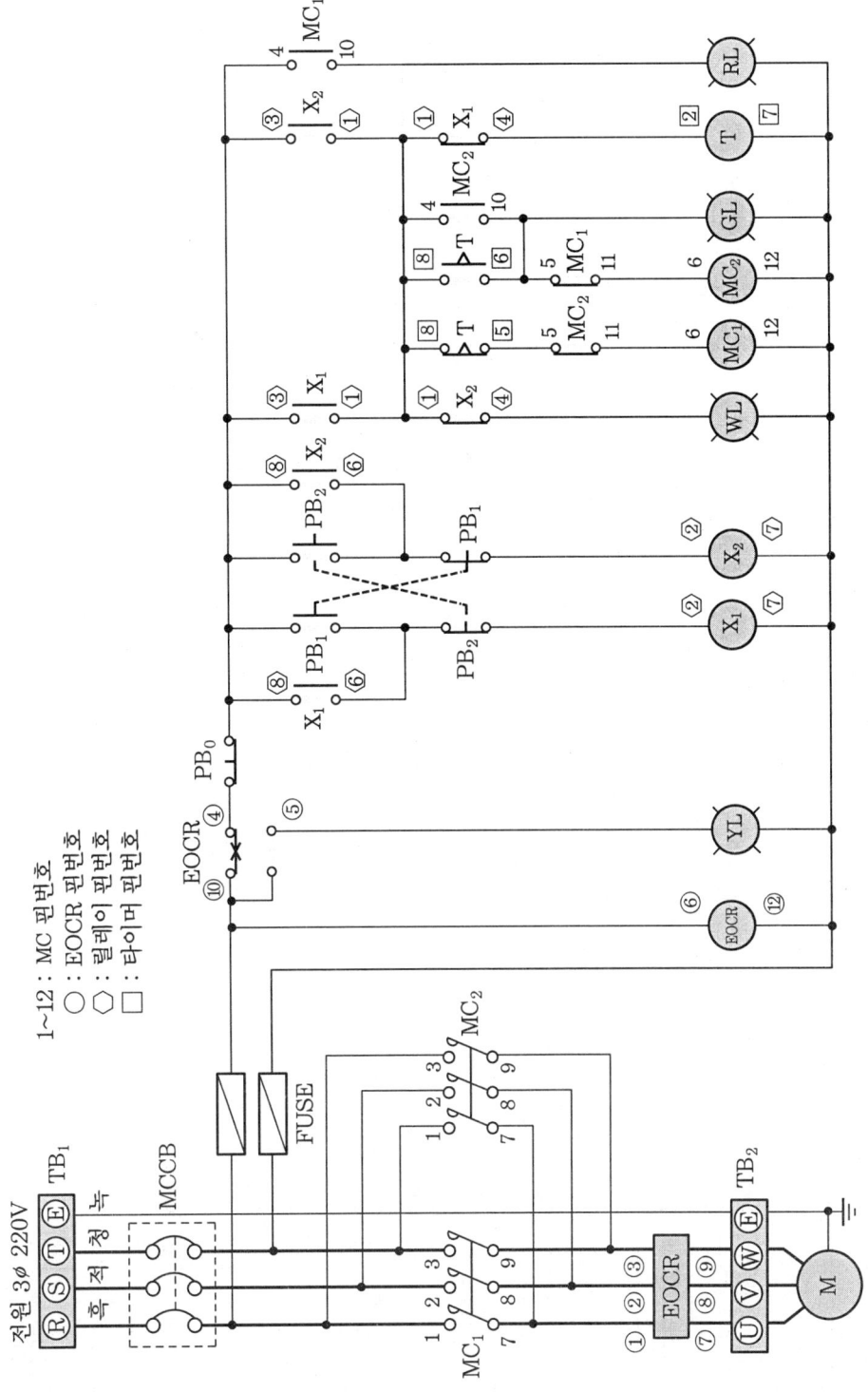

(10) 실체 배선도

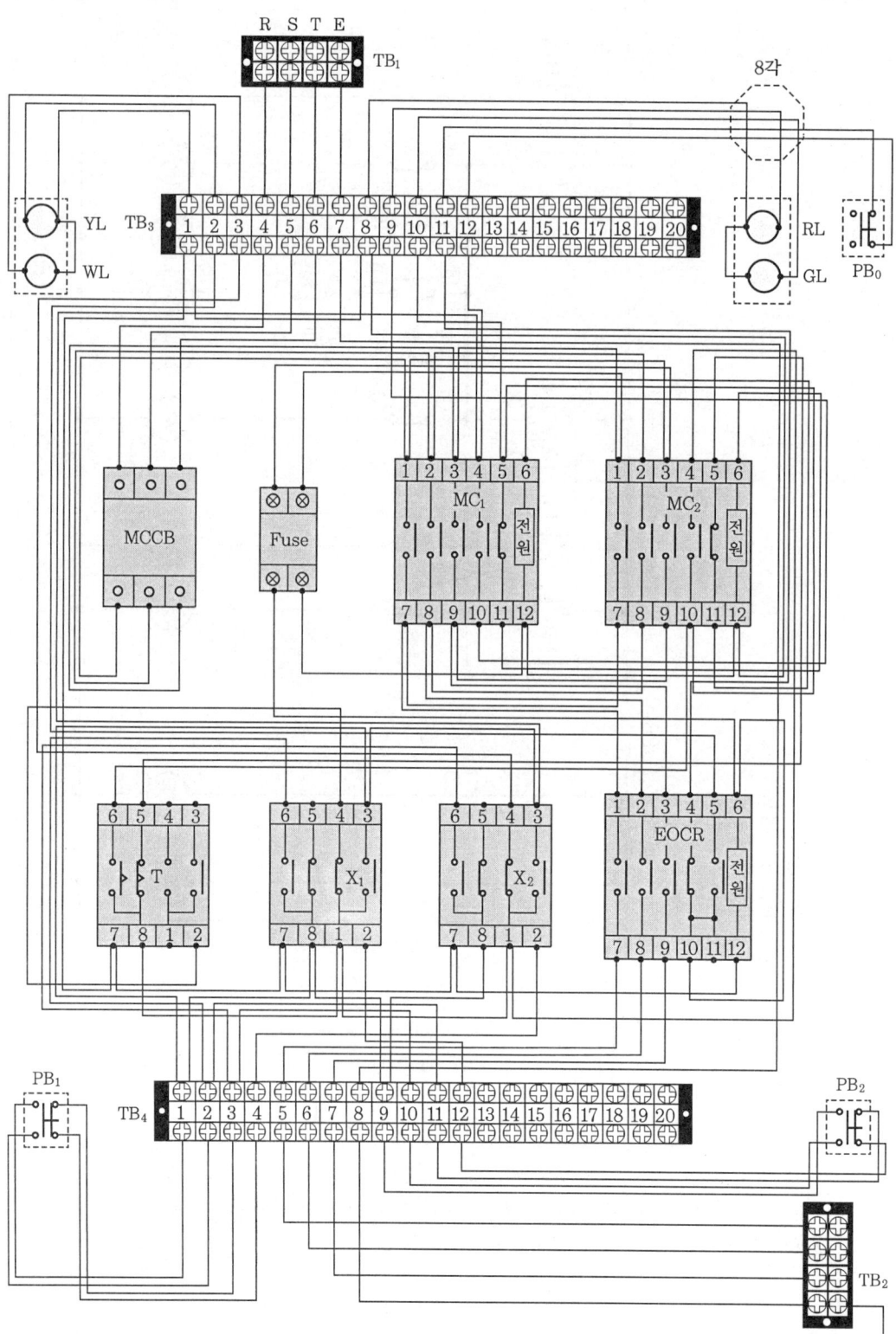

전기 기능사(실기) ▶ 2017. 11(5회) 시행

■ 과제명 : 동력 배선

· 시험시간 : 표준시간－4시간 30분

(1) 요구 사항

① 지급된 재료를 사용하여 제한시간 내에 주어진 과제를 완성하시오.

② 공통 사항

 (가) 전원방식 : 3상 3선식 220 V

 (나) 공사방법

  • PE 전선관

  • 플렉시블 전선관

③ 동작

 (가) MCCB에 전원을 투입하면 회로에 전원이 공급되고 WL이 점등된다.

 (나) PB_1을 누르면 MC_1 여자, X_1 여자, RL_1 점등된다.

 (다) MC_1이 여자되어 있는 상태에서 PB_2를 누르면 MC_2 여자, X_2 여자, RL_2 점등된다.

 (라) X_1, X_2가 모두 여자되면 타이머 T 여자, GL 점등된다.

 (마) 타이머 설정시간 t초 후 MC_1, MC_2 소자, X_1, X_2 소자, 타이머 T 소자, RL_1, RL_2, GL 소등된다.

 (바) 동작사항 진행 중 센서에 신호가 들어오면 MC_1, MC_2 소자, X_1, X_2 소자, 타이머 T 소자, RL_1, RL_2, GL 소등된다.

 (사) 동작사항 진행 중 PB_0를 누르면 모든 전동기가 정지한다.

 (아) 전동기 운전 중 전동기가 과부하되어 과전류가 흐를 때 전자식 과전류계전기(EOCR)가 동작되어 전동기가 정지되고, 플리커 릴레이 FR이 여자된다.

 (자) 플리커 릴레이 FR에 의하여 YL과 BZ가 교대로 동작한다.

 (차) 전자식 과전류계전기(EOCR)를 리셋(reset)하면 초기 상태로 복귀한다.

④ 기타 사항

 (가) 제어함 부분과 PE 전선관 및 플렉시블 전선관이 접속되는 부분은 커넥터를 끼워 놓는다.

 (나) 전동기의 접속은 생략하고 단자대까지 접속할 수 있게 배선한다.

 (다) 센서는 단자대(4P)로 대체한다.

(2) 수검자 유의사항

① 시험 시작 전 지급된 재료의 이상 유무를 확인하고 이상이 있을 때에는 시험위원의 승인을 얻어 교환할 수 있습니다.

② 제어함(판)을 포함한 작업대(판)에서의 제반 치수는 mm이고 치수 허용 오차는 외관(전선관, 박스, 전원 및 부하측 단자대 등)의 경우 ±30 mm이며, 제어함 내부는 ±5 mm입니다.
③ 전선관의 수직과 수평을 맞추어 작업하고, 전선관의 곡률 반경은 전선관 안지름의 6배 이상, 8배 이하로 작업하여야 합니다.
④ 전선관이 작업판에서 뜨지 않도록 새들을 사용하여 튼튼하게 고정합니다.
⑤ 주회로는 $2.5\,mm^2$(1/1.78) 전선, 보조회로는 $1.5\,mm^2$(1/1.38) 황색 전선을 사용하고, 주회로의 전선 색상은 R상은 흑색, S상은 적색, T상은 청색을 사용합니다.
⑥ 접지회로는 $2.5\,mm^2$(1/1.78) 전선(녹색)으로 배선하여야 합니다.
⑦ 제어함과 전선관이 접속되는 부분에는 전선관용 커넥터를 사용하고 제어함에 5 mm 정도 올려서 새들로 고정하여야 합니다.
⑧ 전원 및 부하(전동기) 단자대의 단자는 가로인 경우 왼쪽으로부터, 세로인 경우 위쪽으로부터 R, S, T, E(접지) 또는 U_1, V_1, W_1, E(접지), U_2, V_2, W_2, E(접지)의 순으로 결선합니다.
⑨ 전원측 및 부하측 단자대는 동작시험을 할 수 있도록 전원선의 색상에 맞추어 100 mm 정도 인입선을 인출하고, 피복은 전선 끝에서 약 10 mm 정도 벗겨둡니다.
⑩ 단자에 전선을 접속하는 경우 나사를 견고하게 조입니다. 단자 조임 불량이란 전선 피복 제거가 2 mm 이상 보이거나, 피복이 단자에 물린 경우를 말합니다.
⑪ 동작사항은 회로시험기 또는 벨 시험기를 가지고 확인을 할 수 있으나, 전원을 투입하여 동작시험은 할 수 없습니다 (기타 시험기구 사용 불가).
⑫ 퓨즈 홀더에는 퓨즈를 끼워 놓아야 합니다.
⑬ 접지는 도면에 표시된 부분만 실시하고, 접지선은 입력 단자대에서 제어함 내의 단자대를 거쳐 출력 단자대까지 결선하여 모든 접지는 입력 단자대의 접지측과 연결되어야 합니다.
⑭ 다음 사항에 대해서는 채점 대상에서 제외하니 특히 유의하시기 바랍니다.
  ㈎ 기권
  ㈏ 실격
    - 지급 재료 이외의 재료를 사용한 작품
  ㈐ 미완성
    - 시험시간 내에 요구사항을 완성하지 못한 경우
  ㈑ 오작
    - 시험시간 내에 제출된 작품이라도 다음과 같은 경우
    • 완성된 과제가 도면 및 배치도, 유의사항과 상이한(방향 및 결선 상태 포함) 경우(EOCR, MCCB, 전자접촉기, 릴레이, 타이머, 램프 색상 등)
    • 주회로 배선의 전선 굵기 및 색상 등이 도면 및 유의사항과 다른 경우
    • 작품의 외형상 전선의 흐트러짐, 기구 배치 및 고정, 킹크 발생, 연결 상태 등

이 조잡한 작품
- 제어함 밖으로 인출되는 배선이 제어함 내의 단자대를 거치지 않고 직접 접속된 경우
- 제어함 내부 배선 상태나 전선관 가공 상태가 불량하여 전기 공급이 불가한 경우
- 제어함(판) 내의 배선 상태나 기구 간격 불량으로 동작 상태의 확인이 불가한 경우
- 접지공사를 하지 않은 경우 및 접지선 색상이 틀린 경우(전동기로 출력되는 부분은 생략)
- 컨트롤 박스 커버 등이 조립되지 않아 내부가 보이는 경우
- 배관 및 기구배치도에서 허용 오차 ±50 mm 이상일 경우(단, 3개소 이상인 경우)

(3) 지급 재료 목록

일련번호	재 료 명	규 격	단위	수량	비 고
1	제어함(합판)	400×420×12 mm	장	1	
2	단자대	4P 20A 220V	개	4	
3	단자대	15P 20A 220V	개	2	
4	컨트롤 박스	ϕ25 2구	개	3	
5	컨트롤 박스	ϕ25 3구	개	1	
6	푸시 버튼 스위치	1a1b 220V ϕ25	개	3	녹 1, 적 2
7	파일럿 램프	ϕ25 220V	개	5	적 2, 녹 1, 황 1, 백 1
8	전자접촉기 소켓	220V 12P	개	2	
9	EOCR 소켓	220V 12P	개	1	
10	타이머 소켓	220V 8P	개	1	
11	릴레이 소켓	220V 8P	개	2	
12	플리커 릴레이 소켓	220V 8P	개	1	
13	PE 전선관	16 mm	m	7	
14	플렉시블 전선관	16 mm	m	7	
15	커넥터	16 mm PE 전선관용	개	6	
16	커넥터	16 mm 플렉시블 전선관용	개	6	
17	비닐절연전선	1.5SQ(1/1.38)(황)	m	50	
18	비닐절연전선	2.5SQ(1/1.78)(흑)	m	7	
19	비닐절연전선	2.5SQ(1/1.78)(적)	m	7	
20	비닐절연전선	2.5SQ(1/1.78)(청)	m	7	
21	비닐절연전선	2.5SQ(1/1.78)(녹)	m	7	
22	새들	16 mm 전선관용	개	40	
23	케이블 타이	100 mm	개	30	
24	전자접촉기	220V 12P	개	2	채점용
25	EOCR	220V 12P	개	2	채점용
26	타이머	220V 8P	개	1	채점용
27	릴레이	220V 8P	개	2	채점용
28	플리커 릴레이	220V 8P	개	1	채점용
29	유리통 퓨즈 및 홀더	250V 30A(박스 2개용)	개	1	퓨즈 10A 2개 포함
30	배선용 차단기	3상용, AC 250V, 30A	개	1	
31	버저	ϕ25 220V	개	1	

(4) 배관 및 기구 배치도

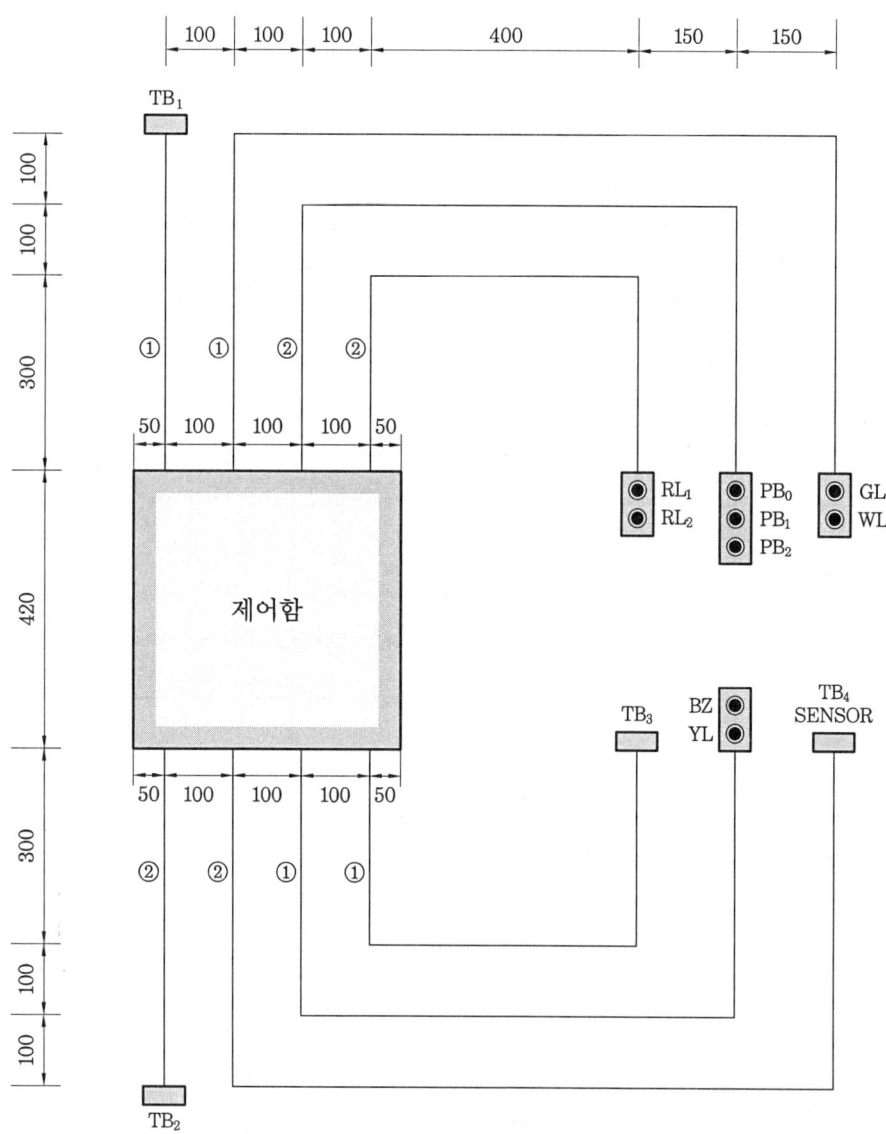

공사 방법

①	PE 전선관
②	플렉시블 전선관

(5) 제어함 내부 기구 배치도

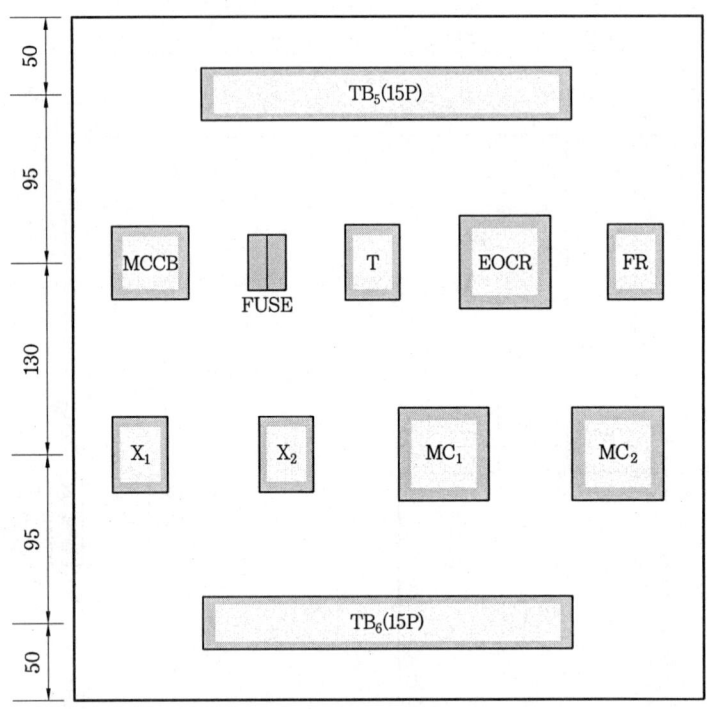

범 례

기 호	명 칭	기 호	명 칭
TB_1	전원(단자대 4P)	PB_0	푸시 버튼 스위치(녹)
TB_2, TB_3	모터(단자대 4P)	PB_1	푸시 버튼 스위치(적)
TB_4	센서(단자대 4P)	PB_2	푸시 버튼 스위치(적)
TB_5, TB_6	단자대(15P)	YL	파일럿 램프(황) 220V
MC_1, MC_2	전자접촉기(12P)	GL	파일럿 램프(녹) 220V
T	타이머 소켓(8P)	RL	파일럿 램프(적) 220V
EOCR	EOCR 소켓(12P)	WL	파일럿 램프(백) 220V
X_1, X_2	릴레이 소켓(8P)	FR	플리커 릴레이(8P)
MCCB	배선용 차단기	BZ	버저 220V
FUSE	퓨즈 및 퓨즈 홀더		

(6) 동작 회로도

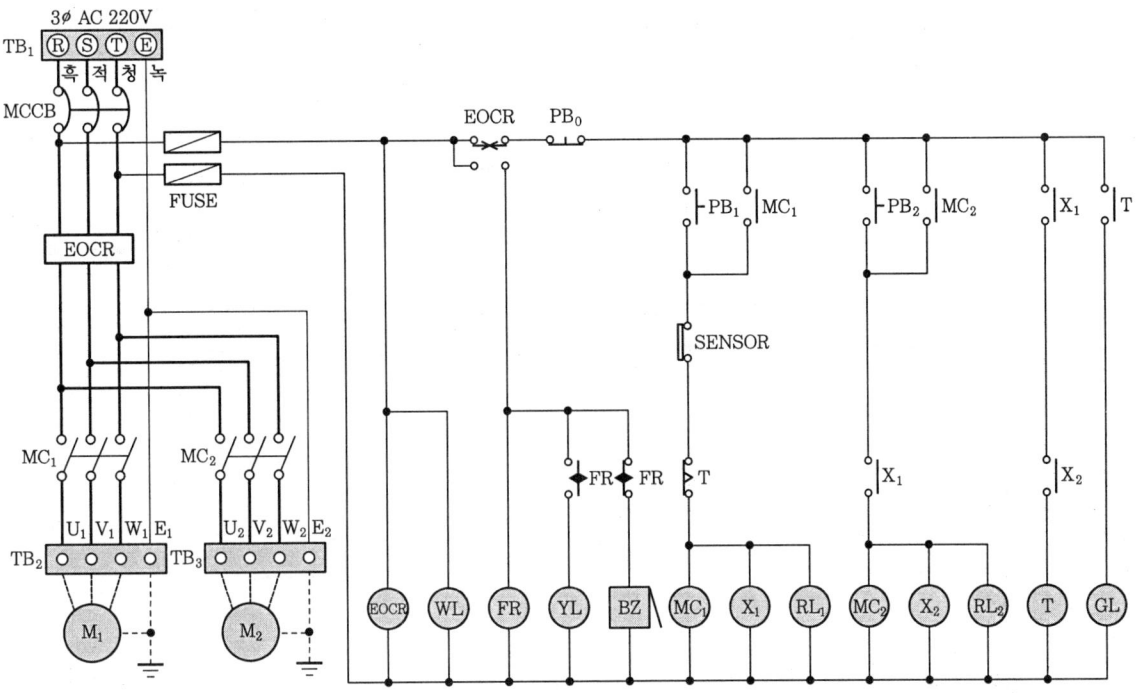

(7) 동작 순서

① 전원 공급

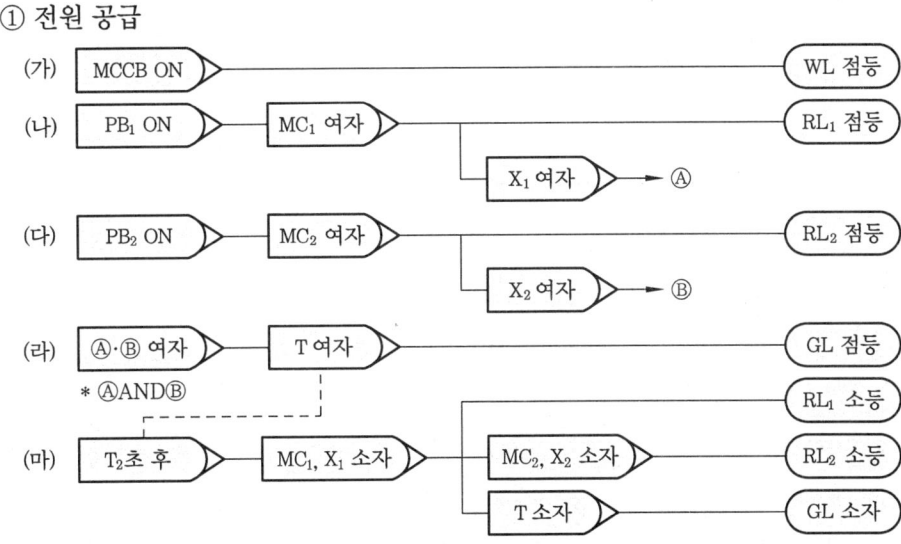

② 동작 사항 진행 중

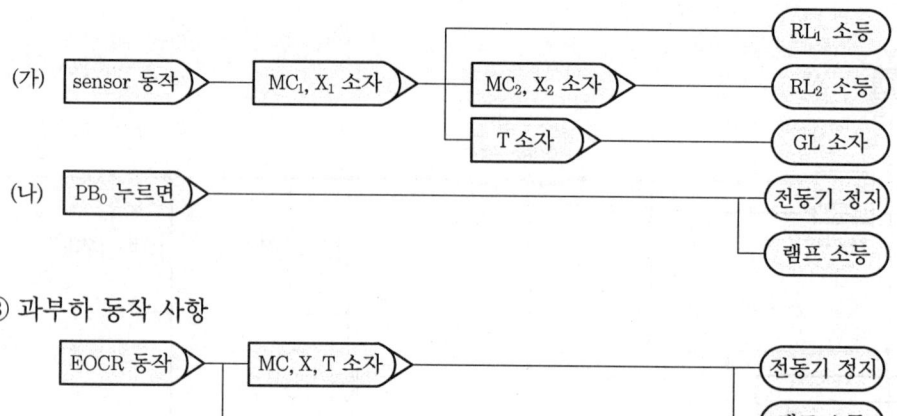

(가)

(나)

③ 과부하 동작 사항

④ EOCR Reset

(8) 제어 부품 내부 결선도

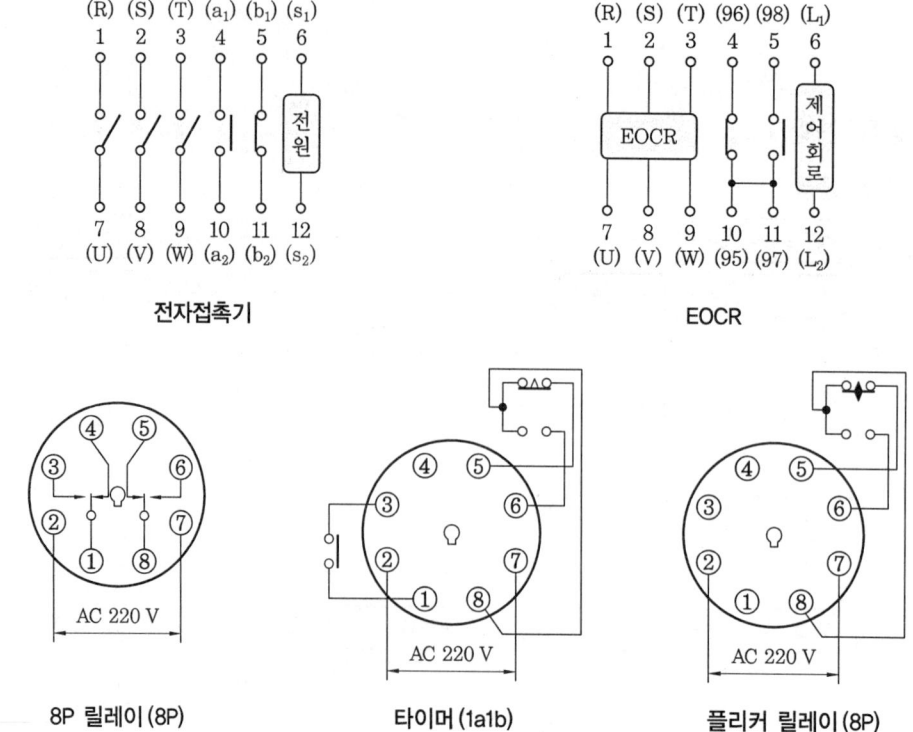

8P 릴레이 (8P)　　　타이머 (1a1b)　　　플리커 릴레이 (8P)

(9) 단자번호 부여

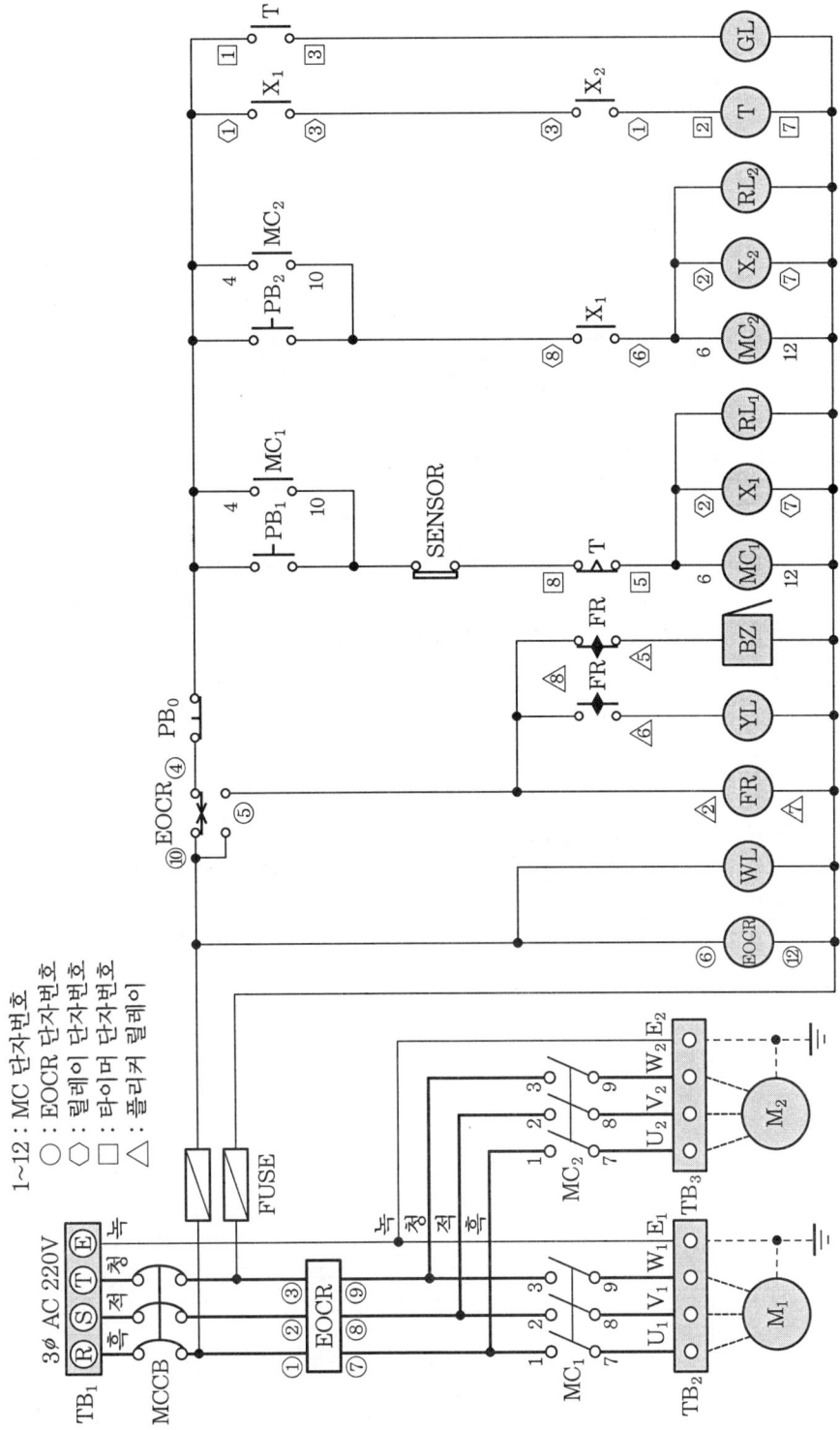

(10) 실체 배선도

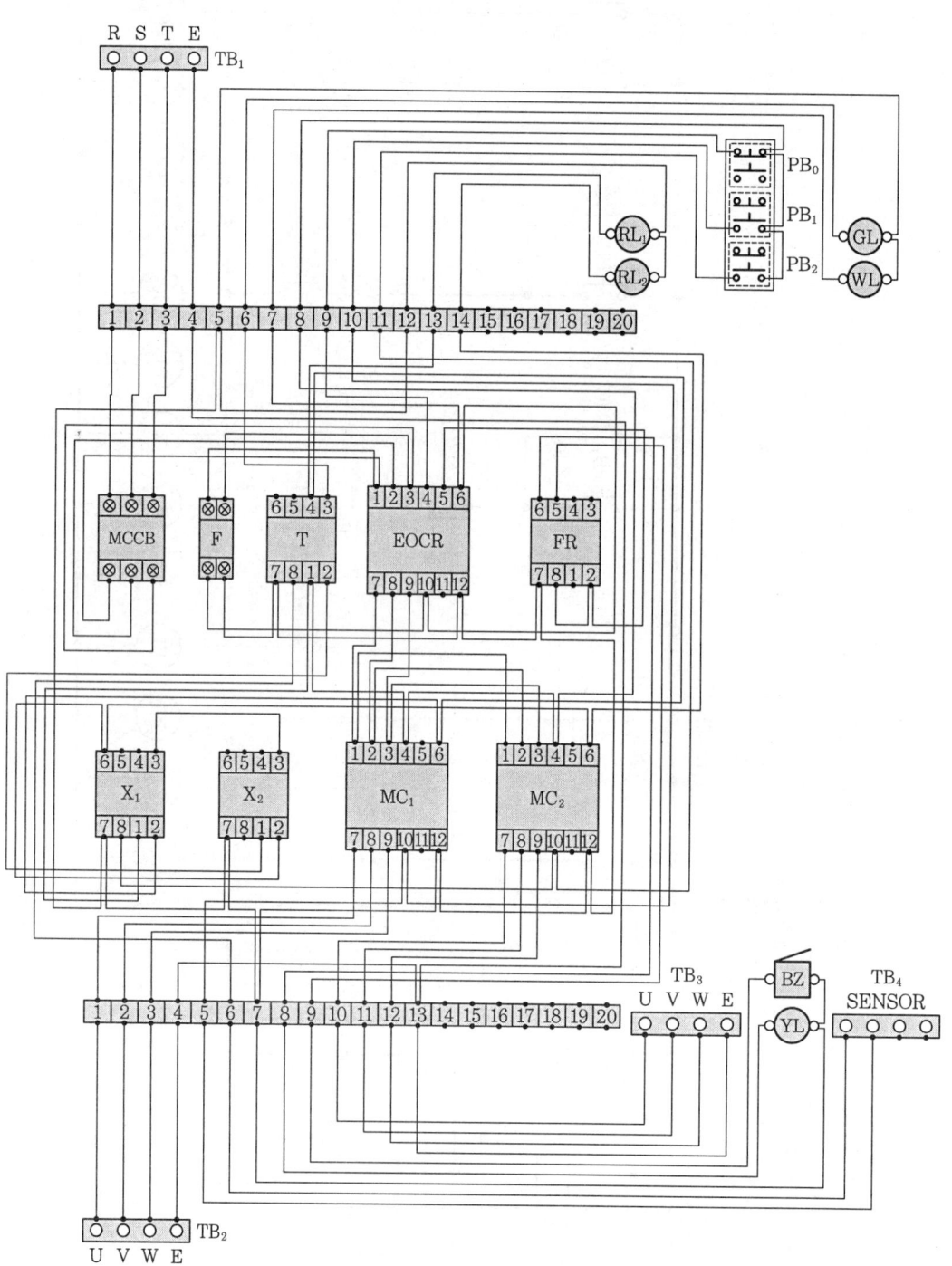

◈ 2018년도 시행 문제 ◈

□ 전기 기능사(실기) ▶ 2018. 3(1회) 시행

■ 과제명 : 전동기 운전 제어회로

• 시험시간 : 표준시간−4시간 30분

(1) 요구 사항
① 지급된 재료를 사용하여 제한시간 내에 주어진 과제를 완성하시오.
② 공통 사항
  ㈎ 전원방식 : 3상 3선식 220 V
  ㈏ 공사방법
    • 플렉시블 전선관
    • PE 전선관
    • 케이블
③ 동작
  ㈎ 푸시 버튼 스위치 PB_1을 누르면 전자접촉기 MC_1이 여자, 타이머 T_1이 여자, 램프 RL이 점등된다. (전동기 M_1이 동작된다.)
  ㈏ 타이머 T_1의 설정시간 t_1(3초) 후 전자접촉기 MC_2가 여자, 타이머 T_2가 여자, 램프 GL이 점등된다. (전동기 M_2가 동작되어 전자접촉기 MC_1은 소자, 타이머 T_1이 소자, 램프 RL이 소등되고 전동기 M_1이 정지된다.)
  ㈐ 타이머 T_2의 설정시간 t_2(3초) 후 전자접촉기 MC_3이 여자, 타이머 T_3이 여자, 램프 WL이 점등된다. (전동기 M_3이 동작되어 전자접촉기 MC_2가 소자, 타이머 T_2가 소자, 램프 GL이 소등되고 전동기 M_2가 정지된다.)
  ㈑ 타이머 T_3의 설정시간 t_3(3초) 후 전자접촉기 MC_1이 여자, 타이머 T_1이 여자, 램프 RL이 점등된다. (전동기 M_1이 동작되어 전자접촉기 MC_3이 소자, 타이머 T_3이 소자, 램프 WL이 소등되고 전동기 M_3이 정지된다.)
  ㈒ 전동기 M_1, M_2, M_3은 타이머 T_1, T_2, T_3에 의하여 반복적으로 동작한다.
  ㈓ 동작사항 진행 중 푸시 버튼 스위치 PB_0을 누르면 모든 전동기 운전은 정지한다.
  ㈔ 전동기 운전 중 전동기가 과부하되어 과전류가 흐를 때 전자식 과전류계전기 EOCR이 동작되어 전동기가 정지되고, 램프 YL이 점등된다.
  ㈕ 푸시 버튼 스위치 PB_2를 누르면 릴레이 X가 여자, 타이머 T_4가 여자되어 타이머 설정시간 t_4(5초) 후 램프 YL이 소등된다.

(차) 전자식 과전류계전기 EOCR을 리셋(reset)하면 초기 상태로 복귀된다.

(2) 수험자 유의사항

① 시험 시작 전 지급된 재료의 이상 유무를 확인하고 이상이 있을 때에는 시험위원의 승인을 얻어 교환할 수 있습니다. (단, 시험 시작 후 파손된 재료는 수험자 부주의로 파손된 것으로 간주되어 추가로 지급받지 못합니다.)

② 제어함(판)을 포함한 작업대(판)에서의 제반 치수는 mm이고 치수 허용 오차는 외관 (전선관, 박스, 전원 및 부하측 단자대 등)은 ±30 mm, 제어판 내부는 ±5 mm입니다.

③ 전선관의 수직과 수평을 맞추어 작업하고, 전선관의 곡률 반경은 전선관 안지름의 6배 이상, 8배 이하로 작업하여야 합니다.

④ 전선관이 작업판에서 뜨지 않도록 새들을 사용하여 튼튼하게 고정합니다.

⑤ 제어함 내의 기구 배치는 도면에 따르되 소켓에 채점용 기기 등이 들어갈 수 있도록 합니다.

⑥ 제어함 배선은 미관을 고려하여 배선(수평수직)하고 전선의 흐트러짐 등이 없도록 케이블 타이를 이용하여 균형있게 배선합니다.

※ 제어함 배선 시 기구와 기구 사이 배선 금지

⑦ 주회로는 2.5 mm^2(1/1.78) 전선, 보조회로는 1.5 mm^2(1/1.38) 황색 전선을 사용하고, 주회로의 전선 색상은 R상은 흑색, S상은 적색, T상은 청색을 사용합니다.

⑧ 접지회로는 2.5 mm^2(1/1.78) 녹색 전선으로 배선하여야 합니다.

⑨ 케이블의 색상이 주회로 색상과 상이한 경우 감독위원이 지정한 색상으로 대체합니다 (녹색 전선은 제외).

⑩ 제어함 및 박스와 전선관 및 케이블이 접속되는 부분에는 전선관 및 케이블용 커넥터를 사용하고 제어함에 5 mm 정도 올리고 새들로 고정하여야 합니다.

⑪ 전원 및 부하(전동기) 단자대의 단자는 가로인 경우 왼쪽부터, 세로인 경우 위쪽부터 R, S, T, E(접지) 또는 U_1, V_1, W_1, E(접지), U_2, V_2, W_2, E(접지), U_3, V_3, W_3, E(접지)의 순으로 결선합니다.

⑫ 전원측 단자대는 동작시험을 할 수 있도록 전원선의 색상에 맞추어 100 mm 정도 인입선을 인출하고 피복은 전선 끝에서 약 10 mm 정도 벗겨둡니다.

⑬ 단자에 전선을 접속하는 경우 나사를 견고하게 조입니다. 단자 조임 불량이란 전선 피복 제거가 2 mm 이상 보이거나, 피복이 단자에 물린 경우를 말합니다.

※ 한 단자에 전선 세 가닥 이상 접속 금지

⑭ 배선점검은 회로시험기 또는 벨 시험기를 가지고 확인을 할 수 있으나, 전원을 투입하여 동작시험은 할 수 없습니다 (기타 시험기구 사용 불가).

⑮ 퓨즈 홀더 1차측과 2차측은 보조회로로 1.5 mm^2(1/1.38) 황색 전선을 사용하고 퓨즈 홀더에는 퓨즈를 끼워 놓아야 합니다.

⑯ EOCR, 전자접촉기, 타이머, 릴레이는 소켓(베이스) 번호에 유의하여 작업하도록 합니다.
   ※ 제어함 내부 기구 배치도와 지급된 채점용 기기 및 소켓(베이스)이 상이할 경우 감독위원의 지시에 따라 작업하도록 합니다.
⑰ EOCR, 전자접촉기, 타이머, 릴레이 등의 소켓(베이스)은 지급된 채점용 기기와 같은 규격이어야 하며, 홈이 아래로 향하게 배치합니다.
   ※ 채점용 기기 및 소켓(베이스)의 매칭은 감독위원의 지시에 따라 작업하도록 합니다.
⑱ 접지는 도면에 표시된 부분만 실시하고, 접지선은 입력(전원) 단자대에서 제어함 내의 단자대를 거쳐 출력(부하) 단자대까지 결선하며, 도면에서 별도로 표시하지 않더라도 모든 접지는 입력 단자대의 접지측과 연결되어야 합니다.
   ※ 기타 외부로의 접지는 시행하지 않아도 됩니다.
⑲ 기타 내선공사 방법 등은 감독위원의 지시사항을 준수하여 작업하며, 작업에 대한 문의사항은 시험 시작 전 질의하도록 하고, 시험 진행 중에는 질의를 삼가도록 합니다.
⑳ 다음 사항에 대해서는 채점 대상에서 제외하니 특히 유의하시기 바랍니다.
   ㈎ 기권
      - 과제 진행 중 수험자 스스로 작업에 대한 포기의사를 표현한 경우
   ㈏ 실격
      - 지급 재료 이외의 재료를 사용한 작품
      - 시험 중 시설·장비의 조작 또는 재료의 취급이 미숙하여 위해를 일으킬 것으로 시험위원 전원이 합의하여 판단한 경우
      - 기능이 해당 등급 수준에 전혀 도달하지 못한 것으로 시험위원 전원이 합의하여 판단한 경우
   ㈐ 미완성
      - 시험시간 내에 요구사항을 완성하지 못한 경우(완성작품이란 모든 부품을 완전히 장착하고 깔끔히 배선 정리를 한 상태를 말함)
   ㈑ 오작
      - 시험시간 내에 제출된 작품이라도 다음과 같은 경우
      • 완성된 과제가 도면 및 배치도, 유의사항과 상이한(방향 및 결선 상태 포함) 경우(EOCR, MCCB, 전자접촉기, 릴레이, 타이머, 램프 색상 등)
      • 주회로 배선의 전선 굵기 및 색상 등이 도면과 다른 경우
      • 작품의 외형상 전선의 흐트러짐, 기구 배치 및 고정, 킹크 발생, 연결 상태 등이 조잡한 작품
      • 제어함 밖으로 인출되는 배선이 제어함 내의 단자대를 거치지 않고 직접 접속된 경우
      • 제어함 내부 배선 상태나 전선관 가공 상태가 불량하여 전기 공급이 불가한 경우
      • 제어함(판) 내의 배선 상태나 기구 간격 불량으로 동작 상태의 확인이 불가한 경우

- 접지공사를 하지 않은 경우 및 접지선 색상이 틀린 경우(전동기로 출력되는 부분은 생략)
- 컨트롤 박스 커버 등이 조립되지 않아 내부가 보이는 경우
- 배관 및 기구배치도에서 허용 오차 ±50 mm 이상일 경우(단, 3개소 이상인 경우)

(3) 주요 지급 재료 목록

일련번호	재료명	규격	단위	수량	비고
1	합판	400 mm×420 mm×12 mm	장	1	
2	단자대	4P 20A 220V	개	4	
3	단자대	10P 20A 220V	개	4	
4	컨트롤 박스	$\phi25$ 1구	개	1	
5	컨트롤 박스	$\phi25$ 3구	개	2	
6	푸시 버튼 스위치	1a1b 220V $\phi25$	개	3	녹 1, 적 2
7	파일럿 램프	$\phi25$ 220V	개	4	적 1, 녹 1, 황 1, 백 1
8	8각 박스	철재	개	1	
9	전자접촉기 소켓	220V 12P(둥근형)	개	3	
10	EOCR 소켓	220V 12P(둥근형)	개	1	
11	타이머 소켓	220V 8P	개	4	
12	릴레이 소켓	220V 8P	개	1	
13	PE 전선관	16 mm	m	5	
14	플렉시블 전선관	16 mm	m	5	
15	커넥터	16 mm PE 전선관용	개	6	
16	커넥터	16 mm 플렉시블 전선관용	개	7	
17	비닐절연전선	1.5SQ(1/1.38)(황)	m	50	
18	비닐절연전선	2.5SQ(1/1.78)(흑)	m	7	
19	비닐절연전선	2.5SQ(1/1.78)(적)	m	7	
20	비닐절연전선	2.5SQ(1/1.78)(청)	m	7	
21	비닐절연전선	2.5SQ(1/1.78)(녹)	m	7	
22	새들	16 mm 전선관용	개	34	
23	케이블 커넥터	4C 케이블용	개	1	
24	케이블 새들	4C 케이블용	개	2	
25	케이블	4C 2.5 mm^2	개	1	
26	케이블 타이	100 mm	개	40	
27	유리통 퓨즈 및 홀더	250V 30A(박스 2개용)	개	1	퓨즈 10A 2개 포함

(4) 배관 및 기구 배치도

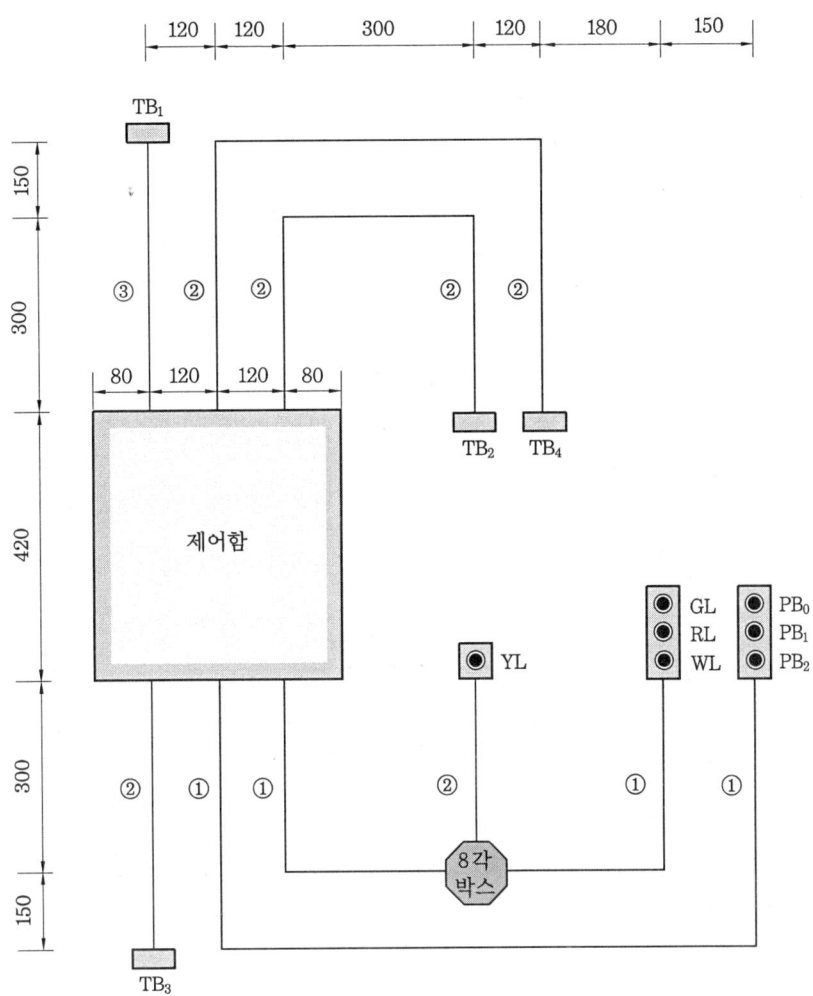

공사 방법

①	플렉시블 전선관
②	PE 전선관
③	케이블 4C

(5) 제어함 내부 기구 배치도

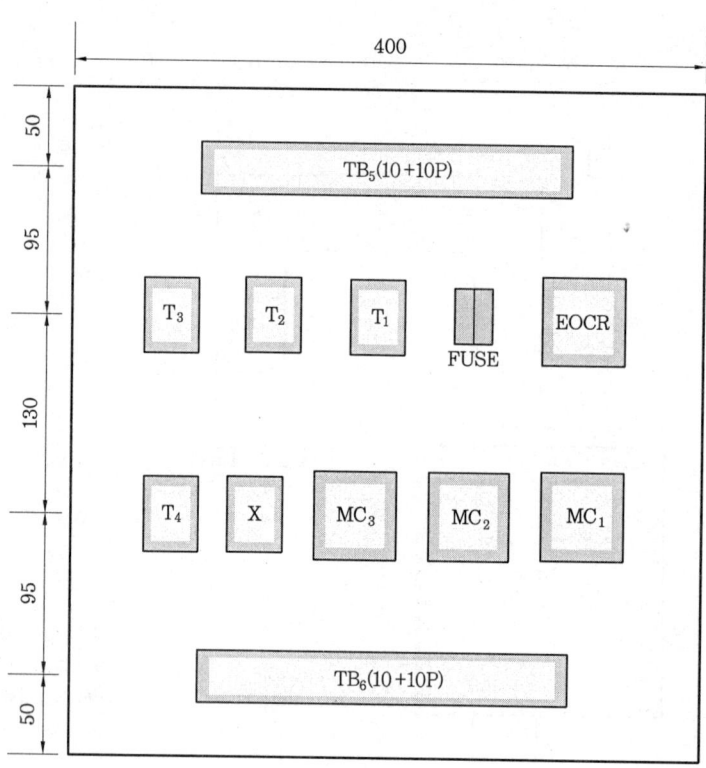

범 례

기 호	명 칭	기 호	명 칭
TB_1	전원(단자대 4P)	$T_1 \sim T_4$	타이머(8P)
$TB_2 \sim TB_4$	모터(단자대 4P)	FUSE	퓨즈 및 퓨즈 홀더
TB_5	단자대(10+10P)	PB_0	푸시 버튼 스위치(녹)
TB_6	단자대(10+10P)	PB_1	푸시 버튼 스위치(적)
MC_1	전자접촉기(12P)	PB_2	푸시 버튼 스위치(적)
MC_2	전자접촉기(12P)	YL	파일럿 램프(황) 220V
MC_3	전자접촉기(12P)	GL	파일럿 램프(녹) 220V
EOCR	EOCR(12P)	RL	파일럿 램프(적) 220V
X	릴레이(8P)	WL	파일럿 램프(백) 220V

(6) 동작 회로도

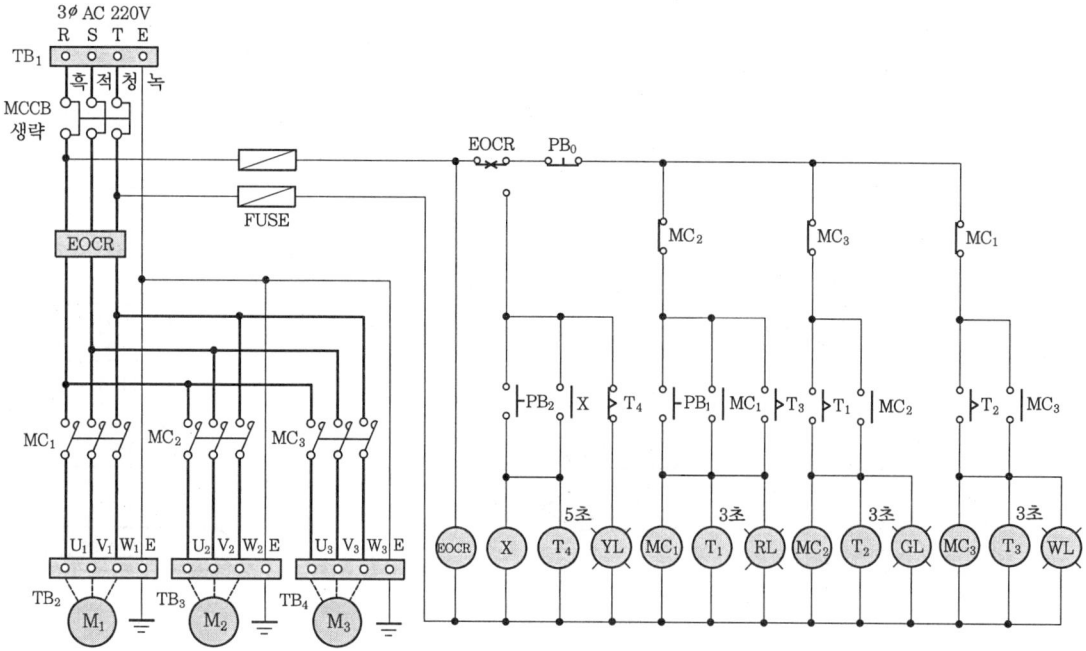

(7) 동작 순서

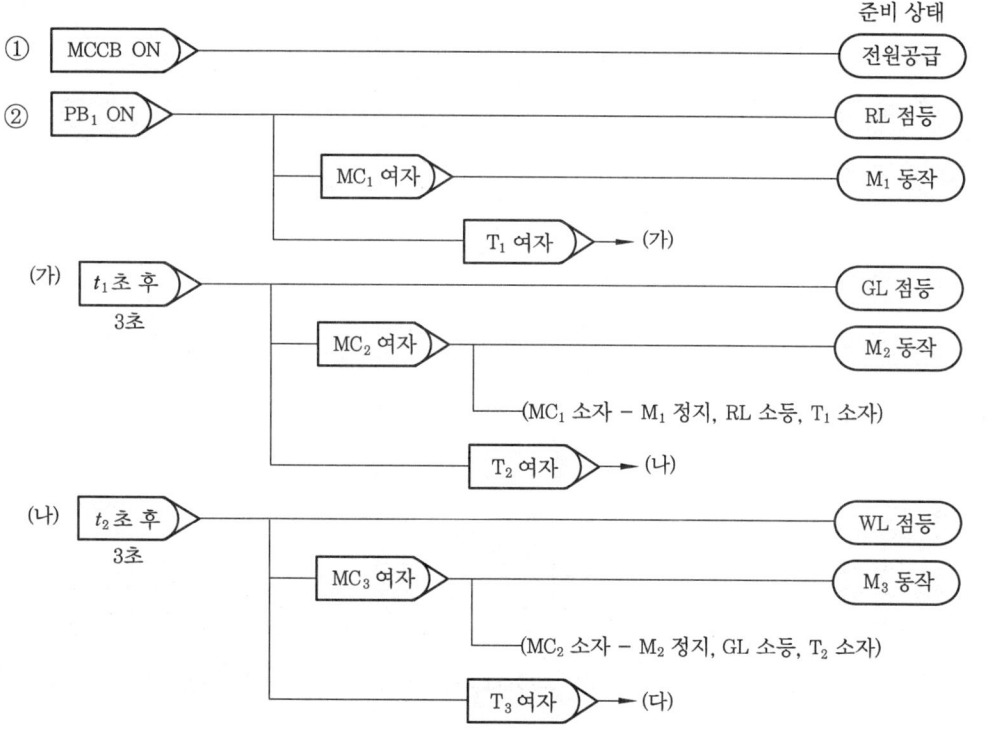

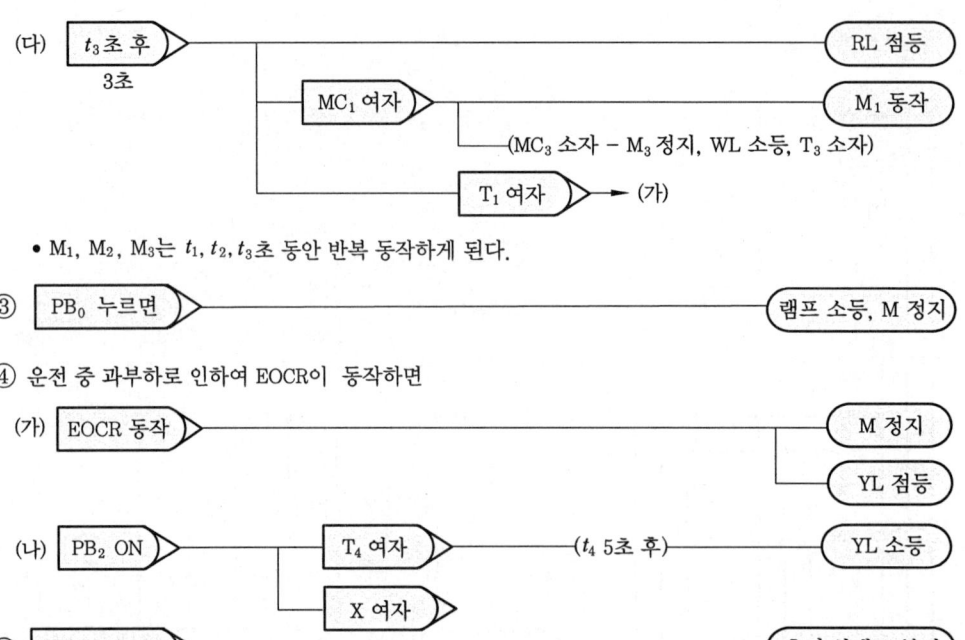

- M_1, M_2, M_3는 t_1, t_2, t_3초 동안 반복 동작하게 된다.

③ PB_0 누르면 ──────────────────── 램프 소등, M 정지

④ 운전 중 과부하로 인하여 EOCR이 동작하면

⑤ EOCR Reset ──────────────────── 초기 상태로 복귀

(8) 제어 부품 내부 결선도

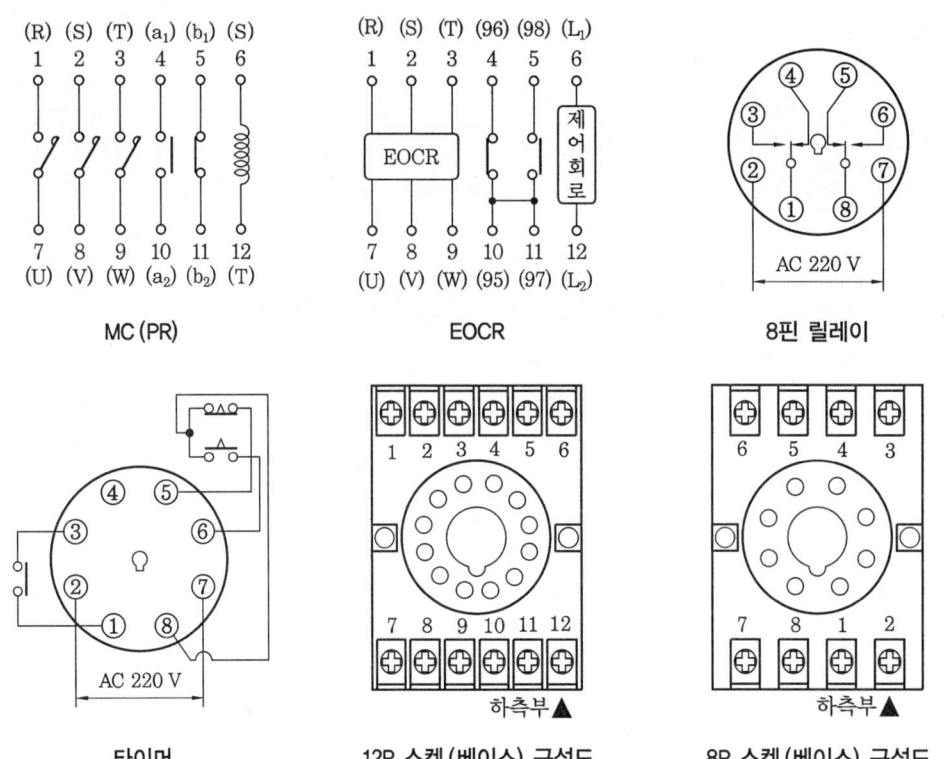

(9) 단자번호 부여

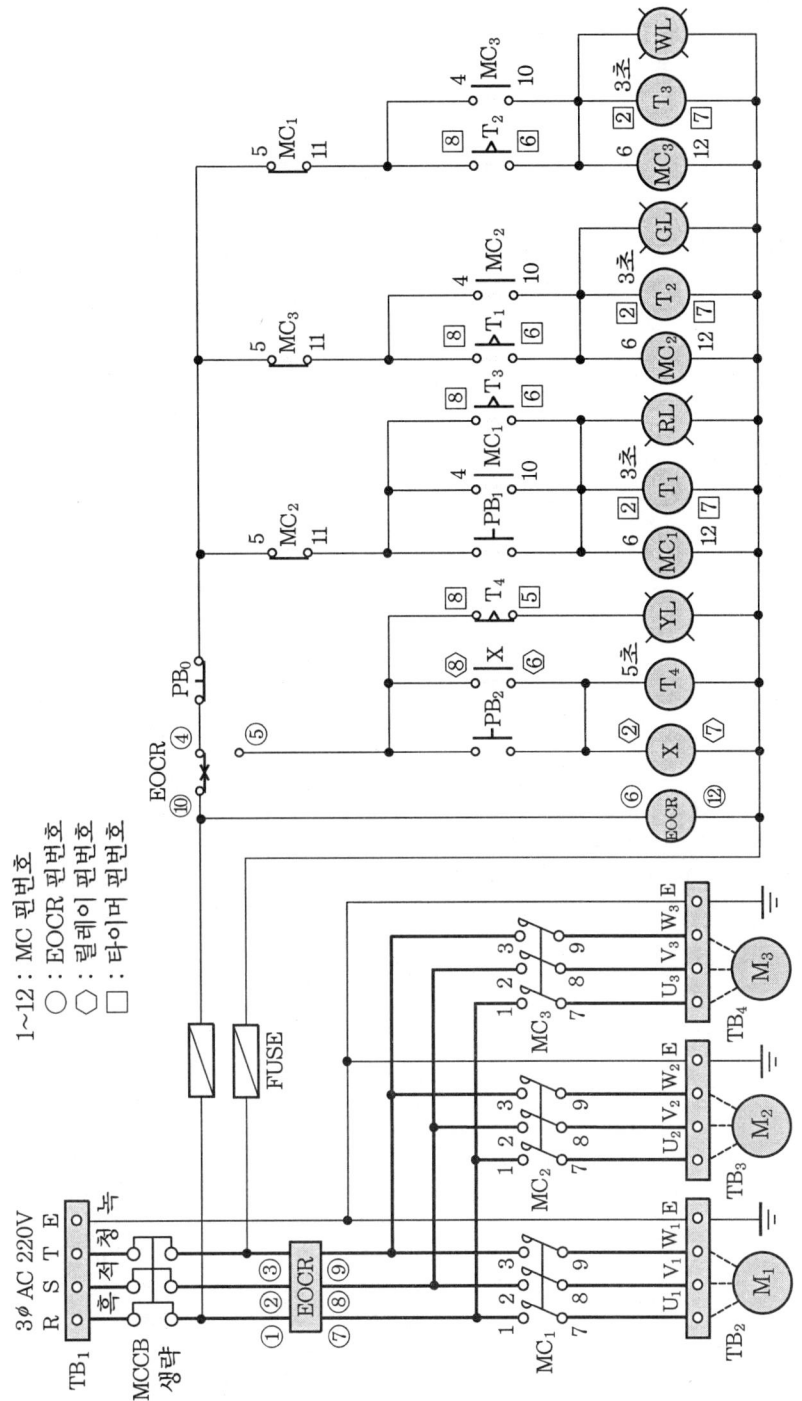

408 부록

(10) 실체 배선도

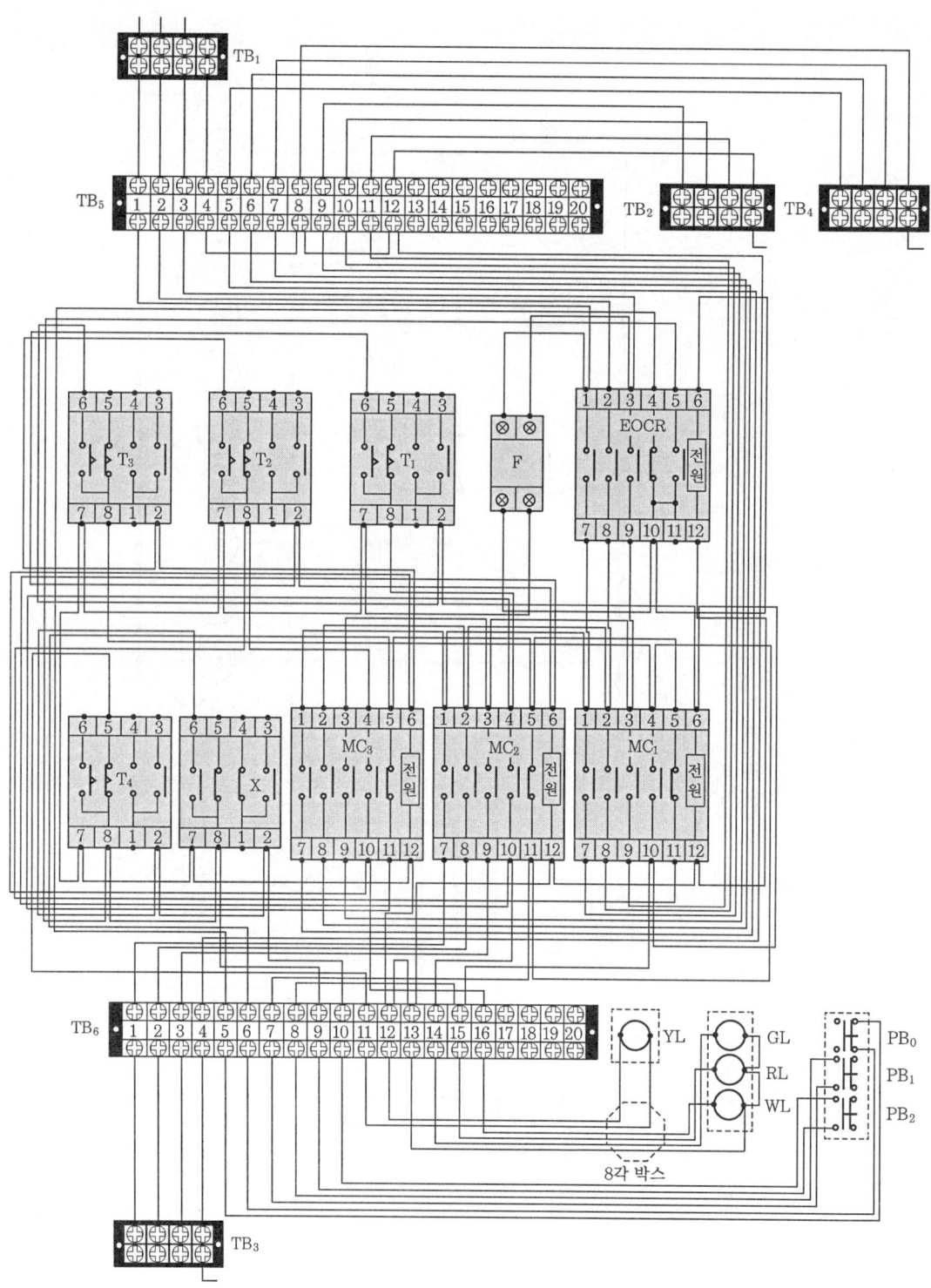

전기 기능사(실기) ▶ 2018. 5(2회) 시행

■ 과제명 : 온실하우스 간이 난방운전

• 시험시간 : 표준시간-4시간 30분

(1) 요구 사항

① 지급된 재료를 사용하여 제한시간 내에 주어진 과제를 완성하시오.

② 공통 사항

 ㈎ 전원방식 : 3상 3선식 220 V

 ㈏ 공사방법
  • PE 전선관
  • 플렉시블 전선관
  • 케이블

③ 동작

 ㈎ MCCB에 전원을 투입하면 회로에 전원이 공급된다.

 ㈏ PB_1을 누르면 X_1 여자, MCH 여자, 타이머 T 여자, WL이 점등된다.

 ㈐ 타이머 설정시간 t초 후 MCF 여자, GL이 점등된다.

 ㈑ PB_2를 누르면 X_2 여자, RL이 점등되고, X_1, MCF 소자, WL, GL이 소등된다.

 ㈒ 동작사항 진행 중 센서에 신호가 들어오면 MCH 여자, 타이머 T가 여자된다.

 ㈓ 타이머 설정시간 t초 후 MCF 여자, GL이 점등된다.

 ㈔ 동작사항 진행 중 PB_0를 누르면 모든 전동기가 정지된다.

 ㈕ 전동기 운전 중 전동기가 과부하되어 과전류가 흐를 때 전자식 과전류계전기(EOCR)가 동작되어 전동기가 정지되고, 플리커 릴레이 FR이 여자된다.

 ㈖ 플리커 릴레이 FR에 의하여 BZ와 YL이 교대로 동작한다.

 ㈗ 전자식 과전류계전기(EOCR)를 리셋(reset)하면 초기 상태로 복귀한다.

④ 기타 사항

 ㈎ 제어함 부분과 PE 전선관 및 플렉시블 전선관이 접속되는 부분은 커넥터를 끼워 놓는다.

 ㈏ 전동기의 접속은 생략하고 단자대까지 접속할 수 있게 배선한다.

 ㈐ 센서는 단자대(4P)로 대체한다.

(2) 수험자 유의사항

① 시험 시작 전 지급된 재료의 이상 유무를 확인하고 이상이 있을 때에는 시험위원의 승인을 얻어 교환할 수 있습니다. (단, 시험 시작 후 파손된 재료는 수험자 부주의로 파손된 것으로 간주되어 추가로 지급받지 못합니다.)

② 제어함(판)을 포함한 작업대(판)에서의 제반 치수는 mm이고 치수 허용 오차는 외관
   (전선관, 박스, 전원 및 부하측 단자대 등)은 ±30 mm, 제어판 내부는 ±5 mm입니다.
③ 전선관의 수직과 수평을 맞추어 작업하고, 전선관의 곡률 반경은 전선관 안지름의
   6배 이상, 8배 이하로 작업하여야 합니다.
④ 전선관이 작업판에서 뜨지 않도록 새들을 사용하여 튼튼하게 고정합니다.
⑤ 제어함 내의 기구 배치는 도면에 따르되 소켓에 채점용 기기 등이 들어갈 수 있
   도록 합니다.
⑥ 제어함 배선은 미관을 고려하여 배선(수평수직)하고 전선의 흐트러짐 등이 없도록
   케이블 타이를 이용하여 균형있게 배선합니다.
   ※ 제어함 배선 시 기구와 기구 사이 배선 금지
⑦ 주회로는 2.5 mm²(1/1.78) 전선, 보조회로는 1.5 mm²(1/1.38) 황색 전선을 사용하고,
   주회로의 전선 색상은 R상은 흑색, S상은 적색, T상은 청색을 사용합니다.
⑧ 접지회로는 2.5 mm²(1/1.78) 전선(녹색)으로 배선하여야 합니다.
⑨ 케이블의 색상이 주회로 색상과 상이한 경우 감독위원이 지정한 색상으로 대체합
   니다(녹색 전선은 제외).
⑩ 제어함 및 박스와 전선관 및 케이블이 접속되는 부분에는 전선관 및 케이블용 커넥
   터를 사용하고 제어함에 5 mm 정도 올리고 새들로 고정하여야 합니다.
⑪ 전원 및 부하(전동기) 단자대의 단자는 가로인 경우 왼쪽부터, 세로인 경우 위쪽
   부터 R, S, T, E(접지) 또는 U_1, V_1, W_1, E(접지), U_2, V_2, W_2, E(접지)의 순으로
   결선합니다.
⑫ 전원측 단자대는 동작시험을 할 수 있도록 전원선의 색상에 맞추어 100 mm 정도
   인입선을 인출하고, 피복은 전선 끝에서 약 10 mm 정도 벗겨둡니다.
⑬ 단자에 전선을 접속하는 경우 나사를 견고하게 조입니다. 단자 조임 불량이란 전
   선 피복 제거가 2 mm 이상 보이거나, 피복이 단자에 물린 경우를 말합니다.
   ※ 한 단자에 전선 세 가닥 이상 접속 금지
⑭ 배선 점검은 회로시험기 또는 벨 시험기 등을 가지고 확인을 할 수 있으나, 전원
   을 투입하여 동작시험은 할 수 없습니다(기타 시험기구 사용 불가).
⑮ 퓨즈 홀더에는 퓨즈를 끼워 놓아야 합니다.
⑯ EOCR, 전자접촉기, 타이머, 릴레이는 소켓(베이스) 번호에 유의하여 작업하도록
   합니다.
   ※ 제어함 내부 기구 배치도와 지급된 채점용 기기 및 소켓(베이스)이 상이할 경우
      감독위원의 지시에 따라 작업하도록 합니다.
⑰ EOCR, 전자접촉기, 타이머, 릴레이 등의 소켓(베이스)은 지급된 채점용 기기와 같
   은 규격이어야 하며, 홈이 아래로 향하게 배치합니다.
   ※ 채점용 기기 및 소켓(베이스)의 매칭은 감독위원의 지시에 따라 작업하도록 합니다.

⑱ 접지는 도면에 표시된 부분만 실시하고, 접지선은 입력(전원) 단자대에서 제어함 내의 단자대를 거쳐 출력(부하) 단자대까지 결선하며, 도면에서 별도로 표시하지 않더라도 모든 접지는 입력 단자대의 접지측과 연결되어야 합니다.

※ 기타 외부로의 접지는 시행하지 않아도 됩니다.

⑲ 다음 사항에 대해서는 채점 대상에서 제외하니 특히 유의하시기 바랍니다.

  ㈎ 기권
   - 과제 진행 중 수험자 스스로 작업에 대한 포기의사를 표현한 경우

  ㈏ 실격
   - 지급 재료 이외의 재료를 사용한 작품
   - 시험 중 시설·장비의 조작 또는 재료의 취급이 미숙하여 위해를 일으킬 것으로 시험위원 전원이 합의하여 판단한 경우
   - 기능이 해당 등급 수준에 전혀 도달하지 못한 것으로 시험위원 전원이 합의하여 판단한 경우

  ㈐ 미완성
   - 시험시간 내에 요구사항을 완성하지 못한 경우(완성작품이란 모든 부품을 완전히 장착하고 깔끔히 배선 정리를 한 상태를 말함)

  ㈑ 오작
   - 시험시간 내에 제출된 작품이라도 다음과 같은 경우
   • 완성된 과제가 도면 및 배치도, 제어회로도의 동작사항, 채점용 기기와 소켓(베이스)의 매칭, 부품의 방향, 결선 상태 등이 상이한 경우 등(EOCR, 전자접촉기, 타이머, 릴레이, 램프 색상 등)
   • 주회로 배선의 전선 굵기 및 색상 등이 도면 및 유의사항과 다른 경우
   • 작품의 외형상 전선의 흐트러짐, 기구 배치 및 고정, 킹크 발생, 연결 상태 등이 조잡한 작품
   • 제어함 내부 배선 상태나 전선관 및 케이블 가공 상태가 불량하여 전기 공급이 불가한 경우
   • 제어함 내부 배선 상태나 기구 간격 불량으로 동작 상태의 확인이 불가한 경우
   • 접지공사를 하지 않은 경우 및 접지선 색상 및 굵기가 도면 및 유의사항과 상이한 경우(전동기로 출력되는 부분은 생략)
   • 컨트롤 박스 커버 등이 조립되지 않아 내부가 보이는 경우
   • 배관 및 기구배치도에서 허용 오차 ±50 mm 이상일 경우(단, 3개소 이상인 경우)
   • 제어함 및 박스와 전선관 및 케이블이 접속되는 부분에 전선관 및 케이블용 커넥터를 접속하지 않은 경우
   • 새들을 1개소라도 부착하지 않은 경우
   • 전원 및 부하(전동기)측 단자대 내의 R, S, T, E(접지) 또는 U, V, W, E(접지)

배치 순서가 유의사항과 상이한 경우
- 내선공사 방법 등으로 공사를 진행하지 않은 경우

(3) 주요 지급 재료 목록

일련번호	재료명	규격	단위	수량	비고
1	합판	400 mm×420 mm×12 mm	장	1	
2	단자대	4P 20A 220V	개	4	
3	단자대	10P 20A 220V	개	4	
4	컨트롤 박스	$\phi 25$ 2구	개	4	
5	푸시 버튼 스위치	1a1b 220V $\phi 25$	개	3	녹 1, 적 2
6	파일럿 램프	$\phi 25$ 220V	개	4	적 1, 녹 1, 황 1, 백 1
7	전자접촉기 소켓	220V 12P(둥근형)	개	2	
8	EOCR 소켓	220V 12P(둥근형)	개	1	
9	타이머 소켓	220V 8P	개	1	
10	릴레이 소켓	220V 8P	개	2	
11	플리커 릴레이 소켓	220V 8P	개	1	
12	PE 전선관	16 mm	m	6	
13	플렉시블 전선관	16 mm	m	6	
14	커넥터	16 mm PE 전선관용	개	6	
15	커넥터	16 mm 플렉시블 전선관용	개	6	
16	비닐절연전선	1.5SQ(1/1.38)(황)	m	50	
17	비닐절연전선	2.5SQ(1/1.78)(흑)	m	7	
18	비닐절연전선	2.5SQ(1/1.78)(적)	m	7	
19	비닐절연전선	2.5SQ(1/1.78)(청)	m	7	
20	비닐절연전선	2.5SQ(1/1.78)(녹)	m	7	
21	새들	16 mm 전선관용	개	40	
22	케이블 커넥터	4C 케이블용	개	1	
23	케이블 새들	4C 케이블용	개	2	
24	케이블	4C 2.5 mm^2	m	1	
25	케이블 타이	100 mm	개	30	
26	퓨즈 및 퓨즈 홀더	250V 100A(박스 2개용)	개	1	퓨즈 10A 2개 포함

(4) 배관 및 기구 배치도

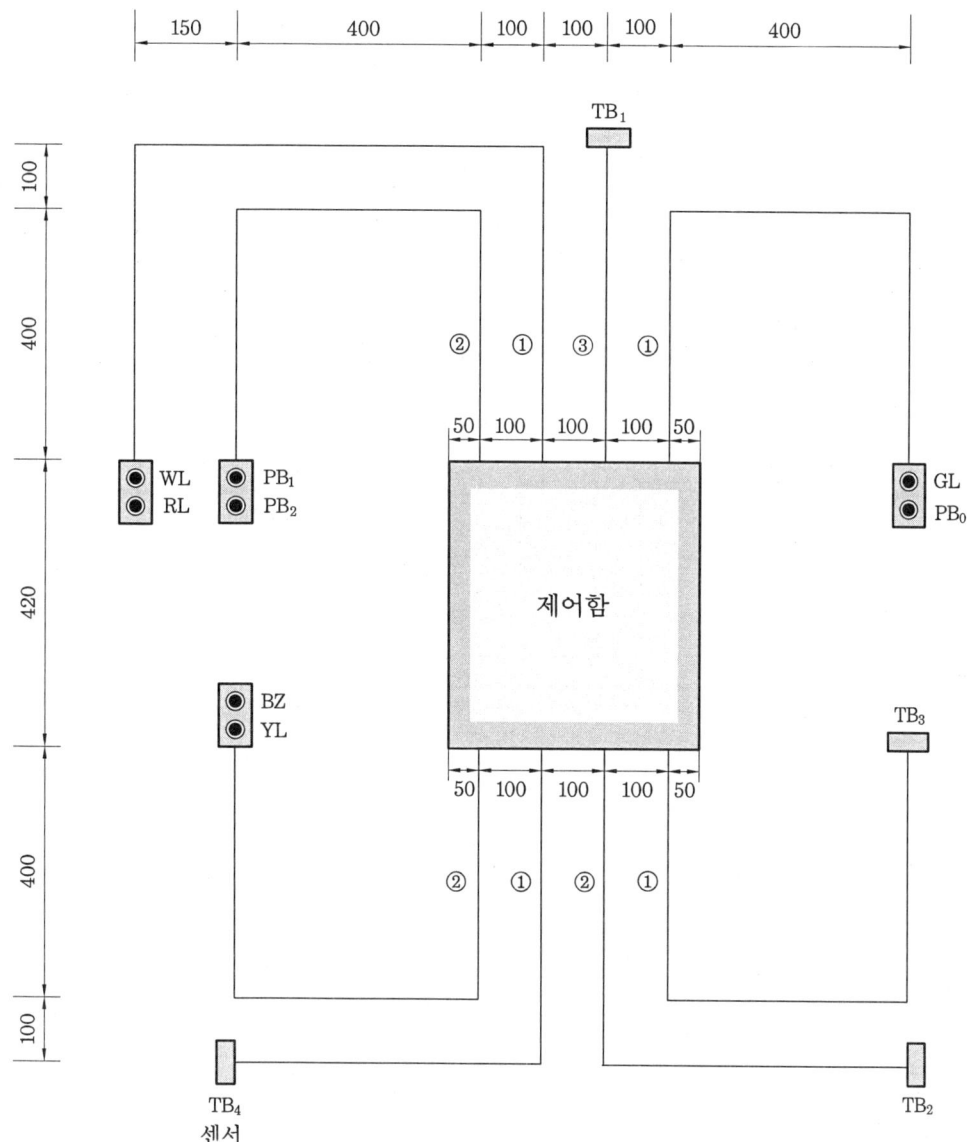

공사 방법

①	PE 전선관
②	플렉시블 전선관
③	케이블

(5) 제어함 내부 기구 배치도

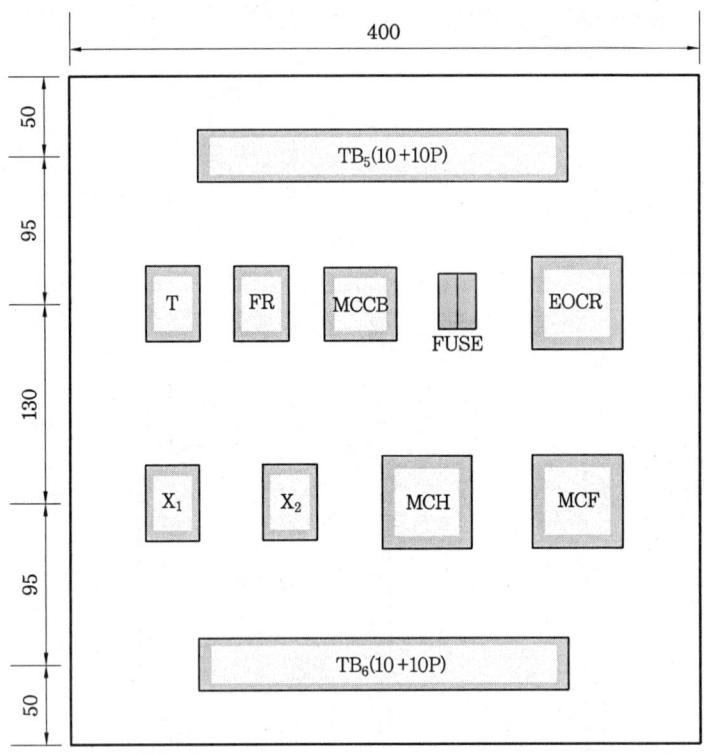

범 례

기 호	명 칭	기 호	명 칭
TB_1	전원(단자대 4P)	PB_0	푸시 버튼 스위치(녹)
TB_2, TB_3	모터(단자대 4P)	PB_1	푸시 버튼 스위치(적)
TB_4	센서(단자대 4P)	PB_2	푸시 버튼 스위치(적)
TB_5, TB_6	단자대(10P+10P)	WL	파일럿 램프(백) 220V
MCH, MCF	전자접촉기(12P)	YL	파일럿 램프(황) 220V
T	타이머(8P)	GL	파일럿 램프(녹) 220V
EOCR	EOCR(12P)	RL	파일럿 램프(적) 220V
X_1, X_2	릴레이(8P)	FR	플리커 릴레이(8P)
MCCB	배선용 차단기	BZ	버저 220V
FUSE	퓨즈 및 퓨즈 홀더		

(6) 동작 회로도

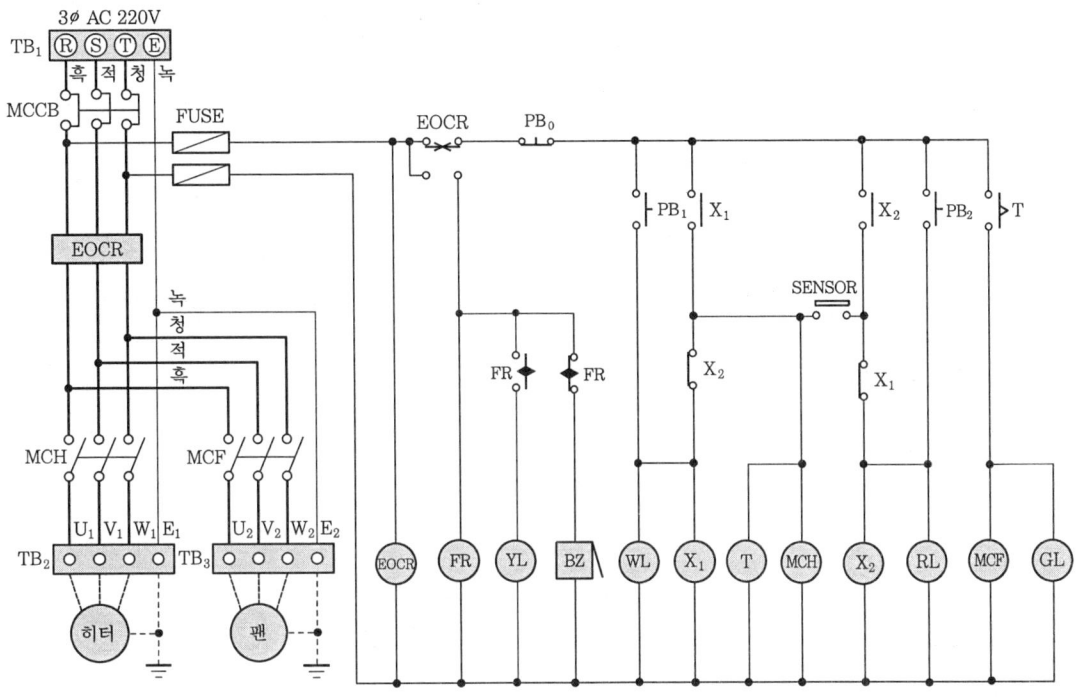

(7) 동작 순서

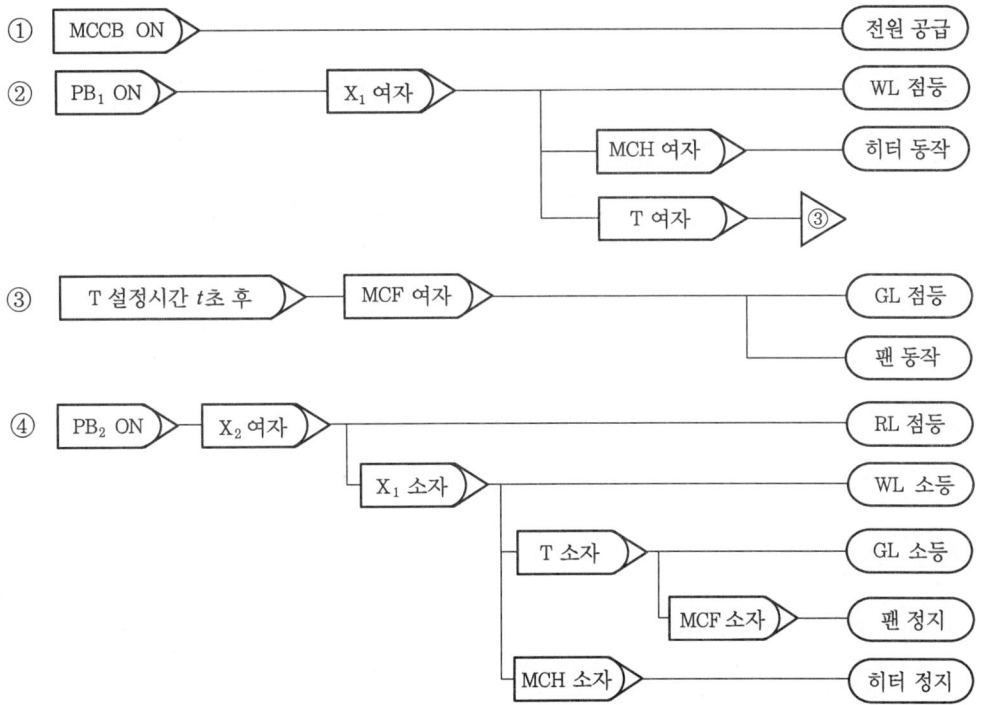

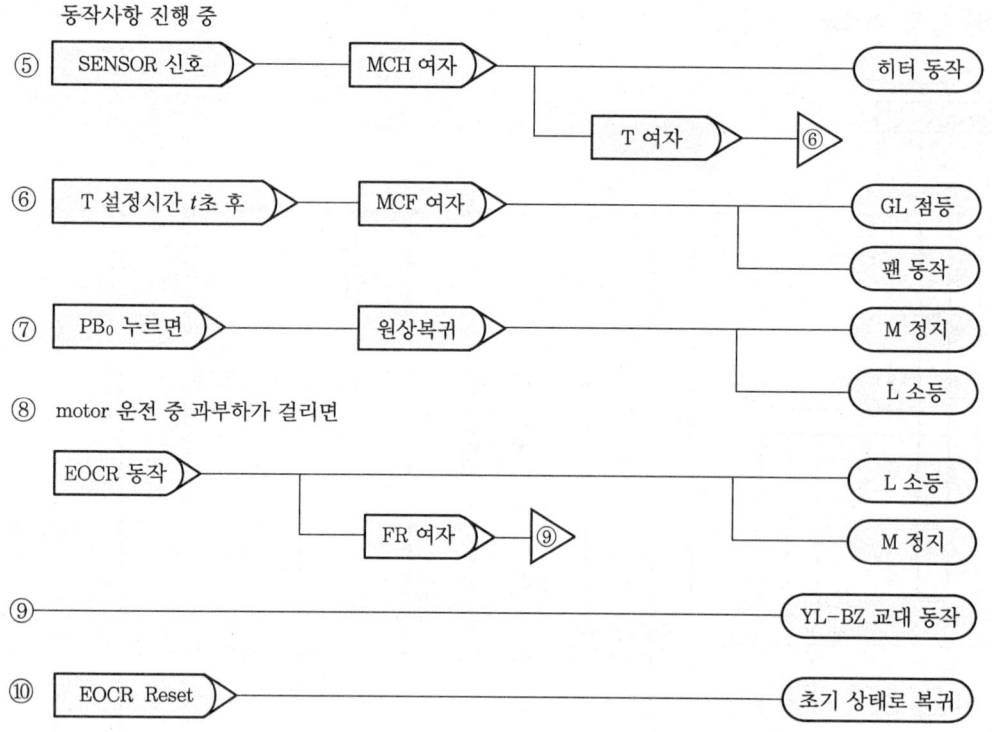

(8) 제어 부품 내부 결선도

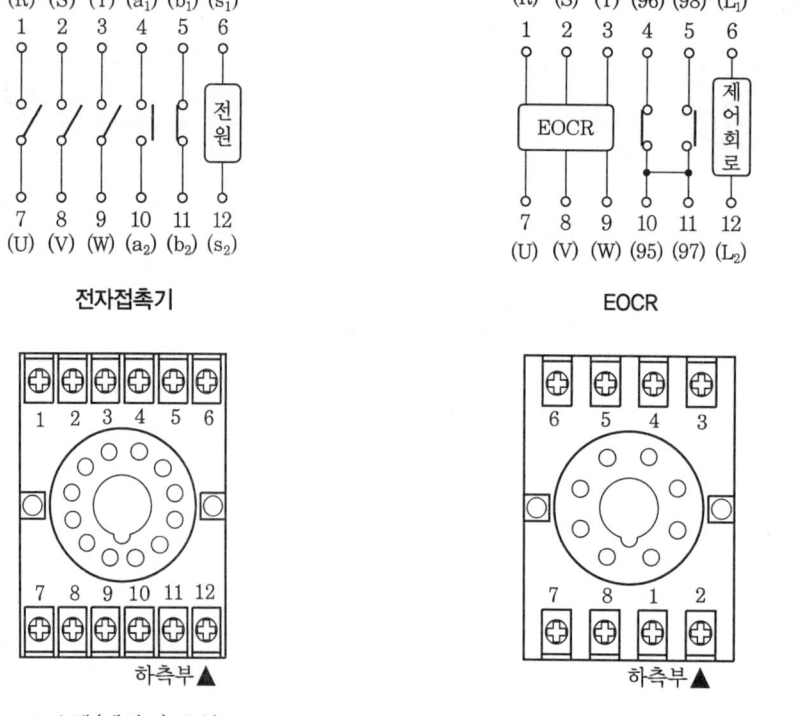

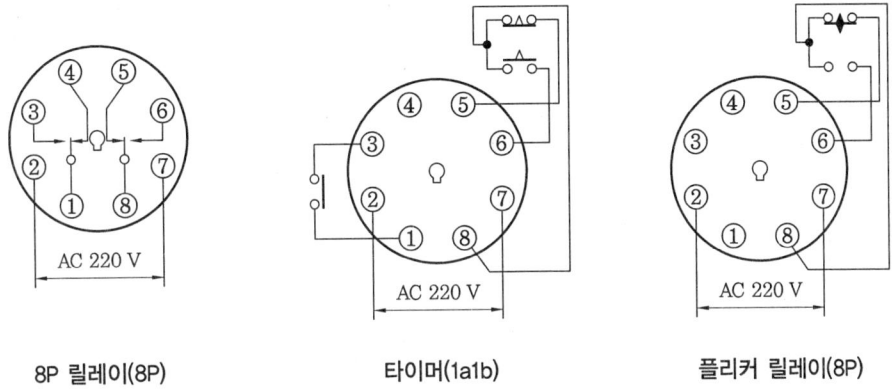

| 8P 릴레이(8P) | 타이머(1a1b) | 플리커 릴레이(8P) |

(9) 단자번호 부여

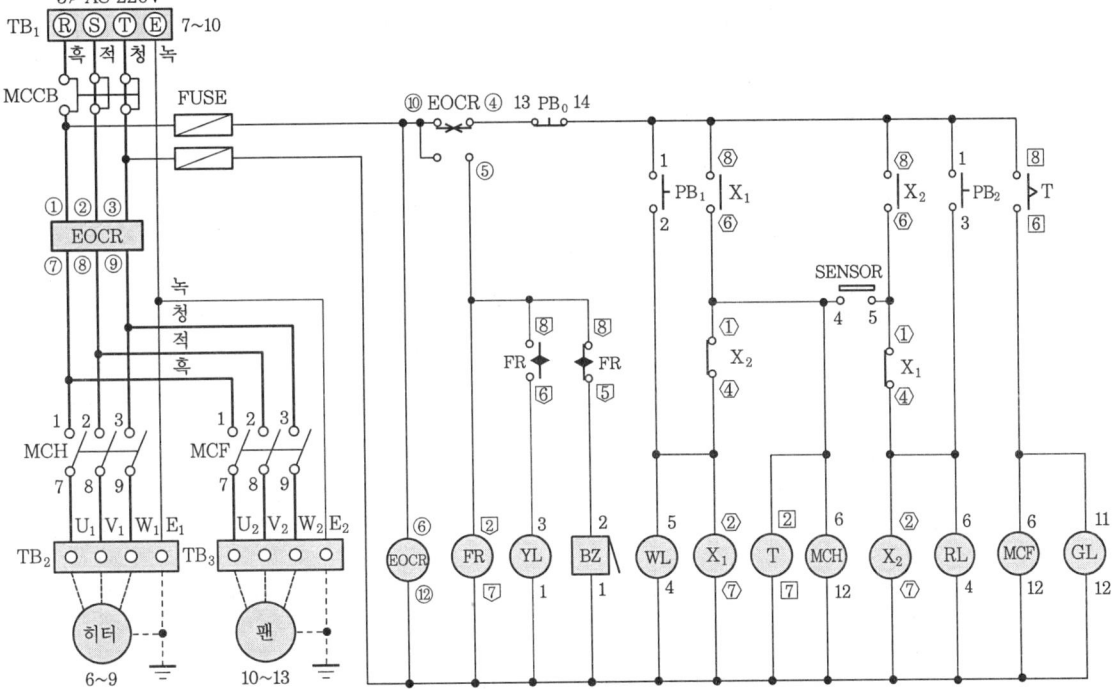

418 부록

(10) 실체 배선도

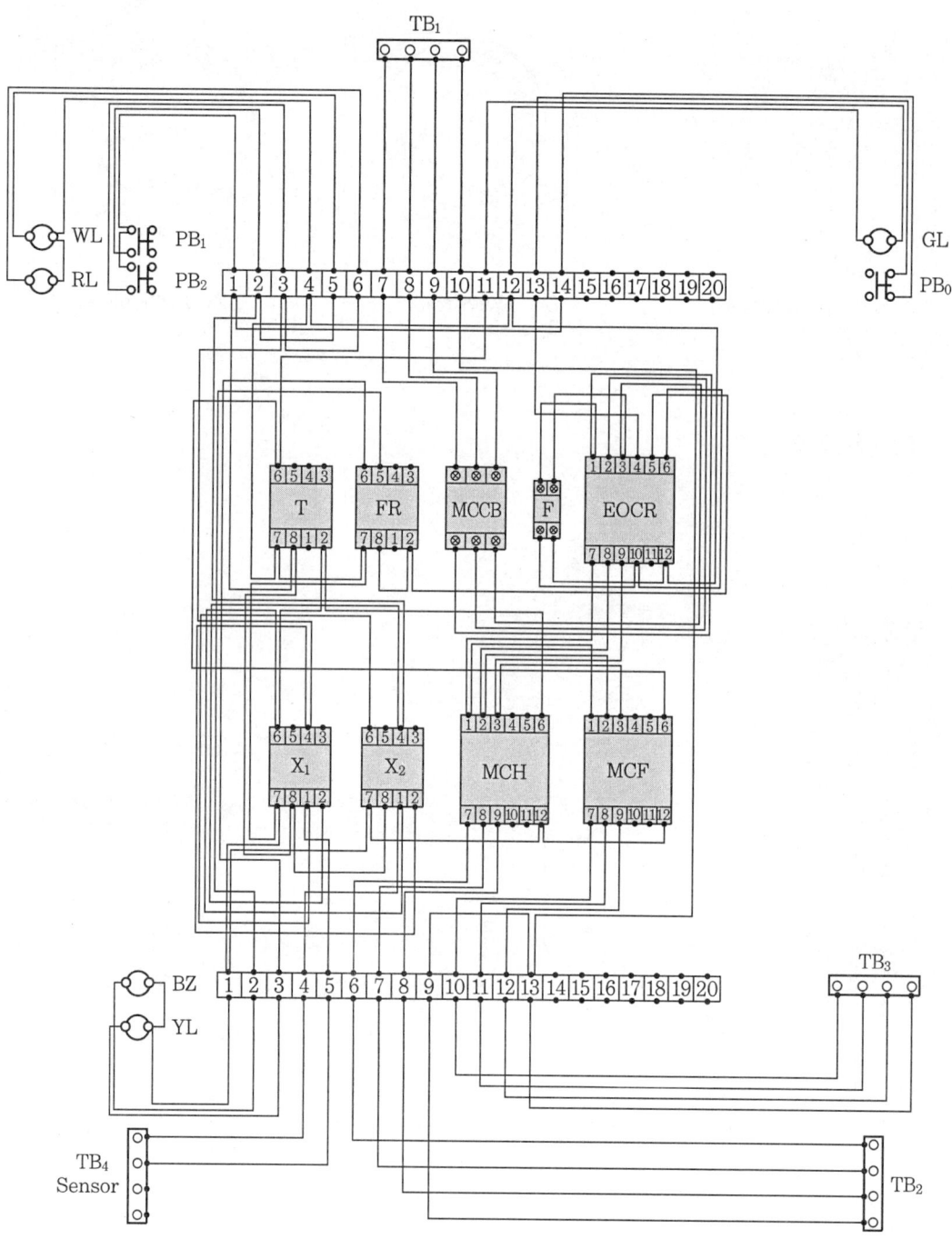

전기 기능사(실기) ▶ 2018. 8(3회) 시행

 과제명 : 전동기 운전 제어회로

• 시험시간 : 표준시간－4시간 30분

(1) 요구 사항

① 지급된 재료를 사용하여 제한시간 내에 주어진 과제를 완성하시오.

② 공통 사항

  (개) 전원방식 : 3상 3선식 220 V

  (내) 공사방법
- 플렉시블 전선관
- PE 전선관
- 케이블

③ 동작

  (개) 자동 동작 사항
- MCCB를 ON하고 실렉터 스위치 SS를 A 방향(지시부 오른쪽)으로 놓으면 릴레이 X_3이 여자되고, 리밋 스위치 LS_1을 동작시키면 릴레이 X_1, 전자접촉기 MC_1이 여자, 램프 RL이 점등된다(전동기 M_1 동작).
- 실렉터 스위치 SS가 A 방향 상태에서 리밋 스위치 LS_2를 동작시키면 릴레이 X_2, 전자접촉기 MC_2가 여자, 램프 GL이 점등된다(전동기 M_2 동작).
- 릴레이 X_1과 릴레이 X_2가 모두 여자되면 타이머 T가 동작하여 t초 후 램프 WL이 점등되며, 램프 RL, 램프 GL은 소등되고 전자접촉기 MC_1과 전자접촉기 MC_2가 소자되어 전동기 M_1과 전동기 M_2의 동작은 정지된다.

  (내) 수동 동작 사항
- 실렉터 스위치 SS를 M 방향(지시부 왼쪽)으로 놓고 푸시 버튼 스위치 PB_1을 누르면 전자접촉기 MC_1이 여자, 램프 RL이 점등된다(전동기 M_1 동작).
- 실렉터 스위치 SS가 M 방향에서 푸시 버튼 스위치 PB_2를 누르면 전자접촉기 MC_2가 여자, 램프 GL이 점등된다(전동기 M_2 동작).
- 실렉터 스위치 SS가 M 방향에서 푸시 버튼 스위치 PB_0를 누르면 램프 RL과 램프 GL은 소등되고, 전자접촉기 MC_1과 전자접촉기 MC_2가 소자되어 전동기 M_1과 전동기 M_2의 동작은 정지된다.

  (대) 과부하 동작 사항
- 전동기 운전 중 전동기가 과부하되어 과전류가 흐를 때 전자식 과전류계전기 EOCR이 동작되어 전동기가 정지되며, 플리커 릴레이 FR이 동작되어 램프 YL이 점멸한다.

- 전자식 과전류계전기 EOCR을 리셋(reset)하면 초기 상태로 복귀된다.

(2) 수험자 유의사항

① 시험 시작 전 지급된 재료의 이상 유무를 확인하고 이상이 있을 때에는 시험위원의 승인을 얻어 교환할 수 있습니다. (단, 시험 시작 후 파손된 재료는 수험자 부주의로 파손된 것으로 간주되어 추가로 지급받지 못합니다.)

② 제어함(판)을 포함한 작업대(판)에서의 제반 치수는 mm이고 치수 허용 오차는 외관(전선관, 박스, 전원 및 부하측 단자대 등)은 ±30 mm, 제어판 내부는 ±5 mm입니다.

③ 전선관의 수직과 수평을 맞추어 작업하고, 전선관의 곡률 반경은 전선관 안지름의 6배 이상, 8배 이하로 작업하여야 합니다.

④ 제어함 내의 기구 배치는 도면에 따르되 소켓에 채점용 기기 등이 들어갈 수 있도록 합니다.

⑤ 제어함 배선은 미관을 고려하여 배선(수평수직)하고 전선의 흐트러짐 등이 없도록 케이블 타이를 이용하여 균형있게 배선합니다.
   ※ 제어함 배선 시 기구와 기구 사이 배선 금지

⑥ 주회로는 $2.5\,\text{mm}^2$(1/1.78) 전선, 보조회로는 $1.5\,\text{mm}^2$(1/1.38) 황색 전선을 사용하고, 주회로의 전선 색상은 R상은 흑색, S상은 적색, T상은 청색을 사용합니다.

⑦ 접지회로는 $2.5\,\text{mm}^2$(1/1.78) 전선(녹색)으로 배선하여야 합니다.

⑧ 케이블의 색상이 주회로 색상과 상이한 경우 감독위원이 지정한 색상으로 대체합니다.
   ※ 녹색 전선은 제외

⑨ 박스와 박스, 박스와 제어함, 제어함과 단자대, 박스와 단자대 사이의 전선관 및 케이블에 새들을 2개 이상 취부하여야 합니다(단, 도면 치수가 300 mm 미만의 직선 배관은 새들 1개도 가능).

⑩ 제어함 및 박스와 전선관 및 케이블이 접속되는 부분에는 전선관 및 케이블용 커넥터를 사용하고 제어함에 5 mm 정도 올리고 새들로 고정하여야 합니다.

⑪ 전원 및 부하(전동기)측 단자대의 단자는 가로인 경우 왼쪽부터, 세로인 경우 위쪽부터 R, S, T, E(접지) 또는 U_1, V_1, W_1, E(접지), U_2, V_2, W_2, E(접지)의 순으로 결선합니다.

⑫ 전원측 단자대는 동작시험을 할 수 있도록 전원선의 색상에 맞추어 100 mm 정도 인입선을 인출하고, 피복은 전선 끝에서 약 10 mm 정도 벗겨둡니다.

⑬ 리밋 스위치(LS_1, LS_2)는 단자대로 대체하여 작업하며, 리드선을 100 mm 정도 인출하고 피복은 전선 끝에서 약 10 mm 정도 벗겨두며 LS_1, LS_2를 표시합니다.

⑭ 단자에 전선을 접속하는 경우 나사를 견고하게 조입니다. 단자 조임 불량이란 전선 피복 제거가 2 mm 이상 보이거나, 피복이 단자에 물린 경우를 말합니다.
   ※ 한 단자에 전선 세 가닥 이상 접속 금지

⑮ 배선 점검은 회로시험기 또는 벨 시험기 등을 가지고 확인을 할 수 있으나, 전원을 투입하여 동작시험은 할 수 없습니다.
⑯ 퓨즈 홀더 1차측과 2차측은 보조회로로 $1.5\,mm^2(1/1.38)$ 황색 전선을 사용하고 퓨즈 홀더에는 퓨즈를 끼워 놓아야 합니다.
⑰ EOCR, 전자접촉기, 타이머, 플리커 릴레이, 릴레이 소켓(베이스) 번호에 유의하여 작업하도록 합니다.
  ※ 제어함 내부 기구 배치도와 지급된 채점용 기기 및 소켓(베이스)이 상이할 경우 감독위원의 지시에 따라 작업하도록 합니다.
⑱ EOCR, 전자접촉기, 타이머, 플리커 릴레이, 릴레이 등의 소켓(베이스)은 지급된 채점용 기기와 같은 규격이어야 하며, 홈이 아래로 향하게 배치합니다.
  ※ 채점용 기기 및 소켓(베이스)의 매칭은 감독위원의 지시에 따라 작업하도록 합니다.
⑲ 접지는 도면에 표시된 부분만 실시하고, 접지선은 입력(전원) 단자대에서 제어함 내의 단자대를 거쳐 출력(부하) 단자대까지 결선하며, 도면에서 별도로 표시하지 않더라도 모든 접지는 입력 단자대의 접지측과 연결되어야 합니다.
  ※ 기타 외부로의 접지는 시행하지 않아도 됩니다.
⑳ 기타 공사 방법 등은 감독위원의 지시사항을 준수하여 작업하며, 작업에 대한 문의사항은 시험 시작 전 질의하도록 하고, 시험 진행 중에는 질의를 삼가도록 합니다.
㉑ 다음 사항에 대해서는 채점 대상에서 제외하니 특히 유의하시기 바랍니다.
  ㈎ 기권
    - 과제 진행 중 수험자 스스로 작업에 대한 포기의사를 표현한 경우
  ㈏ 실격
    - 지급 재료 이외의 재료를 사용한 작품
    - 시험 중 시설·장비의 조작 또는 재료의 취급이 미숙하여 위해를 일으킬 것으로 감독위원 전원이 합의하여 판단한 경우
    - 기능이 해당 등급 수준에 전혀 도달하지 못한 것으로 감독위원 전원이 합의하여 판단한 경우
  ㈐ 오작
    - 시험시간 내에 제출된 작품이라도 다음과 같은 경우
    • 완성된 과제가 도면 및 배치도, 제어회로도의 동작사항, 채점용 기기와 소켓(베이스)의 매칭, 부품의 방향, 결선 상태 등이 상이한 경우(EOCR, 전자접촉기, 타이머, 릴레이, 플리커 릴레이, 램프 색상 등)
    • 주회로(흑색, 적색, 청색) 및 보조회로(황색) 배선의 전선 굵기 및 색상이 도면 및 유의사항과 다른 경우
    • 제어함 밖으로 인출되는 배선이 제어함 내의 단자대를 거치지 않고 직접 접속된 경우

- 제어함 내부 배선 상태나 전선관 및 케이블 가공 상태가 불량하여 전기 공급이 불가한 경우
- 제어함 내부 배선 상태나 기구 간격 불량으로 동작 상태의 확인이 불가한 경우
- 접지공사를 하지 않은 경우 및 접지선(녹색) 색상 및 굵기가 도면 및 유의사항과 틀린 경우(전동기로 출력되는 부분은 생략)
- 컨트롤 박스 커버 등이 조립되지 않아 내부가 보이는 경우
- 배관 및 기구배치도에서 허용 오차 ±50 mm를 넘는 곳이 3개소 이상 또는 ±100 mm를 넘는 곳이 1개소 이상인 경우(단, 박스, 단자대, 전선관 등이 도면 치수를 벗어나는 경우 개별 개소로 판정)
- 제어함 및 박스와 전선관 및 케이블이 접속되는 부분에 전선관 및 케이블용 커넥터를 정상 접속하지 않은 경우(미접속 포함)
- 박스와 박스, 박스와 제어함, 제어함과 단자대, 박스와 단자대 사이의 전선관 및 케이블에 새들을 2개 이상 취부하지 않은 경우(단, 도면 치수가 300 mm 미만의 직선 배관은 새들 1개도 가능)
- 전원 및 부하(전동기)측 단자대 내의 R, S, T, E(접지) 또는 U, V, W, E(접지) 배치 순서가 유의사항과 상이한 경우
- 한 단자에 전선 3가닥 이상 접속된 경우
- 제어함 내의 배선 시 기구와 기구 사이로 수직 배선한 경우
- 내선규정 등으로 공사를 진행하지 않은 경우

(3) 주요 지급 재료 목록

일련번호	재료명	규격	단위	수량	비고
1	합판	400 mm×420 mm×12 mm	장	1	
2	단자대	4P 20A 220V	개	4	
3	단자대	10P 20A 220V	개	4	
4	컨트롤 박스	ϕ25 2구	개	1	
5	컨트롤 박스	ϕ25 3구	개	2	
6	푸시 버튼 스위치	1a1b 220V ϕ25	개	3	녹 1, 적 2
7	파일럿 램프	ϕ25 220V	개	4	적 1, 녹 1, 황 1, 백 1
8	실렉터 스위치	ϕ25 2단	개	1	
9	전자접촉기 소켓	220V 12P(둥근형)	개	2	
10	EOCR 소켓	220V 12P(둥근형)	개	1	
11	타이머 소켓	220V 8P	개	1	
12	릴레이 소켓	220V 8P	개	1	
13	플리커 릴레이	220V 8P	개	1	
14	PE 전선관	16 mm	m	5	
15	플렉시블 전선관	16 mm	m	5	
16	커넥터	16 mm PE 전선관용	개	5	
17	커넥터	16 mm 플렉시블 전선관용	개	6	
18	비닐절연전선	1.5SQ(1/1.38)(황)	m	50	
19	비닐절연전선	2.5SQ(1/1.78)(흑)	m	5	
20	비닐절연전선	2.5SQ(1/1.78)(적)	m	5	
21	비닐절연전선	2.5SQ(1/1.78)(청)	m	5	
22	비닐절연전선	2.5SQ(1/1.78)(녹)	m	5	
23	새들	16 mm 전선관용	개	34	
24	케이블	4C 2.5 mm^2	m	1	
25	케이블 커넥터	4C 케이블용	개	1	
26	케이블 새들	4C 케이블용	개	2	
27	케이블 타이	100 mm	개	30	
28	유리통 퓨즈 및 홀더	250V 100A(박스 2개용)	개	1	퓨즈 10A 2개 포함
29	배선용 차단기	3P 250V 30A	개	1	

(4) 배관 및 기구 배치도

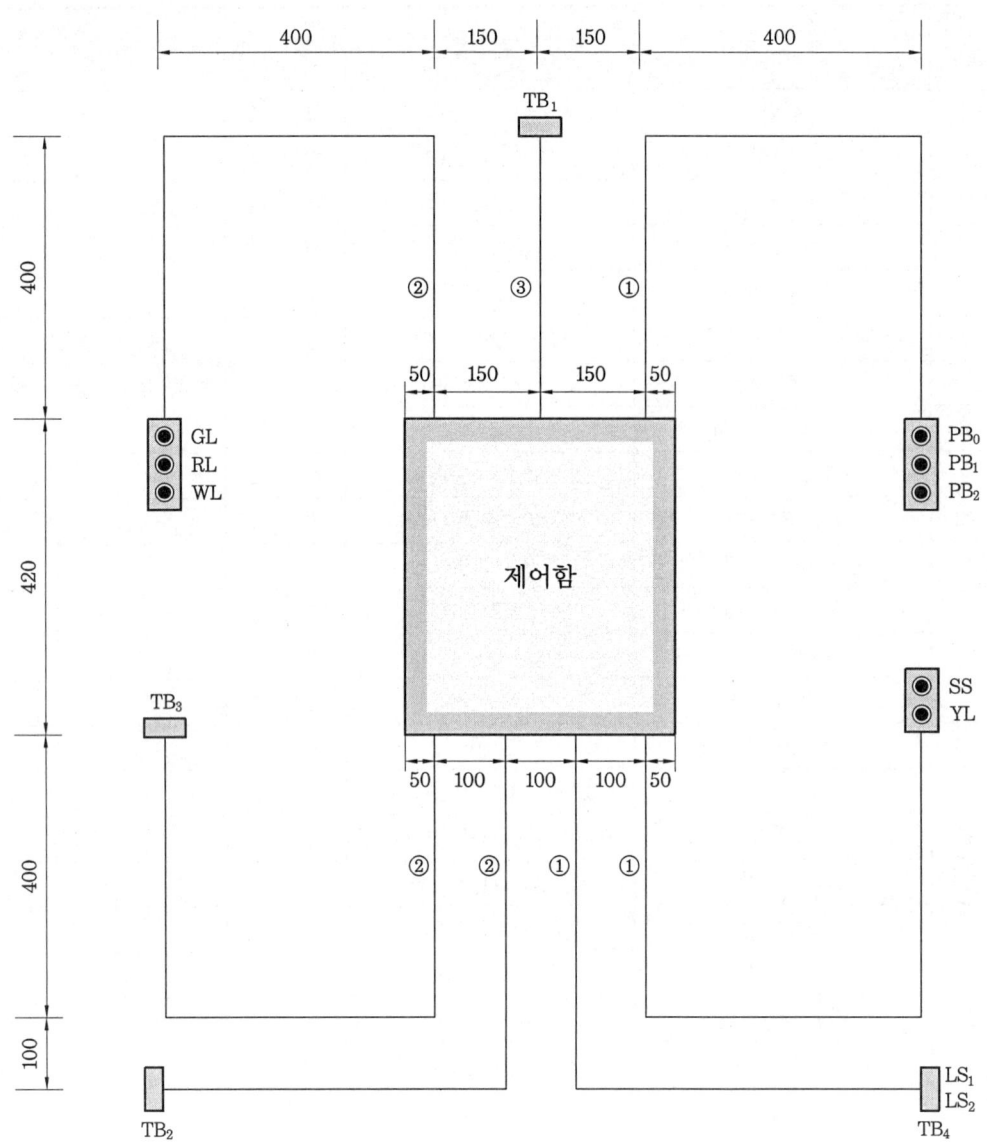

공사 방법

①	PE 전선관
②	플렉시블 전선관
③	케이블

(5) 제어함 내부 기구 배치도

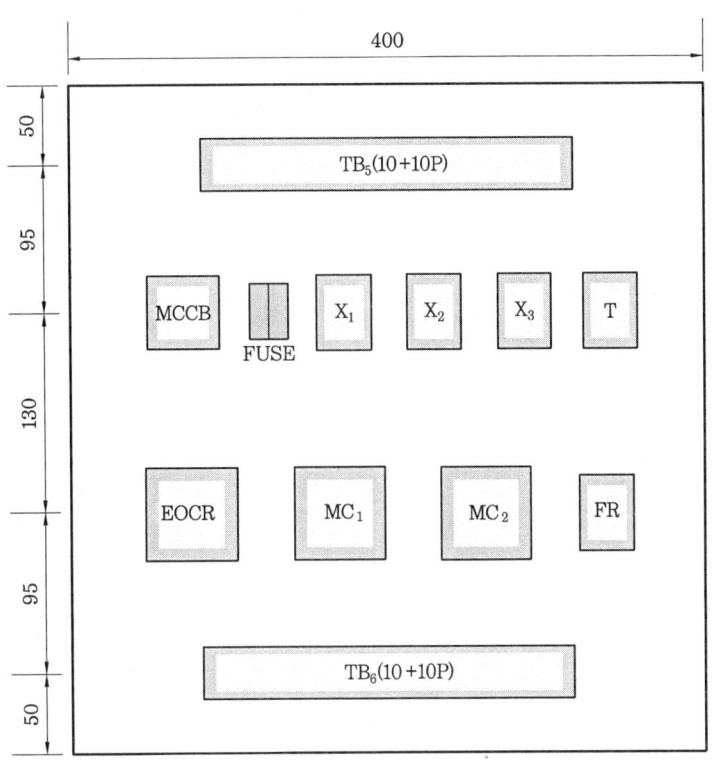

범 례

기 호	명 칭	기 호	명 칭
TB_1	전원(단자대 4P)	FUSE	퓨즈 및 퓨즈 홀더
TB_2, TB_3	모터(단자대 4P)	PB_0	푸시 버튼 스위치(녹)
TB_4	리밋 스위치(단자대 4P)	PB_1	푸시 버튼 스위치(적)
TB_5, TB_6	단자대(10+10P)	PB_2	푸시 버튼 스위치(적)
MC_1, MC_2	전자접촉기(12P)	YL	파일럿 램프(황) 220V
T	타이머(8핀)	GL	파일럿 램프(녹) 220V
EOCR	EOCR 소켓(12P)	RL	파일럿 램프(적) 220V
X_1, X_2, X_3	릴레이(8핀)	WL	파일럿 램프(백) 220V
FR	플리커 릴레이(8핀)	MCCB	배선용 차단기

(6) 동작 회로도

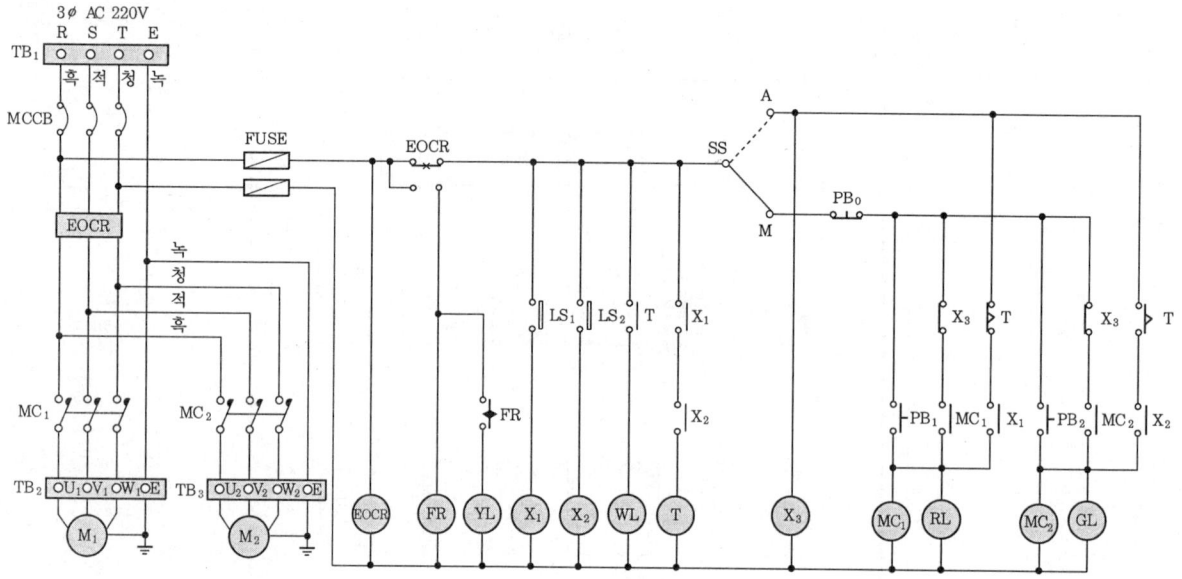

(7) 동작 순서

① 전원 공급

② 자동 동작 사항

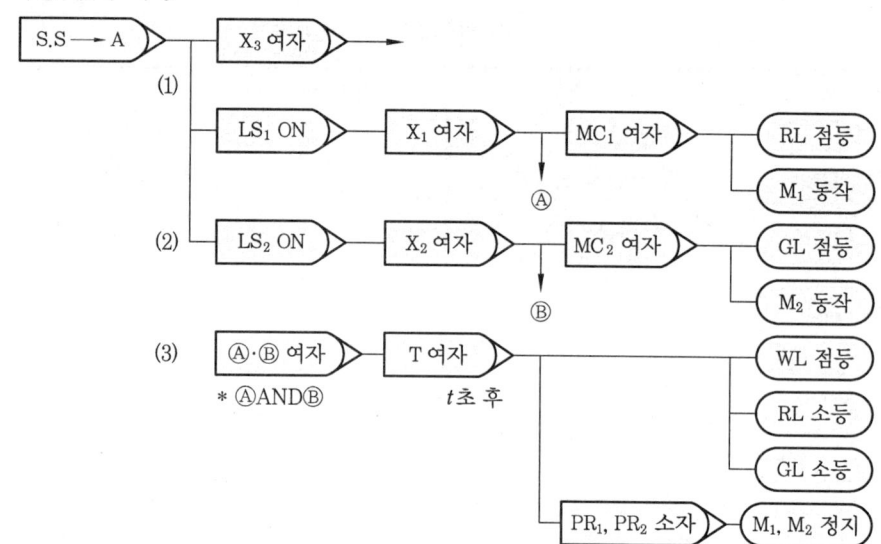

③ 수동 동작 사항

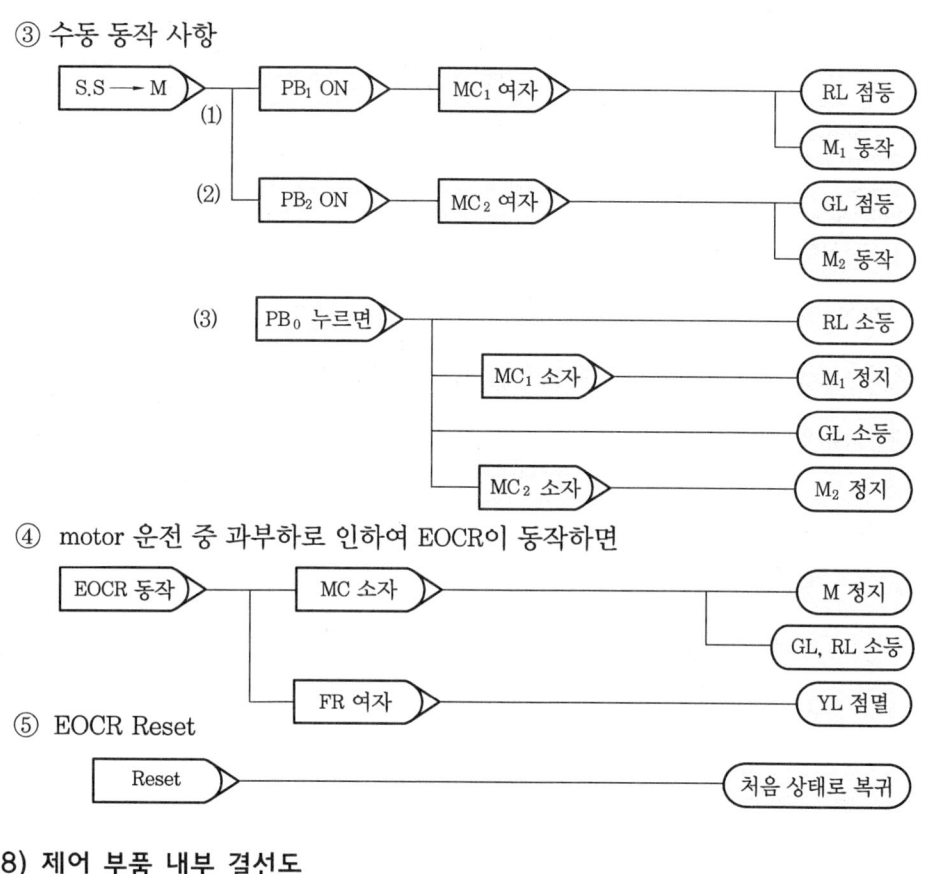

④ motor 운전 중 과부하로 인하여 EOCR이 동작하면

⑤ EOCR Reset

(8) 제어 부품 내부 결선도

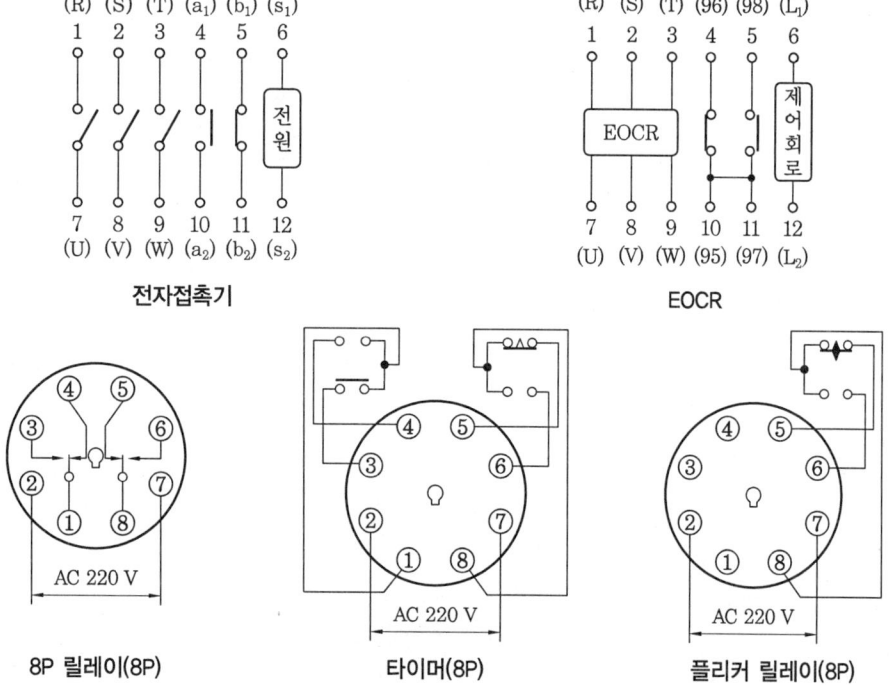

전자접촉기   EOCR

8P 릴레이(8P)   타이머(8P)   플리커 릴레이(8P)

428 부록

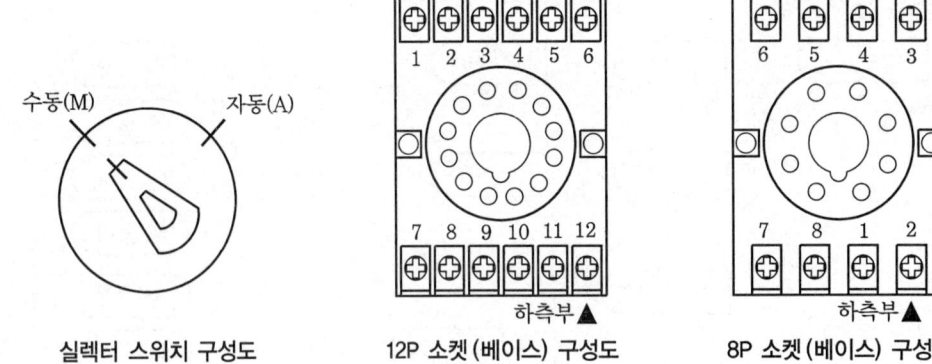

실렉터 스위치 구성도   12P 소켓 (베이스) 구성도   8P 소켓 (베이스) 구성도

(9) 단자번호 부여

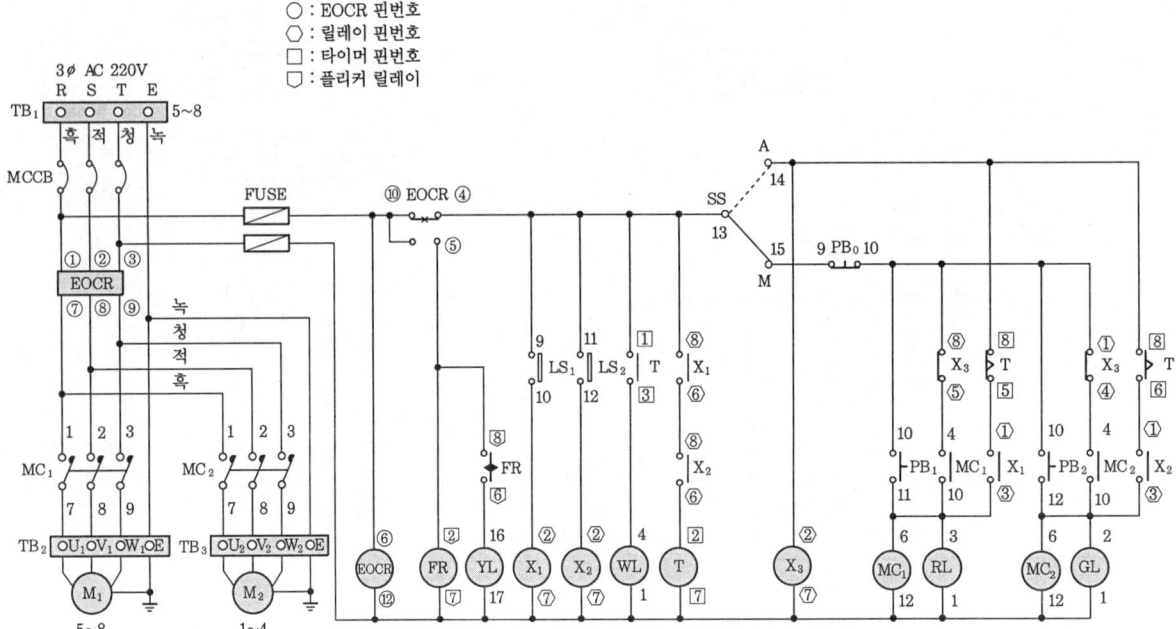

(10) 실체 배선도

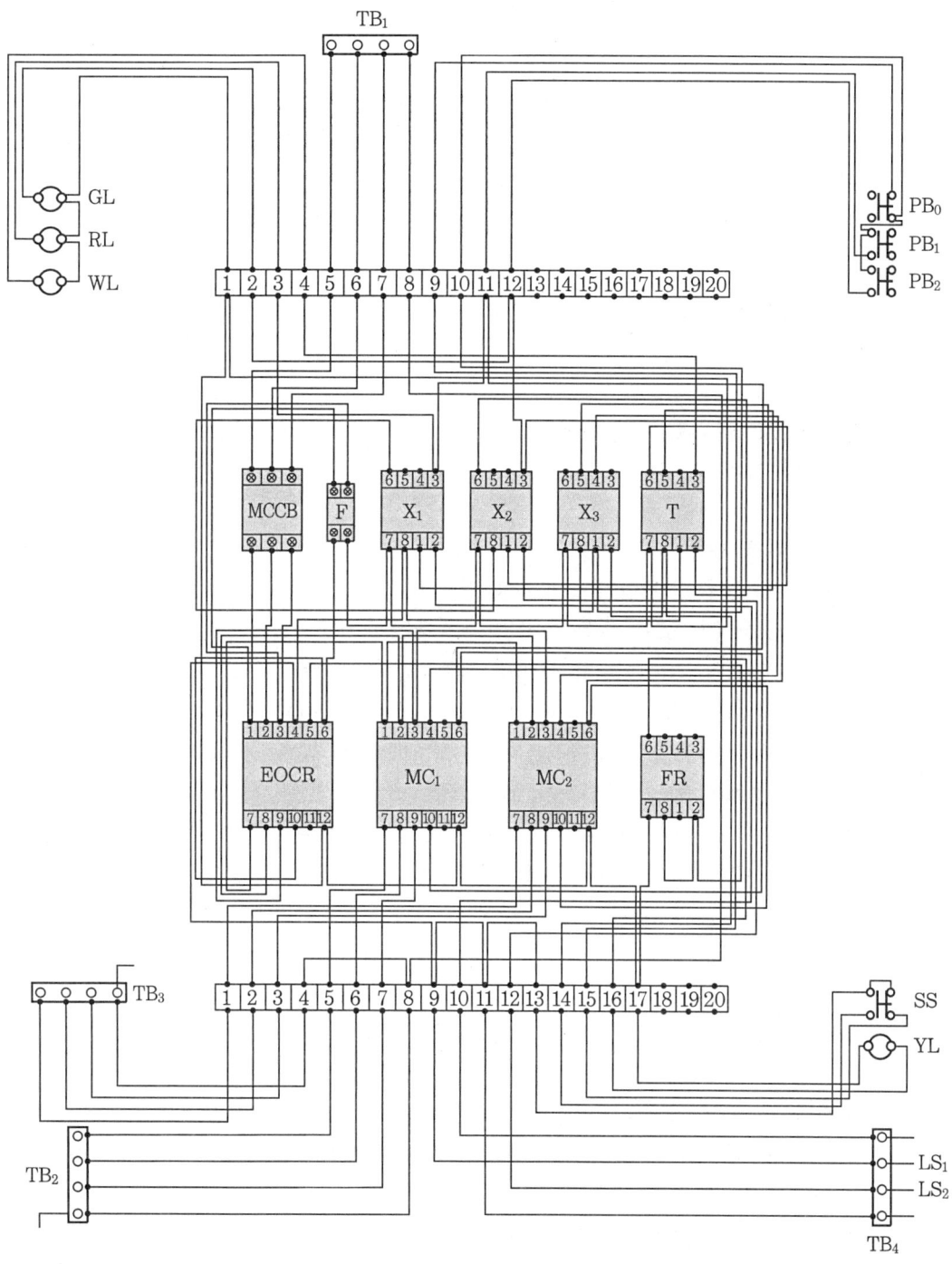

전기 기능사(실기) ▶ 2018. 11(4회) 시행

■ 과제명 : 급·배수 처리장치

• 시험시간 : 표준시간-4시간 30분

(1) 요구 사항

① 지급된 재료를 사용하여 제한시간 내에 주어진 과제를 완성하시오.

② 공통 사항

  (개) 전원방식 : 3상 3선식 220 V

  (내) 공사방법
- PE 전선관
- 플렉시블 전선관
- 케이블

③ 동작

  (개) 수동 동작 사항
- MCCB에 전원을 투입하면 회로에 전원이 공급
- 실렉터 스위치 SS를 수동 동작(지시부 왼쪽)으로 전환
- PB_2를 누르면 MC_1 여자(동작), RL 점등, 급수 시작(M_1 동작)
- PB_1을 누르면 MC_1 소자(복구), RL 소등, 급수 정지(M_1 정지)
- PB_4를 누르면 MC_2 여자(동작), GL 점등, 배수 시작(M_2 동작)
- PB_3을 누르면 MC_2 소자(복구), GL 소등, 배수 정지(M_2 정지)
- 급수와 배수 운전 중 M_1과 M_2가 과부하되어 과전류가 흐를 때 전자식 과전류계전기 EOCR이 동작되어 M_1과 M_2 정지, FR 여자
- FR에 의해 YL과 BZ가 교대로 동작
- 전자식 과전류계전기 EOCR를 리셋(reset)하면 초기 상태로 복귀

  (내) 자동 동작 사항
- MCCB에 전원을 투입하면 회로에 전원이 공급
- 실렉터 스위치 SS를 자동 동작(지시부 오른쪽)으로 전환
- 릴레이 X가 여자되어 RL 점등, 급수 시작(M_1 동작)
- 급수탱크에 급수가 완료되어 플로트리스 스위치(FLS_1)의 센서가 작동하면 RL 소등, 급수 정지(M_1 정지)
- 배수탱크에 물이 차서 배수용 플로트리스 스위치(FLS_2)의 센서가 작동하면 GL 점등, 배수 시작(M_2 동작)
- 배수가 완료되면 GL 소등, 배수 정지(M_2 정지)
- 급수와 배수 운전 중 M_1과 M_2가 과부하되어 과전류가 흐를 때 전자식 과전류계

전기 EOCR이 동작되어 M_1과 M_2 정지, FR 여자
- FR에 의해 YL과 BZ가 교대로 동작
- 전자식 과전류계전기(EOCR)를 리셋(reset)하면 초기 상태로 복귀

(2) 수험자 유의사항

① 시험 시작 전 지급된 재료의 이상 유무를 확인하고 이상이 있을 때에는 시험위원의 승인을 얻어 교환할 수 있습니다. (단, 시험 시작 후 파손된 재료는 수험자 부주의로 파손된 것으로 간주되어 추가로 지급받지 못합니다.)

② 제어함(판)을 포함한 작업대(판)에서의 제반 치수는 mm이고 치수 허용 오차는 외관(전선관, 박스, 전원 및 부하측 단자대 등)은 ±30 mm, 제어판 내부는 ±5 mm입니다.

③ 전선관의 수직과 수평을 맞추어 작업하고, 전선관의 곡률 반경은 전선관 안지름의 6배 이상, 8배 이하로 작업하여야 합니다.

④ 박스, 제어함 및 단자대와 전선관 및 케이블의 접속점에서 가까운 곳(300 mm 이하)에 새들을 취부하고 전선관 및 케이블이 작업판에서 뜨지 않도록 새들을 적절히 배치하여 튼튼하게 고정합니다 (단, 굴곡부가 없는 도면 치수 300 mm 미만의 직선 전선관 및 케이블은 새들 1개도 가능).

⑤ 제어함 및 박스와 전선관 및 케이블이 접속되는 부분에는 전선관 및 케이블용 커넥터를 사용하고 제어함에 5 mm 정도 올리고 새들로 고정하여야 합니다.

⑥ 케이블의 색상이 주회로 색상과 상이한 경우 감독위원이 지정한 색상으로 대체합니다.
※ 녹색 전선은 제외

⑦ 전원측 단자대는 동작시험을 할 수 있도록 전원선의 색상에 맞추어 100 mm 정도인 입선을 인출하고 피복은 전선 끝에서 약 10 mm 정도 벗겨둡니다.

⑧ 전원 및 부하(전동기)측 단자대의 단자는 가로인 경우 왼쪽부터, 세로인 경우 위쪽부터 R, S, T, E(접지) 또는 U_1, V_1, W_1, E(접지), U_2, V_2, W_2, E(접지)의 순으로 결선합니다.

⑨ 도면에 표시된 플로트리스 스위치 센서 E_1, E_2, E_3의 인출선의 길이는 각각 100 mm, 150 mm, 200 mm로 하며 단자대의 단자는 가로인 경우 왼쪽부터, 세로인 경우 위쪽부터 E_1, E_2, E_3의 순으로 결선합니다.

⑩ 주회로는 2.5 mm^2(1/1.78) 전선, 보조회로는 1.5 mm^2(1/1.38) 황색 전선을 사용하고, 주회로의 전선 색상은 R상은 흑색, S상은 적색, T상은 청색을 사용합니다.

⑪ 접지회로는 2.5 mm^2(1/1.78) 녹색 전선으로 배선하여야 합니다.

⑫ 퓨즈 홀더 1차측과 2차측은 보조회로로 1.5 mm^2(1/1.38) 황색 전선을 사용하고 퓨즈 홀더에는 퓨즈를 끼워 놓아야 합니다.

⑬ 제어함 배선은 미관을 고려하여 배선(수평수직)하고 전선의 흐트러짐 등이 없도록 케이블 타이를 이용하여 균형있게 배선합니다.

※ 제어함 배선 시 기구와 기구 사이 배선 금지
⑭ 배선 점검은 회로시험기 또는 벨 시험기 등을 가지고 확인을 할 수 있으나, 전원을 투입하여 동작시험은 할 수 없습니다.
⑮ 단자대에 전선을 접속하는 경우 나사를 견고하게 조입니다. 단자 조임 불량이란 전선 피복 제거가 2 mm 이상 보이거나, 피복이 단자에 물린 경우를 말합니다.
※ 한 단자에 전선 세 가닥 이상 접속 금지
⑯ 제어함 내의 기구 배치는 도면에 따르되 소켓에 채점용 기기 등이 들어갈 수 있도록 합니다.
⑰ EOCR, 전자접촉기, 타이머, 플리커 릴레이, 릴레이 소켓(베이스) 번호에 유의하여 작업하도록 합니다.
※ 제어함 내부 기구 배치도와 지급된 채점용 기기 및 소켓(베이스)이 상이할 경우 감독위원의 지시에 따라 작업하도록 합니다.
⑱ EOCR, 전자접촉기, 타이머, 플리커 릴레이, 릴레이 등의 소켓(베이스)은 지급된 채점용 기기와 같은 규격이어야 하며, 홈이 아래로 향하게 배치합니다.
※ 채점용 기기 및 소켓(베이스)의 매칭은 감독위원의 지시에 따라 작업하도록 합니다.
⑲ 접지는 도면에 표시된 부분만 실시하고, 접지선은 입력(전원) 단자대에서 제어함 내의 단자대를 거쳐 출력(부하) 단자대까지 결선하며, 도면에서 별도로 표시하지 않더라도 모든 접지는 입력 단자대의 접지측과 연결되어야 합니다.
※ 기타 외부로의 접지는 시행하지 않아도 됩니다.
⑳ 기타 내선공사 방법 등은 감독위원의 지시사항을 준수하여 작업하며, 작업에 대한 문의사항은 시험 시작 전 질의하도록 하고, 시험 진행 중에는 질의를 삼가도록 합니다.
㉑ 다음 사항에 대해서는 채점 대상에서 제외하니 특히 유의하시기 바랍니다.
  ㈎ 기권
    - 과제 진행 중 수험자 스스로 작업에 대한 포기의사를 표현한 경우
  ㈏ 실격
    - 지급 재료 이외의 재료를 사용한 작품
    - 시험 중 시설·장비의 조작 또는 재료의 취급이 미숙하여 위해를 일으킬 것으로 감독위원 전원이 합의하여 판단한 경우
    - 기능이 해당 등급 수준에 전혀 도달하지 못한 것으로 감독위원 전원이 합의하여 판단한 경우
    - 시험 관련 부정에 해당하는 장비(기기), 재료 등을 사용하는 것으로 감독위원 전원이 합의하여 판단한 경우
  ㈐ 오작
    - 시험시간 내에 제출된 작품이라도 다음과 같은 경우

- 완성된 과제가 도면 및 배치도, 제어회로도의 동작사항, 채점용 기기와 소켓(베이스)의 매칭, 부품의 방향, 결선 상태 등이 상이한 경우(EOCR, 전자접촉기, 플로트리스 스위치, 플리커 릴레이, 릴레이, 램프 색상 등)
- 주회로(흑색, 적색, 청색) 및 보조회로(황색) 배선의 전선 굵기 및 색상이 도면 및 유의사항과 다른 경우
- 제어함 밖으로 인출되는 배선이 제어함 내의 단자대를 거치지 않고 직접 접속된 경우
- 제어함 내부 배선 상태나 전선관 및 케이블 가공 상태가 불량하여 전기 공급이 불가한 경우
- 제어함 내부 배선 상태나 기구 간격 불량으로 동작 상태의 확인이 불가한 경우
- 접지공사를 하지 않은 경우 및 접지선(녹색) 색상 및 굵기가 도면 및 유의사항과 틀린 경우(전동기로 출력되는 부분은 생략)
- 컨트롤 박스 커버 등이 조립되지 않아 내부가 보이는 경우
- 배관 및 기구배치도에서 허용 오차 ± 50 mm를 넘는 곳이 3개소 이상, ± 100 mm를 넘는 곳이 1개소 이상인 경우(단, 박스, 단자대, 전선관 등이 도면 치수를 벗어나는 경우 개별 개소로 판정)
- 제어함 및 박스와 전선관 및 케이블이 접속되는 부분에 전선관 및 케이블용 커넥터를 정상 접속하지 않은 경우(미접속 포함)
- 박스, 제어함 및 단자대와 전선관 및 케이블의 접속점에서 가까운 곳(300 mm 이하)에 새들을 취부하지 않은 경우(단, 굴곡부가 없는 도면 치수 300 mm 미만의 직선 전선관 및 케이블은 새들 1개도 가능)
- 전원 및 부하(전동기)측 단자대 내의 R, S, T, E(접지) 또는 U, V, W, E(접지) 또는 플로트리스 스위치 센서 E_1, E_2, E_3 배치 순서가 유의사항과 상이한 경우
- 플로트리스 스위치 센서 E_1, E_2, E_3의 인출선 길이가 허용 오차 ± 20 mm를 넘는 곳이 2개소 이상인 경우
- 한 단자에 전선 3가닥 이상 접속된 경우
- 제어함 내의 배선 시 기구와 기구 사이로 수직 배선한 경우
- 내선규정 등으로 공사를 진행하지 않은 경우

(3) 주요 지급 재료 목록

일련번호	재료명	규격	단위	수량	비고
1	합판	400 mm×420 mm×12 mm	장	1	
2	단자대	4P 20A	개	5	
3	단자대	10P 20A	개	4	
4	컨트롤 박스	ϕ25 3구	개	3	
5	푸시 버튼 스위치	ϕ25 1a1b	개	4	적 2, 녹 2
6	파일럿 램프	ϕ25 220V	개	3	적 1, 녹 1, 황 1
7	버저	ϕ25 220V	개	1	
8	전자접촉기 소켓	220V 12P(둥근형)	개	2	
9	EOCR 소켓	220V 12P(둥근형)	개	1	
10	릴레이 소켓	220V 8P	개	1	
11	플로트리스 스위치 소켓	220V 8P	개	2	
12	플리커 릴레이 소켓	220V 8P	개	1	
13	PE 전선관	16 mm	m	5	
14	플렉시블 전선관	16 mm	m	5	
15	커넥터	16 mm PE 전선관용	개	6	
16	커넥터	16 mm 플렉시블 전선관용	개	6	
17	비닐절연전선	1.5SQ(1/1.38)(황)	m	50	
18	비닐절연전선	2.5SQ(1/1.78)(흑)	m	5	
19	비닐절연전선	2.5SQ(1/1.78)(적)	m	5	
20	비닐절연전선	2.5SQ(1/1.78)(청)	m	5	
21	비닐절연전선	2.5SQ(1/1.78)(녹)	m	5	
22	새들	16 mm 전선관용	개	40	
23	케이블	4C 2.5 mm^2	m	1	
24	케이블 커넥터	4C 케이블용	개	1	
25	케이블 새들	4C 케이블용	개	2	
26	케이블 타이	100 mm	개	30	
27	유리관 퓨즈 및 홀더	250V 100A(박스 2개용)	개	1	퓨즈 10A 2개 포함
28	배선용 차단기	3상용 AC 250V 30A	개	1	
29	실렉터 스위치	ϕ25 2단	개	1	

(4) 배관 및 기구 배치도

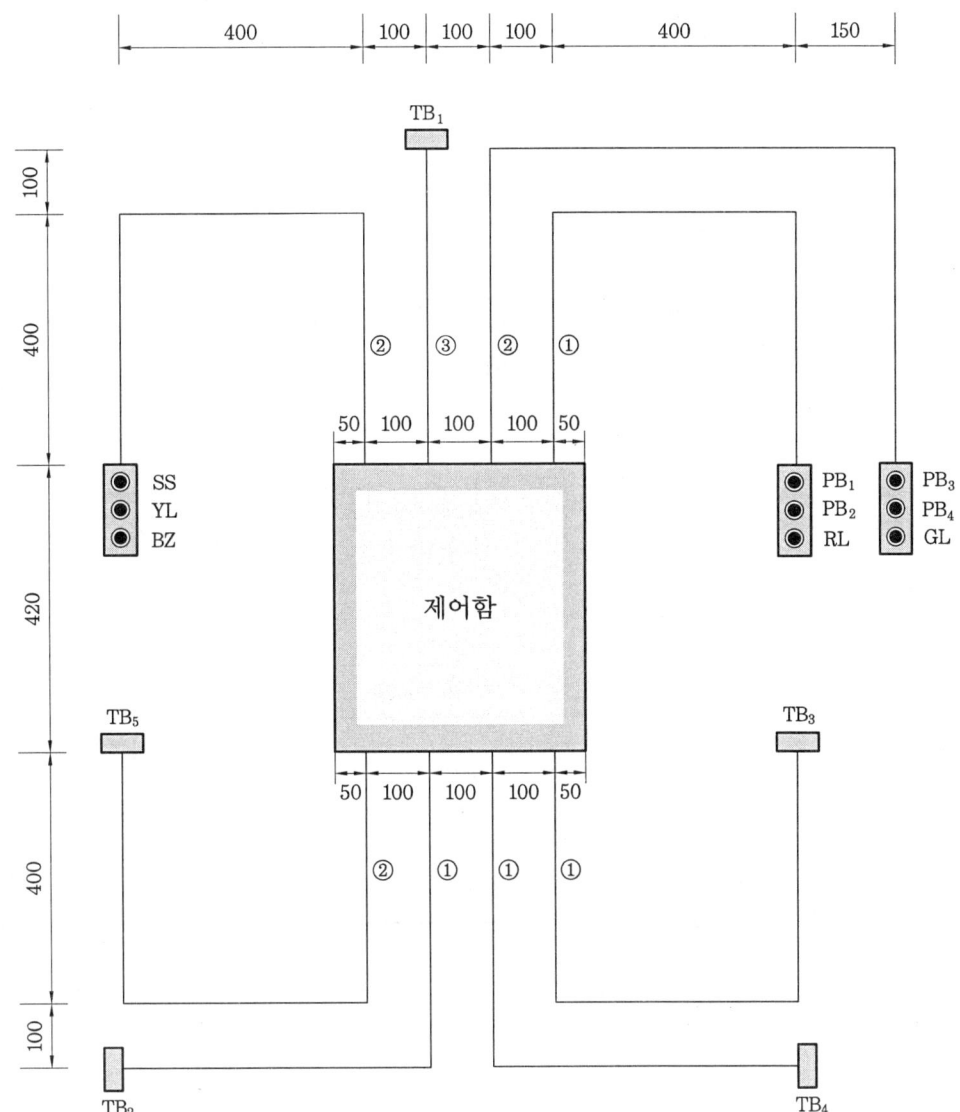

공사 방법

①	PE 전선관
②	플렉시블 전선관
③	케이블

(5) 제어함 내부 기구 배치도

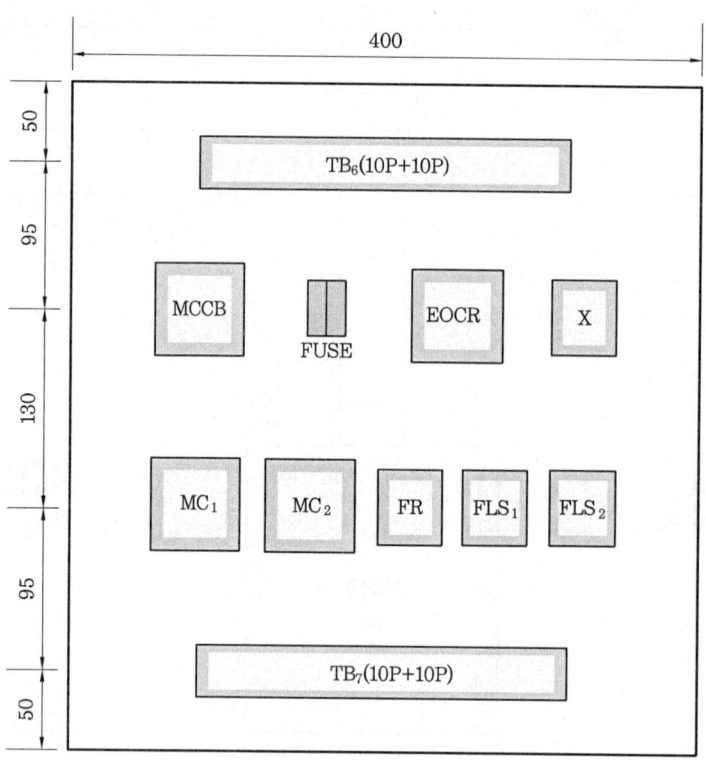

범 례

기 호	명 칭	기 호	명 칭
TB_1	전원(단자대 4P)	PB_1, PB_3	푸시 버튼 스위치(녹)
TB_2, TB_3	모터(단자대 4P)	PB_2, PB_4	푸시 버튼 스위치(적)
TB_4, TB_5	플로트리스(단자대 4P)	YL	파일럿 램프(황) 220V
TB_6, TB_7	단자대(10P+10P)	GL	파일럿 램프(녹) 220V
MC_1, MC_2	전자접촉기 소켓(12P)	RL	파일럿 램프(적) 220V
X	릴레이 소켓(8핀)	FUSE	퓨즈 및 퓨즈 홀더
EOCR	EOCR 소켓(12P)	MCCB	배선용 차단기
FLS_1, FLS_2	플로트리스 스위치(8핀)	SS	실렉터 스위치(1a1b)
		BZ	버저

(6) 동작 회로도

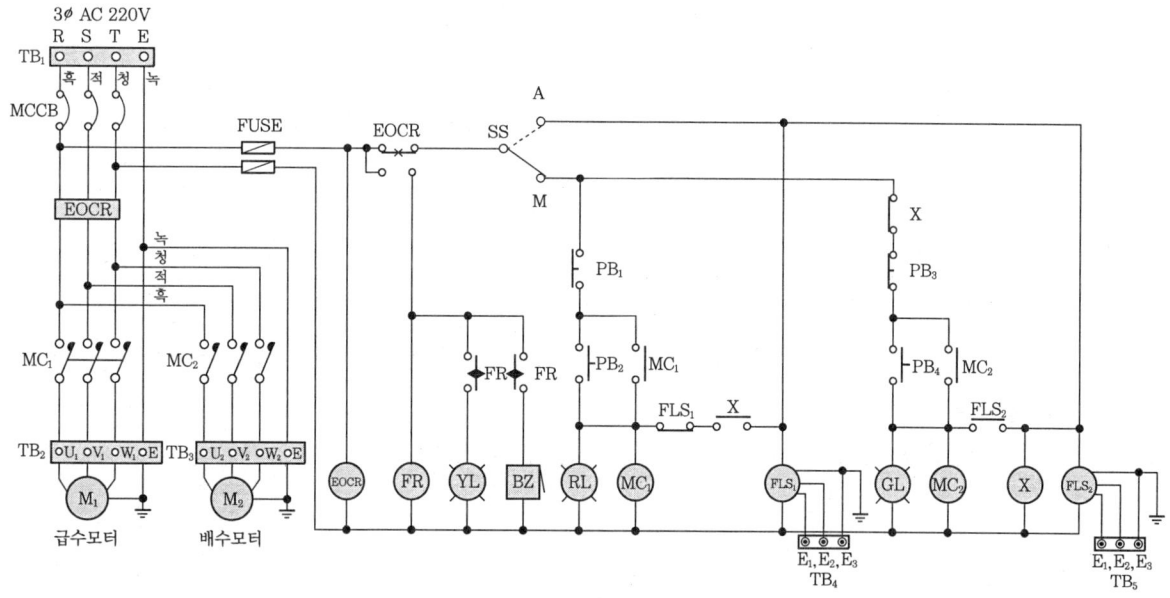

(7) 동작 순서

• 수동 동작

① MCCB ON → 전원 공급 (준비 상태)
② SS → M(수동)
③ PB₂ ON → MC₁ 여자 → M₁ 운전, RL 점등
④ PB₁ OFF → MC₁ 소자 → M₁ 정지, RL 소등
⑤ PB₄ ON → MC₂ 여자 → M₂ 운전, GL 점등
⑥ PB₃ OFF → MC₂ 소자 → M₂ 정지, GL 소등

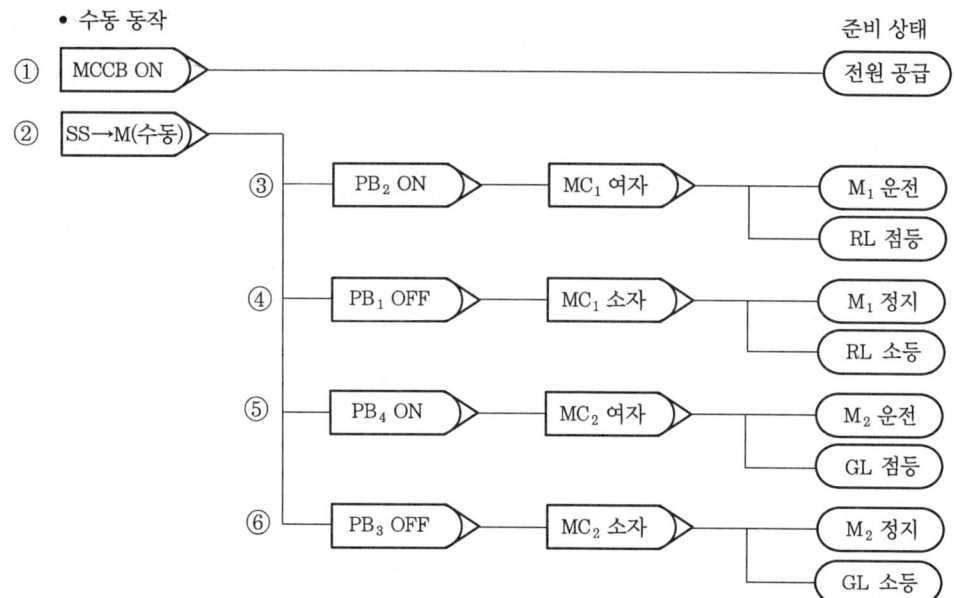

과부하 동작 사항

EOCR 동작
⑦
MC 소자
M 정지
GL, RL 소등
⑧
FR 여자
YL-BZ 교대 동작
⑨
EOCR Reset
초기 상태로 복귀

• 자동 동작

①
MCCB ON
전원 공급
②
③
SS→A(자동)
X 여자
MC₁ 여자
M₁ 운전
RL 점등
급수탱크
④
급수 완료
FLS₁
MC₁ 소자
M₁ 정지
RL 소등
배수탱크
⑤
물이 차면
FLS₂
MC₂ 여자
M₂ 운전
GL 점등
⑥
배수 완료
FLS₂
MC₂ 소자
M₂ 정지
GL 소등

과부하 동작 사항

EOCR 동작
⑦
MC 소자
M 정지
GL, RL 소등
⑧
FR 여자
YL-BZ 교대 동작
⑨
EOCR Reset
초기 상태로 복귀

(8) 제어 부품 내부 결선도

(R) (S) (T) (a₁) (b₁) (S₁)
1 2 3 4 5 6
7 8 9 10 11 12
(U) (V) (W) (a₂) (b₂) (S₂)

전자접촉기

(R) (S) (T) (96) (98) (L₁)
1 2 3 4 5 6
제어회로
7 8 9 10 11 12
(U) (V) (W) (95) (97) (L₂)

EOCR

수동(M)
자동(A)

실렉터 스위치 구성도

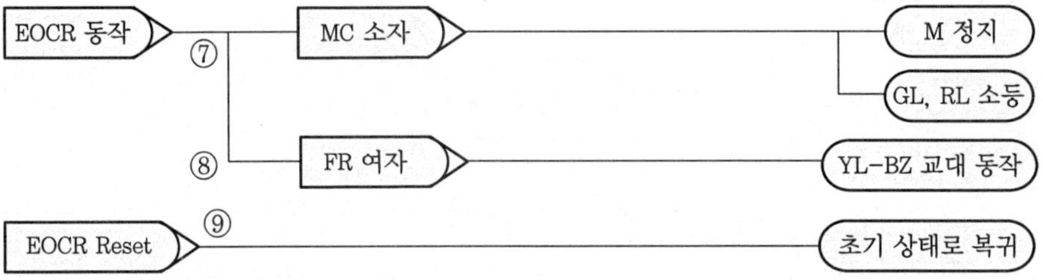

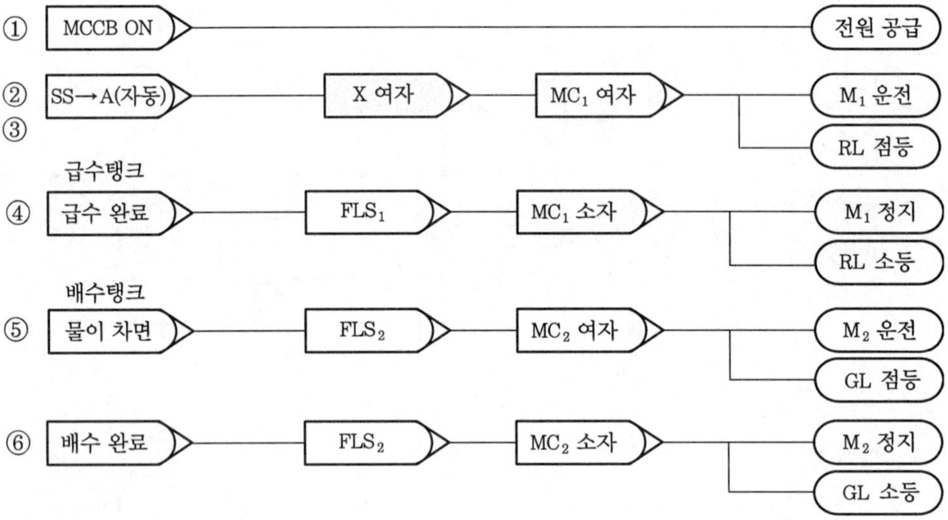

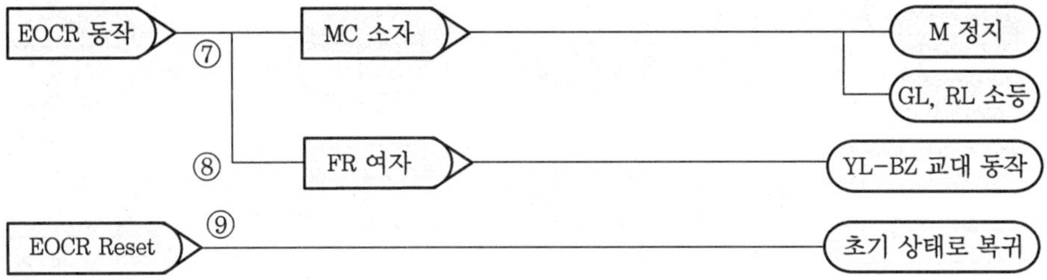

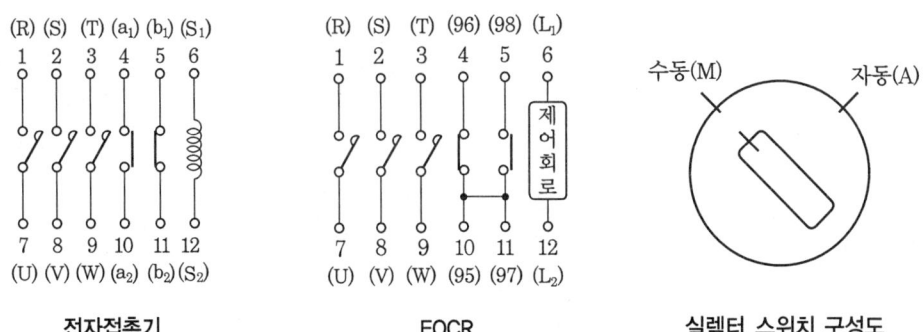

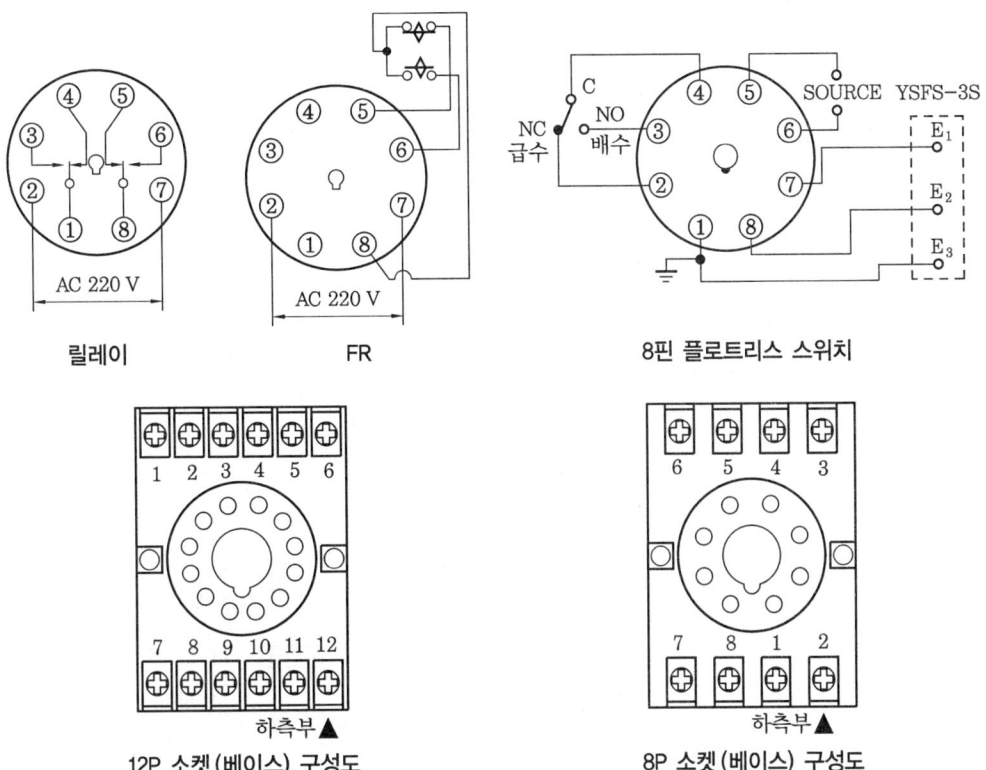

릴레이   FR   8핀 플로트리스 스위치

12P 소켓 (베이스) 구성도   8P 소켓 (베이스) 구성도

(9) 단자번호 부여

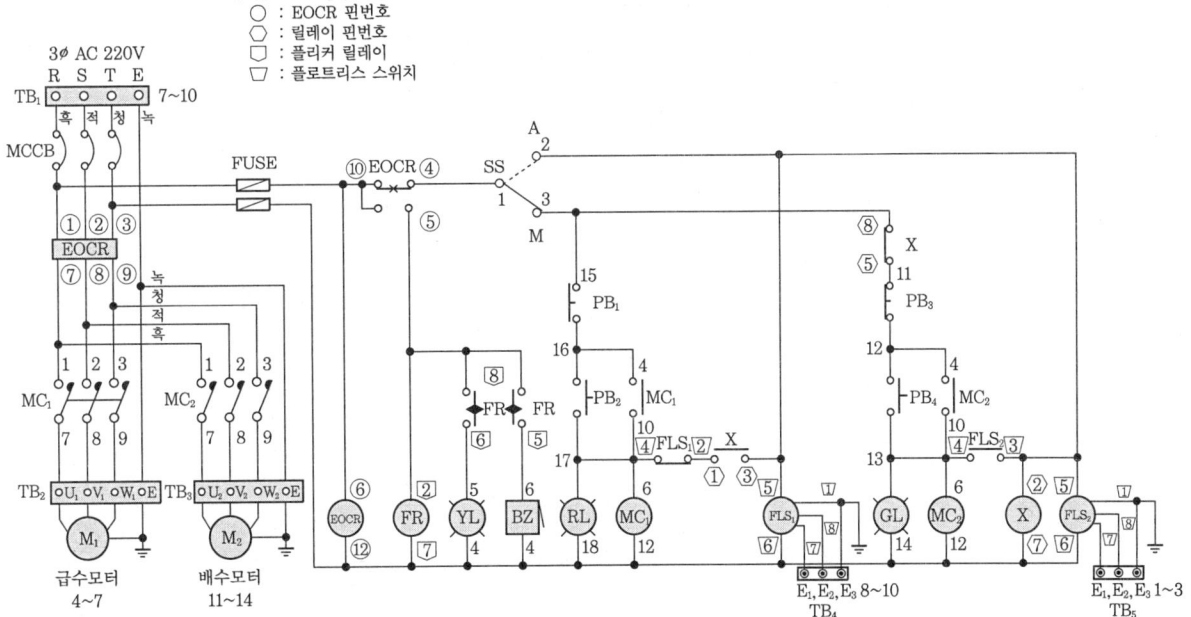

(10) 실체 배선도

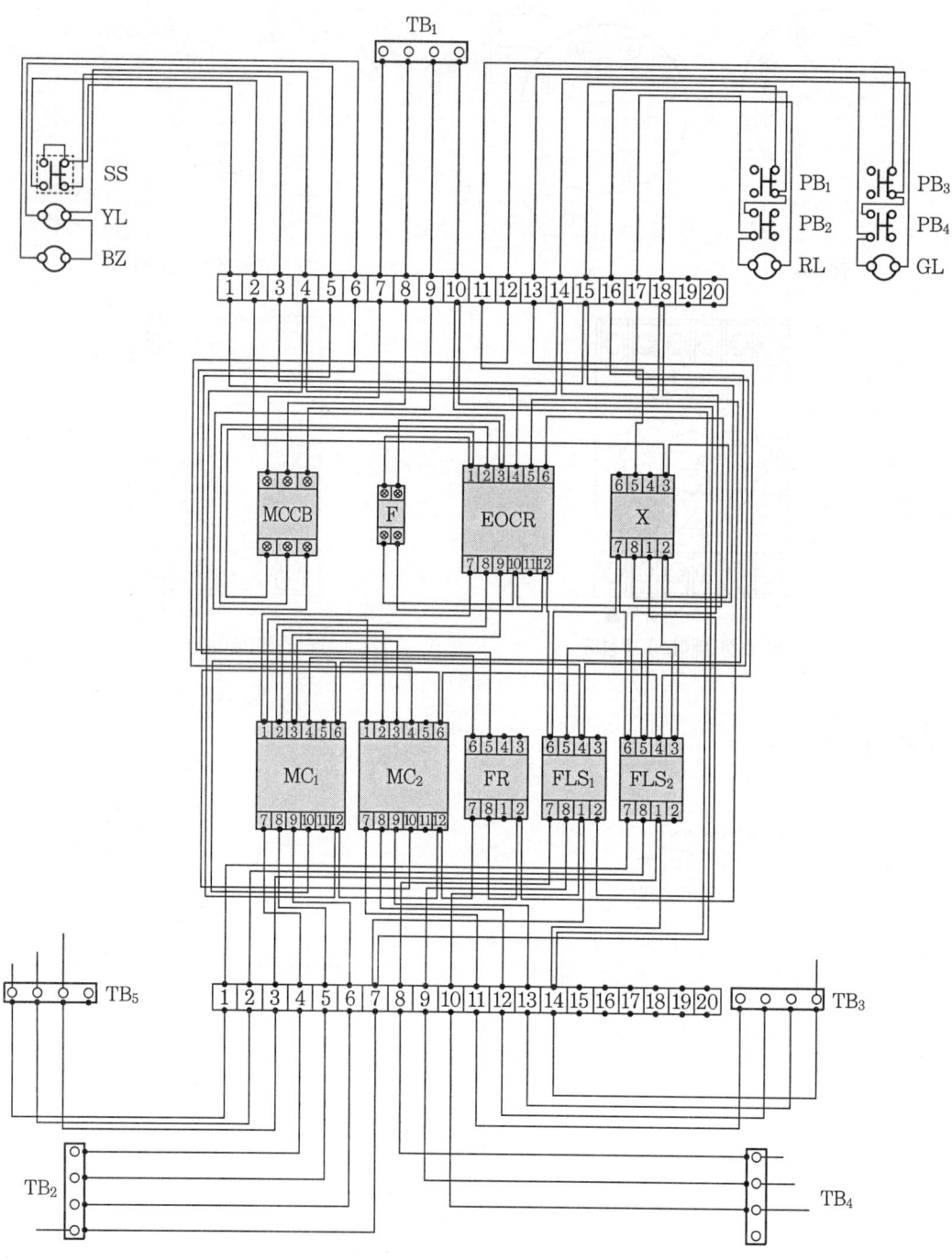

2019년도 시행 문제

| □ 전기 기능사(실기) | ▶ 2019. 3(1회) 시행 |

■ 과제명 : 자동온도조절 제어회로

• 시험시간 : 표준시간−4시간 30분

(1) 요구 사항

① 지급된 재료를 사용하여 제한시간 내에 주어진 과제를 완성하시오.

② 공통 사항
  ㈎ 전원방식 : 3상 3선식 220 V
  ㈏ 공사방법
   • 플렉시블 전선관
   • PE 전선관
   • 케이블

③ 동작
  ㈎ MCCB에 전원을 투입하면 회로에 전원이 공급되고 WL이 점등된다.
  ㈏ 푸시 버튼 스위치 PB_1을 누르면 릴레이 X가 여자, MC_1이 여자, 램프 RL이 점등되며, 순환모터가 작동된다.
  ㈐ 설정 온도에 도달하면 온도 릴레이 TC가 여자, 타이머 T가 여자, MC_1이 소자, 램프 RL이 소등되며, 순환모터가 정지한다.
  ㈑ 타이머 T의 설정시간 t초 후 MC_2가 여자, 램프 GL이 점등되고 배기모터가 동작된다.
  ㈒ PB_0를 누르면 운전 중인 모든 전동기의 동작이 정지된다.
  ㈓ 전동기 운전 중 순환모터 M_1(배기모터 M_2)이 과부하로 과전류가 흐를 때 전자식 과전류계전기 $EOCR_1$($EOCR_2$)이 동작되어 순환모터 M_1(배기모터 M_2)이 정지, 플리커 릴레이 FR이 여자된다.
  ㈔ 플리커 릴레이 FR에 의해서 램프 YL이 점멸한다.
  ㈕ 전자식 과전류계전기 $EOCR_1$($EOCR_2$)을 리셋(reset)하면 초기 상태로 복귀된다.

④ 기타 사항
  ㈎ 제어함 부분과 PE 전선관 및 플렉시블 전선관, 케이블이 접속되는 부분은 전선관용 커넥터를 끼워 놓습니다.
  ㈏ 전동기의 접속은 생략하고 단자대까지 접속할 수 있게 배선합니다.

㈐ 수험자 유의사항을 고려하여 요구사항을 완성하도록 합니다.

(2) 수험자 유의사항

① 시험 시작 전 지급된 재료의 이상 유무를 확인하고 이상이 있을 때에는 시험위원의 승인을 얻어 교환할 수 있습니다. (단, 시험 시작 후 파손된 재료는 수험자 부주의로 파손된 것으로 간주되어 추가로 지급받지 못합니다.)

② 제어함(판)을 포함한 작업대(판)에서의 제반 치수는 mm이고 치수 허용 오차는 외관(전선관, 박스, 전원 및 부하측 단자대 등)은 ±30 mm, 제어판 내부는 ±5 mm입니다.

③ 전선관의 수직과 수평을 맞추어 작업하고, 전선관의 곡률 반경은 전선관 안지름의 6배 이상, 8배 이하로 작업하여야 합니다.

④ 전선관이 작업판에서 뜨지 않도록 새들을 사용하여 튼튼하게 고정합니다.

⑤ 제어함 내의 기구 배치는 도면에 따르되 소켓에 채점용 기기 등이 들어갈 수 있도록 합니다.

⑥ 제어함 배선은 미관을 고려하여 배선(수평수직)하고 전선의 흐트러짐 등이 없도록 케이블 타이를 이용하여 균형있게 배선합니다.
    ※ 제어함 배선 시 기구와 기구 사이 배선 금지

⑦ 주회로는 $2.5\,mm^2(1/1.78)$ 전선, 보조회로는 $1.5\,mm^2(1/1.38)$ 황색 전선을 사용하고, 주회로의 전선 색상은 R상은 흑색, S상은 적색, T상은 청색을 사용합니다.

⑧ 접지회로는 $2.5\,mm^2(1/1.78)$ 전선(녹색)으로 배선하여야 합니다.

⑨ 케이블의 색상이 주회로 색상과 상이한 경우 감독위원이 지정한 색상으로 대체합니다 (녹색 전선은 제외).

⑩ 제어함과 전선관이 접속되는 부분에는 전선관용 커넥터를 사용하고 제어함에 5 mm 정도 올리고 새들로 고정하여야 합니다.

⑪ 전원 및 부하(전동기) 단자대의 단자는 가로인 경우 왼쪽부터, 세로인 경우 위쪽부터 R, S, T, E(접지) 또는 U_1, V_1, W_1, E(접지), U_2, V_2, W_2, E(접지)의 순으로 결선합니다.

⑫ 전원측 및 부하측 단자대는 동작시험을 할 수 있도록 전원선의 색상에 맞추어 100 mm 정도 인입선을 인출하고, 피복은 전선 끝에서 약 10 mm 정도 벗겨둡니다.

⑬ 단자에 전선을 접속하는 경우 나사를 견고하게 조입니다. 단자 조임 불량이란 전선 피복 제거가 2 mm 이상 보이거나, 피복이 단자에 물린 경우를 말합니다.
    ※ 한 단자에 전선 세 가닥 이상 접속 금지

⑭ 동작시험은 회로시험기 또는 벨 시험기를 가지고 확인을 할 수 있으나, 전원을 투입하여 동작시험은 할 수 없습니다 (기타 시험기구 사용 불가).

⑮ 퓨즈 홀더에는 퓨즈를 끼워 놓아야 합니다.

⑯ EOCR, 전자접촉기, 타이머, 릴레이, 플리커 릴레이, 온도 릴레이는 소켓번호에 유

의하여 작업하도록 합니다.
⑰ EOCR, 전자접촉기, 타이머, 릴레이, 플리커 릴레이, 온도 릴레이 등의 소켓(베이스)은 지급된 채점용 기기와 같은 규격이어야 하며, 홈이 아래로 향하게 배치합니다 (각 소켓(베이스) 구성도 참조).
⑱ 접지는 도면에 표시된 부분만 실시하고, 접지선은 입력 단자대에서 제어함 내의 단자대를 거쳐 출력 단자대까지 결선하며, 도면에서 별도로 표시하지 않더라도 모든 접지는 입력 단자대의 접지측과 연결되어야 합니다.
※ 기타 외부로의 접지는 시행하지 않아도 됩니다.
⑲ 기타 내선공사 방법 등은 감독위원의 지시사항을 준수하여 작업하며, 작업에 대한 문의사항은 시험 시작 전 질의하도록 하고 시험 진행 중에는 질의를 삼가도록 합니다.
⑳ 다음 사항에 대해서는 채점 대상에서 제외하니 특히 유의하시기 바랍니다.
 (가) 기권
  - 과제 진행 중 수험자 스스로 작업에 대한 포기의사를 표현한 경우
 (나) 실격
  - 지급 재료 이외의 재료를 사용한 작품
  - 시험 중 시설·장비의 조작 또는 재료의 취급이 미숙하여 위해를 일으킬 것으로 시험위원 전원이 합의하여 판단한 경우
  - 기능이 해당 등급 수준에 전혀 도달하지 못한 것으로 시험위원 전원이 합의하여 판단한 경우
 (다) 미완성
  - 시험시간 내에 요구사항을 완성하지 못한 경우(완성작품이란 모든 부품을 완전히 장착하고 깔끔히 배선 정리를 한 상태를 말함)
 (라) 오작
  - 시험시간 내에 제출된 작품이라도 다음과 같은 경우
  • 완성된 과제가 도면 및 배치도, 요구사항과 부품의 방향 및 결선 상태 등이 상이한 경우 등(EOCR, 전자접촉기, 타이머, 릴레이, 플리커 릴레이, 온도 릴레이, 램프 색상 등)
  • 주회로 배선의 전선 굵기 및 색상 등이 도면 및 유의사항과 다른 경우
  • 작품의 외형상 전선의 흐트러짐, 기구 배치 및 고정, 킹크 발생, 연결 상태 등이 조잡한 작품
  • 제어함 밖으로 인출되는 배선이 제어함 내의 단자대를 거치지 않고 직접 접속된 경우
  • 제어함 내부 배선 상태나 전선관 가공 상태가 불량하여 전기 공급이 불가한 경우
  • 제어함(판) 내의 배선 상태나 기구 간격 불량으로 동작 상태의 확인이 불가한 경우

- 접지공사를 하지 않은 경우 및 접지선 색상이 틀린 경우(전동기로 출력되는 부분은 생략)

(3) 주요 지급 재료 목록

일련번호	재료명	규격	단위	수량	비고
1	제어함(합판)	400×420×12 mm	장	1	
2	단자대	4P 20A 220V 10P 20A 220V	개	각 4	
3	컨트롤 박스	ϕ25 2구	개	3	
4	푸시 버튼 스위치	1a1b 220V ϕ25	개	2	녹 1, 적 1
5	파일럿 램프	ϕ25 220V	개	4	적 1, 녹 1, 황 1, 백 1
6	전자접촉기 소켓 EOCR 소켓	220V 12P	개	각 2	
7	타이머 소켓 릴레이 소켓 플리커 릴레이 소켓 온도 릴레이 소켓	220V 8P	개	각 1	
8	PE 전선관 플렉시블 전선관	16 mm	m	각 5	
9	커넥터	16 mm PE 전선관용 16 mm 플렉시블 전선관용	개	각 6	
10	비닐절연전선(HIV)	1.5SQ(1/1.38)	m	50	황
11	비닐절연전선(HIV)	2.5SQ(1/1.78)	m	각 6	흑, 적, 청, 녹
12	새들	16 mm 전선관용	개	34	
13	케이블 타이	100 mm	개	30	
14	퓨즈 홀더(2P)	유리관형, 250V 10A, 퓨즈 2개 포함	개	1	
15	배선용 차단기	3상용, AC 250V, 30A	개	1	
16	케이블	2.5SQ 4C×1 m	개	1	
17	케이블 새들	2.5SQ 4C용	개	2	
18	케이블 커넥터	2.5SQ 4C용(그랜드)	개	1	
19	8각 박스	92×92	개	1	

(4) 배관 및 기구 배치도

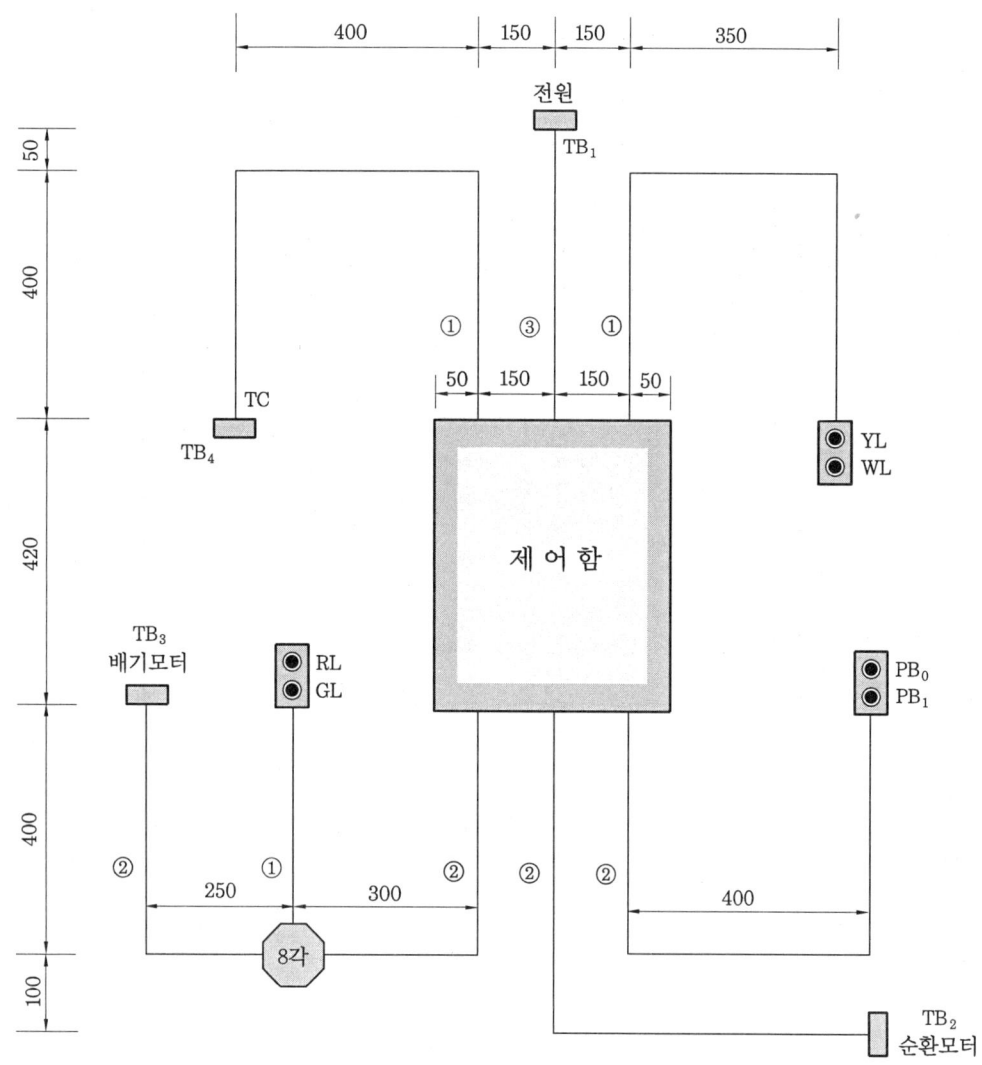

공사 방법

①	플렉시블 전선관
②	PE 전선관
③	케이블

(5) 제어함 내부 기구 배치도

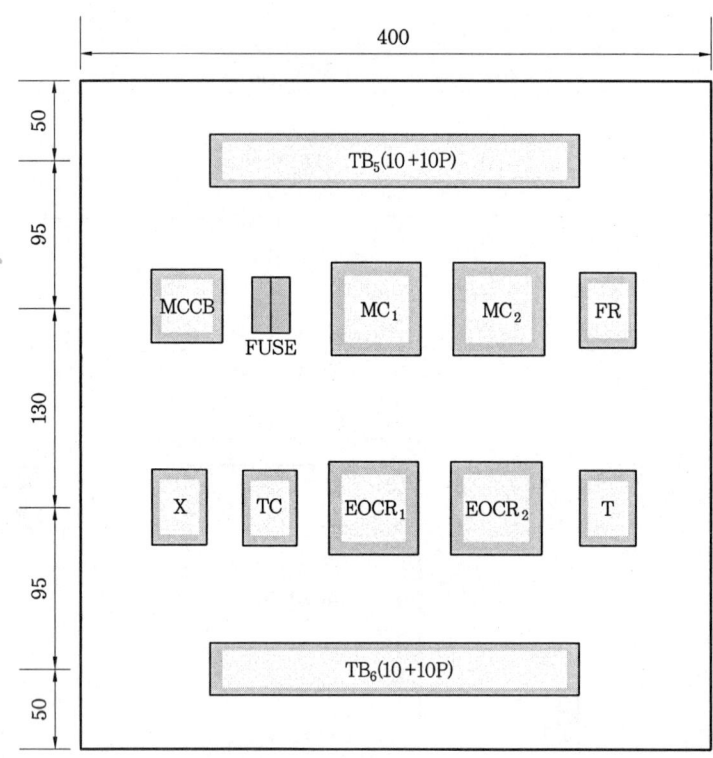

범 례

기 호	명 칭	기 호	명 칭
TB_1	전원(단자대 4P)	TC	온도 릴레이(8P)
TB_2	순환모터(단자대 4P)	PB_0	푸시 버튼 스위치(녹)
TB_3	배기모터(단자대 4P)	PB_1	푸시 버튼 스위치(적)
TB_4	TC(온도센서)(단자대 4P)	YL	파일럿 램프(황) 220V
TB_5, TB_6	단자대(10P+10P)	GL	파일럿 램프(녹) 220V
MC_1, MC_2	전자접촉기(12P)	RL	파일럿 램프(적) 220V
$EOCR_1$, $EOCR_2$	EOCR 소켓(12P)	WL	파일럿 램프(백) 220V
X	릴레이 소켓(8P)	FUSE	퓨즈 및 퓨즈 홀더
T	타이머 소켓(8P)	MCCB	배선용 차단기
FR	플리커 릴레이(8P)		

(6) 동작 회로도

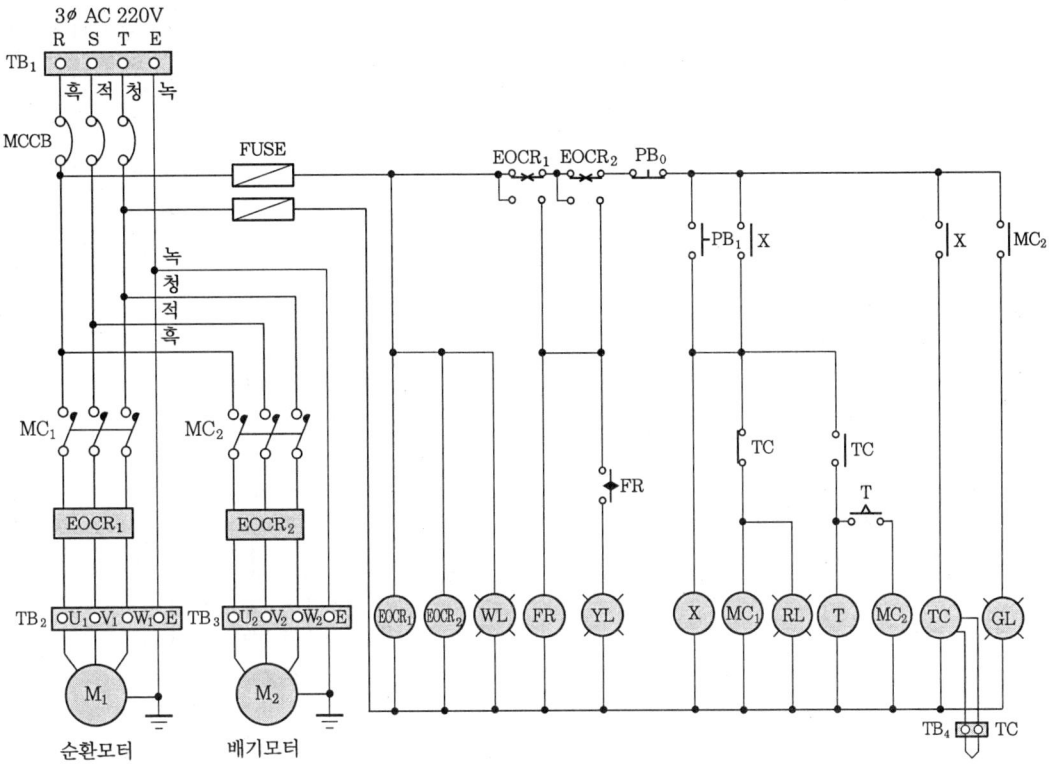

(7) 동작 순서

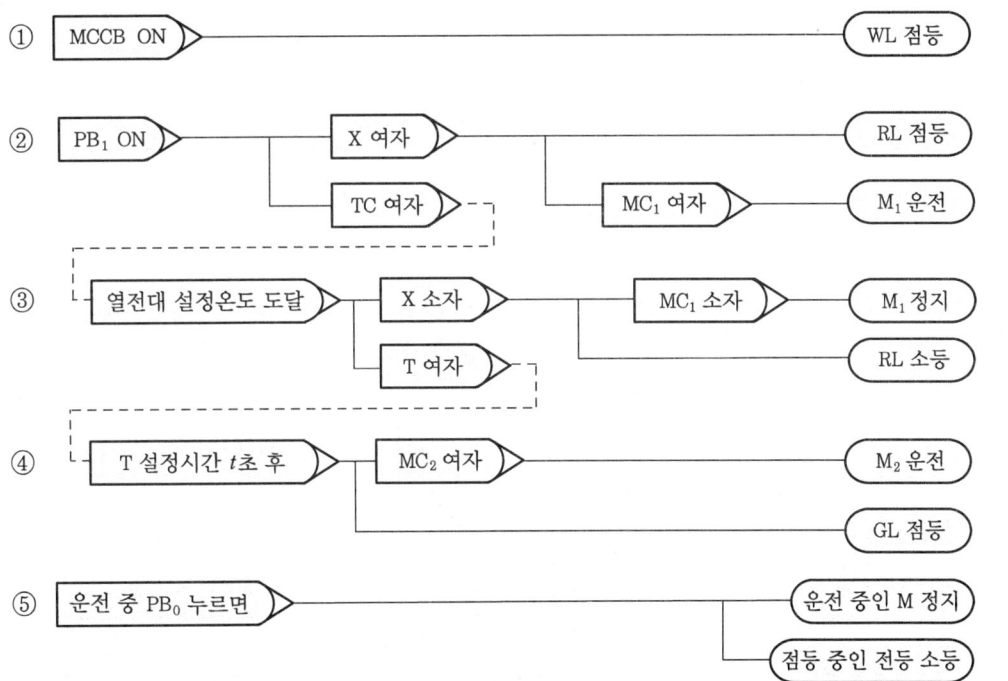

⑥ 전동기 M 운전 중 과부하가 걸리면

EOCR 동작 ─┬─────────────── 운전 중인 M 정지
　　　　　├─ FR 여자 ─┬── 점등 중인 전등 소등
　　　　　　　　　　　└── YL 점멸

⑦ EOCR 리셋 ──────────── 초기 상태 복귀

(8) 제어 부품 내부 결선도

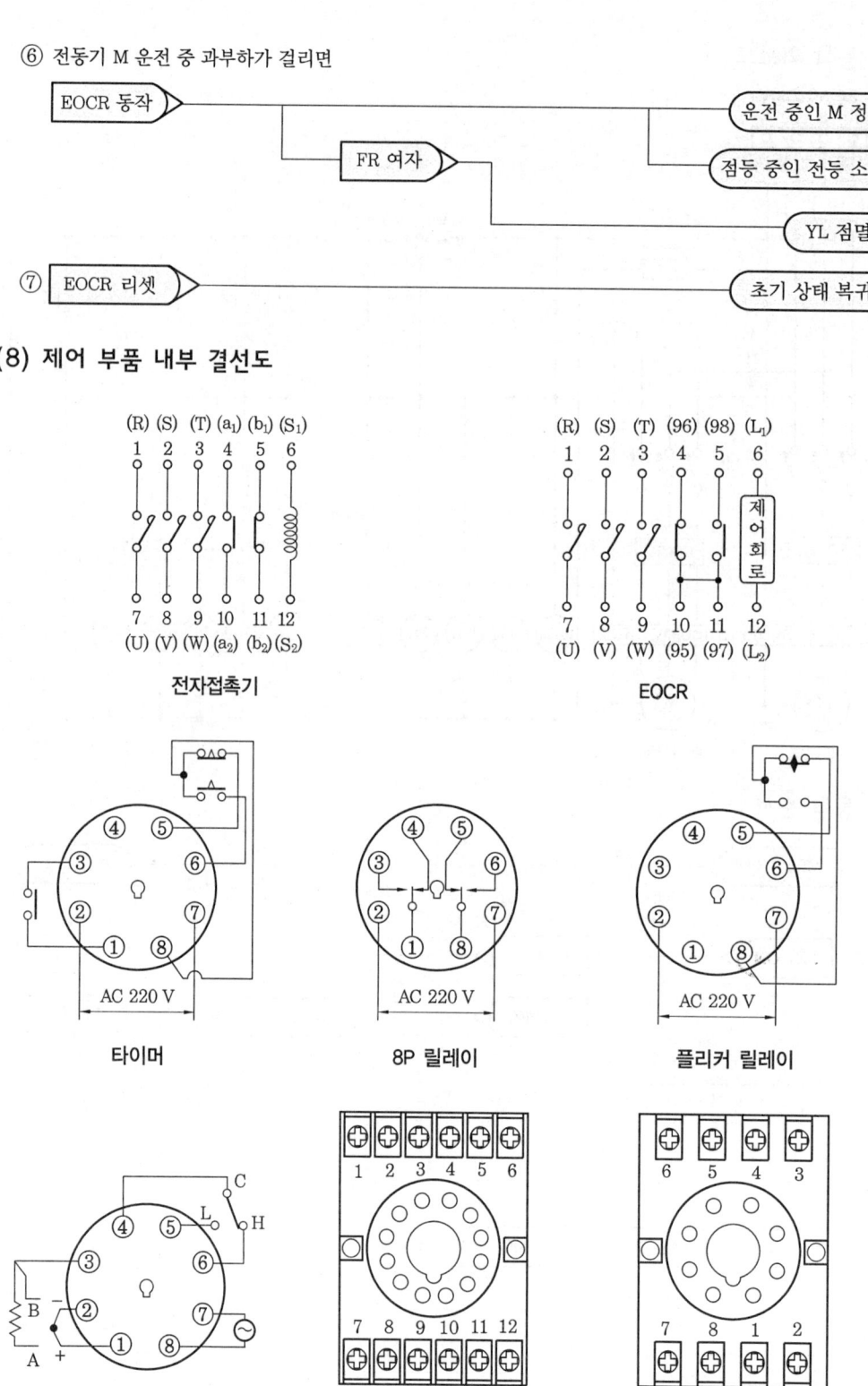

(9) 단자번호 부여

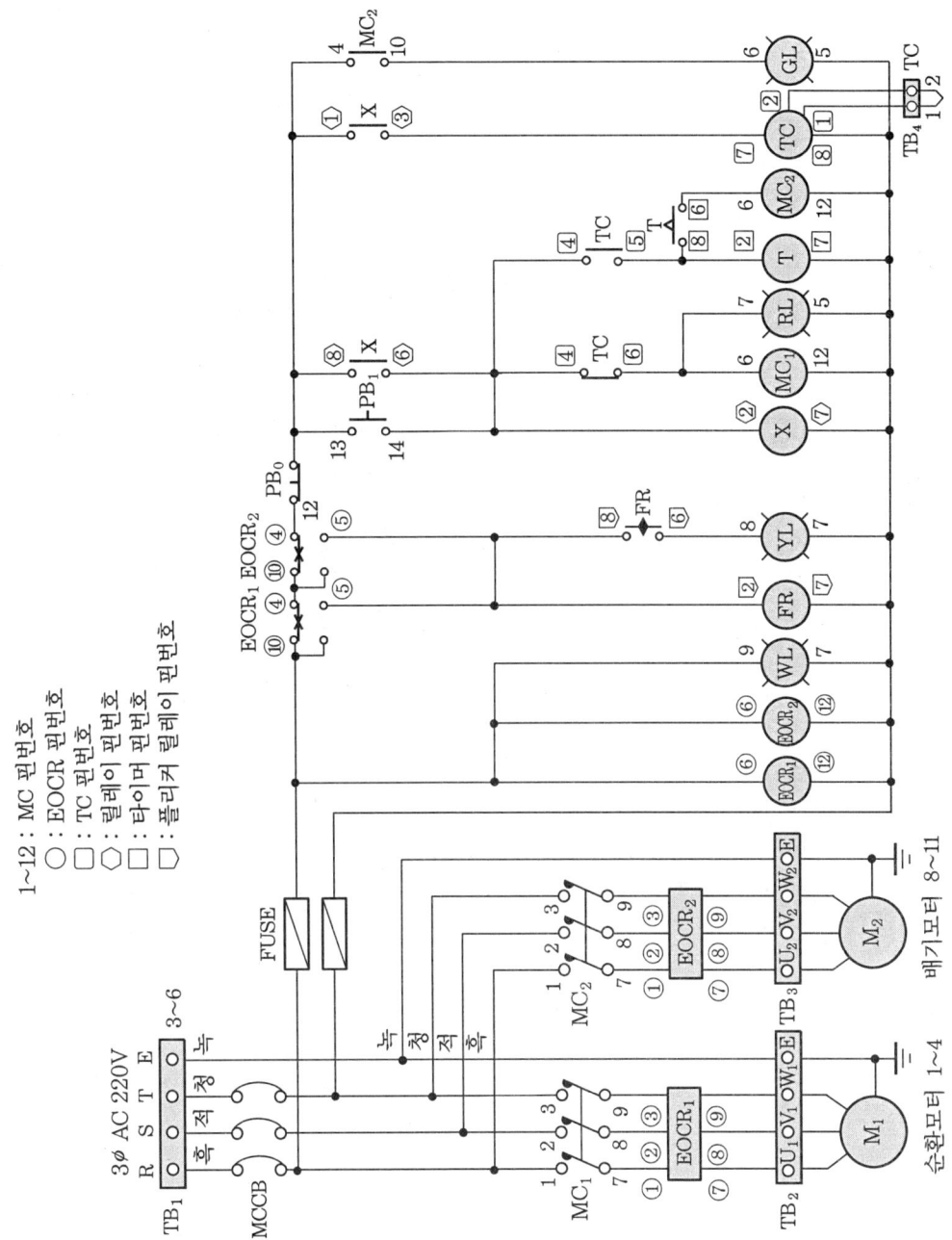

(10) 실체 배선도

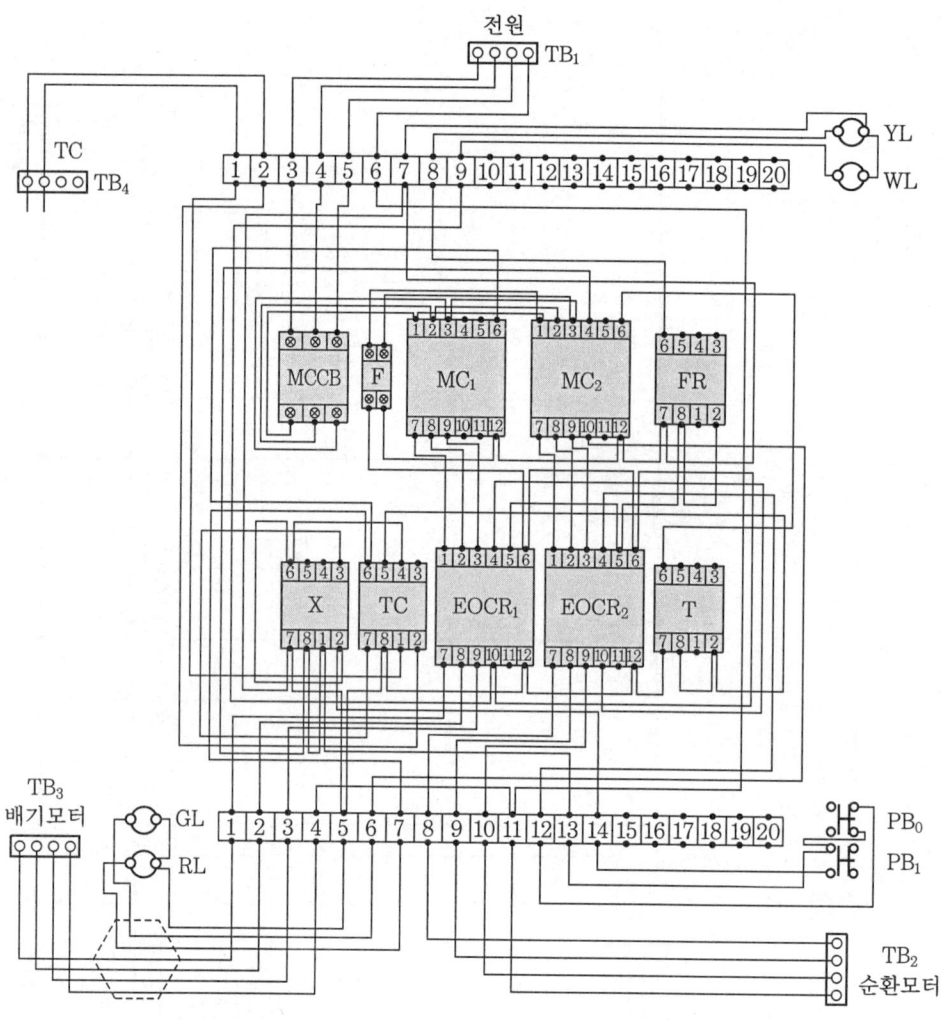

□ 전기 기능사(실기) ▶ 2019. 5(2회) 시행

■ 과제명 : 전동기 제어

• 시험시간 : 표준시간-4시간 30분

(1) 요구 사항

① 지급된 재료를 사용하여 제한시간 내에 주어진 과제를 완성하시오.

② 공통 사항

  (가) 전원방식 : 3상 3선식 220 V

  (나) 공사방법

    • PE 전선관   • 플렉시블 전선관   • 케이블

③ 동작

  (가) MCCB에 전원을 투입하면 회로에 전원이 공급된다.

  (나) PB_1을 누르면(ON) X_1이 여자, 타이머 T_1이 여자, WL이 점등된다.

  (다) LS_1에 신호가 들어오는 동안 MC_1이 여자, 램프 RL_1이 점등된다.

  (라) 타이머 T_1의 설정시간 t 초 후 X_2가 여자, 타이머 T_2가 여자, 램프 GL이 점등된다.

  (마) LS_2에 신호가 들어오는 동안 MC_2가 여자, 램프 RL_2이 점등된다.

  (바) 타이머 T_2의 설정시간 t 초 후 MC_1이 소자, 타이머 T_1이 소자, 램프 RL_1이 소등된다.

  (사) PB_0를 누르면 운전 중인 전동기의 동작이 정지된다.

  (아) 전동기 운전 중 $M_1(M_2)$이 과부하로 과전류가 흐를 때 전자식 과전류계전기 $EOCR_1(EOCR_2)$이 동작되어 전동기 $M_1(M_2)$이 정지, 램프 YL이 점등, 기타 모든 기기는 OFF된다.

  (자) 전자식 과전류계전기 $EOCR_1(EOCR_2)$을 리셋(reset)하면 초기 상태로 복귀된다.

(2) 수험자 유의사항

① 시험 시작 전 지급된 재료의 이상 유무를 확인하고 이상이 있을 때에는 시험위원의 승인을 얻어 교환할 수 있습니다.(단, 시험 시작 후 파손된 재료는 수험자 부주의로 파손된 것으로 간주되어 추가로 지급받지 못합니다.)

② 제어함(판)을 포함한 작업대(판)에서의 제반 치수는 mm이고 치수 허용 오차는 외관(전선관, 박스, 전원 및 부하측 단자대 등)은 ±30 mm, 제어판 내부는 ±5 mm입니다.

③ 전선관의 수직과 수평을 맞추어 작업하고, 전선관의 곡률 반경은 전선관 안지름의 6배 이상, 8배 이하로 작업하여야 합니다.

④ 박스, 제어함 및 단자대와 전선관 및 케이블의 접속점에서 가까운 곳(300 mm 이하)에 새들을 취부하고 전선관 및 케이블이 작업판에서 뜨지 않도록 새들을 적절히 배치하여 튼튼하게 고정합니다(단, 굴곡부가 없는 도면 치수 300 mm 미만의 직선

전선관 및 케이블은 새들 1개도 가능).
⑤ 제어함 및 박스와 전선관 및 케이블이 접속되는 부분에는 전선관 및 케이블용 커넥터를 사용하고 제어함에 5 mm 정도 올리고 새들로 고정하여야 합니다.
⑥ 케이블의 색상이 주회로 색상과 상이한 경우 감독위원이 지정한 색상으로 대체합니다.
  ※ 녹색 전선은 제외
⑦ 전원측 단자대는 동작시험을 할 수 있도록 전원선의 색상에 맞추어 100 mm 정도 인입선을 인출하고 피복은 전선 끝에서 약 10 mm 정도 벗겨둡니다.
⑧ 리밋 스위치(LS_1, LS_2)는 단자대(4P)로 대체하여 공사하고, 리드선을 100 mm 정도 뽑아서 끝부분의 피복을 10 mm 정도 벗겨둡니다.
⑨ 전원 및 부하(전동기)측 단자대의 단자는 가로인 경우 왼쪽부터, 세로인 경우 위쪽부터 R, S, T, E(접지) 또는 U_1, V_1, W_1, E(접지), U_2, V_2, W_2, E(접지)의 순으로 결선합니다.
⑩ 주회로는 $2.5\,mm^2$(1/1.78) 전선, 보조회로는 $1.5\,mm^2$(1/1.38) 황색 전선을 사용하고, 주회로의 전선 색상은 R상은 흑색, S상은 적색, T상은 청색을 사용합니다.
⑪ 접지회로는 $2.5\,mm^2$(1/1.78) 녹색 전선으로 배선하여야 합니다.
⑫ 퓨즈 홀더 1차측과 2차측은 보조회로로 $1.5\,mm^2$(1/1.38) 황색 전선을 사용하고 퓨즈 홀더에는 퓨즈를 끼워 놓아야 합니다.
⑬ 제어함 배선은 미관을 고려하여 배선(수평수직)하고 전선의 흐트러짐 등이 없도록 케이블 타이를 이용하여 균형있게 배선합니다.
⑭ 배선 점검은 회로시험기 또는 벨 시험기 등을 가지고 확인을 할 수 있으나, 전원을 투입하여 동작시험은 할 수 없습니다.
⑮ 단자대에 전선을 접속하는 경우 나사를 견고하게 조입니다. 단자 조임 불량이란 전선 피복 제거가 2 mm 이상 보이거나, 피복이 단자에 물린 경우를 말합니다.
  ※ 한 단자에 전선 세 가닥 이상 접속 금지
⑯ 제어함 내의 기구 배치는 도면에 따르되 소켓에 채점용 기기 등이 들어갈 수 있도록 합니다.
⑰ 소켓(베이스)을 사용하는 재료들은 소켓(베이스) 번호와 규격에 유의하여 작업하도록 하며 소켓(베이스)의 홈이 아래로 향하게 배치합니다.
⑱ 접지는 도면에 표시된 부분만 실시하고, 접지선은 입력(전원) 단자대에서 제어함 내의 단자대를 거쳐 출력(부하) 단자대까지 결선하며, 도면에서 별도로 표시하지 않더라도 모든 접지는 입력 단자대의 접지측과 연결되어야 합니다.
⑲ 기타 내선공사 방법 등은 감독위원의 지시사항을 준수하여 작업하며, 작업에 대한 문의사항은 시험 시작 전 질의하도록 하고, 시험 진행 중에는 질의를 삼가도록 합니다.
⑳ 다음 사항에 대해서는 채점 대상에서 제외하니 특히 유의하시기 바랍니다.
  ㈎ 기권
    - 과제 진행 중 수험자 스스로 작업에 대한 포기의사를 표현한 경우

(나) 실격
- 지급 재료 이외의 재료를 사용한 작품
- 시험 중 시설·장비의 조작 또는 재료의 취급이 미숙하여 위해를 일으킬 것으로 감독위원 전원이 합의하여 판단한 경우
- 기능이 해당 등급 수준에 전혀 도달하지 못한 것으로 감독위원 전원이 합의하여 판단한 경우
- 시험 관련 부정에 해당하는 장비(기기), 재료 등을 사용하는 것으로 감독위원 전원이 합의하여 판단한 경우

(다) 오작
- 시험시간 내에 제출된 작품이라도 다음과 같은 경우
- 완성된 과제가 도면 및 배치도, 제어회로도의 동작사항, 채점용 기기와 소켓(베이스)의 매칭, 부품의 방향, 결선 상태 등이 상이한 경우(EOCR, 전자접촉기, 타이머, 릴레이, 램프 색상 등)
- 주회로(흑색, 적색, 청색) 및 보조회로(황색) 배선의 전선 굵기 및 색상이 도면 및 유의사항과 다른 경우
- 제어함 밖으로 인출되는 배선이 제어함 내의 단자대를 거치지 않고 직접 접속된 경우
- 제어함 내부 배선 상태나 전선관 및 케이블 가공 상태가 불량하여 전기 공급이 불가한 경우
- 제어함 내부 배선 상태나 기구 간격 불량으로 동작 상태의 확인이 불가한 경우
- 접지공사를 하지 않은 경우 및 접지선(녹색) 색상 및 굵기가 도면 및 유의사항과 틀린 경우(전동기로 출력되는 부분은 생략)
- 컨트롤 박스 커버 등이 조립되지 않아 내부가 보이는 경우
- 배관 및 기구배치도에서 허용 오차 ±50 mm를 넘는 곳이 3개소 이상, ±100 mm를 넘는 곳이 1개소 이상인 경우(단, 박스, 단자대, 전선관 등이 도면 치수를 벗어나는 경우 개별 개소로 판정)
- 제어함 및 박스와 전선관 및 케이블이 접속되는 부분에 전선관 및 케이블용 커넥터를 정상 접속하지 않은 경우(미접속 포함)
- 박스, 제어함 및 단자대와 전선관 및 케이블의 접속점에서 가까운 곳(300 mm 이하)에 새들을 취부하지 않은 경우(단, 굴곡부가 없는 도면 치수 400 mm 미만의 직선 전선관 및 케이블은 새들 1개도 가능)
- 전원 및 부하(전동기)측 단자대 내의 R, S, T, E(접지) 또는 U, V, W, E(접지) 배치순서가 유의사항과 상이한 경우
- 한 단자에 전선 3가닥 이상 접속한 경우
- 제어함 내의 배선 시 기구와 기구 사이로 수직 배선한 경우
- 내선규정 등으로 공사를 진행하지 않은 경우

(3) 주요 지급 재료 목록

일련번호	재료명	규격	단위	수량	비고
1	합판	400×420×12 mm	장	1	
2	단자대	4P 20A 220V	개	5	
3	단자대	10P 20A 220V	개	4	
4	컨트롤 박스	φ25 2구	개	2	
5	컨트롤 박스	φ25 3구	개	1	
6	푸시 버튼 스위치	1a1b 220V φ25	개	1	녹 1
7	푸시 버튼 스위치	1a1b 220V φ25	개	1	적 1
8	파일럿 램프	φ25 220V	개	5	적 2, 녹 1, 황 1, 백 1
9	전자접촉기 소켓	220V 12P(둥근형)	개	2	
10	EOCR 소켓	220V 12P(둥근형)	개	2	
11	릴레이 소켓	220V 11P	개	2	
12	타이머 소켓	220V 8P	개	2	
13	PE 전선관	16 mm	m	5	
14	플렉시블 전선관	16 mm	m	5	
15	케이블	4C 2.5 mm^2	m	1	
16	케이블 커넥터	4C 케이블용	개	1	
17	케이블 새들	4C 케이블용	개	2	
18	커넥터	16 mm PE 전선관용	개	6	
19	커넥터	16 mm 플렉시블 전선관용	개	6	
20	비닐절연전선	1.5SQ(1/1.38)(황)	m	50	
21	비닐절연전선	2.5SQ(1/1.78)(흑)	m	6	
22	비닐절연전선	2.5SQ(1/1.78)(적)	m	6	
23	비닐절연전선	2.5SQ(1/1.78)(청)	m	6	
24	비닐절연전선	2.5SQ(1/1.78)(녹)	m	6	
25	새들	16 mm 전선관용	개	34	
26	케이블 타이	100 mm	개	30	
27	유리관 퓨즈 및 홀더	250V 30A(박스 2개용)	개	1	퓨즈 10A 2개 포함
28	배선용 차단기	3상용, AC 250V, 30A	개	1	

(4) 배관 및 기구 배치도

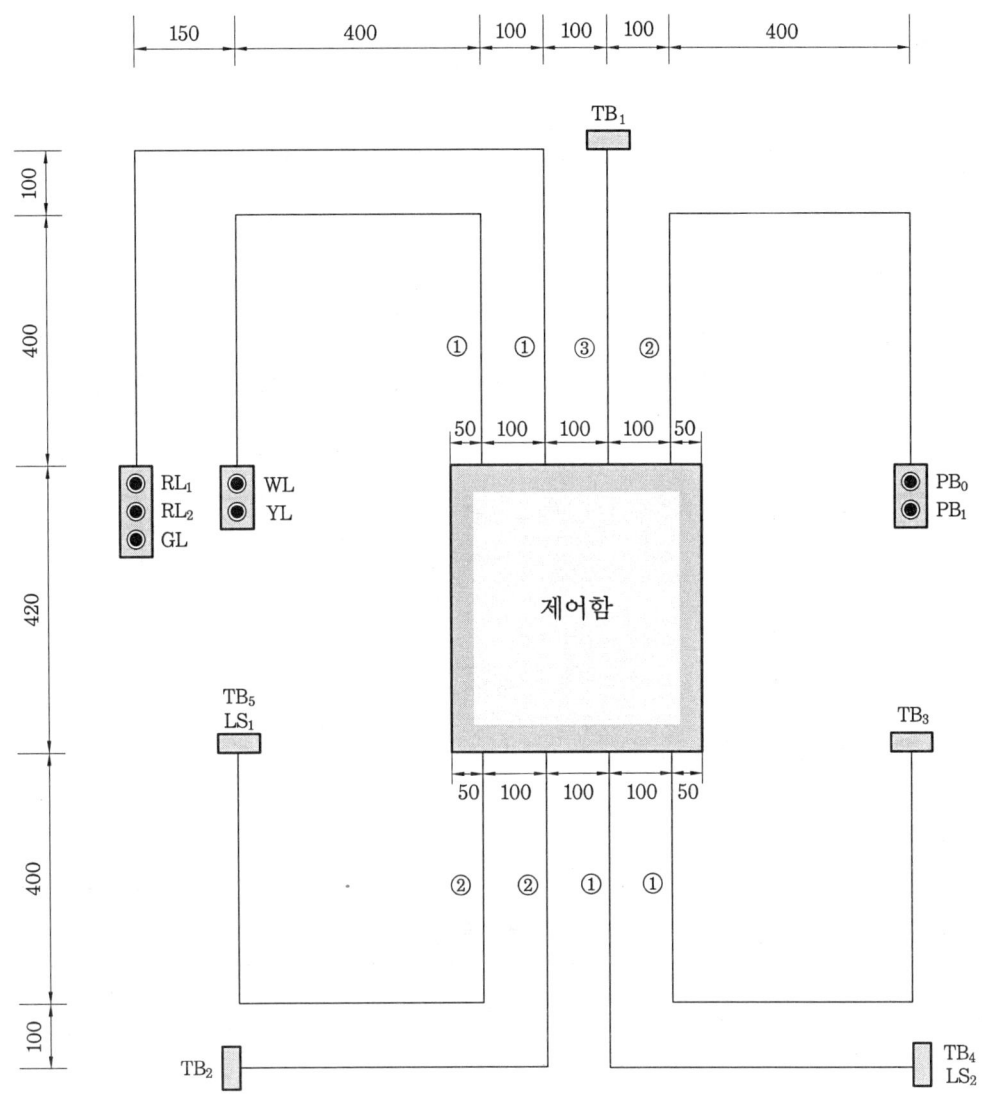

공사 방법

①	PE 전선관
②	플렉시블 전선관
③	케이블

(5) 제어함 내부 기구 배치도

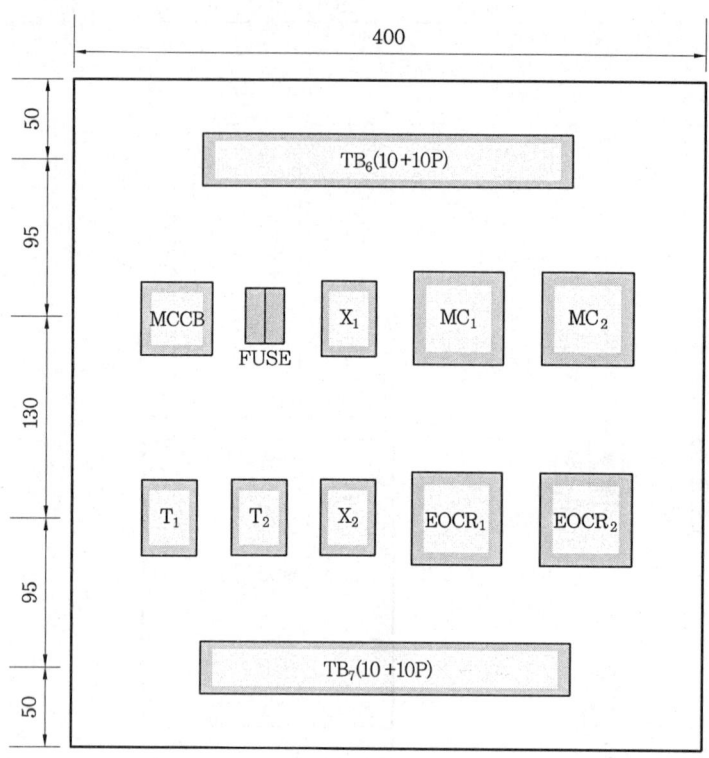

범 례

기 호	명 칭	기 호	명 칭
TB_1	전원(단자대 4P)	PB_0	푸시 버튼 스위치(녹)
TB_2, TB_3	모터(단자대 4P)	PB_1	푸시 버튼 스위치(적)
TB_4, TB_5	리밋 스위치(단자대 4P)	YL	파일럿 램프(황) 220V
TB_6, TB_7	단자대(10+10P)	GL	파일럿 램프(녹) 220V
MC_1, MC_2	전자접촉기 소켓(12P)	WL	파일럿 램프(백) 220V
X_1, X_2	릴레이 소켓(11P)	RL_1, RL_2	파일럿 램프(적) 220V
$EOCR_1$, $EOCR_2$	EOCR(12P)	FUSE	퓨즈 및 퓨즈 홀더
T_1, T_2	타이머 소켓(8P)	MCCB	배선용 차단기

(6) 동작 회로도

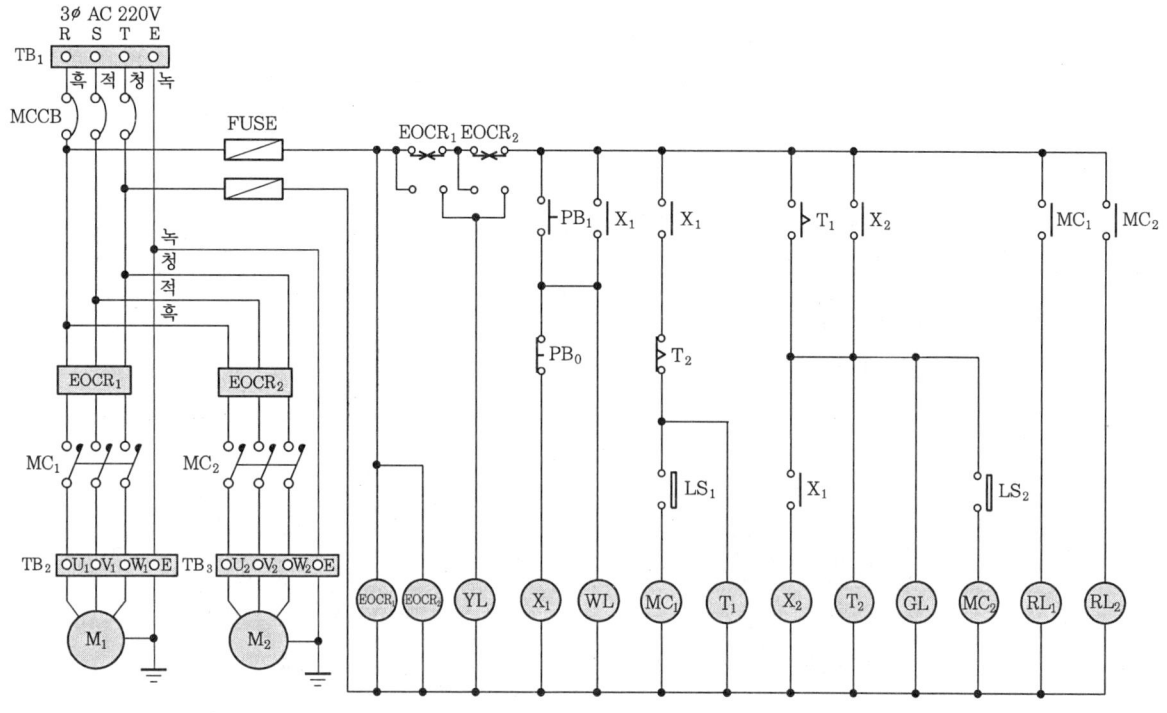

(7) 동작 순서

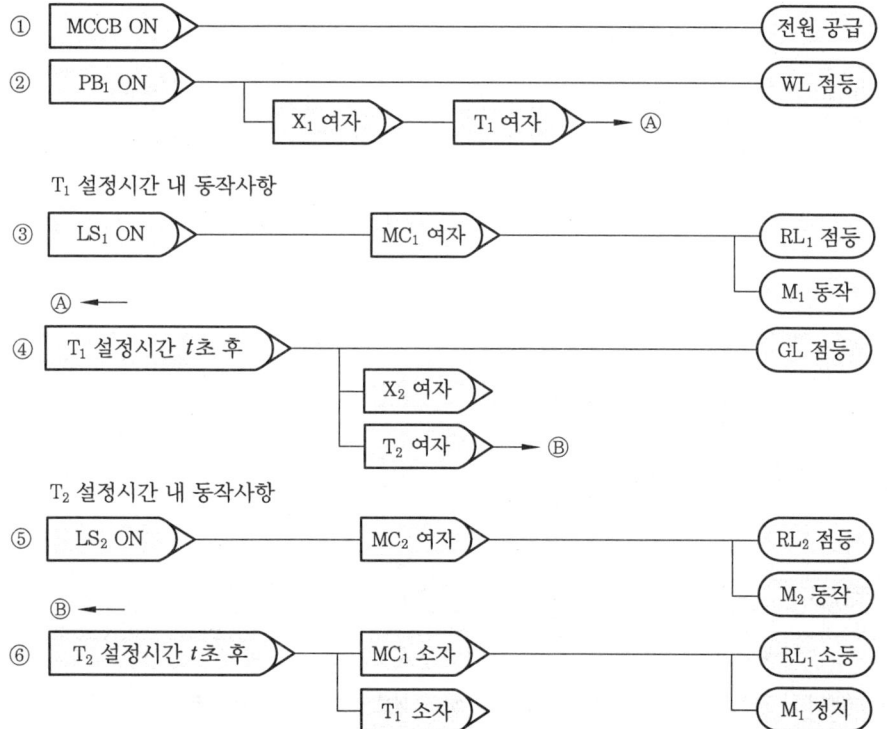

458 부 록

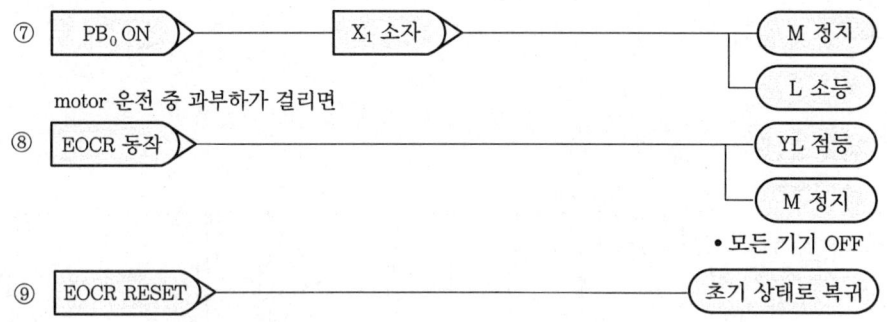

(8) 제어 부품 내부 결선도

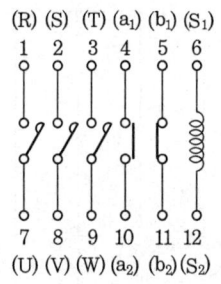
전자접촉기

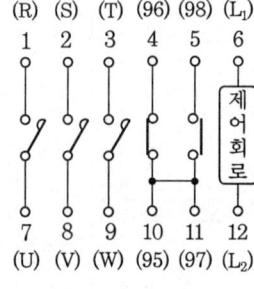
EOCR

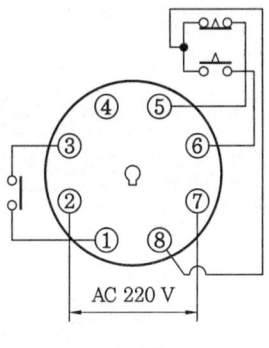
타이머

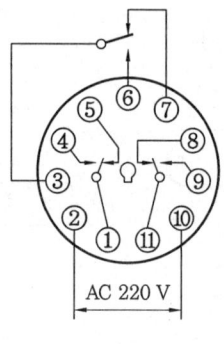
11P 릴레이

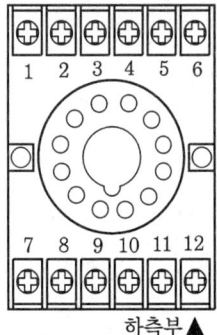
12P 소켓 (베이스) 구성도

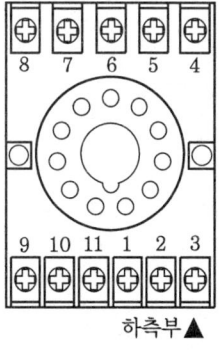
11P 소켓 (베이스) 구성도

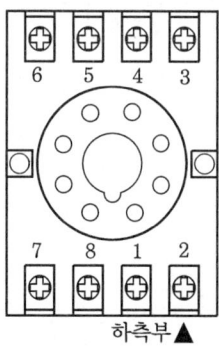
8P 소켓 (베이스) 구성도

(9) 단자번호 부여

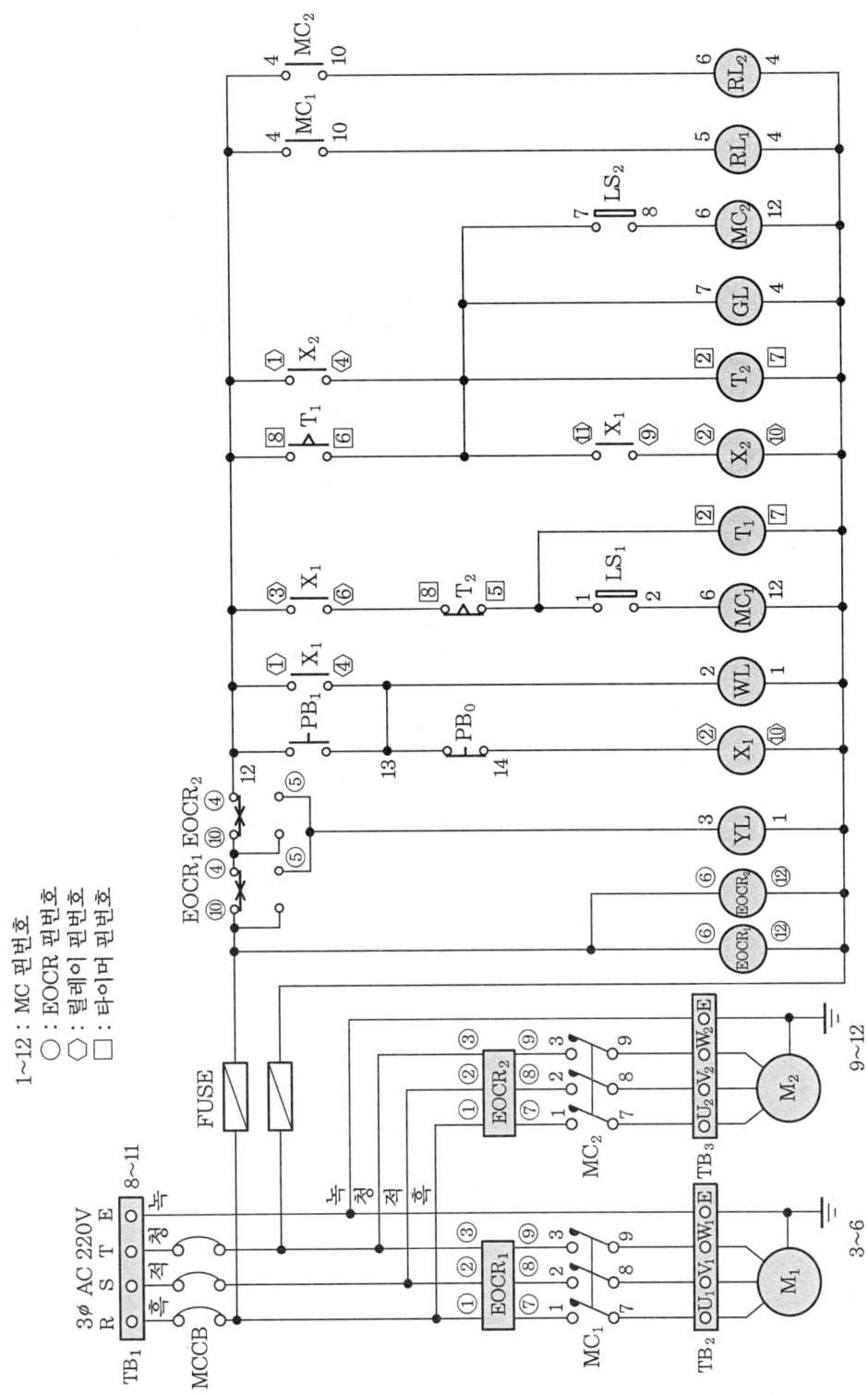

(10) 실체 배선도

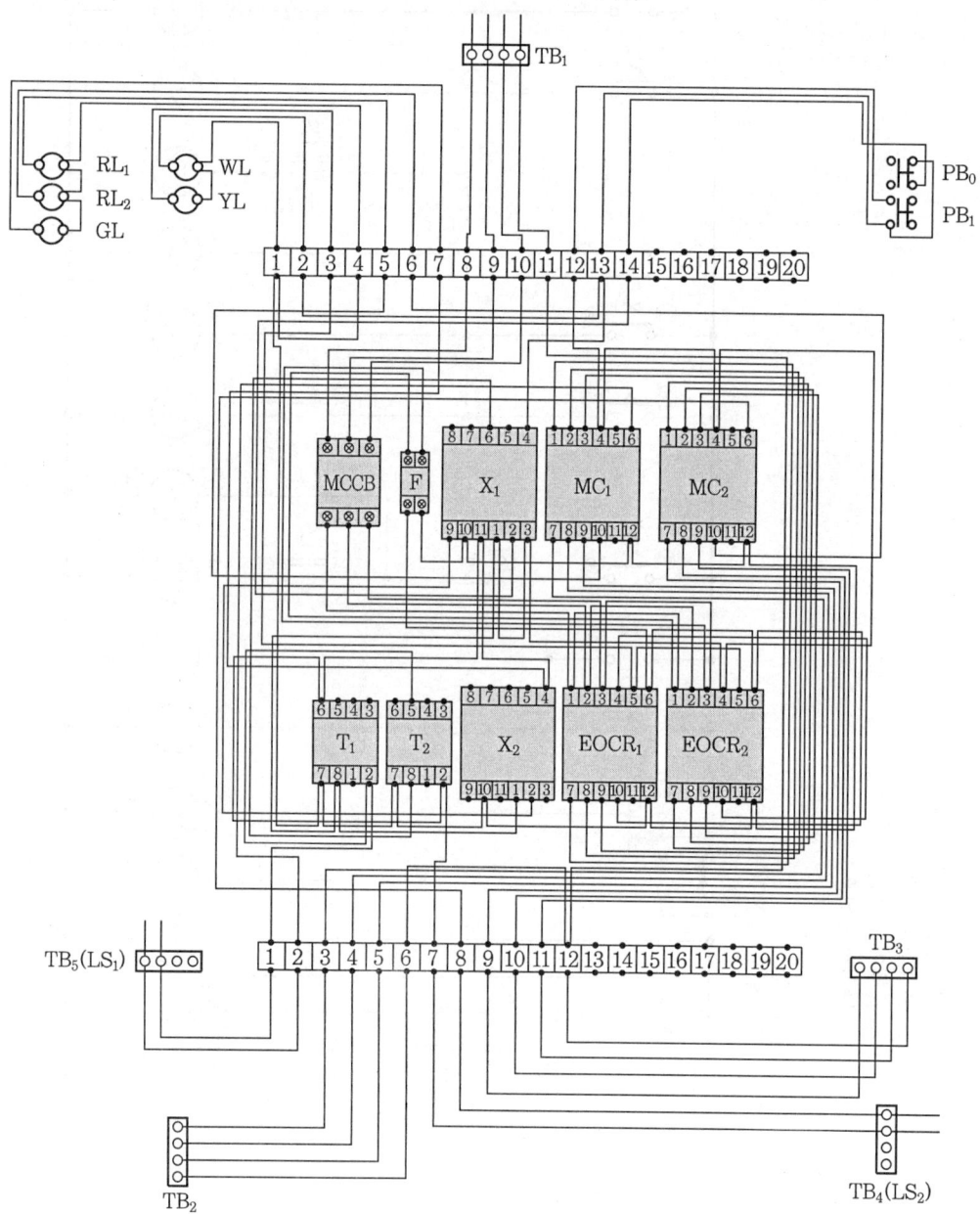

□ 전기 기능사(실기)   ▶ 2019. 6(3회) 시행

■ 과제명 : 공장 배선

• 시험시간 : 표준시간-4시간 30분

(1) 요구 사항

① 지급된 재료를 사용하여 제한시간 내에 주어진 과제를 완성하시오.

② 공통 사항

  ㈎ 전원방식 : 3상 3선식 220 V

  ㈏ 공사방법

    • PE 전선관   • 플렉시블 전선관   • 케이블

③ 동작

  ㈎ MCCB에 전원을 투입하면 회로에 전원이 공급되고 WL이 점등된다.

  ㈏ PB_1을 누르면 X_1이 여자, MC_1이 여자, RL이 점등된다.

  ㈐ X_1이 여자되어 있는 상태에서 PB_2를 누르면 X_2가 여자, MC_2가 여자, WL이 점등된다.

  ㈑ MC_1, MC_2가 모두 여자되면 타이머 T가 여자, GL이 점등된다.

  ㈒ 타이머 설정시간 t초 후 X_1, X_2가 소자, MC_1, MC_2가 소자, 타이머 T가 소자, RL, WL, GL이 소등된다.

  ㈓ 동작사항 진행 중 센서에 신호가 들어오면 X_1, X_2가 소자, MC_1, MC_2가 소자, 타이머 T가 소자, RL, WL, GL이 소등된다.

  ㈔ 동작사항 진행 중 PB_0를 누르면 모든 전동기가 정지한다.

  ㈕ 전동기 운전 중 전동기가 과부하되어 과전류가 흐를 때 전자식 과전류계전기(EOCR)가 동작되어 전동기가 정지되고, 플리커 릴레이 FR이 여자된다.

  ㈖ 플리커 릴레이 FR에 의하여 YL과 BZ가 교대로 동작한다.

  ㈗ 전자식 과전류계전기(EOCR)를 리셋(reset)하면 초기 상태로 복귀한다.

④ 기타 사항

  ㈎ 제어함 부분과 PE 전선관 및 플렉시블 전선관이 접속되는 부분은 커넥터를 끼워 놓는다.

  ㈏ 전동기의 접속은 생략하고 단자대까지 접속할 수 있게 배선한다.

  ㈐ 센서는 단자대(4P)로 대체한다.

(2) 수험자 유의사항

① 시험 시작 전 지급된 재료의 이상 유무를 확인하고 이상이 있을 때에는 시험위원의 승인을 얻어 교환할 수 있습니다. (단, 시험 시작 후 파손된 재료는 수험자 부주

의로 파손된 것으로 간주되어 추가로 지급받지 못합니다.)
② 제어함(판)을 포함한 작업대(판)에서의 제반 치수는 mm이고 치수 허용 오차는 외관(전선관, 박스, 전원 및 부하측 단자대 등)은 ±30 mm, 제어함 내부는 ±5 mm입니다.
③ 전선관의 수직과 수평을 맞추어 작업하고, 전선관의 곡률 반경은 전선관 안지름의 6배 이상, 8배 이하로 작업하여야 합니다.
④ 박스, 제어함 및 단자대와 전선관 및 케이블의 접속점에서 가까운 곳(300 mm 이하)에 새들을 취부하고 전선관 및 케이블이 작업판에서 뜨지 않도록 새들을 적절히 배치하여 견고하게 고정합니다(단, 굴곡부가 없는 배관에서 기구와 기구 끝단 사이의 치수가 400 mm 미만일 경우 새들 1개도 가능).
⑤ 제어함 및 박스와 전선관 및 케이블이 접속되는 부분에는 전선관 및 케이블용 커넥터를 사용하고 제어함에 5 mm 정도 올리고 새들로 고정하여야 합니다.
⑥ 케이블의 색상이 주회로 색상과 상이한 경우 감독위원이 지정한 색상으로 대체합니다.
　　※ 녹색 전선은 제외
⑦ 전원측 단자대는 동작시험을 할 수 있도록 전원선의 색상에 맞추어 100 mm 정도 인입선을 인출하고, 피복은 전선 끝에서 약 10 mm 정도 벗겨둡니다.
⑧ 센서(SENSOR)는 단자대(4P)로 대체하여 공사하고, 리드선을 100 mm 뽑아서 끝부분의 피복을 10 mm 정도 벗겨 놓습니다.
⑨ 전원 및 부하(전동기)측 단자대의 단자는 가로인 경우 왼쪽부터, 세로인 경우 위쪽부터 R, S, T, E(접지) 또는 U_1, V_1, W_1, E(접지), U_2, V_2, W_2, E(접지)의 순으로 결선합니다.
⑩ 주회로는 2.5 mm^2(1/1.78) 전선, 보조회로는 1.5 mm^2(1/1.38) 황색 전선을 사용하고, 주회로의 전선 색상은 R상은 흑색, S상은 적색, T상은 청색을 사용합니다.
⑪ 접지회로는 2.5 mm^2(1/1.78) 전선(녹색)으로 배선하여야 합니다.
⑫ 퓨즈 홀더 1차측과 2차측은 보조회로로 1.5 mm^2(1/1.38) 황색 전선을 사용하고 퓨즈 홀더에는 퓨즈를 끼워 놓아야 합니다.
⑬ 제어함 배선은 미관을 고려하여 배선(수평수직)하고 전선의 흐트러짐 등이 없도록 케이블 타이를 이용하여 균형있게 배선합니다.
　　※ 제어함 배선 시 기구와 기구 사이 배선 금지
⑭ 배선 점검은 회로시험기 또는 벨 시험기 등을 가지고 확인을 할 수 있으나, 전원을 투입하여 동작시험은 할 수 없습니다.
⑮ 단자에 전선을 접속하는 경우 나사를 견고하게 조입니다. 단자 조임 불량이란 전선 피복 제거가 2 mm 이상 보이거나, 피복이 단자에 물린 경우를 말합니다.
　　※ 한 단자에 전선 세 가닥 이상 접속 금지
⑯ 제어함 내의 기구 배치는 도면에 따르되 소켓에 채점용 기기 등이 들어갈 수 있도록 합니다.

⑰ 소켓(베이스)을 사용하는 재료들은 소켓(베이스) 번호와 규격에 유의하여 작업하도록 하며 소켓(베이스)의 홈이 아래로 향하게 배치합니다.
   ※ 제어함 내부 기구 배치도와 지급된 채점용 기기 및 소켓(베이스)이 상이할 경우 감독위원의 지시에 따라 작업하도록 합니다.
⑱ 접지는 도면에 표시된 부분만 실시하고, 접지선은 입력(전원) 단자대에서 제어함 내의 단자대를 거쳐 출력(부하) 단자대까지 결선하며, 도면에서 별도로 표시하지 않더라도 모든 접지는 입력 단자대의 접지측과 연결되어야 합니다.
   ※ 기타 외부로의 접지는 시행하지 않아도 됩니다.
⑲ 기타 공사 방법 등은 감독위원의 지시사항을 준수하여 작업하며, 작업에 대한 문의사항은 시험 시작 전 질의하도록 하고, 시험 진행 중에는 질의를 삼가도록 합니다.
⑳ 다음 사항에 대해서는 채점 대상에서 제외하니 특히 유의하시기 바랍니다.
   (가) 기권
      - 과제 진행 중 수험자 스스로 작업에 대한 포기의사를 표현한 경우
   (나) 실격
      - 지급 재료 이외의 재료를 사용한 작품
      - 시험 중 시설·장비의 조작 또는 재료의 취급이 미숙하여 위해를 일으킬 것으로 감독위원 전원이 합의하여 판단한 경우
      - 기능이 해당 등급 수준에 전혀 도달하지 못한 것으로 감독위원 전원이 합의하여 판단한 경우
      - 시험 관련 부정에 해당하는 장비(기기), 재료 등을 사용하는 것으로 감독위원 전원이 합의하여 판단한 경우(시험 전 사전 준비 작업과 범용 공구가 아닌 시험에 최적화된 공구 및 기구는 사용할 수 없음)
   (다) 오작
      - 시험시간 내에 제출된 작품이라도 다음과 같은 경우
      • 완성된 과제가 도면 및 배치도, 제어회로도의 동작사항, 채점용 기기와 소켓(베이스)의 매칭, 부품의 방향, 결선 상태 등이 상이한 경우(EOCR, 전자접촉기, 타이머, 릴레이, 램프 색상 등)
      • 주회로(흑색, 적색, 청색) 및 보조회로(황색) 배선의 전선 굵기 및 색상이 도면 및 유의사항과 다른 경우
      • 제어함 밖으로 인출되는 배선이 제어함 내의 단자대를 거치지 않고 직접 접속된 경우
      • 제어함 내부 배선 상태나 전선관 및 케이블 가공 상태가 불량하여 전기 공급이 불가한 경우
      • 제어함 내부 배선 상태나 기구 간격 불량으로 동작 상태의 확인이 불가한 경우
      • 접지공사를 하지 않은 경우 및 접지선(녹색) 색상 및 굵기가 도면 및 유의사항과 틀린 경우(전동기로 출력되는 부분은 생략)

- 컨트롤 박스 커버 등이 조립되지 않아 내부가 보이는 경우
- 배관 및 기구배치도에서 허용 오차 ±50 mm를 넘는 곳이 3개소 이상, ±100 mm를 넘는 곳이 1개소 이상인 경우(단, 박스, 단자대, 전선관 등이 도면 치수를 벗어나는 경우 개별 개소로 판정)
- 제어함 및 박스와 전선관 및 케이블이 접속되는 부분에 전선관 및 케이블용 커넥터를 정상 접속하지 않은 경우(미접속 포함)
- 박스, 제어함 및 단자대와 전선관 및 케이블의 접속점에서 가까운 곳(300 mm 이하)에 새들을 취부하지 않은 경우(단, 굴곡부가 없는 배관에서 기구와 기구 끝단 사이의 치수가 400 mm 미만일 경우 새들 1개도 가능)
- 전원 및 부하(전동기)측 단자대 내의 R, S, T, E(접지) 또는 U, V, W, E(접지) 배치순서가 유의사항과 상이한 경우
- 한 단자에 전선 3가닥 이상 접속한 경우
- 제어함 내의 배선 시 기구와 기구 사이로 수직 배선한 경우
- 내선규정 등으로 공사를 진행하지 않은 경우

㉑ 작업이 종료된 후에는 도면을 제출하여야 하며, 외부로 반출할 수 없습니다.
㉒ 시험 종료 후 완성작품에 한해서만 작동 여부를 감독위원으로부터 확인 받을 수 있습니다.

(3) 주요 지급 재료 목록

일련번호	재료명	규격	단위	수량	비고
1	제어함(합판)	400×420×12 mm	장	1	
2	단자대	4P 20A 220V	개	4	
3	단자대	15P 20A 220V	개	4	
4	컨트롤 박스	φ25 2구	개	4	
5	케이블	2.5SQ 4C×1m	개	1	
6	푸시 버튼 스위치	1a1b 220V φ25	개	3	녹 1, 적 2
7	파일럿 램프	φ25 220V	개	4	적 1, 녹 1, 황 1, 백 1
8	전자접촉기 소켓	220V 12P	개	2	
9	EOCR 소켓	220V 12P	개	1	
10	타이머 소켓	220V 8P	개	1	
11	릴레이 소켓	220V 8P	개	2	
12	플리커 릴레이 소켓	220V 8P	개	1	
13	PE 전선관 플렉시블 전선관	16 mm	m	각 7	
14	PE관용 커넥터	16 mm	개	6	
15	비닐절연전선	1.5SQ(1/1.38)	m	50	황
16	비닐절연전선	2.5SQ(1/1.78)	m	각 7	흑, 적, 청, 녹
17	새들	16 mm 전선관용	개	40	
18	케이블 타이	100 mm	개	40	
19	power relay	220V 12P	개	2	
20	EOCR	220V 12P	개	1	
21	타이머	220V 8P	개	1	
22	릴레이	220V 8P	개	2	
23	플리커 릴레이	220V 8P	개	1	
24	유리통 퓨즈 및 홀더	250V 30A(박스 2개용)	개	1	퓨즈 10A 2개 포함
25	배선용 차단기	3상용, AC 250V, 30A	개	1	
26	버저	φ25 220V	개	1	

(4) 배관 및 기구 배치도

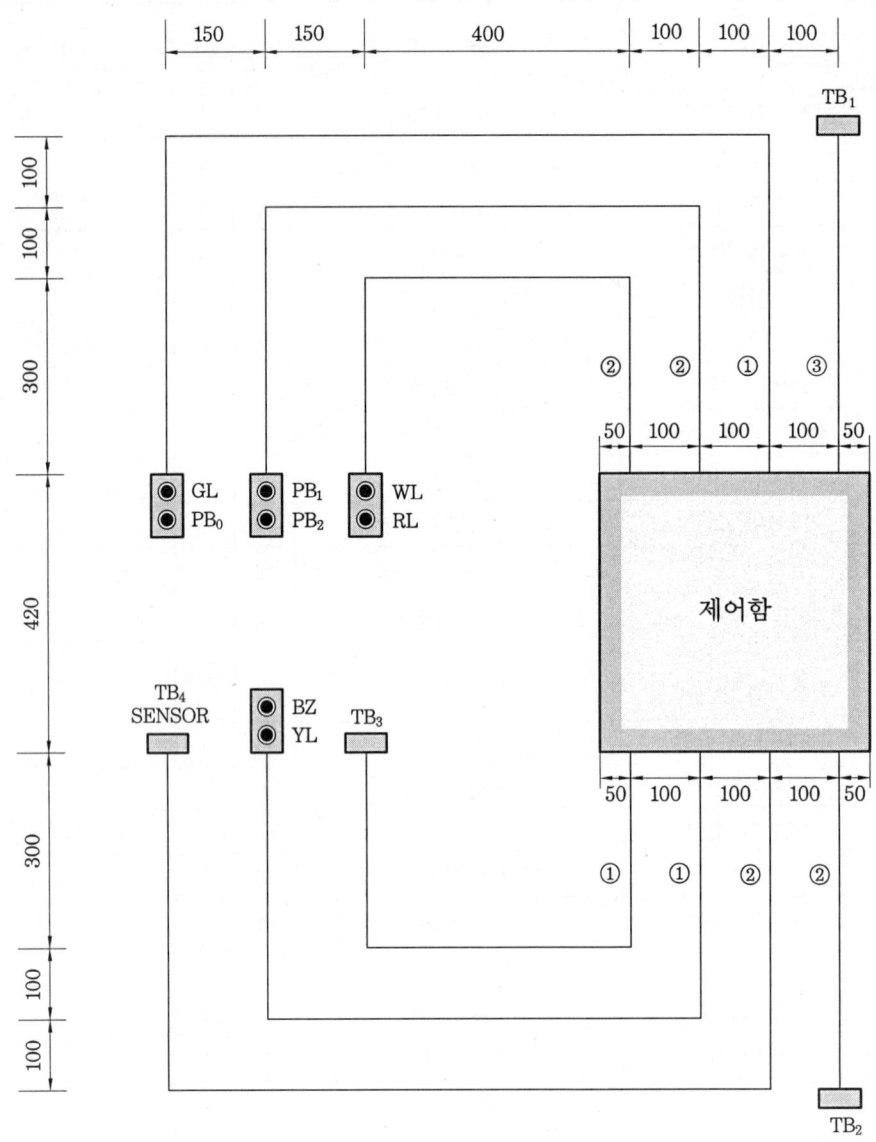

공사 방법

①	PE 전선관
②	플렉시블 전선관
③	케이블

(5) 제어함 내부 기구 배치도

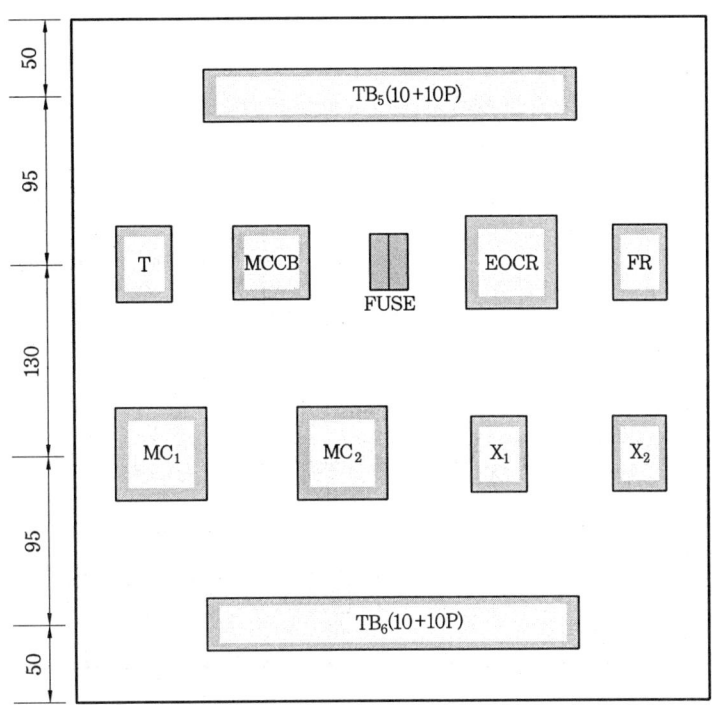

범 례

기 호	명 칭	기 호	명 칭
TB_1	전원(단자대 4P)	PB_0	푸시 버튼 스위치(적)
TB_2, TB_3	모터(단자대 4P)	PB_1	푸시 버튼 스위치(녹)
TB_4	SENSOR(단자대 4P)	PB_2	푸시 버튼 스위치(녹)
TB_5, TB_6	단자대(10+10P)	WL	파일럿 램프(백) 220V
MC_1, MC_2	전자접촉기(12P)	YL	파일럿 램프(황) 220V
T	타이머(8P)	GL	파일럿 램프(녹) 220V
EOCR	EOCR 소켓(12P)	RL	파일럿 램프(적) 220V
X_1, X_2	릴레이(8P)	FR	플리커 릴레이(8P)
MCCB	배선용 차단기	BZ	버저 220V
FUSE	퓨즈 및 퓨즈 홀더		

(6) 동작 회로도

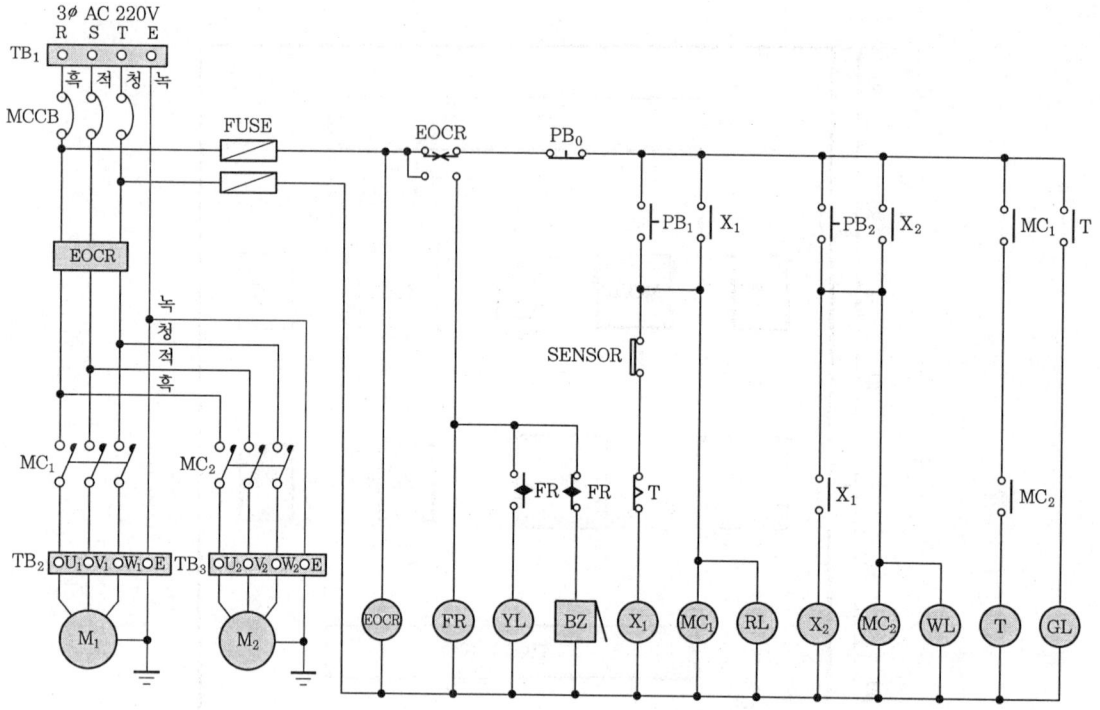

(7) 동작 순서

① 전원 공급

(가) MCCB ON → 전원 공급

(나) PB₁ ON → MC₁ 여자 → RL 점등
                      → X₁ 여자 → Ⓐ

(다) PB₂ ON → MC₂ 여자 → WL 점등
                      → X₂ 여자 → Ⓑ

(라) Ⓐ·Ⓑ 여자 → T 여자 → GL 점등
    * ⒶANDⒷ

(마) T₂초 후 → MC₁, X₁ 소자 → RL 소등
                            → MC₂, X₂ 소자 → WL 소등
                            → T 소자 → GL 소자

② 동작 사항 진행 중

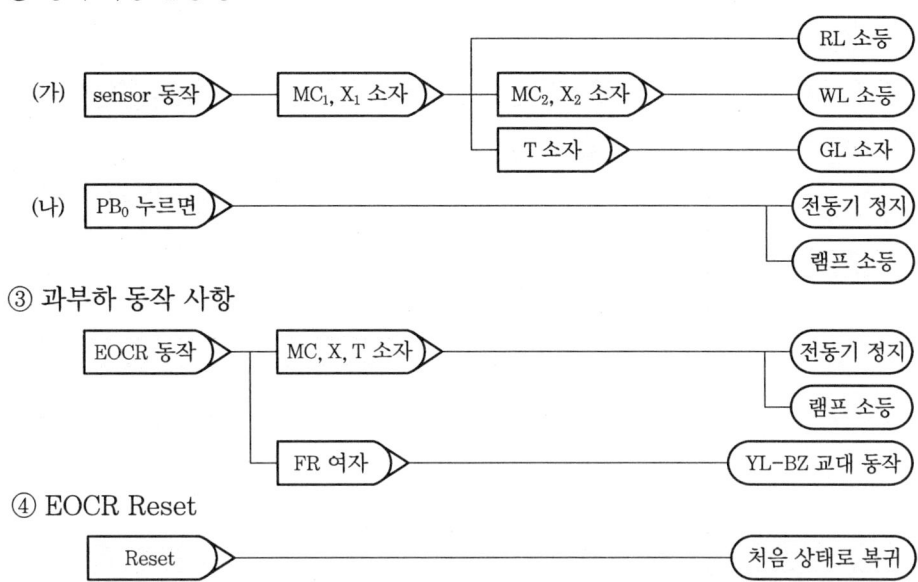

③ 과부하 동작 사항

④ EOCR Reset

(8) 제어 부품 내부 결선도

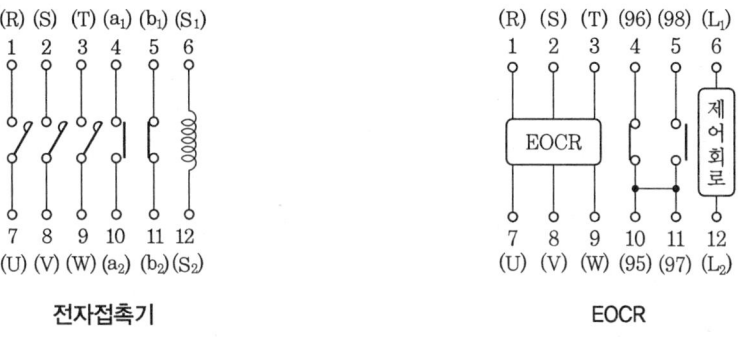

전자접촉기   EOCR

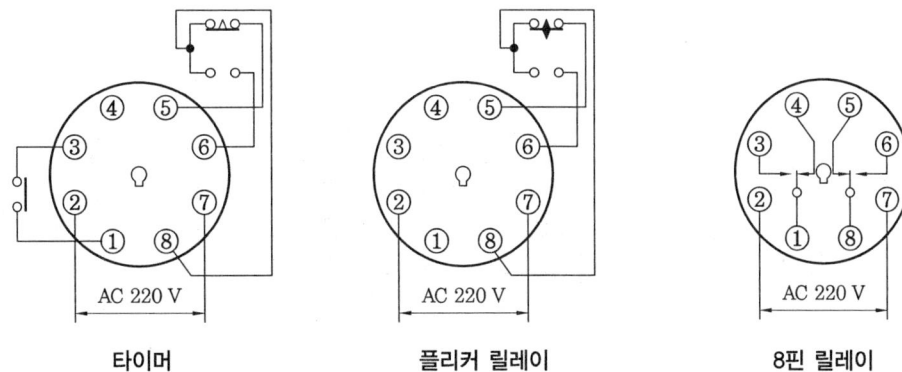

타이머   플리커 릴레이   8핀 릴레이

470 부록

(9) 단자번호 부여

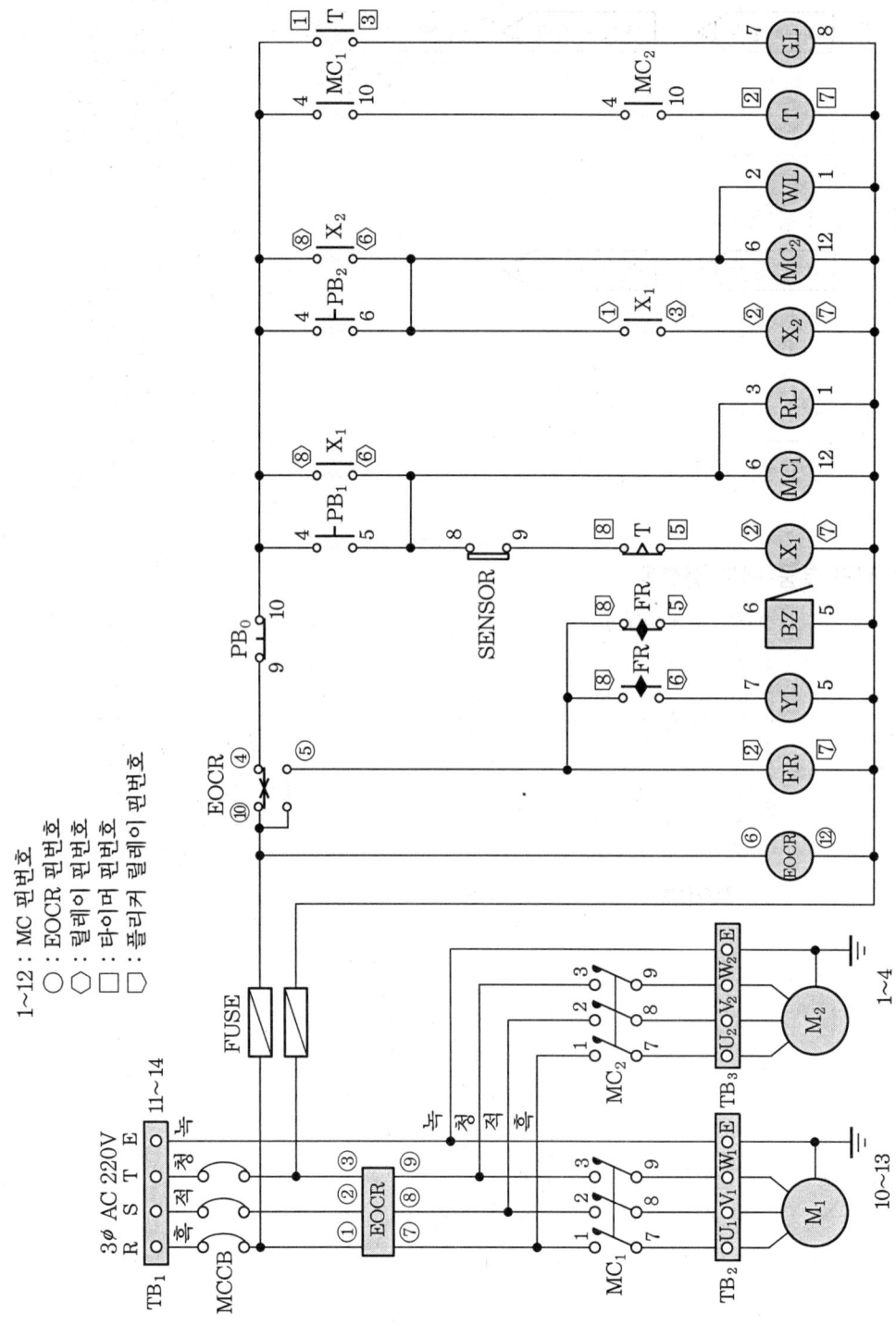

(10) 실체 배선도

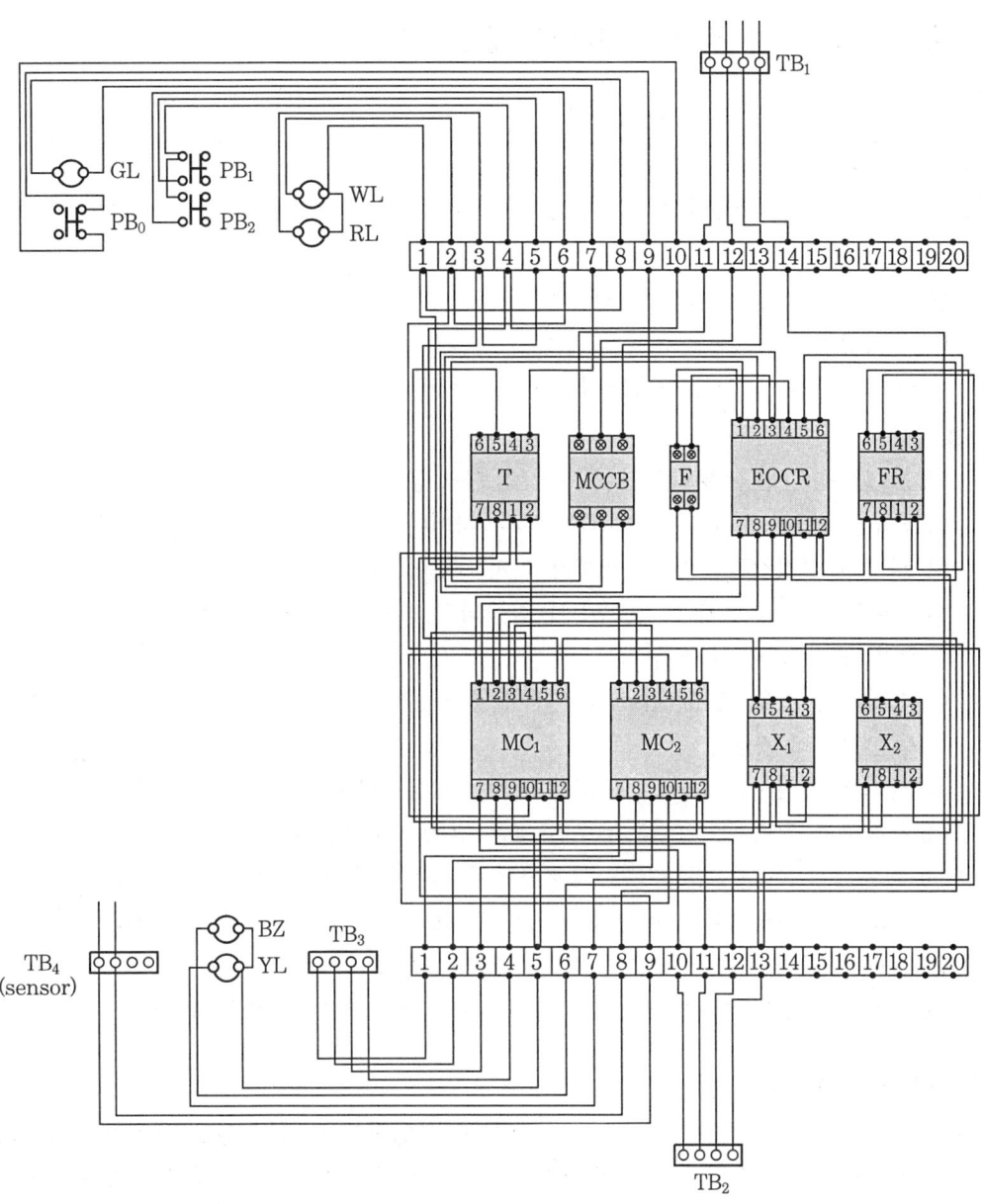

전기 기능사(실기) ▶ 2019. 9(4회) 시행

■ 과제명 : 온실하우스 간이난방 운전회로

• 시험시간 : 표준시간—4시간 30분

(1) 요구 사항
① 지급된 재료를 사용하여 제한시간 내에 주어진 과제를 완성하시오.
② 공통 사항
  ㈎ 전원방식 : 3상 3선식 220 V
  ㈏ 공사방법
  • PE 전선관   • 플렉시블 전선관   • 케이블
③ 동작
  ㈎ MCCB에 전원을 투입하면 회로에 전원이 공급된다.
  ㈏ PB_1을 누르면 X_1이 여자, MCH가 여자, 타이머가 T 여자, RL이 점등된다(히터 가동).
  ㈐ 타이머 설정시간 t초 후 MCF가 여자, GL이 점등된다(팬 가동).
  ㈑ PB_2를 누르면 X_2가 여자, WL이 점등되고, MCF가 소자, X_1이 소자, 타이머 T가 소자, RL, GL이 소등된다.
  ㈒ 동작사항 진행 중 센서(sensor)에 신호가 들어오면 MCH가 여자, 타이머 T가 여자된다(히터 가동).
  ㈓ 타이머 설정시간 t초 후 MCF가 여자, GL이 점등된다(팬 가동).
  ㈔ 동작사항 진행 중 PB_0를 누르면 모든 전동기가 정지된다.
  ㈕ 전동기 운전 중 전동기가 과부하되어 과전류가 흐를 때 전자식 과전류계전기(EOCR)가 동작되어 전동기가 정지되고, 플리커 릴레이 FR이 여자된다.
  ㈖ 플리커 릴레이 FR에 의하여 BZ와 YL이 교대로 동작한다.
  ㈗ 전자식 과전류계전기(EOCR)를 리셋(reset)하면 초기 상태로 복귀한다.

(2) 수험자 유의사항
① 시험 시작 전 지급된 재료의 이상 유무를 확인하고 이상이 있을 때에는 시험위원의 승인을 얻어 교환할 수 있습니다. (단, 시험 시작 후 파손된 재료는 수험자 부주의로 파손된 것으로 간주되어 추가로 지급받지 못합니다.)
② 제어함(판)을 포함한 작업대(판)에서의 제반 치수는 mm이고 치수 허용 오차는 외관(전선관, 박스, 전원 및 부하측 단자대 등)은 ±30 mm, 제어판 내부는 ±5 mm입니다.
③ 전선관의 수직과 수평을 맞추어 작업하고, 전선관의 곡률 반경은 전선관 안지름의 6배 이상, 8배 이하로 작업하여야 합니다.
④ 박스, 제어함 및 단자대와 전선관 및 케이블의 접속점에서 가까운 곳(300 mm 이

하)에 새들을 취부하고 전선관 및 케이블이 작업판에서 뜨지 않도록 새들을 적절히 배치하여 견고하게 고정합니다 (단, 굴곡부가 없는 배관에서 기구와 기구 끝단 사이의 치수가 400 mm 미만 일 경우 새들 1개도 가능).
⑤ 제어함 및 박스와 전선관 및 케이블이 접속되는 부분에는 전선관 및 케이블용 커넥터를 사용하고 제어함에 5 mm 정도 올리고 새들로 고정하여야 합니다.
⑥ 케이블의 색상이 주회로 색상과 상이한 경우 감독위원이 지정한 색상으로 대체합니다.
   ※ 녹색 전선은 제외
⑦ 전원측 단자대는 동작시험을 할 수 있도록 전원선의 색상에 맞추어 100 mm 정도 인입선을 인출하고, 피복은 전선 끝에서 약 10 mm 정도 벗겨둡니다.
⑧ 센서는 단자대(4P)로 대체하여 공사하고, 리드선을 100 mm 뽑아서 끝부분의 피복을 10 mm 정도 벗겨 놓습니다.
⑨ 전원 및 부하(전동기)측 단자대의 단자는 가로인 경우 왼쪽부터, 세로인 경우 위쪽부터 R, S, T, E(접지) 또는 U_1, V_1, W_1, E(접지), U_2, V_2, W_2, E(접지)의 순으로 결선합니다.
⑩ 주회로는 $2.5\,mm^2$(1/1.78) 전선, 보조회로는 $1.5\,mm^2$(1/1.38) 황색 전선을 사용하고, 주회로의 전선 색상은 R상은 흑색, S상은 적색, T상은 청색을 사용합니다.
⑪ 접지회로는 $2.5\,mm^2$(1/1.78) 전선(녹색)으로 배선하여야 합니다.
⑫ 퓨즈 홀더 1차측과 2차측은 보조회로로 $1.5\,mm^2$(1/1.38) 황색 전선을 사용하고 퓨즈 홀더에는 퓨즈를 끼워 놓아야 합니다.
⑬ 제어함 배선은 미관을 고려하여 배선(수평수직)하고 전선의 흐트러짐 등이 없도록 케이블 타이를 이용하여 균형있게 배선합니다.
   ※ 제어함 배선 시 기구와 기구 사이 배선 금지
⑭ 배선 점검은 회로시험기 또는 벨 시험기 등을 가지고 확인을 할 수 있으나, 전원을 투입하여 동작시험은 할 수 없습니다.
⑮ 단자에 전선을 접속하는 경우 나사를 견고하게 조입니다. 단자 조임 불량이란 전선 피복 제거가 2 mm 이상 보이거나, 피복이 단자에 물린 경우를 말합니다.
   ※ 한 단자에 전선 세 가닥 이상 접속 금지
⑯ 제어함 내의 기구 배치는 도면에 따르되 소켓에 채점용 기기 등이 들어갈 수 있도록 합니다.
⑰ 소켓(베이스)을 사용하는 재료들은 소켓(베이스) 번호와 규격에 유의하여 작업하도록 하며 소켓(베이스)의 홈이 아래로 향하게 배치합니다.
   ※ 제어함 내부 기구 배치도와 지급된 채점용 기기 및 소켓(베이스)이 상이할 경우 감독위원의 지시에 따라 작업하도록 합니다.
⑱ 접지는 도면에 표시된 부분만 실시하고, 접지선은 입력(전원) 단자대에서 제어함 내의 단자대를 거쳐 출력(부하) 단자대까지 결선하며, 도면에서 별도로 표시하지 않더라도 모든 접지는 입력 단자대의 접지측과 연결되어야 합니다.

※ 기타 외부로의 접지는 시행하지 않아도 됩니다.
⑲ 기타 공사 방법 등은 감독위원의 지시사항을 준수하여 작업하며, 작업에 대한 문의사항은 시험 시작 전 질의하도록 하고, 시험 진행 중에는 질의를 삼가도록 합니다.
⑳ 다음 사항에 대해서는 채점 대상에서 제외하니 특히 유의하시기 바랍니다.
  ㈎ 기권
    - 과제 진행 중 수험자 스스로 작업에 대한 포기의사를 표현한 경우
  ㈏ 실격
    - 지급 재료 이외의 재료를 사용한 작품
    - 시험 중 시설·장비의 조작 또는 재료의 취급이 미숙하여 위해를 일으킬 것으로 감독위원 전원이 합의하여 판단한 경우
    - 기능이 해당 등급 수준에 전혀 도달하지 못한 것으로 감독위원 전원이 합의하여 판단한 경우
    - 시험 관련 부정에 해당하는 장비(기기), 재료 등을 사용하는 것으로 감독위원 전원이 합의하여 판단한 경우(시험 전 사전 준비 작업과 범용 공구가 아닌 시험에 최적화된 공구 및 기구는 사용할 수 없음)
  ㈐ 오작
    - 시험시간 내에 제출된 작품이라도 다음과 같은 경우
    • 완성된 과제가 도면 및 배치도, 제어회로도의 동작사항, 채점용 기기와 소켓(베이스)의 매칭, 부품의 방향, 결선 상태 등이 상이한 경우(EOCR, 전자접촉기, 타이머, 릴레이, 램프 색상 등)
    • 주회로(흑색, 적색, 청색) 및 보조회로(황색) 배선의 전선 굵기 및 색상이 도면 및 유의사항과 다른 경우
    • 제어함 밖으로 인출되는 배선이 제어함 내의 단자대를 거치지 않고 직접 접속된 경우
    • 제어함 내부 배선 상태나 전선관 및 케이블 가공 상태가 불량하여 전기 공급이 불가한 경우
    • 제어함 내부 배선 상태나 기구 간격 불량으로 동작 상태의 확인이 불가한 경우
    • 접지공사를 하지 않은 경우 및 접지선(녹색) 색상 및 굵기가 도면 및 유의사항과 틀린 경우(전동기로 출력되는 부분은 생략)
    • 컨트롤 박스 커버 등이 조립되지 않아 내부가 보이는 경우
    • 배관 및 기구배치도에서 허용 오차 ±50 mm를 넘는 곳이 3개소 이상, ±100 mm를 넘는 곳이 1개소 이상인 경우(단, 박스, 단자대, 전선관 등이 도면 치수를 벗어나는 경우 개별 개소로 판정)
    • 제어함 및 박스와 전선관 및 케이블이 접속되는 부분에 전선관 및 케이블용 커넥터를 정상 접속하지 않은 경우(미접속 포함)
    • 박스, 제어함 및 단자대와 전선관 및 케이블의 접속점에서 가까운 곳(300 mm

이하)에 새들을 취부하지 않은 경우(단, 굴곡부가 없는 배관에서 기구와 기구 끝단 사이의 치수가 400 mm 미만일 경우 새들 1개도 가능)
- 전원 및 부하(전동기)측 단자대 내의 R, S, T, E(접지) 또는 U, V, W, E(접지) 배치순서가 유의사항과 상이한 경우
- 한 단자에 전선 3가닥 이상 접속한 경우
- 제어함 내의 배선 시 기구와 기구 사이로 수직 배선한 경우
- 내선규정 등으로 공사를 진행하지 않은 경우

㉑ 작업이 종료된 후에는 도면을 제출하여야 하며, 외부로 반출할 수 없습니다.
㉒ 시험 종료 후 완성작품에 한해서만 작동 여부를 감독위원으로부터 확인 받을 수 있습니다.

(3) 주요 지급 재료 목록

일련번호	재료명	규격	단위	수량	비고
1	컨트롤 박스	$\phi 25$ 2구용	개	4	위 밑 4×12
2	푸시 버튼 스위치	$\phi 25$, 1a1b	개	3	적 1, 녹 2
3	파일럿 램프	$\phi 25$ 220V	개	4	적 1, 녹 1, 황 1, 백 1
4	전자접촉기 소켓	12P(둥근형)	개	2	4×20(둥근)
5	EOCR 소켓	12P(둥근형)	개	1	4×20(둥근)
6	릴레이 소켓	8pin	개	2	3×16(둥근)
7	타이머 소켓	8pin(플리커 겸용)	개	2	4×20(둥근)
8	단자대	4P, 250V 20A	개	4	4×16(둥근)
9	단자대	10P, 250V 20A	개	4	4×16(둥근)
10	MCCB	3P, 250V 20A	개	1	
11	퓨즈 홀더(2P)	유리관형, 퓨즈 2개 포함	개	1	4×16(둥근)
12	PE관 커넥터	16 mm용	개	6	
13	새들	16 mm 전선관용	개	40	4×12(납작)
14	케이블 타이	100 mm	개	40	
15	제어함(합판)	400×420×12t	장	1	
16	케이블	2.5SQ 4C×1 m	개	1	
17	케이블 새들	2.5SQ 4C용	개	2	
18	케이블 커넥터	2.5SQ 4C용(그랜트)	개	1	
19	버저	$\phi 25$ 220V	개	1	
20	power relay	220V, 12P(둥근형)	개	2	
21	EOCR	220V, 12P(둥근형)	개	1	
22	타이머	8pin, 220V, 60s	개	1	
23	릴레이	AC 220V, 8핀	개	2	
24	플리커 릴레이	AC 220V, 8핀	개	1	

(4) 배관 및 기구 배치도

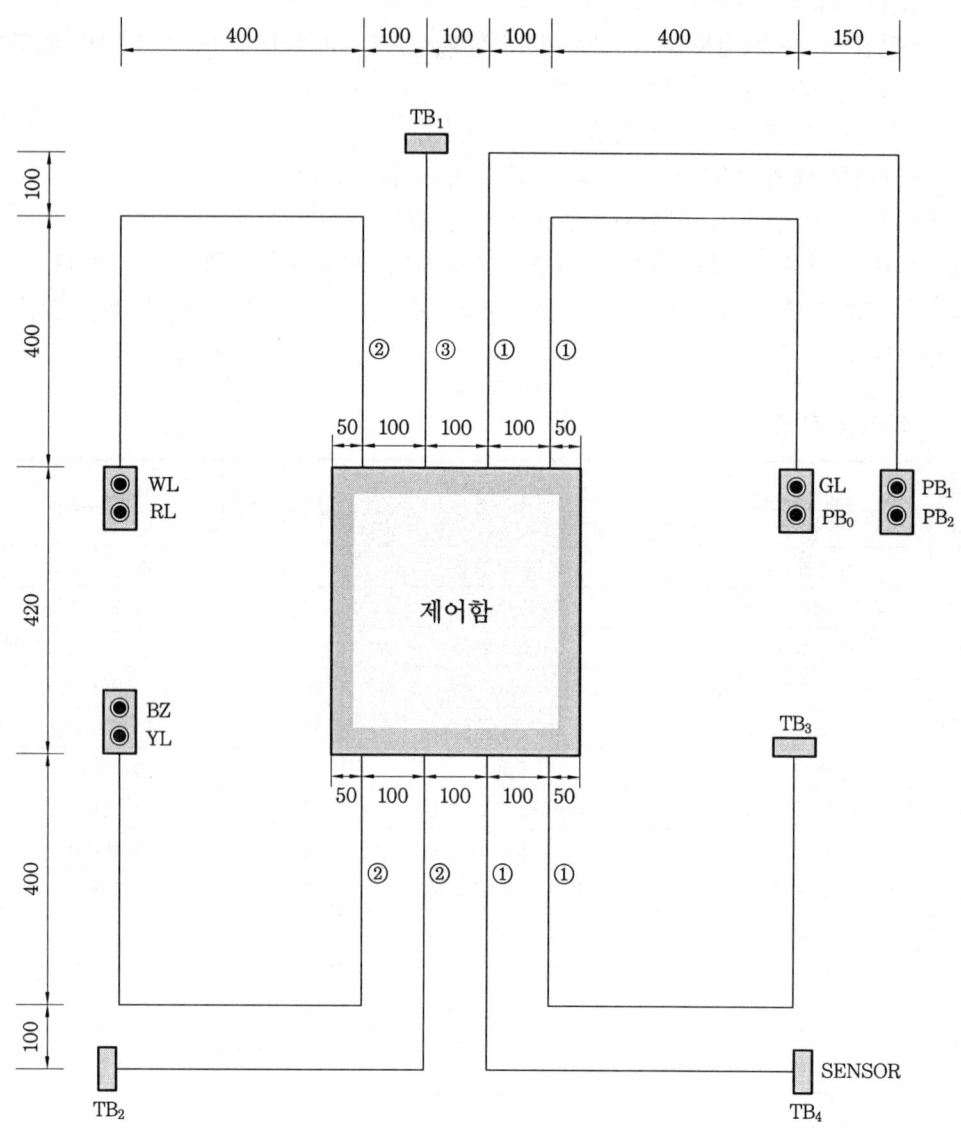

공사 방법

①	PE 전선관
②	플렉시블 전선관
③	케이블

(5) 제어함 내부 기구 배치도

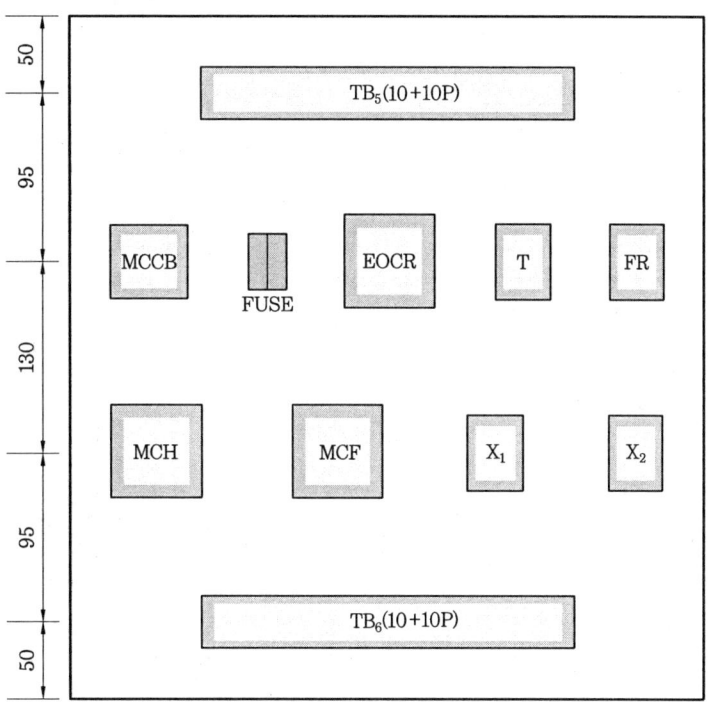

범 례

기 호	명 칭	기 호	명 칭
TB_1	전원(단자대 4P)	PB_0	푸시 버튼 스위치(적)
TB_2, TB_3	모터(단자대 4P)	PB_1	푸시 버튼 스위치(녹)
TB_4	SENSOR(단자대 4P)	PB_2	푸시 버튼 스위치(녹)
TB_5, TB_6	단자대(10P+10P)	WL	파일럿 램프(백) 220V
MCH, MCF	전자접촉기(12P)	YL	파일럿 램프(황) 220V
T	타이머(8P)	GL	파일럿 램프(녹) 220V
EOCR	EOCR(12P)	RL	파일럿 램프(적) 220V
X_1, X_2	릴레이(8P)	FR	플리커 릴레이(8P)
MCCB	배선용 차단기	BZ	버저 220V
FUSE	퓨즈 및 퓨즈 홀더		

(6) 동작 회로도

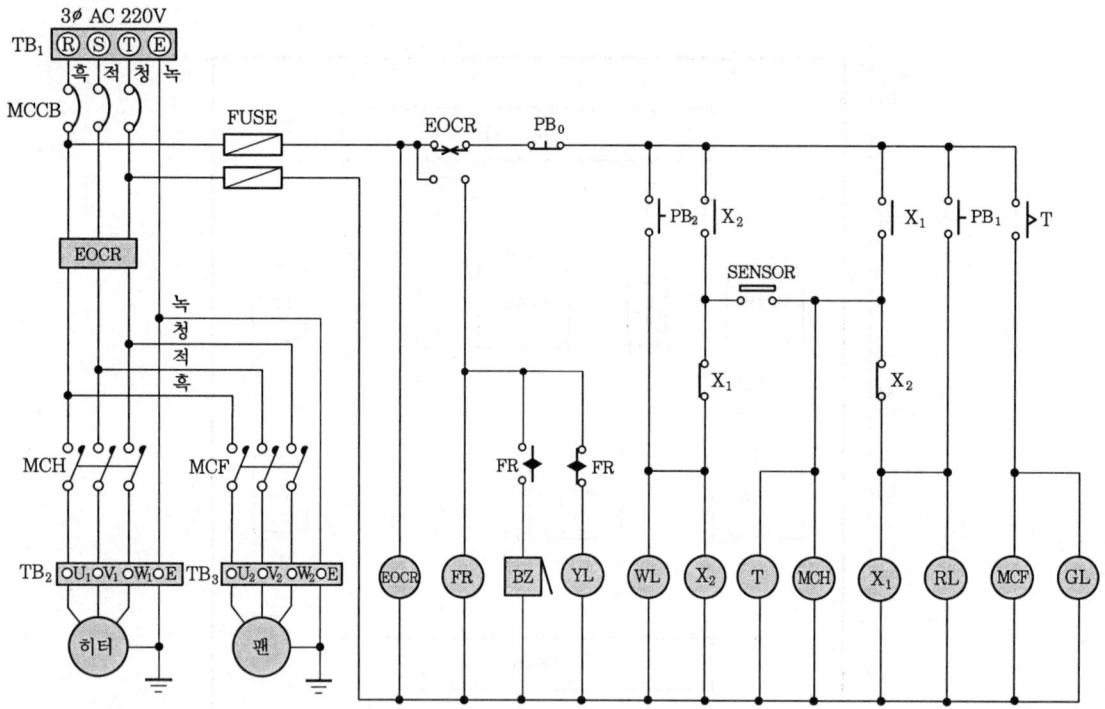

(7) 동작 순서

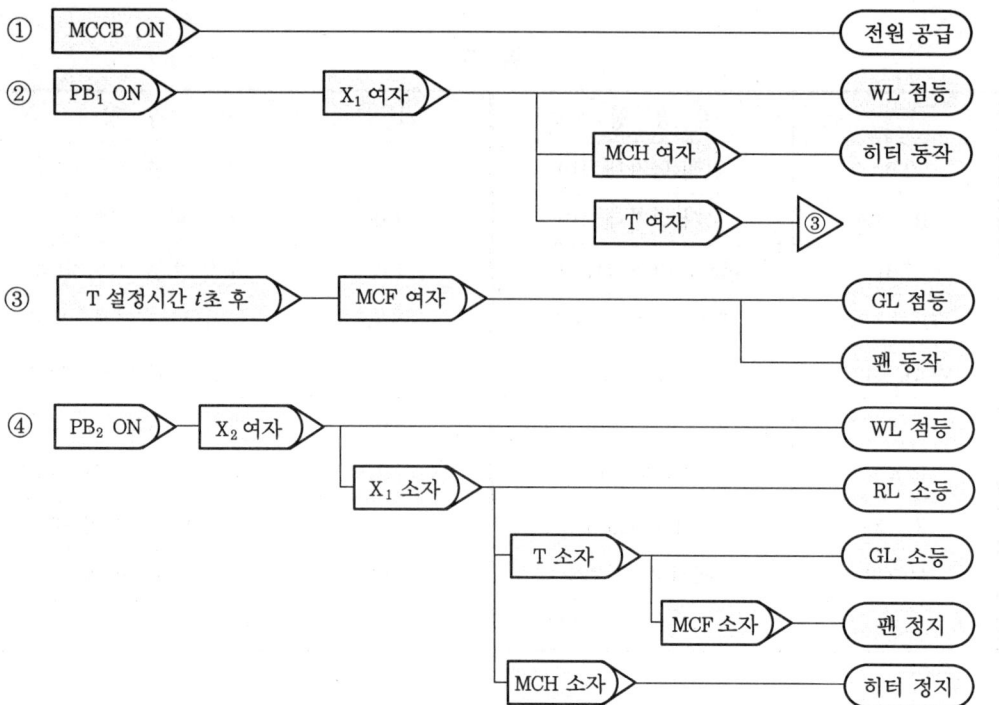

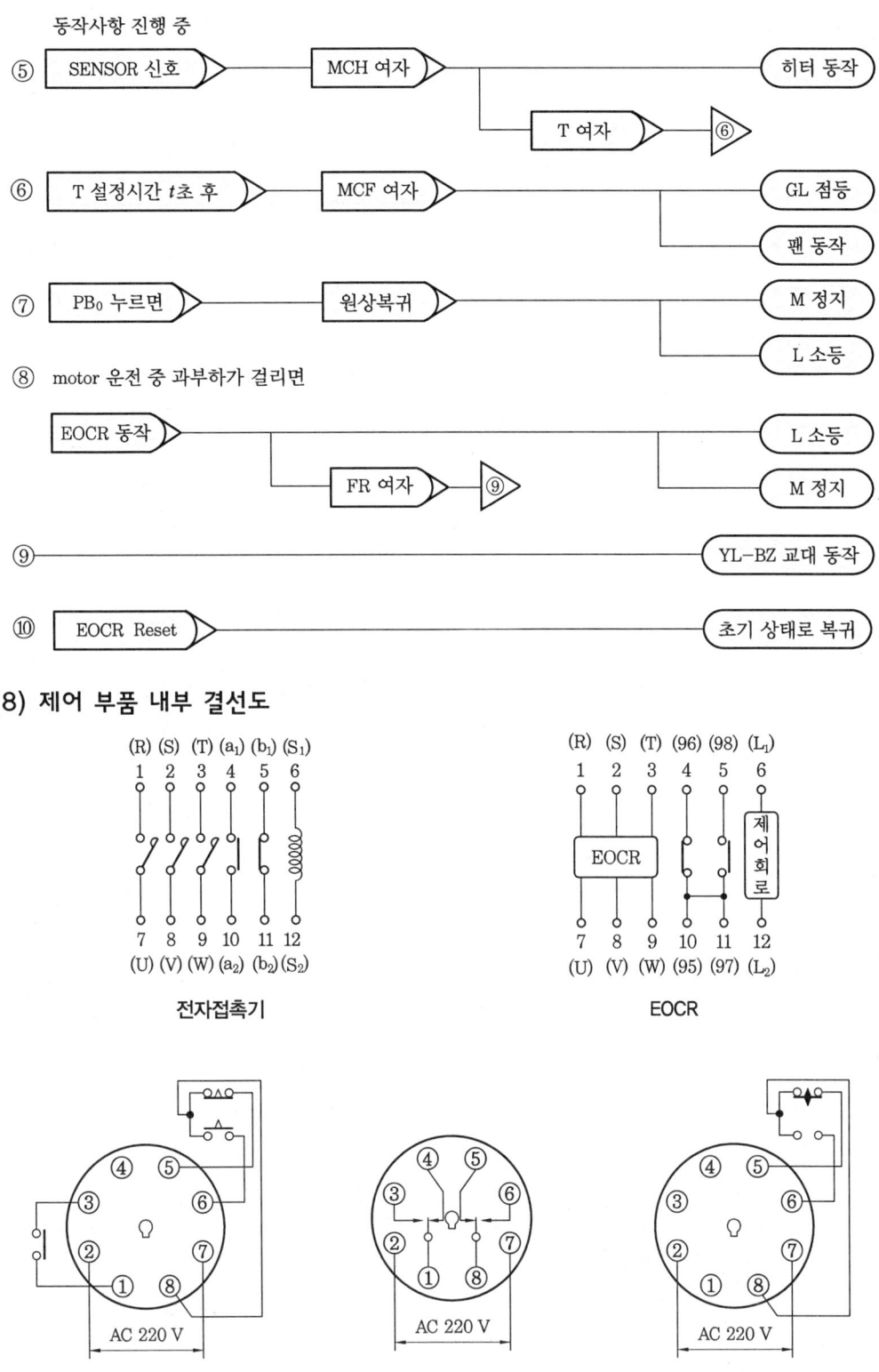

(9) 단자번호 부여

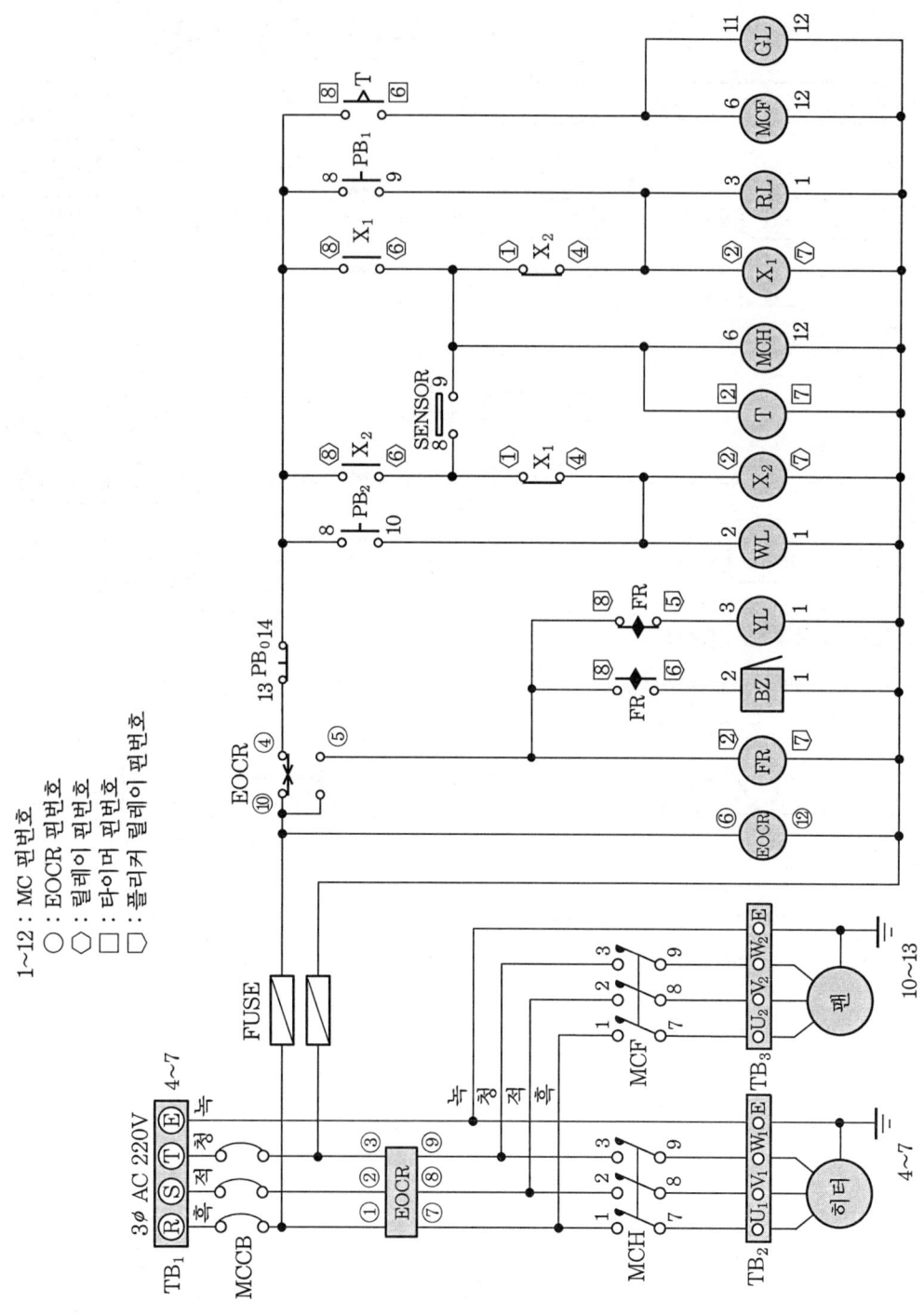

(10) 실체 배선도

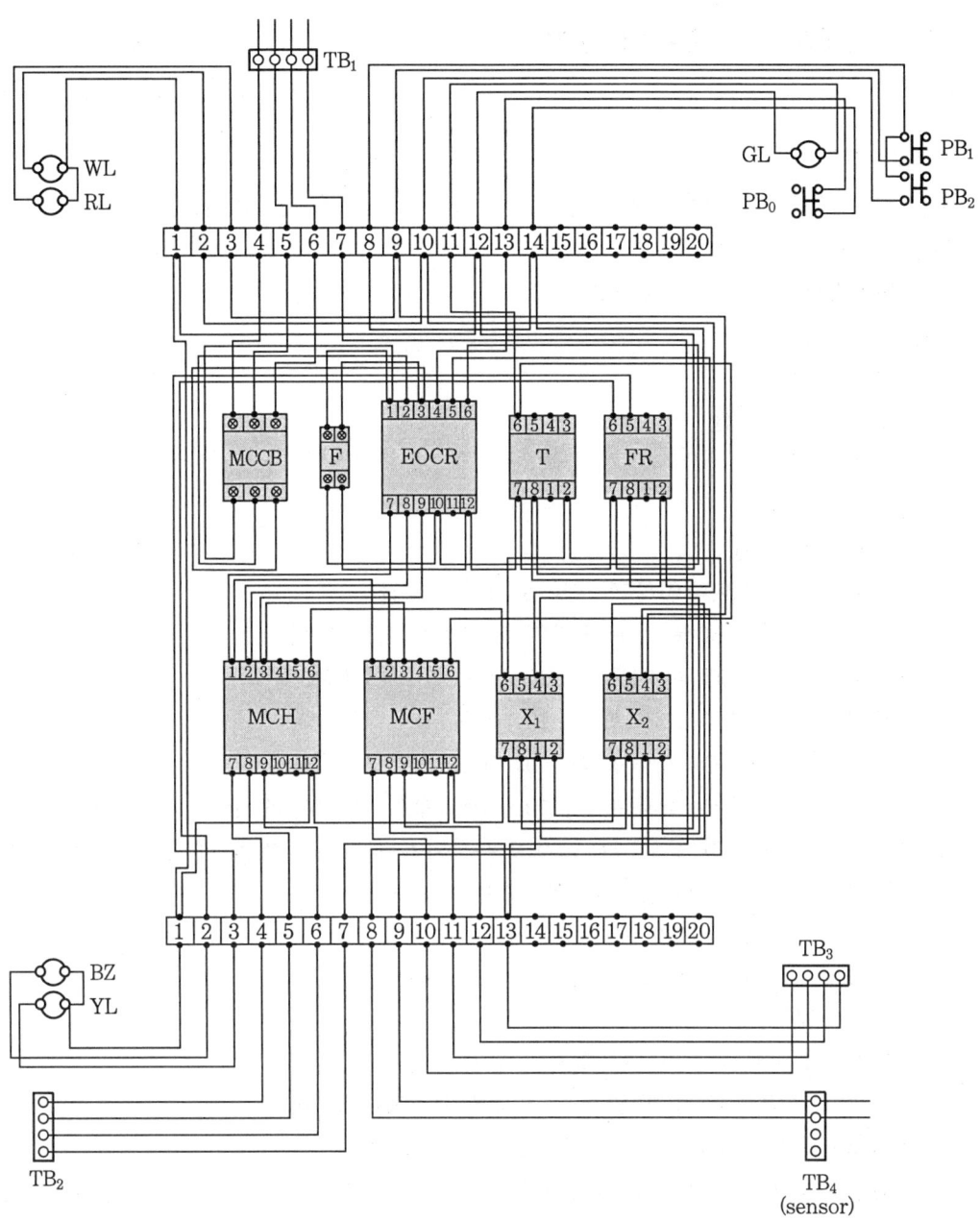

□ 전기 기능사(실기) ▶ 2019. 11(5회) 시행

  과제명 : 급·배수 처리장치

• 시험시간 : 표준시간-4시간 30분

(1) 요구 사항

① 지급된 재료를 사용하여 제한시간 내에 주어진 과제를 완성하시오.

② 공통 사항
  ㈎ 전원방식 : 3상 3선식 220 V
  ㈏ 공사방법
   • PE 전선관
   • 플렉시블 전선관
   • 케이블

③ 동작
  ㈎ 수동 동작 사항
   • MCCB에 전원을 투입하면 회로에 전원이 공급
   • 실렉터 스위치 SS를 수동 동작(지시부 왼쪽)으로 전환
   • PB_2를 누르면 MC_1 여자(동작), RL 점등, 급수 시작(M_1 동작)
   • PB_1을 누르면 MC_1 소자(복구), RL 소등, 급수 정지(M_1 정지)
   • PB_4를 누르면 MC_2 여자(동작), GL 점등, 배수 시작(M_2 동작)
   • PB_3을 누르면 MC_2 소자(복구), GL 소등, 배수 정지(M_2 정지)
   • 급수와 배수 운전 중 M_1과 M_2가 과부하되어 과전류가 흐를 때 전자식 과전류계전기 EOCR이 동작되어 M_1과 M_2 정지, FR 여자
   • FR에 의해 YL과 BZ가 교대로 동작
   • 전자식 과전류계전기 EOCR를 리셋(reset)하면 초기 상태로 복귀
  ㈏ 자동 동작 사항
   • MCCB에 전원을 투입하면 회로에 전원이 공급
   • 실렉터 스위치 SS를 자동 동작(지시부 오른쪽)으로 전환
   • 릴레이 X가 여자되어 RL 점등, 급수 시작(M_1 동작)
   • 급수탱크에 급수가 완료되어 플로트리스 스위치(FLS_1)의 센서가 작동하면 RL 소등, 급수 정지(M_1 정지)
   • 배수탱크에 물이 차서 배수용 플로트리스 스위치(FLS_2)의 센서가 작동하면 GL 점등, 배수 시작(M_2 동작)
   • 배수가 완료되면 GL 소등, 배수 정지(M_2 정지)
   • 급수와 배수 운전 중 M_1과 M_2가 과부하되어 과전류가 흐를 때 전자식 과전류계

전기 EOCR이 동작되어 M_1과 M_2 정지, FR 여자
- FR에 의해 YL과 BZ가 교대로 동작
- 전자식 과전류계전기(EOCR)를 리셋(reset)하면 초기 상태로 복귀

(2) 수험자 유의사항

① 시험 시작 전 지급된 재료의 이상 유무를 확인하고 이상이 있을 때에는 시험위원의 승인을 얻어 교환할 수 있습니다. (단, 시험 시작 후 파손된 재료는 수험자 부주의로 파손된 것으로 간주되어 추가로 지급받지 못합니다.)

② 제어함(판)을 포함한 작업대(판)에서의 제반 치수는 mm이고 치수 허용 오차는 외관(전선관, 박스, 전원 및 부하측 단자대 등)은 ±30 mm, 제어판 내부는 ±5 mm입니다.

③ 전선관의 수직과 수평을 맞추어 작업하고, 전선관의 곡률 반경은 전선관 안지름의 6배 이상, 8배 이하로 작업하여야 합니다.

④ 박스, 제어함 및 단자대와 전선관 및 케이블의 접속점에서 가까운 곳(300 mm 이하)에 새들을 취부하고 전선관 및 케이블이 작업판에서 뜨지 않도록 새들을 적절히 배치하여 튼튼하게 고정합니다 (단, 굴곡부가 없는 도면 치수 300 mm 미만의 직선 전선관 및 케이블은 새들 1개도 가능).

⑤ 제어함 및 박스와 전선관 및 케이블이 접속되는 부분에는 전선관 및 케이블용 커넥터를 사용하고 제어함에 5 mm 정도 올리고 새들로 고정하여야 합니다.

⑥ 케이블의 색상이 주회로 색상과 상이한 경우 감독위원이 지정한 색상으로 대체합니다.
※ 녹색 전선은 제외

⑦ 전원측 단자대는 동작시험을 할 수 있도록 전원선의 색상에 맞추어 100 mm 정도인 입선을 인출하고 피복은 전선 끝에서 약 10 mm 정도 벗겨둡니다.

⑧ 전원 및 부하(전동기)측 단자대의 단자는 가로인 경우 왼쪽부터, 세로인 경우 위쪽부터 R, S, T, E(접지) 또는 U_1, V_1, W_1, E(접지), U_2, V_2, W_2, E(접지)의 순으로 결선합니다.

⑨ 도면에 표시된 플로트리스 스위치 센서 E_1, E_2, E_3의 인출선의 길이는 각각 100 mm, 150 mm, 200 mm로 하며 단자대의 단자는 가로인 경우 왼쪽부터, 세로인 경우 위쪽부터 E_1, E_2, E_3의 순으로 결선합니다.

⑩ 주회로는 $2.5\ mm^2$(1/1.78) 전선, 보조회로는 $1.5\ mm^2$(1/1.38) 황색 전선을 사용하고, 주회로의 전선 색상은 R상은 흑색, S상은 적색, T상은 청색을 사용합니다.

⑪ 접지회로는 $2.5\ mm^2$(1/1.78) 녹색 전선으로 배선하여야 합니다.

⑫ 퓨즈 홀더 1차측과 2차측은 보조회로로 $1.5\ mm^2$(1/1.38) 황색 전선을 사용하고 퓨즈 홀더에는 퓨즈를 끼워 놓아야 합니다.

⑬ 제어함 배선은 미관을 고려하여 배선(수평수직)하고 전선의 흐트러짐 등이 없도록 케이블 타이를 이용하여 균형있게 배선합니다.

※ 제어함 배선 시 기구와 기구 사이 배선 금지
⑭ 배선 점검은 회로시험기 또는 벨 시험기 등을 가지고 확인을 할 수 있으나, 전원을 투입하여 동작시험은 할 수 없습니다.
⑮ 단자대에 전선을 접속하는 경우 나사를 견고하게 조입니다. 단자 조임 불량이란 전선 피복 제거가 2 mm 이상 보이거나, 피복이 단자에 물린 경우를 말합니다.
※ 한 단자에 전선 세 가닥 이상 접속 금지
⑯ 제어함 내의 기구 배치는 도면에 따르되 소켓에 채점용 기기 등이 들어갈 수 있도록 합니다.
⑰ EOCR, 전자접촉기, 타이머, 플리커 릴레이, 릴레이 소켓(베이스) 번호에 유의하여 작업하도록 합니다.
※ 제어함 내부 기구 배치도와 지급된 채점용 기기 및 소켓(베이스)이 상이할 경우 감독위원의 지시에 따라 작업하도록 합니다.
⑱ EOCR, 전자접촉기, 타이머, 플리커 릴레이, 릴레이 등의 소켓(베이스)은 지급된 채점용 기기와 같은 규격이어야 하며, 홈이 아래로 향하게 배치합니다.
※ 채점용 기기 및 소켓(베이스)의 매칭은 감독위원의 지시에 따라 작업하도록 합니다.
⑲ 접지는 도면에 표시된 부분만 실시하고, 접지선은 입력(전원) 단자대에서 제어함 내의 단자대를 거쳐 출력(부하) 단자대까지 결선하며, 도면에서 별도로 표시하지 않더라도 모든 접지는 입력 단자대의 접지측과 연결되어야 합니다.
※ 기타 외부로의 접지는 시행하지 않아도 됩니다.
⑳ 기타 내선공사 방법 등은 감독위원의 지시사항을 준수하여 작업하며, 작업에 대한 문의사항은 시험 시작 전 질의하도록 하고, 시험 진행 중에는 질의를 삼가도록 합니다.
㉑ 다음 사항에 대해서는 채점 대상에서 제외하니 특히 유의하시기 바랍니다.
  ㈎ 기권
    - 과제 진행 중 수험자 스스로 작업에 대한 포기의사를 표현한 경우
  ㈏ 실격
    - 지급 재료 이외의 재료를 사용한 작품
    - 시험 중 시설·장비의 조작 또는 재료의 취급이 미숙하여 위해를 일으킬 것으로 감독위원 전원이 합의하여 판단한 경우
    - 기능이 해당 등급 수준에 전혀 도달하지 못한 것으로 감독위원 전원이 합의하여 판단한 경우
    - 시험 관련 부정에 해당하는 장비(기기), 재료 등을 사용하는 것으로 감독위원 전원이 합의하여 판단한 경우
  ㈐ 오작
    - 시험시간 내에 제출된 작품이라도 다음과 같은 경우
    • 완성된 과제가 도면 및 배치도, 제어회로도의 동작사항, 채점용 기기와 소켓(베이

스)의 매칭, 부품의 방향, 결선 상태 등이 상이한 경우(EOCR, 전자접촉기, 플로트리스 스위치, 플리커 릴레이, 릴레이, 램프 색상 등)
- 주회로(흑색, 적색, 청색) 및 보조회로(황색) 배선의 전선 굵기 및 색상이 도면 및 유의사항과 다른 경우
- 제어함 밖으로 인출되는 배선이 제어함 내의 단자대를 거치지 않고 직접 접속된 경우
- 제어함 내부 배선 상태나 전선관 및 케이블 가공 상태가 불량하여 전기 공급이 불가한 경우
- 제어함 내부 배선 상태나 기구 간격 불량으로 동작 상태의 확인이 불가한 경우
- 접지공사를 하지 않은 경우 및 접지선(녹색) 색상 및 굵기가 도면 및 유의사항과 틀린 경우(전동기로 출력되는 부분은 생략)
- 컨트롤 박스 커버 등이 조립되지 않아 내부가 보이는 경우
- 배관 및 기구배치도에서 허용 오차 ±50 mm를 넘는 곳이 3개소 이상, ±100 mm를 넘는 곳이 1개소 이상인 경우(단, 박스, 단자대, 전선관 등이 도면 치수를 벗어나는 경우 개별 개소로 판정)
- 제어함 및 박스와 전선관 및 케이블이 접속되는 부분에 전선관 및 케이블용 커넥터를 정상 접속하지 않은 경우(미접속 포함)
- 박스, 제어함 및 단자대와 전선관 및 케이블의 접속점에서 가까운 곳(300 mm 이하)에 새들을 취부하지 않은 경우(단, 굴곡부가 없는 도면 치수 300 mm 미만의 직선 전선관 및 케이블은 새들 1개도 가능)
- 전원 및 부하(전동기)측 단자대 내의 R, S, T, E(접지) 또는 U, V, W, E(접지) 또는 플로트리스 스위치 센서 E_1, E_2, E_3 배치 순서가 유의사항과 상이한 경우
- 플로트리스 스위치 센서 E_1, E_2, E_3의 인출선 길이가 허용 오차 ±20 mm를 넘는 곳이 2개소 이상인 경우
- 한 단자에 전선 3가닥 이상 접속된 경우
- 제어함 내의 배선 시 기구와 기구 사이로 수직 배선한 경우
- 내선규정 등으로 공사를 진행하지 않은 경우

(3) 주요 지급 재료 목록

일련 번호	재료명	규격	단위	수량	비고
1	합판	400 mm×420 mm×12 mm	장	1	
2	단자대	4P 20A	개	5	
3	단자대	10P 20A	개	4	
4	컨트롤 박스	ϕ25 3구	개	3	
5	푸시 버튼 스위치	ϕ25 1a1b	개	4	적 2, 녹 2
6	파일럿 램프	ϕ25 220V	개	3	적 1, 녹 1, 황 1
7	버저	ϕ25 220V	개	1	
8	전자접촉기 소켓	220V 12P(둥근형)	개	2	
9	EOCR 소켓	220V 12P(둥근형)	개	1	
10	릴레이 소켓	220V 8P	개	1	
11	플로트리스 스위치 소켓	220V 8P	개	2	
12	플리커 릴레이 소켓	220V 8P	개	1	
13	PE 전선관	16 mm	m	5	
14	플렉시블 전선관	16 mm	m	5	
15	커넥터	16 mm PE 전선관용 16 mm 플렉시블 전선관용	개	각 6	
16	비닐절연전선	1.5SQ(1/1.38)	m	50	황
17	비닐절연전선	2.5SQ(1/1.78)	m	각 5	흑, 적, 청, 녹
18	새들	16 mm 전선관용	개	40	
19	케이블	4C 2.5 mm^2	m	1	
20	케이블 커넥터	4C 케이블용	개	1	
21	케이블 새들	4C 케이블용	개	2	
22	케이블 타이	100 mm	개	30	
23	유리관 퓨즈 및 홀더	250V 100A(박스 2개용)	개	1	퓨즈 10A 2개 포함
24	배선용 차단기	3상용 AC 250V 30A	개	1	
25	실렉터 스위치	ϕ25 2단	개	1	

(4) 배관 및 기구 배치도

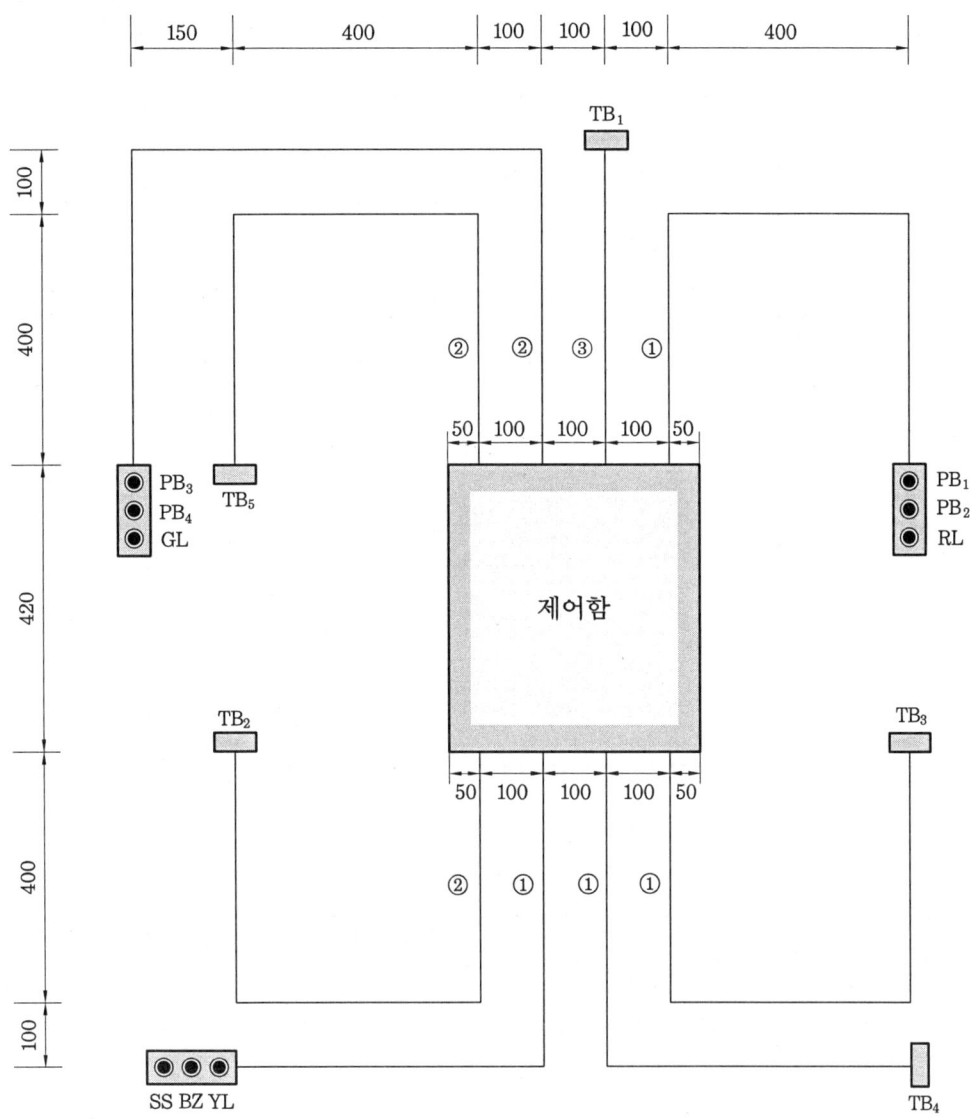

공사 방법

①	PE 전선관
②	플렉시블 전선관
③	케이블

(5) 제어함 내부 기구 배치도

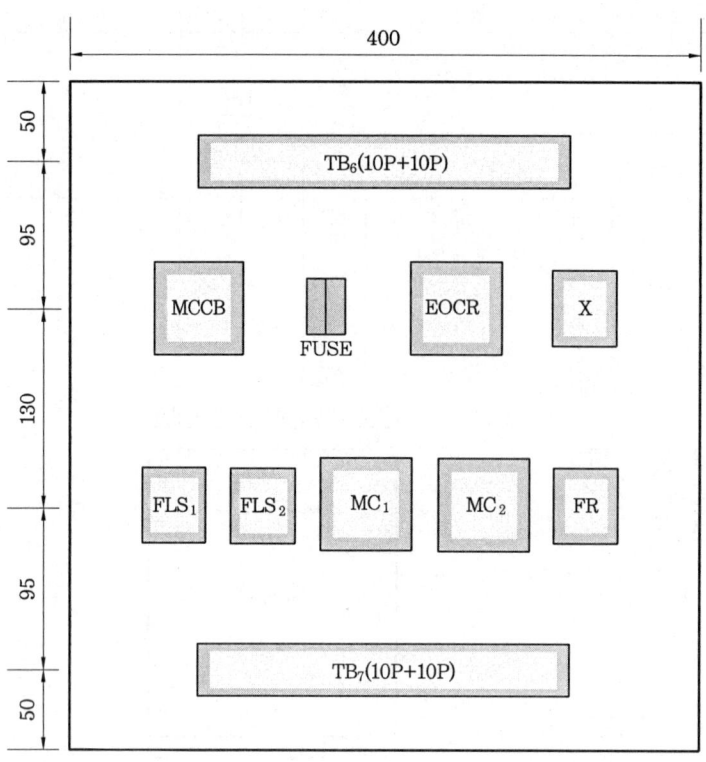

범 례

기 호	명 칭	기 호	명 칭
TB_1	전원(단자대 4P)	PB_1, PB_3	푸시 버튼 스위치(적)
TB_2, TB_3	모터(단자대 4P)	PB_2, PB_4	푸시 버튼 스위치(녹)
TB_4, TB_5	플로트리스(단자대 4P)	YL	파일럿 램프(황) 220V
TB_6, TB_7	단자대(10P+10P)	GL	파일럿 램프(녹) 220V
MC_1, MC_2	전자접촉기 소켓(12P)	RL	파일럿 램프(적) 220V
X	릴레이 소켓(8핀)	FUSE	퓨즈 및 퓨즈 홀더
EOCR	EOCR 소켓(12P)	MCCB	배선용 차단기
FR	플리커 릴레이(8핀)	SS	실렉터 스위치
FLS_1, FLS_2	플로트리스 스위치(8핀)	BZ	버저

(6) 동작 회로도

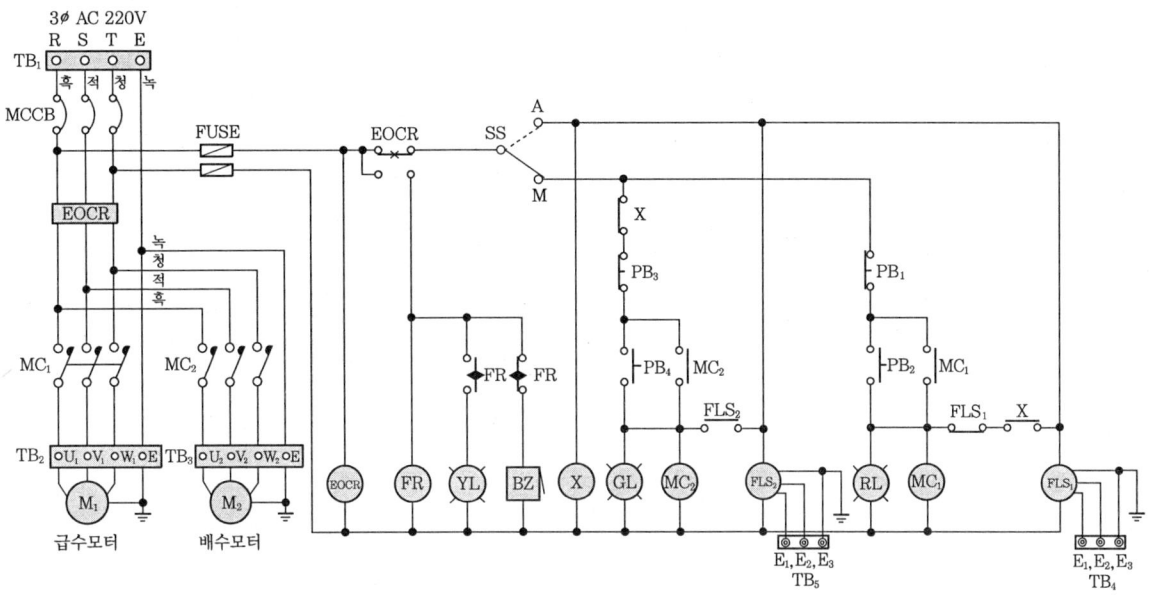

(7) 동작 순서

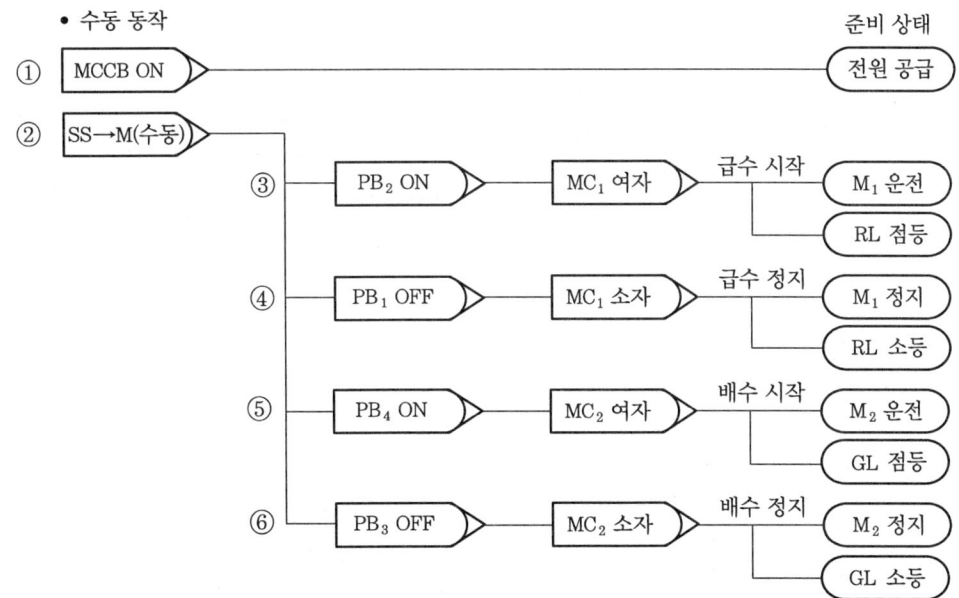

• 과부하 동작 사항

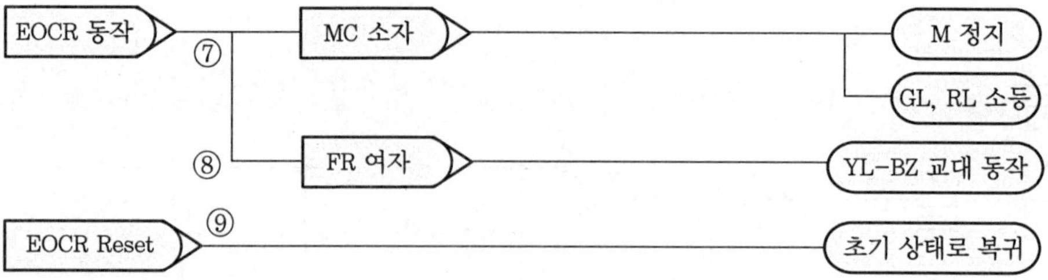

EOCR 동작
⑦
MC 소자
M 정지
GL, RL 소등
⑧
FR 여자
YL-BZ 교대 동작
EOCR Reset
⑨
초기 상태로 복귀

• 자동 동작

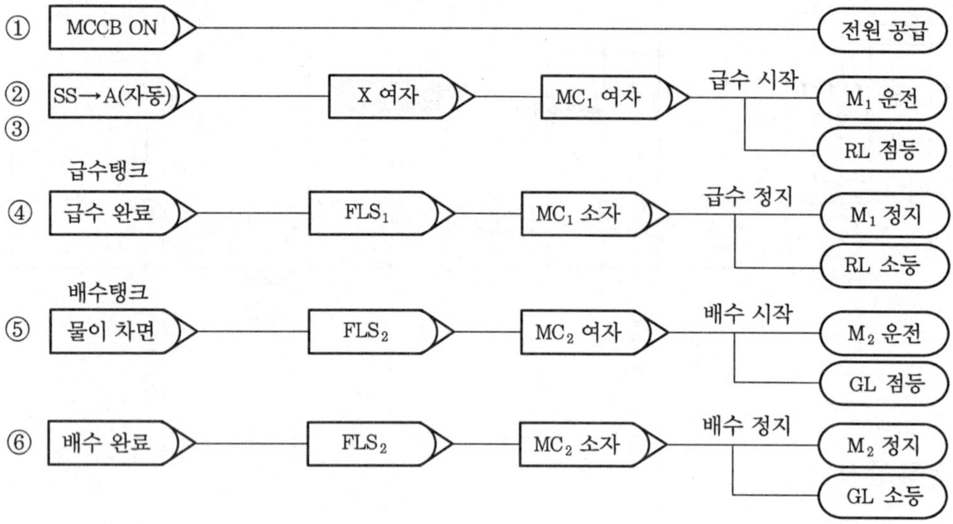

①
MCCB ON
전원 공급
②
③
SS→A(자동)
X 여자
MC1 여자
급수 시작
M1 운전
RL 점등
급수탱크
④
급수 완료
FLS1
MC1 소자
급수 정지
M1 정지
RL 소등
배수탱크
⑤
물이 차면
FLS2
MC2 여자
배수 시작
M2 운전
GL 점등
⑥
배수 완료
FLS2
MC2 소자
배수 정지
M2 정지
GL 소등

• 과부하 동작 사항

EOCR 동작
⑦
MC 소자
M 정지
GL, RL 소등
⑧
FR 여자
YL-BZ 교대 동작
EOCR Reset
⑨
초기 상태로 복귀

(8) 제어 부품 내부 결선도

(R) (S) (T) (a1) (b1) (S1)
1 2 3 4 5 6
7 8 9 10 11 12
(U) (V) (W) (a2) (b2) (S2)

전자접촉기

(R) (S) (T) (96) (98) (L1)
1 2 3 4 5 6
제어회로
7 8 9 10 11 12
(U) (V) (W) (95) (97) (L2)

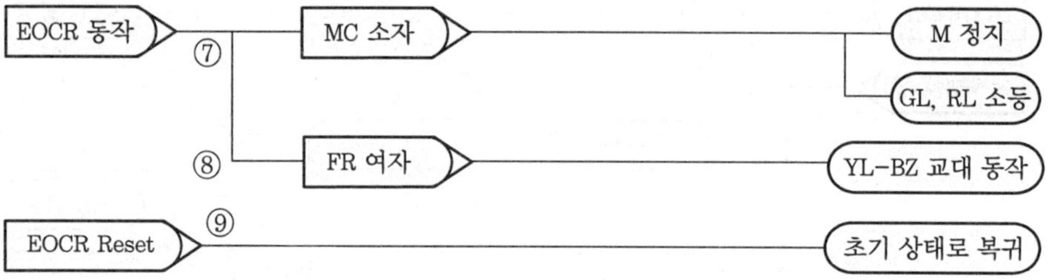

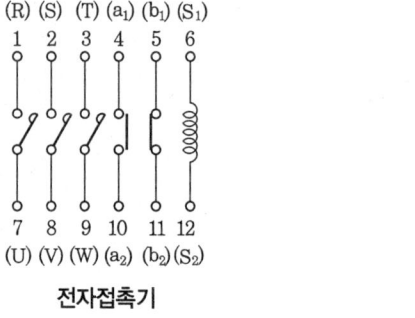

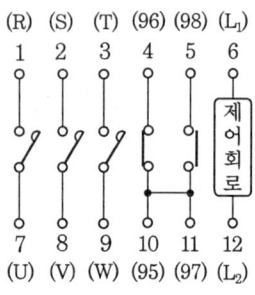

EOCR

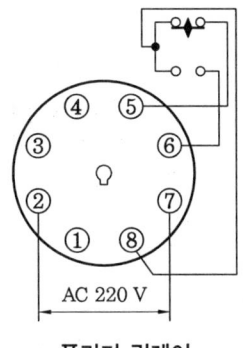

플리커 릴레이

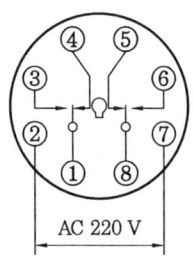

8P 릴레이

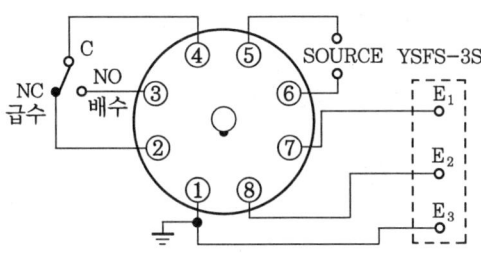

8핀 플로트리스 스위치

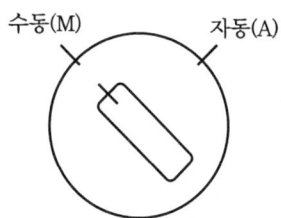

실렉터 스위치 구성도

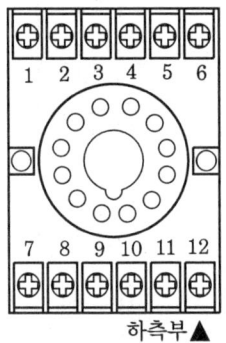

12P 소켓 (베이스) 구성도

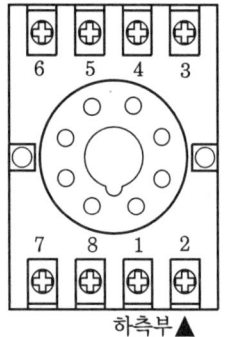

8P 소켓 (베이스) 구성도

(9) 단자번호 부여

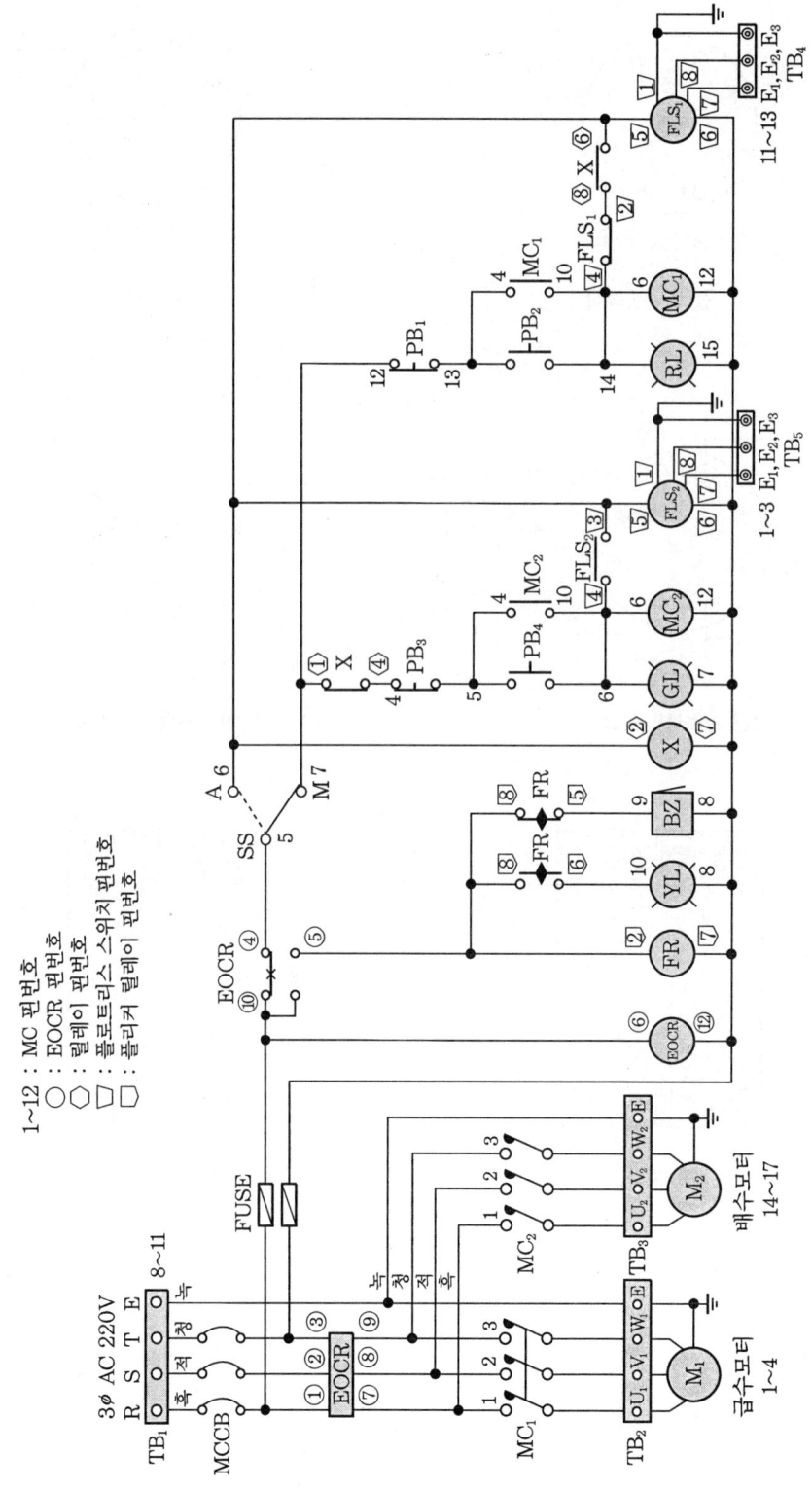

(10) 실체 배선도

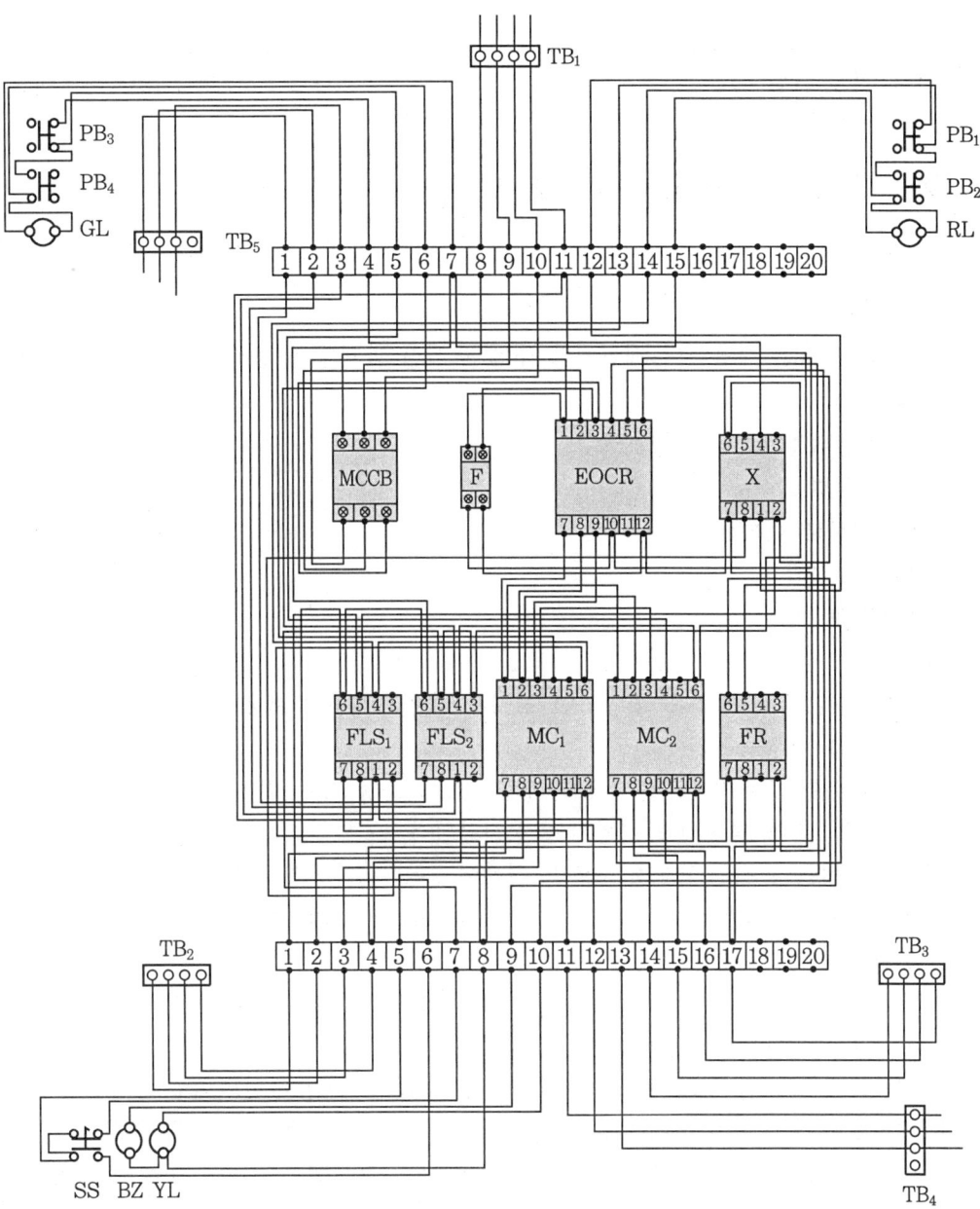

☀ 2020년도 시행 문제 ☀

□ 전기 기능사(실기)　　　　　　　　　　　　　▶ 2020. 4 시행

 과제명 : 전기설비의 배선 및 배관 공사

• 시험시간 : 표준시간-4시간 30분

(1) 요구 사항

① 지급된 재료를 사용하여 제한시간 내에 주어진 과제를 완성하시오.

② 공통 사항
  (가) 전원방식 : 3상 3선식 220 V
  (나) 공사방법
   • 플렉시블 전선관
   • PE 전선관
   • 케이블

③ 동작
  (가) MCCB를 통해 전원을 투입하면 전자식 과전류계전기 EOCR에 전원이 공급되고 램프 WL이 점등된다.
  (나) 푸시 버튼 스위치 PB_1을 누르면 램프 WL이 소등되고, 릴레이 X_1, MC_1이 여자되어 램프 RL이 점등되며 전동기는 정회전한다.
  (다) 푸시 버튼 스위치 PB_2를 누르면 릴레이 X_1이 소자되고, 릴레이 X_2, 타이머 T가 여자되며, 타이머의 설정시간 t초 동안 MC_1이 여자되어 램프 RL이 점등되며 전동기는 정회전한다.
  (라) 타이머의 설정시간 t초 후에 MC_1이 소자되고 MC_2가 여자되어 램프 RL이 소등, 램프 GL이 점등되며 전동기는 역회전한다.
  (마) 푸시 버튼 스위치 PB_1과 PB_2에 의해 제어회로는 후입 우선회로로 동작한다.
  (바) 푸시 버튼 스위치 PB_0를 누르면 제어회로 및 전동기 동작은 모두 정지한다.
  (사) 전동기 운전 중 전동기의 과부하로 과전류가 흐르면 EOCR이 동작되어 전동기는 정지하고 램프 YL이 점등된다.
  (아) 전자식 과전류계전기 EOCR을 리셋(reset)하면 제어회로는 초기 상태로 복귀한다.

(2) 수험자 유의사항

① 시험 시작 전 지급된 재료의 이상 유무를 확인하고 이상이 있을 때에는 시험위원의 승인을 얻어 교환할 수 있습니다. (단, 시험 시작 후 파손된 재료는 수험자 부주

의에 의해 파손된 것으로 간주되어 추가로 지급받지 못합니다.)
② 제어판을 포함한 작업대(판)에서의 제반 치수는 mm이고 치수 허용 오차는 외관(전선관, 박스, 전원 및 부하측 단자대 등)은 ±30 mm, 제어판 내부는 ±5 mm입니다.
③ 전선관의 수직과 수평을 맞추어 작업하고, 전선관의 곡률 반경은 전선관 안지름의 6배 이상, 8배 이하로 작업하여야 합니다.
④ 기구(컨트롤 박스, 8각 박스, 제어판, 단자대)와 전선관 및 케이블 사이 접속점에서 가까운 곳(300 mm 이하)에 새들을 취부하고 전선관 및 케이블이 작업대(판)에서 뜨지 않도록 새들을 적절히 배치하여 튼튼하게 고정합니다 (단, 굴곡부가 없는 배관에서 기구와 기구 끝단 사이의 치수가 400 mm 미만이면 새들 1개도 가능).
⑤ 기구(컨트롤 박스, 8각 박스, 제어판)와 전선관 및 케이블이 접속되는 부분에는 전선관 및 케이블용 커넥터를 사용하고 제어판에 5 mm 정도 올리고 새들로 고정하여야 합니다.
⑥ 제어함 내의 기구는 기구 배치도와 같이 균형있게 배치하고 흔들림이 없도록 고정합니다.
⑦ 소켓(베이스)에 채점용 기기가 들어갈 수 있도록 작업합니다.
⑧ 제어판 배선은 미관을 고려하여 전면에 노출 배선(수평수직)하고 전선의 흐트러짐 등이 없도록 케이블 타이를 이용하여 균형있게 배선합니다. (단, 제어판 배선 시 기구와 기구 사이의 배선을 금지합니다.)
⑨ 주회로는 2.5 mm^2(1/1.78) 전선, 보조회로는 1.5 mm^2(1/1.38) 전선(황색)을 사용하고 주회로의 전선 색상은 R상은 흑색, S상은 적색, T상은 청색을 사용합니다.
⑩ 접지회로는 2.5 mm^2(1/1.78) 녹색 전선으로 배선하여야 합니다.
⑪ 퓨즈 홀더 1차측과 2차측은 보조회로로 1.5 mm^2(1/1.38) 황색 전선을 사용하고 퓨즈 홀더에는 퓨즈를 끼워 놓아야 합니다.
⑫ 케이블의 색상이 주회로 색상과 상이한 경우 감독위원이 지정한 색상으로 대체합니다 (단, 녹색 전선은 제외).
⑬ 단자에 전선을 접속하는 경우 나사를 견고하게 조입니다. 단자 조임 불량이란 전선 피복 제거가 2 mm 이상 보이거나, 피복이 단자에 물린 경우를 말합니다 (단, 한 단자에 전선 3가닥 이상 접속 금지).
⑭ 전원 및 부하(전동기)측 단자대는 가로인 경우 왼쪽부터, 세로인 경우 위쪽부터 R, S, T, E(접지) 또는 U, V, W, E(접지)의 순으로 결선합니다.
⑮ 배선점검은 회로시험기 또는 벨 시험기만을 가지고 확인을 할 수 있으나, 전원을 투입하여 동작시험은 할 수 없습니다.
⑯ 전원측 단자대는 동작시험을 할 수 있도록 전원선의 색상에 맞추어 100 mm 정도 인출하고, 피복은 전선 끝에서 약 10 mm 정도 벗겨둡니다.
⑰ EOCR, 전자접촉기, 타이머, 릴레이 등의 소켓(베이스)은 지급된 채점용 기기와 같은 규격이어야 하며, 소켓(베이스)의 방향은 부품 내부 결선도 및 구성도를 참고

하여 홈이 아래로 향하도록 배치하고, 소켓 번호에 유의하여 작업합니다.
※ 기구의 내부 결선도 및 구성도와 지급된 채점용 기기 및 소켓(베이스)이 상이할 경우 감독위원의 지시에 따라 작업하도록 합니다.

⑱ 접지는 도면에 표시된 부분만 실시하고, 접지선은 입력(전원) 단자대에서 제어판 내의 단자대를 거쳐 출력(부하) 단자대까지 결선하며, 도면에서 별도로 표시하지 않더라도 모든 접지는 입력 단자대의 접지측과 연결되어야 합니다.
※ 기타 외부로의 접지는 시행하지 않아도 됩니다.

⑲ 기타 공사 방법 등은 감독위원의 지시사항을 준수하여 작업하며, 작업에 대한 문의사항은 시험 시작 전 질의하도록 하고 시험 진행 중에는 질의를 삼가도록 합니다.

⑳ 특별히 지정한 것 이외에는 내선규정과 전기설비기술기준 및 판단기준에 의하되 외관이 보기 좋아야 하며 안정성이 있어야 합니다.

㉑ 시험 중 수험자는 반드시 안전수칙을 준수해야 하며, 작업 복장 상태, 안전사항 등이 채점 대상이 됩니다.

㉒ 다음 사항에 대해서는 채점 대상에서 제외하니 특히 유의하시기 바랍니다.
　(가) 기권
　　- 과제 진행 중 수험자 스스로 작업에 대한 포기의사를 표현한 경우
　(나) 실격
　　- 지급 재료 이외의 재료를 사용한 작품
　　- 시험 중 시설·장비의 조작 또는 재료의 취급이 미숙하여 위해를 일으킬 것으로 시험위원 전원이 합의하여 판단한 경우
　　- 기능이 해당 등급 수준에 전혀 도달하지 못한 것으로 감독위원 전원이 합의하여 판단한 경우
　　- 시험 관련 부정에 해당하는 장비(기기)·재료 등을 사용하는 것으로 감독위원 전원이 합의하여 판단한 경우(시험 전 사전 준비작업 및 범용 공구가 아닌 시험에 최적화된 공구는 사용할 수 없음)
　(다) 오작
　　- 시험시간 내에 제출된 작품이라도 다음과 같은 경우
　　• 완성된 과제가 도면 및 배치도, 시퀀스 회로도의 동작사항, 채점용 기기와 소켓(베이스)의 매칭, 부품의 방향, 결선 상태 등이 상이한 경우(EOCR, 전자접촉기, 타이머, 릴레이, 푸시 버튼 스위치 및 램프 색상 등)
　　• 주회로(흑색, 적색, 청색) 및 보조회로(황색) 배선의 전선 굵기 및 색상이 도면 및 유의사항과 상이한 경우
　　• 제어판 밖으로 인출되는 배선이 제어함 내의 단자대를 거치지 않고 직접 접속된 경우
　　• 제어판 내부 배선 상태나 전선관 및 케이블 가공 상태가 불량하여 전기 공급이 불가한 경우

- 제어판 내의 배선 상태나 기구 간격 불량으로 동작 상태의 확인이 불가한 경우
- 접지공사를 하지 않은 경우와 접지회로(녹색) 배선의 전선 굵기 및 색상이 도면 및 유의사항과 다른 경우(단, 전동기로 출력되는 부분은 생략)
- 컨트롤 박스 커버 등이 조립되지 않아 내부가 보이는 경우
- 배관 및 기구 배치도에서 허용 오차 ±50 mm를 넘는 곳이 3개소 이상, ±100 mm를 넘는 곳이 1개소 이상인 경우(단, 박스, 단자대, 전선관 등이 도면 치수를 벗어나는 경우 개별 개소로 판정)
- 기구(컨트롤 박스, 8각 박스, 제어판)와 전선관 및 케이블이 접속되는 부분에 전선관 및 케이블용 커넥터를 정상 접속하지 않은 경우(미접속 포함)
- 기구(컨트롤 박스, 8각 박스, 제어판, 단자대)와 전선관 및 케이블의 접속점에서 가까운 곳(300 mm 이하)에 새들을 취부하지 않은 경우(단, 굴곡부가 없는 배관에서 기구와 기구 끝단 사이의 치수가 400 mm 미만이면 새들 1개도 가능)
- 전원 및 부하(전동기)측 단자대 내의 R, S, T, E(접지) 또는 U, V, W, E(접지)의 배치 순서가 유의사항과 상이한 경우
- 한 단자에 전선 3가닥 이상 접속된 경우
- 제어함 내의 배선 시 기구와 기구 사이로 수직 배선한 경우
- 내선규정 등으로 공사를 진행하지 않은 경우

(3) 주요 지급 재료 목록

일련번호	재료명	규격	단위	수량	비고
1	합판	400×420×12 mm	장	1	
2	컨트롤 박스	φ25, 1구	개	3	
3	컨트롤 박스	φ25, 2구	개	2	
4	단자대	10P 20A 220V	개	4	
5	단자대	4P 20A 220V	개	2	
6	전자접촉기 소켓	12P	개	2	
7	EOCR 소켓	12P	개	1	
8	릴레이 소켓	11P	개	2	
9	타이머 소켓	8P	개	1	
10	파일럿 램프	φ25, AC 220V	개	4	적 1, 황 1, 녹 1, 백 1
11	푸시 버튼 스위치	φ25, 1a1b	개	3	적 2, 녹 1
12	8각 박스	92 mm×92 mm 철재	개	1	
13	배선용 차단기	3P AC 250V 30A	개	1	
14	유리관 퓨즈 및 홀더	AC 250V 30A	개	1	퓨즈 10A 2개 포함
15	PE 전선관	16 mm	m	5	
16	플렉시블 전선관	16 mm	m	5	
17	커넥터	16 mm	개	7	PE 전선관용
18	커넥터	16 mm	개	7	플렉시블 전선관용
19	케이블	4C 2.5 mm^2	m	1	
20	케이블 커넥터	4C 케이블용	개	1	
21	케이블 새들	4C 케이블용	개	2	
22	새들	16 mm관용	개	34	
23	케이블 타이	백색 100 mm	개	30	
24	비닐절연전선	2.5SQ(1/1.38) 흑색	m	4	
25	비닐절연전선	2.5SQ(1/1.78) 적색	m	4	
26	비닐절연전선	2.5SQ(1/1.78) 청색	m	4	
27	비닐절연전선	2.5SQ(1/1.78) 녹색	m	4	
28	비닐절연전선	1.5SQ(1/1.78) 황색	m	50	
29	전자접촉기	AC 220V, 12P	개	2	
30	EOCR	AC 220V, 12P	개	1	
31	릴레이	AC 220V, 11P	개	2	
32	타이머	AC 220V, 8P	개	1	

(4) 배관 및 기구 배치도

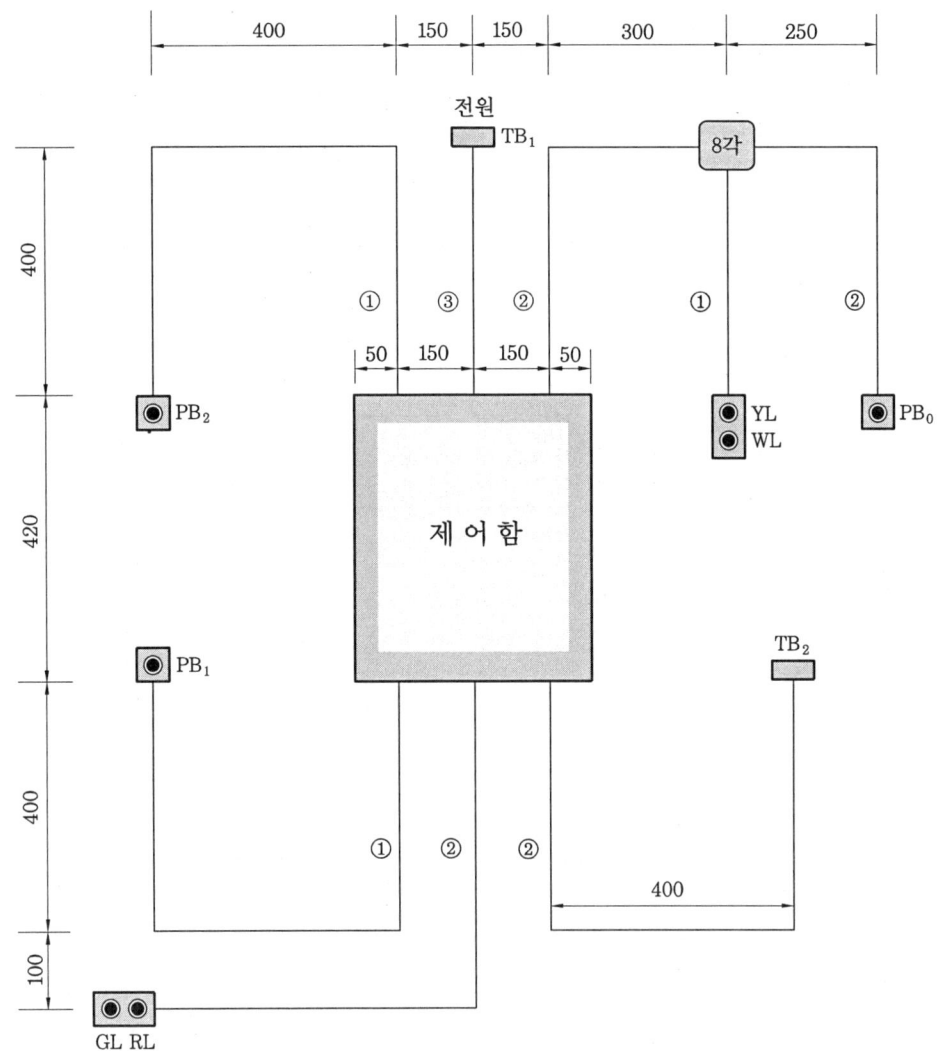

공사 방법

①	플렉시블 전선관
②	PE 전선관
③	케이블

(5) 제어함 내부 기구 배치도

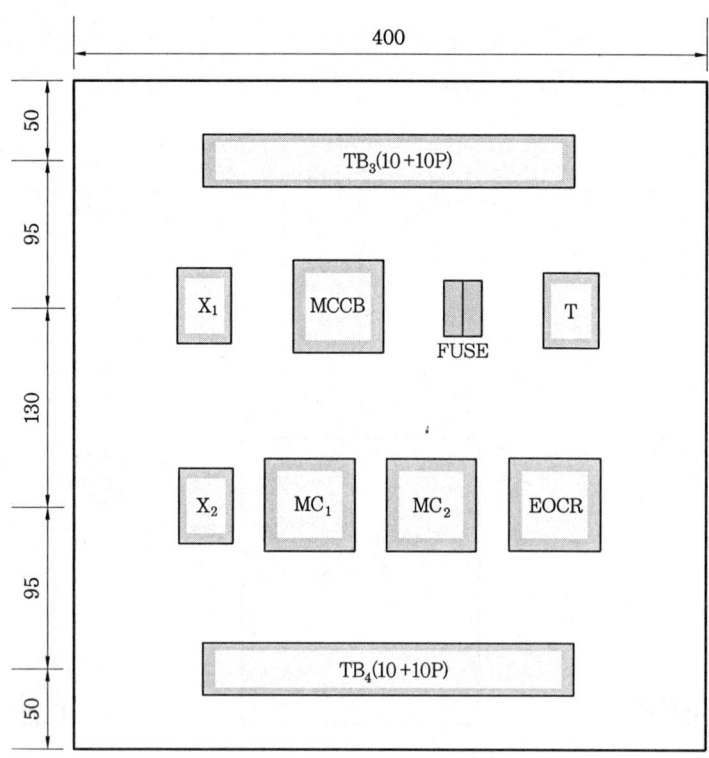

범례

기 호	명 칭	기 호	명 칭
TB_1	전원(단자대 4P)	PB_0	푸시 버튼 스위치(녹)
TB_2	전동기(단자대 4P)	PB_1, PB_2	푸시 버튼 스위치(적)
TB_3, TB_4	단자대(10+10P)	YL	파일럿 램프(황) 220V
MC_1, MC_2	전자접촉기(12P)	GL	파일럿 램프(녹) 220V
EOCR	EOCR(12P)	RL	파일럿 램프(적) 220V
X_1, X_2	릴레이(11핀)	WL	파일럿 램프(백) 220V
T	타이머(8핀)	FUSE	퓨즈 및 퓨즈 홀더
MCCB	배선용 차단기		

(6) 동작 회로도

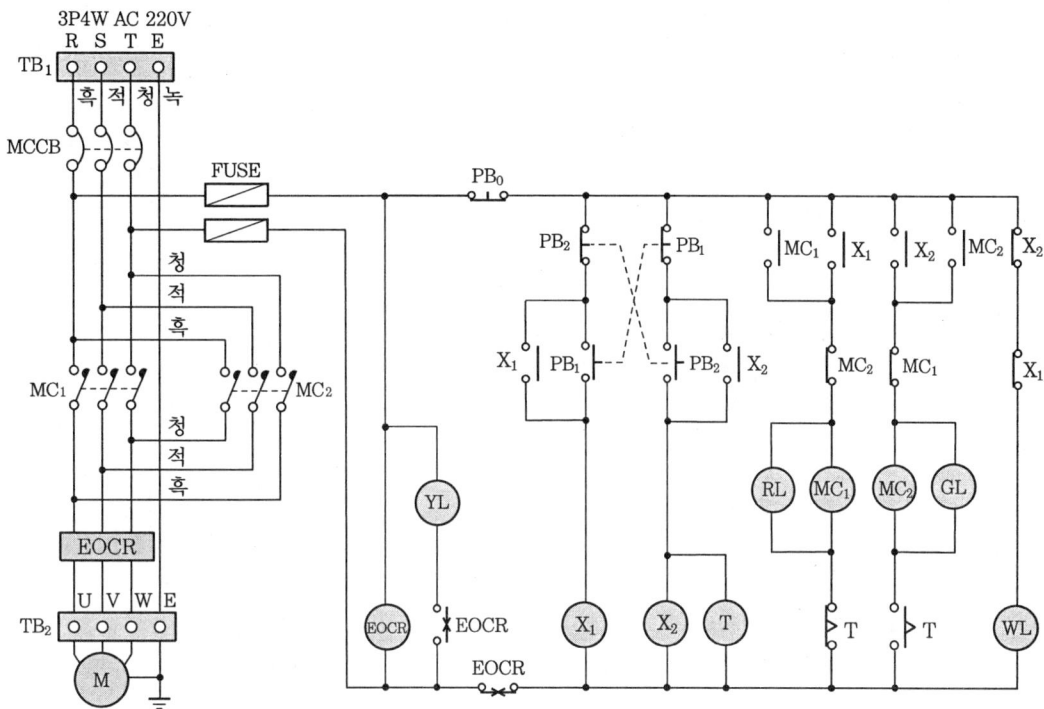

(7) 동작 순서

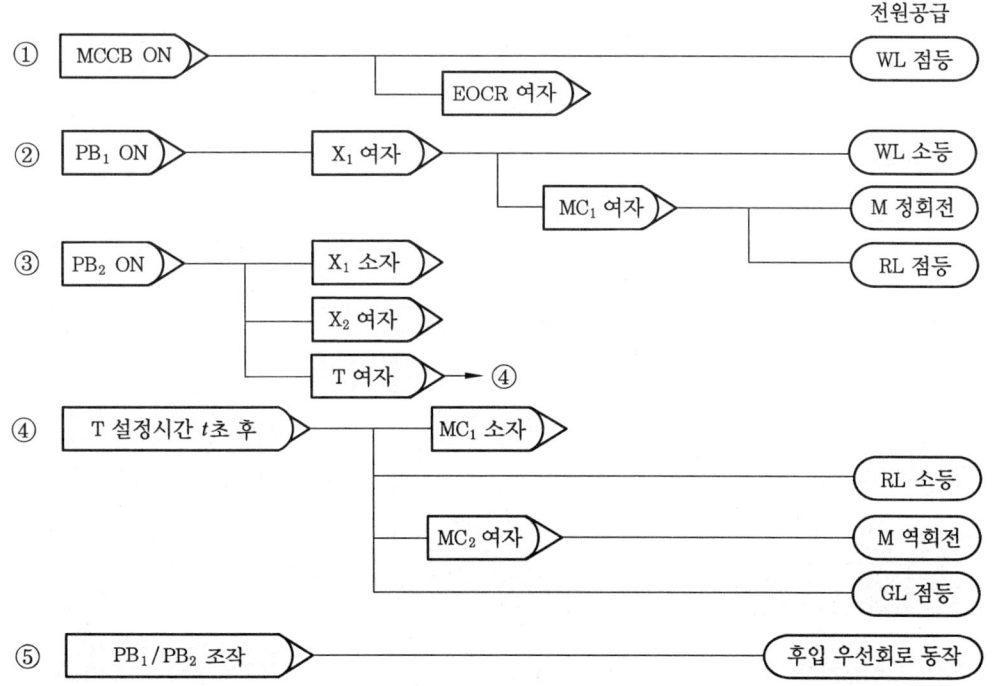

⑥ PB₀ 누르면 ▷ 원상복귀 ▷ M 정지

⑦ motor 운전 중 과부하가 걸리면
EOCR 동작 ▷ YL 점등 / M 정지

⑧ EOCR Reset ▷ 초기 상태로 복귀

(8) 제어 부품 내부 결선도

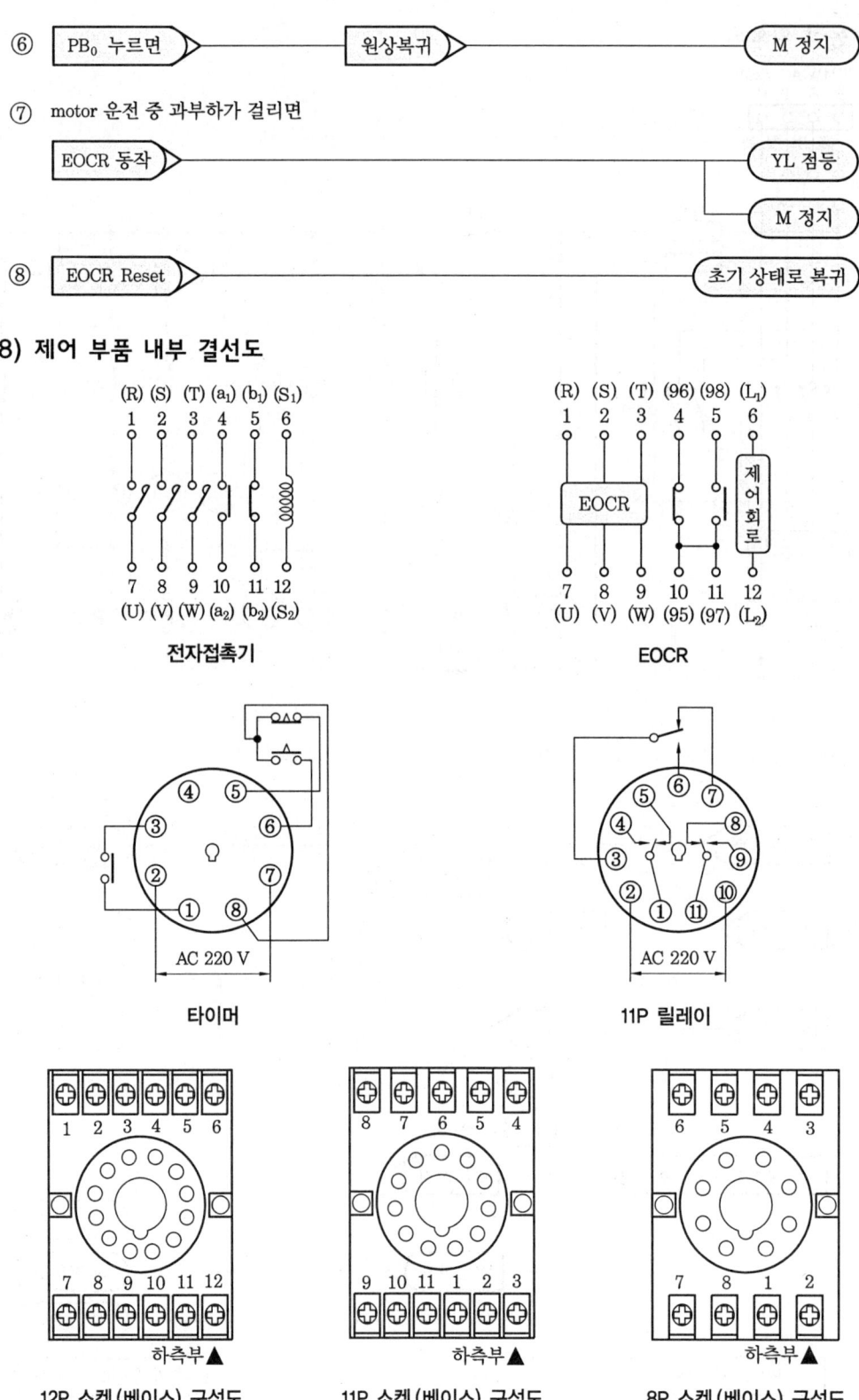

(9) 단자번호 부여

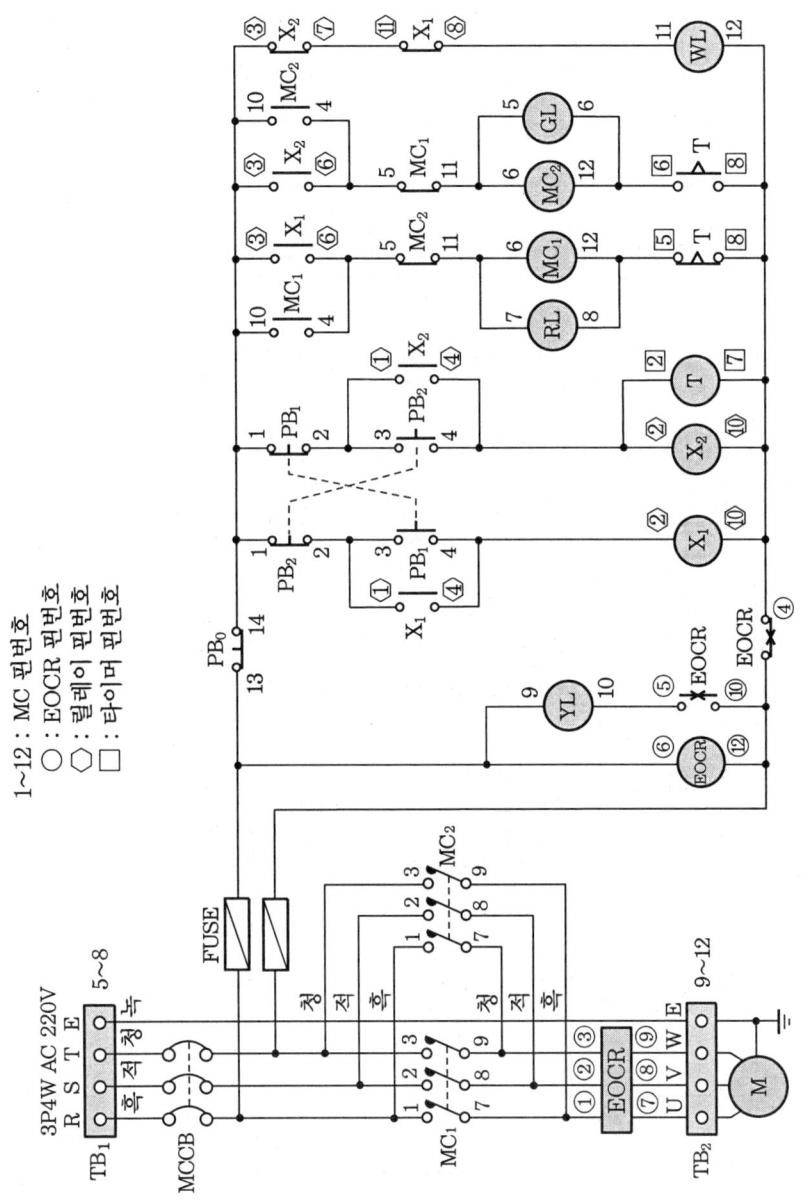

(10) 실체 배선도

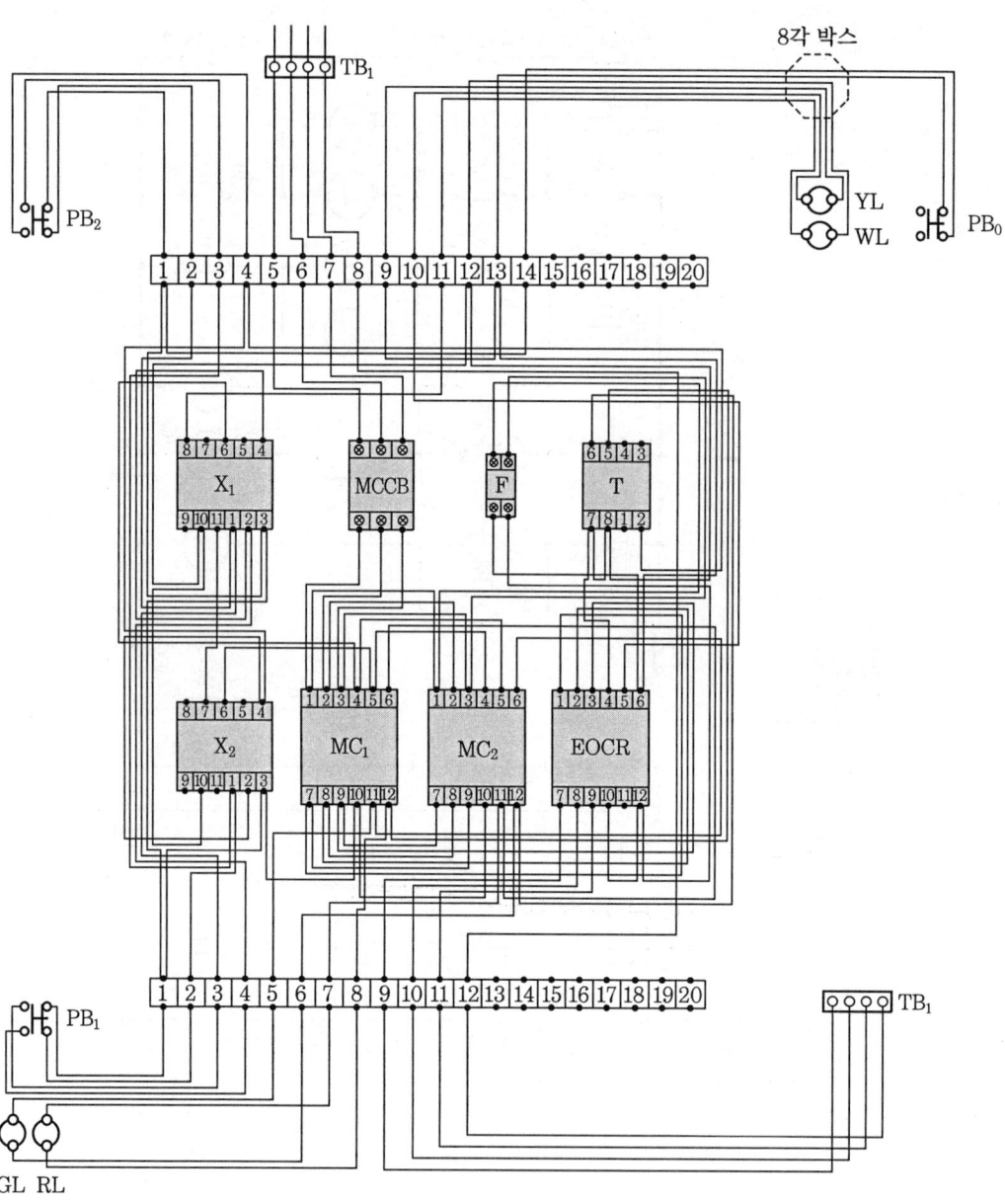

전기 기능사(실기)　　　　　　　　　　　▶ 2020. 6 시행

■ 과제명 : 전기설비의 배선 및 배관 공사(자동온도조절 제어회로)

• 시험시간 : 표준시간－4시간 30분

(1) 요구 사항

① 지급된 재료를 사용하여 제한시간 내에 주어진 과제를 완성하시오.

② 공통 사항
  (가) 전원방식 : 3상 3선식 220 V
  (나) 공사방법
   • 플렉시블 전선관　　• PE 전선관　　• 케이블

③ 동작
  (가) MCCB에 전원을 투입하면 회로에 전원이 공급되고 $EOCR_1$, $EOCR_2$이 여자, 램프 WL이 점등된다.
  (나) 푸시 버튼 스위치 PB_1을 누르면 릴레이 X가 여자, MC_1이 여자, 램프 RL이 점등되며, 순환모터가 작동된다.
  (다) 설정 온도에 도달하면 온도 릴레이 TC가 여자, 타이머 T가 여자, MC_1이 소자, 램프 RL이 소등되며, 순환모터 M_1이 정지한다.
  (라) 타이머 T의 설정시간 t초 후 MC_2가 여자, 램프 GL이 점등되고 배기모터 M_2가 동작된다.
  (마) PB_0를 누르면 운전 중인 모든 전동기의 동작이 정지된다.
  (바) 전동기 운전 중 순환모터 M_1(배기모터 M_2)이 과부하로 과전류가 흐를 때 전자식 과전류계전기 $EOCR_1$($EOCR_2$)이 동작되어 순환모터 M_1(배기모터 M_2)이 정지, 플리커 릴레이 FR이 여자된다.
  (사) 플리커 릴레이 FR에 의해서 램프 YL이 점멸한다.
  (아) 전자식 과전류계전기 $EOCR_1$($EOCR_2$)을 리셋(reset)하면 초기 상태로 복귀된다.

(2) 수험자 유의사항

① 시험 시작 전 지급된 재료의 이상 유무를 확인하고 이상이 있을 때에는 시험위원의 승인을 얻어 교환할 수 있습니다.
② 제어함(판)을 포함한 작업대(판)에서의 제반 치수는 mm이고 치수 허용 오차는 외관(전선관, 박스, 전원 및 부하측 단자대 등)은 ±30 mm, 제어판 내부는 ±5 mm입니다. (단, 치수는 도면에 표시된 사항에 의하며 표시되지 않은 경우 부품의 중심을 기준으로 합니다.)
③ 전선관의 수직과 수평을 맞추어 작업하고, 전선관의 곡률 반경은 전선관 안지름의

6배 이상, 8배 이하로 작업하여야 합니다.
④ 박스, 제어함 및 단자대와 전선관 및 케이블의 접속점에서 가까운 곳(300 mm 이하)에 새들을 취부하고 전선관 및 케이블이 작업판에서 뜨지 않도록 새들을 적절히 배치하여 튼튼하게 고정합니다 (단, 굴곡부가 없는 배관에서 기구와 기구 끝단 사이의 치수가 400 mm 미만일 경우 새들 1개도 가능).
⑤ 제어함 및 박스와 전선관 및 케이블이 접속되는 부분에는 전선관 및 케이블용 커넥터를 사용하고 제어함에 5 mm 정도 올리고 새들로 고정하여야 합니다.
⑥ 케이블의 색상이 주회로 색상과 상이한 경우 감독위원이 지정한 색상으로 대체합니다.
 ※ 녹색 전선은 제외
⑦ 전원측 단자대는 동작시험을 할 수 있도록 전원선의 색상에 맞추어 100 mm 정도인 입선을 인출하고 피복은 전선 끝에서 약 10 mm 정도 벗겨둡니다.
⑧ 전원 및 부하(전동기)측 단자대의 단자는 가로인 경우 왼쪽부터, 세로인 경우 위쪽부터 R, S, T, E(접지) 또는 U_1, V_1, W_1, E(접지), U_2, V_2, W_2, E(접지)의 순으로 결선합니다.
⑨ 주회로는 2.5 mm^2(1/1.78) 전선, 보조회로는 1.5 mm^2(1/1.38) 황색 전선을 사용하고, 주회로의 전선 색상은 R상은 흑색, S상은 적색, T상은 청색을 사용합니다.
⑩ 접지회로는 2.5 mm^2(1/1.78) 전선(녹색)으로 배선하여야 합니다.
⑪ 퓨즈 홀더 1차측과 2차측은 보조회로로 1.5 mm^2(1/1.38) 황색 전선을 사용하고 퓨즈 홀더에는 퓨즈를 끼워 놓아야 합니다.
⑫ 제어함 배선은 미관을 고려하여 배선(수평수직)하고 전선의 흐트러짐 등이 없도록 케이블 타이를 이용하여 균형있게 배선합니다.
 ※ 제어함 배선 시 기구와 기구 사이 배선 금지
⑬ 배선 점검은 회로시험기 또는 벨 시험기 등을 가지고 확인을 할 수 있으나, 전원을 투입하여 동작시험은 할 수 없습니다.
⑭ 단자대에 전선을 접속하는 경우 나사를 견고하게 조입니다. 단자 조임 불량이란 전선 피복 제거가 2 mm 이상 보이거나, 피복이 단자에 물린 경우를 말합니다.
 ※ 한 단자에 전선 세 가닥 이상 접속 금지
⑮ 제어함 내의 기구 배치는 도면에 따르되 소켓에 채점용 기기 등이 들어갈 수 있도록 합니다.
⑯ EOCR, 전자접촉기, 타이머, 플리커 릴레이, 온도 릴레이는 소켓(베이스) 번호에 유의하여 작업하도록 합니다.
 ※ 제어함 내부 기구 배치도와 지급된 채점용 기기 및 소켓(베이스)이 상이할 경우 감독위원의 지시에 따라 작업하도록 합니다.
⑰ EOCR, 전자접촉기, 타이머, 릴레이, 플리커 릴레이, 온도 릴레이 등의 소켓(베이스)은 지급된 채점용 기기와 같은 규격이어야 하며, 홈이 아래로 향하게 배치합니다.
 ※ 채점용 기기 및 소켓(베이스)의 매칭은 감독위원의 지시에 따라 작업하도록 합니다.

⑱ 접지는 도면에 표시된 부분만 실시하고, 접지선은 입력(전원) 단자대에서 제어함 내의 단자대를 거쳐 출력(부하) 단자대까지 결선하며, 도면에서 별도로 표시하지 않더라도 모든 접지는 입력 단자대의 접지측과 연결되어야 합니다.

⑲ 기타 공사 방법 등은 감독위원의 지시사항을 준수하여 작업하며, 작업에 대한 문의 사항은 시험 시작 전 질의하도록 하고 시험 진행 중에는 질의를 삼가도록 합니다.

⑳ 채점 대상에서 제외사항

(가) 기권
  - 과제 진행 중 수험자 스스로 작업에 대한 포기의사를 표현한 경우

(나) 실격
  - 지급 재료 이외의 재료를 사용한 작품
  - 시험 중 시설·장비의 조작 또는 재료의 취급이 미숙하여 위해를 일으킬 것으로 감독위원 전원이 합의하여 판단한 경우
  - 기능이 해당 등급 수준에 전혀 도달하지 못한 것으로 감독위원 전원이 합의하여 판단한 경우
  - 시험 관련 부정에 해당하는 장비(기기), 재료 등을 사용하는 것으로 감독위원 전원이 합의하여 판단한 경우

(다) 오작
  - 완성된 과제가 도면 및 배치도, 제어회로도의 동작사항, 채점용 기기와 소켓(베이스)의 매칭, 부품의 방향, 결선 상태 등이 상이한 경우(EOCR, 전자접촉기, 플로트리스 스위치, 플리커 릴레이, 온도 릴레이, 램프 색상 등)
  - 주회로(흑색, 적색, 청색) 및 보조회로(황색) 배선의 전선 굵기 및 색상이 도면 및 유의사항과 다른 경우
  - 제어함 밖으로 인출되는 배선이 제어함 내의 단자대를 거치지 않고 직접 접속된 경우
  - 제어함 내부 배선 상태나 전선관 및 케이블 가공 상태가 불량하여 전기 공급이 불가한 경우
  - 제어함 내의 배선 상태나 기구 간격 불량으로 동작 상태의 확인이 불가한 경우
  - 접지공사를 하지 않은 경우 및 접지회로(녹색) 색상 및 굵기가 도면 및 유의사항과 틀린 경우(전동기로 출력되는 부분은 생략)
  - 컨트롤 박스 커버 등이 조립되지 않아 내부가 보이는 경우
  - 배관 및 기구배치도에서 허용 오차 ±50 mm를 넘는 곳이 3개소 이상, ±100 mm를 넘는 곳이 1개소 이상인 경우(단, 박스, 단자대, 전선관 등이 도면 치수를 벗어나는 경우 개별 개소로 판정)
  - 제어함 및 박스와 전선관 및 케이블이 접속되는 부분에 전선관 및 케이블용 커넥터를 정상 접속하지 않은 경우(미접속 포함)
  - 박스, 제어함 및 단자대와 전선관 및 케이블의 접속점에서 가까운 곳(300 mm

이하)에 새들을 취부하지 않은 경우(단, 굴곡부가 없는 배관에서 기구와 기구 끝단 사이의 치수가 400 mm 미만일 경우 새들 1개도 가능)
- 전원 및 부하(전동기)측 단자대 내의 R, S, T, E(접지) 또는 U, V, W, E(접지) 배치 순서가 유의사항과 상이한 경우
- 한 단자에 전선 3가닥 이상 접속된 경우
- 제어함 내의 배선 시 기구와 기구 사이로 수직 배선한 경우
- 내선규정 등으로 공사를 진행하지 않은 경우

(3) 주요 지급 재료 목록

일련번호	재료명	규격	단위	수량	비고
1	제어함(합판)	400×420×12 mm	장	1	
2	단자대	4P 20A 220V 10P 20A 220V	개	각 4	
3	컨트롤 박스	φ25 2구	개	3	
4	푸시 버튼 스위치	1a1b 220V φ25	개	2	녹 1, 적 1
5	파일럿 램프	φ25 220V	개	4	적 1, 녹 1, 황 1, 백 1
6	전자접촉기 소켓 EOCR 소켓	220V 12P	개	각 2	
7	타이머 소켓 릴레이 소켓 플리커 릴레이 소켓 온도 릴레이 소켓	220V 8P	개	각 1	
8	PE 전선관 플렉시블 전선관	16 mm	m	각 5	
9	커넥터	16 mm PE 전선관용 16 mm 플렉시블 전선관용	개	각 6	
10	비닐절연전선(HIV)	1.5SQ(1/1.38)	m	50	황
11	비닐절연전선(HIV)	2.5SQ(1/1.78)	m	각 6	흑, 적, 청, 녹
12	새들	16 mm 전선관용	개	34	
13	케이블 타이	100 mm	개	30	
14	퓨즈 홀더(2P)	유리관형, 250V 10A, 퓨즈 2개 포함	개	1	
15	배선용 차단기	3상용, AC 250V, 30A	개	1	
16	케이블	2.5SQ 4C×1 m	개	1	
17	케이블 새들	2.5SQ 4C용	개	2	
18	케이블 커넥터	2.5SQ 4C용(그랜트)	개	1	
19	8각 박스	92×92	개	1	

(4) 배관 및 기구 배치도

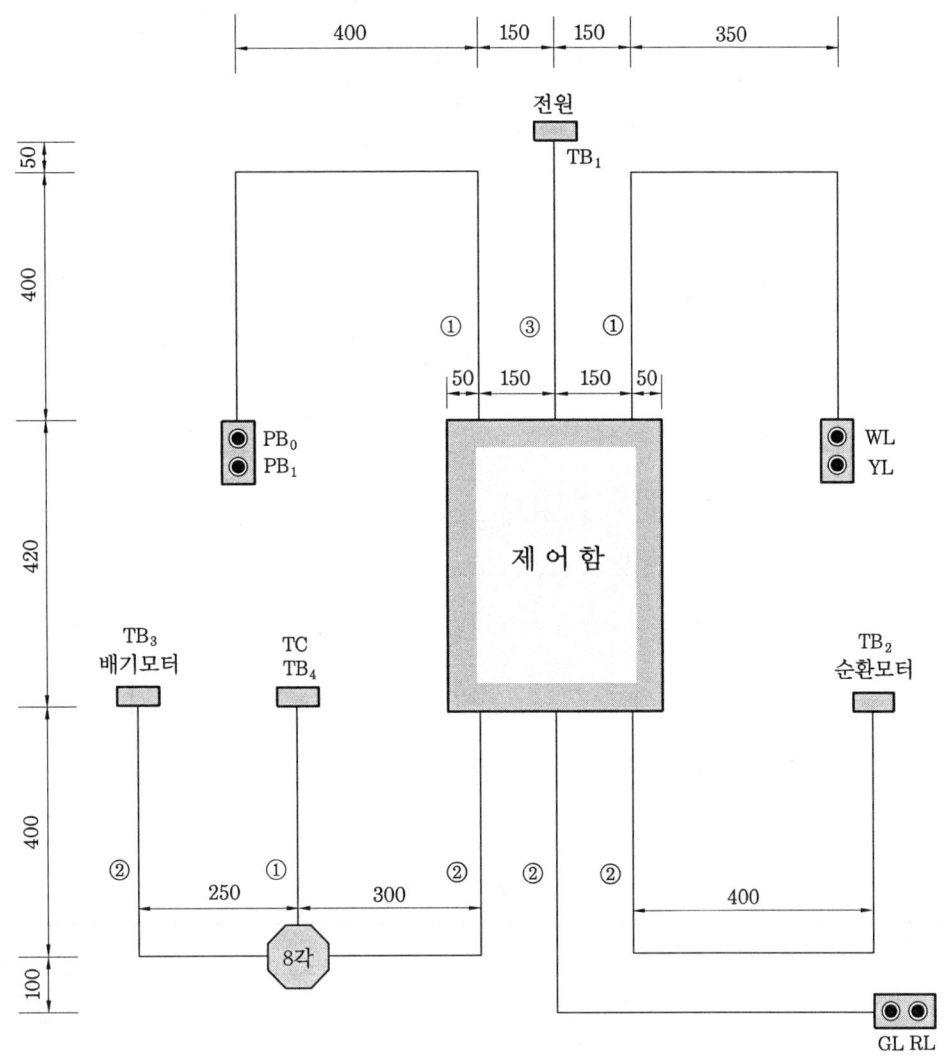

공사 방법

①	플렉시블 전선관
②	PE 전선관
③	케이블

(5) 제어함 내부 기구 배치도

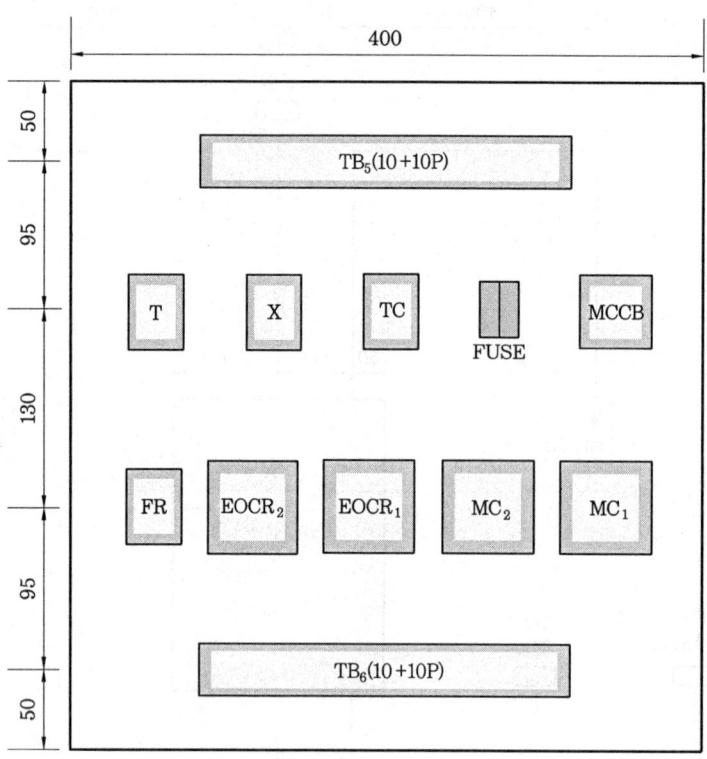

범 례

기 호	명 칭	기 호	명 칭
TB_1	전원(단자대 4P)	TC	온도 릴레이(8P)
TB_2	순환모터(단자대 4P)	PB_0	푸시 버튼 스위치(녹)
TB_3	배기모터(단자대 4P)	PB_1	푸시 버튼 스위치(적)
TB_4	TC(온도센서)(단자대 4P)	YL	파일럿 램프(황) 220V
TB_5, TB_6	단자대(10P+10P)	GL	파일럿 램프(녹) 220V
MC_1, MC_2	전자접촉기(12P)	RL	파일럿 램프(적) 220V
$EOCR_1$, $EOCR_2$	EOCR 소켓(12P)	WL	파일럿 램프(백) 220V
X	릴레이 소켓(8P)	FUSE	퓨즈 및 퓨즈 홀더
T	타이머 소켓(8P)	MCCB	배선용 차단기
FR	플리커 릴레이(8P)		

(6) 동작 회로도

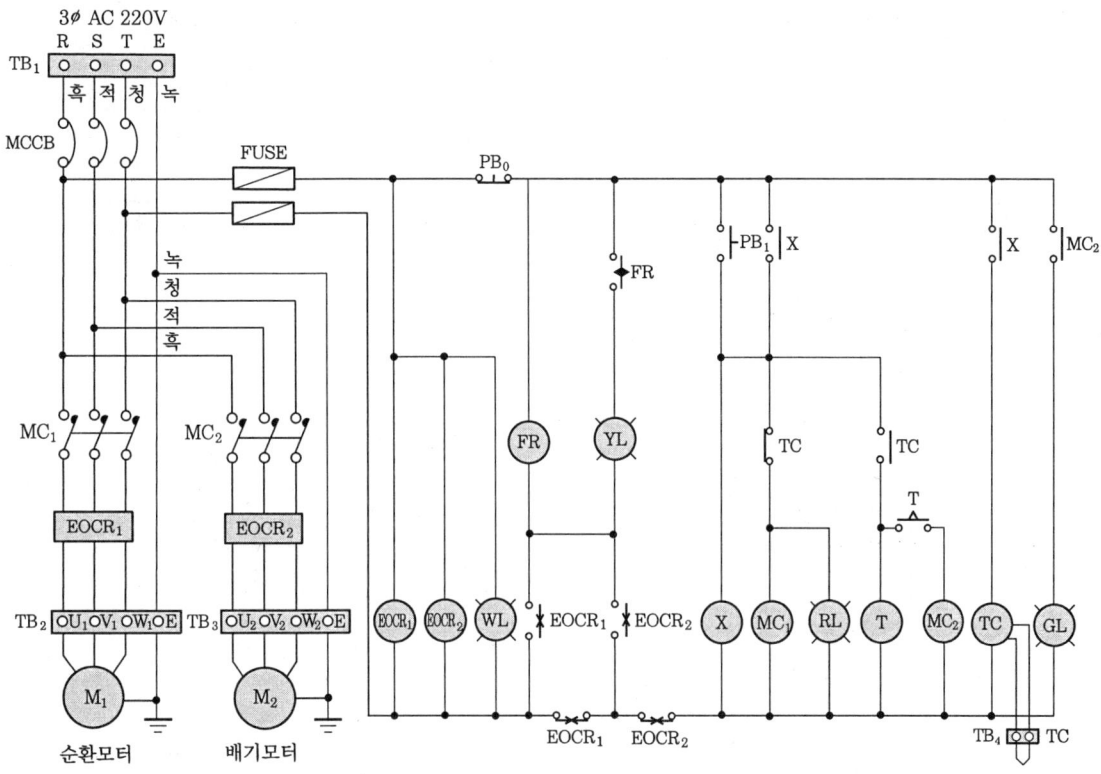

(7) 동작 순서

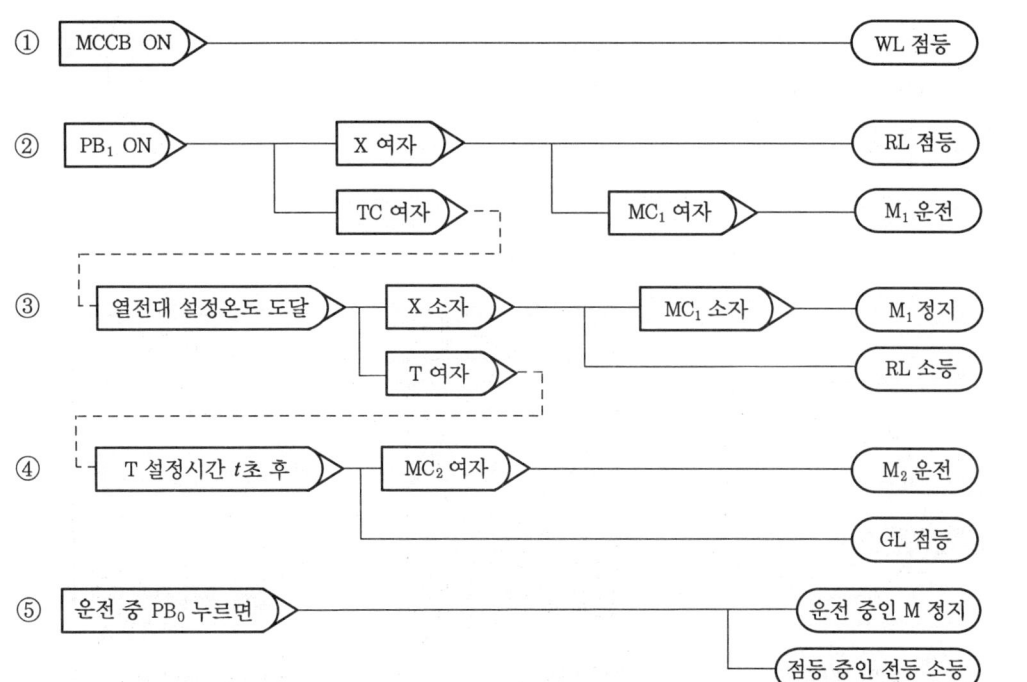

⑥ 전동기 M 운전 중 과부하가 걸리면

⑦

(8) 제어 부품 내부 결선도

전자접촉기

EOCR

타이머

8P 릴레이

플리커 릴레이

온도 계전기

12P 소켓(베이스) 구성도

8P 소켓(베이스) 구성도

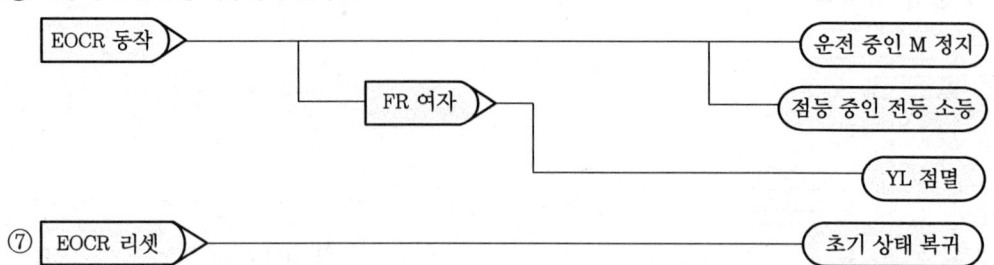

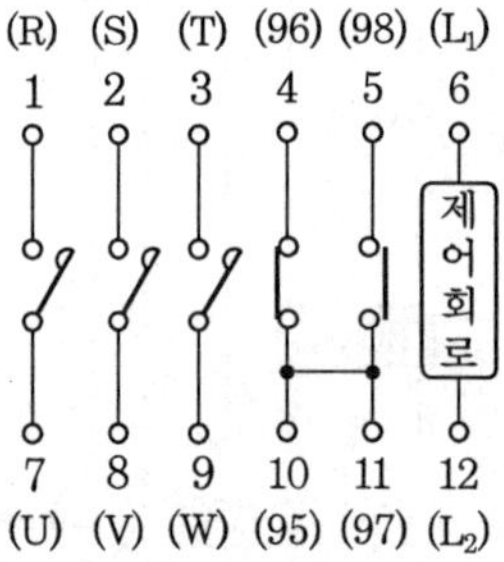

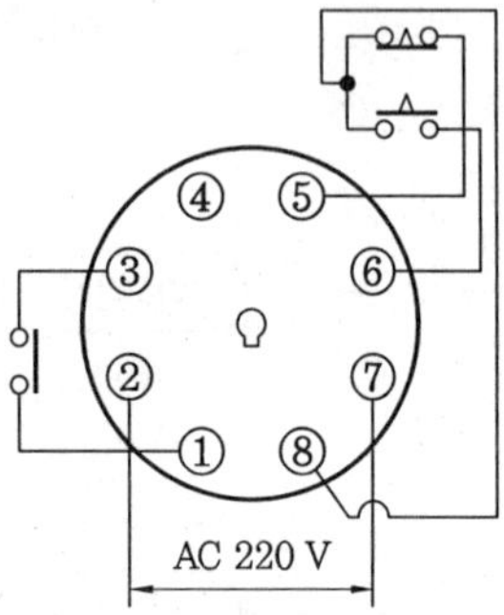

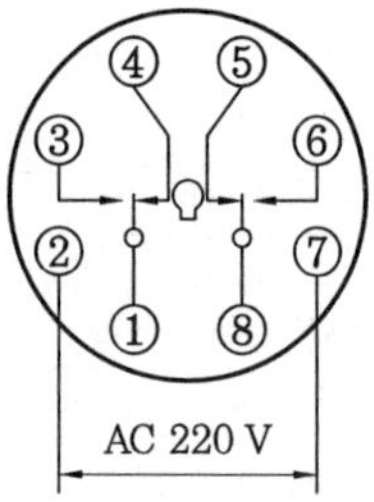

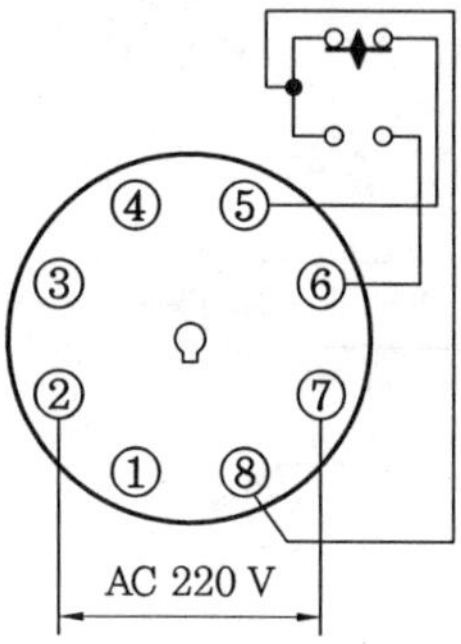

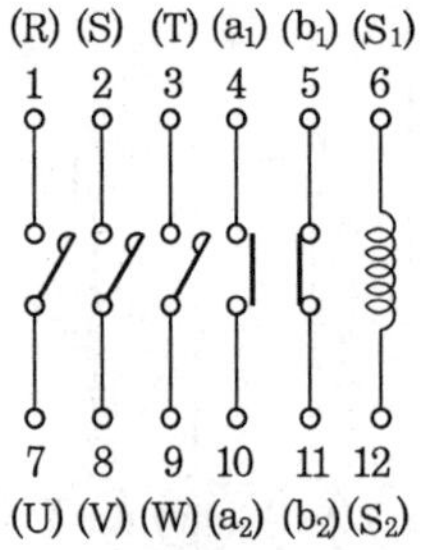

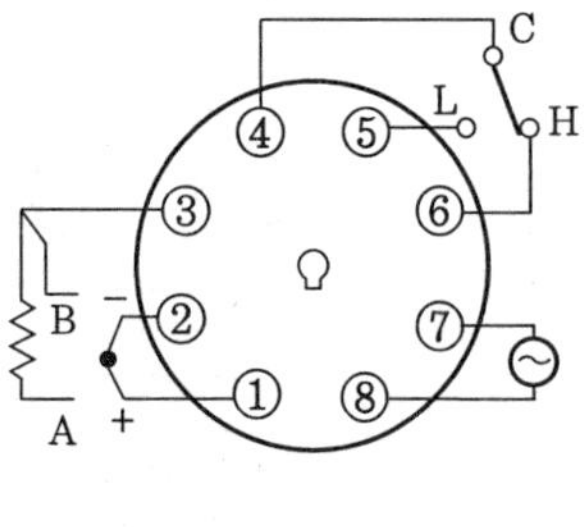

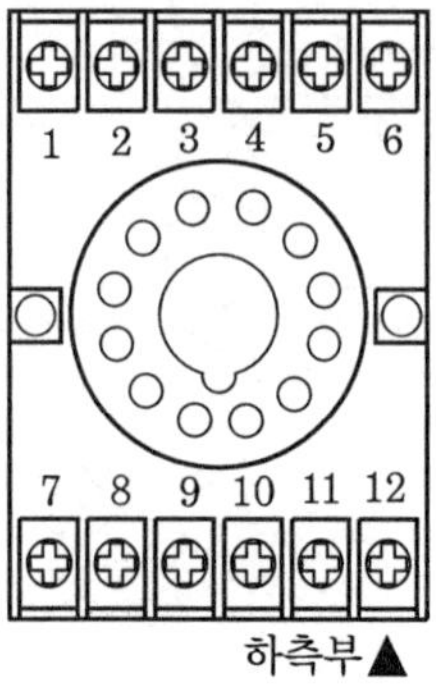

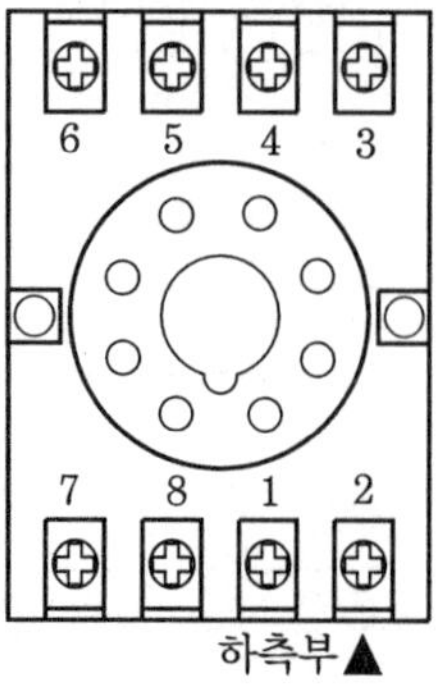

(9) 단자번호 부여

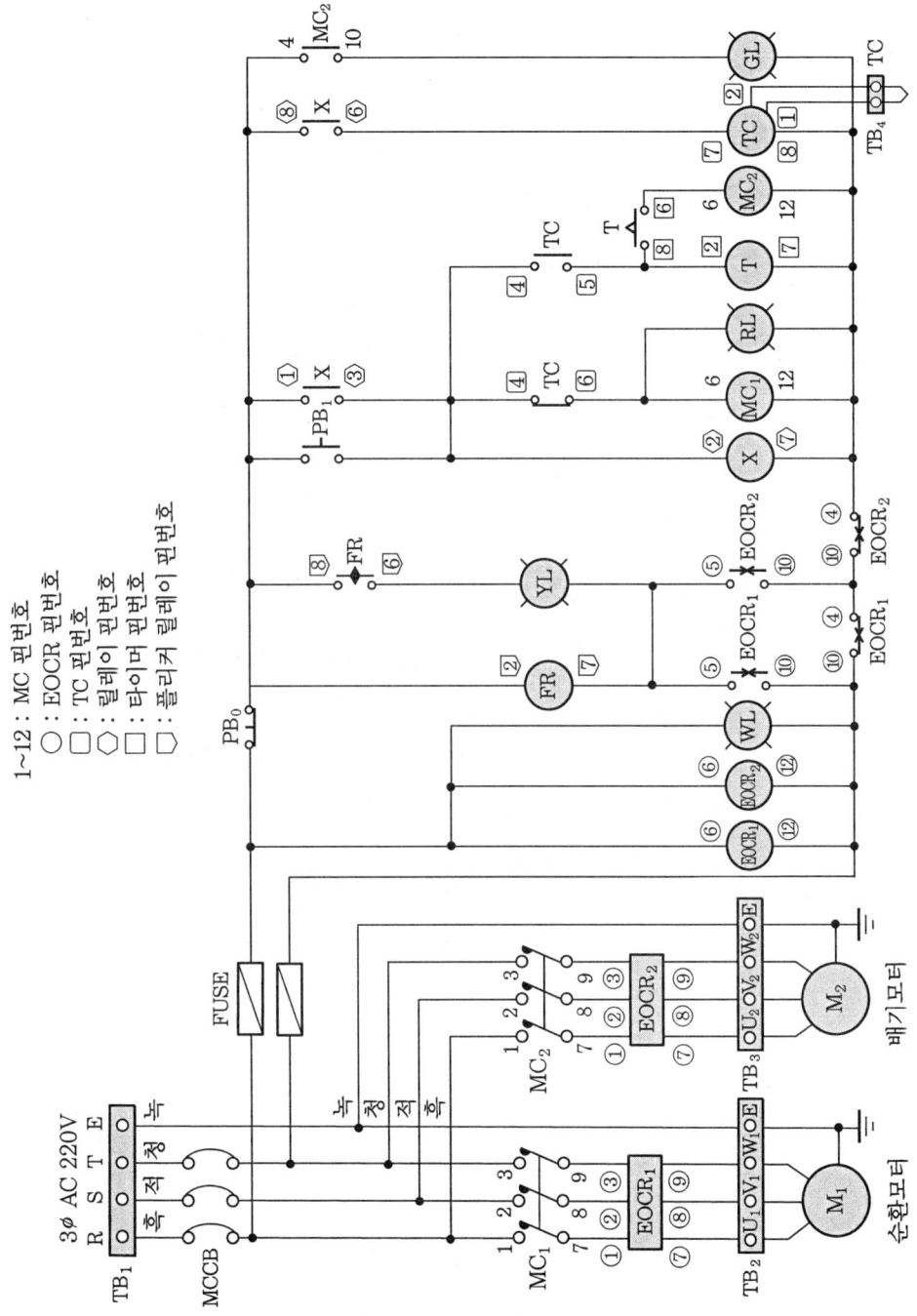

(10) 실체 배선도

① 초기 단계

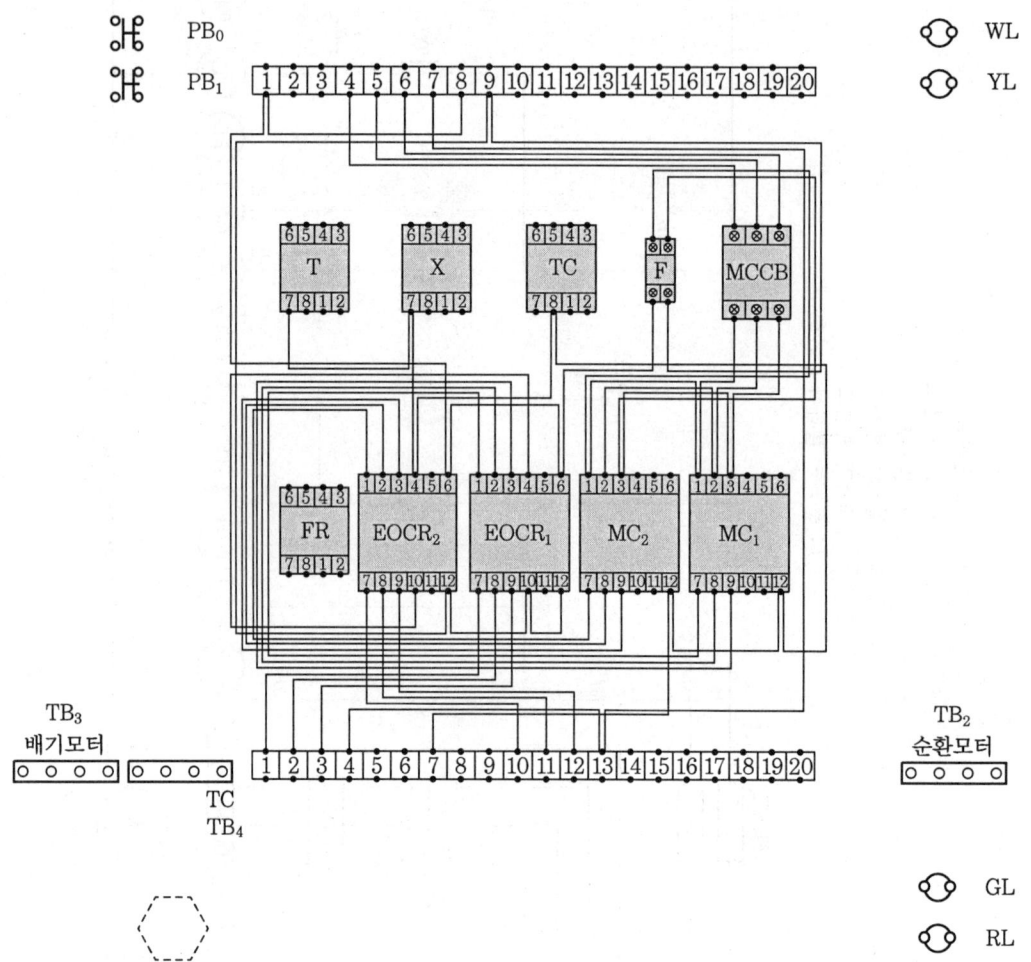

② 중간 단계

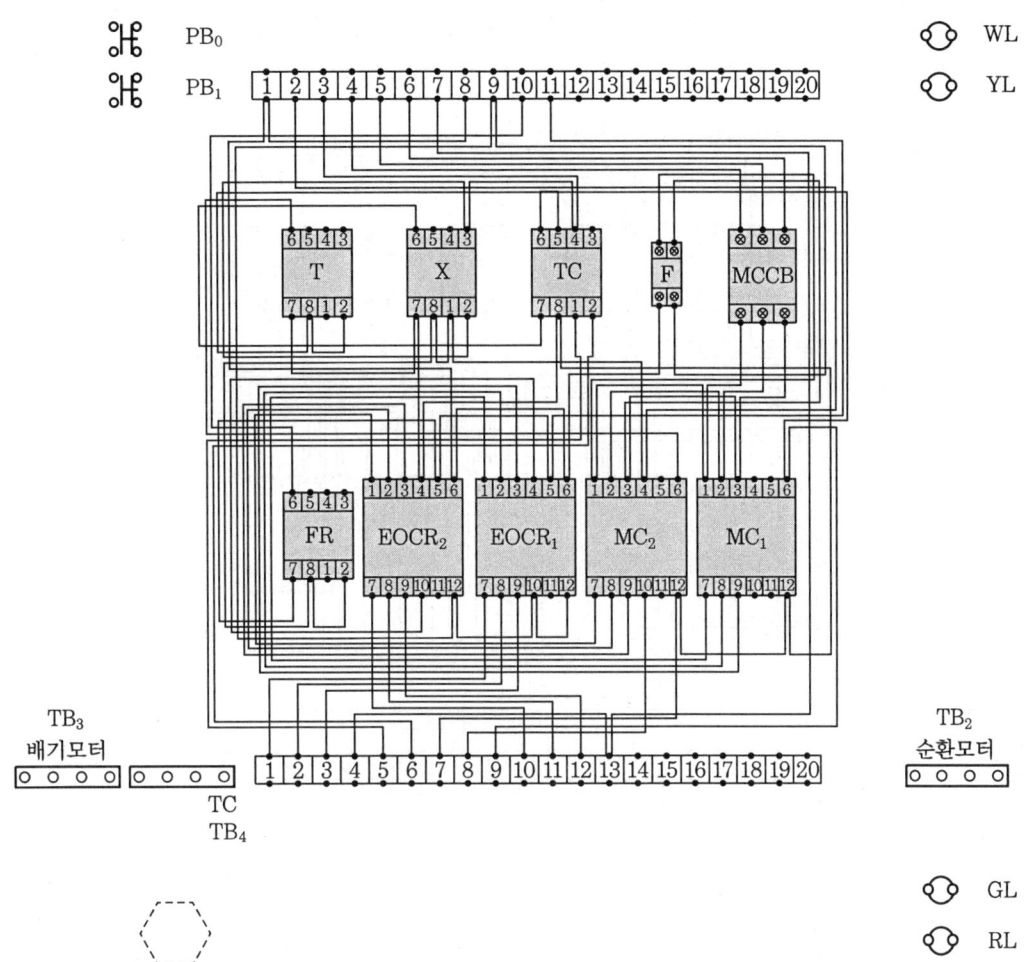

③ 최종 단계

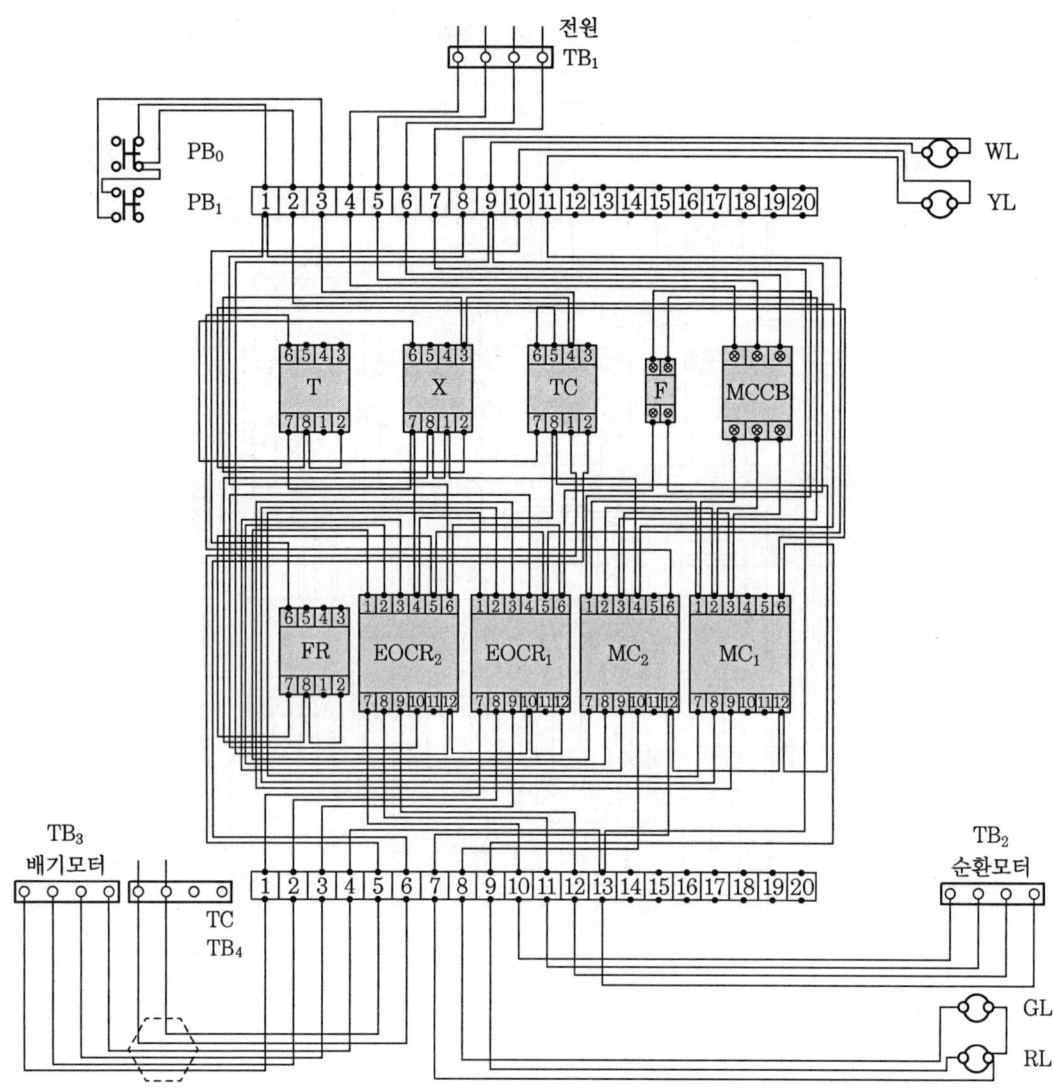

전기 기능사(실기) ▶ 2020. 8 시행

  과제명 : 전기설비의 배선 및 배관 공사(전동기 정·역 운전회로)

• 시험시간 : 표준시간－4시간 30분

(1) 요구 사항

① 지급된 재료를 사용하여 제한시간 내에 주어진 과제를 완성하시오.

② 공통 사항

　(개) 전원방식 : 3상 3선식 220 V

　(내) 공사방법

　　• 플렉시블 전선관　　• PE 전선관　　• 케이블

③ 동작

　(개) 전원을 투입하고 푸시 버튼 스위치 PB_1을 누르면 릴레이 X_1이 여자, MC_1이 여자, 램프 GL이 점등되며 전동기가 정회전한다.

　(내) 푸시 버튼 스위치 PB_2를 누르면 릴레이 X_2가 여자, MC_2가 여자, 램프 RL이 점등되며 전동기가 역회전한다.

　(대) 리밋 스위치(LS_1)를 누르면 타이머 T_1이 여자, 타이머 설정시간 t초 후 MC_2가 여자, 릴레이 X_2가 여자, 램프 RL이 점등되며 전동기가 역회전한다.

　(래) 리밋 스위치(LS_2)를 누르면 타이머 T_2가 여자, 타이머 설정시간 t초 후 MC_1이 여자, 릴레이 X_1이 여자, 램프 GL이 점등되며 전동기가 정회전한다.

　(매) PB_0를 누르면 운전 중인 모든 전동기의 동작이 정지된다.

　(배) 전동기 운전 중 전동기 M이 과부하로 과전류가 흐를 때 전자식 과전류계전기 EOCR이 동작되어 전동기 M이 정지, 램프 YL이 점등된다.

　(새) 전자식 과전류계전기 EOCR을 리셋(reset)하면 초기 상태로 복귀된다.

　　※ 정회전 또는 역회전 동작 후 PB_0를 눌러 정지시킨 후 다음 동작을 진행한다.

④ 기타 사항

　(개) 제어함 부분과 PE 전선관 및 플렉시블 전선관, 케이블이 접속되는 부분은 전선관용 커넥터를 끼워 놓습니다.

　(내) 전동기의 접속은 생략하고 단자대까지 접속할 수 있게 배선합니다.

　(대) 리밋 스위치(LS_1, LS_2)는 단자대(3P)로 대체하여 공사하고, 리드선을 100 mm 뽑아서 끝부분의 피복을 10 mm 벗겨 놓습니다.

(2) 수험자 유의사항

① 시험 시작 전 지급된 재료의 이상 유무를 확인하고 이상이 있을 때에는 시험위원의 승인을 얻어 교환할 수 있습니다. (단, 시험 시작 후 파손된 재료는 수험자 부주의로

파손된 것으로 간주되어 추가로 지급받지 못합니다.)
② 제어함(판)을 포함한 작업대(판)에서의 제반 치수는 mm이고 치수 허용 오차는 외관(전선관, 박스, 전원 및 부하측 단자대 등)은 ±30 mm, 제어판 내부는 ±5 mm입니다.
③ 전선관의 수직과 수평을 맞추어 작업하고, 전선관의 곡률 반경은 전선관 안지름의 6배 이상, 8배 이하로 작업하여야 합니다.
④ 전선관이 작업판에서 뜨지 않도록 새들을 사용하여 튼튼하게 고정합니다.
⑤ 제어함 내의 기구 배치는 도면에 따르되 소켓에 채점용 기기 등이 들어갈 수 있도록 합니다.
⑥ 제어함 배선은 미관을 고려하여 배선(수평수직)하고 전선의 흐트러짐 등이 없도록 케이블 타이를 이용하여 균형있게 배선합니다.
※ 제어함 배선 시 기구와 기구 사이 배선 금지
⑦ 주회로는 $2.5\,mm^2(1/1.78)$ 전선, 보조회로는 $1.5\,mm^2(1/1.38)$ 황색 전선을 사용하고, 주회로의 전선 색상은 R상은 흑색, S상은 백색, T상은 적색을 사용합니다.
⑧ 접지회로는 $2.5\,mm^2(1/1.78)$ 전선(녹색)으로 배선하여야 합니다.
⑨ 케이블의 색상이 주회로 색상과 상이한 경우 감독위원이 지정한 색상으로 대체합니다(녹색 전선은 제외).
⑩ 제어함과 전선관이 접속되는 부분에는 전선관용 커넥터를 사용하고 제어함에 5 mm 정도 올리고 새들로 고정하여야 합니다.
⑪ 전원 및 부하(전동기) 단자대의 단자는 가로인 경우 왼쪽부터, 세로인 경우 위쪽부터 R, S, T, E(접지) 또는 U, V, W, E(접지)의 순으로 결선합니다.
⑫ 전원측 및 부하측 단자대는 동작시험을 할 수 있도록 전원선의 색상에 맞추어 100 mm 정도 인입선을 인출하고 피복은 전선 끝에서 약 10 mm 정도 벗겨둡니다.
⑬ 단자에 전선을 접속하는 경우 나사를 견고하게 조입니다. 단자 조임 불량이란 전선 피복 제거가 2 mm 이상 보이거나, 피복이 단자에 물린 경우를 말합니다.
※ 한 단자에 전선 세 가닥 이상 접속 금지
⑭ 동작시험은 회로시험기 또는 벨 시험기를 가지고 확인을 할 수 있으나, 전원을 투입하여 동작시험은 할 수 없습니다(기타 시험기구 사용 불가).
⑮ 퓨즈 홀더에는 퓨즈를 끼워 놓아야 합니다.
⑯ EOCR, 전자접촉기, 타이머, 릴레이는 소켓번호에 유의하여 작업하도록 합니다.
⑰ EOCR, 전자접촉기, 타이머, 릴레이 등의 소켓(베이스)은 지급된 채점용 기기와 같은 규격이어야 하며, 홈이 아래로 향하게 배치합니다(각 소켓(베이스) 구성도 참조).
⑱ 접지는 도면에 표시된 부분만 실시하고, 접지선은 입력 단자대에서 제어함 내의 단자대를 거쳐 출력 단자대까지 결선하며, 도면에서 별도로 표시하지 않더라도 모든 접지는 입력 단자대의 접지측과 연결되어야 합니다.
⑲ 기타 내선공사 방법 등은 감독위원의 지시사항을 준수하여 작업하며, 작업에 대한 문의사항은 시험 시작 전 질의하도록 하고, 시험 진행 중에는 질의를 삼가도록 합

니다.
⑳ 다음 사항에 대해서는 채점 대상에서 제외하니 특히 유의하시기 바랍니다.
  ㈎ 기권
    - 과제 진행 중 수험자 스스로 작업에 대한 포기의사를 표현한 경우
  ㈏ 실격
    - 지급 재료 이외의 재료를 사용한 작품
    - 시험 중 시설·장비의 조작 또는 재료의 취급이 미숙하여 위해를 일으킬 것으로 시험위원 전원이 합의하여 판단한 경우
    - 기능이 해당 등급 수준에 전혀 도달하지 못한 것으로 시험위원 전원이 합의하여 판단한 경우
  ㈐ 미완성
    - 시험시간 내에 요구사항을 완성하지 못한 경우(완성작품이란 모든 부품을 완전히 장착하고 깔끔히 배선 정리를 한 상태를 말함)
  ㈑ 오작
    - 시험시간 내에 제출된 작품이라도 다음과 같은 경우
    • 완성된 과제가 도면 및 배치도, 요구사항과 부품의 방향 및 결선 상태 등이 상이한 경우 등(EOCR, 전자접촉기, 타이머, 릴레이, 플리커 릴레이, 온도 릴레이, 램프 색상 등)
    • 주회로 배선의 전선 굵기 및 색상 등이 도면 및 유의사항과 다른 경우
    • 작품의 외형상 전선의 흐트러짐, 기구 배치 및 고정, 킹크 발생, 연결 상태 등이 조잡한 작품
    • 제어함 밖으로 인출되는 배선이 제어함 내의 단자대를 거치지 않고 직접 접속된 경우
    • 제어함 내부 배선 상태나 전선관 가공 상태가 불량하여 전기 공급이 불가한 경우
    • 제어함(판) 내의 배선 상태나 기구 간격 불량으로 동작 상태의 확인이 불가한 경우
    • 접지공사를 하지 않은 경우 및 접지선 색상이 틀린 경우(전동기로 출력되는 부분은 생략)
    • 컨트롤 박스 커버 등이 조립되지 않아 내부가 보이는 경우
    • 배관 및 기구배치도에서 허용 오차 ±50 mm 이상일 경우(단, 3개소 이상인 경우)
㉑ 작업이 종료된 후에는 도면을 제출하여야 하며, 외부로 반출할 수 없습니다.
㉒ 시험 종료 후 완성작품에 한해서만 작동 여부를 감독위원으로부터 확인 받을 수 있습니다.

(3) 주요 지급 재료 목록

일련번호	재료명	규격	단위	수량	비고
1	제어함(합판)	400×420×12 mm	장	1	
2	단자대	4P 20A 220V	개	4	
3	단자대	10P 20A 220V	개	4	
4	컨트롤 박스	φ25 2구	개	3	
5	푸시 버튼 스위치	1a1b 220V φ25	개	3	녹 1, 적 2
6	파일럿 램프	φ25 220V	개	3	적 1, 녹 1, 황 1
7	전자접촉기 소켓	220V 12P	개	2	
8	EOCR 소켓	220V 12P	개	1	
9	타이머 소켓	220V 8P	개	2	
10	릴레이 소켓	220V 8P	개	2	
11	PE 전선관	16 mm	m	5	
12	플렉시블 전선관	16 mm	m	5	
13	커넥터	16 mm PE 전선관용	개	6	
14	커넥터	16 mm 플렉시블 전선관용	개	6	
15	비닐절연전선(HIV)	1.5SQ(1/1.38)(황)	m	50	
16	비닐절연전선(HIV)	2.5SQ(1/1.78)(흑)	m	4	
17	비닐절연전선(HIV)	2.5SQ(1/1.78)(적)	m	4	
18	비닐절연전선(HIV)	2.5SQ(1/1.78)(청)	m	4	
19	비닐절연전선(HIV)	2.5SQ(1/1.78)(녹)	m	4	
20	새들	16 mm 전선관용	개	34	
21	케이블 타이	100 mm	개	30	
22	퓨즈 홀더(2P)	유리관형, 250V 10A, 퓨즈 2개 포함	개	1	
23	케이블	2.5SQ 4C×1 m	개	1	
24	케이블 새들	2.5SQ 4C용	개	4	
25	케이블 커넥터	2.5SQ 4C용(그랜트)	개	1	

(4) 배관 및 기구 배치도

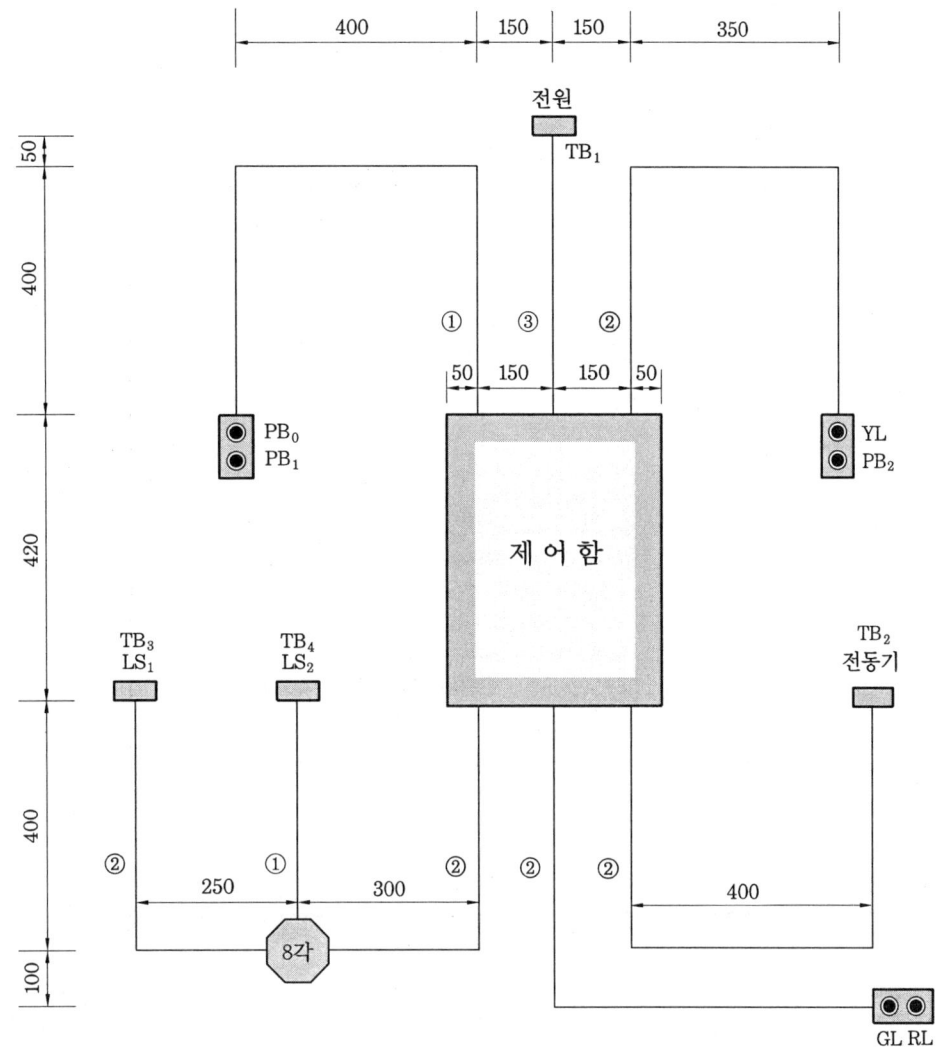

공사 방법

①	플렉시블 전선관
②	PE 전선관
③	케이블

(5) 제어함 내부 기구 배치도

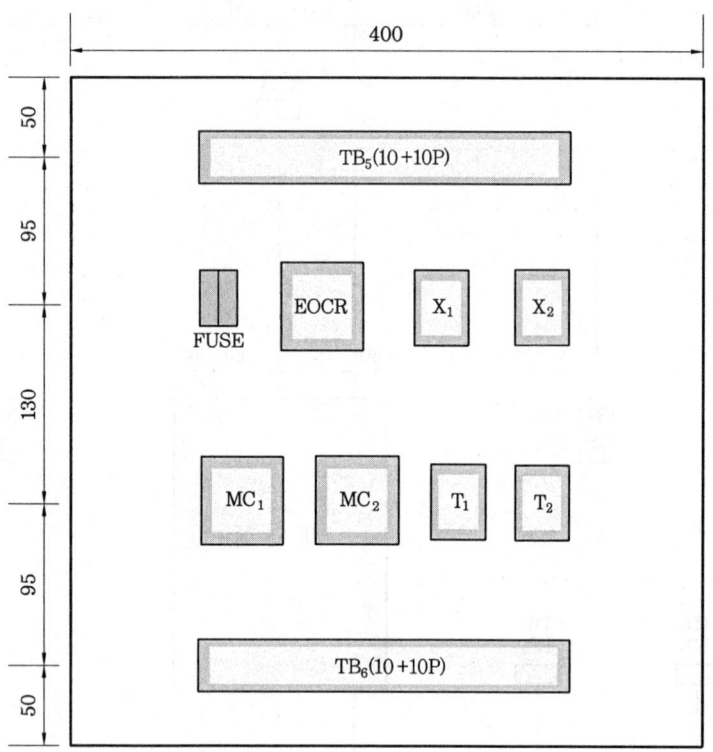

범 례

기 호	명 칭	기 호	명 칭
TB₁	전원(단자대 4P)	PB₀	푸시 버튼 스위치(녹)
TB₂	전동기(단자대 4P)	PB₁	푸시 버튼 스위치(적)
TB₃, TB₄	리밋 스위치(단자대 4P)	PB₂	푸시 버튼 스위치(적)
TB₅, TB₆	단자대(10+10P)	YL	파일럿 램프(황) 220V
MC₁, MC₂	전자접촉기(12P)	GL	파일럿 램프(녹) 220V
EOCR	EOCR(12P)	RL	파일럿 램프(적) 220V
T₁, T₂	타이머(8P)	FUSE	퓨즈 및 퓨즈 홀더
X₁, X₂	릴레이(8P)		

(6) 동작 회로도

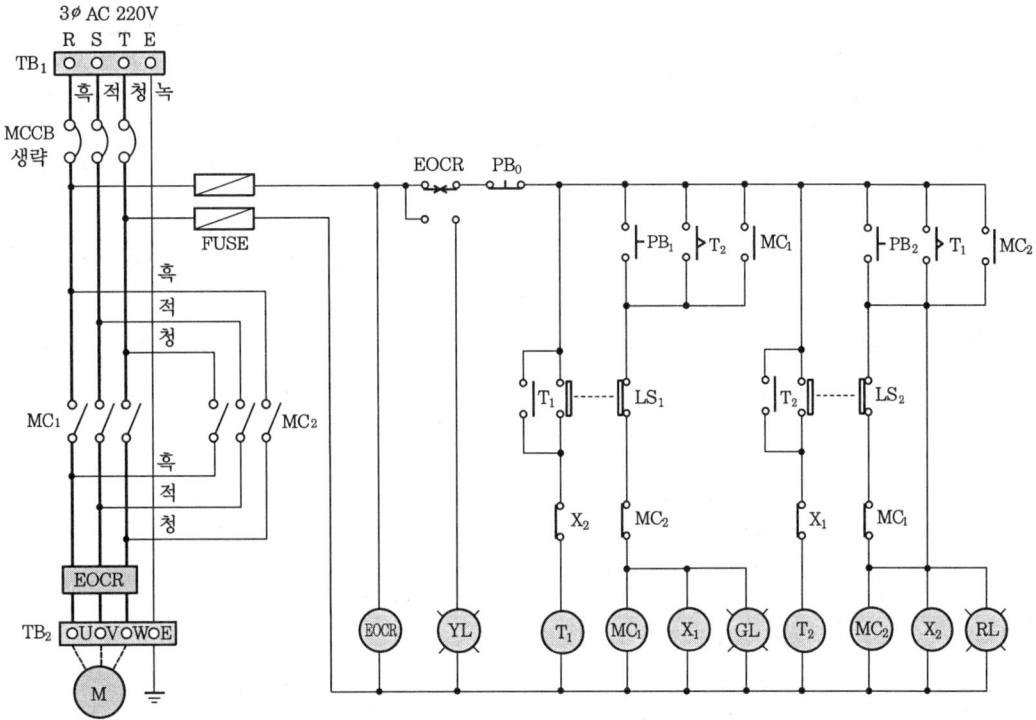

(7) 동작 순서

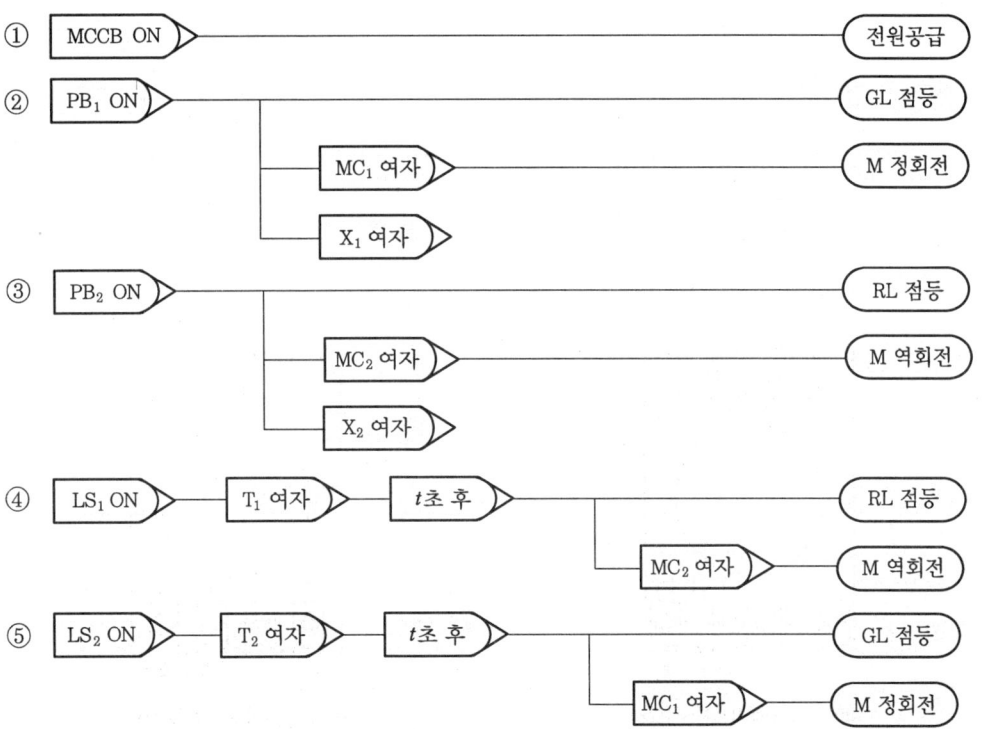

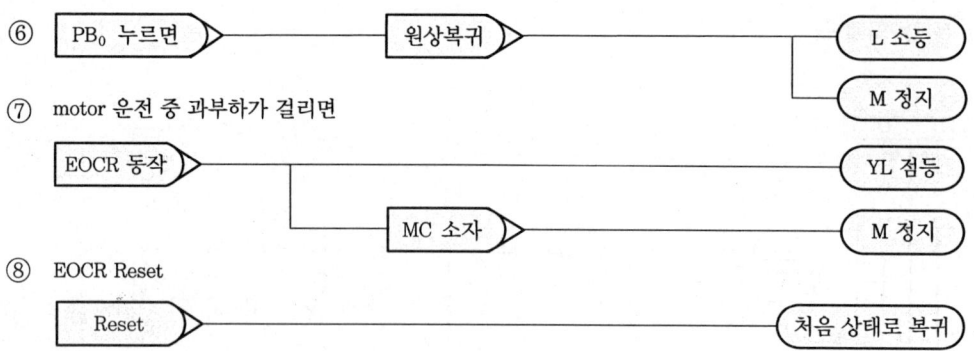

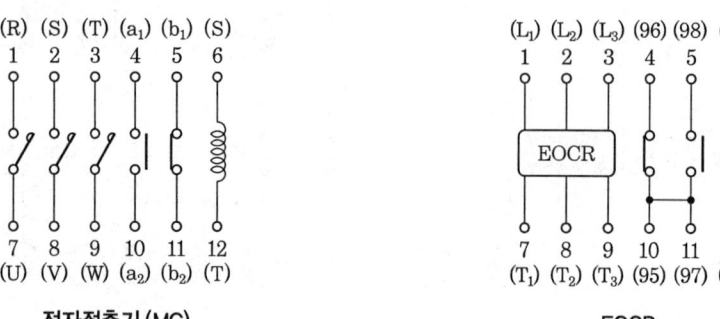

(8) 제어 부품 내부 결선도

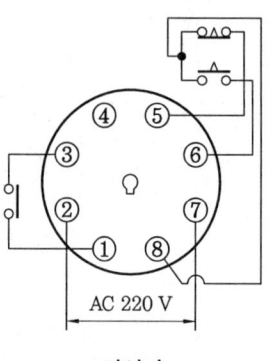

전자접촉기(MC)

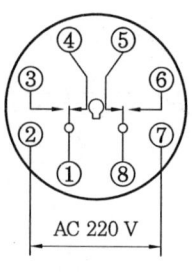

EOCR

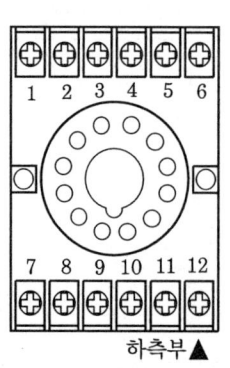

타이머

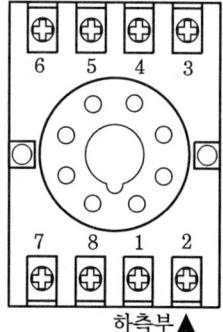

릴레이

12P 소켓(베이스) 구성도

8P 소켓(베이스) 구성도

(9) 단자번호 부여

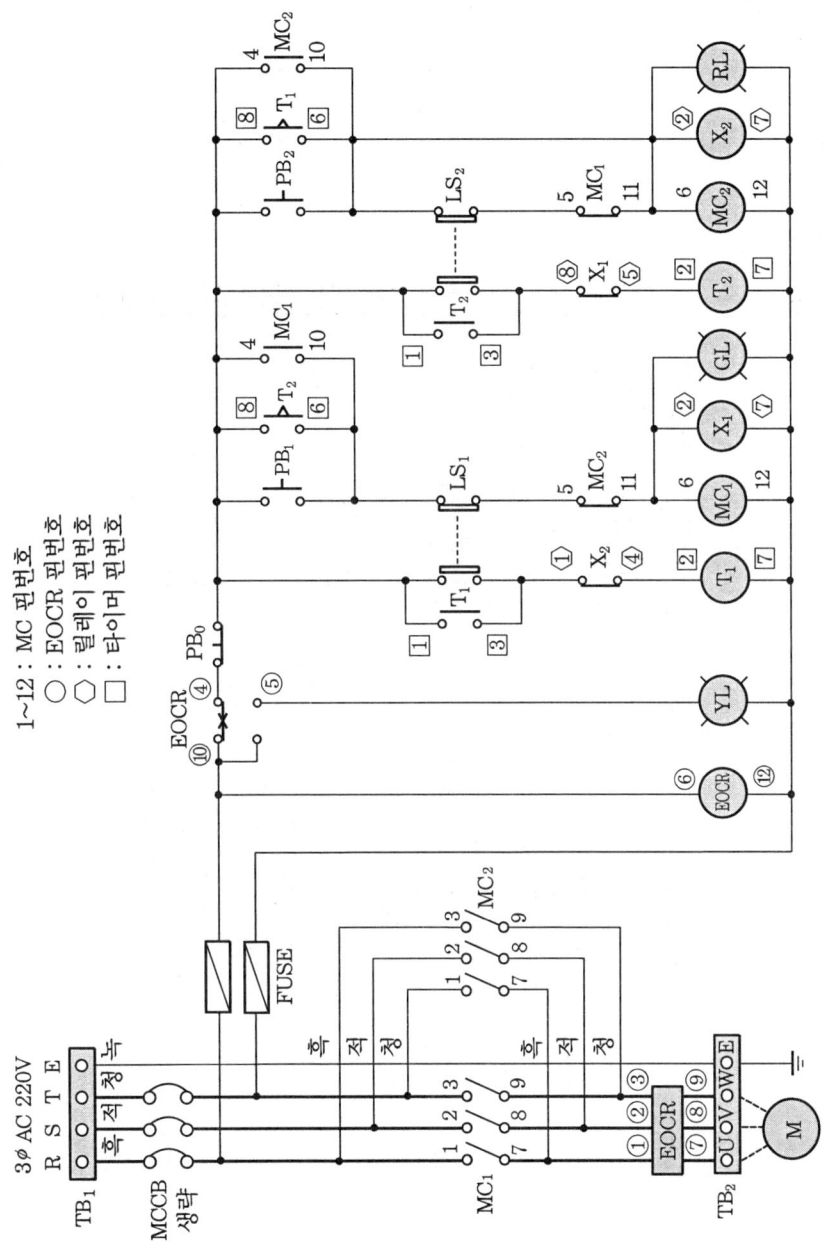

(10) 실체 배선도

① 초기 단계

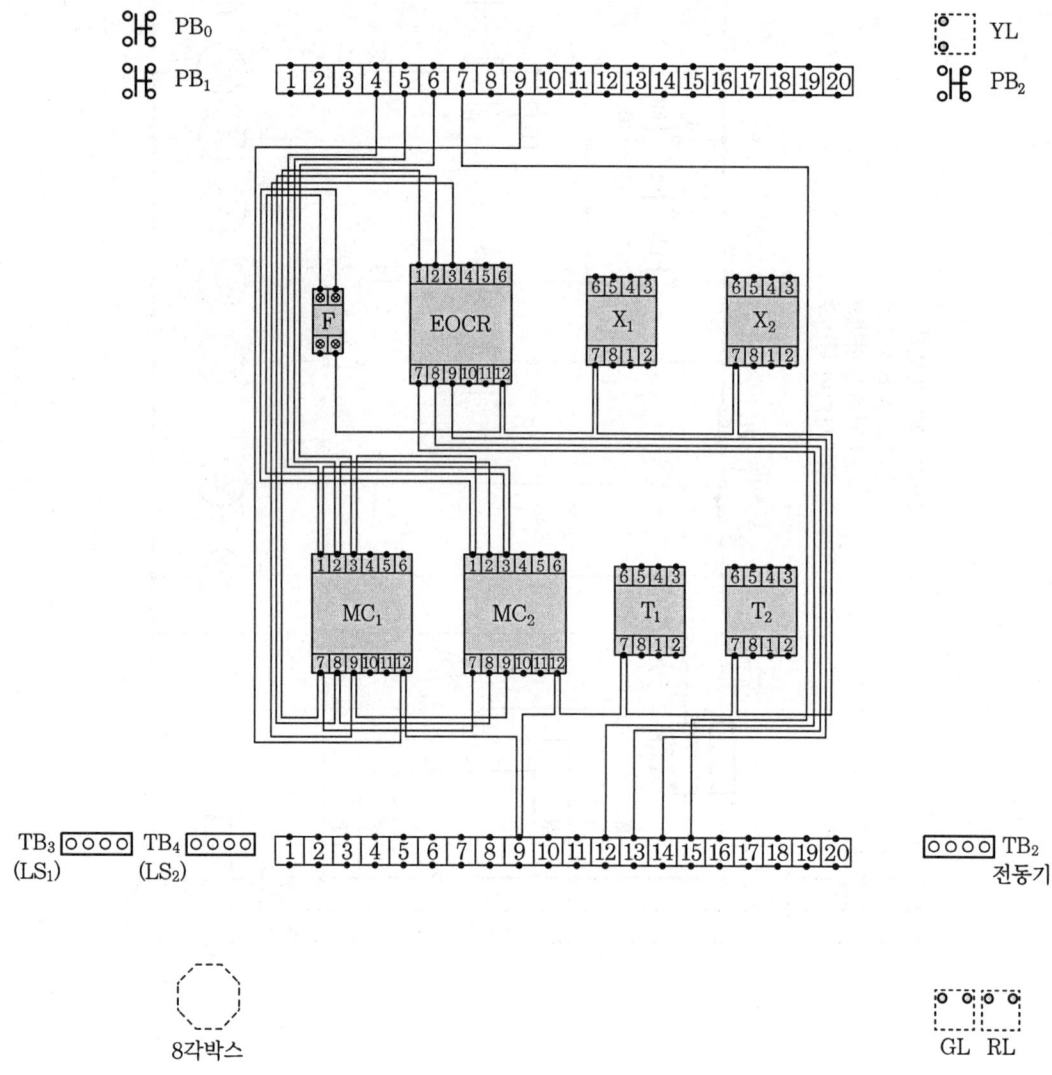

② 중간 단계

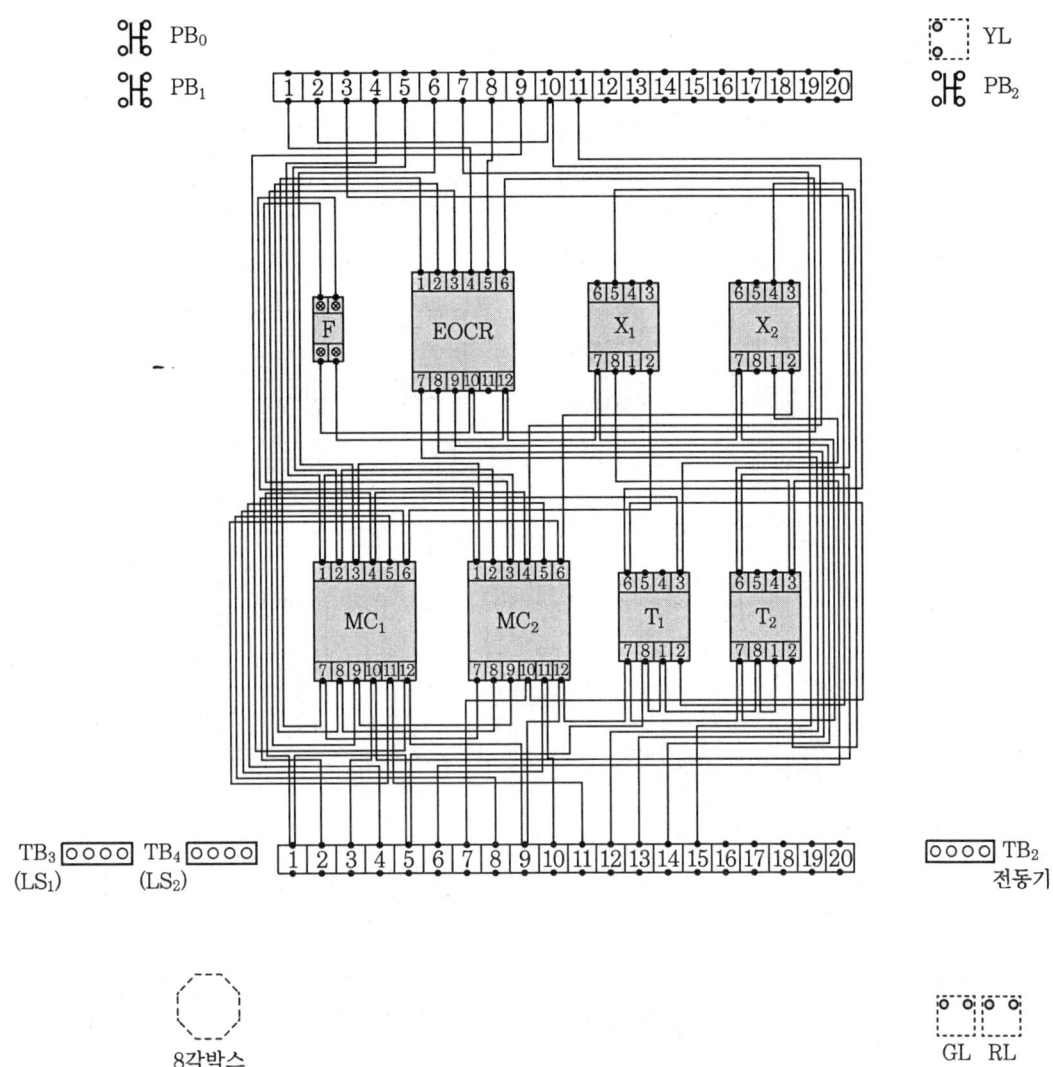

③ 최종 단계

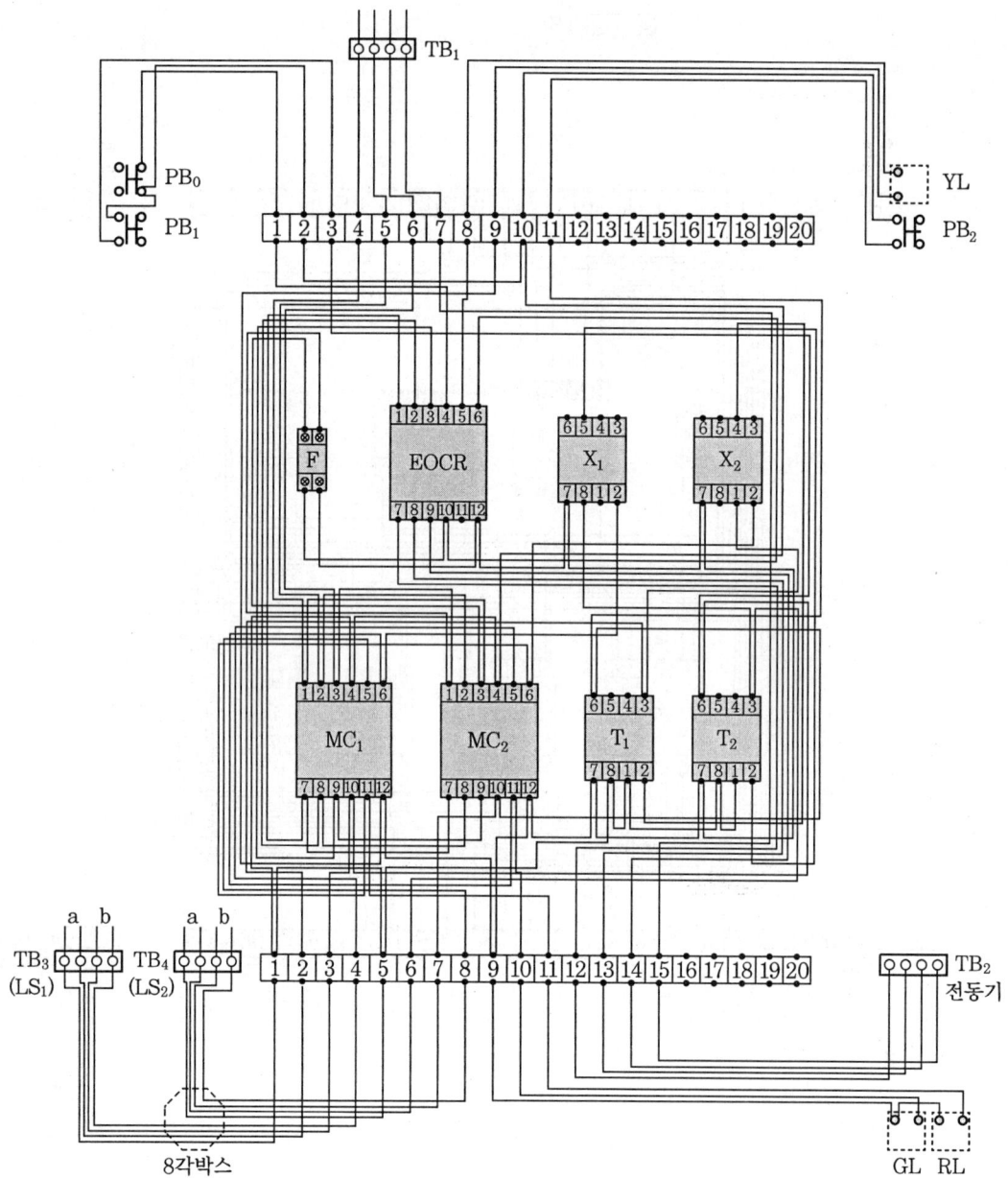

□ 전기 기능사(실기) ▶ 2020. 11 시행

■ 과제명 : 전기설비의 배선 및 배관 공사(배수처리장치 제어회로 A)

• 시험시간 : 표준시간-4시간 30분

(1) 요구 사항

① 지급된 재료를 사용하여 제한시간 내에 주어진 과제를 완성하시오.

② 공통 사항

  (가) 전원방식 : 3상 3선식 220 V

  (나) 공사방법

   • PE 전선관   • 플렉시블 전선관   • 케이블

③ 동작

  (가) MCCB에 전원을 투입하면 전자식 과전류계전기 EOCR에 전원이 공급된다.

  (나) 자동 운전 동작 사항

   • 실렉터 스위치 SS를 A(자동) 위치에 놓으면 플로트리스 스위치 FLS에 전원이 공급되고, 플로트리스 스위치 FLS의 수위 감지가 동작되면 타이머 T, 릴레이 X, 전자접촉기 MC_1이 여자되어 전동기 M_1이 회전하고 램프 RL이 점등된다.

   • 타이머 T의 설정시간 t초 후에 전자접촉기 MC_2가 여자되어 전동기 M_2가 회전하고 램프 GL이 점등된다.

   • 전동기가 운전하는 중 플로트리스 스위치 FLS의 수위 감지가 해제되거나 실렉터 스위치 SS를 M(수동) 위치에 놓으면 제어회로 및 전동기의 동작은 모두 정지된다.

  (다) 수동 운전 동작 사항

   • 실렉터 스위치 SS를 M(수동) 위치에 놓은 상태에서 푸시 버튼 스위치 PB_1을 누르면 타이머 T, 릴레이 X, 전자접촉기 MC_1이 여자되어 전동기 M_1이 회전하고 램프 RL이 점등된다.

   • 타이머 T의 설정시간 t초 후에 전자접촉기 MC_2가 여자되어 전동기 M_2가 회전하고 램프 GL이 점등된다.

   • 전동기가 운전하는 중 푸시 버튼 스위치 PB_0를 누르거나 실렉터 스위치 SS를 A(자동) 위치에 놓으면 제어회로 및 전동기의 동작은 모두 정지된다.

  (라) EOCR 동작 사항

   • 전동기가 운전하는 중 전동기의 과부하로 과전류가 흐르면 전자식 과전류계전기 EOCR이 동작되어 전동기는 정지하고, 플리커 릴레이 FR이 여자되고, 버저 BZ가 동작된다.

- 플리커 릴레이 FR에 설정시간 간격으로 버저 BZ와 램프 YL이 교대로 동작된다.
- 전자식 과전류계전기 EOCR을 리셋(reset)하면 제어회로는 초기 상태로 복귀된다.

④ 기타 사항
  (개) 전동기의 접속은 생략하고 접속할 수 있게 단자대까지 배선한다.
  (내) 제어판은 제어함 내에 위치하고 있다고 가정하고 전선관 및 케이블을 접속한다.

(2) 수험자 유의사항

① 시험 시작 전 지급된 재료의 이상 유무를 확인하고 이상이 있을 때에는 감독위원의 승인을 얻어 교환할 수 있습니다.(단, 시험 시작 후 파손된 재료는 수험자 부주의로 파손된 것으로 간주되어 추가로 지급받지 못합니다.)
② 제어판을 포함한 작업대(판)에서의 제반 치수는 mm이고 치수 허용 오차는 외관(전선관, 박스, 전원 및 부하측 단자대 등)은 ±30 mm, 제어판 내부는 ±5 mm입니다.
③ 전선관의 수직과 수평을 맞추어 작업하고, 전선관의 곡률 반경은 전선관 안지름의 6배 이상, 8배 이하로 작업하여야 합니다.
④ 기구(컨트롤 박스, 8각 박스, 제어판, 단자대)와 전선관 및 케이블이 접속되는 부분에서 가까운 곳(300 mm 이하)에 새들을 설치하고 전선관 및 케이블이 작업대(판)에서 뜨지 않도록 새들을 적절히 배치하여 튼튼하게 고정합니다 (단, 굴곡부가 없는 배관에서 기구와 기구 끝단 사이의 치수가 400 mm 미만이면 새들 1개도 가능).
⑤ 기구(컨트롤 박스, 8각 박스, 제어판)와 전선관 및 케이블이 접속되는 부분에 전선관 및 케이블용 커넥터를 사용하고 제어판에 전선관 및 케이블용 커넥터를 5 mm 정도 올리고 새들로 고정하여야 합니다. (단, 단자대와 전선관이 접속되는 부분에 전선관 커넥터를 사용하는 것을 금지합니다.)
⑥ 컨트롤 박스에서 사용하지 않는 홈(구멍)에 홈마개를 설치합니다.
⑦ 제어판 내의 기구는 기구 배치도와 같이 균형있게 배치하고 흔들림이 없도록 고정합니다.
⑧ 소켓(베이스)에 채점용 기기가 들어갈 수 있도록 작업합니다.
⑨ 제어판 배선은 미관을 고려하여 전면에 노출 배선(수평수직)하고 전선의 흐트러짐 등이 없도록 케이블 타이를 이용하여 균형있게 배선합니다. (단, 제어판 배선 시 기구와 기구 사이의 배선을 금지합니다.)
⑩ 주회로는 2.5 mm^2(1/1.78) 전선, 보조회로는 1.5 mm^2(1/1.38) 황색 전선을 사용하고, 주회로의 전선 색상은 R상은 흑색, S상은 적색, T상은 청색을 사용합니다.
⑪ 접지회로는 2.5 mm^2(1/1.78) 녹색 전선으로 배선하여야 합니다.
⑫ 퓨즈 홀더 1차측과 2차측은 보조회로로 1.5 mm^2(1/1.38) 황색 전선을 사용하고 퓨즈 홀더에는 퓨즈를 끼워 놓아야 합니다.
⑬ 케이블의 색상이 주회로 색상과 상이한 경우 감독위원이 지정한 색상으로 대체합니다 (단, 녹색 전선은 제외).

⑭ 단자에 전선을 접속하는 경우 나사를 견고하게 조입니다. 단자 조임 불량이란 피복이 제거된 나선이 2 mm 이상 보이거나, 피복이 단자에 물린 경우를 말합니다. (단, 한 단자에 전선 3가닥 이상 접속하는 것을 금지합니다.)
⑮ 전원 및 부하(전동기)측 단자대와 플로트리스 스위치의 단자대는 가로인 경우 왼쪽부터, 세로인 경우 위쪽부터 R, S, T, E(접지) 또는 U, V, W, E(접지) 또는 E_1, E_2, E_3의 순으로 결선합니다.
⑯ 배선점검은 회로시험기 또는 벨 시험기만을 가지고 확인을 할 수 있으나, 전원을 투입하여 동작시험은 할 수 없습니다.
⑰ 전원측 단자대는 동작시험을 할 수 있도록 전원선의 색상에 맞추어 100 mm 정도 인출하고, 피복은 전선 끝에서 약 10 mm 정도 벗겨둡니다.
⑱ EOCR, 전자접촉기, 타이머, 릴레이 등의 소켓(베이스)은 방향은 부품 내부 결선도 및 구성도를 참고하여 홈이 아래로 향하도록 배치하고, 소켓 번호에 유의하여 작업합니다.
⑲ 8P 소켓을 사용하는 기구(타이머, 릴레이, 플리커 릴레이, 온도 릴레이, 플로트리스 등)는 기구의 구분 없이 지급된 8P 소켓(베이스)을 적용하여 작업합니다. (각 기구에 해당하는 소켓을 고려하지 않고 모두 동일하게 적용합니다.)
⑳ 접지는 도면에 표시된 부분만 실시하고, 접지선은 입력(전원) 단자대에서 제어판 내의 단자대를 거쳐 출력(부하) 단자대까지 결선하며, 도면에 별도로 표시하지 않더라도 모든 접지는 입력 단자대의 접지측과 연결되어야 합니다.
㉑ 기타 공사 방법 등은 감독위원의 지시사항을 준수하여 작업하며, 작업에 대한 문의사항은 시험 시작 전 질의하도록 하고 시험 진행 중에는 질의를 삼가도록 합니다.
㉒ 특별히 지정한 것 이외에는 내선규정과 전기설비기술기준 및 판단기준에 의하되 외관이 보기 좋아야 하며 안정성이 있어야 합니다.
㉓ 시험 중 수험자는 반드시 안전수칙을 준수해야 하며, 작업 복장 상태, 안전사항 등이 채점 대상이 됩니다.
㉔ 다음 사항에 대해서는 채점 대상에서 제외하니 특히 유의하시기 바랍니다.
　㈎ 기권
　　- 과제 진행 중 수험자 스스로 작업에 대한 포기의사를 표현한 경우
　㈏ 실격
　　- 지급 재료 이외의 재료를 사용한 작품
　　- 시험 중 시설·장비의 조작 또는 재료의 취급이 미숙하여 위해를 일으킬 것으로 감독위원 전원이 합의하여 판단한 경우
　　- 기능이 해당 등급 수준에 전혀 도달하지 못한 것으로 감독위원 전원이 합의하여 판단한 경우
　　- 시험 관련 부정에 해당하는 장비(기기)·재료 등을 사용하는 것으로 감독위원 전원이 합의하여 판단한 경우(시험 전 사전 준비작업 및 범용 공구가 아닌 시

험에 최적화된 공구는 사용할 수 없음)
(다) 오작
- 시험시간 내에 제출된 작품이라도 다음과 같은 경우
- 완성된 과제가 도면 및 배치도, 시퀀스 회로도의 동작사항, 채점용 기기와 소켓(베이스)의 매칭, 부품의 방향, 결선 상태 등이 상이한 경우(EOCR, 전자접촉기, 타이머, 릴레이, 푸시 버튼 스위치 및 램프 색상 등)
- 주회로(흑색, 적색, 청색) 및 보조회로(황색) 배선의 전선 굵기 및 색상이 도면 및 유의사항과 상이한 경우
- 제어판 밖으로 인출되는 배선이 제어함 내의 단자대를 거치지 않고 직접 접속된 경우
- 제어판 내의 배선 상태나 전선관 및 케이블 가공 상태가 불량하여 전기 공급이 불가한 경우
- 제어판 내의 배선 상태나 기구 간격 불량으로 동작 상태의 확인이 불가한 경우
- 접지공사를 하지 않은 경우와 접지회로(녹색) 배선의 전선 굵기 및 색상이 도면 및 유의사항과 다른 경우(단, 전동기로 출력되는 부분은 생략)
- 컨트롤 박스 커버 등이 조립되지 않아 내부가 보이는 경우
- 배관 및 기구 배치도에서 허용 오차 ±50 mm를 넘는 곳이 3개소 이상, ±100 mm를 넘는 곳이 1개소 이상인 경우(단, 박스, 단자대, 전선관 등이 도면 치수를 벗어나는 경우 개별 개소로 판정)
- 기구(컨트롤 박스, 8각 박스, 제어판)와 전선관 및 케이블이 접속되는 부분에 전선관 및 케이블용 커넥터를 정상 접속하지 않은 경우(미접속 및 불필요한 접속 포함)
- 기구(컨트롤 박스, 8각 박스, 제어판, 단자대)와 전선관 및 케이블의 접속점에서 가까운 곳(300 mm 이하)에 새들을 취부하지 않은 경우(단, 굴곡부가 없는 배관에서 기구와 기구 끝단 사이의 치수가 400 mm 미만이면 새들 1개도 가능)
- 전원 및 부하(전동기)측 단자대 내의 R, S, T, E(접지) 또는 U, V, W, E(접지)의 배치 순서가 유의사항과 상이한 경우
- 한 단자에 전선 3가닥 이상 접속된 경우
- 제어판 내의 배선 시 기구와 기구 사이로 수직 배선한 경우

(3) 주요 지급 재료 목록

일련번호	재료명	규격	단위	수량	비고
1	합판	400×420×12 mm	장	1	
2	컨트롤 박스	ϕ25, 2구	개	4	
3	단자대	10P 20A 220V	개	4	
4	단자대	4P 20A 220V	개	4	
5	전자접촉기 소켓	12P	개	2	
6	EOCR 소켓	12P	개	1	
7	8P 소켓	8P	개	4	8P 기구 겸용
8	실렉터 스위치	ϕ25, AC 220V	개	1	
9	파일럿 램프	ϕ25, AC 220V	개	3	적 1, 녹 1, 황 1
10	푸시 버튼 스위치	ϕ25, 1a 1b	개	2	적 1, 녹 1
11	8각 박스	92 mm×92 mm 철재	개	1	
12	배선용 차단기	3P AC 250V 30A	개	1	
13	유리관 퓨즈 및 홀더	AC 250V 30A	개	1	퓨즈 10A 2개 포함
14	PE 전선관	16 mm	m	6	
15	플렉시블 전선관	16 mm	m	6	
16	커넥터	16 mm	개	6	PE 전선관용
17	커넥터	16 mm	개	6	플렉시블 전선관용
18	케이블	4C 2.5 mm^2	m	1	
19	케이블 커넥터	4C 케이블용	개	1	
20	케이블 새들	4C 케이블용	개	2	
21	새들	16 mm관용	개	40	
22	케이블 타이	백색 100 mm	개	25	
23	비닐절연전선	2.5 mm^2(1/1.78) 흑색	m	5	
24	비닐절연전선	2.5 mm^2(1/1.78) 적색	m	5	
25	비닐절연전선	2.5 mm^2(1/1.78) 청색	m	5	
26	비닐절연전선	2.5 mm^2(1/1.78) 녹색	m	5	
27	비닐절연전선	1.5 mm^2(1/1.38) 황색	m	50	
28	버저	ϕ25, AC 220V	개	1	

(4) 배관 및 기구 배치도

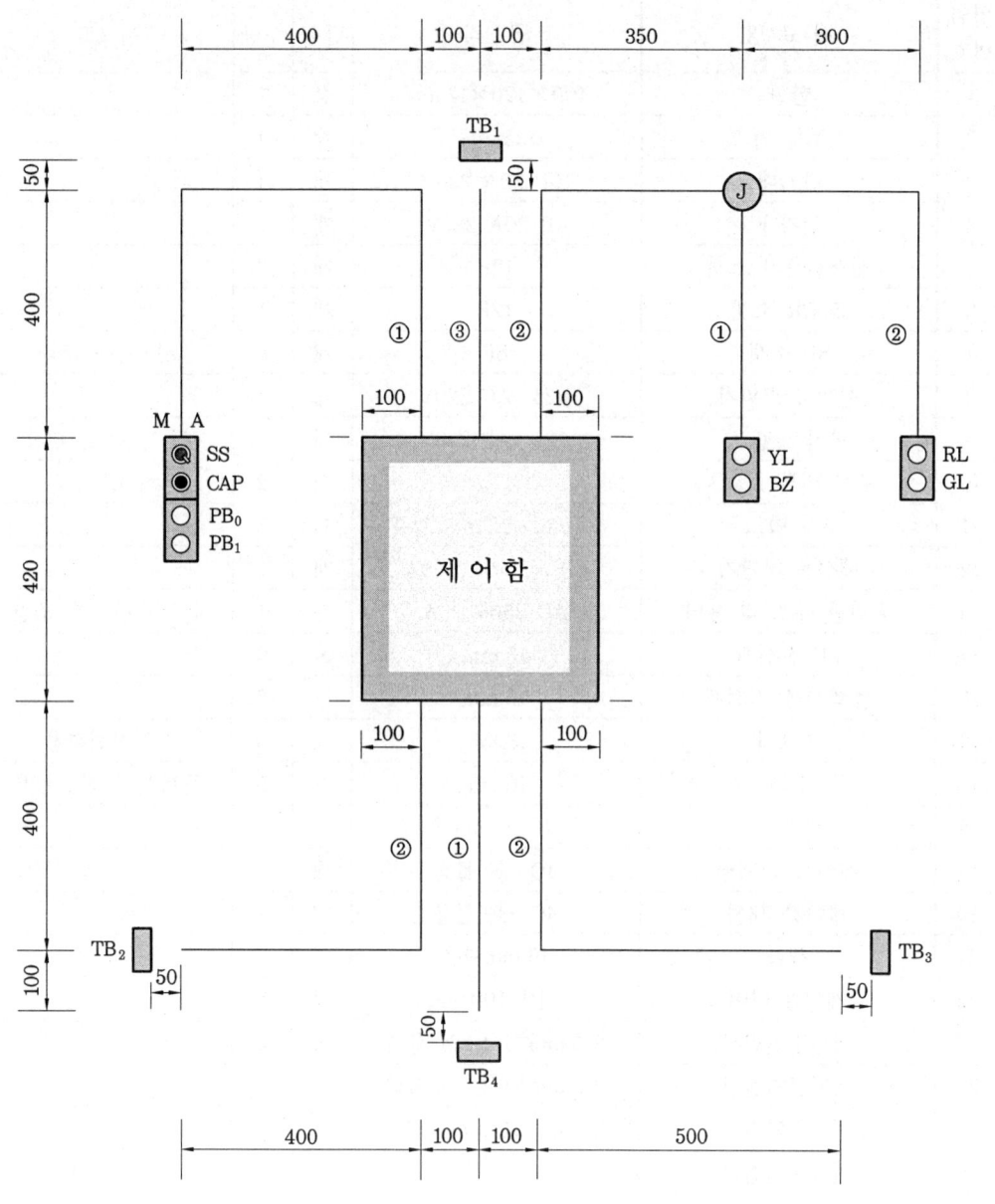

공사 방법

①	PE 전선관
②	플렉시블 전선관
③	케이블

(5) 제어함 내부 기구 배치도

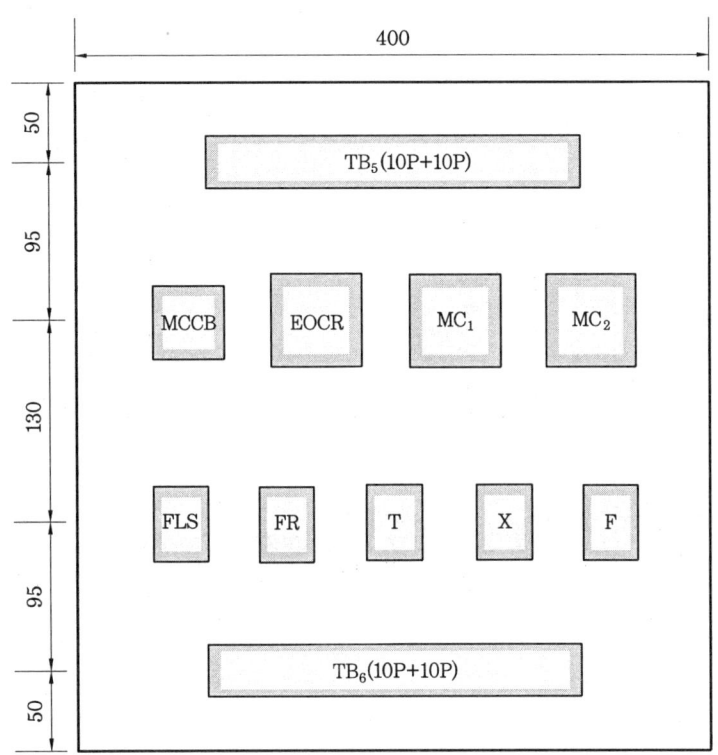

범 례

기 호	명 칭	기 호	명 칭
TB$_1$	전원(단자대 4P)	PB$_0$	푸시 버튼 스위치(적색)
TB$_2$, TB$_3$	모터(단자대 4P)	PB$_1$	푸시 버튼 스위치(녹색)
TB$_4$	플로트리스(단자대 4P)	SS	실렉터 스위치
TB$_5$, TB$_6$	단자대(10+10P)	YL	파일럿 램프(황) 220V
MC$_1$, MC$_2$	전자접촉기 소켓(12P)	GL	파일럿 램프(녹) 220V
EOCR	EOCR 소켓(12P)	RL	파일럿 램프(적) 220V
X	릴레이(8핀)	BZ	버저
T	타이머(8핀)	CAP	홈마개
FR	플리커 릴레이(8핀)	Ⓙ	8각 박스
FLS	플로트리스 스위치(8핀)	F	퓨즈 및 퓨즈 홀더
MCCB	배선용 차단기		

(6) 동작 회로도

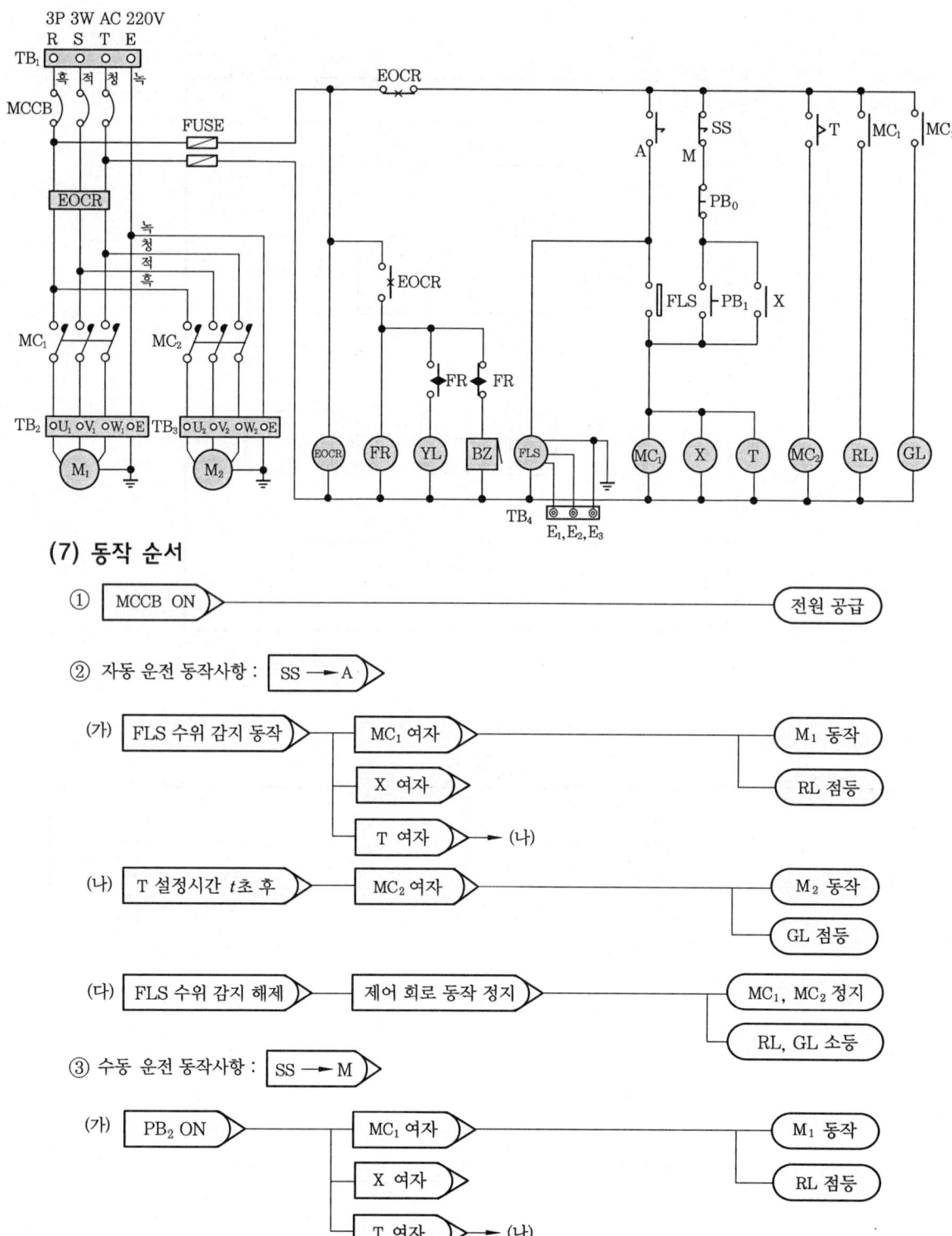

(7) 동작 순서

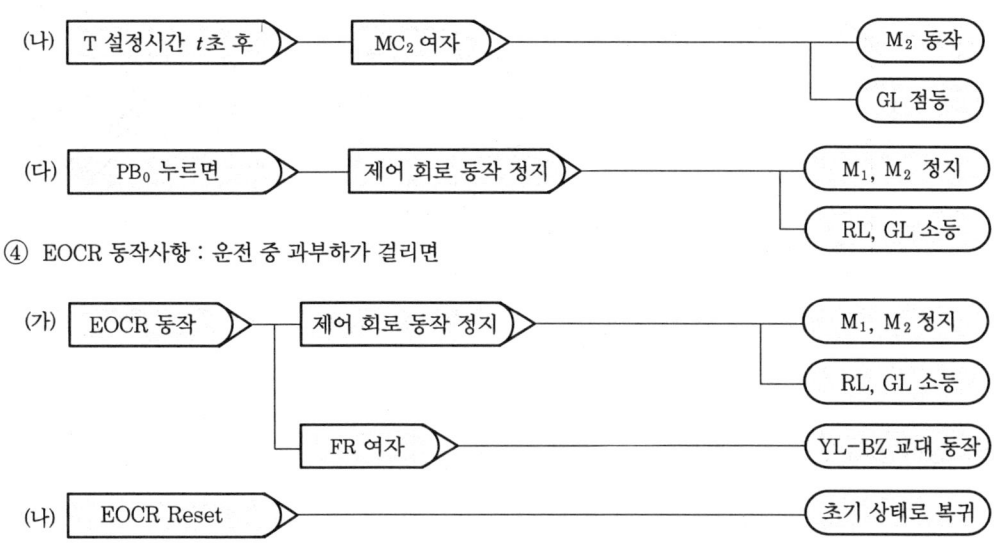

(8) 제어 부품 내부 결선도

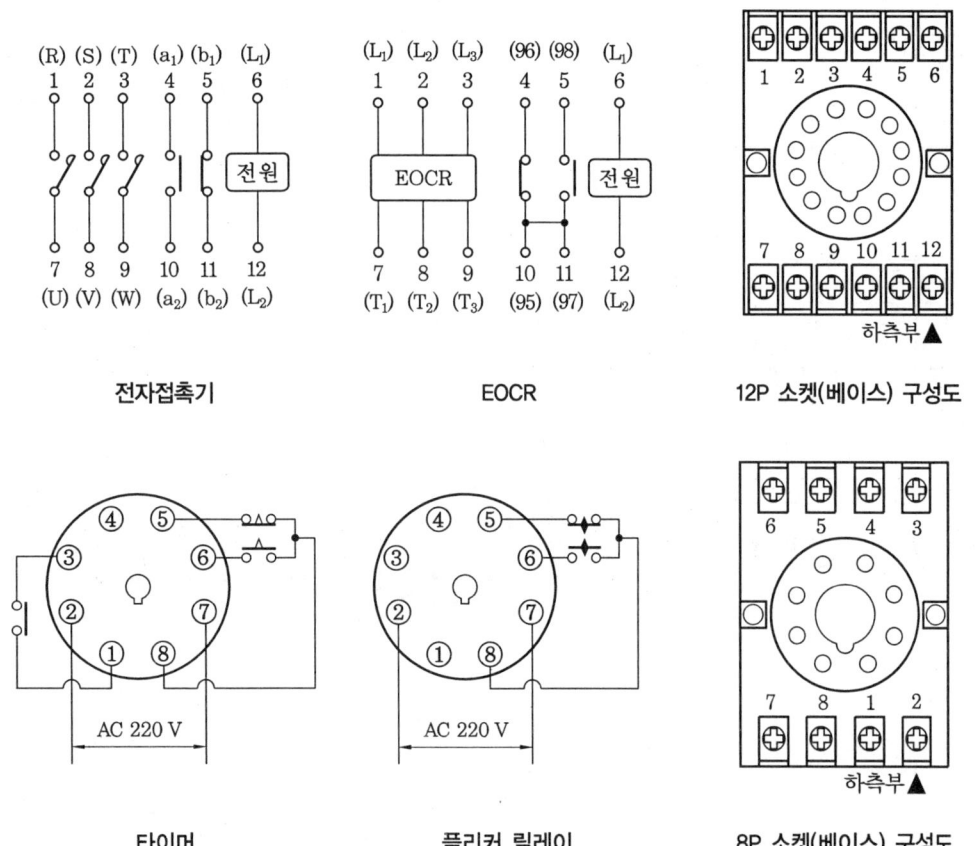

전자접촉기 EOCR 12P 소켓(베이스) 구성도

타이머 플리커 릴레이 8P 소켓(베이스) 구성도

538 부록

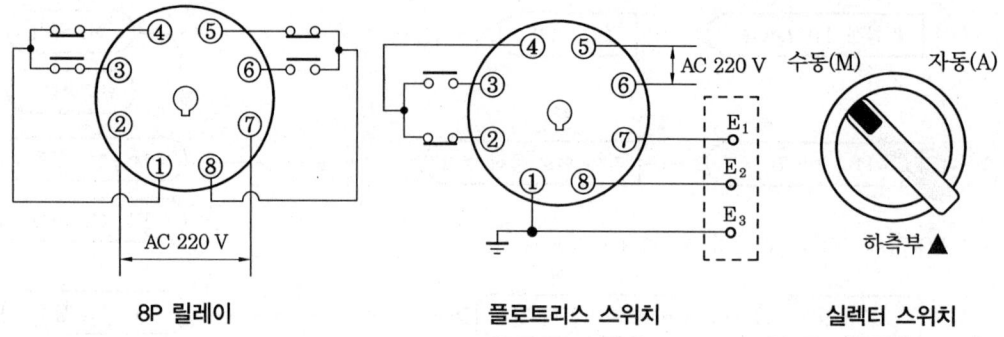

(9) 단자번호 부여

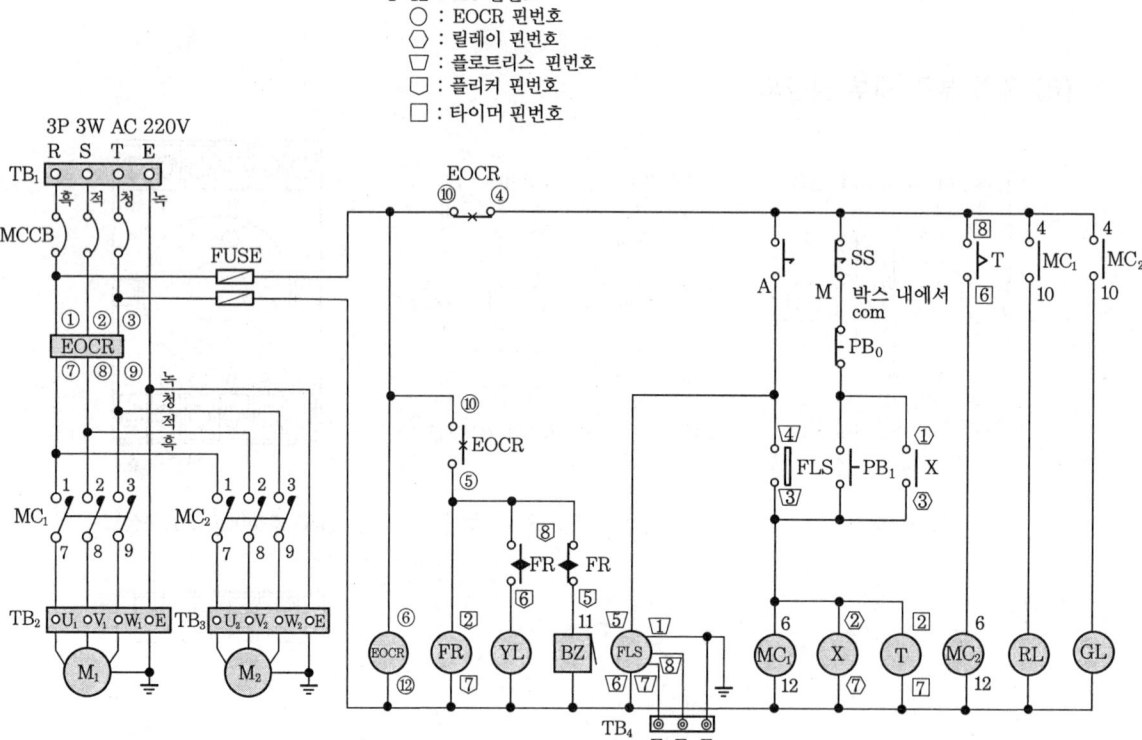

(10) 실체 배선도

① 초기 단계

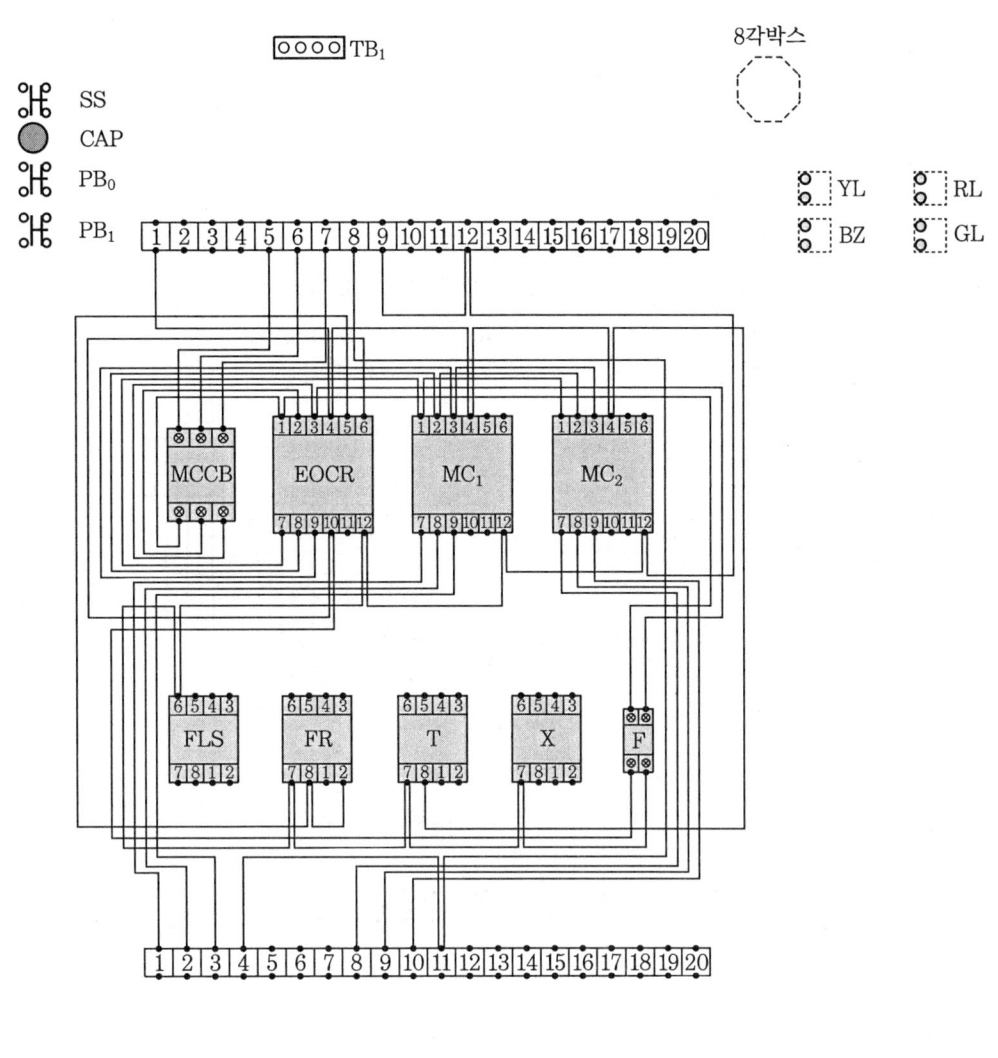

② 중간 단계

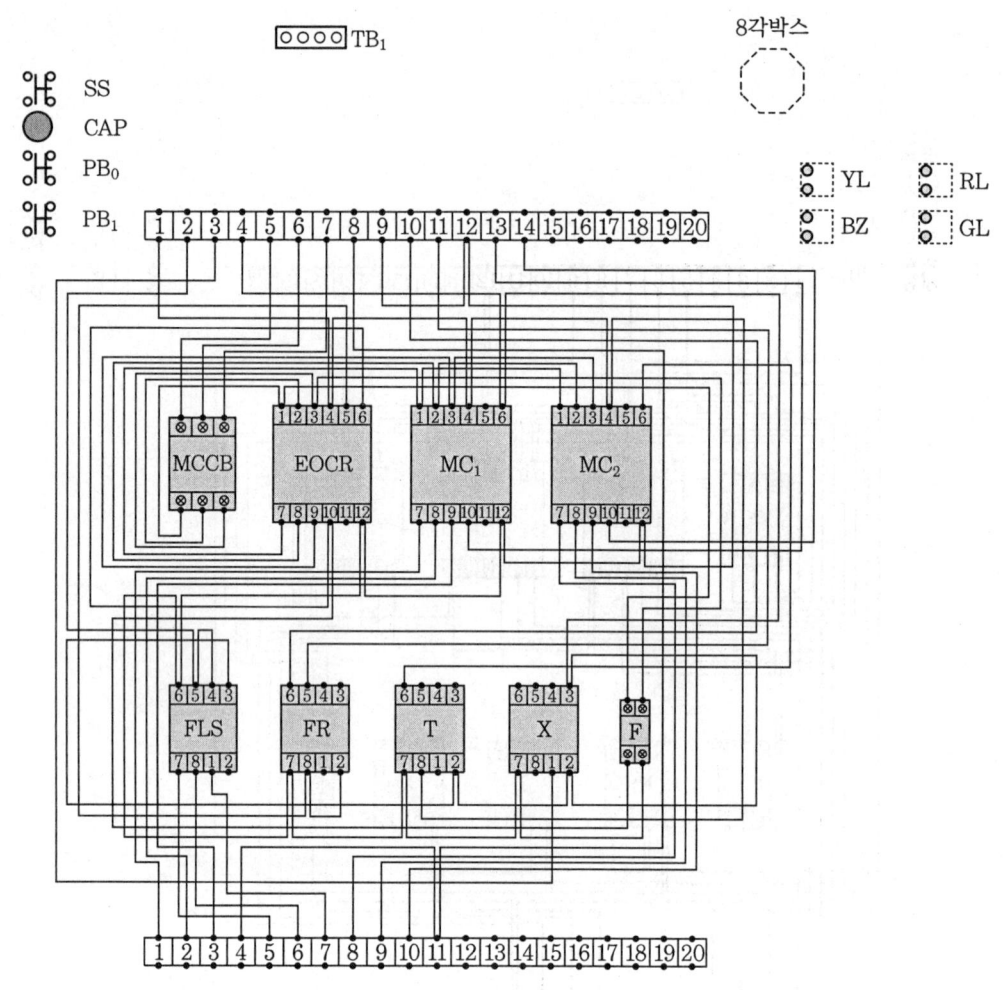

③ 최종 단계

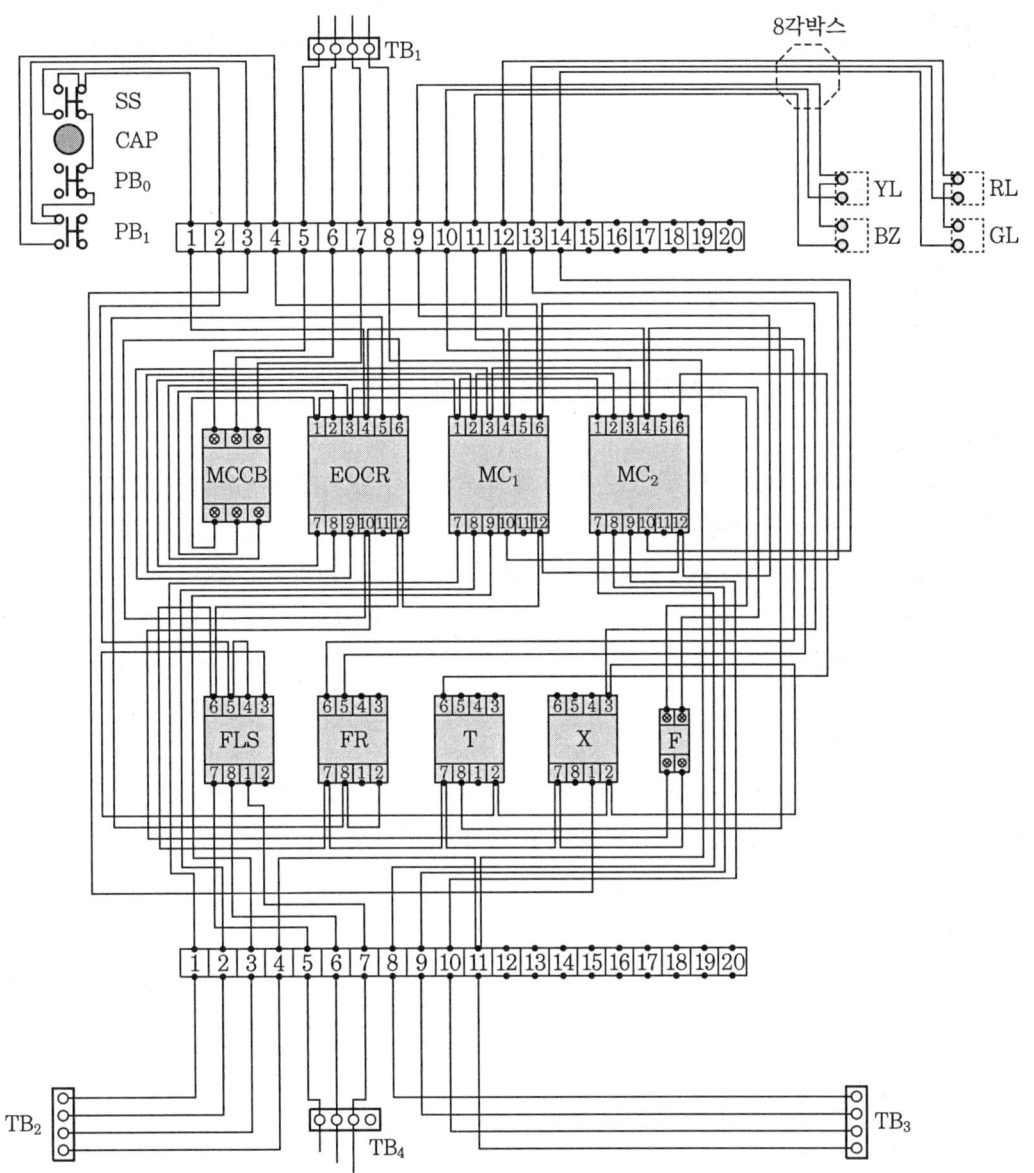

□ 전기 기능사(실기) ▶ 2020. 11 시행

■ 과제명 : 전기설비의 배선 및 배관 공사(배수처리장치 제어회로 B)

• 시험시간 : 표준시간-4시간 30분

(1) 요구 사항

① 지급된 재료를 사용하여 제한시간 내에 주어진 과제를 완성하시오.

② 공통 사항

㈎ 전원방식 : 3상 3선식 220 V

㈏ 공사방법
  • PE 전선관   • 플렉시블 전선관   • 케이블

③ 동작

㈎ MCCB에 전원을 투입하면 전자식 과전류계전기 EOCR에 전원이 공급된다.

㈏ 자동 운전 동작 사항

  • 실렉터 SS를 A(자동) 위치에 놓으면 플로트리스 스위치 FLS에 전원이 공급되고, 플로트리스 스위치 FLS의 수위 감지가 동작되면 릴레이 X, 플리커 릴레이 FR이 여자되며, 플리커 릴레이 FR의 설정시간 간격으로 전자접촉기 MC_1과 MC_2가 교대로 여자되어 전동기 M_1, 램프 RL과 전동기 M_2, 램프 GL이 교대로 동작한다.

  • 전동기가 운전하는 중 플로트리스 스위치 FLS의 수위 감지가 해제되거나 실렉터 스위치 SS를 M(수동) 위치에 놓으면 제어회로 및 전동기의 동작은 모두 정지된다.

㈐ 수동 운전 동작 사항

  • 실렉터 스위치 SS를 M(수동) 위치에 놓은 상태에서 푸시 버튼 스위치 PB_1을 누르면 타이머 T, 플리커 릴레이 FR이 여자되고, 플리커 릴레이 FR의 설정시간 간격으로 전자접촉기 MC_1과 MC_2가 교대로 여자되어 전동기 M_1, 램프 RL과 전동기 M_2, 램프 GL이 교대로 동작한다.

  • 타이머 T의 설정시간 t초 후에 플리커 릴레이 FR이 소자되고, 전자접촉기 MC_1, MC_2가 여자되어 전동기 M_1, M_2가 회전하고 램프 RL, GL이 점등된다.

  • 전동기가 운전하는 중 푸시 버튼 스위치 PB_0를 누르거나 실렉터 스위치 SS를 A(자동) 위치에 놓으면 제어회로 및 전동기의 동작은 모두 정지된다.

㈑ EOCR 동작 사항

  • 전동기가 운전하는 중 전동기의 과부하로 과전류가 흐르면 전자식 과전류계전기 EOCR이 동작되어 전동기는 정지하고, 버저 BZ가 동작되며, 램프 YL이 점등된다.

• 전자식 과전류계전기 EOCR을 리셋(reset)하면 제어회로는 초기 상태로 복귀된다.
　④ 기타 사항
　　㈎ 전동기의 접속은 생략하고 접속할 수 있게 단자대까지 배선한다.
　　㈏ 제어판은 제어함 내에 위치하고 있다고 가정하고 전선관 및 케이블을 접속한다.

(2) 수험자 유의사항
① 시험 시작 전 지급된 재료의 이상 유무를 확인하고 이상이 있을 때에는 감독위원의 승인을 얻어 교환할 수 있습니다.(단, 시험 시작 후 파손된 재료는 수험자 부주의로 파손된 것으로 간주되어 추가로 지급받지 못합니다.)
② 제어판을 포함한 작업대(판)에서의 제반 치수는 mm이고 치수 허용 오차는 외관(전선관, 박스, 전원 및 부하측 단자대 등)은 ±30 mm, 제어판 내부는 ±5 mm입니다.
③ 전선관의 수직과 수평을 맞추어 작업하고, 전선관의 곡률 반경은 전선관 안지름의 6배 이상, 8배 이하로 작업하여야 합니다.
④ 기구(컨트롤 박스, 8각 박스, 제어판, 단자대)와 전선관 및 케이블이 접속되는 부분에서 가까운 곳(300 mm 이하)에 새들을 설치하고 전선관 및 케이블이 작업대(판)에서 뜨지 않도록 새들을 적절히 배치하여 튼튼하게 고정합니다 (단, 굴곡부가 없는 배관에서 기구와 기구 끝단 사이의 치수가 400 mm 미만이면 새들 1개도 가능).
⑤ 기구(컨트롤 박스, 8각 박스, 제어판)와 전선관 및 케이블이 접속되는 부분에 전선관 및 케이블용 커넥터를 사용하고 제어판에 전선관 및 케이블용 커넥터를 5 mm 정도 올리고 새들로 고정하여야 합니다. (단, 단자대와 전선관이 접속되는 부분에 전선관 커넥터를 사용하는 것을 금지합니다.)
⑥ 컨트롤 박스에서 사용하지 않는 홈(구멍)에 홈마개를 설치합니다.
⑦ 제어판 내의 기구는 기구 배치도와 같이 균형있게 배치하고 흔들림이 없도록 고정합니다.
⑧ 소켓(베이스)에 채점용 기기가 들어갈 수 있도록 작업합니다.
⑨ 제어판 배선은 미관을 고려하여 전면에 노출 배선(수평수직)하고 전선의 흐트러짐 등이 없도록 케이블 타이를 이용하여 균형있게 배선합니다. (단, 제어판 배선 시 기구와 기구 사이의 배선을 금지합니다.)
⑩ 주회로는 2.5 mm^2(1/1.78) 전선, 보조회로는 1.5 mm^2(1/1.38) 황색 전선을 사용하고, 주회로의 전선 색상은 R상은 흑색, S상은 적색, T상은 청색을 사용합니다.
⑪ 접지회로는 2.5 mm^2(1/1.78) 녹색 전선으로 배선하여야 합니다.
⑫ 퓨즈 홀더 1차측과 2차측은 보조회로로 1.5 mm^2(1/1.38) 황색 전선을 사용하고 퓨즈 홀더에는 퓨즈를 끼워 놓아야 합니다.
⑬ 케이블의 색상이 주회로 색상과 상이한 경우 감독위원이 지정한 색상으로 대체합니다 (단, 녹색 전선은 제외).
⑭ 단자에 전선을 접속하는 경우 나사를 견고하게 조입니다. 단자 조임 불량이란 피

복이 제거된 나선이 2 mm 이상 보이거나, 피복이 단자에 물린 경우를 말합니다.
(단, 한 단자에 전선 3가닥 이상 접속하는 것을 금지합니다.)
⑮ 전원 및 부하(전동기)측 단자대와 플로트리스 스위치의 단자대는 가로인 경우 왼쪽부터, 세로인 경우 위쪽부터 R, S, T, E(접지) 또는 U, V, W, E(접지) 또는 E_1, E_2, E_3의 순으로 결선합니다.
⑯ 배선점검은 회로시험기 또는 벨 시험기만을 가지고 확인을 할 수 있으나, 전원을 투입하여 동작시험은 할 수 없습니다.
⑰ 전원측 단자대는 동작시험을 할 수 있도록 전원선의 색상에 맞추어 100 mm 정도 인출하고, 피복은 전선 끝에서 약 10 mm 정도 벗겨둡니다.
⑱ EOCR, 전자접촉기, 타이머, 릴레이 등의 소켓(베이스)은 방향은 부품 내부 결선도 및 구성도를 참고하여 홈이 아래로 향하도록 배치하고, 소켓 번호에 유의하여 작업합니다.
⑲ 8P 소켓을 사용하는 기구(타이머, 릴레이, 플리커 릴레이, 온도 릴레이, 플로트리스 등)는 기구의 구분 없이 지급된 8P 소켓(베이스)을 적용하여 작업합니다. (각 기구에 해당하는 소켓을 고려하지 않고 모두 동일하게 적용합니다.)
⑳ 접지는 도면에 표시된 부분만 실시하고, 접지선은 입력(전원) 단자대에서 제어판 내의 단자대를 거쳐 출력(부하) 단자대까지 결선하며, 도면에 별도로 표시하지 않더라도 모든 접지는 입력 단자대의 접지측과 연결되어야 합니다.
㉑ 기타 공사 방법 등은 감독위원의 지시사항을 준수하여 작업하며, 작업에 대한 문의사항은 시험 시작 전 질의하도록 하고 시험 진행 중에는 질의를 삼가도록 합니다.
㉒ 특별히 지정한 것 이외에는 내선규정과 전기설비기술기준 및 판단기준에 의하되 외관이 보기 좋아야 하며 안정성이 있어야 합니다.
㉓ 시험 중 수험자는 반드시 안전수칙을 준수해야 하며, 작업 복장 상태, 안전사항 등이 채점 대상이 됩니다.
㉔ 다음 사항에 대해서는 채점 대상에서 제외하니 특히 유의하시기 바랍니다.
　(가) 기권
　　- 과제 진행 중 수험자 스스로 작업에 대한 포기의사를 표현한 경우
　(나) 실격
　　- 지급 재료 이외의 재료를 사용한 작품
　　- 시험 중 시설·장비의 조작 또는 재료의 취급이 미숙하여 위해를 일으킬 것으로 감독위원 전원이 합의하여 판단한 경우
　　- 기능이 해당 등급 수준에 전혀 도달하지 못한 것으로 감독위원 전원이 합의하여 판단한 경우
　　- 시험 관련 부정에 해당하는 장비(기기)·재료 등을 사용하는 것으로 감독위원 전원이 합의하여 판단한 경우(시험 전 사전 준비작업 및 범용 공구가 아닌 시험에 최적화된 공구는 사용할 수 없음)

(다) 오작
- 시험시간 내에 제출된 작품이라도 다음과 같은 경우
- 완성된 과제가 도면 및 배치도, 시퀀스 회로도의 동작사항, 채점용 기기와 소켓(베이스)의 매칭, 부품의 방향, 결선 상태 등이 상이한 경우(EOCR, 전자접촉기, 타이머, 릴레이, 푸시 버튼 스위치 및 램프 색상 등)
- 주회로(흑색, 적색, 청색) 및 보조회로(황색) 배선의 전선 굵기 및 색상이 도면 및 유의사항과 상이한 경우
- 제어판 밖으로 인출되는 배선이 제어함 내의 단자대를 거치지 않고 직접 접속된 경우
- 제어판 내의 배선 상태나 전선관 및 케이블 가공 상태가 불량하여 전기 공급이 불가한 경우
- 제어판 내의 배선 상태나 기구 간격 불량으로 동작 상태의 확인이 불가한 경우
- 접지공사를 하지 않은 경우와 접지회로(녹색) 배선의 전선 굵기 및 색상이 도면 및 유의사항과 다른 경우(단, 전동기로 출력되는 부분은 생략)
- 컨트롤 박스 커버 등이 조립되지 않아 내부가 보이는 경우
- 배관 및 기구 배치도에서 허용 오차 ±50 mm를 넘는 곳이 3개소 이상, ±100 mm를 넘는 곳이 1개소 이상인 경우(단, 박스, 단자대, 전선관 등이 도면 치수를 벗어나는 경우 개별 개소로 판정)
- 기구(컨트롤 박스, 8각 박스, 제어판)와 전선관 및 케이블이 접속되는 부분에 전선관 및 케이블용 커넥터를 정상 접속하지 않은 경우(미접속 및 불필요한 접속 포함)
- 기구(컨트롤 박스, 8각 박스, 제어판, 단자대)와 전선관 및 케이블의 접속점에서 가까운 곳(300 mm 이하)에 새들을 취부하지 않은 경우(단, 굴곡부가 없는 배관에서 기구와 기구 끝단 사이의 치수가 400 mm 미만이면 새들 1개도 가능)
- 전원 및 부하(전동기)측 단자대 내의 R, S, T, E(접지) 또는 U, V, W, E(접지)의 배치 순서가 유의사항과 상이한 경우
- 한 단자에 전선 3가닥 이상 접속된 경우
- 제어판 내의 배선 시 기구와 기구 사이로 수직 배선한 경우

(3) 주요 지급 재료 목록

일련번호	재 료 명	규 격	단위	수량	비 고
1	합판	400×420×12 mm	장	1	
2	컨트롤 박스	φ25, 2구	개	4	
3	단자대	10P 20A 220V	개	4	
4	단자대	4P 20A 220V	개	4	
5	전자접촉기 소켓	12P	개	2	
6	EOCR 소켓	12P	개	1	
7	8P 소켓	8P	개	4	8P 기구 겸용
8	실렉터 스위치	φ25, AC 220V	개	1	
9	파일럿 램프	φ25, AC 220V	개	3	적 1, 녹 1, 황 1
10	푸시 버튼 스위치	φ25, 1a 1b	개	2	적 1, 녹 1
11	8각 박스	92 mm×92 mm 철재	개	1	
12	배선용 차단기	3P AC 250V 30A	개	1	
13	유리관 퓨즈 및 홀더	AC 250V 30A	개	1	퓨즈 10A 2개 포함
14	PE 전선관	16 mm	m	6	
15	플렉시블 전선관	16 mm	m	6	
16	커넥터	16 mm	개	6	PE 전선관용
17	커넥터	16 mm	개	6	플렉시블 전선관용
18	케이블	4C 2.5 mm^2	m	1	
19	케이블 커넥터	4C 케이블용	개	1	
20	케이블 새들	4C 케이블용	개	2	
21	새들	16 mm관용	개	40	
22	케이블 타이	백색 100 mm	개	25	
23	비닐절연전선	2.5 mm^2(1/1.78) 흑색	m	5	
24	비닐절연전선	2.5 mm^2(1/1.78) 적색	m	5	
25	비닐절연전선	2.5 mm^2(1/1.78) 청색	m	5	
26	비닐절연전선	2.5 mm^2(1/1.78) 녹색	m	5	
27	비닐절연전선	1.5 mm^2(1/1.38) 황색	m	50	
28	버저	φ25, AC 220V	개	1	

(4) 배관 및 기구 배치도

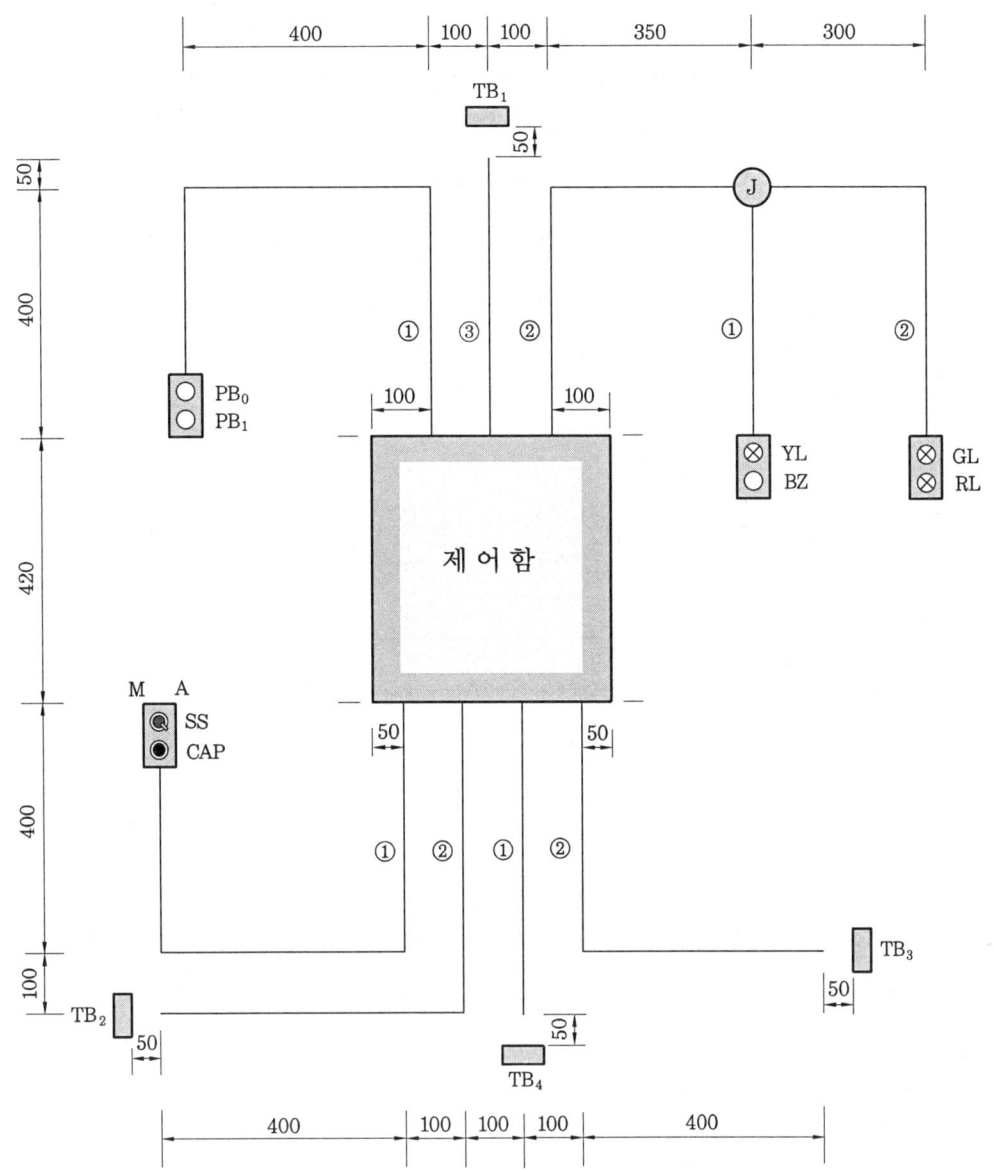

공사 방법

①	PE 전선관
②	플렉시블 전선관
③	케이블

(5) 제어함 내부 기구 배치도

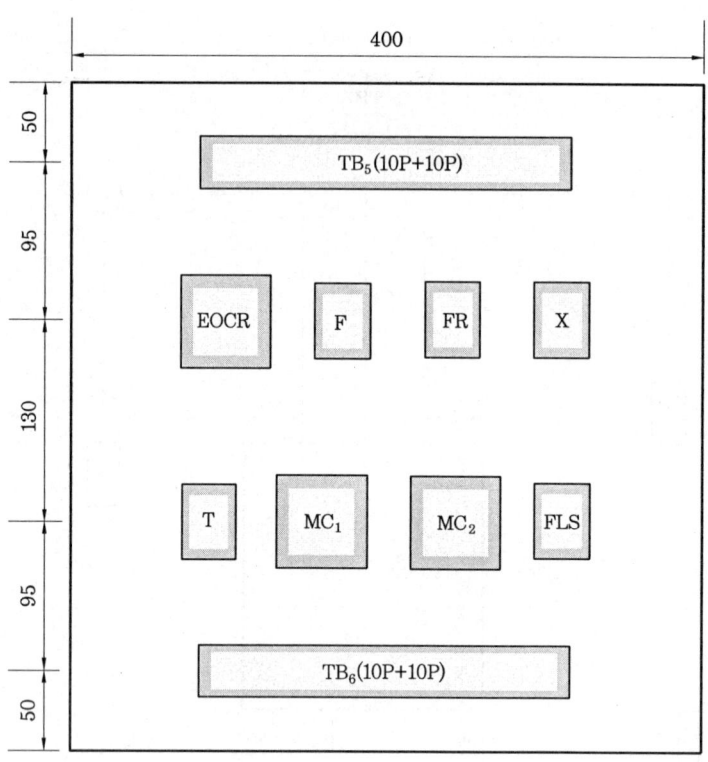

범 례

기 호	명 칭	기 호	명 칭
TB_1	전원(단자대 4P)	PB_0	푸시 버튼 스위치(적색)
TB_2, TB_3	모터(단자대 4P)	PB_1	푸시 버튼 스위치(녹색)
TB_4	플로트리스(단자대 4P)	SS	실렉터 스위치
TB_5, TB_6	단자대(10+10P)	YL	파일럿 램프(황) 220V
MC_1, MC_2	전자접촉기 소켓(12P)	GL	파일럿 램프(녹) 220V
EOCR	EOCR 소켓(12P)	RL	파일럿 램프(적) 220V
X	릴레이(8핀)	BZ	버저
T	타이머(8핀)	CAP	홈마개
FR	플리커 릴레이(8핀)	Ⓙ	8각 박스
FLS	플로트리스 스위치(8핀)	F	퓨즈 및 퓨즈 홀더

(6) 동작 회로도

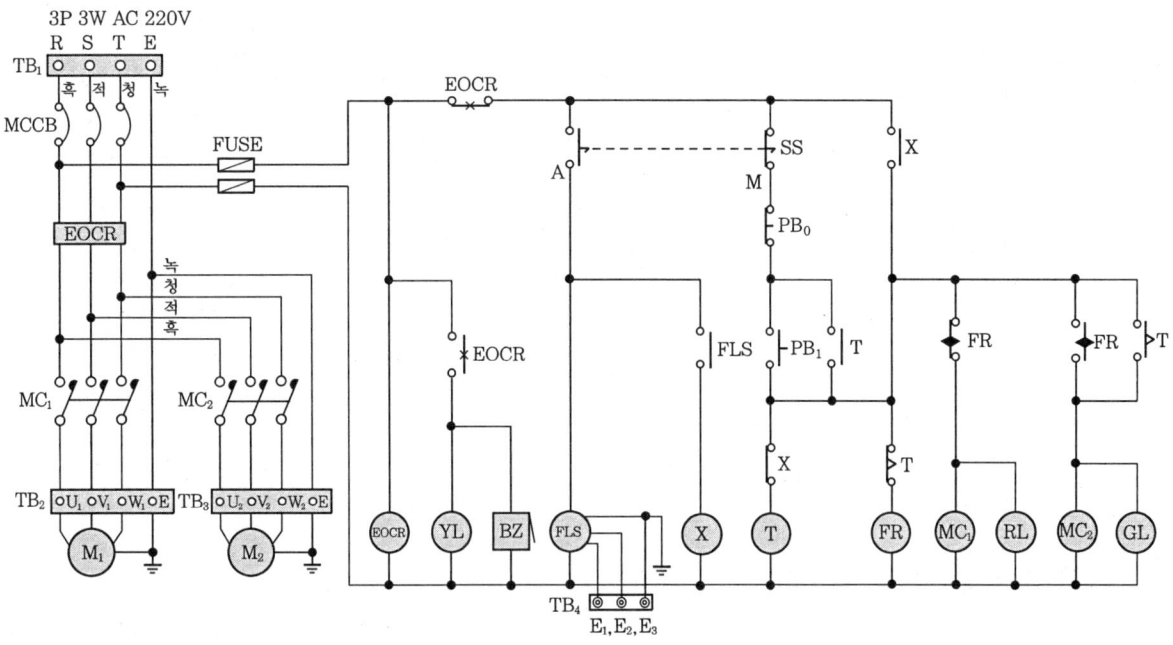

(7) 동작 순서

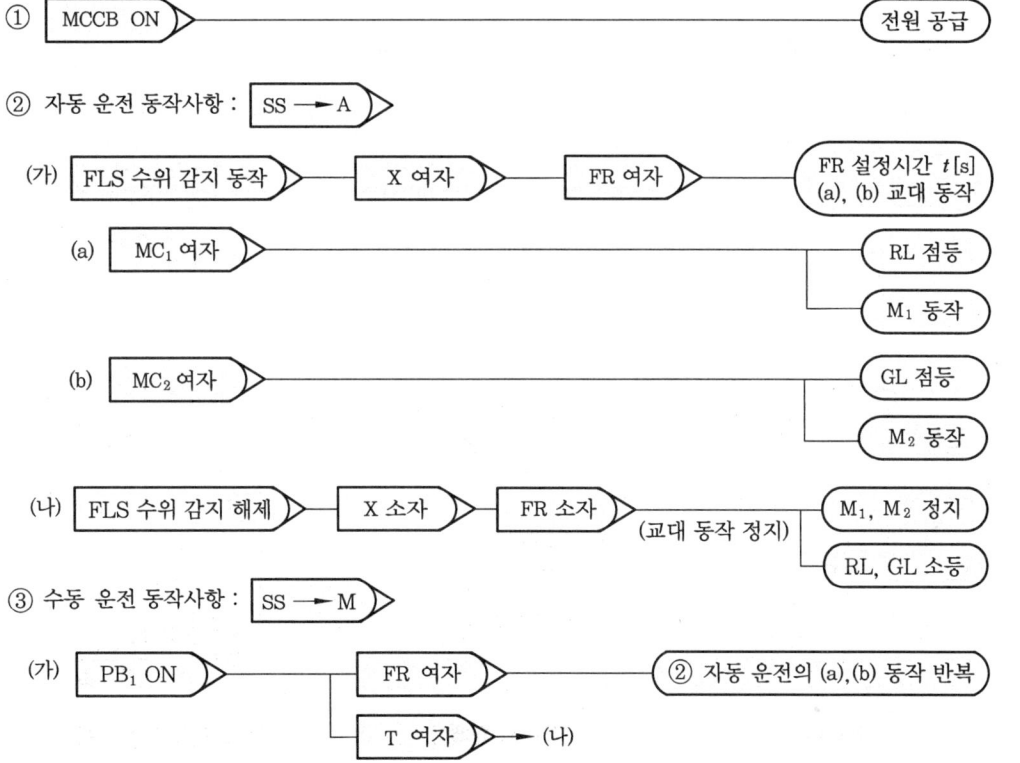

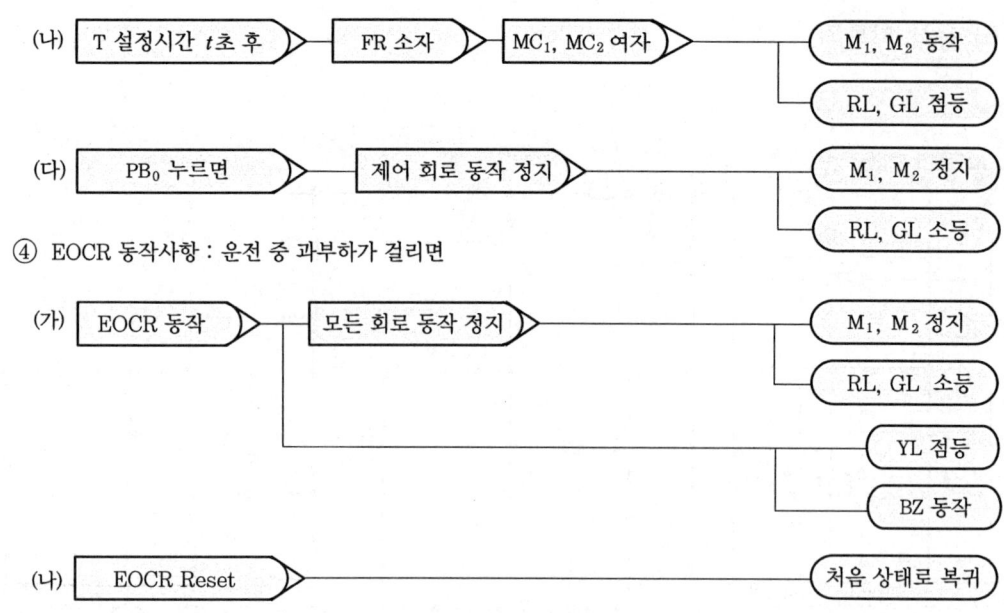

④ EOCR 동작사항 : 운전 중 과부하가 걸리면

(8) 제어 부품 내부 결선도

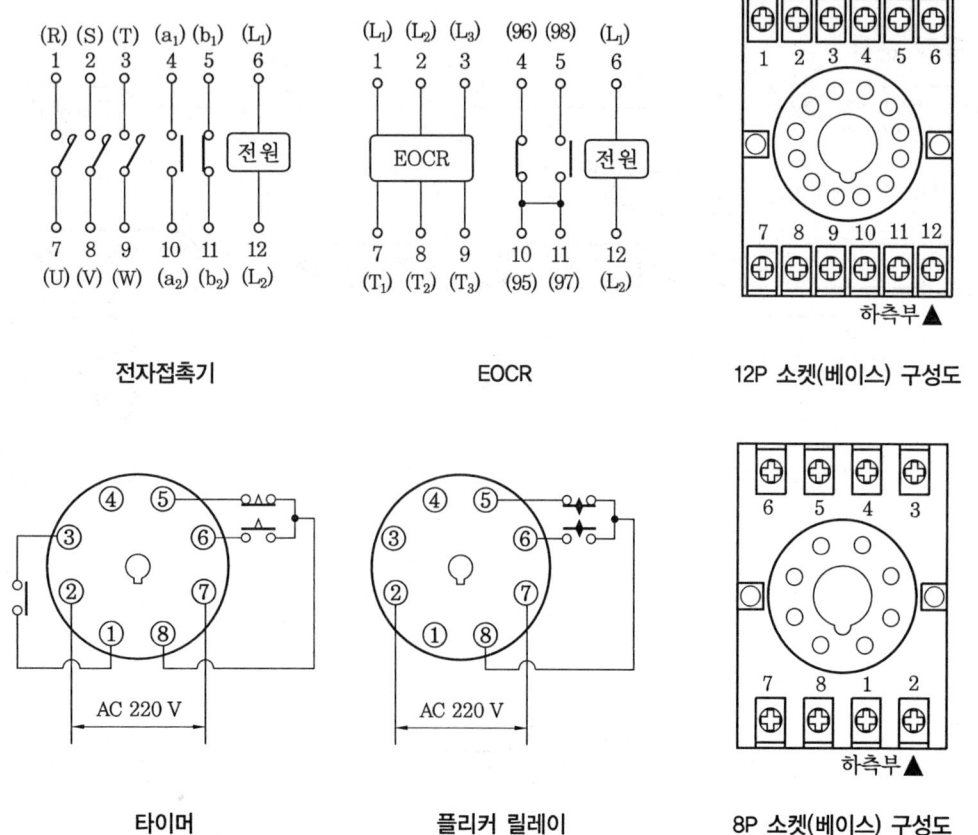

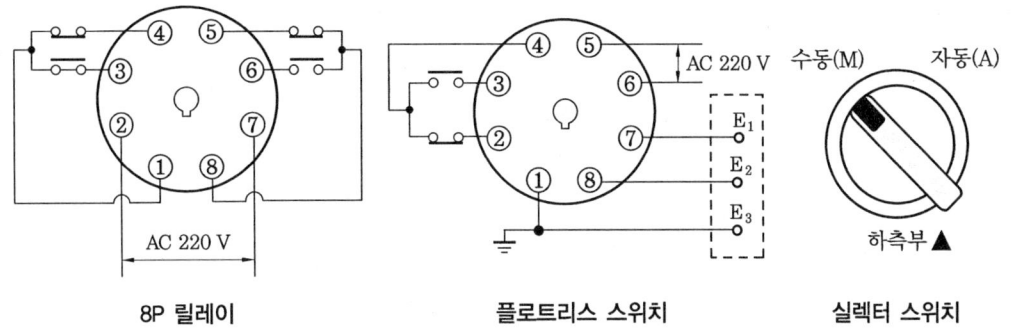

(9) 단자번호 부여

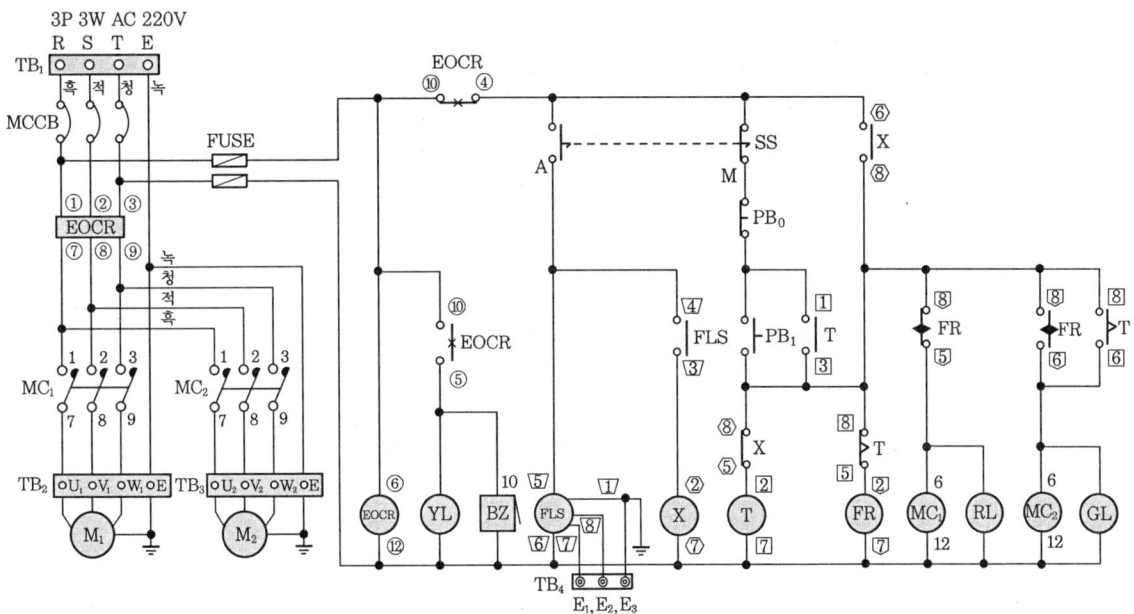

552 부록

(10) 실체 배선도

① 초기 단계

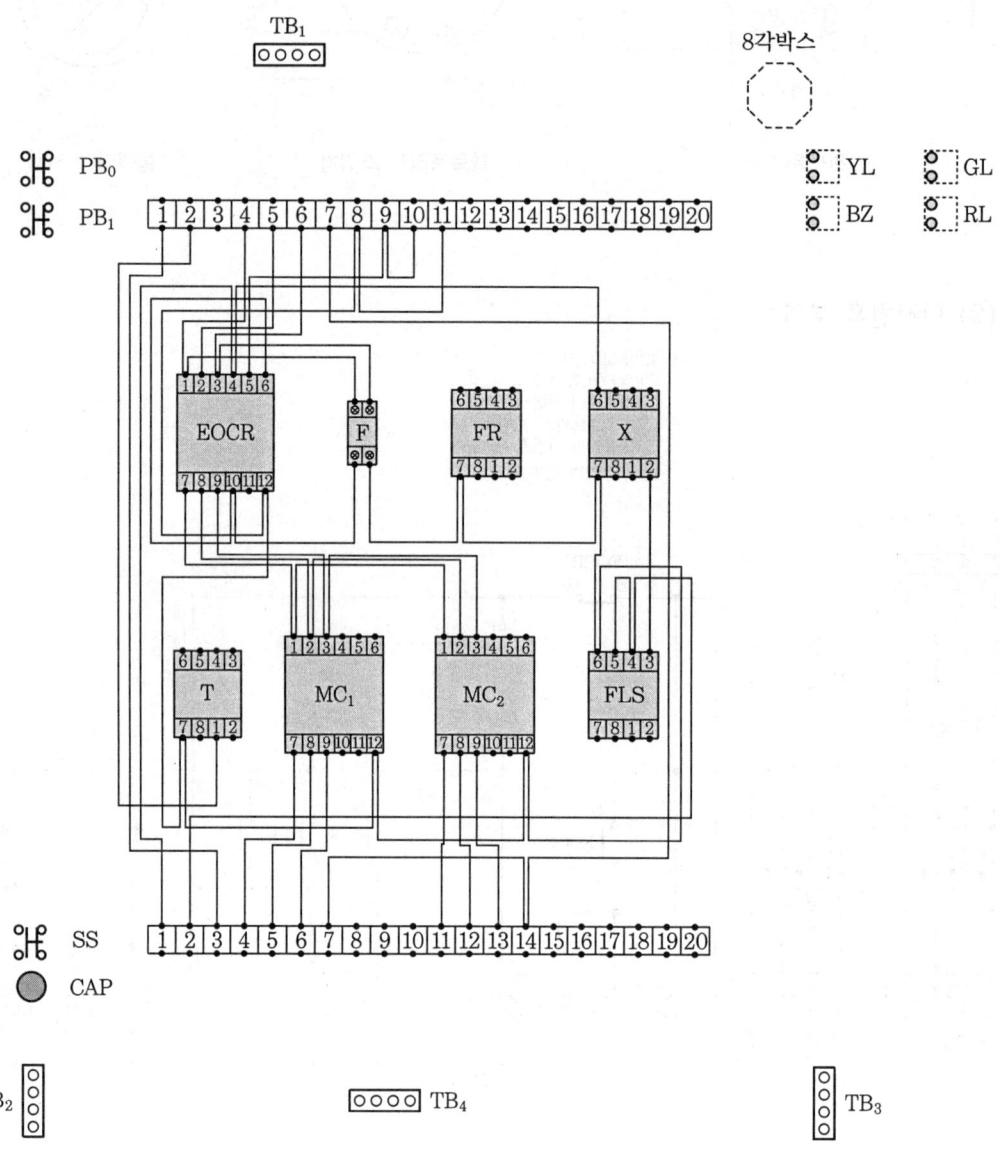

② 중간 단계

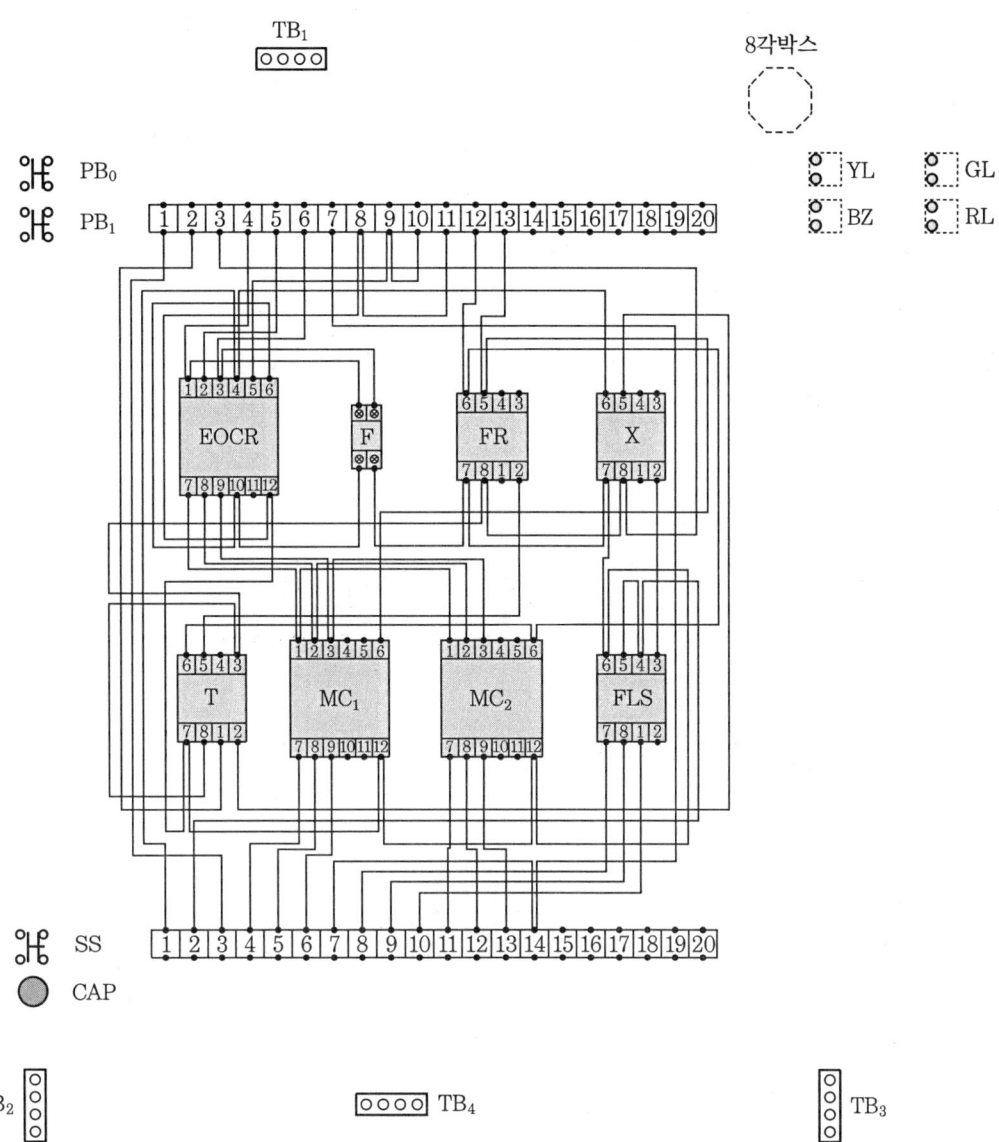

③ 최종 단계

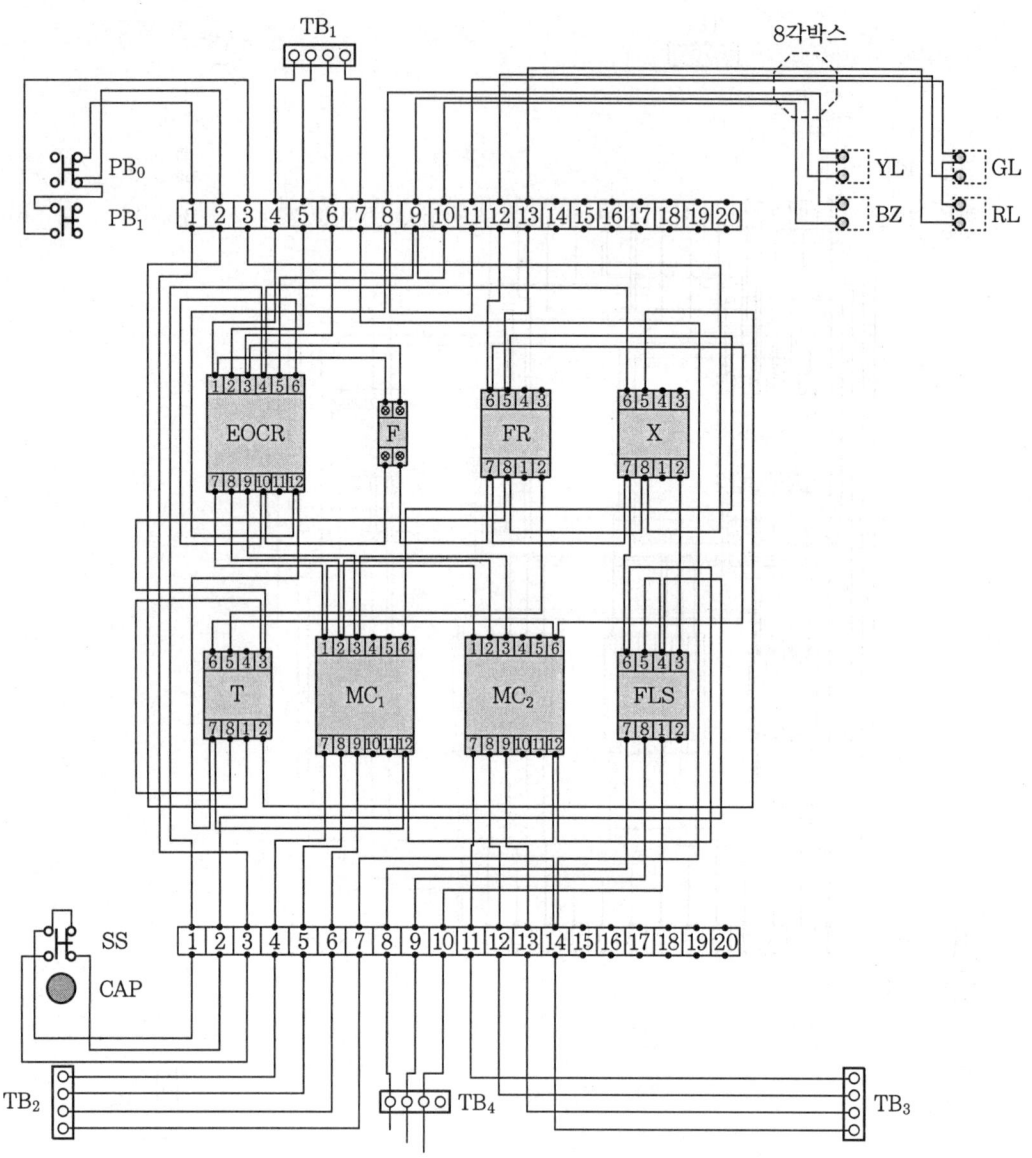

2021년도 시행 문제

□ 전기 기능사(실기) ▶ 2021. 4 시행

■ 과제명 : 전기설비의 배선 및 배관 공사(전동기 운전 제어회로 A)

• 시험시간 : 표준시간-4시간 30분

(1) 요구 사항

① 지급된 재료를 사용하여 제한시간 내에 주어진 과제를 완성하시오.
② 배관 및 기구 배치 도면에 따라 배관 및 기구를 배치하시오.
③ 전기 설비 운전 제어회로 구성
 (가) 전기회로의 도면과 동작 사항을 참고하여 제어회로를 구성하시오.
 (나) 전원방식 : 3상 3선식 220 V
 (다) 전동기의 접속은 생략하고 접속할 수 있게 단자대까지 배선하시오.
 (라) 공사방법
  • PE 전선관
  • 플렉시블 전선관
  • 케이블
④ 특별히 명시되어 있지 않은 공사방법 등은 전기사업법령에 따른 행정규칙(전기설비기술기준), 한국전기설비규정(KEC)에 따릅니다.
⑤ 제어회로의 동작 사항
 (가) MCCB를 통해 전원을 투입하면 전자식 과전류계전기 EOCR에 전원이 공급된다.
 〈푸시 버튼 스위치 PB_1 동작 사항〉
 (나) 푸시 버튼 스위치 PB_1을 누르면 릴레이 X_1, 타이머 T_1이 여자되어 램프 WL이 점등된다.
 (다) 릴레이 X_1이 여자된 상태에서 리밋 스위치 LS_1이 감지되면
  • 전자접촉기 MC_1이 여자되어 타이머 T_1이 소자되며, 전동기 M_1이 회전하고, 램프 RL이 점등, WL이 소등된다.
  • 전동기 M_1이 회전하는 중 리밋 스위치 LS_1의 감지가 해제되면 타이머 T_1이 여자, 전자접촉기 MC_1이 소자되어 전동기 M_1은 정지하고, 램프 RL은 소등, WL은 점등된다.
 (라) 리밋 스위치 LS_1이 감지되지 않으면
  • 타이머 T_1의 설정시간 t초 후 릴레이 X_2, 전자접촉기 MC_2가 여자되어 전동기 M_2

가 회전하고, 램프 GL이 점등된다.
- 전동기 M_2가 회전하는 중 리밋 스위치 LS_2가 감지되면 타이머 T_2가 여자된다.
- 타이머 T_2의 설정시간 t초 후 릴레이 X_1, 타이머 T_1, T_2가 소자되고, 램프 WL이 소등된다.

(마) 제어회로가 동작하는 중 푸시 버튼 스위치 PB_0를 누르면 제어회로 및 전동기 동작은 모두 정지된다.

〈푸시 버튼 스위치 PB_2 동작 사항〉

(바) 푸시 버튼 스위치 PB_2를 누르면 릴레이 X_2, 전자접촉기 MC_2가 여자되어 전동기 M_2가 회전하고, 램프 GL이 점등된다.

(사) 제어회로가 동작하는 중 푸시 버튼 스위치 PB_0를 누르면 제어회로 및 전동기 동작은 모두 정지된다.

〈EOCR 동작 사항〉

(아) 전동기가 운전하는 중 전동기의 과부하로 과전류가 흐르면 전자식 과전류계전기 EOCR이 동작되어 전동기는 정지하고, 램프 YL이 점등된다.

(자) 전자식 과전류계전기 EOCR을 리셋(reset)하면 제어회로는 초기 상태로 복귀된다.

※ 동작 내용은 단순 참고 사항이며, 모든 동작은 시퀀스 회로를 기준으로 합니다.

(2) 수험자 유의사항

① 시험 시작 전 지급된 재료의 이상 유무를 확인하고 이상이 있을 때에는 시험위원의 승인을 얻어 교환할 수 있습니다. (단, 시험 시작 후 파손된 재료는 수험자 부주의에 의해 파손된 것으로 간주되어 추가로 지급받지 못합니다.)

② 제어판을 포함한 작업판에서의 제반 치수는 mm이고 치수 허용 오차는 외관(전선관, 박스, 전원 및 부하측 단자대 등)은 ±30 mm, 제어판 내부는 ±5 mm입니다. (단, 치수는 도면에 표시된 사항에 의하며 표시되지 않은 경우 부품의 중심을 기준으로 합니다.)

③ 전선관의 수직과 수평을 맞추어 작업하고, 전선관의 곡률 반경은 전선관 안지름의 6배 이상, 8배 이하로 작업하여야 합니다.

④ 기구(컨트롤 박스, 8각 박스, 제어판, 단자대)와 전선관 및 케이블이 접속되는 부분에서 가까운 곳(300 mm 이하)에 새들을 설치하고 전선관 및 케이블이 작업대(판)에서 뜨지 않도록 새들을 적절히 배치하여 튼튼하게 고정합니다 (단, 굴곡부가 없는 배관에서 기구와 기구 끝단 사이의 치수가 400 mm 미만이면 새들 1개도 가능).

⑤ 기구(컨트롤 박스, 8각 박스, 제어판)와 전선관 및 케이블이 접속되는 부분에는 전선관 및 케이블용 커넥터를 사용하고 제어판에 전선관 및 케이블용 커넥터를 5 mm 정도 올리고 새들로 고정하여야 합니다.

⑥ 컨트롤 박스에서 사용하지 않는 홈(구멍)에 홈마개를 설치합니다.

⑦ 제어판 내의 기구는 기구 배치도와 같이 균형있게 배치하고 흔들림이 없도록 고

정합니다.
⑧ 소켓(베이스)에 채점용 기기가 들어갈 수 있도록 작업합니다.
⑨ 제어판 배선은 미관을 고려하여 전면에 노출 배선(수평수직)하고 전선의 흐트러짐 등이 없도록 케이블 타이를 이용하여 균형있게 배선합니다. (단, 제어판 배선 시 기구와 기구 사이의 배선을 금지합니다.)
⑩ 주회로는 $2.5\,mm^2$(1/1.78) 전선, 보조회로는 $1.5\,mm^2$(1/1.38) 전선(황색)을 사용하고 주회로의 전선 색상은 R상은 갈색, S상은 흑색, T상은 회색을 사용합니다.
⑪ 보호도체(접지) 회로는 $2.5\,mm^2$(1/1.78) 녹색-황색 전선으로 배선하여야 합니다.
⑫ 퓨즈 홀더 1차 주회로는 $2.5\,mm^2$(1/1.78) 갈색과 회색 전선을 사용하고 퓨즈 홀더 2차 보조회로는 $1.5\,mm^2$(1/1.38) 황색 전선을 사용하고, 퓨즈 홀더에는 퓨즈를 끼워 놓아야 합니다.
⑬ 케이블의 색상이 주회로 색상과 상이한 경우 감독위원이 지정한 색상으로 대체합니다 (단, 보호도체(접지) 회로 전선은 제외).
⑭ 단자에 전선을 접속하는 경우 나사를 견고하게 조입니다. 단자 조임 불량이란 피복이 제거된 나선이 2 mm 이상 보이거나, 피복이 단자에 물린 경우를 말합니다. (단, 한 단자에 전선 3가닥 이상 접속하는 것을 금지합니다.)
⑮ 전원 및 부하(전동기)측 단자대, 리밋 스위치의 단자대, 플로트리스 스위치의 단자대는 가로인 경우 왼쪽부터, 세로인 경우 위쪽부터 L_1, L_2, L_3, PE(보호도체) 또는 U, V, W, PE(보호도체) 또는 LS_1, LS_2 또는 E_1, E_2, E_3의 순으로 결선합니다.
⑯ 배선점검은 회로시험기 또는 벨 시험기만을 가지고 확인을 할 수 있으나, 전원을 투입하여 동작시험은 할 수 없습니다.
⑰ 전원측 단자대는 동작시험을 할 수 있도록 전원선의 색상에 맞추어 100 mm 정도 인출하고, 피복은 전선 끝에서 약 10 mm 정도 벗겨둡니다.
⑱ EOCR, 전자접촉기, 타이머, 릴레이 등의 소켓(베이스)의 방향은 기구의 내부 결선도 및 구성도를 참고하여 홈이 아래로 향하도록 배치하고, 소켓 번호에 유의하여 작업합니다.
  ※ 기구의 내부 결선도 및 구성도와 지급된 채점용 기기 및 소켓(베이스)이 상이할 경우 감독위원의 지시에 따라 작업하도록 합니다.
⑲ 8P 소켓을 사용하는 기구(타이머, 릴레이, 플리커 릴레이, 온도 릴레이, 플로트리스 등)는 기구의 구분 없이 지급된 8P 소켓(베이스)을 적용하여 작업합니다. (각 기구에 해당하는 소켓을 고려하지 않고 모두 동일하게 적용합니다.)
⑳ 보호도체(접지)의 결선은 도면에 표시된 부분만 실시하고, 보호도체(접지)는 입력(전원) 단자대에서 제어판 내의 단자대를 거쳐 출력(부하) 단자대까지 결선하며, 도면에 별도로 표시하지 않더라도 모든 보호도체(접지)는 입력 단자대의 보호도체 단자(PE)와 연결되어야 합니다.
  ※ 기타 외부로의 보호도체(접지)의 결선은 실시하지 않아도 됩니다.

㉑ 기타 공사 방법 등은 감독위원의 지시사항을 준수하여 작업하며, 작업에 대한 문의 사항은 시험 시작 전 질의하도록 하고 시험 진행 중에는 질의를 삼가도록 합니다.
㉒ 특별히 지정한 것 이외에는 전기사업법령에 따른 행정규칙(전기설비기술기준), 한국전기설비규정(KEC)에 의하되 외관이 보기 좋아야 하며 안전성이 있어야 합니다.
㉓ 시험 중 수험자는 반드시 안전수칙을 준수해야 하며, 작업 복장 상태, 안전사항 등이 채점 대상이 됩니다.
㉔ 다음 사항에 대해서는 채점 대상에서 제외하니 특히 유의하시기 바랍니다.

(가) 기권
- 과제 진행 중 수험자 스스로 작업에 대한 포기의사를 표현한 경우

(나) 실격
- 지급 재료 이외의 재료를 사용한 작품
- 시험 중 시설·장비의 조작 또는 재료의 취급이 미숙하여 위해를 일으킬 것으로 시험위원 전원이 합의하여 판단한 경우
- 기능이 해당 등급 수준에 전혀 도달하지 못한 것으로 감독위원 전원이 합의하여 판단한 경우
- 시험 관련 부정에 해당하는 장비(기기)·재료 등을 사용하는 것으로 감독위원 전원이 합의하여 판단한 경우(시험 전 사전 준비작업 및 범용 공구가 아닌 시험에 최적화된 공구는 사용할 수 없음)

(다) 오작
- 시험시간 내에 제출된 작품이라도 다음과 같은 경우
- 제출된 과제가 도면 및 배치도, 시퀀스 회로도의 동작사항, 부품의 방향, 결선 상태 등이 상이한 경우(EOCR, 전자접촉기, 타이머, 릴레이, 푸시 버튼 스위치 및 램프 색상 등)
- 주회로(갈색, 흑색, 회색) 및 보조회로(황색) 배선의 전선 굵기 및 색상이 도면 및 유의사항과 상이한 경우
- 제어판 밖으로 인출되는 배선이 제어함 내의 단자대를 거치지 않고 직접 접속된 경우
- 제어판 내의 배선 상태나 전선관 및 케이블 가공 상태가 불량하여 전기 공급이 불가한 경우
- 제어판 내의 배선 상태나 기구 간격 불량으로 동작 상태의 확인이 불가한 경우
- 보호도체(접지)의 결선을 하지 않은 경우와 보호도체(접지) 회로(녹색-황색) 배선의 전선 굵기 및 색상이 도면 및 유의사항과 다른 경우(단, 전동기로 출력되는 부분은 생략)
- 컨트롤 박스 커버 등이 조립되지 않아 내부가 보이는 경우
- 배관 및 기구 배치도에서 허용 오차 ±50 mm를 넘는 곳이 3개소 이상, ±100 mm를 넘는 곳이 1개소 이상인 경우(단, 박스, 단자대, 전선관 등이 도면 치수

를 벗어나는 경우 개별 개소로 판정)
- 기구(컨트롤 박스, 8각 박스, 제어판)와 전선관 및 케이블이 접속되는 부분에 전선관 및 케이블용 커넥터를 정상 접속하지 않은 경우(미접속 및 불필요한 접속 포함)
- 기구(컨트롤 박스, 8각 박스, 제어판, 단자대)와 전선관 및 케이블이 접속되는 부분에서 가까운 곳(300 mm 이하)에 새들을 설치하지 않은 경우(단, 굴곡부가 없는 배관에서 기구와 기구 끝단 사이의 치수가 400 mm 미만이면 새들 1개도 가능)
- 전원 및 부하(전동기)측 단자대 내의 L_1, L_2, L_3, PE(보호도체) 또는 U, V, W, PE(보호도체) 배치 순서가 유의사항과 상이한 경우, 플로트리스 스위치 단자대의 E_1, E_2, E_3의 배치 순서가 유의사항과 상이한 경우
- 한 단자에 전선 3가닥 이상 접속된 경우
- 제어판 내의 배선 시 기구와 기구 사이로 수직 배선한 경우
- 전기설비기술기준, 한국전기설비규정으로 공사를 진행하지 않은 경우

㉕ 시험 종료 후 완성작품에 한해서만 작동 여부를 감독위원으로부터 확인받을 수 있습니다.

(3) 주요 지급 재료 목록

일련번호	재료명	규격	단위	수량	비고
1	합판	400×420×12 mm	장	1	
2	컨트롤 박스	$\phi 25$, 2구	개	4	
3	단자대	10P 20A 220V	개	4	
4	단자대	4P 20A 220V	개	4	
5	전자접촉기 소켓	12P	개	2	
6	EOCR 소켓	12P	개	1	
7	8P 소켓	8P	개	4	8P 기구 겸용
8	실렉터 스위치	$\phi 25$, AC 220V	개	1	
9	파일럿 램프	$\phi 25$, AC 220V	개	4	적 1, 녹 1, 황 1, 백 1
10	푸시 버튼 스위치	$\phi 25$, 1a 1b	개	3	적 1, 녹 2
11	8각 박스	92 mm×92 mm 철재	개	1	
12	배선용 차단기	3P AC 250V 30A	개	1	
13	유리관 퓨즈 및 홀더	AC 250V 30A	개	1	퓨즈 10A 2개 포함
14	PE 전선관	16 mm	m	6	
15	플렉시블 전선관	16 mm	m	6	
16	커넥터	16 mm	개	7	PE 전선관용
17	커넥터	16 mm	개	7	플렉시블 전선관용
18	케이블	4C 2.5 mm^2	m	1	
19	케이블 커넥터	4C 케이블용	개	1	
20	케이블 새들	4C 케이블용	개	2	
21	새들	16 mm관용	개	40	
22	케이블 타이	백색 100 mm	개	25	
23	비닐절연전선	2.5 mm^2(1/1.78) 갈색	m	5	
24	비닐절연전선	2.5 mm^2(1/1.78) 흑색	m	5	
25	비닐절연전선	2.5 mm^2(1/1.78) 회색	m	5	
26	비닐절연전선	2.5 mm^2(1/1.78) 녹색-황색	m	5	
27	비닐절연전선	1.5 mm^2(1/1.38) 황색	m	50	
28	버저	$\phi 25$, AC 220V	개	1	

(4) 배관 및 기구 배치도

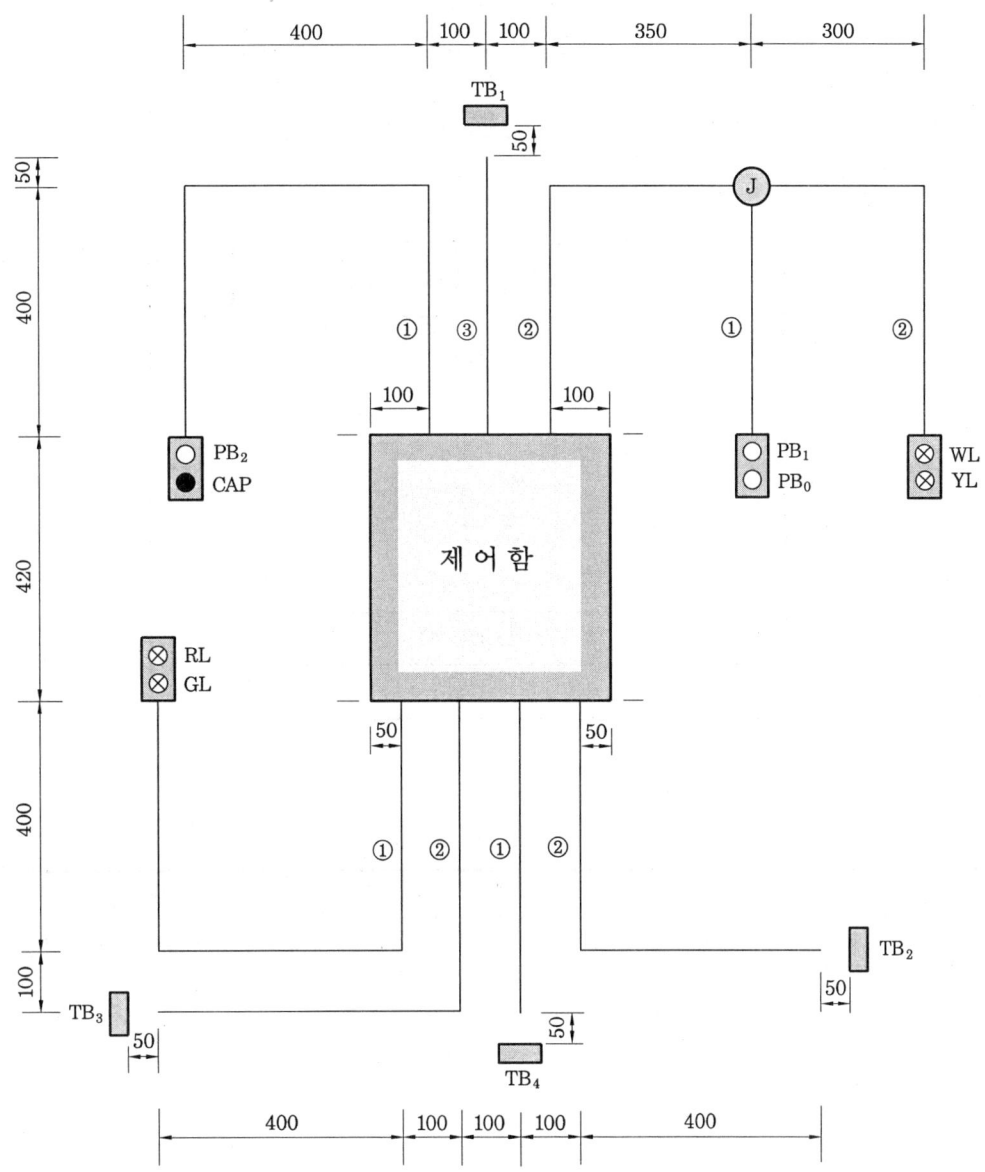

공사 방법

①	PE 전선관
②	플렉시블 전선관
③	케이블

(5) 제어함 내부 기구 배치도

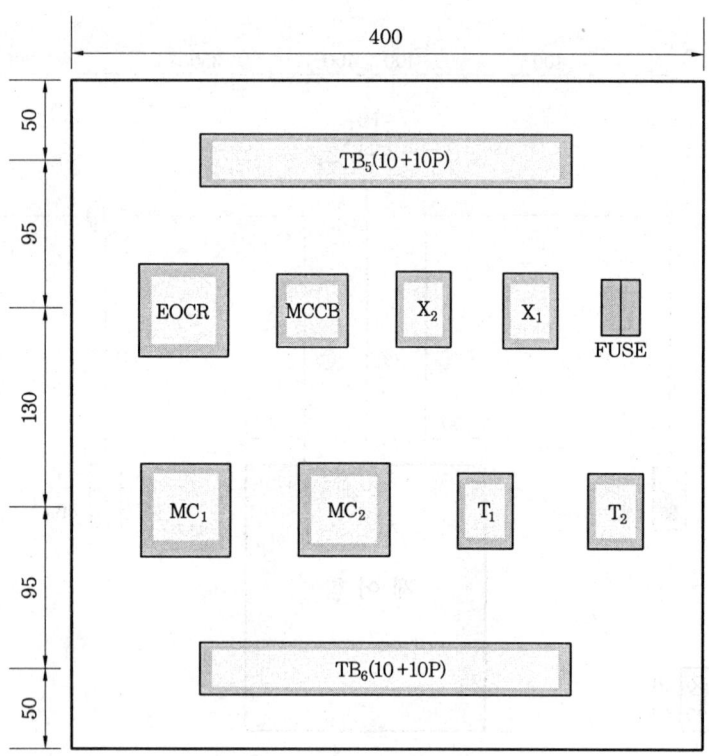

범 례

기 호	명 칭	기 호	명 칭
TB_1	전원(단자대 4P)	PB_0	푸시 버튼 스위치(적색)
TB_2, TB_3	모터(단자대 4P)	PB_1	푸시 버튼 스위치(녹색)
TB_4	LS_1, LS_2(단자대 4P)	PB_2	푸시 버튼 스위치(녹색)
TB_5, TB_6	단자대(10+10P)	YL	파일럿 램프(황색) 220V
MC_1, MC_2	전자접촉기(12P)	GL	파일럿 램프(녹색) 220V
EOCR	EOCR 소켓(12P)	RL	파일럿 램프(적색) 220V
X_1, X_2	릴레이(8P)	WL	파일럿 램프(백색) 220V
T_1, T_2	타이머(8P)	CAP	홈마개
MCCB	배선용 차단기	Ⓙ	8각 박스
FUSE	퓨즈 및 퓨즈 홀더		

(6) 동작 회로도

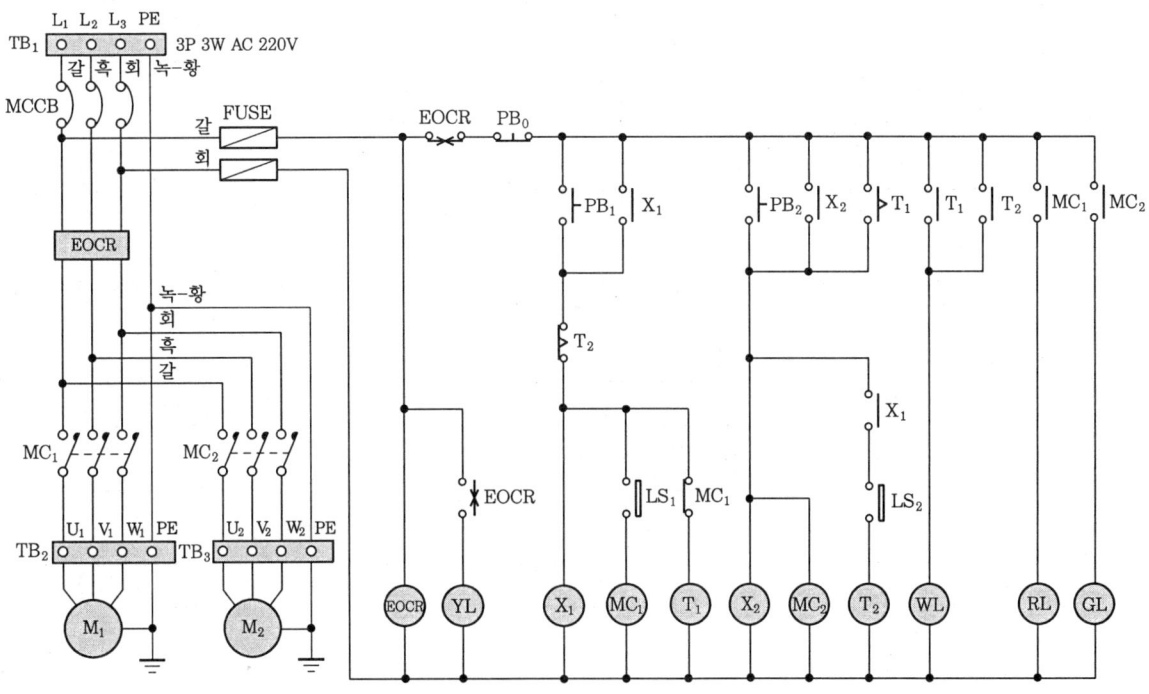

(7) 동작 순서

① MCCB ON → 전원 공급

〈푸시 버튼 스위치 PB₁ 동작 사항〉

② PB₁ ON → T₁ 여자 → WL 점등
          → X₁ 여자

③ 리밋 스위치 LS₁이 감지되면

(가) MC₁ 여자 → M₁ 운전
              → RL 점등
     → T₁ 소자 → WL 소등

(나) M₁ 회전 중 리밋 스위치 LS₁ 감지 해제 → MC₁ 소자 → M₁ 정지
                                                      → RL 소등
                                        → T₁ 여자 → WL 점등

④ 리밋 스위치 LS_1이 감지되지 않으면

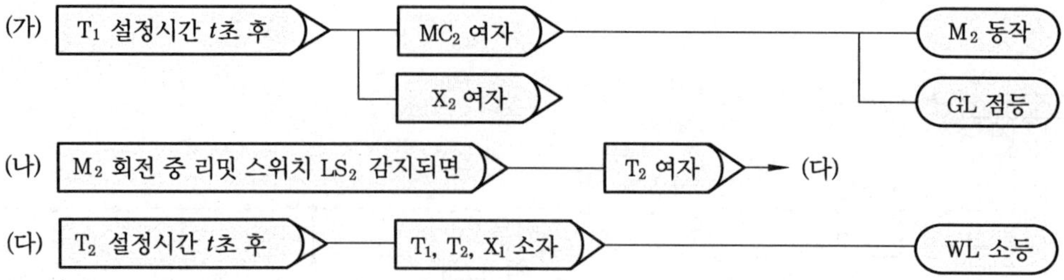

(가)
T1 설정시간 t초 후
MC2 여자
X2 여자
M2 동작
GL 점등
(나)
M2 회전 중 리밋 스위치 LS2 감지되면
T2 여자
(다)
(다)
T2 설정시간 t초 후
T1, T2, X1 소자
WL 소등

⑤ 제어회로 동작 중

PB0 누르면
제어회로 정지
M 정지

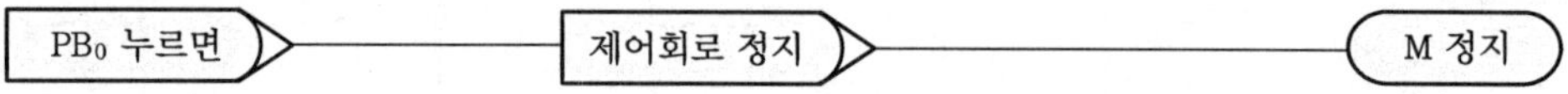

〈푸시 버튼 스위치 PB_2 동작 사항〉

⑥

PB2 ON
MC2 여자
X2 여자
M2 운전
GL 점등

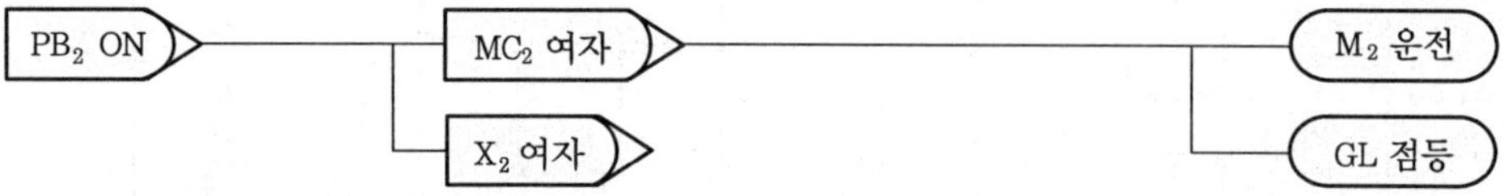

⑦ 제어회로 동작 중

PB0 누르면
제어회로 정지
M2 정지

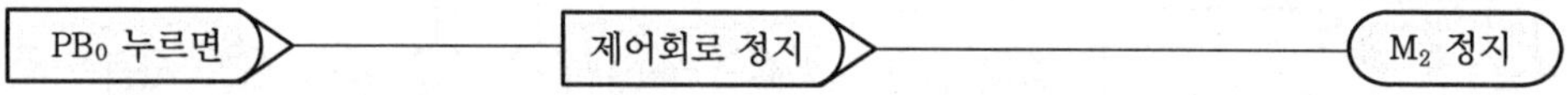

〈EOCR 동작 사항〉
motor 운전 중 과부하가 걸리면

⑧

EOCR 동작
YL 점등
M 정지

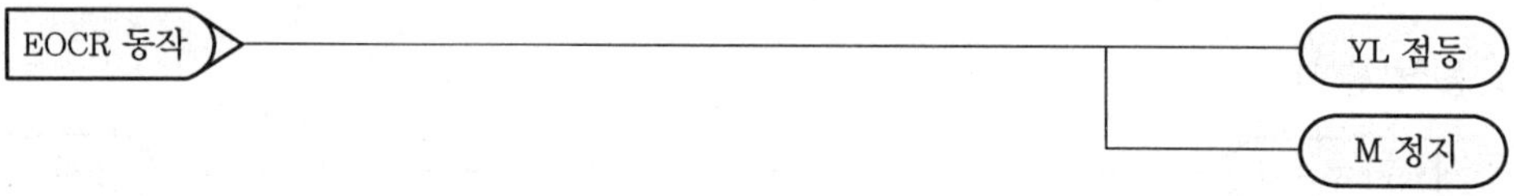

⑨

EOCR Reset
초기 상태로 복귀

(8) 제어 부품 내부 결선도

(R) (S) (T) (a1) (b1) (S1)
1 2 3 4 5 6
7 8 9 10 11 12
(U) (V) (W) (a2) (b2) (S2)

전자접촉기

(R) (S) (T) (96) (98) (L1)
1 2 3 4 5 6
EOCR
제어회로
7 8 9 10 11 12
(U) (V) (W) (95) (97) (L2)

EOCR

1 2 3 4 5 6
7 8 9 10 11 12
하측부▲

12P 소켓(베이스) 구성도

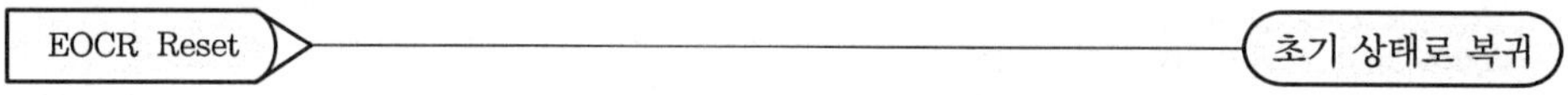

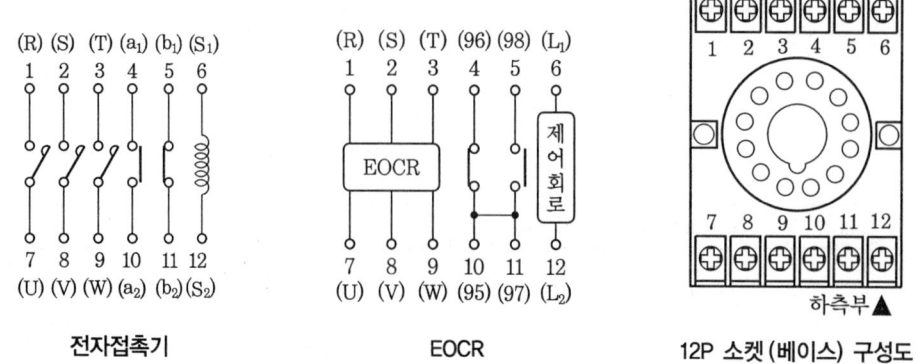

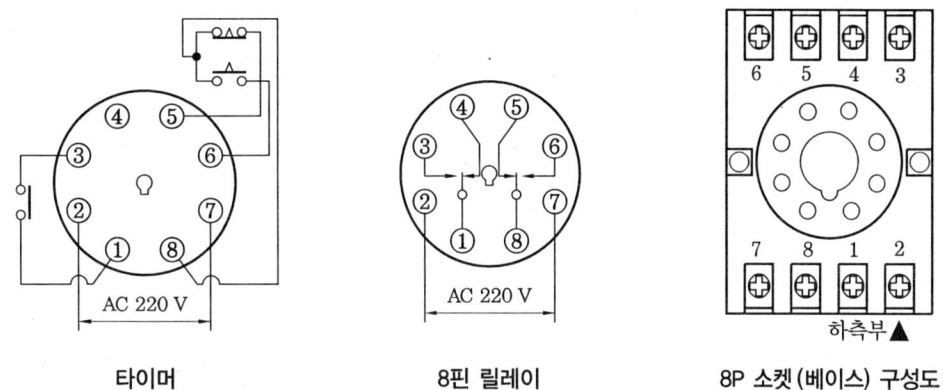

타이머 　　　　8핀 릴레이 　　　　8P 소켓(베이스) 구성도

(9) 단자번호 부여

1~12 : MC 핀번호
○ : EOCR 핀번호
⌒ : 릴레이 핀번호
□ : 타이머 핀번호

(10) 실체 배선도

① 초기 단계

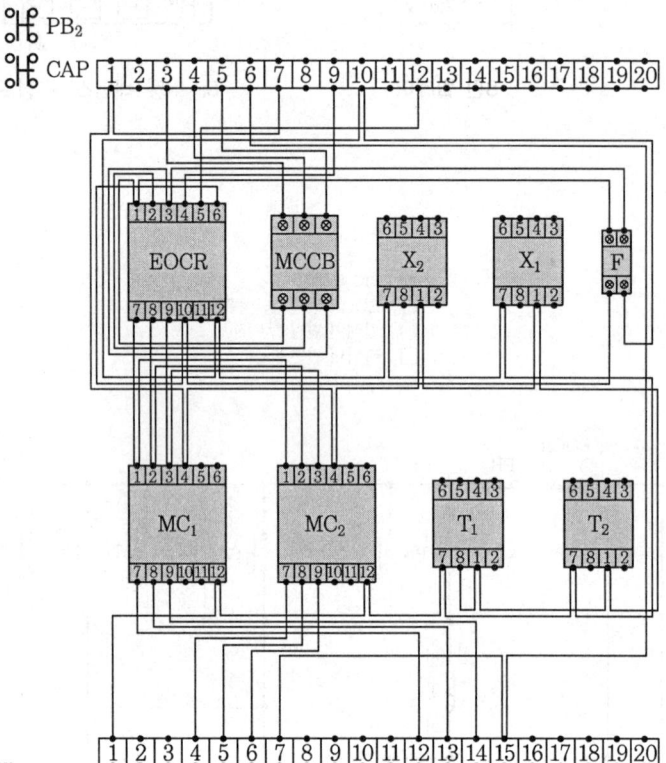

② 중간 단계

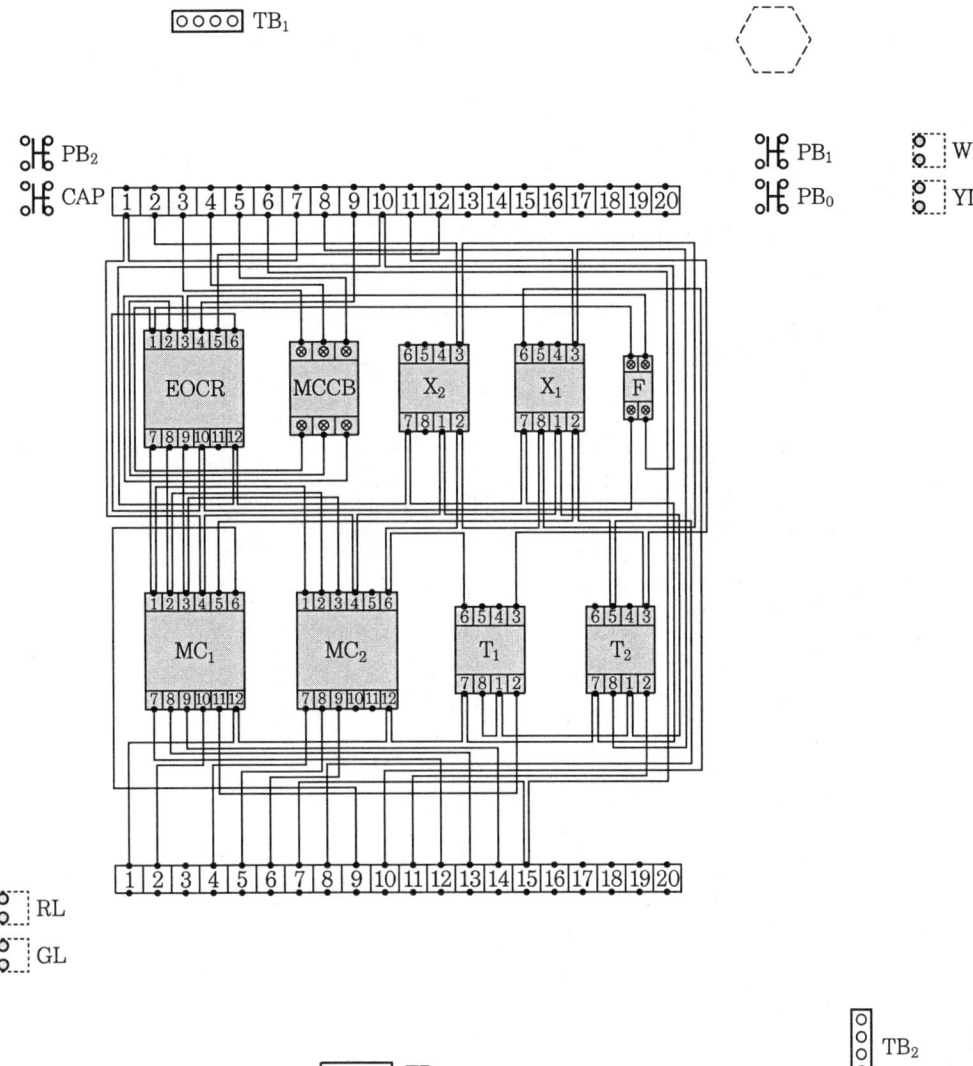

568 부 록

③ 최종 단계

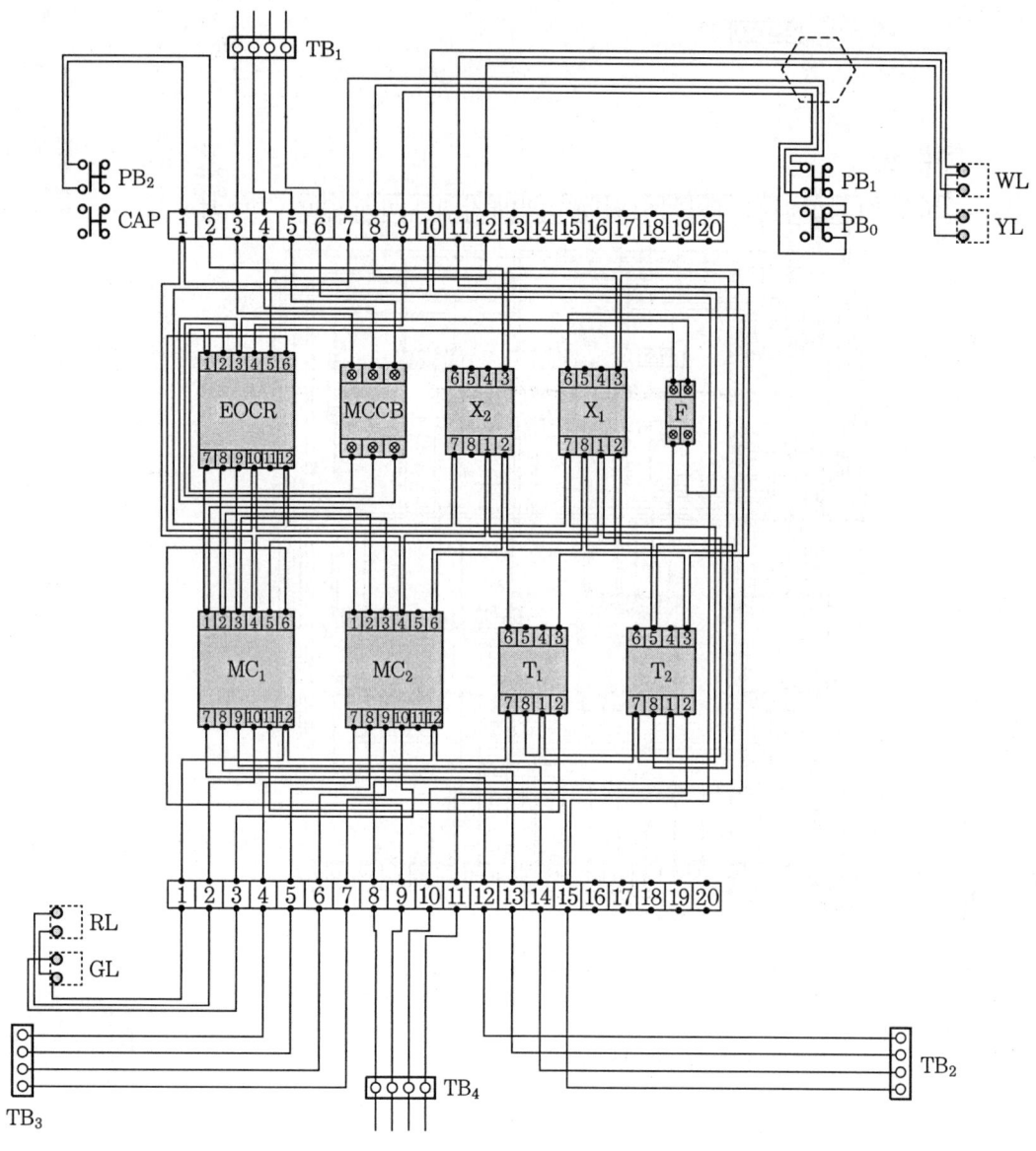

□ 전기 기능사(실기)　　　　　　　　　　　　▶ 2021. 4 시행

■ 과제명 : 전기설비의 배선 및 배관 공사(전동기 운전 제어회로 B)

• 시험시간 : 표준시간－4시간 30분

(1) 요구 사항

① 지급된 재료를 사용하여 제한시간 내에 주어진 과제를 완성하시오.
② 배관 및 기구 배치 도면에 따라 배관 및 기구를 배치하시오.
③ 전기 설비 운전 제어회로 구성
　(개) 전기회로의 도면과 동작 사항을 참고하여 제어회로를 구성하시오.
　(내) 전원방식 : 3상 3선식 220 V
　(대) 전동기의 접속은 생략하고 접속할 수 있게 단자대까지 배선하시오.
　(래) 공사방법
　　• PE 전선관
　　• 플렉시블 전선관
　　• 케이블
④ 특별히 명시되어 있지 않은 공사방법 등은 전기사업법령에 따른 행정규칙(전기설비기술기준), 한국전기설비규정(KEC)에 따릅니다.
⑤ 제어회로의 동작 사항
　(개) MCCB를 통해 전원을 투입하면 전자식 과전류계전기 EOCR에 전원이 공급된다.
　(내) 푸시 버튼 스위치 PB_1 동작 사항
　　• 푸시 버튼 스위치 PB_1을 누르면 릴레이 X_1, 전자접촉기 MC_1이 여자되어 전동기 M_1은 회전하고, RL이 점등된다.
　　• 리밋 스위치 LS_1이 감지되면 타이머 T_1이 여자되고, 타이머 T_1의 설정시간 t초 후 전자접촉기 MC_1이 소자되고, 전동기 M_1은 정지하고, 램프 RL은 소등, WL은 점등된다.
　　• 리밋 스위치 LS_1의 감지가 해제되면 전자접촉기 MC_1이 여자되어 전동기 M_1은 회전하고, RL이 점등된다.
　　• 제어회로가 동작하는 중 푸시 버튼 스위치 PB_0를 누르면 제어회로 및 전동기 동작은 모두 정지된다.
　(대) 푸시 버튼 스위치 PB_2 동작 사항
　　• 푸시 버튼 스위치 PB_2를 누르면 릴레이 X_2, 전자접촉기 MC_2가 여자되어 전동기 M_2가 회전하고, 램프 GL이 점등된다.

- 리밋 스위치 LS_2가 감지되면 타이머 T_2가 여자되고, 타이머 T_2의 설정시간 t초 후 전자접촉기 MC_2가 소자되고, 전동기 M_2는 정지하고, 램프 GL은 소등, WL은 점등된다.
- 리밋 스위치 LS_2의 감지가 해제되면 전자접촉기 MC_2가 여자되어 전동기 M_2는 회전하고, GL이 점등된다.
- 제어회로가 동작하는 중 푸시 버튼 스위치 PB_0를 누르면 제어회로 및 전동기 동작은 모두 정지된다.

㈑ EOCR 동작 사항
- 전동기가 운전하는 중 전동기의 과부하로 과전류가 흐르면 전자식 과전류계전기 EOCR이 동작되어 전동기는 정지하고, 램프 YL이 점등된다.
- 전자식 과전류계전기 EOCR을 리셋(reset)하면 제어회로는 초기 상태로 복귀된다.

※ 동작 내용은 단순 참고 사항이며, 모든 동작은 시퀀스 회로를 기준으로 합니다.

(2) 수험자 유의사항

① 시험 시작 전 지급된 재료의 이상 유무를 확인하고 이상이 있을 때에는 시험위원의 승인을 얻어 교환할 수 있습니다. (단, 시험 시작 후 파손된 재료는 수험자 부주의에 의해 파손된 것으로 간주되어 추가로 지급받지 못합니다.)

② 제어판을 포함한 작업판에서의 제반 치수는 mm이고 치수 허용 오차는 외관(전선관, 박스, 전원 및 부하측 단자대 등)은 ±30 mm, 제어판 내부는 ±5 mm입니다. (단, 치수는 도면에 표시된 사항에 의하며 표시되지 않은 경우 부품의 중심을 기준으로 합니다.)

③ 전선관의 수직과 수평을 맞추어 작업하고, 전선관의 곡률 반경은 전선관 안지름의 6배 이상, 8배 이하로 작업하여야 합니다.

④ 기구(컨트롤 박스, 8각 박스, 제어판, 단자대)와 전선관 및 케이블이 접속되는 부분에서 가까운 곳(300 mm 이하)에 새들을 설치하고 전선관 및 케이블이 작업대(판)에서 뜨지 않도록 새들을 적절히 배치하여 튼튼하게 고정합니다 (단, 굴곡부가 없는 배관에서 기구와 기구 끝단 사이의 치수가 400 mm 미만이면 새들 1개도 가능).

⑤ 기구(컨트롤 박스, 8각 박스, 제어판)와 전선관 및 케이블이 접속되는 부분에는 전선관 및 케이블용 커넥터를 사용하고 제어판에 전선관 및 케이블용 커넥터를 5 mm 정도 올리고 새들로 고정하여야 합니다.

⑥ 컨트롤 박스에서 사용하지 않는 홈(구멍)에 홈마개를 설치합니다.

⑦ 제어판 내의 기구는 기구 배치도와 같이 균형있게 배치하고 흔들림이 없도록 고정합니다.

⑧ 소켓(베이스)에 채점용 기기가 들어갈 수 있도록 작업합니다.

⑨ 제어판 배선은 미관을 고려하여 전면에 노출 배선(수평수직)하고 전선의 흐트러짐 등이 없도록 케이블 타이를 이용하여 균형있게 배선합니다. (단, 제어판 배선 시 기

구와 기구 사이의 배선을 금지합니다.)
⑩ 주회로는 $2.5\,mm^2$(1/1.78) 전선, 보조회로는 $1.5\,mm^2$(1/1.38) 전선(황색)을 사용하고 주회로의 전선 색상은 R상은 갈색, S상은 흑색, T상은 회색을 사용합니다.
⑪ 보호도체(접지) 회로는 $2.5\,mm^2$(1/1.78) 녹색-황색 전선으로 배선하여야 합니다.
⑫ 퓨즈 홀더 1차 주회로는 $2.5\,mm^2$(1/1.78) 갈색과 회색 전선을 사용하고 퓨즈 홀더 2차 보조회로는 $1.5\,mm^2$(1/1.38) 황색 전선을 사용하고, 퓨즈 홀더에는 퓨즈를 끼워 놓아야 합니다.
⑬ 케이블의 색상이 주회로 색상과 상이한 경우 감독위원이 지정한 색상으로 대체합니다 (단, 보호도체(접지) 회로 전선은 제외).
⑭ 단자에 전선을 접속하는 경우 나사를 견고하게 조입니다. 단자 조임 불량이란 피복이 제거된 나선이 2 mm 이상 보이거나, 피복이 단자에 물린 경우를 말합니다. (단, 한 단자에 전선 3가닥 이상 접속하는 것을 금지합니다.)
⑮ 전원 및 부하(전동기)측 단자대, 리밋 스위치의 단자대, 플로트리스 스위치의 단자대는 가로인 경우 왼쪽부터, 세로인 경우 위쪽부터 L_1, L_2, L_3, PE(보호도체) 또는 U, V, W, PE(보호도체) 또는 LS_1, LS_2 또는 E_1, E_2, E_3의 순으로 결선합니다.
⑯ 배선점검은 회로시험기 또는 벨 시험기만을 가지고 확인을 할 수 있으나, 전원을 투입하여 동작시험은 할 수 없습니다.
⑰ 전원측 단자대는 동작시험을 할 수 있도록 전원선의 색상에 맞추어 100 mm 정도 인출하고, 피복은 전선 끝에서 약 10 mm 정도 벗겨둡니다.
⑱ EOCR, 전자접촉기, 타이머, 릴레이 등의 소켓(베이스)의 방향은 기구의 내부 결선도 및 구성도를 참고하여 홈이 아래로 향하도록 배치하고, 소켓 번호에 유의하여 작업합니다.
  ※ 기구의 내부 결선도 및 구성도와 지급된 채점용 기기 및 소켓(베이스)이 상이할 경우 감독위원의 지시에 따라 작업하도록 합니다.
⑲ 8P 소켓을 사용하는 기구(타이머, 릴레이, 플리커 릴레이, 온도 릴레이, 플로트리스 등)는 기구의 구분 없이 지급된 8P 소켓(베이스)을 적용하여 작업합니다. (각 기구에 해당하는 소켓을 고려하지 않고 모두 동일하게 적용합니다.)
⑳ 보호도체(접지)의 결선은 도면에 표시된 부분만 실시하고, 보호도체(접지)는 입력(전원) 단자대에서 제어판 내의 단자대를 거쳐 출력(부하) 단자대까지 결선하며, 도면에 별도로 표시하지 않더라도 모든 보호도체(접지)는 입력 단자대의 보호도체 단자(PE)와 연결되어야 합니다.
  ※ 기타 외부로의 보호도체(접지)의 결선은 실시하지 않아도 됩니다.
㉑ 기타 공사 방법 등은 감독위원의 지시사항을 준수하여 작업하며, 작업에 대한 문의사항은 시험 시작 전 질의하도록 하고 시험 진행 중에는 질의를 삼가도록 합니다.
㉒ 특별히 지정한 것 이외에는 전기사업법령에 따른 행정규칙(전기설비기술기준), 한국전기설비규정(KEC)에 의하되 외관이 보기 좋아야 하며 안전성이 있어야 합니다.

㉓ 시험 중 수험자는 반드시 안전수칙을 준수해야 하며, 작업 복장 상태, 안전사항 등이 채점 대상이 됩니다.
㉔ 다음 사항에 대해서는 채점 대상에서 제외하니 특히 유의하시기 바랍니다.
  ㈎ 기권
    - 과제 진행 중 수험자 스스로 작업에 대한 포기의사를 표현한 경우
  ㈏ 실격
    - 지급 재료 이외의 재료를 사용한 작품
    - 시험 중 시설·장비의 조작 또는 재료의 취급이 미숙하여 위해를 일으킬 것으로 시험위원 전원이 합의하여 판단한 경우
    - 기능이 해당 등급 수준에 전혀 도달하지 못한 것으로 감독위원 전원이 합의하여 판단한 경우
    - 시험 관련 부정에 해당하는 장비(기기)·재료 등을 사용하는 것으로 감독위원 전원이 합의하여 판단한 경우(시험 전 사전 준비작업 및 범용 공구가 아닌 시험에 최적화된 공구는 사용할 수 없음)
  ㈐ 오작
    - 시험시간 내에 제출된 작품이라도 다음과 같은 경우
    • 제출된 과제가 도면 및 배치도, 시퀀스 회로도의 동작사항, 부품의 방향, 결선 상태 등이 상이한 경우(EOCR, 전자접촉기, 타이머, 릴레이, 푸시 버튼 스위치 및 램프 색상 등)
    • 주회로(갈색, 흑색, 회색) 및 보조회로(황색) 배선의 전선 굵기 및 색상이 도면 및 유의사항과 상이한 경우
    • 제어판 밖으로 인출되는 배선이 제어함 내의 단자대를 거치지 않고 직접 접속된 경우
    • 제어판 내의 배선 상태나 전선관 및 케이블 가공 상태가 불량하여 전기 공급이 불가한 경우
    • 제어판 내의 배선 상태나 기구 간격 불량으로 동작 상태의 확인이 불가한 경우
    • 보호도체(접지)의 결선을 하지 않은 경우와 보호도체(접지) 회로(녹색-황색) 배선의 전선 굵기 및 색상이 도면 및 유의사항과 다른 경우(단, 전동기로 출력되는 부분은 생략)
    • 컨트롤 박스 커버 등이 조립되지 않아 내부가 보이는 경우
    • 배관 및 기구 배치도에서 허용 오차 ±50 mm를 넘는 곳이 3개소 이상, ±100 mm를 넘는 곳이 1개소 이상인 경우(단, 박스, 단자대, 전선관 등이 도면 치수를 벗어나는 경우 개별 개소로 판정)
    • 기구(컨트롤 박스, 8각 박스, 제어판)와 전선관 및 케이블이 접속되는 부분에 전선관 및 케이블용 커넥터를 정상 접속하지 않은 경우(미접속 및 불필요한 접속 포함)

- 기구(컨트롤 박스, 8각 박스, 제어판, 단자대)와 전선관 및 케이블이 접속되는 부분에서 가까운 곳(300 mm 이하)에 새들을 설치하지 않은 경우(단, 굴곡부가 없는 배관에서 기구와 기구 끝단 사이의 치수가 400 mm 미만이면 새들 1개도 가능)
- 전원 및 부하(전동기)측 단자대 내의 L_1, L_2, L_3, PE(보호도체) 또는 U, V, W, PE(보호도체) 배치 순서가 유의사항과 상이한 경우, 플로트리스 스위치 단자대의 E_1, E_2, E_3의 배치 순서가 유의사항과 상이한 경우
- 한 단자에 전선 3가닥 이상 접속된 경우
- 제어판 내의 배선 시 기구와 기구 사이로 수직 배선한 경우
- 전기설비기술기준, 한국전기설비규정으로 공사를 진행하지 않은 경우

㉕ 시험 종료 후 완성작품에 한해서만 작동 여부를 감독위원으로부터 확인받을 수 있습니다.

(3) 주요 지급 재료 목록

일련번호	재 료 명	규 격	단위	수량	비 고
1	합판	400×420×12 mm	장	1	
2	컨트롤 박스	ϕ25, 2구	개	4	
3	단자대	10P 20A 220V	개	4	
4	단자대	4P 20A 220V	개	4	
5	전자접촉기 소켓	12P	개	2	
6	EOCR 소켓	12P	개	1	
7	8P 소켓	8P	개	4	8P 기구 겸용
8	실렉터 스위치	ϕ25, AC 220V	개	1	
9	파일럿 램프	ϕ25, AC 220V	개	4	적 1, 녹 1, 황 1, 백 1
10	푸시 버튼 스위치	ϕ25, 1a 1b	개	3	적 1, 녹 2
11	8각 박스	92 mm×92 mm 철재	개	1	
12	배선용 차단기	3P AC 250V 30A	개	1	
13	유리관 퓨즈 및 홀더	AC 250V 30A	개	1	퓨즈 10A 2개 포함
14	PE 전선관	16 mm	m	6	
15	플렉시블 전선관	16 mm	m	6	
16	커넥터	16 mm	개	7	PE 전선관용
17	커넥터	16 mm	개	7	플렉시블 전선관용
18	케이블	4C 2.5 mm^2	m	1	
19	케이블 커넥터	4C 케이블용	개	1	
20	케이블 새들	4C 케이블용	개	2	
21	새들	16 mm관용	개	40	
22	케이블 타이	백색 100 mm	개	25	
23	비닐절연전선	2.5 mm^2(1/1.78) 갈색	m	5	
24	비닐절연전선	2.5 mm^2(1/1.78) 흑색	m	5	
25	비닐절연전선	2.5 mm^2(1/1.78) 회색	m	5	
26	비닐절연전선	2.5 mm^2(1/1.78) 녹색-황색	m	5	
27	비닐절연전선	1.5 mm^2(1/1.38) 황색	m	50	
28	버저	ϕ25, AC 220V	개	1	

(4) 배관 및 기구 배치도

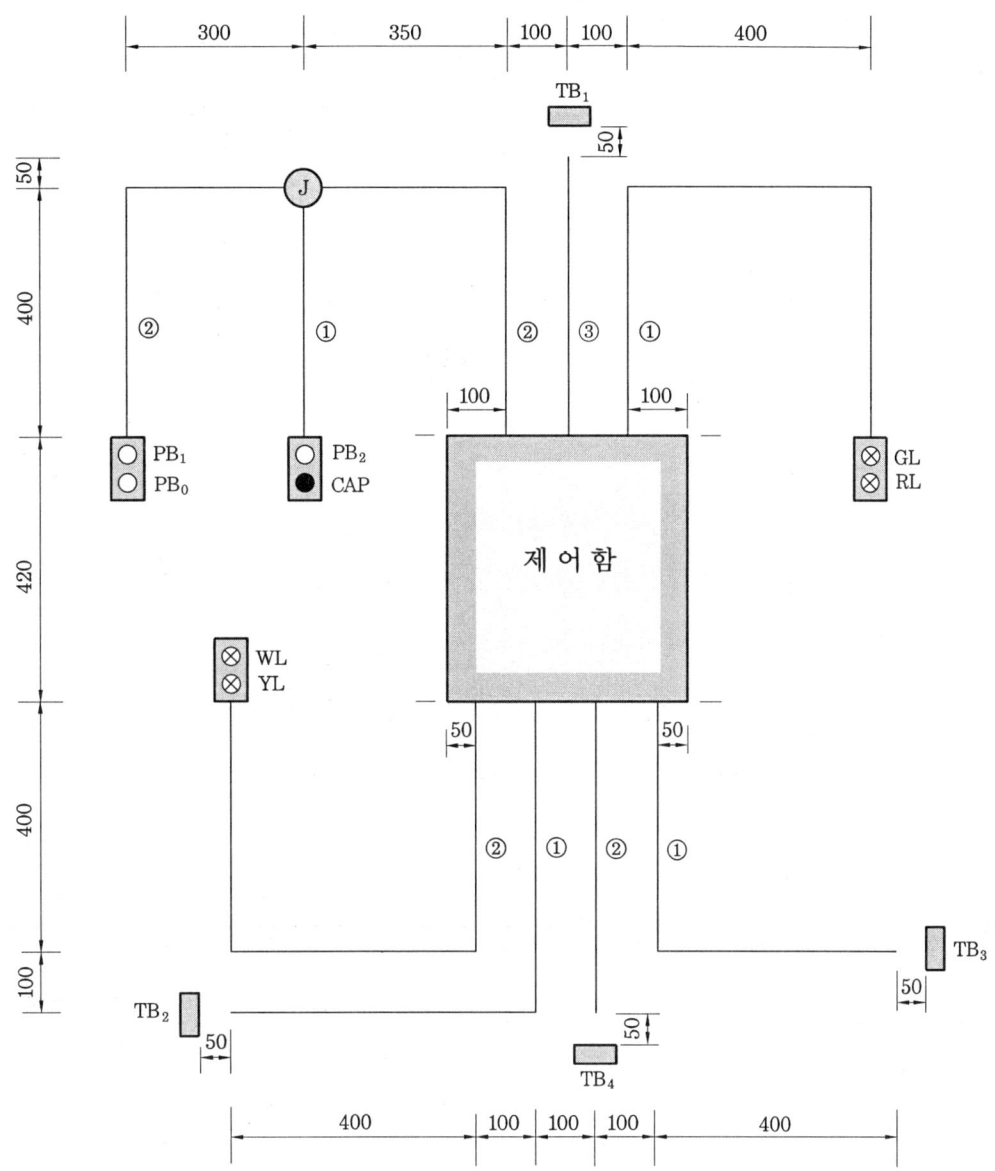

공사 방법

①	PE 전선관
②	플렉시블 전선관
③	케이블

(5) 제어함 내부 기구 배치도

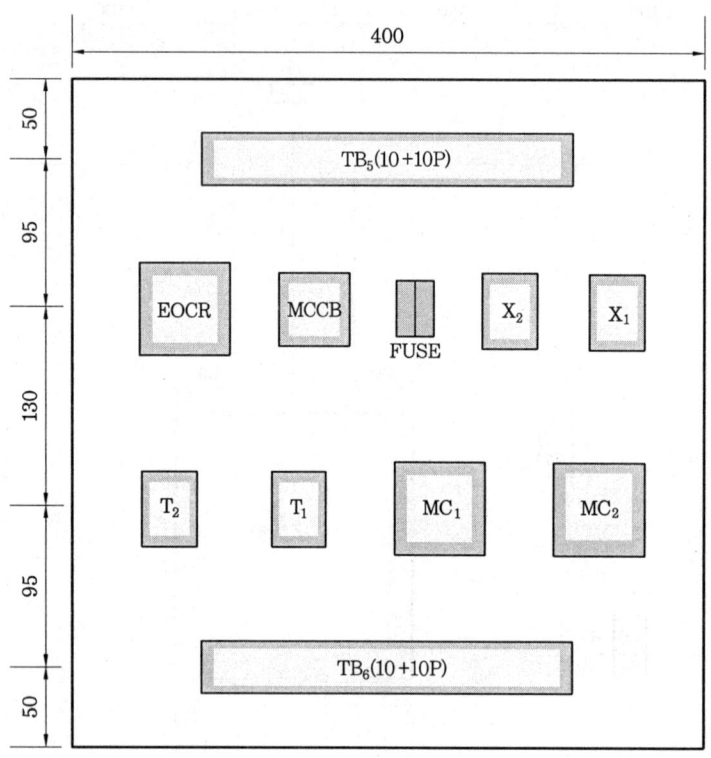

범 례

기 호	명 칭	기 호	명 칭
TB_1	전원(단자대 4P)	PB_0	푸시 버튼 스위치(적색)
TB_2, TB_3	모터(단자대 4P)	PB_1	푸시 버튼 스위치(녹색)
TB_4	LS_1, LS_2(단자대 4P)	PB_2	푸시 버튼 스위치(녹색)
TB_5, TB_6	단자대(10+10P)	YL	파일럿 램프(황색) 220V
MC_1, MC_2	전자접촉기(12P)	GL	파일럿 램프(녹색) 220V
EOCR	EOCR 소켓(12P)	RL	파일럿 램프(적색) 220V
X_1, X_2	릴레이(8P)	WL	파일럿 램프(백색) 220V
T_1, T_2	타이머(8P)	CAP	홈마개
MCCB	배선용 차단기	Ⓙ	8각 박스
FUSE	퓨즈 및 퓨즈 홀더		

(6) 동작 회로도

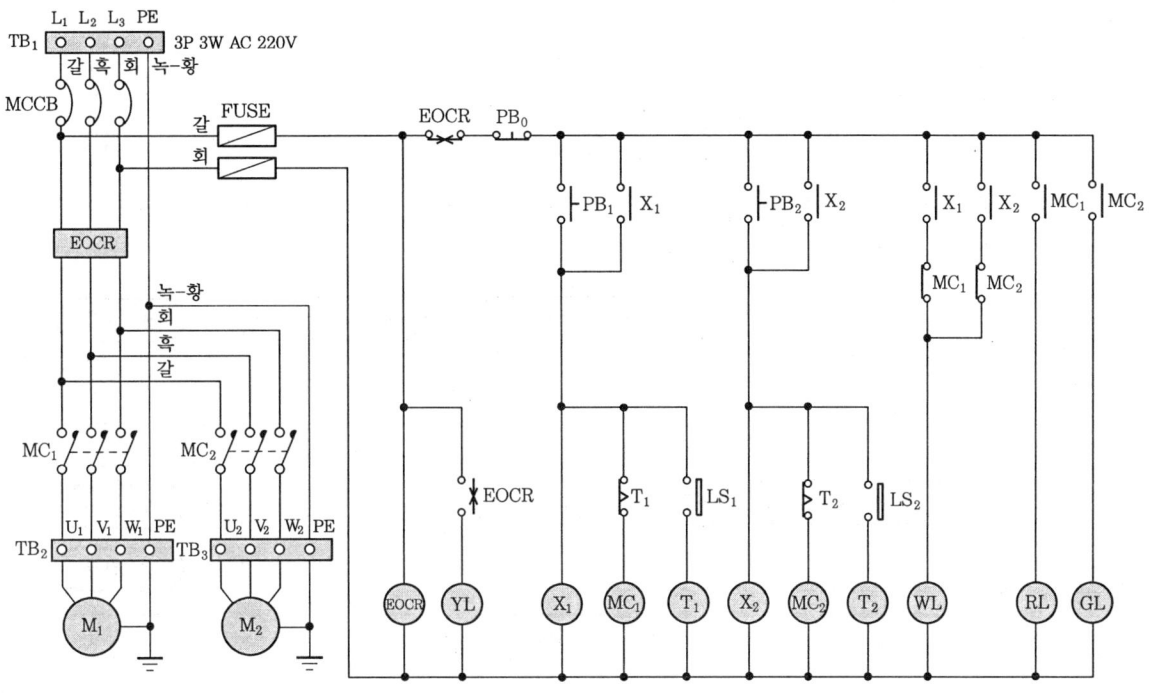

(7) 동작 순서

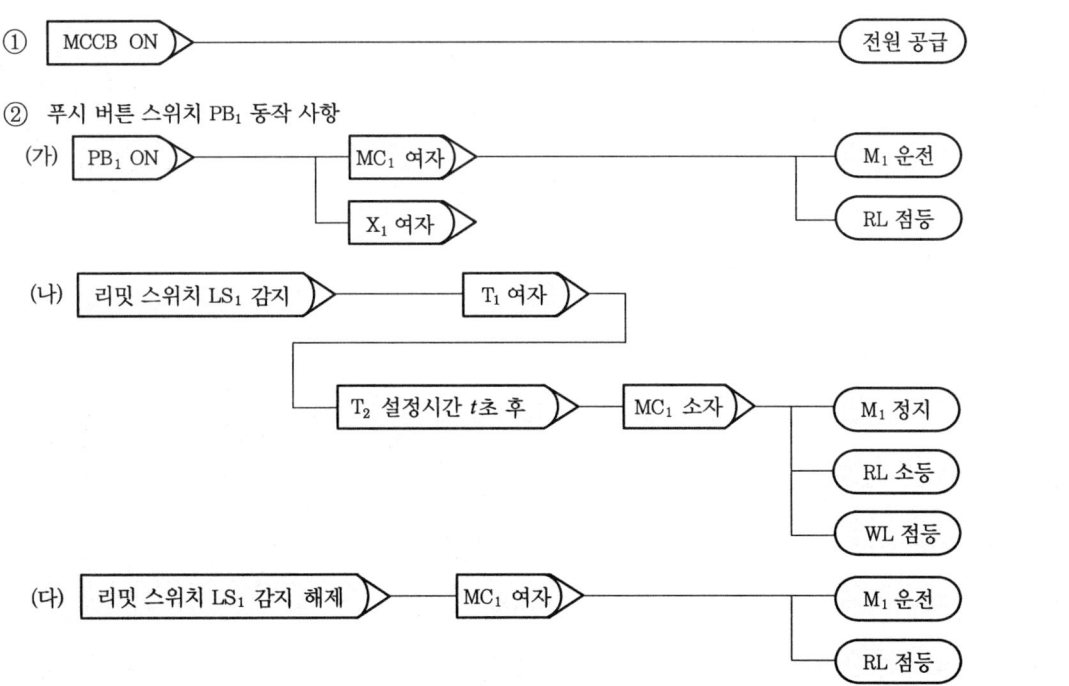

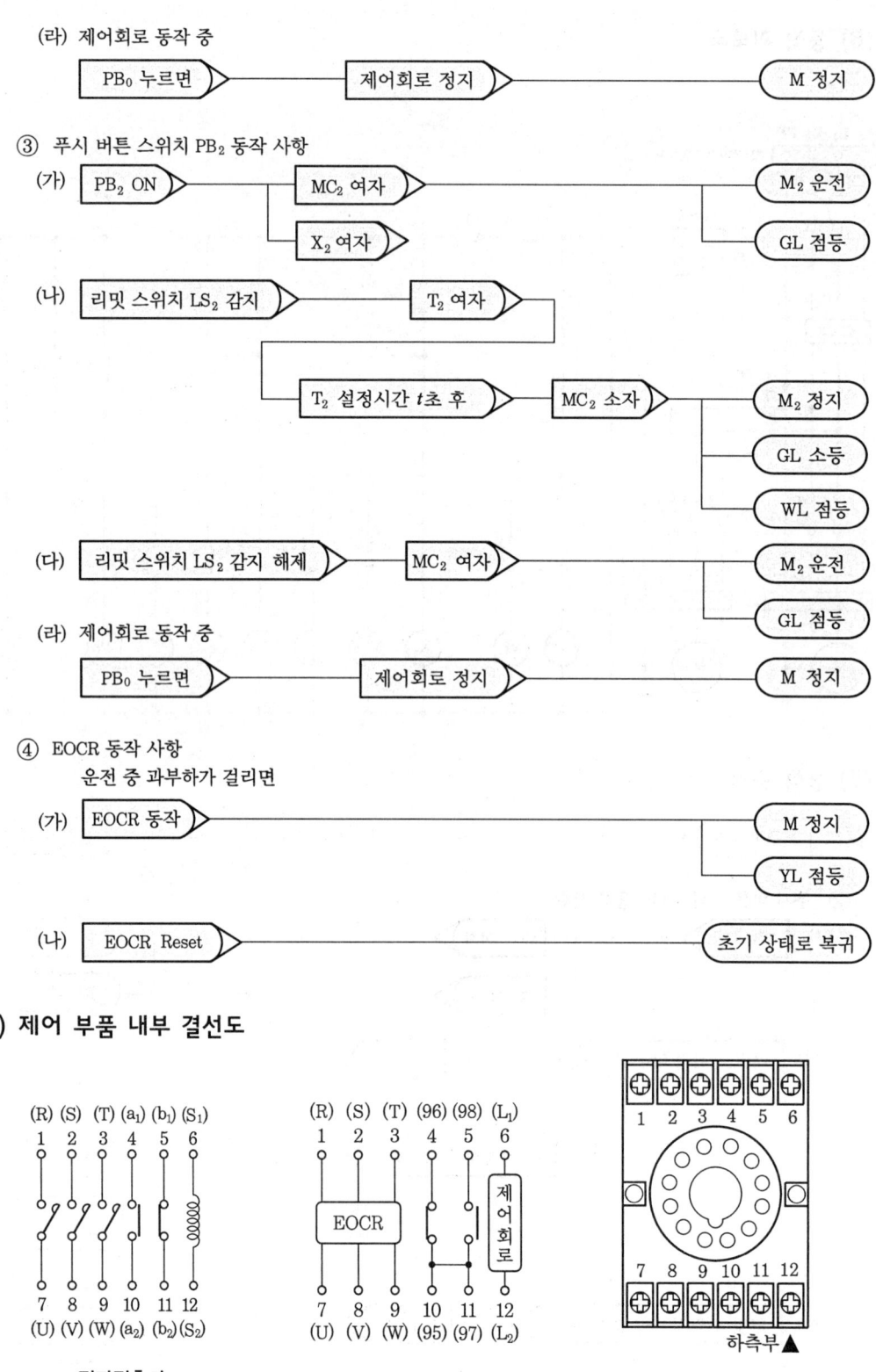

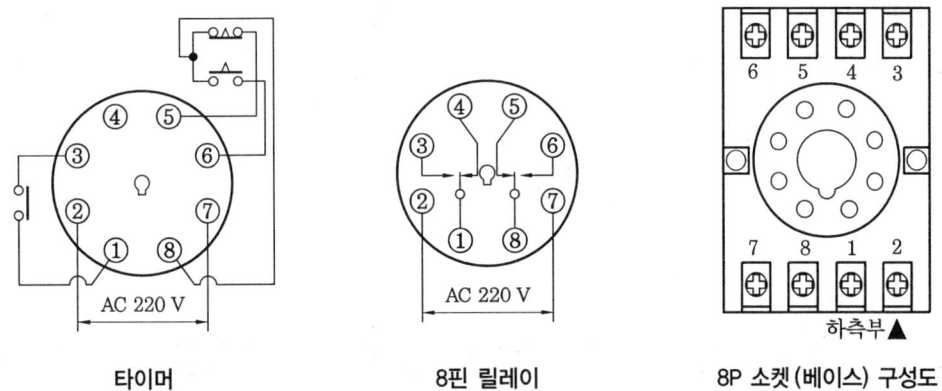

| 타이머 | 8핀 릴레이 | 8P 소켓(베이스) 구성도 |

(9) 단자번호 부여

1~12 : MC 핀번호
○ : EOCR 핀번호
○ : 릴레이 핀번호
□ : 타이머 핀번호

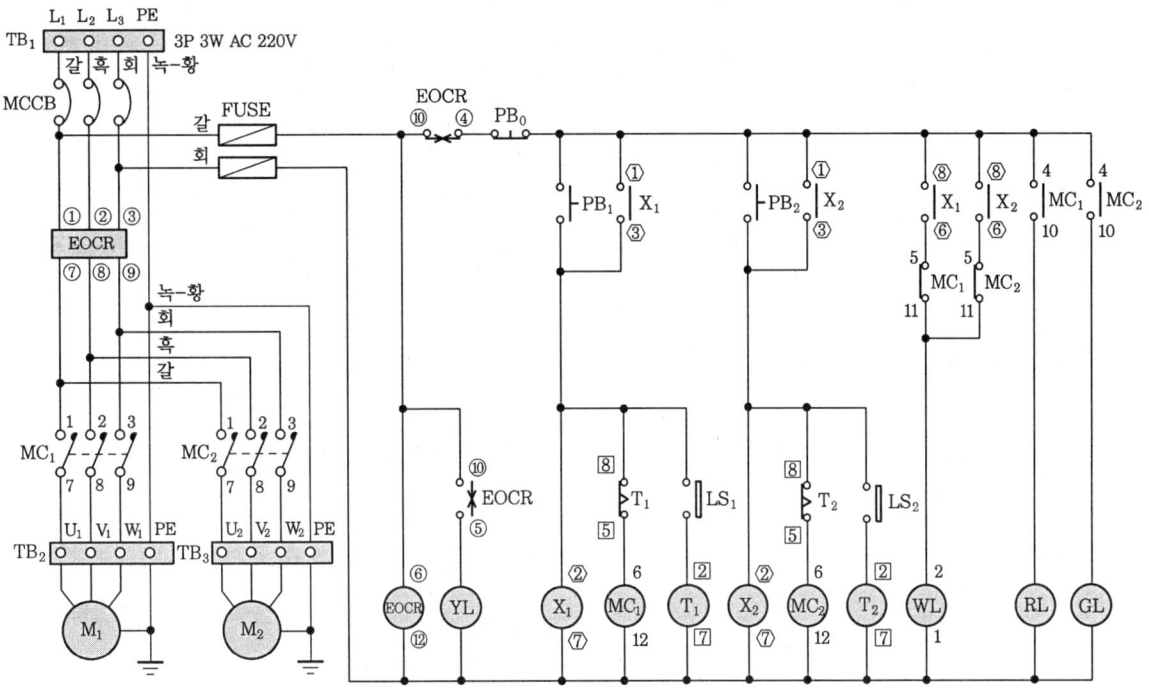

(10) 실체 배선도

① 초기 단계

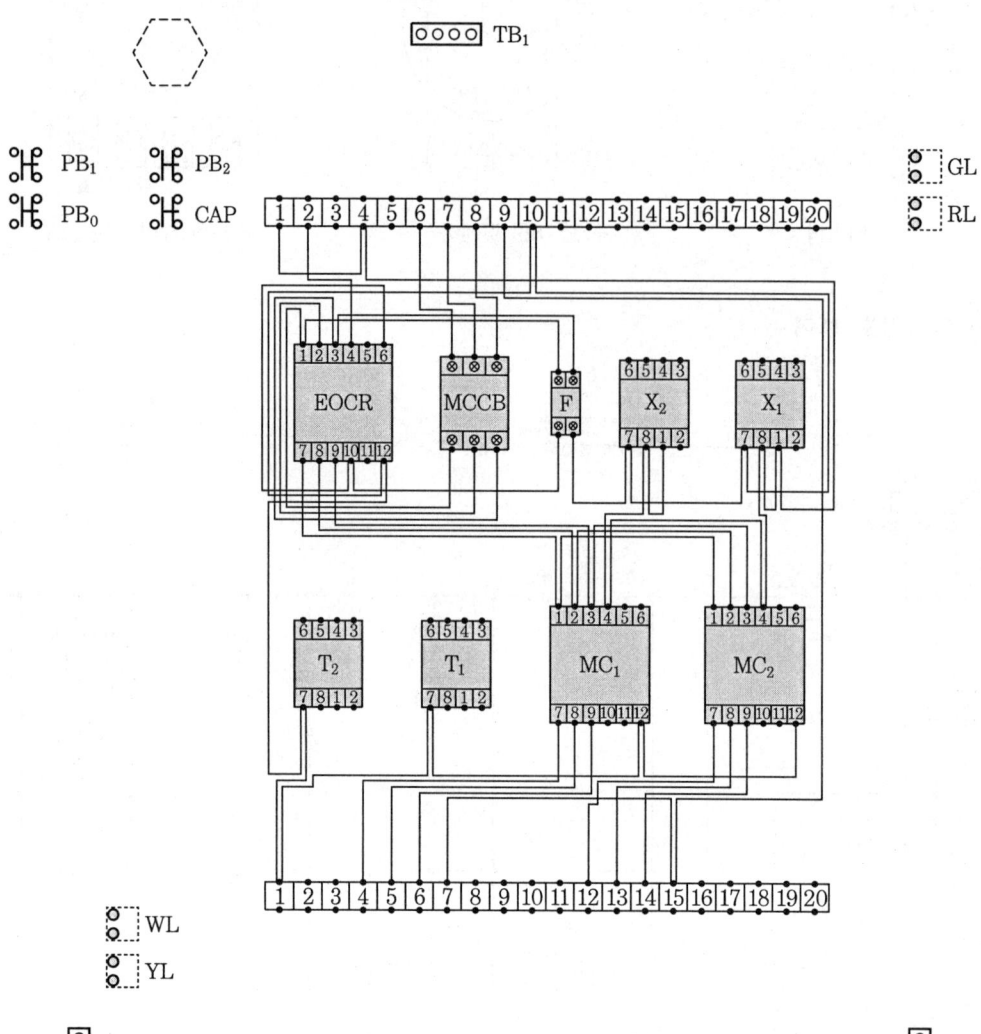

② 중간 단계

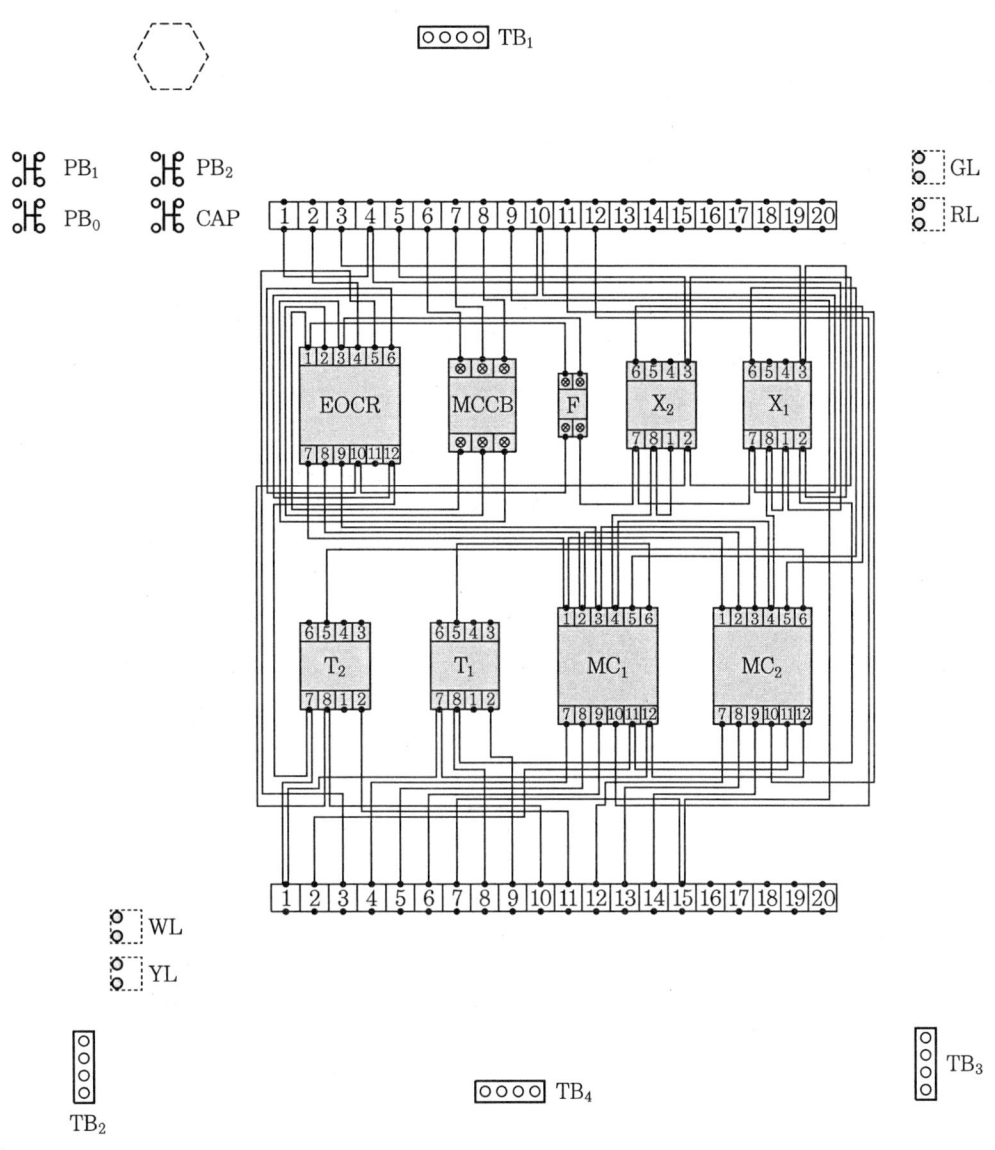

③ 최종 단계

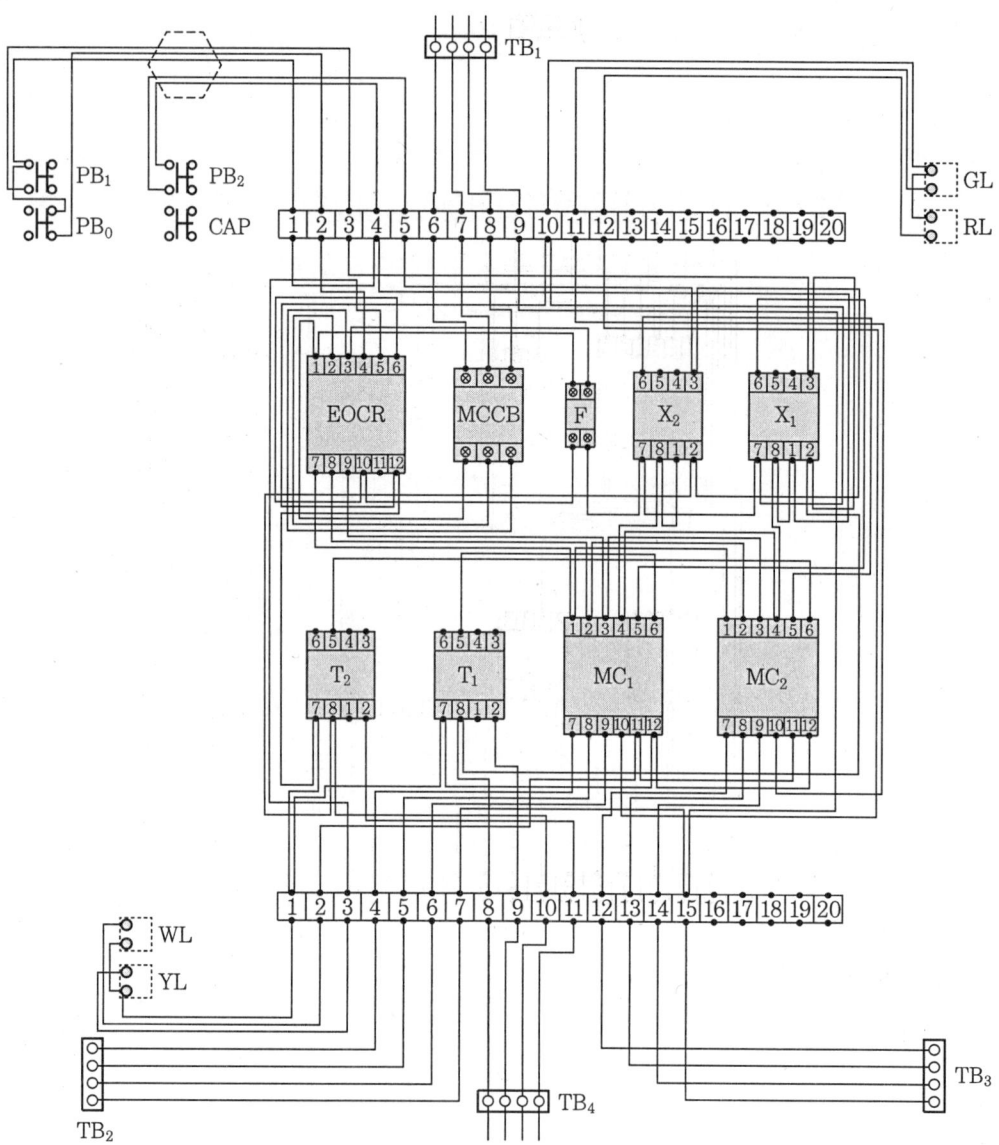

전기기능사 실기

2006년 8월 25일 1판 1쇄
2021년 5월 25일 7판 5쇄

저　자 : 김평식 · 박왕서
펴낸이 : 이정일

펴낸곳 : 도서출판 **일진사**
www.iljinsa.com
(우) 04317 서울시 용산구 효창원로 64길 6
전화 : 704-1616 / 팩스 : 715-3536
등록 : 제1979-000009호 (1979.4.2)

값 25,000 원

ISBN : 978-89-429-1483-8

◉ **불법복사는 지적재산을 훔치는 범죄행위입니다.**
　저작권법 제97조의 5 (권리의 침해죄)에 따라 위반자는 5년 이하의 징역 또는 5천만 원 이하의 벌금에 처하거나 이를 병과할 수 있습니다.